The Control Handbook:

Control System Applications, Second Edition

控制手册:控制系统的行业应用(第2版)

(下册)

〔美〕 威廉·S·莱文 编著

William S. Levine

University of Maryland, College Park, MD, USA

张爱民 任志刚 任晓栋 译
李 晨 杨 旸 王 莹

西安交通大学出版社

Xi'an Jiaotong University Press

The Control Handbook: Control System Applications, Second Edition
William S. Levine
ISBN: 978-1-4200-7360-7

陕西省版权局著作权合同登记号:图字 25-2011-215 号

图书在版编目(CIP)数据

控制手册:控制系统的行业应用:第 2 版. 下册/〔美〕威廉·S·莱文(William S. Levine)编著;张爱民等译. —2 版. —西安:西安交通大学出版社,2017.12.

书名原文:The Control Handbook: Control System Applications, Second Edition

ISBN 978-7-5693-0362-9

Ⅰ.①控… Ⅱ.①威… ②张… Ⅲ.①工业控制系统 Ⅳ.①TP273

中国版本图书馆 CIP 数据核字(2017)第 316621 号

书　　名 控制手册:控制系统的行业应用(第 2 版)(下册)
编　　著 〔美〕威廉·S·莱文
译　　者 张爱民　任志刚　任晓栋　李　晨　杨　旸　王　莹

出版发行 西安交通大学出版社
(西安市兴庆南路 10 号　邮政编码 710049)
网　　址 http://www.xjtupress.com
电　　话 (029)82668357　82667874(发行中心)
(029)82668315(总编办)
传　　真 (029)82668280
印　　刷 陕西宝石兰印务有限责任公司

开　　本 787 mm×1092 mm　1/16　**印　　张** 26　**字　　数** 602 千字
版次印次 2018 年 5 月第 1 版　2018 年 5 月第 1 次印刷
书　　号 ISBN 978-7-5693-0362-9
定　　价 109.00 元

读者购书、书店添货如发现印装质量问题,请与本社发生中心联系、调换。
订购热线:(029)82665248　(029)82665249
投稿热线:(029)82665397
读者信箱:banquan1809@126.com

译者序

《控制手册》第2版的作者们在第1版的基础上，收录了自第1版之后200多名权威专家在控制系统方面的前沿研究，并将其从第1版的一本扩展为三本，包括《控制系统的基础》、《控制系统的行业应用》、《控制系统的先进方法》。

《控制系统的行业应用》共收录了84位权威专家在各个行业领域中进行控制系统设计及应用的34个实际案例，主要涉及汽车（包括PEM燃料电池）、航空航天、机器与过程工业控制、生物医学（包括机器人手术和药物研发）、电子和通信网络等领域，以及金融资产投资组合的构建、土木建筑结构的地震响应控制、量子估计和控制、空调制冷系统的建模和控制等“特殊应用领域”。

本书译者将原书中的34个不同的控制系统设计及应用案例分为上下两册，上册由汽车、航空航天和工业过程控制领域中的18个实际应用案例组成，下册由生物医学、电子、通信网络及其他特殊应用领域的16个实际应用案例组成。

这些应用案例大多属于交叉学科，都是控制理论与技术在行业领域中的最新应用，代表着最先进的控制技术的发展方向。

本书译者期望把控制理论与方法在各行业领域中的最新应用尽早展现给读者，但鉴于书中涉及到许多不同的行业及专业术语，在翻译过程中难免有不妥之处，敬请读者谅解和指正。

在此还要感谢在翻译过程中给予帮助的张早校教授、杨卫卫教授、曾科教授、张琦教授、王锡斌教授，还要感谢为本书出版做出努力的李人厚教授，以及为本书翻译做过基础工作的控制科学与工程专业的研究生们。

张爱民

2018年3月于西安交通大学

第 2 版序言

正如你了解的那样,《控制手册》(第 1 版)反响颇佳,获得了很好的销量,很多读者告诉我他们觉得这本书十分有用。对于出版者而言,这就是再版的理由;对于第 1 版的编者来说,这也是一个不利因素。第 2 版可能不会像第 1 版那么好这一风险是真实存在而且令人不安的。我尽力保证第 2 版至少会像第 1 版一样好,希望你们赞同我已经做到这一点。

我在第 2 版中进行了两个大的调整。第一,《行业应用》一书中的所有案例都是全新的。工程实践中的一个不可改变的事实是,一旦一个问题得到解决,人们就不会像它没解决时那么感兴趣了。在第 2 版中,我尽力寻找了一些特别具有启发性且令人激动的应用。

第二,我意识到根据学科分类来组织《行业应用》一书的编写是不合理的。大部分控制应用都是跨学科的。例如,一个自动控制系统包含把机械信号转变为电信号的传感器、把电信号转变为机械信号的执行机构、若干计算机以及把传感器、执行机械、计算机连接起来的通信网络,他们不属于任何一个特定的学科领域。你会发现这些实例现在是根据应用领域的分类而组织起来的,比如自动化领域和航空航天领域。

这种新的组织会带来一个小小的、但在我看来很有趣的问题。一些很精彩的应用不适合这种新分类方法,起初我把他们归并到杂项中。有些作者认为"杂项"这个词有点负面含义而表示反对,我也同意他们的说法。经再三考虑,并咨询文学方面的朋友和查询了图书馆资料后,我把这一章节重新命名为"特殊应用"。抛开名字不谈,这些都是很有趣而且很重要的例子,我希望读者会像对待符合我分类方案的章节一样,阅读这些论文。

《先进方法》一书中涉及的领域也有了显著的改进,为此第 2 版中收录了二十几篇全新论文。一部分位于两个新的章节中:混成系统分析和设计以及网络和网络控制。

《基础》一书中也有了一些改变,主要体现在更注重抽样和离散化,这是因为现在的大部分系统都是数字的。

我很享受编辑第 2 版的过程,同时也学到了很多。我希望读者们也能享受阅读的过程并有所收获。

William S. Levine

鸣 谢

书中各篇论文的作者们对本书第 2 版起到了至关重要的作用，他们花费了非常多的精力进行论文创作，以至于我自己都怀疑我是否能够报答他们的辛勤劳作。真的非常感谢他们！

顾问/编辑委员会的成员为第 2 版的主题选择和作者寻找提供了很大的帮助，在此表示感谢。两位学者为本书提供了特别帮助。Davor Hrovat 负责自动化应用，Richard Braatz 在工业过程控制应用的选择方面发挥了关键作用。

我很荣幸能够在此对成就了《控制手册》（第 2 版）的人们表示感谢与认可。Taylor & Francis/CRC 出版社工程与环境科学的出版商 Nora Konopka 很久之前就在鼓励我出版这第 2 版，虽然几经波折，但我最终还是被她说服。项目协调员 Jessica Vakili 和 Kari Budyk 在与潜在作者以及同意写作论文的作者进行联系沟通方面提供了巨大帮助。此外，高级项目主管 Syed Mohamad Shajahan 非常有效地协调了出版过程中各个阶段的所有事项，Taylor & Francis/CRC 出版社的项目编辑 Richard Tressider 为我们把握方向，并进行监督和质量控制。没有以上人员及他们的帮助，就不会有第 2 版的出版；就算有，那也会比现在看到的差很多。

最重要的是，我要感谢我的妻子 Shirley Johannesen Levine，感谢她嫁给我后这么多年以来为我做的每一件事。她不仅参与了本书的编辑，而且为我的每一件工作所做的贡献都数不胜数。

William S. Levine

编辑委员会

编　者

William S. Levine，在麻省理工学院获得了学士、硕士以及博士学位，后加入了马里兰大学帕克分校，目前担任电子与计算机工程系研究教授。在他的整个职业生涯中，他一直致力于控制系统的设计和分析以及估计滤波与系统建模中的相关问题。为了理解一些有趣的控制器的结构，他和几位神经生理学家合作，在哺乳动物运动控制方面进行了大量的研究。

他是 1992 年 3 月出版的《基于 Matlab 的控制系统的分析和设计》的合著者之一，该书在 1995 年 3 月出版第 2 版；他还是 Birkhauser 出版社出版的《网络和嵌入式控制系统手册》一书的合编者之一。此外，他是 Birkhauser 出版社控制工程系列丛书的编辑。他曾担任 IEEE 控制系统学会和美国自动控制委员会的主席，目前担任 SIAM 控制理论及其应用特别兴趣小组的主席。

他是 IEEE 会士，IEEE 控制系统学会的杰出会员，也是 IEEE 第三千禧奖章的获得者。他和他的合作者们由于在旋翼飞机方面的杰出研究而获得 1998 年的 Schroers 奖。此外，他和他的另一个团队还因论文“Discrete-Time Point Processes in Urban Traffic Queue Estimation”而获得了《IEEE 自动控制学报》的优秀论文奖。

参与人

Farhad Aghili：加拿大太空局航天器工程部门，加拿大魁北克 Saint-Hubert
Juan C. Agüero：纽卡斯尔大学电气工程和计算机科学学院，澳大利亚新南威尔士州卡拉汉
Andrew Alleyne：伊利诺伊大学香槟分校机械科学与工程系，伊利诺伊州厄巴纳
Anuradha M. Annaswamy：麻省理工学院机械工程系，马萨诸塞州剑桥市
Francis Assadian：克莱菲尔德大学汽车工程系，英国克莱菲尔德
John J. Baker：密歇根大学机械工程系，密歇根州安阿伯市
Matthijs L. G. Boerlage：通用电气全球研究中心，可再生能源系统和仪表部，德国慕尼黑
Michael A. Bolender：美国空军实验室，卓越控制科学中心，俄亥俄州赖特-帕特森空军基地
Dominique Bonvin：瑞士联邦理工学院洛桑分校自动控制实验室，瑞士洛桑
Francesco Borrelli：加州大学伯克利分校机械工程系，加州伯克利
Richard D. Braatz：伊利诺伊大学香槟分校化学工程学系，伊利诺伊州厄巴纳
Vikas Chandan：伊利诺伊大学香槟分校机械科学与工程系，伊利诺伊州厄巴纳
Panagiotis D. Christofides：加州大学洛杉矶分校化学与生物分子工程系、电气工程系，加州洛杉矶
Francesco Alessandro Cuzzola：Danieli Automation，意大利 Buttrio
Raymond A. DeCarlo：普渡大学电气和计算机工程系，印第安纳州西拉斐特市
Josko Deur：萨格勒布大学机械工程及造船工程系，克罗地亚萨格勒布
Jaspreet S. Dhupia：南洋理工大学机械和航空航天工程学院，新加坡
Stefano Di Cairano：福特汽车公司，密歇根州迪尔伯恩市
David B. Doman：美国空军实验室，卓越控制科学中心，俄亥俄州赖特-帕特森空军基地
Thomas F. Edgar：德克萨斯大学奥斯汀分校化学工程学系，德克萨斯州奥斯汀市
Atilla Eryilmaz：美国俄亥俄州立大学电子和计算机工程部门，俄亥俄州哥伦布市
Paolo Falcone：查尔姆斯理工学院信号与系统系，瑞典 Goteborg
Thor I. Fossen：挪威科技大学工程控制论及船舶和海洋中心结构系，挪威特隆赫姆
Grégory François：瑞士联邦理工学院洛桑分校自动控制实验室，瑞士洛桑
Henri P. Gavin：杜克大学土木与环境工程系，北卡罗来纳州达勒姆
Veysel Gazi：TOBB 大学电气电子工程系，土耳其安卡拉
Hans P. Geering：瑞士联邦理工学院测量和控制实验室，瑞士苏黎世
Alvaro E. Gil：施乐研究中心，纽约韦伯斯特
Graham C. Goodwin：纽卡斯尔大学电气工程和计算机科学学院，澳大利亚新南威尔士州卡拉汉

Lino Guzzella：瑞士联邦理工学院，瑞士苏黎世
Michael A. Henson：马萨诸塞大学阿姆斯特分校化学工程学系，马萨诸塞州阿姆赫斯特
Raymond W. Holsapple：美国空军实验室，卓越控制科学中心，俄亥俄州赖特-帕特森空军基地
Seunghyuck Hong：麻省理工学院机械工程系，马萨诸塞州剑桥市
Karlene A. Hoo：德克萨斯理工大学化学工程学系，德克萨斯州卢博克市
Davor Hrovat：研发和先进工程部，福特汽车公司，密歇根州迪尔伯恩市
Gangshi Hu：加州大学洛杉矶分校化学与生物分子工程系，加州洛杉矶
Neera Jain：伊利诺伊大学香槟分校机械科学与工程部门，伊利诺伊州厄巴纳
Matthew R. James：澳大利亚国立大学工程和计算机科学学院，澳大利亚堪培拉
Mrdjan Jankovic：研发和先进工程部，福特汽车公司，密歇根州迪尔伯恩市
Mustafa Khammash：加利福尼亚大学圣巴巴拉分校机械工程系，加州圣塔芭芭拉
Ilya Kolmanovsky：研发和先进工程部，福特汽车公司，密歇根州迪尔伯恩市
Robert L. Kosut：SC 公司，加州森尼维尔市
Rajesh Kumar：美国约翰霍普金斯大学计算机科学系，马里兰州巴尔的摩市
Katrina Lau：纽卡斯尔大学计算机科学系，澳大利亚新南威尔士州卡拉汉
Bin Li：伊利诺伊大学香槟分校机械科学与工程系，伊利诺伊州厄巴纳
Mingheng Li：加州州立理工大学化学和材料工程系，加州波莫纳
Rongsheng (Ken) Li：波音公司，加州埃尔塞贡多
Jianbo Lu：研发和先进工程部，福特汽车公司，密歇根州迪尔伯恩市
Stephen Magner：研发和先进工程部，福特汽车公司，密歇根州迪尔伯恩市
Amir J. Matlock：密歇根大学航空航天工程系，密歇根州安阿伯市
Lalit K. Mestha：施乐研究中心，纽约韦伯斯特
Roel J. E. Merry：爱因霍芬科技大学机械工程系，荷兰爱因霍芬
Marinus J. van de Molengraft：爱因霍芬科技大学机械工程系，荷兰爱因霍芬
Brian Munsky：洛斯阿拉莫斯国家实验室，CCS-3 和非线性研究中心，新墨西哥州洛斯阿拉莫斯
Zoltan K. Nagy：拉夫堡大学化学工程系，英国拉夫堡
Jason C. Neely：普渡大学电子与计算机工程系，印第安纳州西拉斐特市
Babatunde Ogunnaike：特拉华大学化学工程系，特拉华州纽瓦克
Michael W. Oppenheimer：美国空军实验室，卓越控制科学中心，俄亥俄州赖特-帕特森空军基地
Gerassimos Orkoulas：加州大学洛杉矶分校化学与生物分子工程系，加州洛杉矶
Rich Otten：伊利诺伊大学香槟分校机械科学与工程系，伊利诺伊州厄巴纳
Thomas Parisini：的里雅斯特大学电气电子工程系，意大利的里雅斯特
Kevin M. Passino：美国俄亥俄州立大学电子与计算机工程系，俄亥俄州哥伦布市
Steven D. Pekarek：普渡大学电子与计算机工程系，印第安纳州西拉斐特市
Tristan Perez：纽卡斯尔大学工程学院，澳大利亚新南威尔士州卡拉汉；挪威科技大学船舶和

海洋结构中心，挪威特隆赫姆
Michael J. Piovoso：宾夕法尼亚州立大学研究生学院，宾夕法尼亚州莫尔文
Giulio Ripaccioli：锡耶纳大学信息化工程系，意大利锡耶纳
Charles E Rohrs：Rohrs 咨询公司，马萨诸塞州牛顿
Michael J. C. Ronde：爱因霍芬科技大学机械工程系，荷兰爱因霍芬
Melanie B. Rudoy：麻省理工学院电子与计算机科学系，马萨诸塞州剑桥市
Michael Santina：波音公司，加利福尼亚州密封海滩
Antonio Sciarretta：IFP Energies Nouvelles，法国 Rueil-Malmaison
Jeff T. Scruggs：杜克大学土木与环境工程系，北卡罗来纳州达勒姆
Srinivas Shakkottai：德州农工大学电子与计算机工程系，德克萨斯州大学站
Jason B. Siegel：密歇根大学机械工程系，密歇根州安阿伯市
Eduardo I. Silva：费德里科·圣玛丽亚技术大学电子工程系，智利瓦尔帕莱索
Masoud Soroush：德雷塞尔大学化学和生物工程系，宾夕法尼亚州费城
Anna G. Stefanopoulou：密歇根大学机械工程系，密歇根州安阿伯市
Maarten Steinbuch：爱因霍芬科技大学机械工程系，荷兰爱因霍芬
Hongtei E. Tseng：研发和先进工程部，福特汽车公司，密歇根州迪尔伯恩市
A. Galip Ulsoy：密歇根大学机械工程系，密歇根州安阿伯市
M. Vidyasagar：德克萨斯大学达拉斯分校生物工程学系，德克萨斯州理查森
Meng Wang：纽卡斯尔大学电气工程和计算机科学学院，澳大利亚新南威尔士州卡拉汉
Diana Yanakiev：研发和先进工程部，福特汽车公司，密歇根州迪尔伯恩市
Xinyu Zhang：加州大学洛杉矶分校化学与生物分子工程系，加州洛杉矶

目　录

第四部分　生物和医学领域

第五部分 电子领域

第六部分　网络领域

第七部分　特殊应用领域

第四部分

生物和医学领域

19

基于模型的生化反应器控制

Michael A. Henson
马萨诸塞大学阿姆赫斯特分校

19.1 引言

由于人们对复杂生物系统的认识不断深入，以及对食品饮料、药物、日用品和专用化学品等生物制品的需求不断高涨，生物科技工业正在经历飞速的扩张。生物科技工业对于全球经济的影响是巨大的。举例来说，2002 年美国排名前十位的药物生产商的销售收入总计为 2170 亿美元，利润为 360 亿美元[1]。乙醇作为一种可再生的液体燃料，它的大规模生产形成了一个迅速增长的生物科技市场。1998 年，全世界的乙醇总产量为 312 亿升，美国的产量为 64 亿升，其中约三分之二的产量是以生物燃料应用为目的[2]。

典型的生化制造流程包含反应阶段以及随后的一系列分离阶段。在反应阶段，大量的细胞被用来合成期望的产物；在分离阶段，期望的产物从反应液体的其他成分中被提取回收。生化制造流程的核心要求是找到一类细胞能够将相对低廉的化学物质转换成期望的生化产物。DNA 重组技术的进步有助于基因工程细胞株的设计，从而可以提高目标产物的产量[3]。尽管很多工业生产过程是以如细菌和酵母这样的微生物细胞为基础的，但是从植物和动物中获取的其他类型的细胞也经常被用于生产如治疗用的蛋白质[4]这样的高价值的医药产品。

由于每个细胞只能产生微量的既定产物，为了获得商业上可行的生产率就必须使用大量的细胞。这些细胞要在一个被称作生化反应器（生物反应器）的巨大器皿中生长，产物也要从其中获取。从**生物反应器**移除的液体中含有生化物质的混合物，需要经过分离才能够回收得到期望的**产物**。回收过程通常经由一系列的分离单元来实现[5]。开发这些分离系统的过程控制策略是本章并未涉及的一个重要的研究问题。

19.2 生化反应器技术

图 19.1 为处于**连续操作模式**的生物反应器的示意图。细胞被接种到生物反应器中并开始生长。接种是通过一个多步的过程来完成的，其间需要把生长于摇瓶内的细胞不断地转移到大型的生物反应器内。为了达到足够大的细胞密度（$\sim 10^{13}$ 个细胞/升）从而实现细胞的快速生长，上述过程是必须的。流动的液体培养基对细胞进行持续地培养，培养基中包含了作为

炭、氮和磷来源的化学物质,以及如盐、矿物质和维他命等其他的一些为细胞复制自然生长环境的组分。这些化学物质被称作营养物或者基质。由于大多数细胞对于生长环境的变化非常敏感,因此仔细地配制好液体培养基是非常重要的。在**好氧运行**中,细胞利用氧气作为一种基质,所以必须持续地向生物反应器供给空气以维持必要的溶氧浓度。相反,**厌氧运行**则无需利用氧气来达到细胞生长和产物生成的目的。通常在配制培养基的时候,要有一种基质能够限制细胞的生长,例如葡萄糖。这样的营养成分被称为**生长限制基质**。

生物反应器里的液体物质不断地被搅拌器混合在一起,从而使得降低生物反应器**生产率**的基质浓度和细胞密度的空间梯度最小。搅拌器的转速要选择适当,使得既能充分地混合液体又能避免产生过大的剪切力而导致细胞破裂。从图 19.1 可知,液体不断地从反应器中流出,使得反应器内液体体积为常数,这就是**连续操作模式**。液体的移除率可以用**稀释率**来表征,它是补料体积流量率与液体体积的比值。流出的液体中含有未被消耗的培养基组分、细胞的生物质以及细胞的排泄物。期望的产物需要通过一系列的回收和提纯操作才能够将其从其余成分中分离出来,期望的产物可能是细胞本身,也可能是如乙醇这样的细胞新陈代谢的产物。像二氧化碳这样的尾气也作为细胞新陈代谢的副产物而被生产出来。为使工业生物反应器有效运行,不仅需要提供必须的营养成分并且萃取期望的产物,同时还必须维持培养基和处理装备的无菌性。极少量的微生物污染就可以导致并非期望微生物的外来微生物的产生,从而造成生产率的完全损失以及生物反应器的意外关闭。

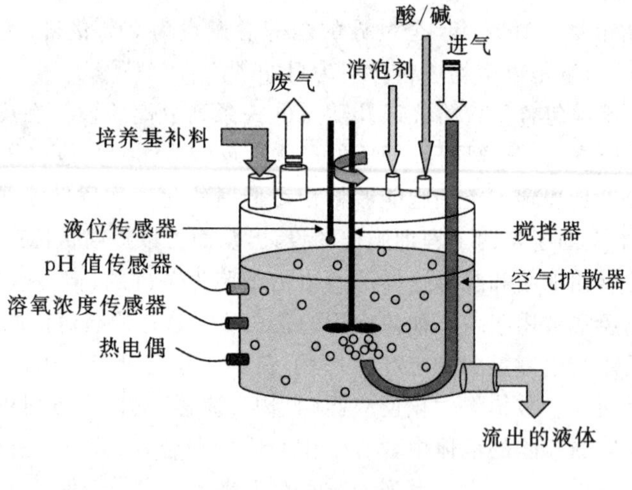

图 19.1 用于好氧生物制品制造的连续式生化反应器(生物反应器)。反应过程中需要不断地向生物反应器内供给含有基质的液体培养基以及含有氧气的空气流,以维持细胞的生长。同时需要不断地移除含有未消耗的基质、细胞的生物质和细胞新陈代谢产物的流体来维持液位恒定。并且需要在线测量液位、温度、pH 值和液体中的氧含量作为调节控制的反馈信号

为了能够更加充分地利用培养基,并且避免因连续移除液体而引起的微生物污染问题,许多工业生物反应器都运行在间歇或者**流加操作模式**。在间歇操作模式下,首先需要在生物反应器中装入细胞和培养基,然后在没有培养基补料和液体排出的情况下运行至预先设定的终止时间。流加操作模式则不同于间歇操作模式,需要在反应器中连续地供给新鲜的培养基。

因为没有液体排出，所以反应器中液体的体积不断增长，直至运行至最后的批次时间(batch time)。流加操作模式的一个优点是营养水平连续不断地发生变化以达到有利的细胞生长条件，同时避免了培养环境被污染的重大风险。

图 19.2(a)中为 New Brunswick Scientific 公司生产的生物反应器系统。这个由圆柱形不锈钢容器构成的 1500L 的生物反应器，安装了大量不锈钢管道、阀门和电子设备，以便于控制补料和液体流出的速率，并且持续地监控生长条件。位于生物反应器顶端的盖板上有许多开口，如图 19.2(b)所示，可以插入补料和排出液体的管道，以及一些用于测量液体混合物的温度、pH 值、液位和氧浓度的探测器(见图 19.1)。

图 19.2 用于生物制品制造的工业规模级生物反应器。(a)中是完整的生物反应器系统，其中包括 1500L 的反应器皿以及能够控制流率和连续监测生长条件的不锈钢管道、阀门和电子设备；(b)中是生物反应器的顶盖，它具有开口，可以插入用于补料/排出流体的管道和浸入液体中用于测量反应液体性质的传感器。(本图由 New Brunswick Scientific 公司提供)

19.3 生物反应器的监测与控制

与石油和化工领域相比，过程控制在生物科技工业中发挥的作用相对有限。但是随着药品专利的终结以及全球范围内生化制造业竞争的不断加剧，这种情况正在发生转变。在美国，药品生产过程的各个方面都要受到食品药品管理局的强制认证，这就严格要求过程控制系统提供可复现的工作条件，并且保证产品质量的一致性。当生产如乙醇这样的依赖于规模经济的日用生化制品时，过程控制尤为重要。

生物反应器的一个独有特征是其异常缓慢的动态特性，它可以用连续操作模式下的停留时间(稀释率的倒数)来表征。典型的稀释率 $0.2h^{-1}$ 相当于开环时间常数为 5h。这种非常缓慢的动态特性对于控制系统的设计具有重要的影响。在供给配制好的营养液,而又需要同时避免对生产率不利的生长条件时,可以使用设计好的常规的生物反应器控制系统。每种细胞类型都具有一种支持自身生长的独特且范围狭窄的环境条件。大部分生物反应器使用简单的比例-积分-微分(PID)反馈控制回路将液体的温度、pH 值和氧浓度保持在预先设定的值。与生长率这种可以更加直接地量测细胞状态的生理变量相比,环境变量更容易通过廉价、精确和可靠的传感器来进行测量[6],因此 PID 这种简单的控制结构更适用于环境变量。对于如细胞密度和产物浓度这样的关键的输出变量,这种控制结构代表的是一种无法应对工业生产环境中出现的细胞和培养基的变化的开环控制策略。

缺乏能够有效监控生化过程状态的在线传感器是实施过程控制的一个障碍。许多生理学的测量技术局限于只能在实验室环境中进行离线的分析[7]。然而,在线测量技术的研究进展促进了基于模型的控制策略的发展,从而为改善生物反应器的性能提供了可能性。例如,在线的分光光度计目前常用于测量细胞生物量的浓度[7];通过具有自动采样系统,以及具有在线气相色谱分析和高效液相层析功能的生化分析仪,可以获取液体培养基中的基质和产物浓度[6,7]。更多的精密测量技术正在研发之中,它们可以对细胞内各组分浓度和细胞群体间的不均匀性进行在线测量。

19.4 生化反应器的动力学建模

由于细胞新陈代谢的复杂性,生物反应器的数学建模是一个具有挑战性的问题。对基础知识的需求、模型构建与验证对数据的需求、计算量的要求以及模型的预期用途等因素决定了模型的复杂程度。根据对个体细胞描述的详细程度,可以对生物反应器的动力学模型进行分类。对于细胞新陈代谢最机械化的描述是以结构化的动力学模型为基础的,它将个体酶催化反应的速率嵌入到细胞内各组分的动态质量平衡方程中[8]。由于在实验上对酶动力学进行大规模辨识很困难,这些常微分方程模型仅能够有效地描述初级代谢途径,并不适用于描述影响细胞生长和产物合成速率的完整的新陈代谢过程。因此,这些模型还没有应用于生物反应器的控制。

分离化模型可以根据细胞质量或 DNA 含量等内部变量来区分个体细胞,从而能够解释细胞群体的不均匀性。虽然已经通过仿真研究探索了基于分离化模型的控制策略[9],但是在实际中建立和验证这些偏微分方程模型是非常困难的。由于数学上简单,以细胞新陈代谢的非结构化描述和细胞群体的非分离化表示为基础建立的动力学模型,最适合于基于模型的控制器设计[10]。这种方法不是对个体的酶催化反应进行建模,而是采用集总式的方法描述细胞新陈代谢的过程。这种模型方程忽略了细胞的不均匀性,表示了一个"平均"细胞的动力学特性。应用这种**非结构模型**进行生物反应器控制是本章的重点。

19.5 连续操作模式

连续式生物反应器典型的非结构化动力学模型由下列常微分方程组成[11]:

$$\begin{aligned}\frac{\mathrm{d}X}{\mathrm{d}t} &= -DX + \mu(S,P)X \\ \frac{\mathrm{d}S}{\mathrm{d}t} &= D(S_f - S) - \frac{\mu(S,P)}{Y_{xs}}X \\ \frac{\mathrm{d}P}{\mathrm{d}t} &= -DP + \left[Y_{ps}\frac{\mu(S,P)}{Y_{xs}} + \frac{1}{Y_{xp}}\right]X\end{aligned} \tag{19.1}$$

其中 X 是细胞**生物量**的浓度，S 是生长限制基质的浓度，P 是期望产物的浓度，S_f 是原料流中生长限制基质的浓度，而 $D=F/V$ 是稀释率，其中 F 是原料流的体积流率，V 是生物反应器中恒定的液体体积。**比生长速率**函数 μ 表征细胞的生长。**得率系数** Y_{xs} 代表单位质量的基质所生成的细胞质量。与之类似，与生长有关的得率 Y_{ps} 表示单位质量基质生成的产物质量，与生长无关的得率 Y_{xp} 表示每单位质量的与生长无关的生物量生成的产物质量。虽然这些得率系数都经常随着环境条件的变化而变化，但是为了简单起见通常将它们当作常数对待。

动力学模型的精确度严重依赖于生长速率函数的辨识结果，生长速率函数充分描述了在一系列环境条件下细胞的生长状况。函数

$$\mu(S,P) = \frac{\mu_m(1-P/P_m)S}{K_m + S + S^2/K_i} \tag{19.2}$$

具有充分的一般性，可以描述多种实际状况[12]，其中 μ_m 是最大生长速率，K_m 是基质饱和常数，K_i 是基质抑制常数，P_m 是产物抑制常数。当 K_i 和 P_m 无限大，可以忽略基质和产物的抑制作用时，我们可以得到一个简单的饱和函数。在这种情况下，生长速率随着基质浓度的增加而单调地增长，其中 μ_m 表示基质浓度无穷大时得到的最大生长速率。当基质浓度和/或产物浓度过高抑制了细胞生长时，在式(19.2)中需要使用更为一般的表达式 $\mu(S,P)$。例如，当产物乙醇的浓度足够大的时候就会抑制酵母菌的生长。对于在标准条件下生长的普通细胞种类，容易获得其产量和比生长速率参数。否则，就必须采用离线参数估计技术根据实验数据来确定这些参数[4]。

通过两种类型的平衡解可以表征连续式的生物反应器模型(式(19.1))的稳态行为。第一种相当于不期望的平凡解或者**冲出**解(washout solution)

$$\overline{X} = 0 \quad \overline{S} = s_t \quad \overline{P} = 0 \tag{19.3}$$

其中上横线表示稳态解。当从生物反应器移除细胞的速率超过细胞生长速率时，就会出现冲出现象。这种情况下，细胞最终会从反应器中消失，并且也不会消耗进入反应器的基质。生物量浓度和产物浓度严格为正的非平凡稳态解的数量取决于比生长速率函数。在没有基质和产物的抑制作用时，生长速率函数(式(19.2))只有一个非平凡解。当稀释率 D 低于与模型参数值有关的临界稀释率 D_c 时，非平凡稳态解是稳定的[13]。否则，冲出的稳态是稳定的，因为停留时间不够长难以维持细胞的生长。因此，在设计控制系统的时候，必须要考虑在稳定裕度(要求 D 小)和高通量(high-throughput)(要求 D 大)之间进行折衷。

例 19.1　连续式生物反应器中的厌氧酵母菌的生长

动力学模型(式(19.1)和(19.2))已经被用于描述连续式生物反应器中限制性葡萄糖基质作用下的**酵母细胞**的厌氧生长[12]。这种情况下，X 是酵母菌浓度，S 是葡萄糖浓度，P 是乙醇浓度。式(19.2)中的函数描述了高葡萄糖浓度和高乙醇浓度对细胞生长速率的抑制作用，并

且在模型中引入了稳态输入的多样性[12]。可以根据乙醇生产率 $Q=DP$ 来评估生物反应器的性能,乙醇生产率表示在单位时间内每单位体积的反应器液体生产的乙醇质量。对于一组给定的模型参数[12](为了简洁起见这里不再列出),输入多样性由 P-D 曲线上的最大值表征,在该点处稳态增益变号(见图 19.3)。当控制的目标是通过调节 D 使得生物反应器稳定在最大生产率附近时,零稳态增益的出现给控制系统设计造成了困难。将补料基质浓度 S_f 作为输入变量时,可以观察到类似的特性。

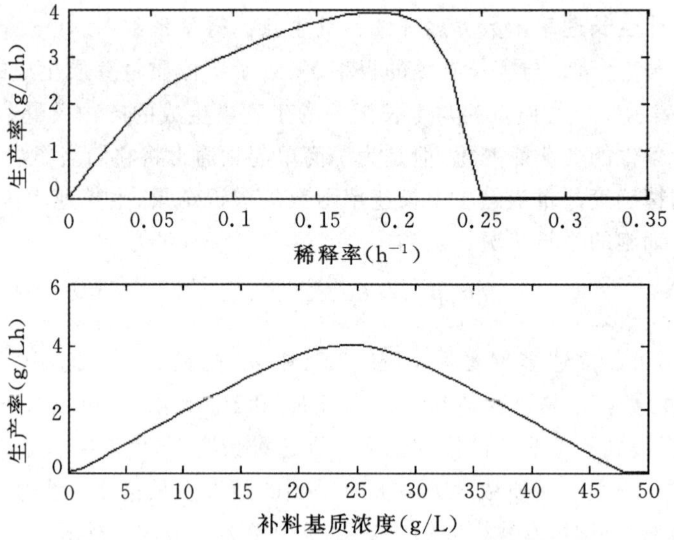

图 19.3 由连续式酵母菌生物反应器模型预测的乙醇稳态生产率,它是稀释率 D 和补料葡萄糖浓度 S_f 的函数

生物反应器模型(式(19.1)和(19.2))的动态特性也表现出了明显的非线性。图 19.4 描绘了对于稀释率 D 和补料葡萄糖浓度 S_f 的不同的阶跃变化,从一个接近于最优生产率的共同初始条件开始,乙醇浓度 P 的演变情况。由于冲出稳态对于正向的变化变得稳定,因此 D 的最大的正负阶跃变化产生了高度非对称的响应。对于 S_f 的最小的正负阶跃变化,可以看出特征时间常数与稳态增益都具有显著的差异。对于 S_f 的最大的阶跃变化,由于最大生产率处增益的奇异性使得正向变化产生了一个反向响应,因此非对称性更加显著了。在设计控制器的过程中,必须要考虑上述强非线性的影响。

19.6 间歇和流加操作模式

通过适当地修改模型方程中与流量相关的项,可以对连续式生物反应器模型(式(19.1))进行改写,来描述间歇或流加操作模式[4]。间歇式生物反应器工作时,首先要在反应器皿中装载培养基和预生长的细胞,使得细胞生长可以持续进行,然后在预定的时间,从反应器中移除反应液体,以便从中回收期望的产物。除了在细胞生长的过程中有新鲜的培养基补充到反应器中之外,流加式生物反应器的工作过程与间歇式生物反应器类似。由于间歇式和流加式生

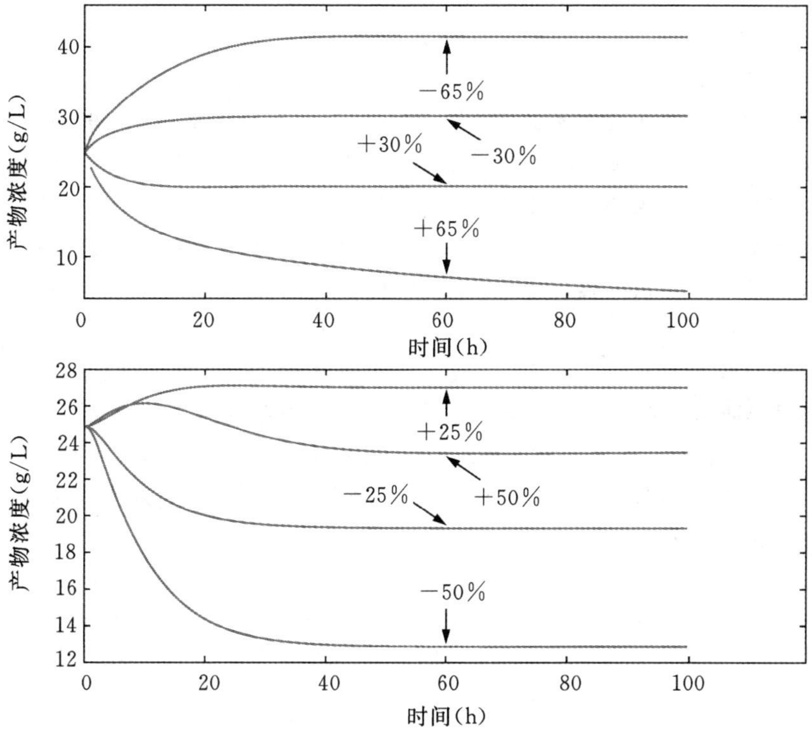

图 19.4 连续式酵母菌生物反应器模型的动态特性仿真结果。仿真是从一个共同的初始条件开始，由稀释率 D(上图)和补料葡萄糖浓度 S_f(下图)发生对称的阶跃变化而得到的

物反应器本身固有的动态操作特性，稳态工作点的概念对于它们是没有意义的。

例 19.2 流加式生物反应器中好氧和厌氧酵母菌的生长

我们可以采用流加操作模式来限制高的乙醇浓度对酵母菌生长的抑制作用，提高乙醇的总产量。除了贯穿整个批次的葡萄糖补料之外，典型的操作策略还包括在批次初始阶段的好氧生长，以使得生物量的产量达到最大化，以及紧随其后的厌氧生长阶段，以使得乙醇产量达到最大化。描述好氧和厌氧生长的非结构化的动力学模型由下列常微分方程组成：

$$
\begin{aligned}
\frac{\mathrm{d}V}{\mathrm{d}t} &= F \\
\frac{\mathrm{d}(VX)}{\mathrm{d}t} &= (\mu_f + \mu_o)VX \\
\frac{\mathrm{d}(VS)}{\mathrm{d}t} &= FS_f - \left(\frac{\mu_f}{Y_{sf}} + \frac{\mu_0}{Y_{so}}\right)VX \\
\frac{\mathrm{d}(VP)}{\mathrm{d}t} &= Y_{ps}\left(\frac{\mu_f}{Y_{sf}}\right)VX
\end{aligned}
\tag{19.4}
$$

其中 μ_f 和 μ_o 分别是厌氧(发酵)和好氧(氧化)生长的生长速率，Y_{sf} 和 Y_{so} 分别是对应的基质得率系数，与生长无关的产物得率 $Y_{xp}=0$。这两个生长速率函数具有如下形式：

$$\mu_f = \mu_{fm} \frac{S}{K_{sf} + S + S^2/K_{isf}} \frac{1}{1 + P/K_{ipf}} \frac{1}{1 + O/K_{iof}}$$
$$\mu_o = \mu_{om} \frac{S}{K_{so} + S + S^2/K_{iso}} \frac{1}{1 + P/K_{ipo}} \frac{O}{K_O + O} \tag{19.5}$$

其中 O 是液体中相对于饱和值的氧浓度，当 $O=0\%$ 时，对应于厌氧条件，当 $O=100\%$ 时，对应于完全的好氧条件，K_{ij} 代表一些不变的模型参数。尽管细胞需要消耗氧气，但是通过合理设计的控制器能够控制进入生物反应器的气流，因此我们也可以假定氧浓度是不变的。由于厌氧生长发生在无氧的情况下，因此厌氧生长速率 μ_f 除了一般的基质依赖性之外，也会受到高乙醇浓度和高氧浓度的抑制。相比之下，好氧生长速率 μ_o 是氧浓度的递增函数，因为好氧生长只发生在有氧的情况下。

通过合理地选择补料体积流率 $F(t)$，我们可以利用动力学模型(式(19.4)和(19.5))模拟间歇式和流加式生化反应器。特别是可以设定 $F(t)=0$ 来获得间歇式操作。对于一组给定的模型参数(为了简洁起见这里不再列出)，图 19.5 给出了厌氧和部分好氧($O=50\%$)条件下间歇式操作的仿真结果。与好氧生长相比，厌氧生长的特征是葡萄糖消耗得更加缓慢、生物量生产得更少以及乙醇生产得更多。

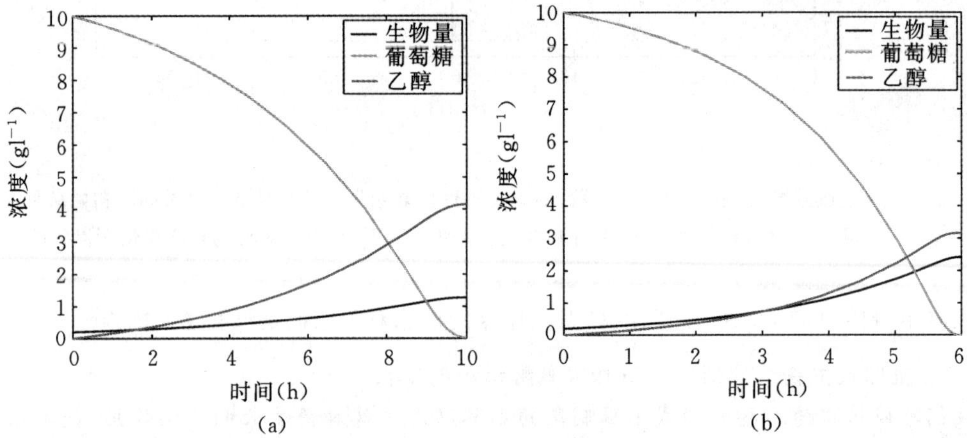

图 19.5 厌氧条件下(a)和部分好氧($O=50\%$)条件下(b)，间歇式酵母菌生物反应器模型的动态特性仿真结果

19.7 生化反应器的工艺流程控制

无论何种生物反应器的操作模式，其控制的目标都是最大化期望产物的总产量。大多数生物反应器都装备了在线的测量液体温度、pH 值、液位和氧浓度的传感器。因此可以利用简单的 PID 调节回路使得 pH 值和温度保持在预先给定的恒定设定值，从而促进细胞的生长和产物的形成。养分的流量率和浓度可以作为更高级控制器主要的被调节输入。对于只有单一的限速基质的简单情况，可以将补料流量率 F 和补料基质浓度 S_f 作为被调节的输入。

能够实现控制目标的合理控制策略在很大程度上取决于操作模式、在线测量量的可用性以及生物反应器动力学模型的准确性。最重要的一个决定因素是操作模式,因为连续操作涉及到平衡点处的调节,而流加操作需要跟踪动态轨迹。由于连续和流加控制问题的性质从根本上不同,因此下面将这两种情况分开考虑。由于间歇式生物反应器没有补料和移除液体的操作,不能在批次的中间进行反馈控制,因此就不对其进行进一步地讨论。然而,批次对批次(run-to-run)控制策略已经成功地应用于间歇式的操作中[14]。

19.8 连续式生化反应器

一种典型的控制目标是调节控制系统,使其处于稳态生产率达到最大的工作点。确定一个合适的工作点是非常重要的,因为环境对细胞新陈代谢的复杂影响可能会导致系统的高度非线性的行为(见图 19.3)。工业实践中通常利用耗时并且昂贵的实验设计方法来确定工作点[15]。当能够获得足够精确的生物反应器模型时,可以使用简单的优化技术离线地确定最佳工作点[12]。基于自适应极值搜索控制的在线优化策略可以校正许多非结构化的生物反应器模型中出现的显著误差[16]。

一旦确定了期望的工作点,下一步就是要设计一个反馈控制器,要求该控制器能够不受不可测量的扰动的影响而实现其调节作用,而这些扰动源自营养成分的变化、液体的非充分混合、不完善的 pH 和温度控制以及未建模的细胞行为等。采用简单的 PID 和基于模型的控制策略都是为了这个目的。获取在线测量数据作为反馈信号对于控制器的设计具有重要影响。能够提供液体中氧浓度和二氧化碳气体浓度测量的分析仪器由于其可靠性高和成本相对低廉,已经被广泛地应用于控制系统的设计[17]。这种方法的主要局限是上述的浓度测量量是对细胞状态的间接观测,因此不能期望将这些测量量调节到一个预定的稳态值就能够获得最优的生产率。

能够应用可以直接测量基质和产物浓度的在线分析仪器,使得开发更为有效的生物反应器的控制策略成为了可能。商用仪器可以每隔几分钟提供这些浓度的测量数据,而典型的连续式生物反应器的时间常数是几个小时。分析仪器快速的采样率使得我们可以像连续时间那样去考虑控制器的设计问题。由于生物反应器动态特性的高度非线性和不确定性,非自适应以及自适应的非线性控制策略都引起了人们的关注[17]。连续式生物反应器模型非常适合采用基于微分几何的非线性控制器设计方法[18],并且也已经有关于状态空间线性化[19]和**输入-输出线性化**[20]技术的研究。由于需要在一个指定的设定值处对被控输出进行无偏调节,通常输入-输出线性化是首选的方法。

由于反馈线性化控制策略需要关于细胞生长和产物得率的精确描述,并且获取生物量、基质和产物浓度的在线测量数据也受到限制,因此该方法在实际应用中具有局限性。尽管通常我们可以获得相当精确的得率系数,然而在生物反应器较宽的运行条件范围内确定一个描述细胞生长的速率函数,众所周知是非常困难的。文献[11,21]通过实验评估了将生长速率 μ 当作未知时变参数的自适应形式的输入-输出线性化方法。虽然生化测量技术的最新进展有利于实现基于模型的控制器,但是目前工业生产过程中仍然缺少对生物量、基质和产物浓度的在线测量手段。在这种情况下,可以把简单的非线性状态估计器[22,23]与自适应的输入-输出线性化控制器结合起来,获得令人满意的闭环性能[21]。

例 19.3　连续式酵母菌生物反应器的输入-输出线性化控制

为了镇定预先确定的稳态工作点以及跟踪乙醇生产率的设定值,文献[12]已经将动力学模型(式(19.1)和(19.2))用于设计反馈线性化控制器。这里概述线性控制器的设计步骤,其中以稀释率 D 作为被调节的输入,乙醇生产率 $Q=DP$ 作为被控输出。由于输出明显依赖于输入,因此该系统的相对阶次为零,控制器设计如下[12]:

$$Q = V = \frac{1}{\varepsilon}\int_0^t [r(\tau) - Q(\tau)]\mathrm{d}\tau \Rightarrow DP = \frac{1}{\varepsilon}\int_0^t [r(\tau) - D(\tau)P(\tau)]\mathrm{d}\tau \tag{19.6}$$

其中 $v(t)$是反馈线性化系统的被调节的输入,$r(t)$是生产率的设定值,ε 是控制器的调节参数。当假定 $Q(0)=r(0)$时,可由控制律(式(19.6))得到如下的闭环传递函数:

$$\frac{Q(s)}{r(s)} = \frac{1}{\varepsilon s + 1} \tag{19.7}$$

该控制律(式(19.6))是被调节输入 D 的隐函数。可以通过式(19.6)对时间的微分得到显式的控制律

$$\frac{\mathrm{d}D}{\mathrm{d}t} = \frac{1}{\rho}\left[\left\{DP - \left(\frac{Y_{ps}\mu}{Y_{xs}} + \frac{1}{Y_{xp}}\right)\right\}D + \frac{1}{\varepsilon}(r - DP)\right] \tag{19.8}$$

图 19.6 所示为初始条件在最优生产率附近时,设定值的跟踪性能。对于小的变化(±5%),控制器给出了对称的生产率响应,对于大幅度的负变化(−10%),控制器给出了线性响应。然而对于大幅度的正变化(+10%),由于在最大生产率处过程增益的符号改变,控制器遇到了奇点。结果稀释率变得无界,控制系统也变得不稳定。图 19.7 给出了在时间零点处补料基质浓度出现阶跃扰动时的控制性能。由于这种扰动的相对阶次为 2,因此对于正变化(+25%),控制器具有完美的控制性能和稳定的闭环性能(见图 19.8)。然而,负变化(−25%)导致控制器遇到了增益奇点,由于稀释率变得无界,控制系统也变得不稳定(见图 19.8)。已经有研究人员提出了克服奇点问题的简单方法[12]。

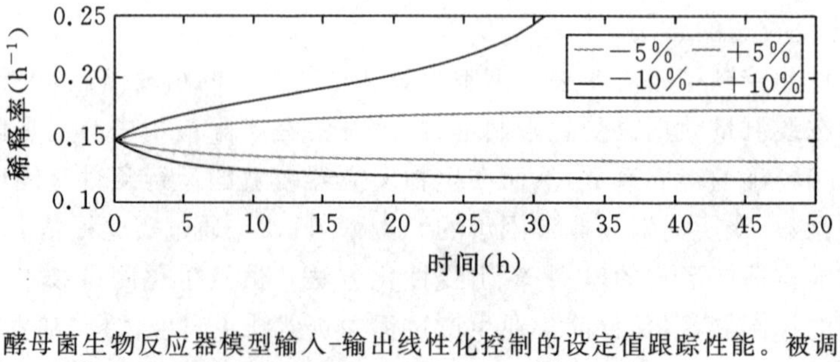

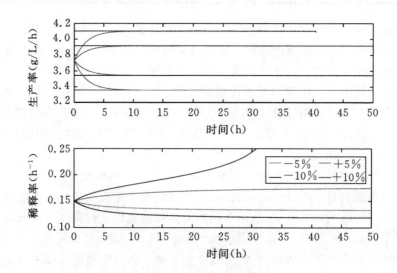

图 19.6　连续式酵母菌生物反应器模型输入-输出线性化控制的设定值跟踪性能。被调节的输入为稀释率 D,被控输出为乙醇生产率 Q。生产率设定值 r 在零时刻相对标称值变化了±5%和±10%

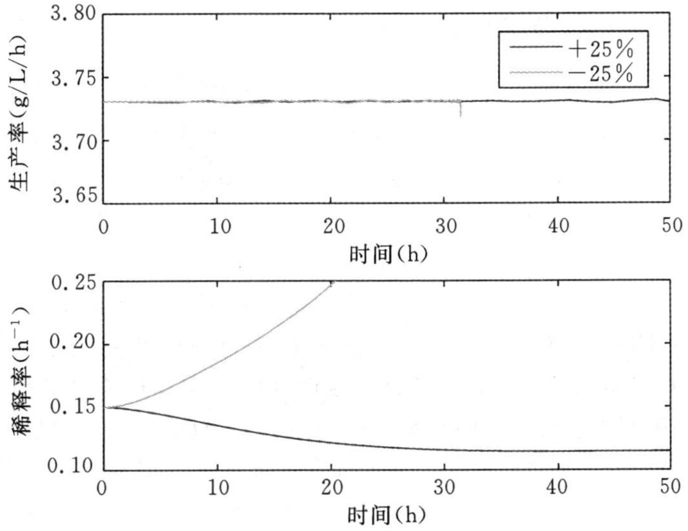

图 19.7　连续式酵母菌生物反应器模型输入-输出线性化控制的抗扰动性能。被调节的输入为稀释率 D,被控输出为乙醇生产率 Q。补料基质浓度 S_f 在零时刻相对标称值变化了±25%

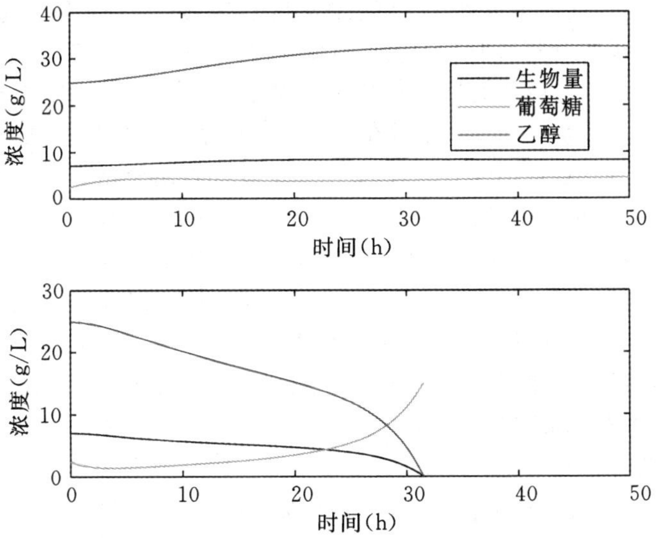

图 19.8　当补料基质浓度 S_f 在零时刻相对标称值变化了+25%(上图)和−25%(下图)时,连续式酵母菌生物反应器模型输入-输出线性化控制的闭环轨迹

19.9 流加式生物反应器

由于流加式生物反应器在有限的批次时间内动态地运行,这就对控制系统的设计提出了独特的挑战。控制的目标是在最终的批次时间使得产物的量最大化,而不是镇定一个固定的工作点。生产率取决于初始批次的条件、基质补料策略和批次持续时间。一类简单的流加式生物反应器控制策略以调节基质和产物浓度达到一个预先确定的设定值为基础,使得预测的细胞生长速率最大化[23,24]。

由于被调节的变量对细胞生长和产物形成的影响十分复杂,因此需要使用计算的方法严格地确定最优流加控制策略。我们可以通过求解一个最优控制问题来确定开环最优策略[10,17]。典型地,可以将期望的产物在最终批次时间的总质量作为目标函数,在满足由动力学模型方程和操作限制因素所施加的约束条件的情况下,使得目标函数最大化。在进行动态优化时,人们已经使用了多种计算算法。例如顺序求解方法,它需要在动态仿真代码与非线性规划代码之间反复地迭代,其中动态仿真代码集成了已给定了候选补料策略的生物反应器的模型方程,而非线性规划代码则用于处理动态仿真的结果,从而确定改进的补料策略。虽然顺序求解方法简单易开发,但对于大型的优化问题,它的收敛速度缓慢,并且偶尔会求解失败。

联立求解方法可以提供更为有效和鲁棒的问题解决方案[25],在这种方法中,可以把模型集成与操作策略优化嵌入到一个单一的计算算法中。该方法的一个难点是大部分的非线性规划代码无法适应于微分方程约束的情况。以时间离散化的动力学模型方程为基础的联立求解方法,由于能够明确地说明状态依赖性约束条件,并且能够适用于大型的优化控制问题,因此其效果很好。已有文献将动态优化方法应用于模拟的流加生物反应器[16,26]和实验系统[27]。其中一个具有代表性的问题就是通过控制基质补料流量率使得蛋白质产量达到最大化[28]。

流加优化问题的数值解产生了一个旨在最大化生产率的开环控制策略。实际上,由于存在结构建模误差和批次间难以预测的扰动,直接实现开环控制策略会产生次优的效果。当可以使用测量信息时,我们可以将反馈控制器和在线状态估计器结合起来用以校正动力学模型的预测结果,这是一种处理未建模动态特性的标准方法。流加式操作的一个独有特征是存在最终的批次时间,因此随着批次的进行,预测和控制的时间范围变得越来越短。以时间收缩概念为基础的模型预测控制的扩展方法,是通过假设预先确定的初始批次条件和固定的最终批次时间来解决这类问题的。通过使用最新的状态估计值来重新设置生物反应器模型的初始条件,可以解决从当前时刻到最终批次时间的时间收缩控制问题。为了补偿模型的误差和扰动,只实施计算得到的第一组补料基质改变量,然后在下一时刻,使用新的状态估计在更短的时间范围内去求解优化问题。研究人员已经提出在流加式生物反应器中应用时间收缩控制[29,30],将来预期会有更多的仿真和实验研究。

例 19.4 流加式酵母菌生物反应器的开环优化

为了计算最优的开环操作策略,我们已经应用了流加式生物反应器中酵母菌好氧和厌氧混合生长动力学模型(式(19.4)和(19.5))。通过控制初始体积 $V(0)$ 和葡萄糖浓度 $S(0)$、补料流量率 $F(t)$ 和氧浓度 $O(t)$ 以及最终批次时间 t_f,可以使得乙醇产量达到最大化。通过指定变量的上下限可以保证获得物理上可以实现的解决方案。并且我们可以利用有限元 Radau

配置法对生物反应器模型方程进行时域的离散化，以及通过非线性规划工具 CONOPT 的 AMPL 接口来求解由此产生的优化问题。

图 19.9 描绘了葡萄糖和氧的补料曲线，以及应用最优控制策略获得的状态曲线。最初，这种控制策略没有产生葡萄糖补给，而产生了平衡细胞生长和乙醇生产速率的部分好氧条件(见图 19.9 上图)。葡萄糖浓度持续的下降直至葡萄糖补料开始，此时葡萄糖浓度保持在一个使得好氧和厌氧混合生长速率最大的常值(见图 19.9 下图)。整个批次过程中氧浓度都在下降，直至获得了完全的厌氧条件，这代表了从生物量生产到乙醇生产的转换。为了满足最大液体体积约束，在接近最终批次时间时，控制策略会停止葡萄糖补料。

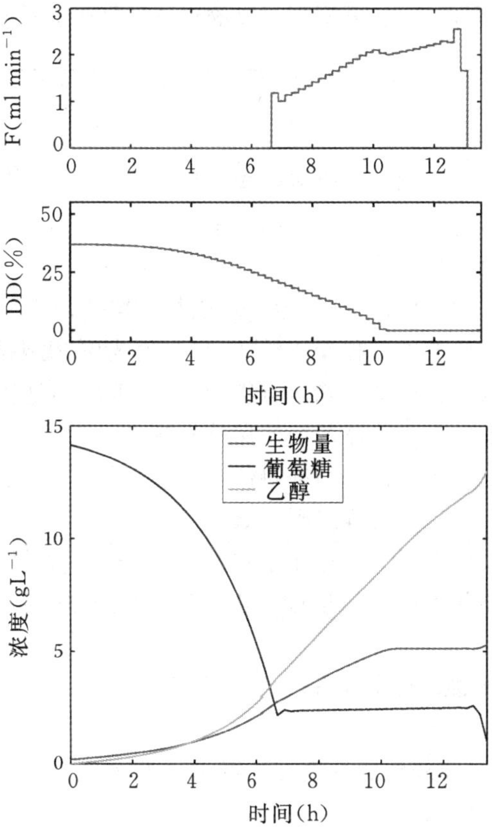

图 19.9　流加式酵母菌生物反应器模型中乙醇生产率的开环优化。上图为最优的葡萄糖和氧的补料曲线，下图为由最优策略得到的葡萄糖、生物量和乙醇浓度曲线

19.10 展望

工艺流程控制预期将在生物科技工业中发挥日益重要的作用。生化制造业面临的最重要的挑战之一，是利用在线测量技术的进步来发展反馈控制系统，从而获得连续式和流加式生物反应器的最优生产率。本章对目前以细胞生长和产物形成的非结构化动力学模型为基础的生

物反应器控制策略进行了综述。尽管这些模型已经被广泛地接受，但是它们仍然存在一些根本的局限性，尤其是对细胞新陈代谢的集总描述和关于细胞均匀性的假设。除了扩展现有方法的适用性之外，今后的工作将集中在应用更加精细的动力学模型进行生物反应器的优化与控制方面。

在细胞内动力学特性远远快于细胞外动力学特性这个合理的假设条件下，可以利用稳态的质量平衡方程来描述细胞内的反应途径。将稳态的细胞内模型与关键的细胞外基质和产物的瞬态质量平衡方程结合起来，可以实现对生长速率和产物得率的动态预测[31]。这种模型最近被用于开发流加式生物反应器的优化控制策略[32]。利用在线的流式细胞仪的最新进展，可以对细胞群体的均匀性进行实时量化[33]。我们可以利用对 DNA 和蛋白质含量分布的动态测量作为非线性控制器的反馈信号，从而实现对细胞群体属性的直接控制[9]。

19.11 术语定义

好氧运行：一种给生物反应器持续供氧的操作模式。

厌氧运行：一种不给生物反应器供氧的操作模式。

生物量：所有细胞的总质量。

生物反应器：细胞生长的器皿，其中的生长环境是可控的。

连续操作模式：生物反应器的一种操作模式，在该模式中，需要给生物反应器持续地供给含有基质的液体，同时从其中持续地移除含有细胞、未被消耗的基质和产物的液体，供给和移除的速率相等，使得生物反应器中液体的液位保持不变。

稀释率：生物反应器中液体的体积与补料体积流量率的比值，它与生物反应器停留时间的倒数相等，停留时间是主要的工艺流程时间常数。

流加操作模式：生物反应器的一种操作模式，在该模式中，需要持续地给生物反应器供给含有基质的液体，但同时不从反应器中移除液体。有限的操作时间和不存在稳定状态是该模式的特征。

流加优化：确定一种流加式操作策略，特别是基质补料曲线，使得如生产率这样的生物反应器的性能指标达到最优。

输入-输出线性化：一种非线性的反馈控制器设计方法，它是以在被控输出与其设定值之间建立的闭环线性关系为基础的。

产物：细胞在生物反应器中产生的生化物质。

生产率：单位体积和单位时间内期望产物的总质量。

比生长速率：生物量随时间增长的速率，通常是基质浓度和产物浓度的函数。

基质：供给至生物反应器内的对于细胞生长所必需的一种生化物质。生长限制基质是唯一一种不能过度供给的基质。

非结构化模型：一种生物反应器的动力学模型，它是以对细胞新陈代谢进行集总描述为基础的。

冲出：连续式生物反应器的一种非期望的稳定状态，在这种状态中不产生细胞。

酵母菌：一类微生物细胞，它被广泛应用于工业中，尤其是乙醇的生产。

19.12　补充信息

关于生物反应器建模与控制的基本知识在一些生化工程的入门教材[3]和综述性文章[18]中都有所涉及。开发比本章所描述的非结构化的建模方法更加先进的建模技术，是一个研究热点[3,8,9,13,31]。在生物反应器中应用如反馈线性化[12,14,19,20]和非线性自适应控制[11,16,21,23]这样的基于模型的先进控制技术，已经引起了人们的重视。若读者想要了解关于流加式生物反应器优化方法的更多详尽描述以及其他应用，请参见文献[26～28,32]。

致谢

感谢 Jared L. Hjersted 为获得图 19.5 和图 19.9 所示的流加仿真和优化结果所做的工作。

参考文献

1. A. Harrington, Honey. I shrunk the profits, *Fortune*, vol. 147, no. 7, pp. 197 - 199,2003.

2. C. Berg. World ethanol production and trade to 2000 and beyond,January 1999. Available atwww. distill. com/berg.

3. G. N. Stephanopoulos, A. A. Aristidou, and J. Nielsen. *Metabolic Engineering: Principles and Methodologies*, New York, NY: Academic Press, 1998.

4. M. L. Shuler and F. Kargi. *Bioprocess Engineering: Basic Concepts*, 2nd ed., Upper Saddle River, NJ: Prentice-Hall, 2002.

5. M. Kalyanpur. Downstream processing in the biotechnology industry, *MolBiotechnol.*, vol. 22, no. 1, pp. 87 - 98, 2002.

6. B. Sonnleitner. Instrumentation of biotechnological processes, Adv. *Biochem. Eng. Biotechnol.*, vol. 66, pp. 1 - 64, 2000.

7. K. C. Schuster. Monitoring the physiological status in bioprocesses at the cellular level, *Adv. Biochem. Eng. Biotechnol.*, vol. 66, pp. 185 - 208, 2000.

8. A. K. Gombert and J. Nielsen. Mathematical modeling of metabolism, *Curr. Opinion Biotechnol.*, vol. 11, no. 2, pp. 180 - 186, 2000.

9. M. A. Henson. Dynamic modeling of microbial cell populations, *Curr. Opinion Biotechnol.*, vol. 14, no. 5, pp. 460 - 467, 2003.

10. A. Lubbert and S. B. Jorgensen. Bioreactor performance: A more scientific approach for practice, *J. Biotechnol.*, vol. 85, no. 2, pp. 187 - 212, 2001.

11. G. Bastin and D. Dochain. *On-Line Estimation and Adaptive Control of Bioreactors*, Amsterdam: Elsevier, 1990.

12. M. A. Henson and D. E. Seborg. Nonlinear control strategies for continuous fermentors, *ChemEngSci*, vol. 47, no. 4, pp. 821 - 835, 1992.

13. J. Nielsen and J. Villadsen. *Bioreaction Engineering Principles*, New York, NY: Plenum Press, 1994.

14. D. Bonvin, B. Srinivasan, and D. Hunkeler. Batch process control, *Control Systems Magazine*, vol. 26, pp. 54 - 62, 2006.

15. S. Parekh, V. A. Vinci, and R. J. Strobel. Improvement of microbial strains and fermentation processes, *Appl. Microbiol. Biotechnol.*, vol. 54, no. 3, pp. 287 - 301, 2000.

16. T. Zhang, M. Guay, and D. Dochain. Adaptive extremum seeking control of continuous stirred-tankreactors, *AIChE J.*, vol. 49, no. 1, pp. 113 - 123, 2004.

17. K. Y. Rani and V. S. R. Rao. Control of fermenters: A review, *Bioprocess Eng.*, vol. 21, no. 1, pp. 77 - 88, 1999.

18. A. Isidori. *Nonlinear Control Systems II*, New York, NY: Springer, 1999.

19. T. Proll and N. M. Karim. Nonlinear control of a bioreactor model using exact and I/O linearization, *Int. J. Control*, vol. 60, no. 4, pp. 499 - 519, 1994.

20. J. el Moubaraki, G. Bastin, and J. Levine. Nonlinear control of biotechnological processes with growthproductiondecoupling, *Math. Biosci.*, vol. 116, no. 1, pp. 21 - 44, 1993.

21. D. Dochain and M. Perrier. Dynamical modeling, analysis, monitoring and control design for nonlinearbioprocesses, *Adv. Biochem. Eng. Biotechnol.*, vol. 56, pp. 147 - 197, 1997.

22. M. Farza, M. Nadri, and H. Hammouri. Nonlinear observation of specific growth rate in aerobic fermentation, *Bioprocess. Biosystem Eng.*, vol. 23, no. 4, pp. 359 - 366, 2000.

23. I. Y. Smets, J. E. Claes, E. J. November, G. P. Bastin, and J. F. van Impe. Optimal adaptive control of (bio) chemical reactors: Past, present and future, *J. Process Control*, vol. 14, no. 7, pp. 795 - 805, 2004.

24. C. Cannizzaro, S. Valentinotti, and U. von Stockar. Control of yeast fed-batch process through regulationof extracellular ethanol concentration, *Bioprocess. Biosystem Eng.*, vol. 26, no. 6, pp. 377 - 383, 2004.

25. L. T. Biegler, A. M. Cervantes, and A. Wachter. Advances in simultaneous strategies for dynamic processoptimization, *ChemEng Sci.*, vol. 57, no. 4, pp. 575 - 593, 2002.

26. J. R. Banga, E. Balsa-Canto, C. G. Moles, and A. A. Alonso. Dynamic optimization of bioprocesses: Efficientand robust numerical methods, *J. Biotechnol.*, vol. 117, no. 4, pp. 407 - 419, 2005.

27. G. Liden. Understanding the bioreactor, *Bioprocess. Biosystem Eng.*, vol. 24, no. 5, pp. 273 - 279, 2002.

28. D. Levisauskas, V. Galvanauskas, S. Heinrich, K. Wilhelm, N. Volk, and A. Lubbert. Model-basedoptimization of viral capsid protein production in fed-batch culture of recombinant Escherichia coliBioprocess. *Biosystem Eng.*, vol. 25, no. 4, pp. 255 - 262, 2003.

29. B. Frahm, P. Lane, H. Atzert, A. Munack, M. Hoffmann, V. C. Hass, and R. Portner.

Adaptive, modelbasedcontrol by the open-loop-feedback-optimal (OLFO) controller for the effective fed-batch cultivationofhybridoma cells, *Biotechnol. Prog.*, vol. 18, no. 5, pp. 1095 - 1103, 2002.

30. R. Mahadevan and F. J. Doyle III. On-line optimization of recombinant protein in fed-batch bioreactor, *Biotechnol. Prog.*, vol. 19, no. 2, pp. 639 - 646, 2003.

31. R. Mahadevan, J. S. Edwards, and F. J. Doyle III. Dynamic flux balance analysis of di-auxic growth in *Escherichia coli*, *Biophys. J.*, vol. 83, no. 3, pp. 1331 - 1340, 2002.

32. J. Hjersted and M. A. Henson. Optimization of fed-batch yeast fermentation using dynamic flux balancemodels, *Biotechnology Progress*, vol. 22, pp. 1239 - 1248, 2006.

33. N. R. Abu-Absi, A. Zamamiri, J. Kacmar, S. J. Balogh, and F. Srienc. Automated flow cytometry for acquisition of time-dependent population data, *Cytometry Pt. A*, vol. 51A, no. 2, pp. 87 - 96, 2003.

20

机器人手术

Rajesh Kumar
美国约翰霍普金斯大学

20.1 引言

目前,机器人已经被广泛地应用于外科手术之中。尽管对机器人辅助设备的研究几乎已经涉及了所有形式的外科手术,然而在复杂手术过程中特别是那些利用微创技术的外科手术中,机器人辅助设备的应用才是最为广泛地[1]。机器人的介入主要是力图减小或者消除人类能力的局限性,这些局限性包括颤动、疲劳、易变性,以及无法对那些在容积成像[计算机断层扫描(Computed Tomography,CT)和磁共振成像(Magnetic Resonance Imaging,MRI)扫描]中发现的病患进行准确地显示或者高精度的安全的靶向定位的情况。机器人设备还具有更好的接入性、灵活性和精确性。

一套外科手术机器人系统包括由机器人操控的具有更高精确性和灵活性的手术器械、用于成像和靶向定位的传感及可视化设备、以及规划、控制和监视手术过程的计算引擎。在早期的机器人手术应用中,使用的是经过改良的工业机械手臂,例如 ROBODOC 整形外科系统中使用的改进型 SCARA 机械手臂([2],Integrated Surgical Systems 公司,现在属于 Curexo Technology 公司)。ROBODOC 机器人驱动的气钻在股骨上钻一个髋关节植入腔要比人工钻孔更加精确。其他早期著名的医疗机器人还包括 Computer Motion 公司的 AESOP 腹腔镜相机夹持器,它采用了另一种改良的 SCARA 设计方案,目的是成为取代手持相机的人类助手。

随着计算技术和机器人技术的改进与实用化,更加先进的机器人系统和更为广泛地机器人外科手术应用出现了。与工业机器人的演变情形类似,尽管具有更高自动化程度的机器人应用[4]越来越常见,但是遥操作机器人系统(例如,da Vinci 机器人手术系统[3])仍然是当前阶段中使用最为广泛地设备。然而与工业应用不同的是,在将手术机器人用于人类之前,需要满足更加严格的面向特殊用途的安全性、精确性和可靠性的要求。

为了让患者受益,例如缩短手术恢复时间、减小手术切口、减少流血量以及获得更好的手术效果,机器人微创介入技术除了被应用于整形外科之外,正在被其他一系列的手术所采用。泌尿外科、妇科和一些心脏手术中已经广泛地采用了遥操作机器人手术。其他一些常见的机器人微创介入包括局部外照射(例如 Accuray 公司的 GammaKnife 系统)、局部放疗和一些针疗(例如活组织检查、消融和近距治疗)。自然腔道内镜手术(NOTES)和类似的一些新型微创技术正在引领更为复杂的机器人设备的发展与应用。机器人还被整合到了如康复技术和辅助技术等一些非手术医疗领域中。尽管视觉成像(摄像机和内窥镜)仍然是最常用的引导方式，但是已经有一系列如超声波、X 射线透视、CT 和 MRI 扫描这样的替代方式被用于在机器人治疗过程中发现目标。

本章对这些应用中涉及到的机器人操作控制进行介绍。这些内容旨在为读者提供基础的机器人系统知识，而不是进行综述。本章没有详细地介绍**机器人手术**的其他方面或者范围更加广阔的**计算机辅助的外科手术**领域。如果读者想要获取更多的参考资料，可以参阅对机器人外科手术的具体方面进行论述的大量综述性文章以及经过编辑的文献，包括 Taylor[5]、Faust[6]以及 Peters[7]等人论著在内的编辑文献，对广阔的计算机辅助手术的具体领域或者计算机辅助技术的介入领域进行的研究综述。最近的 *IEEE Robotics and Automation* 三部分专题[4,8,9]以及其中包含的参考文献，也提供了有关计算机辅助的外科手术各个方面的综述。对于面向临床应用的机器人设备，请参阅 Patel 等人[1]所著的文献以及其中包含的参考文献。

20.2 机器人手术系统

手术机器人的机构设计受到诸如精度(显微外科手术或者腹腔镜检查)、自动化水平(由计算机进行控制、遥操作或者直接操作)、介入类型(微创或者外治法)以及采用的成像和传感设备类型(MRI 或立体视觉内窥镜)等特定的应用需求的导向。其他的设计应考虑的事项包括类型、数量、灵活性、重量、要加载的手术器械的驱动、刚度和操作的透明性。此外，还需要考虑如容错性、无菌性和可靠性这样的临床需求。关于机构设计更为详尽的细节内容以及对其他的特定系统感兴趣的读者，可以参阅 Taylor[10]或者 Camarillo[11]等人的一些综述性文献以及其中的参考文献。

从控制的角度来看，可以概括地把大部分的手术机器人分为三类。第一类**计算机控制的机械手**是手术治疗组件中的一部分(也将其称作手术的 CAD/CAM 系统)，其目的旨在提高接入性能和精确性。第二类**遥控操作的机械手**具有微创接入功能和经过改良的灵活性，而第三类直接控制的**协同机械手**在减少和滤除颤抖的同时还能够保持动觉。在这些类别的内部还有其他的分类，例如，遥操作可以分为直接控制、共享控制和监督控制[12]。本章仅限于概括地分类。

20.2.1 计算机控制与 CAD/CAM

骨骼解剖中的目标可以是固定不动的，而且利用常见的 CT 和透视成像技术也容易对其进行成像。在一些没有使用机器人的手术场合，人们已经利用成像技术来规划此类外科手术了，而且利用机器人的术语来定义有机器人应用的外科手术的目标也是相对容易的。这些手术中的常见任务包含对骨头进行整形或者切割以提供到脊柱或者神经的入口，以及生成一个用于放置螺丝或者植入物的腔体，或者为了重建的目的而进行的骨骼塑形。整形外科或许是最深入地探究手术 CAD/CAM 的专业了。这些手术任务中精确度的目标强调的是几何上的准确性，以防止对附近神经或关键组织造成损伤，或者确保组件配合适当。

ROBODOC 系统(见图 20.1 右)是第一种整形外科机器人，最初它被用于自动地执行髋关节替换手术中的部分程序[2,8]。现在它的应用已经延伸至其他关节的重建中。ROBODOC手术规划系统(被称为ORTHODOC工作站)允许一名外科医生参照病人的CT扫描图像,把一个尺寸合适的髋关节植入物的CAD模型活灵活现地放置到适当的位置。手术过程中通过将机器人坐标系统配准至CT坐标系统来执行治疗方案。该软件的早期版本利用在CT扫描之前植入骨头的销钉进行配准,后期版本改为利用解剖面(anatomical surfaces)进行配准。经过配准之后,机器人自主地利用高速气动铣削装置在骨头上加工出与期望植入体形状一致的精确腔体。手术过程的剩余部分将如同非机器人手术那样进行。同一时期的整形外科手术机器人系统还包括德国的CASPER系统,它也是为了关节替换而开发的。

神经外科手术是另一类常见的CAD/CAM应用。图20.1的左图是一个NEUROMATE神经外科手术机器人。NEUROMATE也通过CT或MRI进行手术规划,用于在脑神经外科手术中定位针或者钻导引架。在整形外科手术、关节重建手术以及其他一些神经外科手术中也可以见到机器人系统的一些其他类似的应用。参考文献[10,表1]中是一部分外科手术CAD/CAM系统的列表。

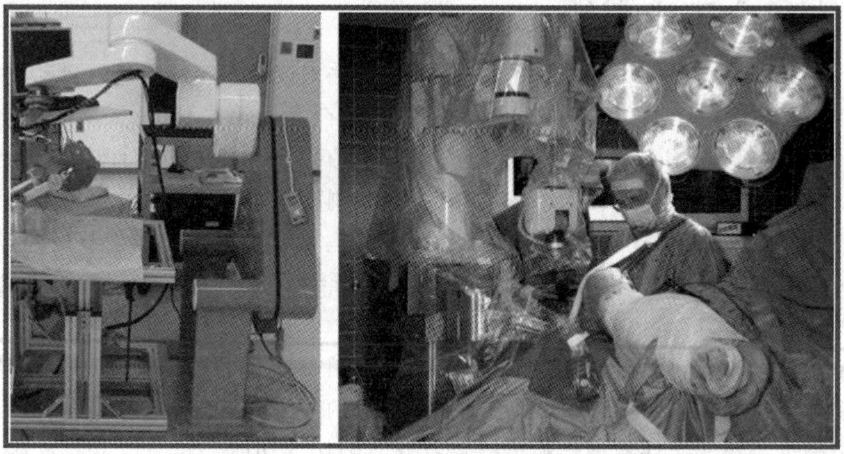

图20.1 NEUROMATE神经外科手术机器人(左),临床应用中的ROBODOC髋关节替换系统(右)。(由Peter Kazanzides提供)

20.2.2 遥操作

遥操作外科手术最早旨在为身处远方或者危险环境中的患者提供帮助,而当前的系统则通过微小切口来进行微创手术,同时还提供改进后的可视化效果以及更大的灵活性,并且减少了创伤和恢复时间。虽然人们曾经尝试过进行远程手术,但是在常规的应用中,遥操作手术系统并不包括主从机器人在物理上存在很大距离的情形。通常,主从机器人都被放置在同一间手术室内,由从机器人携带相机和(通常可移动的)手术器械,按比例地准确再现由外科医生控制的主机器人的相应运动。

Intuitive Surgical公司的da Vinci外科手术系统(见图20.2)是目前唯一商用的遥操作机器人微创手术系统。其他的知名设备还包括Computer Motion公司的ZEUS机器人,endoVia 公司的 Laprotek 系统，以及若干学术研究的成果(德国航空航天中心(DLR)，华盛顿大学，约翰霍普金斯大学(JHU)和加利福尼亚大学伯克利分校)。

da Vince 机器人手术系统(目前是第三代)由具有一对主机械手的外科医生控制台(见图 20.2 右)、一组在病人身体侧面的机械手(见图 20.2，左，中)以及一台立体视觉内窥镜设备车组成。da Vince 系统包括四个夹持仪器的从操作手，其中一个专门用来夹持立体内窥镜摄像机。最新一代的系统(da Vinci Si)还提供了两个外科医生控制台。从操作手的设计需要满足病人身体入口处的机械约束，并且可以利用外科医生控制台上的脚踏板和按钮通过配置将从机械手与主操作手联系在一起。da Vince 系统还可以利用医生控制台上的按钮/触摸界面，来调整主操作手与相应的从操作手的运动之间的尺度变换。

在从操作手上可以安装各种各样的 8mm 和 5mm 规格的可拆卸的刚性或柔性手术器械，以完成特定的手术任务(例如抓取、切割、缝合、烧灼)。如果将器械的自由度也包括在内，那么从机器人的尖端总计可有七个自由度，这要比人的手腕的灵活性更高。另一方面，在一些出版物中，除了提到 da Vinci 系统巨大的成本、每年大量的维护费和一次性手术器械较高的花费之外，还提到了一条提高 da Vinci 系统的临床熟练程度和可比较操作时间的重要的学习曲线。

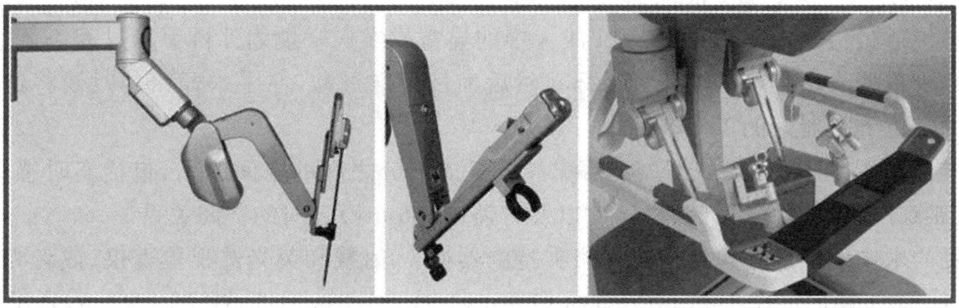

图 20.2　da Vinci 外科手术系统包括多种器械(左)操作手，夹持内窥镜摄像机的(中)从操作手，以及具有立体视觉显示器和主操作手(右)的控制台(图片版权归 Intuitive Surgical 公司所有)

20.2.3　协同控制

协同控制设想的是外科医生与机器人一起共同控制手术器械，因此协同控制机器人最适于完成需要保留人类的动觉和操作的人机工程学(ergonomics)的任务。例如，视网膜手术、类似的显微外科手术以及显微神经外科手术，它们都是在高倍的放大显示之下(如立体显微镜或内窥镜)，只通过视觉反馈利用非常轻的手持式器械完成的。这些过程中的手术任务需要非常高的定位精确度。

目前已经有一些为此类手术而专门设计的远程手术协同系统。例如，正在为视网膜手术和其他微型外科手术而开发的采用协同控制的 JHU “Steady Hand”系统[13,14]。通过齿轮传动的电动执行器可以驱动这种紧凑的刚性很高的“Steady Hand”机器人(其中一个原型机的平移速率为 0.002 米/转，转速比为 50:1 至 200:1)，使得它实际上可以近似为一个位置控制装置。该原型机器人[13,15]也存在一个与腹腔镜手术从机器人相类似的机械枢轴转动约束。

在大部分应用中,可以设想把“Steady Hand”系统安装在立体光学显微镜的周围。在机器人夹持手术器械的操作手柄上,可能会有一个或多个力传感器。该系统会把感知到的来自于使用者(也可能是环境)的力结合在一起[14],采用导纳型控制(admittance type control)方法来控制机器人的运动。协同控制利用力的尺度变换代替了遥操作的位置尺度变换。在外科手术机器人的法向缩放应用中也使用了协同控制,例如,ACROBOT(http://www.acrobot.co.uk)整形重建机器人系统。ACROBOT 将类似于上文所提及的 CAD/CAM 系统的手术规划系统与协同外科手术系统结合在一起。

Taylor 等人[16]介绍了许多其他的医疗机器人设备,例如灵活的腔内蛇形机器人,以及不属于上文所定义的大类中的无缆机器人。有关这些特殊设备在控制方面的描述,读者可以参阅文献[16]中所包含的参考文献。

20.3 计算机控制的机器人

正如上文所讨论的,立体定向神经外科手术中的针/导杆定位以及整形外科手术中的骨整形任务,是手术 CAD/CAM 系统的两个初步应用。图 20.3 是手术 CAD/CAM 系统的方块图。该系统通过检测术前 CT 或 MRI 成像中的异常或疾病来规划外科手术过程。通过规划,系统为手术机器人产生了一组任务目标。然后经过配准过程,在手术开始的时候将这些任务目标一同定位到机器人的工作空间中。

配准决定了手术中 CAD/CAM 系统各个组成部分之间的空间关系,包括实时感知/成像设备、被跟踪/显像的手术器械、机器人以及骨骼(anatomy)之间的空间关系。

常见的术中配准设备包括由机器人夹持的器械、x 射线和荧光透视检查仪、或者光学和电磁跟踪仪,例如 Northern Digital 公司的 Optotrak 或 Polaris 系统,或 Medtronic 公司的 Axiem EM 跟踪系统。利用这些术中设备可以采集相应的解剖标志(一组点或面等),通过这些标志可以建立一个优化问题来计算表述配准的坐标变换。

对于大多数简单的任务,刚体变换足以够用。如果 X_r 代表某点在机器人坐标系中的位置,X_{img} 是术前成像中同一点在与骨骼相关联的坐标系中的位置,那么配准过程的目的就是找到关系:

$$X_r = T_{robot-img} * X_{img} \tag{20.1}$$

其中 $T_{robot-img}$ 是一种齐次变换,由旋转矩阵 $\boldsymbol{R}$ 和平移向量 $\boldsymbol{P}$ 构成,以便使得计算 $v' = T * v = R * v + p$ 会将 v 变换成 v'。在外科手术 CAD/CAM 系统中,刚性和非刚性配准的方法都比较常用,但对于整形外科应用而言,采用刚性配准(方程 20.1)已经足够。关于外科手术 CAD/CAM 系统中的配准技术有大量的文献,读者可以参阅文献[8,16]和其中的参考文献来更加详细地研讨配准方法。

机器人的任务目标简化为,将其末端执行器定位到利用上文确定的配准关系变换得到的规划的任务目标处。CAD/CAM 机器人基于从术前影像分割出的患者骨骼上的目标与机器人坐标系之间的几何关系,完成手术任务。任务的完成即到达计算引擎给出的任务目标点,通常要受到几何精度指标的制约。对于定位任务,这种指标可能是均方根(RMS)误差指标。

为了更加安全,我们仍然需要利用一些术中显示设备来监控这些可以自动完成的任务,旨在为外科医生提供有关机器人正在执行的任务的进度更新视图。在全自动的手术 CAD/CAM 系统中,外科医生的作用仅限于规划和安全监督。然而,目前的机器人仅仅执行手术中人类难以完成的具有高精度和高安全性需求的那部分内容,其他的手术工作则由外科医生来完成。

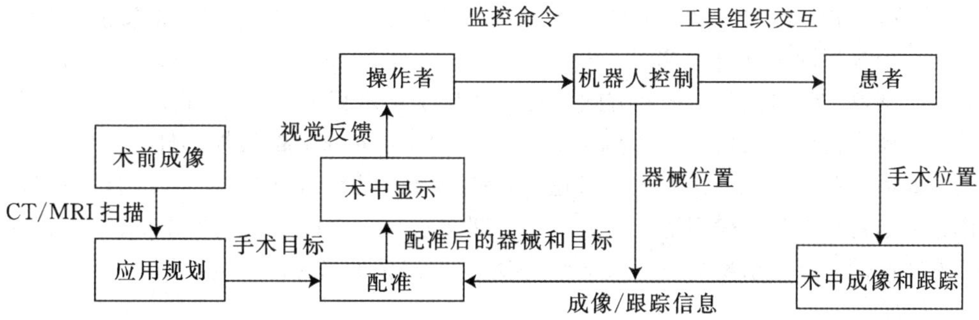

图 20.3 手术 CAD/CAM 系统框图

20.4 遥操作

类似 da Vinci 外科手术系统这样的遥操作机器人手术系统,在执行手术任务时需要用户的输入。在主站和从站之间可以选择多种反馈方式,然而出于稳定性的考虑,在实际中从站的反馈一般要受到限制。图 20.4 概述了一种外科手术遥操作系统。

由微创技术带来的约束要求被**遥操作**的从站可以围绕身体入口端旋转,同时为了操作者的方便,主站一般采用球腕。在器械的尖端处和由外科医生控制的主腕手柄处,把这些在运动学上不同的主站和从站联系在一起。如果($T_{slave}=\{R_{slave},P_{slave}\}$),($T_{master}=\{R_{master},P_{master}\}$)代表这些坐标系,那么有

$$T_{slave} = T_{master} * T_{slave-offset} \tag{20.2}$$

$$T_{master} = T_{slave} * T_{master-offset} \tag{20.3}$$

其中 T 是刚性齐次变换,由旋转矩阵 $\boldsymbol{R}$ 和位置平移向量 $\boldsymbol{P}$ 构成,偏移量的存在是因为考虑了主站和从站之间的重构关系。对于从站,可把上式扩展为

$$\boldsymbol{P}_{slave} = \frac{1}{m} * \boldsymbol{P}_{master} + \boldsymbol{P}_{slave-offset} \tag{20.4}$$

$$\boldsymbol{R}_{slave} = \boldsymbol{R}_{master} * \boldsymbol{R}_{slave-offset} \tag{20.5}$$

其中手术操作的比例(m)可以让主站的运动按比例缩小为合适的从站运动。这样处理是为了当按照人的正常尺寸比例操作主站时,从站能够精确地运动。除了上文描述的线性尺度变换之外,还存在非线性的尺度变换[12],它可以容许工作空间变形,从而在更大的总体工作空间内实现对目标的精确操作。

对姿态进行类似的尺度变换并非标准的做法,而且线速度和角速度在某些时候也是联系在一起的。遥操作机器人系统利用摄像机对仪器和工作现场成像,构成视觉反馈来进行操作。

如da Vinci之类的系统使用立体内窥镜摄像机对手术部位成像,为外科医生提供立体的显示,使其能够更好地感知深度。从站一般运行在摄像机的坐标系中,而为了自然的操作,主站运行在相对于使用者的视野进行测量的坐标系中,并且主站的手柄经过配置后出现在可视化的器械尖端。

目前的遥操作机器人系统限制了来自从站手术位置的可用的反馈。da Vinci手术系统采用位置-位置控制方式,除了显而易见的从站位置误差之外,这种控制方式将反馈减弱到了可以近似为一个开环的主站位置控制的程度。作为备选方案,如果对手术器械进行改造,在其顶端安装力传感器,那么位置-力控制方式也可以适用于手术任务。然而,遥操作机器人系统需要额外的仪器来提供力反馈,目前的系统实现中尚缺少这种重要的反馈部件。

以上概述中并没有讨论一些重要问题,如静态补偿、惯性和摩擦、振动控制,以及与主-从遥操作相关的稳定性和性能问题。读者可以参阅文献[12]获取关于遥操作更加详细的综述,也可以参考前面章节中引用的机器人文献,获取这些出色的研究成果的详细内容。

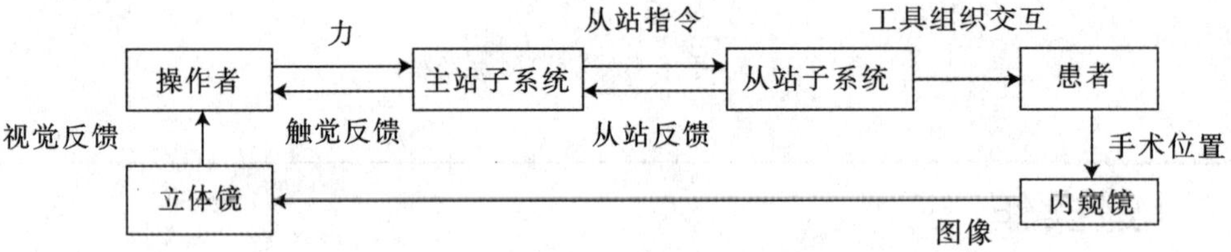

图20.4 遥操作手术系统框图

20.5 协同控制

在协同调节系统中,由于外科医生和机器人使用同样的设备与手术环境进行交互,因此无法应用在上文所述的遥操作系统中使用的位置尺度变换。协同系统利用**力-运动尺度变换**代替位置尺度变换来滤除意外产生的力(例如颤动),并且提供了更加光滑和精确的操作。

集成在器械手柄上的力传感器可以感知操作者施加的力,并且允许对操作者的输入进行适当地尺度缩小,同时次级传感器能够适当地感知环境属性(例如来自手术器械的力或者到组织表面的距离)。如果采用速度控制的执行器,那么导纳型的协同控制器就旨在以一个正比于所感知的力的速度来驱动手术器械。

假定在非接触状态下只有操作者施加了力,并且给定了关节位置$x(t)$、关节速度$\dot{x}(t)$、期望位置$x_d(t)$和速度$\dot{x}_d(t)$,希望得到

$$x_d(t) = x(t), \quad \dot{x}_d(t) = \dot{x}(t) \tag{20.6}$$

也就是说,最简单的控制律的目标就是跟踪操作者的力$f(t)$,或者$\lim_{t\to\infty}\Delta f(t)=0$,其中$\Delta f(t)=f(t)-f_d$,$f_d$是期望的力。已经证明如下所示的控制律

$$x_d(t) = -k\int \Delta f(t)\mathrm{d}t \tag{20.7}$$

是稳定的[14],并且该控制律不需要力信号的微分或者环境属性信息。对于JHU Steady Hand

机器人这类刚性极强和移动缓慢的机器人，这种控制方式能够提供非常精确的交互操作。

图 20.5 为协同操作框图。增益系数(k)取决于机器人、环境的顺应性和期望的力尺度变换。已经证明 JHU Steady Hand 机器人[14]对于较大范围内的力尺度变换增益都是稳定的。如果考虑到传感器的集成和图像增强信息的叠加以及运动约束，也可以动态地调整这些增益。

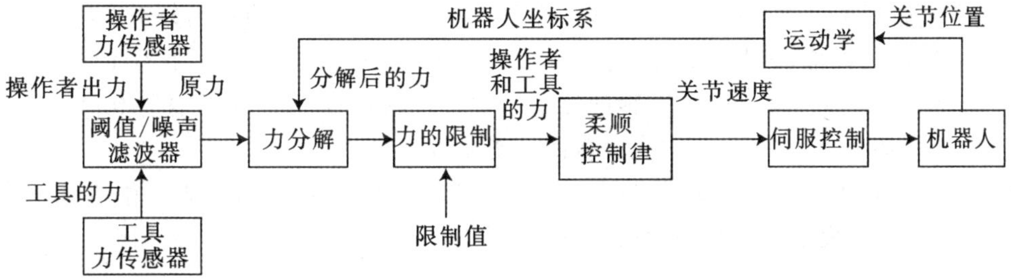

图 20.5 直接控制应用的框图

20.6 NOTES 和柔性机器人

NOTES 技术设想的是将一个长的柔性设备插入人体的自然孔腔内来实现无疤痕的微创手术。由于 NOTES 系统不使用直线形器械，因此不会受到目前腹腔镜微创手术机器人系统中存在的典型的身体入口处旋转约束的限制。为了在手术部位能够有更多可用的设备，NOTES 系统还可以在每一个传送机构上封装多种携带器械的机械手臂。NOTES 系统灵巧的传送机构因为能够提供进入人体关键结构周围的能力，也使得一些新型的手术方法得以应用。与腹腔镜手术相比，NOTES 的特点包括减少了外伤、具有更快的恢复速度和更好的进入身体的能力。大部分正在开发的 NOTES 系统预期将使用类似 20.4 节所述的架构进行遥操作，然而从机械手的运动学、动力学和控制等内容将是 NOTES 设备所特有的。NOTES 的不足之处包括控制与操作的复杂性，以及新增加的器械工具与组织交互方面的困难。关于具体方法的讨论超出了本章的综述范围，读者可以参考 Taylor 等人[16]所述的 NOTES 和腔内设备的具体情况。

20.7 应用

目前整形外科手术仍然是手术机器人 CAD/CAM 主要的专长领域。在世界范围内已经有超过 24 000 例关节替换手术使用了 ROBODOC 系统，并且该系统最终于 2008 年在美国获准可以在人体上使用。ACROBOT 综合了手术 CAD/CAM 的要素以及协同控制，目前正处于临床评估的高级阶段。在神经外科手术中，除了 NEUROMATE 之外，NeuroArm(MDA Robotics)和其他几种设备也正处于研发之中。其他的 CAD/CAM 应用，例如 JHU RCM-PAKY(http://urobotics.urology.jhu.edu)机器人的持针功能，也已经出现在临床应用中有一段时间了。机器人设备在诸如短距离放射治疗之类的其他一些 CAD/CAM 应用中也有所发展。读者可以参阅 Fichinger 等人[4]的文献获取更加详细的资料。

例如 AESP 和最新的 Progenics FreeHand 机器人(http://www.prosurgics.com)这类的腹腔镜相机夹持机器人引领了遥操作机器人的发展,目前正处于临床应用阶段。遥操作系统在手术中的应用最为普遍。例如,通过微创切除前列腺来治疗前列腺癌的根治性耻骨后前列腺切除术,已经广泛地采用了机器人微创手术技术。在美国每年接近 75 000 例的治疗前列腺癌的根治性耻骨后前列腺切除术中,da Vinci 系统完成了其中很大的一部分手术(超过 50 000 例),而且已经成为局部前列腺癌的主要治疗方法,在 2004 年有 8500 个手术中使用了它,而 2005 年则增至大约 18 000 个。在其他的复杂手术中,例如机器人子宫切除手术和另外一些妇科手术,以及一些心脏手术中,机器人设备的接受率也在提高。

尽管显微外科手术协同设备还没有被广泛地应用于人类,但是对于眼科手术和整形外科手术而言,它们已经发展到了高级阶段。

20.8 前景

成本、复杂性以及被减弱了的来自于手术器械的反馈,这些因素抵消了机器人手术的一些优点。理想的机器人手术系统在以相当的成本提供微创或无创优势的同时,仍然能够还原传统开放性手术技术中可以感觉到的触觉反馈。发展这样的机器人系统依然将是今后非常活跃的研究热点。

随着集成计算能力的提高,手术室中的功能将会越来越自动化。这些功能中的一部分,包括一些目前由人(例如护士和住院医师)来执行的任务,或许将会交由机器人来完成。临床上已经开始使用一种用于器械存储管理的护理机器人(Penelope,Robotic Systems and Technologies 公司),而将它与主-从式手术系统(da Vinci)集成在一起的研究也已经开始了(DARPA 的 TraumaPod 计划的一部分)。像 NOTES 这样正在开发和改进的临床技术,也将会促进那些需要改良后的控制算法的新型机构的发展。其他一些活跃的研究领域包括智能仪表、多用户系统(见图 20.6)、改进的人机接口、更加高级的可以容错的架构以及当出现通信延迟时的鲁棒控制,其中人机接口包括来自工具与组织相互作用时的触觉反馈以及图像或者信息增强反馈(**触觉或视觉约束和虚拟夹具**)。由于在机器人手术所使用的可移动式一次性手术器械的尖端附近集成传感设备非常复杂,因此还原触觉的反馈仍然具有挑战性。

上述这些领域中的进展很有可能将最先在已经部署了的系统和应用中获得。临床方面对于设计这些应用的投入,迄今为止还仅限于成为原型机的终端用户,以及测试和验证与新系统相关的临床技术。随着对这些系统的使用经验的增加,临床用户他们自己将会提出改进的手术方法和模式(例如相机的自动控制)。对于一些复杂的目前还难以治愈的疾病开展手术治疗(包括高风险的心脏和神经外科手术),仍将是研究的热点。与目前传统的手术室中被移进移出的系统不同,在未来的手术室中,人们将有可能见到集成化的机器人技术,例如集成于手术室的天花板和墙壁内的机器人。

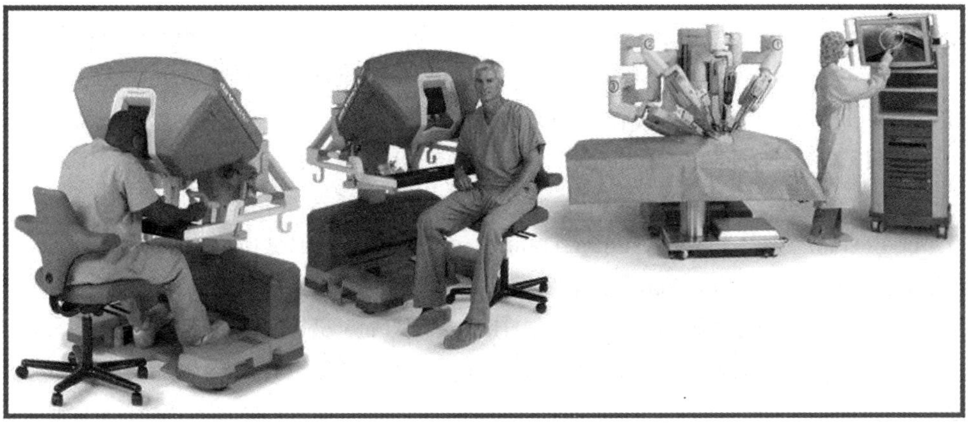

图 20.6 2009 年出现的 da Vinci Si 系统支持双控制台，可以用于多用户微创机器人手术和手术训练。在目前的操作中，手术设备还仅由一位使用者控制，但是随着适宜控制方法的发展和验证，将来可能会让不止一位使用者共同对手术器械进行控制（图片版权归 Intuitive Surgical 公司所有）

参考文献

1. R. Thaly, K. Shah, and V. R. Patel. Applications of robots in urology. *Journal of Robotic Surgery*, 1:3－17, 2007.

2. R. H. Taylor, B. D. Mittelstadt, H. A. Paul, W. Hanson, P. Kazanzides, J. F. Zuhars, B. Williamson, B. L. Musits, E. Glassman, and W. L. Bargar. An image-directed robotic system for precise orthopaedicsurgery. *IEEE Transactions on Robotics and Automation*, 10(3), 1994.

3. G. Guthart and J. Salisbury. The intuitive telesurgery system: Overview and application. In *IEEE InternationalConference on Robotics and Automation*, *ICRA* 2000, April 24－28, San Francisco, CA, USA, pp. 618－621, 2000.

4. G. Fichtinger, P. Kazanzides, A. Okamura, G. Hager, L. Whitcomb, and R. Taylor. Surgical and interventionalrobotics: Part II—Surgical cad-cam systems. *IEEE Robotics and Automation Magazine*, 15(3):94－102, 2008.

5. R. H. Taylor, S. Lavallee, G. Burdea, and R. Mosges. *Computer-Integrated Surgery Technology and Clinical Applications*. MIT Press, Cambridge, MA, 1995.

6. R. A. Faust, ed. *Robotics in Surgery*: *History*, *Current and Future Applications*. Nova Science Publishers, Inc., Hauppauge, NY, 2006.

7. T. Peters and K. Cleary, Eds. *Image-Guided Interventions*: *Technology and Applications*. SpringerScience＋Business Media LLC, New York, NY, 2008.

8. P. Kazanzides, G. Fichtinger, G. D. Hager, A. M. Okamura, L. L. Whitcomb, and R. H. Taylor. Surgical and interventional robotics: Part I—Core concepts, technology, and design.

IEEE Roboticsand Automation Magazine,15(2):122 - 130,2008.

9. G. Hager, A. Okamura, P. Kazanzides, L. Whitcomb, G. Fichtinger, and R. Taylor. Surgical and interventional robotics: Part III—Surgical assistance systems. *IEEE Robotics and Automation Magazine*,15(4):84 - 93,2008.

10. R. H. Taylor and D. Stoianovici. Medical robotics in computer-integrated surgery. *IEEE Transactionson Robotics and Automation*,19(5):765 - 781,2003.

11. D. B. Camarillo,T. M. Krummel,and J. K. Salisbury. Robotic technology in surgery: Past,present,andfuture. *The American Journal of Surgery*,188(4A-Suppl.):2 - 15,2004.

12. G. Niemeyer,C. Preusche,and G. Hirzinger. Telerobotics. In Siciliano,B. and Khatib,O. (eds.),*Springer Handbook of Robotics*,pp. 741 - 757. Springer-Verlag,Berlin/Heidelberg,2008.

13. R. Taylor,P. Jensen,W. Whitcomb,A. Barnes,D. Kumar,R. Stoianovici,P. Gupta, Z. Wang,E. deJuan,and L. Kavoussi. A steady-hand robotic system for microsurgical augmentation. *International Journal of Robotics Research*,18(12):1201 - 1210,1999.

14. R. Kumar,P. Berkelman,P. Gupta,A. Barnes,P. S. Jensen,L. L. Whitcomb,and R. H. Taylor. Preliminaryexperiments in cooperative human/robot force control for robot assisted microsurgical manipulation. In *IEEE International Conference on Robotics and Automation*,*ICRA* 2000,April 24 - 28,San Francisco,CA,USA,pp. 610 - 617,2000.

15. B. Mitchell,J. Koo,I. Iordachita,P. Kazanzides,A. Kapoor,J. Handa,G. Hager,and R. Taylor. Developmentand application of a new steady-hand manipulator for retinal surgery. In *IEEE International Conference on Robotics and Automation*,*ICRA* 2007,April 10 - 14, Rome,Italy,pp. 623 - 629,2007.

16. R. Taylor,A. Menciassi,G. Fichtinger,and P. Dario. Medical robotics and computer-integrated surgery,In:Siciliano,B. and Khatib,O. (eds.),*Springer Handbook of Robotics*, pp. 1199 - 1222. Springer-Verlag,Berlin/Heidelberg,2008.

21

随机基因表达:建模、分析与辨识①

Mustafa Khammash
加利福尼亚大学圣巴巴拉分校
Brian Munsky
洛斯阿拉莫斯国家实验室

21.1 引言

活细胞中类似基因表达和蛋白质-蛋白质相互作用之类的许多关键的活动,是由在分子水平(如基因、RNAs、蛋白质)上的细胞成分之间的基元反应产生的。这些反应在顺序和时间上具有相当强的内在的随机性。这种随机性可以归因于细胞成分之间的随机碰撞,而细胞成分的运动是由热能引起的,并且服从特定的统计分布规律。随机性造成的结果是随着时间的推移,同类细胞间和单个细胞内的反应产物的分子复制数目都产生了波动。这些波动(通常称为细胞噪声)可以向下游传播,并且依据网络互联的动力学特性影响着细胞中的活动和过程。

细胞噪声已经被实验测定,并且根据其来源对其进行了分类[1,2]:其中内噪声是指源于所研究的过程内部的噪声,它起因于基因表达的化学过程所具有的内在的离散性;而外噪声的起源更加广泛,并且按同样的方式影响着所研究的细胞内的所有过程(例如,令调节蛋白的复制数量、RNA 聚合酶的数量和细胞周期产生波动)。内噪声和外噪声在生物学过程中都起到了至关重要的作用。文献[3,4]提出噬菌体 λ 裂解-溶源(lysis-lysogeny)的命运决断是由噪声驱动的随机开关来决定的,这意味着一个给定细胞的命运仅仅是概率意义上可决定的。文献[5]对另一个控制**大肠杆菌**菌毛生长的随机开关进行了建模。除了内源性开关之外,文献[6,7]还构建和测试了双稳态基因开关。这些开关很容易受到噪声的影响,这取决于它们的参数。文献[8]报道了第一种人工合成的生物振荡器。这个叫做压缩振荡子(repressilator)的新型电路由三个基因构成,每个基因具有一种产物能够抑制下一个基因,因此就产生了这三个基因的反馈回路。最近文献[9]对噪声在压缩振荡子运行中起到的作用进行了研究。文献[10]报导了噪声的另一种奇特的影响,它被称为"随机聚焦"(stochastic focusing),可见于波动增强的细胞内调节灵敏度。在基因表达方面,文献[11～20]研究了基因产物中由噪声诱发的波动。许

① 本章是对 IFAC 2009 SYSID 会议论文集中的一篇文献的扩展。

多此类的研究着眼于噪声在基因网络中的传播,以及各种类型的反馈对于抑制这些波动的影响(有些时候是这些反馈在抑制波动方面的局限性)。

本章对基因网络波动的建模与分析方法进行了综述,同时也证明了这些波动可以用于辨识那些难以测量的模型参数。本章是按照文献[21,22]进行表述的。

21.1.1 确定性建模与随机建模的对比

对化学反应建模的最常用方法是根据质量作用定律推导出一组表征反应物质浓度随时间变化的微分方程。举个例子,考虑如下反应 $A+B\xrightarrow{k}C$。由化学动力学的确定性公式可以得到如下描述 $\frac{\mathrm{d}[C]}{\mathrm{d}t}=k[A]\cdot[B]$,其中$[\cdot]$表示浓度,可以将其视为连续变量。相比之下,同一反应的离散随机公式描述的是在一个给定时间 t,物质 A 和 B 的分子数量为某个整数值的**概率**。如此一来,我们感兴趣的网络中的物质数量就被当作了随机变量。在这种随机描述中,化学反应按照由反应速率和物质数量等因素决定的某种概率随机地发生。例如,给定整数个 A 和 B,记为 N_A 和 N_B,在 t 时刻,上述反应之一在时间间隔$[t,t+\mathrm{d}t)$内发生的概率正比于 $\frac{N_A\cdot N_B}{\Omega}\mathrm{d}t$,其中 Ω 是含有 A 和 B 分子的空间的体积。在这个化学动力学的介观(mesoscopic)随机公式中,分子物质由它们的概率密度函数来表征,这个函数量化了在某一个均值附近的波动量。正如下文将要给出的那样,在分子数目无限大,体积也无限大的极限条件下(热力学极限),波动可以被忽略,介观描述收敛于由质量作用动力学(mass-action kinetics)获得的宏观描述。在典型的细胞环境中,体积和分子复制数量普遍很小,这时介观随机描述可以给出对化学反应及其波动的更加准确的表述。我们之所以需要考虑这些波动,是因为它们可能会产生不能简单地由确定性描述来刻画的截然不同的现象。事实上,在特定的例子中(例如图 21.1 中所示的**随机聚焦**)确定性模型甚至不能刻画随机均值,这更加说明了采用随机模型的必要性。

21.2 随机化学动力学

本节将对化学反应建模的随机框架进行更为详尽的描述。在化学动力学的随机公式中,我们将考虑一个体积为 Ω,包含 N 种分子物质的化学反应系统,这些分子物质分别为 $S_1,\cdots,S_N$,并且通过 M 个已知的反应通道 $R_1,\cdots,R_M$ 发生反应。我们还要做一个关键的假设,即整个反应系统已经被充分地搅拌,并且处于热平衡状态。尽管这个假设在生物网络的例子中并不总是成立,我们还是可以建立随机化学动力学的空间模型。在此处我们关注的充分混合的情况下,反应体积总是处于一个恒定的温度 T,并且分子因为热能而运动。分子在空间三个方向中的任何一个上的运动速度与其他两个都没有关系,它是根据 Boltzman 分布决定的。

$$f_{v_x}(v)=f_{v_y}(v)=f_{v_z}(v)=\sqrt{\frac{m}{2\pi k_B T}}\mathrm{e}^{-\frac{m}{2k_B T}v^2}$$

其中 m 是质量,v 是速度,k_B 是 Boltzman 常数。设 $X(t)=(X_1(t)\cdots X_N(t))^{\mathrm{T}}$ 是状态向量,其中 $X_i(t)$为一个随机变量,描述了 t 时刻系统中物质 S_i 的分子数量。我们来考虑一些基元反

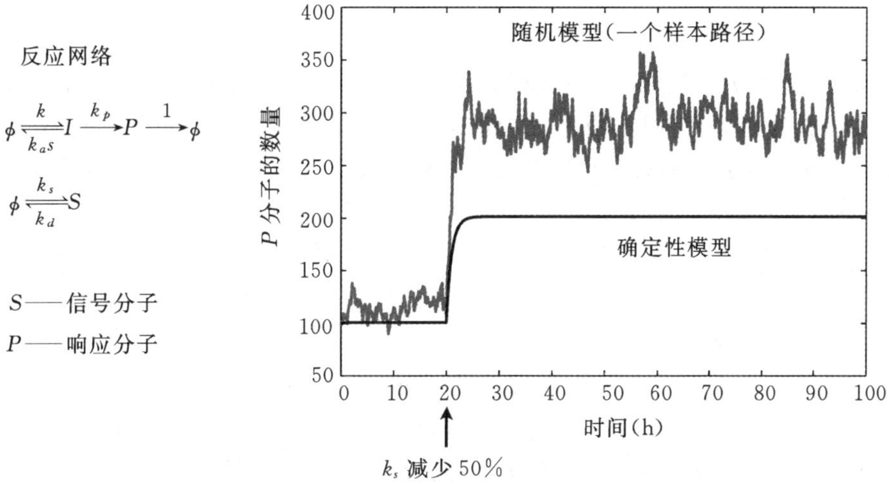

图 21.1　左边的反应系统表示一种信号物质 S 和它的响应物质 P。I 是一种中间物质。当系统采用确定性建模时，P 的浓度不能刻画由随机模型计算得到的同一物质的随机均值，如图中仿真所示。文献[10]描述了这个示例系统和随机聚焦现象（奈棋 J. Paulsson，O. Berg，and M. Ehrenberg. *Proceedings of the National Academy of Sciences*，97：7148-7153，2000.）

应，它们可能是单分子的：$S_i \to$产物，也可能是双分子的：$S_i + S_j \to$产物。更加复杂的反应可以通过引入中间物质来完成，这些中间物质通过一系列的基元反应相互作用。在这个公式中，每个反应通道 R_k 都定义了一个从某种状态 $\boldsymbol{X}=\boldsymbol{x}_i$ 到其他一些状态 $\boldsymbol{X}=\boldsymbol{x}_i+\boldsymbol{s}_k$ 的转换，该转换反映了发生反应之后状态的变化。$\boldsymbol{s}_k$ 是**化学计量向量**(stoichiometric vector)，所有的 M 个反应的集合就构成了**化学计量矩阵**(stoichiometric matrix)，定义为

$$\boldsymbol{S} = [\boldsymbol{s}_1 \cdots \boldsymbol{s}_M]$$

与每一个反应 R_k 相关联的是**倾向函数** $w_k(\boldsymbol{x})$(propensity function)，它刻画了反应 k 的速率。特别地，$w_k(\boldsymbol{x})\mathrm{d}t$ 是假定系统在 t 时刻状态为 $\boldsymbol{x}$ 时，第 k 个反应将在时间区间$[t,t+\Delta t)$内发生的概率。表 21.1 给出了不同反应类型的倾向函数。

如果用 k、k' 和 k'' 分别表示从确定性质量作用动力学得到的第一、第二和第三种反应类型的反应速率常数，那么可以看出 $c=k$，$c'=k'/\Omega$ 和 $c''=2k''/\Omega$。

表 21.1　不同基元反应的倾向函数

反应类型	倾向函数
$S_i \to$产物	$c'\boldsymbol{x}_i$
$S_i+S_j \to$产物$(i\neq j)$	$c'\boldsymbol{x}_i\boldsymbol{x}_j$
$S_i+S_i \to$产物	$c''\boldsymbol{x}_i(\boldsymbol{x}_i-1)/2$

21.2.1　样本路径的表示及其与确定性模型的关系

随机过程 $X(t)$ 的样本路径的表示，可以由独立的参数为 λ 的 Poisson 过程 $Y_k(\lambda)$ 给出。

特别是在文献[23]中，有

$$\boldsymbol{X}(t)=\boldsymbol{X}(0)+\sum_k \boldsymbol{s}_k Y_k\left(\int_0^t w_k(\boldsymbol{X}(s))\mathrm{d}s\right)$$

因此，Markov 过程 $\boldsymbol{X}(t)$可以表示为其他 Markov 过程的随机时变形式。当我们采用有限和来近似积分时，就得到了一种生成样本路径的近似方法，通常被称为 tau leaping 方法[24]。这里，所给出的样本路径表示也具有理论价值。它和大数定律一起可以被用来建立同一个化学系统的确定性表示与随机性表示之间的关联。

在基于传统的质量作用动力学的确定性表示中，确定性反应速率方程的解描述了物质 $S_1,\cdots,S_N$ 的浓度变化轨迹。用 $\boldsymbol{\Phi}(t)=[\Phi_1(t),\cdots,\Phi_N(t)]^{\mathrm{T}}$ 来表示这些浓度。相应的，$\Phi(\cdot)$ 满足质量作用的常微分方程(ODE)：

$$\dot{\boldsymbol{\Phi}}=\boldsymbol{S}f(\boldsymbol{\Phi}(t)),\quad \boldsymbol{\Phi}(0)=\boldsymbol{\Phi}_0$$

为了与随机解进行有意义的对比，我们将函数 $\boldsymbol{\Phi}(t)$与经过体积标准化的随机过程$\boldsymbol{X}^{\Omega}(t):=\boldsymbol{X}(t)/\Omega$ 进行比较。这里有一个很自然的问题：$\boldsymbol{X}^{\Omega}(t)$是怎样与 $\boldsymbol{\Phi}(t)$相关联的？答案可以由下面的事实给出，它是大数定律作用的结果[23]：

事实 21.1：

设 $\boldsymbol{\Phi}(t)$是反应速率方程的确定性的解

$$\frac{\mathrm{d}\boldsymbol{\Phi}}{\mathrm{d}t}=\boldsymbol{S}f(\boldsymbol{\Phi}),\quad \boldsymbol{\Phi}(0)=\boldsymbol{\Phi}_0$$

设 $\boldsymbol{X}^{\Omega}(t)$是同一个化学系统的随机表示，并且有 $\boldsymbol{X}^{\Omega}(0)=\boldsymbol{\Phi}_0$。那么对于所有的 $t\geqslant 0$：

$$\lim_{\Omega\to\infty}\sup_{s\leqslant t}\left|\boldsymbol{X}^{\Omega}(s)-\boldsymbol{\Phi}(s)\right|=0$$

是几乎必然成立的。

为了说明随机系统收敛于确定性的描述，我们来考虑一个简单的具有如下非线性反应描述的单一物质问题：

反应	化学计量	确定性描述	随机描述
R_1：	$\phi\to S$	$f_1(\phi)=20+40\dfrac{\phi}{40^{10}+\phi^{10}}$	$w_1(X)=\Omega\left(20+40\dfrac{X/\Omega}{40^{10}+(X/\Omega)^{10}}\right)$
R_2：	$S\to\phi$	$f_2(\phi)=\phi$	$w_2(X)=\Omega(X/\Omega)$

图 21.2(a)描绘了合成与降解的反应速率方程，从中可以看出确定性模型中有三个平衡点，在这些点处合成与降解的速率是相等的。图 21.2(b)～(d)给出了系统从两个不同的初始条件 $\phi(0)=X(0)/\Omega=0$ 和 $\phi(0)=X(0)/\Omega=100$ 开始，在三种不同的体积 $\Omega=\{1,3,10\}$情况下，确定性描述的轨迹(光滑曲线)和随机描述的轨迹(锯齿状曲线)。从图中可以看出，随着体积的增加，随机过程与确定性过程的差异在减小。几乎每一种可能的初始条件都是如此情况，但是有一种初始条件明显例外。如果选择的初始条件对应于不稳定的平衡点，那么确定性过程将会继续保持在平衡点，而噪声驱动的随机过程则不然。当然，这种不稳定的平衡点对应于零测度(zero measure)的单点，因此也说明了“几乎必然”收敛的性质。

所以在热力学的极限条件下，随机描述收敛于确定性描述。虽然这个结果建立了一种将两种标度上的描述连接在一起的基本关系,但是实际上由于细胞的体积是固定的,因此大体积的假设并非合乎情理,随机描述可能明显地异于它们的大体积极限情况。

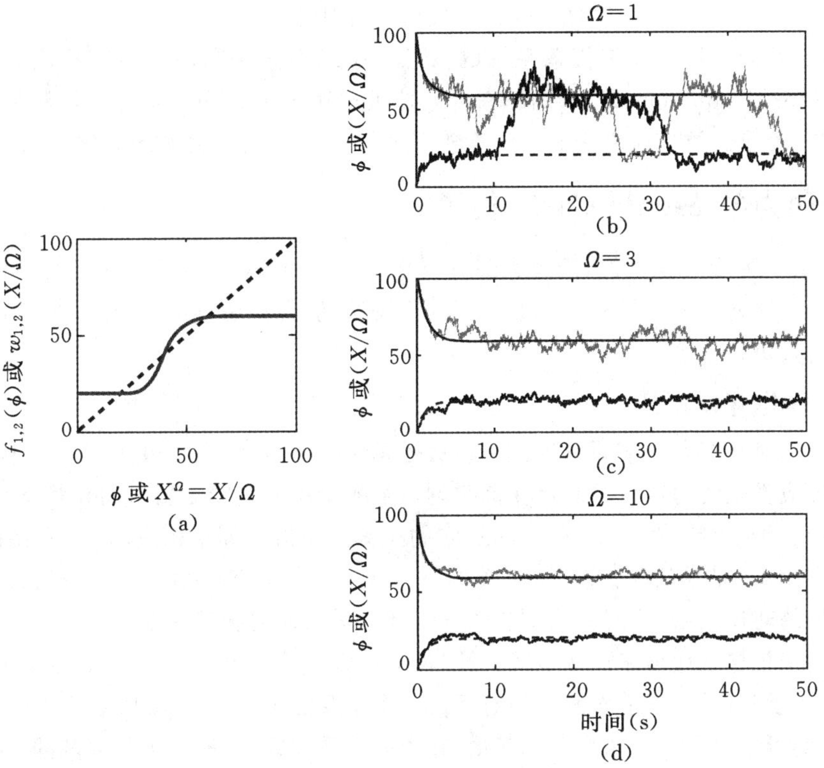

图 21.2 不同的体积尺度下随机描述与确定性描述的收敛情况。(a)合成(实线)与降解(虚线)活动的反应速率;(b)~(d)假定有两种初始条件,在不同的体积下(b)$\Omega=1$,(c)$\Omega=3$,(d)$\Omega=10$ 确定性描述(光滑)和随机描述(锯齿)的轨迹

21.2.2 前向 Kolmogorov 方程

化学主方程(CME)或者前向 Kolmogorov 方程,描述了化学反应系统处于任意给定状态 $\boldsymbol{X}(t)=\boldsymbol{x}$ 时的概率随时间的变化情况。可以从化学反应的 Markov 特性得到 CME。设 $P(\boldsymbol{x},t)$ 表示系统在 t 时刻状态为 $\boldsymbol{x}$ 的概率。$P(\boldsymbol{x},t+\mathrm{d}t)$ 可以表示如下:

$$P(\boldsymbol{x},t+\mathrm{d}t) = P(\boldsymbol{x},t)(1-\sum_k w_k(\boldsymbol{x})\mathrm{d}t) + \sum_k P(\boldsymbol{x}-\boldsymbol{s}_k,t)w_k(\boldsymbol{x}-\boldsymbol{s}_k)\mathrm{d}t + \mathcal{O}(\mathrm{d}t^2)$$

右边第一项是系统在 t 时刻已经处于状态 $\boldsymbol{x}$,并且在接下来的 $\mathrm{d}t$ 时间内没有发生反应来改变状态的概率。右边第二项中,加和的第 k 项是系统在 t 时刻以后的下一段 $\mathrm{d}t$ 时间内发生 R_k 反应而离开状态 $\boldsymbol{x}$ 的概率。

将 $P(\boldsymbol{x},t)$ 移到等式左边,除以 $\mathrm{d}t$,取 $\mathrm{d}t$ 趋于零时的极限,可以得到 CME:

$$\frac{\mathrm{d}P(\boldsymbol{x},t)}{\mathrm{d}t} = \sum_{k=1}^{M}[w_k(\boldsymbol{x}-\boldsymbol{s}_k)P(\boldsymbol{x}-\boldsymbol{s}_k,t) - w_k(\boldsymbol{x})P(\boldsymbol{x},t)]$$

21.3 随机分析工具

随机分析工具大致可以分为四类。第一类由计算样本路径的动力学 Monte Carlo 方法组成,利用样本路径的统计特征来提取系统的信息。第二类方法利用某些随机微分方程(Stochastic Differential Equation,SDE)的解来近似随机过程 $\boldsymbol{X}(t)$。第三类方法设法计算 $\boldsymbol{X}(t)$的各种矩的轨迹,而第四类方法关注的是计算随机过程 $\boldsymbol{X}(t)$的概率密度的演化情况。

21.3.1 动力学 Monte Carlo 仿真

由于 CME 通常是无限维的,因此大部分介观尺度上的分析都是采用动力学 Monte Carlo 算法来进行的。这些算法中最常用的是 Gillespie 随机仿真算法(Gillespie's SSA)[25]及其变种。下面就对其进行描述。

21.3.1.1 Gillespie 算法

Gillespie's SSA 的每一步都从时刻 t 和状态 $\boldsymbol{X}(t)=\boldsymbol{x}$ 开始,并且由三个子步骤构成:(1)产生下一个反应发生的时刻;(2)确定在该时刻发生哪个反应;(3)更新时间和状态来反映前两步所做的选择。SSA 能产生一个随机变量,它的概率分布恰好等于相应的 CME 的解,因此从这个意义上讲,SSA 是准确的。但是,SSA 的每一次运行都只能产生一条单一的轨迹。因此,需要产生大量的轨迹之后,才能利用这些轨迹来计算感兴趣的统计特征。

现在我们来更详细地描述这些步骤。让$\{R_1,\cdots,R_M\}$中的每一个反应都与一个随机变量 $\mathscr{T}_i$ 相关联,它表示反应 R_i 下一次发生的时间。一个重要的事实是 $\mathscr{T}_i$ 服从参数为 w_i 的指数分布。由此,我们可以定义另外两个随机变量,其中一个是连续的,另一个是离散的:

$$\mathscr{T}=\min_{0i}\{\mathscr{T}_i\} \quad \text{(下一个反应的时间)}$$

$$\mathscr{R}=\arg\min_{i}\{\mathscr{T}_i\} \quad \text{(下一个反应的索引)}$$

可以看出:(a)$\mathscr{T}$服从参数为 $\sum_i w_i$ 的指数分布;(b)$\mathscr{R}$服从离散分布:$P(\mathscr{R}=k=\dfrac{w_k}{\sum_i w_i}$。考虑到这一点,我们就可以给出 Gillespie's SSA 的步骤。

Gillespie's SSA:

- 步骤 0:初始化时间 t 和状态 $\boldsymbol{x}$。
- 步骤 1:从 $\mathscr{T}$的分布中抽取一个样本 τ(见图 21.3)。
- 步骤 2:从 $\mathscr{R}$ 的分布中抽取一个样本 μ(见图 21.3)。
- 步骤 3:更新时间:$t\leftarrow t+\tau$,更新状态:$\boldsymbol{x}\leftarrow\boldsymbol{x}+\boldsymbol{s}_\mu$。

21.3.2 随机微分方程近似

随机过程 $\boldsymbol{X}(t)$有若干种 SDE 近似方法。其中一种是所谓的**化学 Langevin 方程**,也称为**扩散近似法**[26,27]。在这里我们并不对其进行讨论,而是研究另外一种 SDE 近似方法,它与系统和控制设置中自然产生的 SDE 相关。

Van Kampen 近似或者线性噪声近似(LNA)(参见文献[28～30])本质上是对过程 $\boldsymbol{X}(t)$

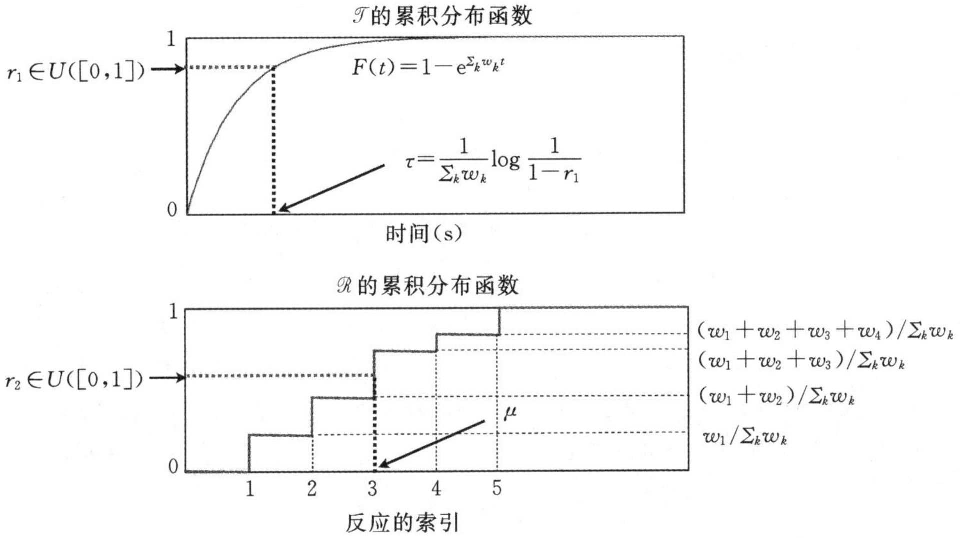

图 21.3　两个随机变量 $\mathscr{T}$ 和 $\mathscr{R}$ 的累积分布。首先产生一个均匀分布的随机数 r_1，然后找到它在 $\mathscr{T}$ 的累积分布 F 下的逆像，这样就抽取出 $\mathscr{T}$ 的一个样本。可以使用类似的步骤来抽取 $\mathscr{R}$ 分布的一个样本

的一种近似，它利用了在大体积极限($\Omega\to\infty$)下，过程 $X^{\Omega}(t):=\boldsymbol{x}(T)/\Omega$ 收敛于确定性反应速率方程$\dot{\boldsymbol{\Phi}}(t)=f(\boldsymbol{\Phi})$的解 $\boldsymbol{\Phi}(t)$这一事实。定义一个标度过的“误差”过程 $\boldsymbol{V}^{\Omega}(t):=\sqrt{\Omega}(\boldsymbol{X}^{\Omega}(t)-\boldsymbol{\Phi}(t))$，利用中心极限定理，可以证明 $V^{\Omega}(t)$依分布收敛于如下所述的线性 SDE 的解 $V(t)$：

$$\mathrm{d}\boldsymbol{V}(t)=\boldsymbol{J}_f(\boldsymbol{\Phi})\boldsymbol{V}(t)\mathrm{d}t+\sum_{k=1}^{M}\boldsymbol{s}_k\ \sqrt{w_k(\boldsymbol{\Phi})}\,\mathrm{d}\boldsymbol{B}_k(t)$$

其中 $\boldsymbol{J}_f$ 表示 $f(\cdot)$的 Jacobian 矩阵，$\boldsymbol{B}_k$ 是标准的布朗运动[23]。因此，LNA 产生了一个状态 $\boldsymbol{X}(t)\approx\Omega\boldsymbol{\Phi}(t)+\sqrt{\Omega}\boldsymbol{V}(t)$，它可以看作是一个确定项与一个零均值的随机项之和，前者由确定性反应速率方程的解给出，后者由 SDE 的解给出。尽管对于分子数量(和体积)足够大的系统，LNA 是合理的，但也有示例表明当不满足假设条件时，例如当所关注的系统包含的物质分子数很少时，或者当反应倾向函数在概率密度函数的主要支撑域内具有强烈的非线性时，LNA 会产生较差的结果。

21.3.3 统计矩

人们在研究基因网络中出现的随机波动时，往往对计算噪声表达信号的矩和方差感兴趣。我们可以利用 CME 来描述矩的动力学演化。为了计算一阶矩 $E[X_i]$，将 CME 乘以 x_i，然后对所有的$(x_1,\cdots,x_N)\in\mathbb{N}^N$ 求和，便可得到

$$\frac{\mathrm{d}E[X_i]}{\mathrm{d}t}=\sum_{k=1}^{M}s_{ik}E[w_{(}X)]$$

同样，为了得到二阶矩 $E[X_iX_j]$，可以将 CME 乘以 x_ix_j，并对所有的$(x_i,\cdots,x_N)\in\mathbb{N}^N$ 求和，得到

$$\frac{\mathrm{d}E[X_iX_j]}{\mathrm{d}t}\sum_{k=1}^{M}s_{ik}E[X_jw_k(X)]+E[X_iw_k(X)]s_{jk}+s_{ik}s_{jk}E[w_k(X)]$$

我们可以利用矩阵形式来简洁地表达上面两个方程,定义 $\boldsymbol{w}(x)=[w_1(x),\cdots,w_M(x)]^{\mathrm{T}}$,矩的动力学方程变为:

$$\frac{\mathrm{d}E[\boldsymbol{X}']}{\mathrm{d}t}=\boldsymbol{S}E[\boldsymbol{w}(\boldsymbol{X})]$$

$$\frac{\mathrm{d}E[\boldsymbol{X}\boldsymbol{X}^{\mathrm{T}}]}{\mathrm{d}t}=SE[\boldsymbol{w}(\boldsymbol{X})\boldsymbol{X}^{\mathrm{T}}]+E[\boldsymbol{w}(\boldsymbol{X})\boldsymbol{X}^{\mathrm{T}}]^{\mathrm{T}}\boldsymbol{S}^{\mathrm{T}}+\boldsymbol{S}\{\mathrm{diag}E[\boldsymbol{x}(\boldsymbol{X})]\}\boldsymbol{S}^{\mathrm{T}}$$

一般来说,我们不能够显式地求解这组方程,这是因为矩的方程并不总是封闭的:它取决于倾向向量 $\boldsymbol{w}(\cdot)$的形式,一阶矩 $E(\boldsymbol{X})$的动力学特性可能取决于二阶矩 $E(\boldsymbol{X}\boldsymbol{X}^{\mathrm{T}})$,而二阶矩的动力学特性可能依次取决于三阶矩,以此类推,这就导致了一个 ODE 无限系统。然而,当倾向函数是仿射的时,即 $\boldsymbol{w}(\boldsymbol{x})=\boldsymbol{W}\boldsymbol{x}+\boldsymbol{w}_0$,其中 $\boldsymbol{W}$ 为 $N\times N$,$\boldsymbol{w}_0$ 为 $N\times 1$,那么 $E[\boldsymbol{w}(\boldsymbol{X})]=\boldsymbol{W}E\boldsymbol{X}]+\boldsymbol{w}_0$,并且 $E[\boldsymbol{w}(\boldsymbol{X})\boldsymbol{X}^{\mathrm{T}}]=\boldsymbol{W}E[\boldsymbol{X}\boldsymbol{X}^{\mathrm{T}}]+\boldsymbol{w}_0E[\boldsymbol{X}^{\mathrm{T}}]$。这就给了我们如下所示的矩的方程:

$$\frac{\mathrm{d}}{\mathrm{d}t}E[\boldsymbol{X}]=\boldsymbol{S}\boldsymbol{W}E[\boldsymbol{X}]+\boldsymbol{S}\boldsymbol{w}_0$$

$$\frac{\mathrm{d}}{\mathrm{d}t}E[\boldsymbol{X}\boldsymbol{X}^{\mathrm{T}}]=\boldsymbol{S}\boldsymbol{W}E[\boldsymbol{X}\boldsymbol{X}^{\mathrm{T}}]+E[\boldsymbol{X}\boldsymbol{X}^{\mathrm{T}}]\boldsymbol{W}^{\mathrm{T}}\boldsymbol{S}^{\mathrm{T}}+\boldsymbol{S}\mathrm{diag}(\boldsymbol{W}E[\boldsymbol{X}]+\boldsymbol{w}_0)\boldsymbol{S}^{\mathrm{T}}+\boldsymbol{S}\boldsymbol{w}_0E[\boldsymbol{X}^{\mathrm{T}}]+E[\boldsymbol{X}]\boldsymbol{w}_0^{\mathrm{T}}\boldsymbol{S}^{\mathrm{T}}$$

很显然,这是线性 ODE 封闭系统,它可以容易地求解出一阶和二阶矩。

定义协方差矩阵 $\boldsymbol{\Sigma}=E[(\boldsymbol{X}-E[\boldsymbol{X}])(\boldsymbol{X}-E(\boldsymbol{X}))^{\mathrm{T}},]$我们也可以计算协方差方程:

$$\frac{\mathrm{d}}{\mathrm{d}t}\boldsymbol{\Sigma}=\boldsymbol{S}\boldsymbol{W}\boldsymbol{\Sigma}+\boldsymbol{\Sigma}\boldsymbol{W}^{\mathrm{T}}\boldsymbol{S}^{\mathrm{T}}+\boldsymbol{S}\mathrm{diag}(\boldsymbol{W}E[\boldsymbol{X}]+\boldsymbol{w}_0)\boldsymbol{S}^{\mathrm{T}}$$

通过求解线性代数方程可以得到稳态的矩和协方差。设 $\bar{\boldsymbol{X}}=\lim\limits_{t\to\infty}E[\boldsymbol{X}(t)]$,$\bar{\boldsymbol{\Sigma}}=\lim\limits_{t\to\infty}\boldsymbol{\Sigma}(t)$,那么

$$\boldsymbol{S}\boldsymbol{W}\bar{\boldsymbol{X}}=-\boldsymbol{S}\boldsymbol{w}_0$$

$$\boldsymbol{S}\boldsymbol{W}\bar{\boldsymbol{\Sigma}}+\bar{\boldsymbol{\Sigma}}\boldsymbol{W}^{\mathrm{T}}\boldsymbol{S}^{\mathrm{T}}+\boldsymbol{S}\mathrm{diag}(\boldsymbol{W}\bar{\boldsymbol{X}}+\boldsymbol{w}_0)\boldsymbol{S}^{\mathrm{T}}=0$$

后者是一个可以高效求解的代数 Lyapunov 方程。

21.3.3.1 矩的封闭形式

描述化学反应的 Markov 过程的一个重要性质是,当我们利用过程状态 $\boldsymbol{X}$ 所有的一阶和二阶统计的非中心矩建立了一个向量 $\boldsymbol{\mu}$ 时,这个向量将按照如下形式的**线性**方程演化

$$\dot{\boldsymbol{\mu}}=\boldsymbol{A}\boldsymbol{\mu}+\boldsymbol{B}\bar{\boldsymbol{\mu}}\tag{21.1}$$

不幸的是,正如之前所指出的那样,方程 21.1 并不总是封闭的,因为向量 $\bar{\boldsymbol{\mu}}$ 可能包含二阶以上的矩,而方程 21.1 并没有描述这些矩的演化情况。事实上,当涉及双分子反应的时候总是如此。我们用以克服这个困难的一项技术是,利用如下所示的一个**封闭的非线性**系统来近似**开放的线性**系统(方程 21.1)

$$\dot{\nu}=\boldsymbol{A}\nu+\boldsymbol{B}\varphi(\nu)\tag{21.2}$$

其中 ν 是方程 21.1 的解 $\boldsymbol{\mu}$ 的一个近似,$\varphi(\cdot)$是一个**矩的封闭函数**,该函数试图根据 $\boldsymbol{\mu}$ 中矩的值来近似 $\bar{\boldsymbol{\mu}}$ 中的矩。$\varphi(\cdot)$的构建经常依赖于假定给出了 X 分布的一种类型,然后用 $\boldsymbol{\mu}$ 中一阶和二阶矩的非线性函数 $\varphi(\boldsymbol{\mu})$来表示 $\bar{\boldsymbol{\mu}}$ 中的高阶矩。作者们以 $\boldsymbol{X}$ 的不同的假定分布为基础来构建矩的封闭函数 $\varphi(\cdot)$,其中包括正态分布[31~33]、对数正态分布[34,35]、Poisson 分布以及二项分布[36]。在这里我们只讨论正态和对数正态分布矩的封闭方法。

1. 正态分布：假定每种物质群体(population)服从多元正态分布，则有如下方程：

$$E[(X_i - E[X_i])(X_j - E[X_j])(X_k - E[X_k])] = 0$$

从中可以得到以低阶矩的形式来表示的三阶矩 $E[X_iX_jX_k]$。将其代入矩(方程 21.1)中，我们就可以得到一个封闭的系统。文献[33]将其称为质量波动动力学。只要反应速率至多是二阶的，那么就只有三阶矩的表示是必须的——可以按照如上所述来确定该三阶矩的所有部分。对于三阶或者更高阶的倾向函数，也很容易利用下文实例部分所描述的矩和生成函数将所产生的高阶矩表示成前两阶矩的形式。

2. 对数正态分布：基于 $\boldsymbol{X}$ 的一个对数正态分布，我们可以得到如下方程：

$$E[X_iX_jX_k] = \frac{E[X_iX_j]E[X_jX_k]E[X_iX_k]}{E[X_i]E[X_j]E[X_k]}$$

与之前一样，如果系统中的反应最多是双分子的，那么将其代入矩(方程 21.1)中可以得到一个封闭的系统。文献[37]表明，无需对 $\boldsymbol{X}$ 的分布形态有任何**先验**假设，对于一组给定的初始条件，将方程 21.1 的精确解关于时间的所有(或者大部分)导数与方程 21.2 的近似解关于时间的相应导数进行匹配，即可得到矩的封闭形式。然而，对于反应速率中具有三阶或者更高阶项的系统，要找到一种使系统封闭所必需的高阶矩的表示形式更为困难。

当群体的标准偏差相对于均值不算太小时，以正态分布的假设为基础来选择 $\varphi(\cdot)$ 通常会导致不太精确的近似结果。此外，$\boldsymbol{X}$ 的正态分布允许 $\boldsymbol{X}$ 为负，显然这不能反映出 $\boldsymbol{X}(t)$ 所表示的群体为正的性质。在这些情况下，首选对数正态分布或者其他正分布的封闭形式，但是这是以高阶矩的封闭表达式更为复杂为代价的。

21.3.4 密度计算

另外一种分析由 CME 描述的模型的方法，旨在计算随机变量 $\boldsymbol{X}$ 的概率密度函数。它采用一种被称为有限状态投影(Finite State Projection, FSP)[38~41]的新型分析方法对 CME 的解进行近似。FSP 方法依赖于这样一种投影，它保留了状态空间重要的子集(例如，支撑概率分布的大部分区域的那些子集)，而将剩余的大量或者无限的状态投影到单一的“吸收”状态(见图 21.4)。

我们可以准确地计算出所产生的有限状态 Markov 链的概率，还可以证明它给出了原始完整系统的相应概率的下界。FSP 算法提供了一种系统地选择 CME 投影的方法，它能够满足任何预先指定的精度要求。FSP 算法的基本思想如下：以矩阵形式将 CME 写为 $\dot{\boldsymbol{P}}(t) = \boldsymbol{A}\boldsymbol{P}(t)$，其中 $\boldsymbol{P}(t)$ 是构形空间中每一种可能的状态对应的概率(无限)向量。生成矩阵 $\boldsymbol{A}$ 体现了从一种构形向另一种构形转换的倾向函数，它是由反应以及构形空间的枚举(enumeration)来定义的。如随后所概述的那样，我们可以给出一个映射来实现任意精度的近似：给出形如 $J = \{j_1, j_2, j_3, \cdots\}$ 的索引集和向量 $\boldsymbol{v}$，令 $\boldsymbol{v}_J$ 表示根据 J 所选择的 $\boldsymbol{v}$ 的子向量，对于任意矩阵 $\boldsymbol{A}$，令 $\boldsymbol{A}_J$ 表示根据 J 来选择行和列得到的 $\boldsymbol{A}$ 的子矩阵。根据如上表示方法，我们可以重新叙述文献[38,41]中的结果：**考虑依据线性 ODE$\dot{\boldsymbol{P}}(t) = \boldsymbol{A}\boldsymbol{P}(t)$ 演化的任意分布。令 $\boldsymbol{A}_J$ 为 $\boldsymbol{A}$ 的主子阵，$\boldsymbol{P}_J$ 为 $\boldsymbol{P}$ 的子向量，两者都对应于 J 中的索引。如果对于给定的 $\varepsilon > 0$ 和 $t_f \geqslant 0$，有 $\mathbf{1}^{\mathrm{T}} \exp(A_J t_f) \boldsymbol{P}_J(0) \geqslant 1 - \varepsilon$，那么**

$$\| \exp(\boldsymbol{A}_J t_f) \boldsymbol{P}_J(0) - \boldsymbol{P}_J(t_f) \|_1 \leqslant \varepsilon$$

上式给出了(无限)CME 的精确解 $\boldsymbol{P}_J$ 与由生成矩阵 $\boldsymbol{A}_J$ 得到的(有限)简化系统的矩阵指数之间的误差界限。这个结果是算法以保证精度来计算概率密度函数的基础。文献[40,41]给出了 FSP 方法以及对主算法所作的各种改进。

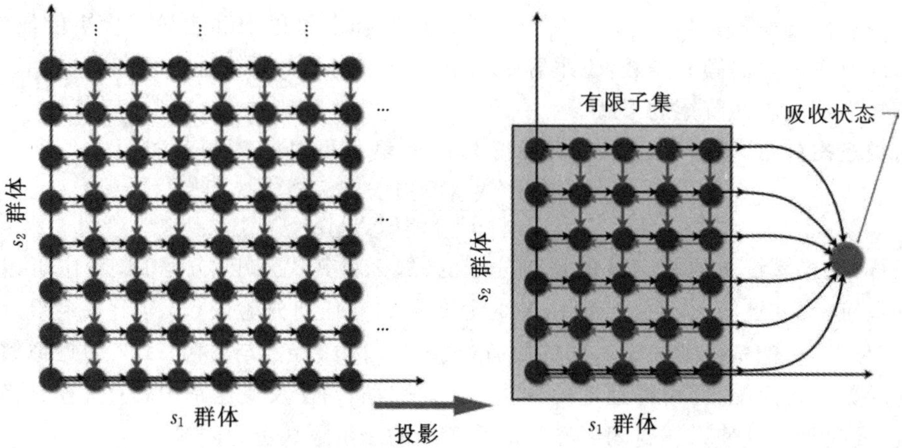

图 21.4　有限状态投影。左图显示了一个具有两种物质的系统的状态空间。箭头指示的是状态之间可能的转换。其对应的过程是一个连续时间离散状态的 Markov 过程，它的状态空间通常非常大或者是无限的。右图显示了特定的投影区域(灰色方框)经过投影之后得到的系统。按照如下步骤可以得到该系统：保持投影区域内部的转换不变；将(原系统中)出自于该区域内部状态而结束于该区域外部状态的那些转换，路由到投影后系统的单一的吸收状态；删除那些进入投影区域的转换。因此，投影后的系统是一个有限状态的 Markov 过程，可以精确地计算每个状态的概率

21.4　参数辨识

显微技术和荧光激活细胞分选技术(Fluorescence Activated Cell Sorting，FACS)可以对大量的单个细胞进行细胞种类测量。这些技术增加了利用在不同瞬时测量得到的类似矩和方差这样的统计量来辨识模型参数的应用前景。本章将通过对基因转录和翻译的简要描述来展示这些想法。令 x 表示 mRNA 分子群体，y 表示细胞中的蛋白质群体。假设系统的群体只通过四种反应发生变化：

$$\phi \rightarrow mRNA$$
$$mRNA \rightarrow \phi$$
$$mRNA \rightarrow mRNA + protein$$
$$protein \rightarrow \phi$$

其中倾向函数 $w_i(x,y)$ 为

$$w_1(x,y) = k_1 + k_{21}y;\quad w_2(x,y) = \gamma_1 x;$$
$$w_3(x,y) = k_2 x;\quad w_2(x,y) = \gamma_2 y$$

这里，k_i 和 γ_i 项分别是合成和降解速率，k_{21} 对应于假设蛋白质具有的对转录过程的反馈影响。

在正反馈中，$k_{21}>0$，蛋白质促进转录；在负反馈中，$k_{21}<0$，蛋白质抑制转录。

各种一阶和二阶矩 $\boldsymbol{v}(t):=[E\{x\}\ E\{x^2\}\ E\{y\}\ E\{y^2\}\ E\{xy\}]^{\mathrm{T}}$，都按照如下所示的线性时不变系统进行演化：

$$\frac{\mathrm{d}}{\mathrm{d}t}\begin{bmatrix}E\{x\}\\E\{x^2\}\\E\{y\}\\E\{y^2\}\\E\{xy\}\end{bmatrix}=\begin{bmatrix}-\gamma_1 & 0 & k_{21} & 0 & 0\\ \gamma_1+2k_1 & -2\gamma_1 & k_{21} & 0 & 2k_{21}\\ k_2 & 0 & -\gamma_2 & 0 & 0\\ k_2 & 0 & \gamma_2 & -2\gamma_2 & 2k_2\\ 0 & k_2 & k_1 & k_{21} & -\gamma_1-\gamma_2\end{bmatrix}\begin{bmatrix}E\{x\}\\E\{x^2\}\\E\{y\}\\E\{y^2\}\\E\{xy\}\end{bmatrix}+\begin{bmatrix}k_1\\k_1\\0\\0\\0\end{bmatrix}$$
$$=\boldsymbol{A}\boldsymbol{v}+\boldsymbol{b} \tag{21.3}$$

由于我们得到了前两阶矩的动力学表达式，因此就可以利用它们从经过适当选取的数据集中辨识出各个参数：$[k_1,\gamma_1,k_2,\gamma_2,k_{21}]$。下面我们将说明如何辨识转录参数 k_1 和 γ_1。关于辨识参数全集的讨论，读者可以参考文献[22,41,42]。

21.4.1 辨识转录参数

我们从考虑一个简单的 mRNA 转录的生灭过程开始，用 x 表示其群体。这个系统的矩方程为：

$$\frac{\mathrm{d}}{\mathrm{d}t}\begin{bmatrix}v_1\\v_2\end{bmatrix}=\begin{bmatrix}-\gamma & 0\\ \gamma+2k & -2\gamma\end{bmatrix}\begin{bmatrix}v_1\\v_2\end{bmatrix}+\begin{bmatrix}k\\k\end{bmatrix}$$

其中舍去了 k_1 和 γ_1 的下标。通过使用非线性变换：

$$\begin{bmatrix}\mu\\ \sigma^2-\mu\end{bmatrix}=\begin{bmatrix}v_1\\ v_2-v_1^2-v_1\end{bmatrix}$$

我们可以得到一组变换以后的方程，其中 μ 和 σ^2 分别为 x 的均值和方差：

$$\begin{aligned}\frac{\mathrm{d}}{\mathrm{d}t}\begin{bmatrix}\mu\\ \sigma^2-\mu\end{bmatrix}&=\begin{bmatrix}\dot v_1\\ \dot v_2-2v_1\dot v_1-\dot v_1\end{bmatrix}\\&=\begin{bmatrix}-\gamma_1 v_1+k\\(\gamma_1+2k)v_1-2\gamma v_2+k-(2v_1+1)(-\gamma v_1+k)\end{bmatrix}\\&=\begin{bmatrix}-\gamma & 0\\0 & -2\gamma\end{bmatrix}\begin{bmatrix}\mu\\ \sigma^2-\mu\end{bmatrix}+\begin{bmatrix}k\\0\end{bmatrix}\end{aligned}\tag{21.4}$$

假设 μ 和 σ^2 在 t_0 和 $t_1=t_0+\tau$ 两个时刻已知，并且其在 t_i 时刻的值分别用 μ_i 和 σ_i^2 表示。(μ_0,σ_0^2) 和 (μ_1,σ_1^2) 的关系取决于方程 21.4 的解，可以写为：

$$\begin{bmatrix}\mu_1\\ \sigma_1^2-\mu_1\end{bmatrix}=\begin{bmatrix}\exp(-\gamma\tau)\mu_0\\ \exp(-2\gamma\tau)(\sigma_0^2-\mu_0)\end{bmatrix}+\begin{bmatrix}\frac{k}{\gamma}(1-\exp(-\gamma\tau))\\0\end{bmatrix}\tag{21.5}$$

在这个表达式中，有两个未知参数 γ 和 k 是我们想从数据 $\{\mu_0,\sigma_0^2,\mu_1,\sigma_1^2\}$ 中辨识出来的。如果 $\mu_0=\sigma_0^2$，则第二个方程是平凡的，那么就只剩下一个方程，其解可能是任意的一对：

$$\left(\gamma,k=\gamma\frac{\mu_1-\exp(-\gamma\tau)\mu_0}{1-\exp(-\gamma\tau)}\right)$$

如果第一次测量 $\mu_0\neq\sigma_0^2$，第二次测量 $\mu_1\neq\sigma_1^2$，那么可以解出：

$$\gamma = -\frac{1}{2t}\log\left(\frac{\sigma_1^2-\mu_1}{\sigma_0^2-\mu_0}\right)$$

$$k = \gamma\frac{\mu_1-\exp(-\gamma t)\mu_0}{1-\exp(-\gamma\tau)}$$

注意到如果 μ_1 和 σ_1^2 非常接近,则 γ 对于两者之差的微小误差的敏感度会变得非常大。从方程 21.5 可以看出,当 τ 很大时,$(\sigma_1^2-\mu_1)$接近于零,**稳态测量不足以唯一地辨识出这两个参数**。

21.5 实例

为了说明上述方法,我们来考虑图 21.5 中描述的人造自调控基因系统(synthetic self-regulated genetic system)。**乳糖**操纵子控制 LacI 蛋白的产生,LacI 蛋白反过来可以进行四聚体化,并且抑制它自己的产生。假定乳糖操纵子在每个细胞内是单拷贝存在的,并且只有两种可能的状态:g_{ON} 和 g_{OFF},那么可以依据 LacI 的四聚物 $LacI_4$ 是否与操纵子绑定来表征它们的特征。这个模型总计要用七种反应来描述:

反应#	反应描述	倾向函数
$R1$:	$4LacI \rightarrow LacI_4$	$w_1=k_1\binom{[LacI]}{4}$
$R2$:	$LacI_4 \rightarrow 4LacI$	$w_2=k_2[LacI_4]$
$R3$:	$g_{ON}+LacI_4 \rightarrow g_{OFF}$	$w_3=k_3[g_{ON}][LacI_4]$
$R4$:	$g_{OFF}-LacI_4+g_{ON}$	$w_4=k_4[g_{OFF}]$
$R5$:	$g_{ON} \rightarrow g_{ON}+LacI$	$w_5=k_5[g_{ON}]$
$R6$:	$LacI \rightarrow \phi$	$w_6=k_6[LacI]$
$R7$:	$LacI_4 \rightarrow \phi$	$w_7=k_7[LacI_4]$

(21.6)

第一个反应对应于四个单体聚合形成一个四聚物——该反应的速率取决于四个不同的分子可能的组合总数,可以用二项式给出

$$\binom{[LacI]}{4} = [LacI]\cdot([LacI]-1)\cdot([LacI]-2)\cdot([LacI]-3)/24$$

第二个反应对应于四聚体化活动的逆过程。其后两个反应描述了分别发生在四聚物与操纵子绑定和解绑时的开—关和关—开转换。当基因处于开状态时,会发生第五个反应,并按照指数分布的等待时间生成 LcaI 单体。最后,反应 R6 和 R7 分别对应于单体和四聚物正常的线性衰减。

为了分析这个过程,我们首先定义过程的化学计量和反应速率向量为

$$\boldsymbol{S} = \begin{bmatrix} -4 & 4 & 0 & 0 & 1 & -1 & 0 \\ 0 & -1 & -1 & 1 & 0 & 0 & -1 \\ 0 & 0 & -1 & 1 & 0 & 0 & 0 \\ 0 & 0 & 1 & -1 & 0 & 0 & 0 \end{bmatrix} \tag{21.7}$$

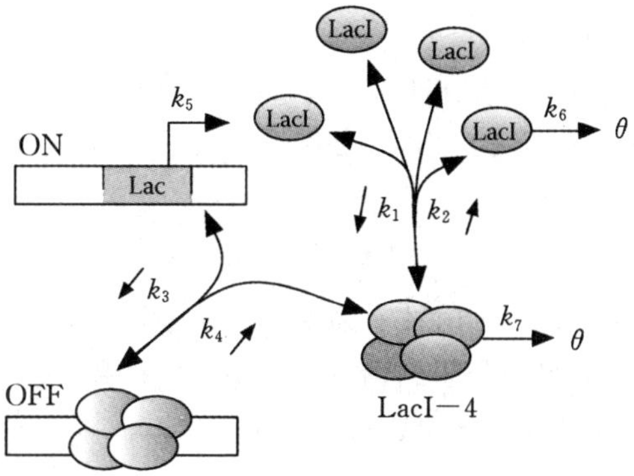

图 21.5 人造自调控基因网络的示意图。在模型中，四个 LacI 单体(用椭圆表示)能够可逆地绑定形成四聚体(用四个椭圆组成的簇表示)。**乳糖**操纵子有两种状态：当 LacI 四聚体与基因绑定在一起并且阻塞了转录起点时的关状态，以及四聚体没有与基因绑定时的开状态。LacI 单体和四聚体都会降解。读者也可以参见方程 21.6 中列出的反应

$$
\boldsymbol{w}(\boldsymbol{x}) = \begin{bmatrix} k_1 \binom{x_1}{4} \\ k_2 x_2 \\ w_3 = k_3 x_3 x_2 \\ w_4 = k_4 x_4 \\ w_5 = k_5 x_3 \\ w_6 = k_6 x_1 \\ w_7 = k_7 x_2 \end{bmatrix} \tag{21.8}
$$

下面我们将采用多种不同的方法来分析这个系统。为了对比每一种方法，假定体积均为单位值 $\Omega=1$，以避免在反应速率方程和随机描述之间变动时带来的参数标度问题。现在我们来考虑下列反应速率的参数集：

$$
k_1 = 1/30\ N^{-4}s^{-1} \quad k_2 = 0.002\ N^{-1}s^{-1} \quad k_3 = 0.01\ N^{-2}s^{-1}
$$
$$
k_4 = 0.2\ N^{-1}s^{-1} \quad k_5 = 20\ N^{-1}s^{-1} \quad k_6 = 0.1\ N^{-1}s^{-1}
$$
$$
k_7 = 0.1\ N^{-1}s^{-1}
$$

并且假设过程开始时基因处于活跃状态，且系统中没有 LacI：

$$
\boldsymbol{x}(0) = \begin{bmatrix} x_1(0) \\ x_2(0) \\ x_3(0) \\ x_4(0) \end{bmatrix} = \begin{bmatrix} 0 \\ 0 \\ 1 \\ 0 \end{bmatrix}
$$

21.5.1 确定性(反应速率)分析

作为第一种分析方法，我们来考虑由四种相互作用的物质以及它们之间的七种反应所描述的确定性的反应速率方程。对于这种情况，反应速率方程可以写为：

$$\dot{\boldsymbol{x}}(t)=\boldsymbol{S}\boldsymbol{w}(\boldsymbol{x}(t))$$

或者采用 ODE 的常规表示法写为

$$\begin{aligned}
\dot{x}_1&=-(4/24)k_1x_1(x_1-1)(x_1-2)(x_1-3)+4k_2x_2+k_5x_3-k_6x_1\\
\dot{x}_2&=(4/24)k_1x_1(x_1-1)(x_1-2)(x_1-3)-k_2x_2-k_3x_2x_3-x_7x_2\\
\dot{x}_3&=-k_3x_2x_3+k_4x_4\\
\dot{x}_4&=k_3x_2x_3-k_4x_4
\end{aligned}$$

我们注意到第一个反应只有在 $x_1\geqslant 4$ 时才有意义，这相当于至少要有四个单体分子存在，并且它们能够进行化合。对于少于四个分子的情况，我们必须采用一组不同的方程来描述：

$$\begin{aligned}
\dot{x}_1&=4k_2x_2+k_5x_3-k_6x_1\\
\dot{x}_2&=-k_2x_2-k_3x_2x_3-k_7x_2\\
\dot{x}_3&=-k_3x_2x_3+k_4x_4\\
\dot{x}_4&=k_3x_2x_3-k_4x_4
\end{aligned}$$

对这些方程关于时间进行积分，其动态过程的响应如图 21.7 中的灰色实线所示。我们注意到如果使用 LNA，那么计算得到的过程平均值将与灰色实线所表示的解完全一致。

21.5.2 随机仿真

我们也可以用 Gillespie's SSA[25] 对上面列出的反应进行仿真。图 21.6 所示的两个仿真结果说明了模型内在的大量随机变异性。对这个系统仿真 5000 次，可以收集这些变异性的统计特征，并且将它们记录为时间的函数。图 21.7 中用黑色实线表示每种物质平均水平的动力学特性，其中有些部分为锯齿状。此外，我们可以在不同的时间点收集单体和四聚物在数量上的统计特征，并且绘制如图 21.8 和 21.9 所示的边缘分布的直方图。从这些图中可以明显地看出，该过程的确定性反应速率方程与随机过程的均值是不相等的。这种差异源于第一个和第三个反应的倾向函数的非线性。

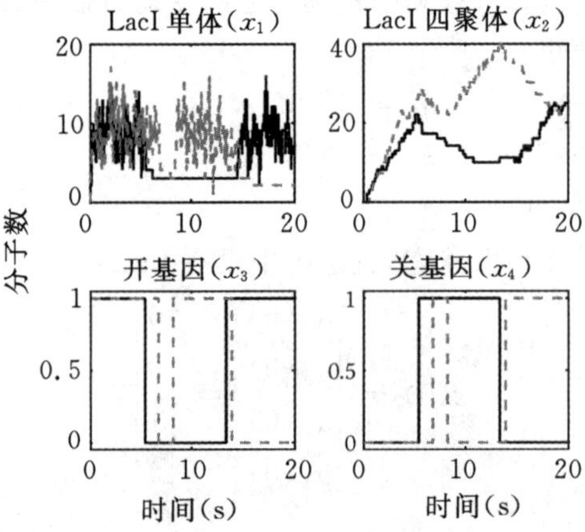

图 21.6 自抑制 LacI 人造基因调控网络的两种随机仿真结果(黑实线，灰虚线)。左上图对应 LacI 单体的群体；右上图对应 LacI 四聚体的群体；左下图对应开基因的群体；右下图对应关基因的群体

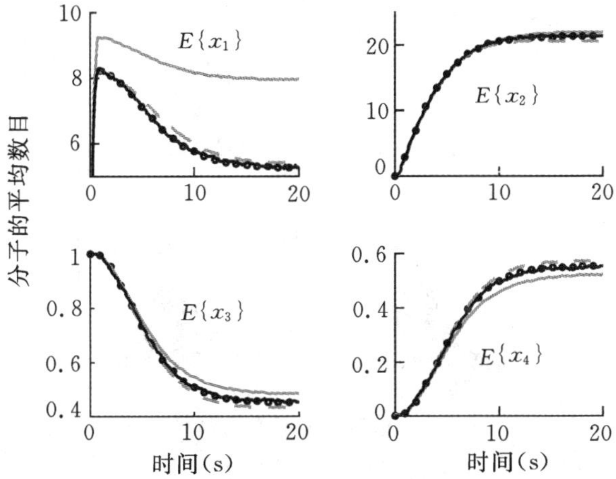

图 21.7　采用不同解决方案得到的 x 均值的动力学特性。灰实线对应确定性反应速率方程的解。灰虚线对应利用基于多元高斯分布假设的矩的封闭方法得到的解。黑色锯齿状线对应 5000 次随机仿真的解。点划线对应 FSP 方法的解

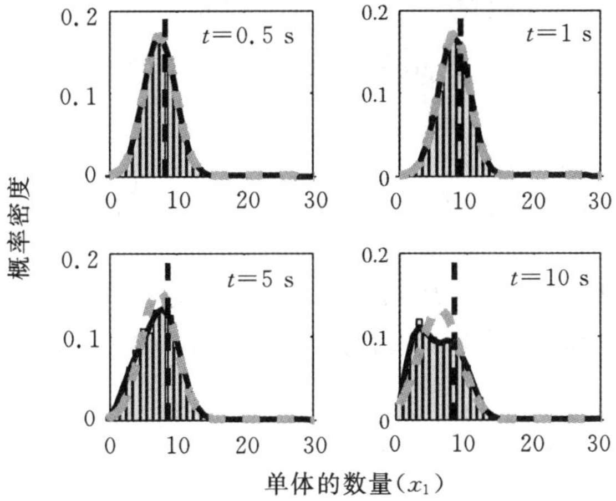

图 21.8　LacI 单体的数量(x_1)在不同时间点的概率分布。我们利用 5000 次随机仿真结果建立了灰色直方图。黑色实线对应 FSP 的解。黑色点划线表示利用确定性反应速率方程对均值进行预测的结果，灰色点划线表示在正态分布假设条件下由矩的封闭方法得到的结果

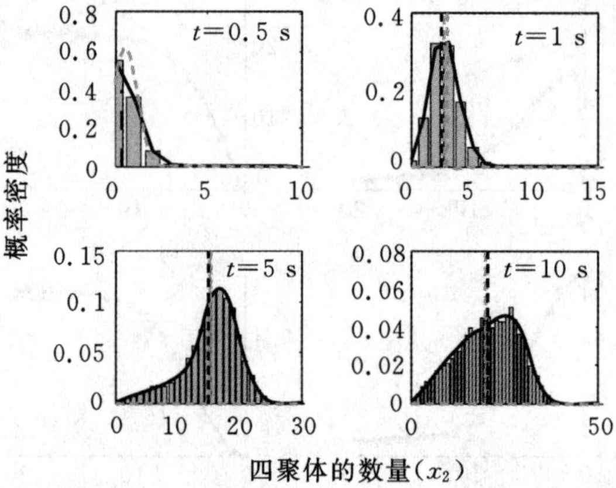

图 21.9 LacI 四聚体的数量(x_2)在不同时间点的概率分布。我们利用 5000 次随机仿真结果建立了灰色直方图。黑色实线对应 FSP 的解。黑色点划线表示利用确定性反应速率方程对均值进行预测的结果,灰色点划线表示在正态分布假设条件下由矩的封闭方法得到的结果

21.5.3 正态分布矩的封闭

上文中我们已经推导了过程均值的微分方程:

$$\frac{\mathrm{d}}{\mathrm{d}t}E(\boldsymbol{X}) = \boldsymbol{S}E\{\boldsymbol{w}(\boldsymbol{X})\} \tag{21.9}$$

在线性倾向函数的情况下,平均倾向函数简单来说就是平均群体的倾向函数,并且我们可以做如下替换:

$$\boldsymbol{S}E\{\boldsymbol{w}(\boldsymbol{X})\} = \boldsymbol{S}\boldsymbol{w}(E\{\}),\text{对于仿射线性的 }\boldsymbol{w}(\boldsymbol{X})$$

然而,当倾向函数是非线性的时候,这种替换是不正确的,在本章所示的情况下有:

$$E\{\boldsymbol{w}(\boldsymbol{X})\} = E\left\{\begin{bmatrix} k_1\begin{pmatrix} x_1 \\ 4 \end{pmatrix} \\ k_2 x_2 \\ k_3 x_3 x_2 \\ k_4 x_4 \\ k_5 x_3 \\ k_6 x_1 \\ k_7 x_2 \end{bmatrix}\right\} = \begin{bmatrix} k_1/24(E\{x_1^4\} - 6E\{x_1^3\} + 11E\{x_1^2\} - 6E\{x_1\}) \\ k_2 E\{x_2\} \\ k_3 E\{x_3 x_2\} \\ k_4 E\{x_4\} \\ k_5 E\{x_3\} \\ k_6 E\{x_1\} \\ k_7 E\{x_2\} \end{bmatrix}$$

因此,我们发现期望值取决于高阶矩,并且方程对于一个有限集合也不封闭。类似地,描述二阶矩演变的 ODE 为:

$$\frac{\mathrm{d}}{\mathrm{d}t}E\{\boldsymbol{X}\boldsymbol{X}^{\mathrm{T}}\} = \boldsymbol{S}E\{\boldsymbol{w}(\boldsymbol{X})\boldsymbol{X}^{\mathrm{T}}\} + E\{\boldsymbol{w}(\boldsymbol{X})\boldsymbol{X}^{\mathrm{T}}\}^{\mathrm{T}}\boldsymbol{S}^{\mathrm{T}} + \boldsymbol{S}\{\mathrm{diag}(E\{\boldsymbol{w}(\boldsymbol{X})\})\}\boldsymbol{S}^{\mathrm{T}} \tag{21.10}$$

其中矩阵 $\boldsymbol{w}(\boldsymbol{X})\boldsymbol{X}^{\mathrm{T}}$ 为

$$
\boldsymbol{w}(\boldsymbol{X})\boldsymbol{X}^{\mathrm{T}}=\begin{bmatrix}
k_1\binom{x_1}{4}x_1 & k_1\binom{x_1}{4}x_2 & k_1\binom{x_1}{4}x_3 & k_1\binom{x_1}{4}x_4 \\
k_2x_1x_2 & k_2x_2^2 & k_2x_2x_3 & k_2x_2x_4 \\
k_3x_1x_2x_3 & k_3x_2^2x_3 & k_3x_2x_3^2 & k_3x_2x_3x_4 \\
k_4x_1x_4 & k_4x_2x_4 & k_4x_3x_4 & k_4x_4^2 \\
k_5x_1x_3 & k_5x_2x_3 & k_5x_3^2 & k_5x_3x_4 \\
k_6x_1^2 & k_6x_1x_2 & k_6x_1x_3 & k_6x_1x_4 \\
k_7x_1x_2 & k_7x_2^2 & k_7x_2x_3 & k_7x_2x_4
\end{bmatrix}
$$

在这种情况下,我们可以看到二阶矩也取决于高阶矩。特别是 x_1 的二阶矩取决于它的五阶非中心矩。这种关系对于每一个高阶矩都成立,因此这个系统中 n 阶矩都取决于$(n+3)$阶矩。

如果假定所有物质的联合分布都由多元正态分布给出,那么我们可以利用这个关系使得矩的方程封闭。矩量母函数(MGF)方法或许是找到这种关系的最方便的方法。我们定义 MGF 为:

$$M_{\boldsymbol{X}}(\boldsymbol{t})=\exp(\mu^{\mathrm{T}}\boldsymbol{t}+1/2\boldsymbol{t}^{\mathrm{T}}\Sigma\boldsymbol{t})$$

其中的向量定义为:

$$
\begin{aligned}
\mu &= E\{\boldsymbol{x}\} \\
\Sigma &= E\{(\boldsymbol{X}-\mu)(\boldsymbol{X}-\mu)^{\mathrm{T}}\} \\
&= E\{\boldsymbol{X}\boldsymbol{X}^{\mathrm{T}}\}-E\{\boldsymbol{X}\}E\{\boldsymbol{X}^{\mathrm{T}}\} \\
\boldsymbol{t} &= [t_1,t_2,t_3,t_4]^{\mathrm{T}}
\end{aligned}
$$

有了这些定义,我们可以依据 μ 和 Σ 写出任何非中心矩:

$$E\{x_1^{n_1}\cdots x_4^{n_1}\}=\frac{d^{n_1+\cdots+n_4}}{\mathrm{d}x_1^{n_1}\cdots\mathrm{d}x_4^{n_4}}M_x(\boldsymbol{t})\bigg|_{\boldsymbol{t}=\boldsymbol{0}}$$

例如,可以由下式给出 x_1 的五阶非中心矩:

$$
\begin{aligned}
E\{x_1^5\} &= \frac{\mathrm{d}^5}{\mathrm{d}x_1^5}M_x(\boldsymbol{t})\bigg|_{\boldsymbol{t}=\boldsymbol{0}} \\
&= 15E\{x_1\}E\{x_1^2\}^2-20E\{x_1\}^3E\{x_1^2\}+6E\{x_1\}^5
\end{aligned}
$$

式(21.9)和(21.10)中每一个三阶矩或者更高阶矩都可以找到这样一种表达式。因此,可以用一阶矩和二阶矩充分地描述近似的分布,它们是新的一组 14 个动态变量:

$$
\begin{aligned}
&E\{x_1\},E\{x_2\},E\{x_3\},E\{x_4\}, \\
&E\{x_1^2\}E\{x_1x_2\},E\{x_1x_3\},E\{x_1x_4\}, \\
&E\{x_2^2\},E\{x_2x_3\},E\{x_2x_4\}, \\
&E\{x_3^2\},E\{x_3x_4\},E\{x_4^2\}
\end{aligned} \tag{21.11}
$$

我们注意到由于只有一种基因,因此 x_3 和 x_4 是互斥的,取值或者为零,或者为一。因此,我们可以指定式(21.11)中列出的最后三个矩的代数约束如下:

$$
\begin{aligned}
E\{x_3^2\} &= E\{x_3\} \\
E\{x_4^2\} &= E\{x_4\} \\
E\{x_3x_4\} &= 0
\end{aligned}
$$

这样就仅剩下了 11 个 ODE。

我们已经求解了由矩的封闭形式产生的非线性 ODE,每种物质的均值结果都可用图 21.7 中的灰色虚线表示。从图中可以看出,对于这种情况,使用耦合的一阶和二阶矩可以获得比确定性反应速率方程更好的均值特性的近似效果(对比图 21.7 中灰色实线和虚线)。

从图 21.7 中还可以看出,矩的封闭方法通过将一些关于过程的二阶非中心矩的描述包括在内,可以更好地刻画该过程的均值特性。此外,正如图 21.8 所示,更进一步的分析表明这种近似也能很好地描述单体群体的二阶矩。然而,很显然实际的分布不是高斯分布,并且截断高阶矩引入了显著的误差。这首先体现在 $t=10\text{s}$ 时刻的单体分布中,该时刻实际的分布几乎像是双峰分布。矩的封闭方法对四聚物分布的近似效果更差,如图 21.9 所示,矩的封闭方程的解实际上产生了一种物理上无法实现的结果,即四聚物分布的方差为负。这种错误并非意料之外,因为事实上四聚物群体的动力学特性严重依赖于单体群体近似的高阶矩。

21.5.4 FSP 分析

一般而言,主方程可以写成 $\boldsymbol{P}(t)=\boldsymbol{AP}(t)$ 的形式,其中可以把无穷小生成元 $\boldsymbol{A}$ 定义为:

$$A_{i_2 i_1} = \begin{cases} -\sum_{k=1}^{M} w_k(\boldsymbol{x}_{i_1}) & \text{当 } i_1 = i_2 \\ w_k(\boldsymbol{x}_{i_1}) & \text{当 } \boldsymbol{x}_{i_2} = \boldsymbol{x}_{i_1} + \boldsymbol{s}_k \\ 0 & \text{其他} \end{cases}$$

然而,为了让这种表示法有意义,我们不得不首先定义所有可能状态$\{\boldsymbol{x}\}$的枚举。根据 SSA 的几次运行结果,我们就能够将注意力限定于状态空间的有限区域($x_1 \leqslant N_1 = 30$ 和 $x_2 \leqslant N_2 = 55$)中,然后可以采用下面的方案:

$$i(\boldsymbol{x}) = x_4(N_1+1)(N_2+1) + x_1(N_2+1) + x_2 + 1$$

注意,由于 x_3 和 x_4 是互斥的,且 $x_3 = 1 - x_4$,因此我们可以使得这种枚举仅依赖于 x_1,x_2 和 x_4。

我们已经进行了 FSP 分析,图 21.7 中的黑色虚线显示了四种物质各自的均值与时间的函数关系。借助于所选择的投影,可以确保每个时刻计算出的概率分布的 1 范数误差总计为 4.8×10^{-5}或者更小。就其本身而言,FSP 方法为与其他解决方案的对比打好了基础。利用 FSP 方法,我们不仅可以确定均值,而且还可以确定每一个时间点的整个概率分布,图 21.8 和图 21.9 就显示了单体(x_1)和四聚物(x_2)在 $t=\{0.5,1,5,10\}\text{s}$ 时刻的边缘分布。

致谢

作者感谢美国国家科学基金 ECCS-0835847 和 ECCS-0802008 项目,Collaborative Biotechnologies 研究所来自于美国陆军研究办公室的 DAAD19-03-D-0004 项目,以及 Los Alamos LDRD 基金的资助。

参考文献

1. M. Elowitz, A. Levine, E. Siggia, and P. Swain. Stochastic gene expression in a single cell. *Nature*, 297(5584):1183-1186, 2002.

2. P. Swain, M. Elowitz, and E. Siggia. Intrinsic and extrinsic contributions to stochasticity in gene expression. *Proceedings of the National Academy of Sciences*, USA, 99(20): 12795-12800, 2002.

3. H. H. McAdams and A. Arkin. Stochastic mechanisms in gene expression. *Proceedings of the NationalAcademy of Sciences USA*, 94(3):814-819, 1997.

4. H. H. McAdams and A. Arkin. It's a noisy business! genetic regulation at the nanomolar scale. *Trendsin Genetics*, 15(2):65-69, February 1999.

5. B. Munsky, Hernday, D. Low, and Khammash. Stochastic modeling of the pap pili epigenetic switch. In *Foundations of Systems Biology in Engineering*, August 2005.

6. T. S. Gardner, C. R. Cantor, and J. J. Collins. Construction of a genetic toggle switch in *Escherichia coliNature*, 403:339-342, 2000.

7. J. Hasty, D. McMillen, and J. J. Collins. Engineered gene circuits. *Nature*, 420(6912): 224-230, 2002.

8. M. B. Elowitz and S. Leibler. A synthetic oscillatory network of transcriptional regulators. *Nature*, 403:335-338, 2000.

9. M. Yoda, T. Ushikubo, W. Inoue, and M. Sasai. Roles of noise in single and coupled multiple geneticoscillators. *Journal of Chemical Physics*, 126:115101, 2007.

10. J. Paulsson, O. Berg, and M. Ehrenberg. Stochastic focusing: Fluctuation-enhanced sensitivity of intracellularregulation. *Proceedings of the National Academy of Sciences*, 97: 7148-7153, 2000.

11. M. Thattai and A. Van Oudenaarden. Intrinsic noise in gene regulatory networks. *Proceedings of the National Academy of Sciences*, 98:8614-8619, 2001.

12. M. Thattai and A. Van Oudenaarden. Attenuation of noise in ultrasensitive signaling cascades. *BiophysicsJournal*, 82:2943-2950, 2002.

13. N. Rosenfeld, M. Elowitz, and U. Alon. Negative autoregulation speeds the response times of transcriptionnetworks. *Journal of Molecular Biology*, 323:785-793, 2002.

14. F. J. Isaacs, J. Hasty, C. R. Cantor, and J. J. Collins. Prediction and measurement of an autoregulatorygenetic module. *Proceedings of the National Academy of Sciences*, USA, 100:7714-7719, 2003.

15. P. S. Swain. Efficient attenuation of stochasticity in gene expression through post-transcriptional control. *Journal of Molecular Biology*, 344:965-976, 2004.

16. H. El-Samad and M. Khammash. Stochastic stability and its applications to the study of gene regulatorynetworks. In *Proceedings of the 43rd IEEE Conference on Decision and*

Control, 3:3001 - 3006, December2004.

17. J. M. Pedraza and A. van Oudenaarden. Noise propoagation in gene networks. *Science*, 307(5717):1965 - 1969, March 2005.

18. J. Paulsson. Summing up the noise in gene networks. *Nature*, 427(6973):415 - 418, 2004.

19. M. Khammash and H. El-Samad. Stochastic modeling and analysis of genetic networks. In *Proceedingsof the 44th IEEE Conference on Decision and Control and 2005 European Control Conference*, pp. 2320 - 2325, 2005.

20. H. El-Samad and M. Khammash. Regulated degradation is a mechanism for suppressing stochasticfluctuations in gene regulatory networks. *Biophysical Journal*, 90:3749 - 3761, 2006.

21. M. Khammash. *Control Theory in Systems Biology*, Chapter 2. MIT Press, Cambridge, MA, 2009.

22. B. Munsky and M. Khammash. Using noise transmission properties to identify stochastic gene regulatorynetworks. In *Proceedings of the 47th IEEE Conference on Decision and Control*, pp. 768 - 773, December2008.

23. S. N. Ethier and T. G. Kurtz. *Markov Processes Characterization and Convergence*. Wiley Series inProbability and Statistics, 1986.

24. D. T. Gillespie. Approximate accelerated stochastic simulation of chemically reacting systems. *Journalof Chemical Physics*, 115:1716 - 1733, 2001.

25. D. T. Gillespie. A general method for numerically simulating the stochastic time evolution of coupledchemical reactions. *Journal of Computational Physics*, 22:403 - 434, 1976.

26. T. G. Kurtz. Strong approximation theorems for density dependent Markov chains. *Stochastic Processesand their Applications*, 6:223 - 240, 1978.

27. D. T. Gillespie. The chemical Langevin and Fokker-Planck equations for the reversible isomerizationreaction. *Journal of Physical Chemistry*, 106:5063 - 5071, 2002.

28. N. G. Van Kampen. *Stochastic Processes in Physics and Chemistry*. Elsevier Science, North Holland, 2007.

29. J. Elf and M. Ehrenberg. Fast evaluation of fluctuations in biochemical networks with the linear noiseapproximation. *Genome Research*, 13:2475 - 2484, 2003.

30. R. Tomioka, H. Kimura, T. J. Koboyashi, and K. Aihara. Multivariate analysis of noise in geneticregulatory networks. *Journal of Theoretical Biology*, 229(3): 501 - 521, 2004.

31. P. Whittle. On the use of the normal approximation in the treatment of stochastic processes. *Journal ofRoyal Statistical Society*, *Series B*, 19:268 - 281, 1957.

32. I. Nasell. Moment closure and the stochastic logistic model. *Theoretical Population Biology*, 63:159 - 168, 2003.

33. C. A. Gomez-Uribe and G. C. Verghese. Mass fluctuation kinetics: Capturing sto-

chastic effects insystems of chemical reactions through coupled mean-variance computations. *Journal of ChemicalPhysics*,126(2):024109 - 024109 - 12,2007.

34. M. J. Keeling. Multiplicative moments and measures of persistence in ecology. *Journal of TheoreticalBiology*,205:269 - 281,2000.

35. A. Singh and J. P. Hespanha. A derivative matching approach to moment closure for the stochasticlogistic model. *Bulletin of Mathematical Biology*,69:1909 - 1025,2007.

36. I. Nasell. An extension of the moment closure method. Theoretical Population Biology,64:233 - 239,2003.

37. J. P. Hespanha. Polynomial stochastic hybrid systems. In M. Morari and L. Thiele, editors,Hybrid Systems:Computation and Control,Lecture Notes in Computer Science,Vol. 3414,pp. 322 - 338. Springer-Verlag,Berlin,March 2005.

38. B. Munsky and M. Khammash. The finite state projection algorithm for the solution of the chemicalmaster equation. Journal of Chemical Physics,124:044104,2006.

39. S. Peles,B. Munsky,and M. Khammash. Reduction and solution of the chemical master equation usingtime scale separation and finite state projection. Journal of Chemical Physics,20:204104,November 2006.

40. B. Munsky and M. Khammash. The finite state projection approach for the analysis of stochastic noisein gene networks. IEEE Transactions on Automatic Control,53:201 - 214, January 2008.

41. B. Munsky. The finite state projection approach for the solution of the master equation and its applicationto stochastic gene regulatory networks. PhD thesis,University of California,Santa Barbara,2008.

42. B. Munsky,B. Trinh,and M. Khammash. Listening to the noise: Random fluctuations reveal genenetwork parameters. Molecular Systems Biology,5(318),2009.

22

将人体作为动力学系统进行建模：在药物开发中的应用与发展

M. Vidyasagar
德克萨斯大学达拉斯分校

22.1 引言

本章的目的是为读者介绍一些关于药物开发方面的情况，其中系统理论在药物开发的过程中潜在地发挥着有益的作用。我们关注的焦点特别集中在将人体作为动力学系统进行建模，以便能够以系统的形式来预测某种药物的作用（不管它是有益的还是有害的）。我们从描述药物开发所面临的几乎近似于危机的严峻现状开始，然后介绍生理学建模众多成功案例中的两个，即治疗糖尿病的葡萄糖-胰岛素控制系统和艾滋病人中的感染控制系统。最后，以简单地介绍如何利用概率论方法来建模/预测药物的毒性结束。总体而言，如果控制和系统理论学者具备了现有的人体生理学知识水平，他们自然会渴望在药物开发中发挥重要的作用。

22.2 药物开发中的危机

在电子工业中，著名的“摩尔定律”指出，每过 18 个月，计算代价将翻倍下降，同时计算速度将成倍上升。这个惊人的增长速度差不多是以一个常数持续了将近 30 年。的确，日常生活中无处不在的计算（包括它所有的形式）都直接归因于摩尔定律。

上述情况与制药工业的情况形成了鲜明的对比。表 22.1 给出了多年以来开发一种新药

表 22.1 药物开发的成本

年	成本（以百万美元计）
1975	138
1987	318
2001	802
2006	1318

的成本增长状况[1]。可以看出，现在开发一种新药的花费大约是30年前的10倍，而且在刚刚过去的十年中成本的升幅最大。事实上，开发一种新药成本上升的速度远高于全面的通货膨胀率。

如果我们关注一下研究与开发的费用，那么就可以看到同样的景象。表22.2列出了美国药品研究与制造商协会(Pharmaceutical Research and Manufacturers of America，PhRMA)的成员以及整个行业(包括欧洲)的研发费用(以十亿美元计)。

表22.2 研发费用(以十亿美元计)

年	美国药品研究与制造商协会的成员	整个行业
1980	2.0	N/A
1990	0.4	N/A
2000	26.0	N/A
2004	37.0	47.6
2005	39.9	51.8
2006	47.9	63.2

图22.1展示了1996—2006年的十年间研发费用的持续涨势。

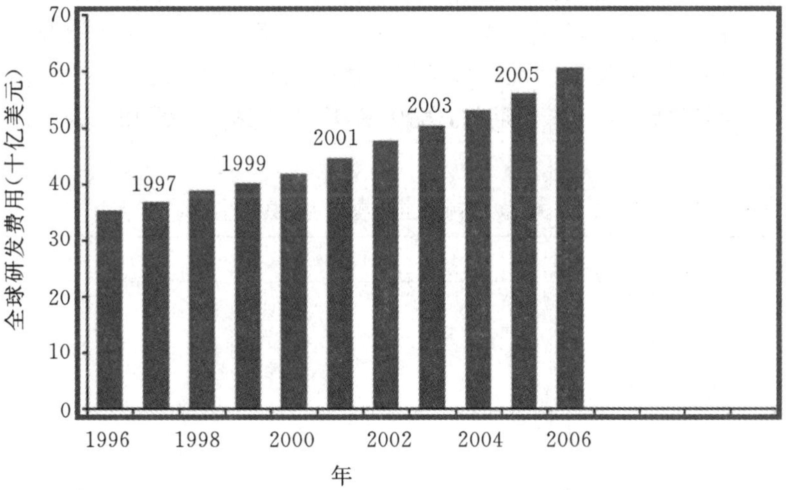

图22.1 研发费用，1996—2006年(来自CMR International Performance Metrics Program© Thomson Reuters，2008)

然而，尽管研发开支增加了将近20倍，但批准通过的新药数量却没有获得与之相当的增长。图22.2非常形象地说明了这种情况。

特别是在过去的十多年里，尽管每年的研发开支以大约6%的速度稳定增长，但是同期批准通过的新药数量**实际上却下降了**。在这段时期内，将一种新药投入到市场所花费的时间大约增加了50%。假定一种新药分子享受专利保护的期限为20年，那么新药市场化所需时间

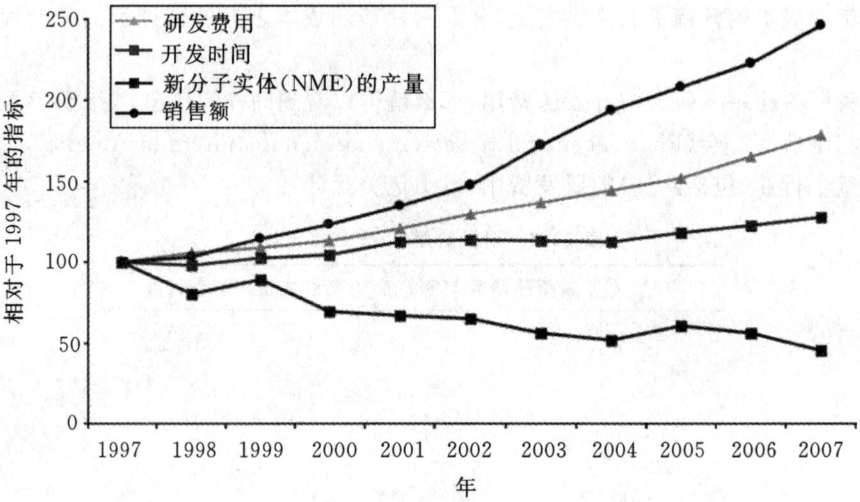

图 22.2 在1997—2007年间的全球研发费用、开发时间、全球的药品销售额,以及新分子实体(New Molecular Entity, NME)的产量(来自 CMR International Performance Metrics Program© Thomson Reuters & IMS Health, 2008)

的增加导致了药物发明者依靠专利获利的时间**减少**。与之自相矛盾的是,从同一幅图中可以看出制药行业的**销售总额**甚至超过了飞速增加的研发费用。这体现在一个国家的GDP中用于医疗卫生的比例在不断地增加。美国的数据最能够说明这种情况。表22.3列出了从1960年到最近的可以获得数据的2008年期间,美国的GDP、国家卫生费用以及GDP中用于医疗卫生的比例。

表22.3 美国国家卫生费用占GDP的比例

年	NHE $	USGDP $	NHE/GDP%
1960	27.5	526	5.2
1970	74.9	1038	7.2
1980	253.4	2788	9.1
1990	714.2	5801	12.3
2000	1352.9	9952	13.6
2005	1982.5	12 638	15.7
2006	2112.5	13 399	15.8
2007	2239.7	14 078	15.9
2008	2388.7	14 441	16.5

来源:表中数据来自于医疗保险和医疗补助服务中心,见 http://www.cms.hhs.gov/NationalHealthExpendData/downloads/tables.pdf。

注:NHE代表“国家卫生费用”。

所有数据以十亿美元计。

我们必须清醒地认识到，2008 年美国国家卫生费用大约等于 1980 年整个国家的 GDP。同一网站的数据还显示，GDP 中用于卫生费用的比例在持续地增长。因此，尽管制药工业在新药开发上并没有取得巨大的成功，但是它却成功地把它的费用转嫁给了整个社会。这种未加抑制的状况到底能够持续多久仍然争论未决。

22.3 药物开发的系统化方法

总的来说，制药行业在新药开发方面的失败是因为依赖了一种过时的方法论。到目前为止，药物开发过程的基础知识已经确立已久。人体内大概有 10 万种蛋白质，它们是由大约 3 万种基因产生的。因此，相同的基因在受到不同的刺激时会产生不同的蛋白质。由外界引入的例如来自某种病毒或者污染物的蛋白质，能够与人体的一种或多种蛋白质相结合，从而产生有毒的作用。因此，药物的目标就是与靶蛋白"绑定"，来抑制它的作用（如果它对人体是有害的），或者增强它的效果（如果它对人体是有益的）。

直到最近，人类发明新药主要还是依靠反复试验的方法。一种药物靶标一经确定，就用"化合物库"里的大量化合物（通常有数百万）作用于它，看看哪种化合物会与靶蛋白产生反应。在那些似乎与靶蛋白结合了的小分子中，选择其中一部分做更深入地测试与微调。如果它们的表现呈现出一丝的希望，就称之为"正在开发的药物"。然而，即使药物处于这个阶段，仍然不能保证就能够获得成功。2009 年，PhRMA 提供的制药工业的简况表明，在 1999 年有 1800 种化合物被认为是处于"研发阶段"，但是在 2008 年，仅仅 31 种化合物通过了检测，通过的比例只有 1.5%。不幸的是，这种高达 98.5%的巨大的"淘汰率"在过去的这些年里相当的稳定。虽然上述说法主要是针对那些所谓的"小分子"药物，而不是生物制剂，但是小分子药物仍然是药物开发领域的主要内容。

22.4 两个成功的案例

导致上文所述的药物研发中的高淘汰率的主要原因在于，对于什么因素会产生治疗的效果以及药物应该如何作用，总体而言依然没有依据第一性原理进行充分地建模。由于没有进行这种建模，反复试验就成为了唯一的选择。然而，以生理建模为基础而成功的案例确实存在。在可供选择的众多成功的案例中，本章将着重介绍其中的两个，即糖尿病和艾滋病。

22.4.1 糖尿病

糖尿病有两种类型，即 1 型和 2 型。到目前为止，在这两种类型的糖尿病中，2 型更为常见，有 90%以上的糖尿病人属于 2 型。1 型糖尿病形成于人的幼年时期，而且它的成因尚不明确。2 型糖尿病是由于胰腺分泌胰岛素不足而造成的，或者在一些情况下是由于人体对其产生的胰岛素（数量是充足的）产生了排斥而造成的。回想一下，胰岛素是一种调节血糖水平使其维持在可接受的范围内的酶。几十年以前，糖尿病人每天通常需要与进餐（它可能引起血糖水平的升高）同步地补充胰岛素好几次。后来，人们进行了一些实验来"自动地"检测血糖水平，并且释放来自于外部存储装置的胰岛素。由于胰岛素非常不稳定，所以执行这项任务需要格外小心。

在现阶段，关于这个问题的方方面面有成百上千的文章，包括：

- 葡萄糖控制系统的动力学模型，特别是胰岛素在调节葡萄糖水平中所起的作用。
- 当葡萄糖水平太低(例如注入的胰岛素过多)或太高(例如饭后)时的各种检测方法。
- 除了注射法之外，其他的释放胰岛素的方法，比如鼻腔吸入法、皮下释放法等。
- 控制系统的基于模型的预测控制方法。

读者可以参考例如文献[2,3]之类的几个例证。文献[4]中包括了大量的关于检测一顿饭何时被消耗完毕的参考文献，该内容是监测和调节体内葡萄糖水平的重要部分。模型-预测控制(MPC)作为调节葡萄糖水平的一种手段相当受欢迎，这是因为 MPC 对未知系统所做的假设最少，而且血糖系统的时间常数足够慢，使得 MPC 可以有效地发挥作用。甚至当前还有些研究在尝试制造一个“人造胰腺”，它由一个光洁的封装有传感器、执行器和控制器的胶囊组成。

22.4.2 艾滋病治疗

现在来看看艾滋病的例子，与糖尿病相比，这个成功案例发生的时间更近，发展更迅速。下面的讨论参考了文献[5]。之所以选择这篇文献，是因为它说明了生物系统的一些专有特征，本章将在适当的时候对其进行解释。

艾滋病是由外部病毒(艾滋病毒(HIV))引起的，它使得人体内的 CD4+T 细胞受到感染。尚未被感染的 CD4+T 细胞(T)、已被感染的 CD4+T 细胞(T^*)和病毒粒子(V)的动力学模型如下：

$$\dot{T} = s - \delta T - \beta TV\left(+ rT\frac{V}{K+V}\right), \dot{T}^* = \beta TV - \mu T^*, \dot{V} = kT^* - cV$$

上述方程中各项的说明如下：T 代表未被感染的 CD4+T 细胞的密度，T^* 代表已被感染的 CD4+T 细胞密度，V 代表病毒粒子(病毒产物)密度。前提假设如下，在不受其他因素影响的条件下，各类细胞以各自的时间常数发生指数衰减。当存在病毒时，之前未被感染的细胞的感染速率正比于未被感染细胞的密度和病毒粒子的密度的**乘积**，理由是该乘积正比于未被感染的细胞接触到病毒粒子的概率。因此，在有关$\dot{T}$的方程中，各项的说明如下：(1)s 对应于没有其他影响因素时 T 细胞密度的一个稳定增量；(2)$-\delta T$ 对应于 T 细胞的指数衰减；(3)βTV 对应于健康的(或未被感染的)T 细胞的感染速率；(4)$rTV/(K+V)$是 Michaelis-Menten 动力学的一个实例，本章后面将对该动力学模型进行单独地讨论。基本上，(4)项在 $V \ll K$ 时与 V 成线性关系，当 $V \gg K$ 时达到“饱和”值 rT。$rTV/(K+V)$又被称为“扩散项”；值得一提的是并非所有的 HIV 模型都用到这一项。在$\dot{T}^*$的方程中仅有两项。第一项，健康 T 细胞的感染增加了被感染的 T 细胞的数量，这就是 βTV 项。第二项，即使是已被感染的 T 细胞也会指数衰减，这种情况下它的时间常数是 μ。最后，在病毒粒子密度方程中，被感染的细胞反过来又产生病毒导致 kT^* 这一项，并且病毒也以时间常数 c 指数衰减。

注意到上述模型中并没有体现“治疗”。通常用逆转录酶抑制剂(RTI)和蛋白酶抑制剂(PI)治疗 HIV。在这种情况下，病毒粒子并非都会复制成具有感染性的病毒体。令 V_1 表示具有感染性的病毒体，V_2 表示不具有感染性的病毒体。模型如下：

$$\dot{T} = s - \delta T - (1 - \eta_{RTI})\beta T V_1 \left(+ rT \frac{V}{K + V}\right)$$

$$\dot{T}^* = (1 - \eta_{RTI})\beta T V_1 - \mu T^*$$

$$\dot{V}_1 = (1 - \eta_{PI})kT^* - c_1 V_1, \dot{V}_2 = \eta_{PI} kT^* - c_2 V_2$$

其中 η_{RTI}，η_{PI} 表示治疗的效果。因此，由于治疗的原因，原来的 kT^* 项中的 η_{PI} 部分复制成不具有感染性的病毒体，而其余部分则复制成具有感染性的病毒体。类似的，当一个具有感染性的病毒体接触到一个未被感染的 T 细胞时，T 细胞当时被感染的概率为 $1-\eta_{RTI}$。

注意到在上述的系统描述中并没有出现“控制”项；然而，“控制信号”（即治疗）会影响**系统的参数**，此处为常数 η_{RTI} 和 η_{PI}。这就是药物设计中生理系统的特征之一，也就是说“控制”（即药物）是通过影响生理模型中的一些参数来间接地起作用的。这种生理模型的另一个特征是微分方程的右边项不是线性的就是双线性的①。线性项通常表示以固定的时间常数衰减，而双线性项则表示相互作用，它的速率正比于两个密度的乘积。因此方程右侧绝对不会出现二次项。有人认为对于这种系统应该发展一套理论，然而迄今为止人们对于这类系统的关注仍然不够。

既然已经建立了模型，人们很自然地要问这个模型是否是“可以辨识的”，也就是说，能否在实验的基础上辨识出模型的各个参数。文献[5]通过严密的分析表明该系统的确是可以辨识的。因此，通过对个别病人的 T 细胞进行取样，使用标准的系统辨识方法可以“辨识”出模型中的参数。最后，我们用辨识得到的参数值对治疗方案进行“微调”。实际上，这种方法正在被应用于实践。

22.5　将人体作为动力学系统进行建模的几点思考

对药物或者外部刺激物对于人体的作用进行生理学建模，大致可以分为两类情况，一类是药物代谢动力学（PK），另一类是药效动力学（PD）。按照惯例，将药物代谢动力学定义为“人体对于药物产生了怎样的作用”，而将药效动力学则定义为“药物对人体起到了怎样的作用”。当药物进入人体之后，人们研究所谓的 ADME，它是吸收、分布、代谢和排泄的缩写。实际上不幸的是，有时高达 99%的绝大部分进入人体的药物，只是简单地通过人体而不产生任何作用，或者在到达目标器官之前就已经分解掉了。术语“生物药效率”指的就是在服用的药物中，到达人体生理活动区域并且自身未发生变化的那部分药物所占的比例。

摄入药物就像是作用于人体的一个脉冲，这个脉冲集中于时空中的某一点。如果人们想要研究药物在目标器官上的时间分布，那么所采用的模型就是一组常微分方程。有的时候，人们对于药物在目标器官内是如何分布的更多细节信息感兴趣，在这种情况下，就需要使用由一组偏微分方程构成的模型。

① 或许人们可以创造原始短语“双仿射的”（“bi-affine”）来描述这个系统。

22.5.1 反应扩散模型

"反应扩散方程"是研究药物在人体内如何散布的第一批模型之一。它是由 Alan Turing 首先进行公式化描述的,据说 Alan Turing 因为其他的贡献而更加出名！反应扩散方程的形式如下:

$$\frac{\partial \boldsymbol{u}}{\partial t} = K\nabla^2\boldsymbol{u} + \boldsymbol{f}(\boldsymbol{u})$$

其中,$\boldsymbol{u}(x,t)$是一个包含了所感兴趣的变量的向量(它随空间和时间的变化而变化);K 是扩散系数的对角矩阵;$\boldsymbol{f}(\boldsymbol{u})$表示变量之间的相互作用。通过选择合适的 K 和 $\boldsymbol{f}(\boldsymbol{u})$,许多生理现象都可以用此方程进行描述。由于该方程的非线性性质,要得到它的"封闭式的"解是不可能的,但是可以对其进行定性的分析。

22.5.2 房室模型

为了分析 ADME 的性质,房室模型得以广泛地使用。这些模型将人体视为一系列器官的组合,其中药物从一个器官扩散到另一个器官。就大部分情况而言,人体内药物的流动是单向的,虽然也有例外。在房室模型中,既可以研究药物在一个房室内的绝对数量,也可以研究它的浓度。如果 V_i 是第 i 个器官的体积,$x_i(t)$是第 i 个器官内药物的数量,那么第 i 个器官内的药物浓度显然就是 $x_i(t)/V_i$。质量平衡定律(在其单纯形式(pure form))中)要求在每一个时间间隔内所有器官中 $x_i(t)$的净改变量加起来必须等于零。但是,实际上药物会降解,这就意味着它们会转化成其他的副产物。因此,单纯形式的质量平衡定律在这类模型中并不总是成立的。

一个典型的房室模型具有如下的形式:令 $c_i(t)$表示 t 时刻第 i 个房室内的药物浓度,λ_{ij} 表示药物从房室 i 到房室 j 的扩散速率,那么典型的房室模型为:

$$\dot{c}_i(t) = -\sum_{j=1}^{n}\lambda_{ij}c_j(t) + u_i(t),\ \forall i$$

当且仅当房室 i 和房室 j 相连接时,系数 λ_{ij} 为非零值;而且,一般说来,$\lambda_{ij} \neq \lambda_{ji}$。通常,只有一个房室具有外部输入,并且只有极少数的房室能够由外部进入来检测其中的药物浓度 $c_i(\cdot)$。因此,只能推断出各个系数。但是,根据生理学可以很容易地确定那些扩散系数 λ_{ij} 为非零的房室对(i,j)。人们经常使用动物实验来确定扩散系数的典型值,然后在校正器官的容积和重量差异等指标之后,将其按比例放大用于人体模型。

一种被形象地命名为"PBPK"或者"生理药物代谢动力学"的方法,是药物开发研究中取得的一个最新进展。在该方法中,人们试图确定某个房室(器官)与另外一个房室在功能和其他方面的特征上是如何不同的。

上述房室模型由线性动力学构成,因此易于分析。而且,可以通过观测估计出各个扩散常数。但是,一般认为这个模型并不现实,因为它允许从一个房室到另一个房室之间存在任意大的扩散速率。要解决这个问题,通常被认可的方法是使用 Michaelis-Menten 动力学模型。在该模型中,人们假定浓度的变化率"饱和",正如下式所示:

$$\dot{c}_i(t) = \frac{V_{\max}\delta_i(t)}{K_i + \delta_i(t)}$$

其中

$$\delta_i(t) = -\sum_{j=1}^{n} \lambda_{ij} c_j(t) + u_i(t), \forall i$$

上述方程中如果 $\delta_i(t) \ll K$，那么与 K_i 相比，$\delta_i(t)$ 可以被忽略，浓度变化率 $\dot{c}_i(t)$ 基本上线性地正比于 $\delta_i(t)$。当 $\delta_i(t)$ 增大时，得到的动力学模型就变成非线性的了。最后，如果 $\delta_i(t) \gg K_i$，那么与 $\delta_i(t)$ 相比，K_i 可以被忽略，$\dot{c}_i(t)$ 在其最大值 V_{max} 处饱和。

在 Michaelis-Menten 动力学模型中，一个基本的前提是浓度的变化率要受到相关器官的体积的限制。特别是，如果一个(生理上)体积较小的器官与一个比它大得多的器官相邻，那么在较小的器官内，浓度增加的速率不会超过某个特定值。持此观点更进一步，我们也可以合理地探讨一个更加细化的模型，它被称之为目标物介导的药物处置模型。当药物浓度不仅受到目标器官体积的限制，还受到该药物与靶蛋白的结合亲和力的限制时，应用这个模型具有重要的意义。关于该模型的讨论读者请参考文献[6]。

关于传统的 PK/PD 模型以及 PBPK 模型的研究，已有一些杰出的文献，这里仅引用了文献[7]作为一个例子。它是很多论文的合集，因此可以作为一个很好的研究起点。关于这个主题，还能够找到一些更传统的文章(虽然有点过时)。Macheras[8] 所著书中的阐述风格很接近于典型的控制或者系统理论文献的风格。

22.6 结论

在对人体进行建模时，有几个悬而未决的问题本章并没有涉及到。其中一项最具挑战性同时又是最有前景的工作就是将生理学建模与统计分析相结合来预测“不良反应”，即一种特殊药物在令人无法接受的高比例的受试群体中产生毒副作用的可能性。这种“无法接受的高”可能指的是仅仅 0.5%，而且不良反应通常发生在可观测范围之外。例如，在动物实验或者 I 期人体试验中，一种药物可能仅提供给 10～20 个受试者服用。因此，最多也只能谈及试验数据的第 95 百分位，然而人们却不得不根据经验推测出第 99.5 百分位。这就要求人们将预测极端事件的纯概率论(例如大偏差理论)与机器学习技术结合起来形成新的方法，来估计未知参数集的概率分布。随着我们对人体生理的认识不断深入，我们有理由认为系统理论的途径与方法将会在药物开发中获得越来越多的应用。

参考文献

1. PhRMA (Pharmaceutical Research and Manufacturers of America), Industry Profile, 2009.

2. R. Hovorka, J. Kremen, J. Blaha, M. Matias, K. Anderlova, L. Bosanska, T. Roubicek, et al. Blood glucosecontrol by a model predictive control algorithm with variable sampling rate versus a routine glucosemanagement protocol in cardiac surgery patients: A randomized controlled trial, *The Journal of ClinicalEndocrinology and Metabolism*, 92(8), 2960 - 2964, 2007.

3. M. W. Percival, E. Dassau, H. Zisser, L. Jovanovic, and F. J. Doyle III*. practical approach to designand implementation of a control algorithm in an artificial pancreatic beta cell, *Industrial & Engineering Chemistry Research*, 48, 6059 - 6067, 2009.

4. E. Dassau, B. W. Bequette, B. A. Buckingham, and F. J. Doyle III. Detection of a meal using continuousglucose monitoring: Implications for an artificial β-cell, *Diabetes Care*, 31, 295 - 300, 2008.

5. D. A. Ouattara, M.-J. Mhawej, and C. H. Moog. Clinical tests of therapeutical failures based on mathematicalmodeling of the HIV infection, *IEEE Transactions on Automatic Control and Ciruits and Systems*, (Joint Special Issue on Systems Biology), AC-53, 23 - 241, January 2008.

6. X. Yan, D. E. Mager, and W. Krzyzanski. Selection between Michaelis-Menten and target mediated drugdisposition pharmacokinetic models, *Journal of Pharmacokinetics and Pharmacodynamics*, 37(1), 25 - 47, February 2010.

7. M. B. Reddy (Ed.). *Physiologically Based Pharmacokinetic Modeling*, Wiley-Interscience, Hoboken, NJ, 2005.

8. P. Macheras. *Modeling in Biopharmaceuticals, Pharmacokinetics, and Pharmacodynamics: HomogeneousandHeterogeneous Approaches*, Springer-Verlag, New York, 2006.

第五部分

电子领域

23

无刷直流电机控制

Farhad Aghili
加拿大太空局

23.1 经二次规划的无刷直流电机转矩最优控制

23.1.1 引言

精确的电机转矩无脉动控制对于精密运动控制而言是不可或缺的，从硅晶片制造、医疗、机器人及自动化产业到军事方面它都具有广泛地应用。永磁同步电机，也称无刷直流电机(BLDC motors)，通常用作伺服系统的驱动器。无刷直流电机由一个包含一系列永久磁体的转子以及静止的电枢组成，并采用电子控制的换向系统替代电刷式的机械换向器来分配电力。无刷直流电机与有刷直流电机相比具有一些优势，因此更适合作为伺服电机使用。这些优势包括：没有因电刷引起的电摩擦磨损和腐蚀，因而效率更高寿命更长，以及由于消除了来自电刷的电火花，从而减少了电磁干扰和噪声。此外，与其近亲的直流电机相比，无刷直流电机单位质量可以传递更多的电能，这是因为附着于无刷直流电机外壳的定子绕组可以通过传导方式进行有效地冷却，而具有转子绕组的直流电机通常采用内置的冷却风扇这种传统方法进行散热。这也就意味着无刷直流电机可以完全密封，以免遭受污垢、油、油脂和其他异物的影响。

无刷直流电机将转子的位置反馈纳入控制系统来替代有刷直流电机的机械换向器，从而实现了电子换向。通常使用编码器来检测转子的位置，但是一些设计也采用霍尔效应传感器或者检测非驱动线圈中的反电动势来提取转子的位置信息。如果电机作为运动控制系统的执行机构，那么位置传感器就不构成一种负担，因为为运动控制器提供反馈的位置传感器也可以应用于电子控制的换向器。为了使转子跟随线圈产生的磁场旋转，控制器利用转子的位置信息和控制输入信号，按照特定的顺序激励电机的定子线圈。关于电机基本结构的全面描述，包括无刷直流电机及驱动器、常规控制器、电路系统以及电力电子装置，可以参阅文献[1～3]。

抑制伺服系统电机驱动机构的转矩脉动可以减少速度的波动，从而显著地提升系统性能[4,5]。一般而言，电机由于磁链分布失真和/或者因凸极引起的磁阻变化会产生转矩脉动。于是，控制问题可以表述为：如何将励磁电流调整为电机转子位置的函数，使得在每个位置处由电机产生的瞬时转矩等于指令转矩。一些研究人员已经对使电机产生精确转矩的控制方法及其基本的模型进行了研究[4～11]。无刷直流电机控制中的传统趋势是通过所谓的 d-q 变换来转换励磁电流[2]。由于该变换只能将具有完美正弦分布磁动势的理想电机线性化,因此需要级联另一个转矩设定点以抵消转矩脉动[12]。Murai 等人[6]为非正弦磁通分布的电机提出了一种启发式的换向方案。Le-Huy 等人[13]使用若干种电流波形来降低无刷电机转矩脉动的谐波分量。Ha 等人[14]以显式形式完整地描述了一类在无刷直流电机中产生无脉动转矩的反馈控制器。文献[4,10]中提出了转矩最优控制。在过去,人们还提出了以反馈线性化为基础的控制策略[15]以及基于哈密顿能量函数的实现方案[11]。

当我们将电机的相电流视为与电枢电压截然相反的输入时,控制问题从根本上得以简化。于是,控制问题简化为电机的转矩控制以及传统上依赖于转矩控制输入的操作器的多体动力学控制,其中电机的转矩控制是从期望的转矩和位置到相电流的一个非线性映射。一些研究人员已经对直接驱动系统中产生精确转矩的控制方法及其基本模型进行了研究[8]。文献[10]采用一个无约束函数来实现其他的如功耗最小之类的控制目标,但是并未考虑相电流饱和的问题[10]。文献[4]中提出了考虑电流限制因素的转矩最优控制。

本章 23.2 节至 23.4 节提出了一种转矩无脉动控制器的设计方案,它在使得铜耗最小的同时最大限度地提高了电流受限条件下的电机转矩能力。在具有固定的电流-角度(current-angle)波形的传统换向方法中,当至少有一相电流饱和时才可以获得最大的转矩。在本章提出的方案中,我们通过应用约束优化方法增大未饱和相的电流,使得电流-角度波形发生变化以补偿饱和(电流受限制的)相。这种方法有助于增加电机在运行于线性磁场作用区域内时的最大转矩能力。由于电机在所有的相电流饱和之前可以产生更大的转矩,因此在本章提出的方案中,电机的转矩能力得以增强。

23.2 优化相电流

23.2.1 电机模型

假设各相转矩之间的交叉耦合可以忽略不计,并且没有磁阻转矩。同时,我们假设可以准确及时地控制相电流使其能够作为控制输入。于是,由单相产生的转矩是相电流 i_k 和电机的转子位置 θ 的函数。

$$\tau_k(i_k,\theta) = i_k y_k(\theta) \quad k = 1,\cdots,p \tag{23.1}$$

其中 $y_k(\theta)$是与第 k 相相关的位置非线性特性,或者称为转矩整形函数(torque shape function)。为了简洁起见,下文将省略自变量 θ。电机转矩 τ 是所有相转矩的叠加:

$$\boldsymbol{\tau} = \sum_{k=1}^{p} i_k(\theta,\tau_d) y_k(\theta) \tag{23.2}$$

转矩控制问题就是给定期望的电机转矩 τ_d,求解上式中作为电机转子位置函数的电流 $i_k(\theta,\tau_d)$。给定一个标量的转矩设定值,有无限多种(与位置相关的)相电流波形可以满足式(23.2)。由于主要是内部铜耗发热限制了电机的连续机械功率输出,因此利用相电流解的自由度来最大限度地降低功率损耗是很有意义的。

$$P_{\text{loss}} \propto i^{\mathrm{T}} i \tag{23.3}$$

其中 $i=\mathrm{col}(i_1,\cdots,i_p)$为相电流向量。另一个需要考虑的限制因素为电流饱和。令 $i_{\max}>0$ 为

对应于线性相电流-转矩关系(即式(23.1)是有效的)或者伺服放大器限流值的最大等效相电流。那么,相电流必须满足

$$-i_{\max} \leqslant i_j \leqslant i_{\max} \quad \forall_j = 1,\cdots,p \tag{23.4}$$

23.2.2 二次规划

为了推导最优的相电流 $i_k^*(\theta,\tau_d)$,在产生期望转矩(式(23.2))的同时使得满足约束(式(23.4))的功率损耗(式(23.3))最小,我们需要用到转矩整形函数 $y_k(\theta)$。我们采用离散的方式在有限个电机转子位置处表示该函数,那么,它在任何特定位置 θ 处的函数值,即$\{y_1(\theta),\cdots,y_p(\theta)\}$,都可以由插值得出。为了简化起见,以后的描述中将省略 θ。此时,通过在式(23.2)中设置 $\boldsymbol{\tau}=\tau_d$,则寻求满足约束并且使得功率损耗最小的最优相电流,可以用二次规划问题进行公式化表示:

$$\min \quad i^{\mathrm{T}} i \tag{23.5a}$$

$$\text{满足:}\quad h(i) = y^{\mathrm{T}} i - \tau_d = 0 \tag{23.5b}$$

$$g_1(i) = |\, i_1 \,| - i_{\max} \leqslant 0 \tag{23.5c}$$

$$\vdots$$

$$g_p(i) = |\, i_p \,| - i_{\max} \leqslant 0$$

由于所有函数均为凸函数,所以任何局部极小值也是全局最小值。这里,我们将寻求满足等式与不等式约束的最小值 $\boldsymbol{i}^* = \mathrm{col}(i_1^*, i_2^*, \cdots, i_p^*)$。在研究问题的通解之前,排除平凡解 $i_k^* = 0$ 是很有益的。如果第 k 个转矩整形函数为零,那么无论电流为多少,该相也不会产生转矩。因此,

$$y_k = 0 \Rightarrow i_k^* = 0 \quad \forall k = 1,\cdots,p \tag{23.6}$$

可以立刻指定交点处的最优相电流。通过排除平凡解,在优化规划中我们将处理一个较小的变量集合以及较少数目的方程。因此,我们必须找到与非零部分相对应的最优解。下文在不失一般性的情况下,将假设所有的转矩整形函数非零。

定义函数

$$\boldsymbol{L}(\boldsymbol{i}) = f(\boldsymbol{i}) + \lambda h(\boldsymbol{i}) + \mu^{\mathrm{T}} g(\boldsymbol{i}) \tag{23.7}$$

式中 $f(\boldsymbol{i})=\boldsymbol{i}^{\mathrm{T}}\boldsymbol{i}$,$g(\boldsymbol{i})=\mathrm{col}(g_1(\boldsymbol{i}),g_2(\boldsymbol{i}),\cdots,g_p(\boldsymbol{i}))\in\boldsymbol{R}^p$,$\lambda\in\boldsymbol{R}$,且 $\boldsymbol{\mu}=\mathrm{col}(\mu_1,\mu_2,\cdots,\mu_p)\in\boldsymbol{R}^p$。设 $\boldsymbol{i}^*$ 使得 $f(\boldsymbol{i})$具有局部最小值且满足等式和不等式约束方程(23.5b)和(23.5c)。假设向量$(\partial g_k/\partial i)^{\mathrm{T}}|_{i=i^*}$ $\forall k=1,\cdots,p$ 为线性无关的,那么根据 Kuhn-Tucker 定理[16],存在 $\mu_k\geqslant 0$,$\forall k=1,\cdots,p$ 使得:

$$\left(\frac{\partial \boldsymbol{L}}{\partial \boldsymbol{i}}\right)_{i=i^*} = 0 \tag{23.8a}$$

$$\boldsymbol{\mu}^{\mathrm{T}} g(\boldsymbol{i}^*) = 0 \tag{23.8b}$$

令 sgn(·)代表符号函数,其中:

$$\mathrm{sgn}(x) = \frac{\mathrm{d}}{\mathrm{d}x}\,|\, x \,|$$

于是$(\partial g_j/\partial \boldsymbol{i})^{\mathrm{T}} = \mathrm{diag}(\mathrm{sgn}(i_1^*),\mathrm{sgn}(i_2^*),\cdots,\mathrm{sgn}(i_p^*))$为一个列线性无关的对角矩阵。唯一的不足是,当 $i_k^*=0$ 时符号函数是不定的。因为 $y_k\neq 0$,于是我们假设最优解 i_k^* 非零。

稍后我们将松弛这个假设。将 $f(\boldsymbol{i})$、$h(\boldsymbol{i})$和 $g(\boldsymbol{i})$代入式(23.8)可得

$$2\boldsymbol{i}^* + \boldsymbol{\lambda} y + \boldsymbol{\mu}^{\mathrm{T}} \mathrm{sgn}(\boldsymbol{i}^*) = 0 \tag{23.9}$$

$$\mu_k(|i_k^*| - i_{\max}) = 0 \quad k = 1,\cdots,p \tag{23.10}$$

式(23.9)、式(23.10)连同式(23.5b)组成了含有 $2p+1$ 个非线性方程的方程组，下面将求解该非线性方程组中的 $2p+1$ 个未知量 $\boldsymbol{i}^*$、$\boldsymbol{\lambda}$ 和 $\boldsymbol{\mu}$。由于当 $\boldsymbol{\mu} \geqslant 0$ 且 $g(\boldsymbol{i}^*) \leqslant 0$ 时 $\boldsymbol{\mu}^{\mathrm{T}} g(\boldsymbol{i}^*) = 0$，所以我们可以认为对于$|i_k| < i_{\max}$，有 $\mu_k = 0$，同时对于$|i_k| = i_{\max}$，有 $\mu_k \geqslant 0$。因此，式(23.9)可以写成以下的简洁形式：

$$T(i_k^*) = -0.5\boldsymbol{\lambda} y_k \quad \forall k = 1,\cdots,p \tag{23.11}$$

通过下式来定义映射 $T:\mathscr{D} \to \mathbb{R}$，$\mathscr{D}(x) = \{x \in \mathbb{R}: |x| \leqslant i_{\max}\}$：

$$T(\boldsymbol{x}) = \begin{cases} \boldsymbol{x} & |\boldsymbol{x}| < i_{\max} \\ \boldsymbol{x} + 0.5\mathrm{sgn}(\boldsymbol{x})\boldsymbol{\mu} & |\boldsymbol{x}| = i_{\max} \end{cases} \tag{23.12}$$

式中 μ_k 为任意正数。显然该映射在 $\mathscr{D}$ 上是可逆的，即存在一个函数 $T^{-1}(\boldsymbol{x})$使得 $T^{-1}(T(\boldsymbol{x})) = \boldsymbol{x}, \forall \boldsymbol{x} \in \mathscr{D}$。换言之，如果给出式(23.11)的右端(Right-Hand-Side，RHS)，那么就可以唯一地确定变量 i_k^*。该映射的逆是饱和函数，即 $T^{-1}(\cdot) \equiv \mathrm{sat}(\cdot)$，通过下式来定义：

$$\mathrm{sat}(\boldsymbol{x}) = \begin{cases} \boldsymbol{x} & |\boldsymbol{x}| \leqslant i_{\max} \\ \mathrm{sgn}(\boldsymbol{x}) i_{\max} & \text{其他} \end{cases} \tag{23.13}$$

此时，式(23.11)可以改写为：

$$i_k^* = \mathrm{sat}(-0.5\lambda y_k) \quad \forall k = 1,\cdots,p \tag{23.14}$$

上述方程意味着当 $y_k \neq 0$ 时，$i_k^* \neq 0$，这将松弛我们之前所做的假设。第二个结论是：当转矩整形函数的幅值$|y_k|$越大时，最优电流$_k^*$ 的幅值也就越大。如果按照降序来标记各相：

$$|y_1| \geqslant |y_2| \geqslant \cdots \geqslant |y_p| \Rightarrow |i_1^*| \geqslant |i_2^*| \geqslant \cdots \geqslant |i_p^*| \tag{23.15}$$

从 i_1^* 到 i_p^* 的最优相电流一定会连续地饱和。利用这一点，我们可以从 i_1^* 开始以相同顺序连续地计算最优相电流。在有一相出现饱和的情况下，式(23.14)意味着只要知道 λ 的符号便足以计算相关的相电流。从式(23.11)和(23.5b)我们可以推导出：

$$\mathrm{sgn}(\tau_d) = \mathrm{sgn}(-\lambda) \tag{23.16}$$

因此，如果 i_1^* 饱和，则有：

$$i_1^* = \mathrm{sgn}(-y_1\lambda) i_{\mathrm{amx}} = \mathrm{sgn}(i_1\tau_d) i_{\max} \tag{23.17}$$

如果 i_1^* 没有饱和，即$|i_1^*| < i_{\max}$，则$\{i_2,\cdots,i_p\}$也没有饱和，见式(23.15)。当 i_1^* 没有饱和时，令 $\lambda^{(1)}$ 表示拉格朗日乘子，然后将 $i_k^* = -0.5\lambda y_k$ 中的相电流代入到式(23.5b)，便可以计算出拉格朗日乘子：

$$\lambda^{(1)} = \frac{-2\tau_d}{\sum_{k=1}^{p} y_k^2} \tag{23.18}$$

反过来，将上式代入式(23.14)可以获得最优相电流：

$$i_1^* = \mathrm{sat}\left(\frac{y_1\tau_d}{\sum_{k=1}^{p} y_k^2}\right) \tag{23.19}$$

由于式(23.19)的分母始终为正，根据式(23.17)我们可以推断出即使在饱和情况下，式

(23.17)依然可以给出最优解。类似地，如果将式(23.5b)中的 $y_1 i_1^* - \tau_d$ 看作已知参数，则可以计算出 i_2^*。一般情况下，可以按照以下归纳法来计算第 i 相电流：由于已经求出了多达 $i-1$ 相电流，因此有：

$$y_i i_1^* + \cdots + y_p i_p^* = \tau_d - (y_1 i_1^* + \cdots + y_{i-1} i_{i-1}^*) \tag{23.20}$$

其中，上式右端的值已知。由式(23.14)和式(23.20)可以得到与非饱和电流 i_i^* 相关的拉格朗日乘子：

$$\lambda^{(i)} = \frac{-2\left(\tau_d - \sum_{k=1}^{i-1} y_k i_k^*\right)}{\sum_{k=i}^{p} y_k^2} \tag{23.21}$$

最后将式(23.21)代入式(23.14)，可以得到最优相电流，它能够精确地产生期望的转矩，同时在满足电流饱和的约束条件下能够最小化功率损耗

$$i_1^* = \text{sat}\left(\frac{y_1 \tau_d}{\| y \|^2}\right)$$

$$i_i^* = \text{sat}\left(\frac{y_i \tau_d - y_i \sum_{k=1}^{i-1} y_k i_k^*}{\sum_{k=i}^{n} y_k^2}\right), i = 2, \cdots, p \tag{23.23}$$

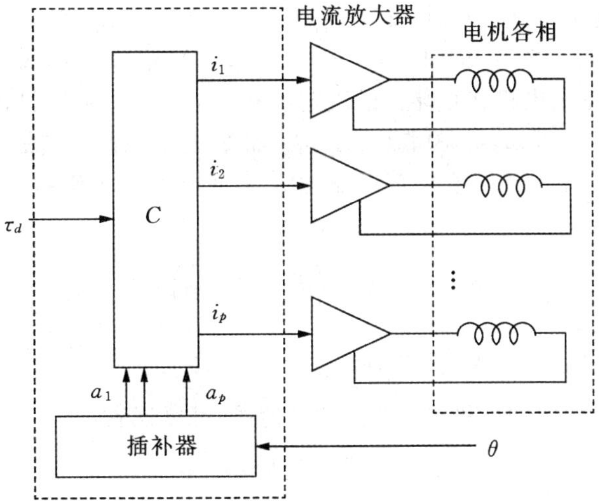

图 23.1　转矩控制器和电力电子设备

23.2.3　转矩控制算法的实现

假设向量 $\text{col}(y_k(\theta_1), y_k(\theta_2), \cdots, y_k(\theta_n)) \in \mathbb{R}^n$ 表示与电机相转矩(在单位电流励磁下)和位置的 n 次测量值相对应的离散的转矩整形函数，则在任意给定的位置 θ 处，可以通过插值法计算对应的整形函数 $y_k(\theta)$。图 23.1 给出了控制系统的架构。转矩控制算法按照以下步骤

实现:

1. 对当前的电机位置插值计算转矩整形函数 y_k。

2. 当 $y_k=0$(或 $|y_k|$ 足够小),设置 $i_k^*=0$。

3. 选择非零的整形函数并且排序,使得 $|y_1|\geqslant|y_2|\geqslant\cdots\geqslant|y_p|$,同时由式(23.19)和式(23.23)计算最优电流值。返回步骤 1。

23.3 可达到的最大转矩

当某些相发生饱和的时候,上节提出的控制算法将允许相间转矩的存在。通过这种方法能够获得的转矩为多少呢?可以证明,当不考虑饱和时,相电流的最优解可以显式地表示为如下封闭形式:

$$i_k(\theta,\tau_d)=\frac{y_k\tau_d}{\sum_{m=1}^{p}y_m^2}\quad\forall k=1,\cdots,p \tag{23.24}$$

这种情况下,最大转矩取决于最大的相转矩函数的饱和度。通过式(23.24)可以明确得出,在任意给定的电机位置 θ,具有最大的转矩整形函数值 $|y_j|$ 的相最先达到饱和。同时,假设 $|y_1|\geqslant|y_2|\geqslant\cdots\geqslant|y_p|$,那么,由式(23.24)可以计算出可达到的最大转矩为:

$$|\tau_d|\leqslant(|y_1|+|y_2/y_1||y_2|+\cdots+|y_p/y_1||y_p|)i_{\max}=k_1(\theta)i_{\max} \tag{23.25}$$

另一方面,我们所提出的算法可以在某一相饱和时,增加非饱和相产生的转矩,直至极限情况下所有相都达到饱和为止。因此,最大转矩为:

$$|\tau_d|\leqslant(|y_1|+|y_2|+\cdots+|y_p|)i_{\max}=k_2(\theta)i_{\max} \tag{23.26}$$

$k_1(\theta)>0$ 和 $k_2(\theta)>0$ 都是电机转矩能力的决定因素。由于 $|y_2/y_1|\leqslant1,\cdots,|y_p/y_1|\leqslant1$,所以由式(23.25)和式(23.26)可知:$k_1(\theta)\leqslant k_2(\theta)$。$k_1$ 和 k_2 的值取决于转矩整形函数 y_k。对于一个理想的三相电机而言,即 $n=3$,它们可以显式地表达,其中三相移相正弦转矩函数如下:

$$y_1(\theta)=\hat{\mathbf{y}}\sin(\theta+\varphi)$$

$$y_2(\theta)=\hat{\mathbf{y}}\sin\left(\theta+\frac{2\pi}{3}+\varphi\right)$$

$$y_3(\theta)=\hat{\mathbf{y}}\sin\left(\theta+\frac{4\pi}{3}+\varphi\right)$$

式中,φ 为偏移角。这种情况下,利用三角函数的性质,可以证明:

$$1.5\,\hat{\mathbf{y}}\leqslant k_1(\theta)\leqslant\sqrt{3}\,\hat{\mathbf{y}}$$

$$\sqrt{3}\,\hat{\mathbf{y}}\leqslant k_2(\theta)\leqslant 2\,\hat{\mathbf{y}}$$

因此在相电流的整形函数中考虑相饱和时,电机的最大转矩能力提高了 $2/\sqrt{3}$(15.5%)。

23.4 实验特性

23.4.1 实验装置

图 23.2 为实验装置插图。用于测试的电机为 McGill/MIT 同步电机[17],将该电机和一

个齿轮齿条式液压回转马达安装在测功仪的刚性结构上。利用转矩传感器(Himmelstein MCRT 2804TC)经过两个联轴器将液压马达的主轴与直接驱动电机的主轴连接在一起，联轴器可以减轻因微小的轴线对准偏差导致的弯矩或者剪力。通过具有压力补偿的流量控制阀来控制液压马达的速度。由于液压设置得足够高，使得不管所采用的直接驱动电机的转矩如何，液压执行器都可以调节角速度。为了确保惯性转矩不干扰测量，在电机速度保持足够低(1 deg/s)的准静态条件下测量电机的转矩。使用一个可调式摄像机和两个限位开关来检测两个旋转极端位置，并通过一个 PLC 单元(图中未显示)激活一个电磁阀来改变旋转方向。利用一个安装在电机轴上的光电编码器作为位置传感器。为了达到 0.001°的分辨率，通过电子插补器将其每转 4500 线的机械分辨率增加了 80 倍。三个独立的电流伺服放大器(Advaned Motion Control 公司的 30A20AC)将电机相电流控制到处理器指定的值。放大器额定电流和电压分别为 15 A 和 190 V，且具有 22 kHz 的开关频率。

图 23.2　安装在测功仪上的电机样机

23.4.2　摩擦转矩和齿槽转矩

我们使用液压测功仪来测量转矩整形函数。为此，让电机的某一相通以恒定电流，记录电机在旋转过程中相对于转子位置的转矩轨迹数据。首先需要辨识出关节摩擦转矩和齿槽转矩，然后再从测量的转矩中将其减去。齿槽转矩是由定子电枢的剩余磁化强度[8]或者磁性材料中绕组槽的存在引起的，而由粘性摩擦和干性摩擦组成的摩擦转矩则来自于电机轴承。由于直驱电机以相对较低的速度在运行，因此干性摩擦转矩 τ_F 占主导地位。在辨识相转矩-转角的特征的过程中，主要的实际问题是干性摩擦与位置有关。

令 $\tau_M(\theta)$ 和 $\tau_F(\theta)$ 分别表示电机转矩和干性摩擦转矩的幅值，则有：

$$\tau_M(\theta) = \tau(\theta) - \tau_F(\theta)\mathrm{sgn}(\dot{\theta}) \tag{23.27}$$

如果 τ_M^+ 和 τ_M^- 表示对应于顺时针和逆时针旋转的两个电机转矩测量序列，那么电磁转矩和摩擦转矩可以计算如下：

$$\tau(\theta)=\frac{1}{2}[\tau_M^+(\theta)+\tau_M^-(\theta)]$$
$$\tau_F(\theta)=\frac{1}{2}[\tau_M^+(\theta)-\tau_M^-(\theta)] \tag{23.28}$$

将相电流设置为零,我们便可以测量齿槽转矩。图 23.3 描述了干性摩擦转矩、齿槽转矩和三相转矩-转角曲线(已经减去了摩擦和齿槽转矩),其中相电流均单独设置为 8 A。虽然实验表明±1 Nm 的摩擦转矩和齿槽转矩相对较低,但是为了产生更为精确的转矩,实验中对两者都进行了补偿。

23.4.3 转矩-电流关系

本章也通过实验对电机样机的转矩-电流关系进行了研究。绘制所有位置的转矩-电流关系需要使用大量的图,因此难以实现。由于仅存在少数谐波,这个问题在频域中得以极大地简化。因为电机具有九个极对,所以转矩的轨迹在位置上呈现出周期性,具有 9 c/r(周期/转)的基本的空间-频率关系,因此转矩模式每 40°重复一次,如图 23.3 所示。我们可以利用转矩-位置函数的离散傅里叶级数的系数来获得频谱。以 9 c/r 的谐波来表示频率组成,即第 11 次谐波的空间频率为 99 c/r。结果证明,第 1 次、11 次和 13 次谐波是具有重要意义的频率成分。

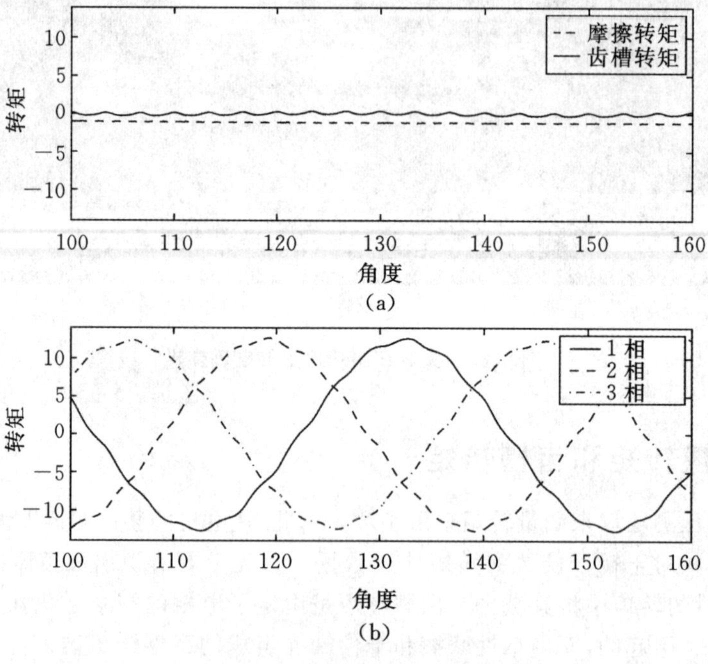

图 23.3 (a)摩擦转矩和齿槽转矩(b)三相转矩-转角曲线

与之前的实验类似,保持相电流恒定,记录将近一转之内的转矩-转角关系。但是电流在每转结束时增加 1A,直到获得[−15,15] A 范围内所有的转矩曲线。相转矩是位置与相电流的函数,而函数中与位置相关的部分具有周期性。因此,我们假设第 k 相的转矩函数可以采用复傅里叶级数表示为:

$$\tau_k(i_k,\theta)=\sum_{n=-\infty}^{\infty}\tau_k^n(i_k)\mathrm{e}^{\mathrm{j}qn\theta}\quad \forall k=1,\cdots,3$$

其中 q 为电机极数，j 为虚数单位，$\tau_k^n(i_k)$ 是接触励磁电流(contact excitation current)为 i_k 时第 n 次谐波的复傅里叶系数。图 23.4 绘制了第一相主要的转矩谐波的幅值 $|\tau_1^n|=\mathrm{Re}(\tau_1^n)+\mathrm{Im}(\tau_1^n)$ 相对于电流的关系。由于电机各相的对称性，因此其余两相可以得到类似的结果。从这些实验结果可以得出结论，对于这个特定的电机而言，在电流范围内转矩是电流的线性函数。尽管如此，本章在下一节中将仍然能够证明所提出的转矩控制器具有补偿相电流的限制(一种与饱和类似的限制)的能力。

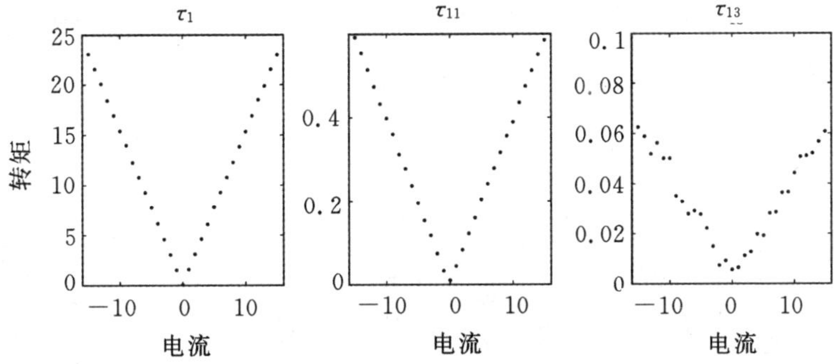

图 23.4　转矩谐波的幅值对于相电流的关系曲线

23.5　性能测试

23.5.1　转矩脉动

我们在测功仪上测试转矩控制器。再次利用液压执行器带动电机轴旋转，同时利用转矩传感器检测电机的转矩。图 23.5 显示了应用标准的正弦换向信号以及应用本章所提出的转矩控制器时，电机转矩相对于位置的变化关系。显然，后者的转矩脉动大幅地减少了。

23.5.2　转矩脉动对运动控制的影响

电机的转矩脉动是控制系统的一种干扰，特别是在低速运行时，转矩脉动降低了控制系统的跟踪性能。现在我们在有转矩脉动和无转矩脉动的情况下，检验直接驱动系统的位置跟踪精度。为此，除了转矩控制器之外，我们还应用了一个 PID 位置控制器 $\tau_d=K_pe+K_I\int e\mathrm{d}t+K_D\dot{e}$，其中 $e=\theta_d-\theta$(增益：$K_p=30$ Nm/deg，$K_I=200$ Nm/deg · s，$K_D=0.65$ Nm · s/deg)。图 23.6 记录了应用正弦换向信号(a)和转矩无脉动控制器(b)时，系统对于斜坡输入(相当于速度为 20 deg/s 的阶跃输入)的跟踪误差。该图清楚地表明减小转矩脉动可以限制跟踪误差。在执行器转矩无脉动的情况下，位置跟踪误差降低到编码器的分辨率(0.001 deg)左右。

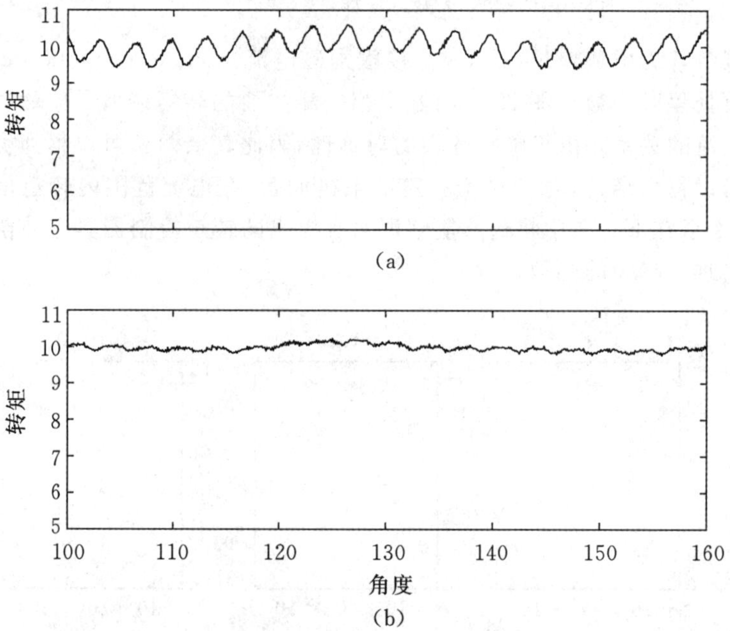

图 23.5 电机转矩曲线:(a)正弦波换向;(b)转矩无脉动换向

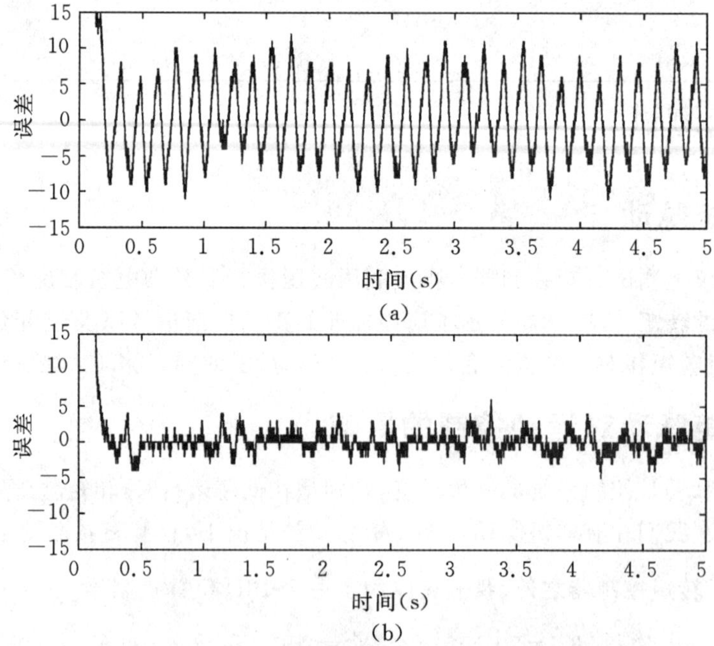

图 23.6 斜坡输入的位置跟踪误差:(a)正弦波换向;(b)转矩无脉动换向

23.5.3 转矩饱和

本章所提出的控制器究竟可以使电机样机的最大转矩能力提高多少？这个问题可以分别应用我们提出的转矩控制器(式(23.23))和传统的转矩控制器(式(23.24))，通过对比电机样机所产生的最大转矩来进行研究。图 23.7 显示了最大相电流 $i_{max}=15$ A 时的最大的可达到的转矩。实线和虚线分别描述了使用我们提出的控制器(式(23.23))和传统的控制器(式(23.24))时可以达到的最大转矩。正如 23.3 节中所述，一个位置与另一个位置的转矩饱和点是不同的。因此当没有因饱和引起的转矩脉动时，电机在所有位置只能获得最低转矩值。从图中很容易看出，对应于转矩最优控制器(式(23.23)和式(23.24))的电机转矩极限值，即考虑和不考虑电流饱和时，分别为 41 Nm 和 34 Nm，增长了 20%。

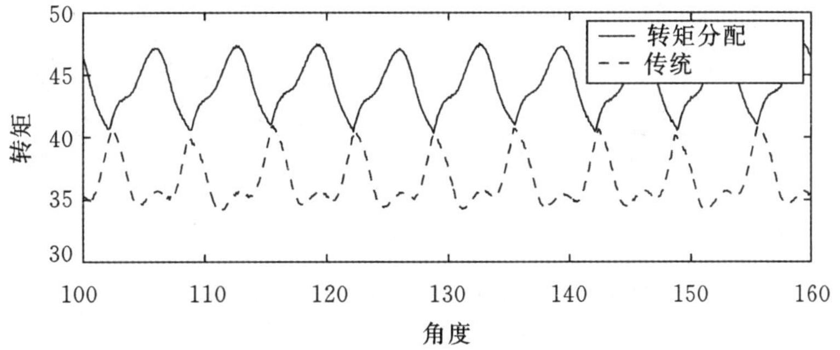

图 23.7 与最大相电流 15 A 相对应的最大容许转矩。实线：有转矩分配，虚线：无转矩分配

本章提出的转矩控制算法的一个特点是电流-位置模式随着要求的转矩的变化而变化。图 23.8(a)和(b)说明了这一点，它们分别描绘了要求的转矩为 10Nm 和 38Nm 时电机的电流-位置模式。

23.5.4 两相换向

与以往的方法相反，本章提出的策略并不依赖于相转矩-转角波形的任何条件，例如各相平衡，它意味着在悬浮中性点处施加了 KCL 约束。本章提出的控制器的一个引人关注之处是它不依赖于各相的转矩-位置模式的任何条件，例如各相平衡，即 $\sum y_k=0$[14]。因此，即使电机的某一相发生了故障，控制算法仍然可以使得转矩无脉动。作为示例，图 23.9 所示的两相相电流与图 23.8(a)中的三相相电流可以产生相同的转矩 10 Nm。这一点在实际中是很有用的，尤其是在单相故障情况下，仍然需要连续运行电机时的情况。然而，这样做的代价是功率消耗更高，在上面这个特例中，功耗从 75 W 上升到了 128 W。

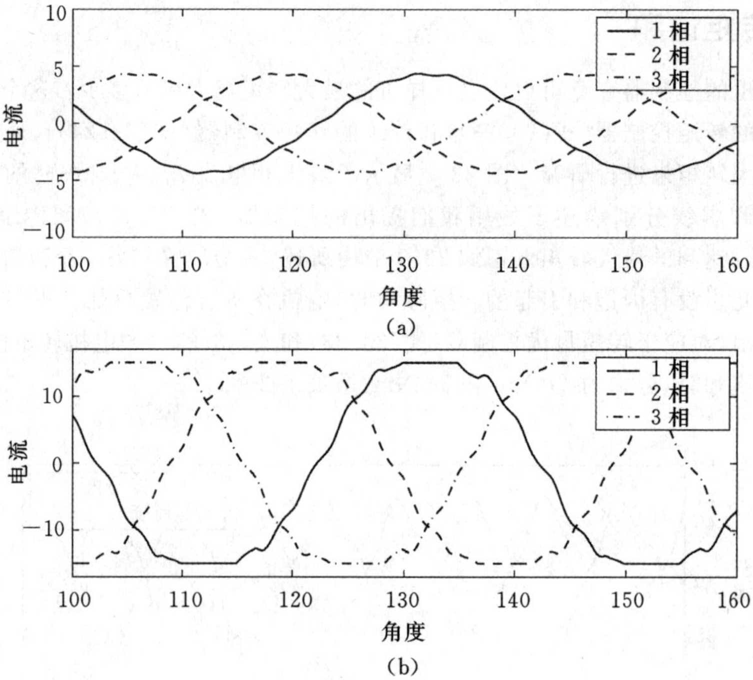

图 23.8　需求转矩分别为 10 Nm(a)和 38 Nm(b)时的相电流

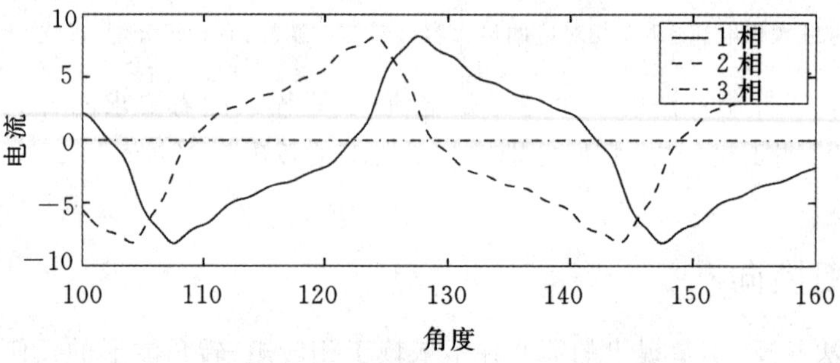

图 23.9　当电机只有两相运行时的相电流曲线

23.6　基于空间频率分析的换向律

23.6.1　引言

在旋转电机中,转矩和换向函数都是周期函数。而且,各相转矩之间是相互平移的关系。因此,正弦基很自然地提供了一种非常简洁的函数表示形式。相比之下,用查询表描述电机的波形函数可能需要大量的数据。我们可以在空间频率分析中充分地利用这个特征来简化换向设计,关于这方面的见解有很多[10]。此外,正如 23.9 节将要讨论的那样,仅利用对相电压的测量我们就可以在线地提取转矩函数的傅里叶系数。

本章 23.7 节给出了无刷电机转矩产生的模型以及基于傅里叶系数的转矩控制器。在可以忽略电机伺服放大器动态特性的条件下[10]，换向律将产生无脉动的转矩，同时使得铜耗最小。然而，电机的高转速将产生高频的控制信号，此时通常不能再忽略电流放大器的动态特性。正如 23.8 节所描述的那样，为了使电机转速对于转矩脉动产生的恶化效应最小，本章在换向设计中考虑了功率放大器的动态特性。

23.7　基于傅里叶级数的电机转矩建模和控制

在旋转电机中，电机转矩的表达式

$$\tau = \sum_{k=1}^{p} i_k(\theta, \tau_d) y_k(\theta) \tag{23.29}$$

中转矩整形函数是**一个周期函数**。由于依次连续的相绕组相差 $2\pi/p$，因此可以得到以下关系式：

$$y_k(\theta) = y\left(q\theta + \frac{2\pi(k-1)}{p}\right), \quad \forall k = 1, \cdots, p \tag{23.30}$$

其中 q 为电机极数。图 23.10 给出了电子换向器的结构。电子换向器通过式(23.31)来控制相电流 i_k^*：

$$i_k^*(\tau_d, \theta) = \tau_d u_k(\theta), \quad \forall k = 1, \cdots, p \tag{23.31}$$

其中 $u_k(\theta)$为与第 k 相相关的**换向整形函数**(commutation shape function)。可以根据周期性的**换向函数** $u(\theta)$来表示同样为周期函数的各相控制信号，即

$$u_k(\theta) = u\left(q\theta + \frac{2\pi(k-1)}{p}\right)$$

由于 $u(\theta)$和 $y(\theta)$都是具有位置周期为 $2\pi/q$ 的周期性函数，因此它们可以通过截断的复傅里叶级数来有效地近似：

$$u(\theta) = \sum_{n=-N}^{N} c_n e^{jnq\theta} \tag{23.32a}$$

$$y(\theta) = \sum_{m=-N}^{N} d_m e^{jmq\theta} \tag{23.32b}$$

其中 $j = \sqrt{-1}$，N 可以选择为任意大，但 $2N/p$ 必须为整数。由于两者均为实值函数，因此它们的负傅里叶系数为其正系数的共轭：$c_{-n} = \bar{c}_n$ 和 $d_{-n} = \bar{d}_n$。此外，由于对于线性磁系而言，磁力是一个保守场，所以与第 k 相有关的转矩满足：

$$\oint \tau_k(\theta) \mathrm{d}\theta = 0$$

该式意味着一个周期内的平均转矩为零，从而 $c_0 = 0$。

我们可以分别通过 $u(\theta)$和 $y(\theta)$的傅里叶系数向量 $\boldsymbol{c}, \boldsymbol{d} \in \mathbb{C}^N$ 来描述电机的模型及其控制：

$$\boldsymbol{c} = \mathrm{col}(c_1, c_2, \cdots, c_N) \tag{23.33a}$$

$$\boldsymbol{d} = \mathrm{col}(d_1, d_2, \cdots, d_N) \tag{23.33b}$$

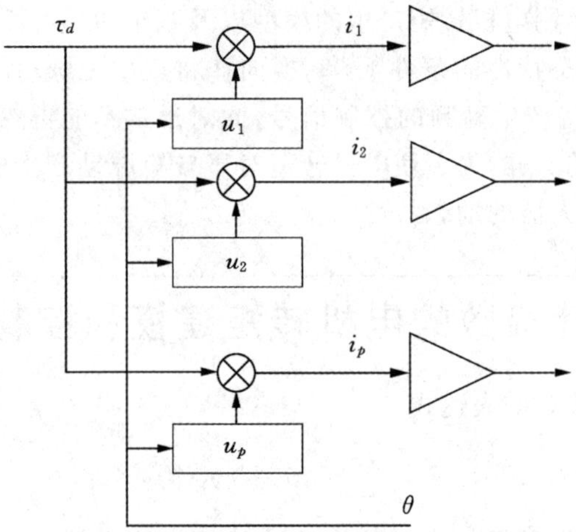

图 23.10　电子换向器

接下来，我们要为给定的转矩谱向量 $\boldsymbol{d}$ 寻找一个特定向量 $\boldsymbol{c}$，使得电机转矩 τ 无脉动，即与电机转角 θ 无关。假设电流放大器可以立刻产生所需要的电流，即 $i_k=i_k^*$，$k=1,\cdots,p$。在这种情况下，将式(23.30)至式(23.32)代入式(23.29)之后，我们可以得到：

$$\tau = \tau_d \sum_{k=1}^{p} \sum_{\substack{n=-N \\ n\neq 0}}^{N} \sum_{\substack{m=-N \\ m\neq 0}}^{N} c_n d_m \mathrm{e}^{\mathrm{j}(n+m)\left(q\theta+\frac{2\pi(k-1)}{p}\right)} \tag{23.34}$$

注意到当 $l=m+n$ 不是 p 的倍数时，可以消去第一个求和符号，上式可以得到简化，即

$$\sum_{k=1}^{p} \mathrm{e}^{\mathrm{j}l\frac{2\pi(k-1)}{p}} = \begin{cases} p & 若\ l=\pm p, \pm 2p, \pm 3p, \cdots \\ 0 & 其他 \end{cases} \tag{23.35}$$

定义 $Q:=pq$，可以将转矩表达式(式(23.34))写成如下的紧凑形式：

$$\tau = \tau_d p \sum_{\substack{m=-N \\ m\neq 0}}^{N} \sum_{n=\lfloor(-N+m)/p\rfloor}^{\lfloor(N+m)/p\rfloor} d_m c_n \mathrm{e}^{-\mathrm{j}qm\theta} \mathrm{e}^{\mathrm{j}Qn\theta} \tag{23.36}$$

式(23.36)中转矩的表达式可以分为两部分：与位置相关的转矩 $\tau_{\mathrm{rip}}(\theta,\tau_d)$ 和与位置无关的转矩 $\tau_{\mathrm{lin}}(\tau_d)$，即

$$\tau = \tau_{\mathrm{lin}}(\tau_d) + \tau_{\mathrm{rip}}(\theta,\tau_d) \tag{23.37}$$

其中

$$\tau_{\mathrm{lin}}(\tau_d) = \tau_d k_0 \tag{23.38a}$$

$$\tau_{\mathrm{rip}}(\theta,\tau_d) = \tau_d \sum_{l=-2N/p}^{1N/p} k_l \mathrm{e}^{\mathrm{j}Ql\theta} \tag{23.38b}$$

式中 k_l 为电机转矩的傅里叶系数，可以计算如下：

$$k_l = \begin{cases} p\sum_{n=1}^{N} c_n \bar{d}_{n-pl} + p\sum_{n=1}^{N-pl} \bar{c}_n d_{n+pl} & 若\ l<\dfrac{N}{p} \\ p\sum_{n=pl-N}^{pl-1} c_n d_{pl-n} & 其他 \end{cases} \tag{23.39}$$

式(23.38a)中的 k_0 项是 $u(\theta)$ 和 $y(\theta)$ 的循环卷积中的常量部分。k_0 因此等于向量 $\boldsymbol{c}$ 和 $\boldsymbol{d}$ 内积的实部的两倍，

$$k_0 = 2p\mathrm{Re}\langle \boldsymbol{c}, \boldsymbol{d}\rangle \tag{23.40}$$

无脉动的转矩意味着所有系数 k_l 均为零，且 $k_0 \equiv 1$，因此 $\tau \equiv \tau_d$。也就是说，必须计算励磁电流的频谱 $\boldsymbol{c}$，以使得 $k_0 = 1$ 且 $k_n = 0, \forall n = 1, \cdots, 2N/p$。这个问题具有无穷多解，在这种情况下使得功率损耗最小是可能的。

假设速度恒定，在一个周期内每单位指令转矩的平均耗散功率为：

$$P_{\mathrm{loss}} \propto \frac{1}{T}\int_0^{\mathrm{T}} \| i(t) \|^2 \mathrm{d}t$$

将积分变量从时间 t 改为 θ，其中 $\mathrm{d}\theta = \omega \mathrm{d}t, \omega T = 2\pi/q$，可以得到：

$$P_{\mathrm{loss}} \propto \frac{q}{2\pi}\sum_{k=1}^{P}\int_0^{2\pi/q} u_k^2(\theta)\mathrm{d}\theta \tag{23.41}$$

式中 $\tau_d \equiv 1$。根据 Parseval 定理，每单位指令转矩即 $\tau_d = 1$ 的功率损耗为：

$$P_{\mathrm{loss}} \propto p \| c \|^2 \tag{23.42}$$

备注 1

最小化功率损耗等同于使得换向谱向量的欧氏(Euclidean)范数 $\| c \|$ 最小。

将励磁电流的频谱 $\boldsymbol{c} \in \mathbb{C}^N$ 视为一组未知的变量，那么根据式(23.39)和备注 1，我们必须求解

$$\min \quad \| \boldsymbol{c} \|^2 \tag{23.43a}$$

$$\text{满足：} \quad \boldsymbol{A}\boldsymbol{c} + \boldsymbol{B}\bar{\boldsymbol{c}} - \sigma = 0 \tag{23.43b}$$

式中，$\sigma \triangleq \mathrm{col}(1, 0, \cdots, 0) \in \mathbb{R}^{2N/p+1}$，并且可以由转矩谱向量构建矩阵 $\boldsymbol{A}, \boldsymbol{B} \in \mathbb{C}^{(2\frac{N}{P}+1)\times N}$。例如，对于一个三相电机($p=3$)，矩阵 $\boldsymbol{A}$ 和 $\boldsymbol{B}$ 为：

$$\boldsymbol{A} = \begin{bmatrix} \bar{d}_1 & \bar{d}_2 & \bar{d}_3 & \bar{d}_4 & \bar{d}_5 & \cdots & \bar{d}_{N-1} & \bar{d}_N \\ d_2 & d_1 & 0 & \bar{d}_1 & \bar{d}_2 & \cdots & \bar{d}_{N-4} & \bar{d}_{N-3} \\ d_5 & d_4 & d_3 & d_2 & d_1 & \cdots & \bar{d}_{N-7} & \bar{d}_{N-6} \\ \vdots & \vdots & \vdots & \vdots & \vdots & \vdots & \vdots & \vdots \\ d_{N-1} & d_{N-2} & d_{N-3} & d_{N-4} & d_{N-5} & \cdots & d_1 & 0 \\ 0 & 0 & d_N & d_{N-1} & d_{N-2} & \cdots & d_4 & d_3 \\ \vdots & \vdots & \vdots & \vdots & \vdots & \vdots & \vdots & \vdots \\ 0 & 0 & 0 & 0 & 0 & \cdots & 0 & d_N \end{bmatrix} \tag{23.44a}$$

$$\boldsymbol{B} = \begin{bmatrix} d_1 & d_2 & d_3 & d_4 \\ d_4 & d_5 & d_6 & d_7 \\ \vdots & \vdots & \vdots & \vdots \\ d_{N-2} & 0 & 0 & 0 \\ 0 & 0 & 0 & 0 \\ \vdots & \vdots & \vdots & \vdots \\ 0 & 0 & 0 & 0 \end{bmatrix} \tag{23.44b}$$

将实部与虚部分开，式(23.43a)可以改写为：

$$\underbrace{\begin{bmatrix} \mathrm{Re}(\boldsymbol{A}+\boldsymbol{B}) & -\mathrm{Im}(\boldsymbol{A}-\boldsymbol{B}) \\ \mathrm{Im}(\boldsymbol{A}+\boldsymbol{B}) & \mathrm{Re}(\boldsymbol{A}-\boldsymbol{B}) \end{bmatrix}}_{Q(d)} \begin{pmatrix} \mathrm{Re}(\boldsymbol{c}) \\ \mathrm{Im}(\boldsymbol{c}) \end{pmatrix} = \begin{pmatrix} \sigma \\ 0 \end{pmatrix} \tag{23.45}$$

一般情况下,对于两相以上($p>2$)的电机而言,式(23.45)中方程数比未知数少,因此,无法得到唯一解。由于**伪逆运算**提供了最小范数解,即与最小功率损耗一致的最小 $\|\boldsymbol{c}\|$,因此,

$$\boldsymbol{c} = [I_N \ jI_N]\boldsymbol{Q}^{+} \begin{pmatrix} \sigma \\ 0 \end{pmatrix} \tag{23.46}$$

式中 $\boldsymbol{Q}^{+}$ 表示矩阵 $\boldsymbol{Q}$ 的伪逆,$\boldsymbol{I}_N$ 是 $N\times N$ 维单位矩阵。

为了简便起见,我们把从相转矩整形函数的频谱 $\boldsymbol{d}$ 到励磁电流的频谱 $\boldsymbol{c}$ 的映射(式(23.46))表示为简洁形式:

$$\boldsymbol{c} = \phi(\boldsymbol{d})$$

23.8 高速状态下换向律的改进

由于电机的相电流是在电机转角的正弦函数的基础上确定的,因此电机的高转速将导致驱动频率过高,这将会使得电流伺服单元很难跟踪其参考电流输入。因此,高速条件下的无脉动换向设计必须考虑电流驱动器的动态特性。这样的换向对于将速度保持在工作点附近的速度调节器才是有用的。

将 $h(t)$ 定义为电流放大器的脉冲响应,相电流的实际值与指令值不再相同,它们之间的联系为:

$$i_k(t) = \int_0^t i_k^*(\boldsymbol{\zeta})h(t-\zeta)\mathrm{d}\boldsymbol{\zeta} \quad \forall k = 1,\cdots,p \tag{23.47}$$

在将式(23.31)和式(23.32)代入式(23.47)之后,总的电机转矩可以表示为:

$$\begin{aligned} \tau(\tau_d,\theta) &= \sum_{k=1}^{p}((\sum_{m=-N}^{N} d_m \mathrm{e}^{\mathrm{j}m(q\theta(t)+2\pi\frac{k-1}{p})})\int_0^t \tau_d(\boldsymbol{\zeta}) \sum_{n=-N}^{N} c_n \mathrm{e}^{\mathrm{j}n(q\theta(\zeta)+2\pi\frac{k-1}{p})} h(t-\boldsymbol{\zeta})\mathrm{d}\boldsymbol{\zeta}) \\ &= p\sum_{\substack{N=-N \\ n\neq 0}}^{N} \sum_{l=(n-N)/p}^{(n+N)/p} c_n d_{pl-n} \mathrm{e}^{\mathrm{j}pl\theta}(\int_0^t \tau_d(\boldsymbol{\zeta})\mathrm{e}^{-\mathrm{j}q\omega n(t-\zeta)} h(t-\zeta)\mathrm{d}\boldsymbol{\zeta}) \end{aligned} \tag{23.48}$$

其中,式(23.48)可以利用式(23.35)并且假设转速恒定即 $\theta(t)-\theta(\boldsymbol{\zeta})=\omega(t-\boldsymbol{\zeta})$ 来获得。我们可以将式(23.48)中右端的积分项写成卷积积分的形式:$\tau_d(t) * \mathrm{e}^{-\mathrm{j}q\omega nt}h(t)$,其中函数 $\mathrm{e}^{-\mathrm{j}q\omega nt}h(t)$ 可以看作与第 n 次谐波相关的一个虚拟系统的脉冲响应。那么,$\tau_d H(jq\omega n)$ 给出了阶跃转矩输入响应的稳态响应,其中 $H(s)$ 是函数 $h(t)$ 的 Laplace 变换,即放大器的传递函数。此时,定义系数:

$$c'_n \triangleq c_n H(jq\omega n) \quad \forall n = 1,\cdots,N \tag{23.49}$$

那么相应的向量 $\boldsymbol{c}'=\mathrm{col}(c'_1,\cdots,c'_N)$ 与向量 $\boldsymbol{c}$ 之间的关系为:

$$\boldsymbol{c}' = D(\omega)\boldsymbol{c},\text{其中 } D(\omega) = \mathrm{diag}(H(jq\omega),H(j2q\omega),\cdots,H(jNq\omega)) \tag{23.50}$$

式(23.49)和式(23.50)中的角速度变量 ω 不能与频率混淆。由于 $H(-jq\omega n)=\overline{H(jq\omega n)}$,所以新的系数满足:

$$\boldsymbol{c}'_{-n} = \overline{\boldsymbol{c}'_n} \quad \forall n = 1,\cdots,N$$

因此,可以将 c'_n 作为换向律的傅里叶系数,使得当存在驱动器动态特性时,该换向律可以产生与之前情况一样的稳态转矩曲线。这意味着在恒定转速 ω,能够产生无脉动转矩的所有换向律,都必须满足用 c'代替 c 以后的约束方程(23.43b)。此外,以下分析将说明当存在放大器动态特性时,功率损耗与 $\| c' \|^2$ 成正比。考虑实际的励磁电流(式(23.47)),平均功率损耗为:

$$
\begin{aligned}
P_{\text{loss}} &\propto \sum_{k=1}^{p} \lim_{T\to\infty} \frac{1}{T}\int_0^{T} \Big(\int_0^{t} \sum_{n=-N}^{N} \boldsymbol{c}_n e^{jq\omega n\xi} h(t-\xi)\,d\xi\Big)^2 dt \\
&= \lim_{T\to\infty} \frac{p}{T}\int_0^{T} \Big(\boldsymbol{c}_n e^{jqn\omega t}\int_0^{t} e^{-jqn\omega v} h(v)\,dv\Big)^2 dt \\
&= \lim_{T\to\infty} \frac{p}{T}\int_0^{T} (\boldsymbol{c}'_n e^{jqn\omega t})^2 dt
\end{aligned}
\qquad (23.51)
$$

遵循类似式(23.41)和(23.42)的推导,可知

$$P_{\text{loss}} \propto p \| \boldsymbol{c}' \|^2 \qquad (23.52)$$

因此,如果将 c 替换为 c',那么寻求在特定的电机转速 ω 下使得功率损耗最小,并且能够产生无脉动转矩的 c'的问题,可以类似地表示为式(23.43)的形式。得到了 c',我们就可以由线性系统(式(23.50))通过矩阵求逆来获得实际的换向频谱 c。

23.8.1 转矩传递函数

本节的目的是在放大器存在动态特性的情况下推导转矩传递函数。所产生的转矩中与位置无关的部分为:

$$\tau_{\text{lin}}(\tau_d) = p\sum_{\substack{n=-N\\ n\neq 0}}^{N} \bar{c}_n d_n \int_0^{t} \tau_d(\zeta) e^{-jq\omega n(t-\zeta)} h(t-\zeta)\,d\zeta \qquad (23.53)$$

$$g(t) =^{*} \tau_d(t) \qquad (23.54)$$

式中 * 表示卷积积分,$g(t)$为系统的脉冲函数。

$$g(t) = 2p\sum_{n=1}^{N} | a_n | \cos(q\omega nt + \angle a_n) h(t) \qquad (23.55)$$

其中,$\boldsymbol{a}_n = \boldsymbol{c}_n \bar{\boldsymbol{d}}_n$。将函数(式(23.55))变换到 Laplace 域,系统的转矩传递函数为

$$G(s) = p\sum_{n=1}^{N} \boldsymbol{a}_n H(s + jq\omega n) + \bar{\boldsymbol{a}}_n H(s - jq\omega n)) \qquad (23.56)$$

式中

$$G(s) = \frac{\tau_{\text{lin}}(s)}{\tau_d(s)}$$

23.8.2 仿真

我们来考虑由 23.4 节中描述的电机驱动一个惯量为 0.05 kg m^2,粘性摩擦为 5 Nm · s/rad 的机械负载的情况。同时假设电机及其电子控制的换向器嵌套在控制器增益为 K_p = 1 Nm · s/rad、K_i = 15 Nm/rad 的 PI 速度反馈回路内。假设电流放大器的传递函数为:

$$H(s) = \frac{40s + 400}{s^2 + 40s + 400}$$

控制目标是将电机的转速调节为 ωd = 1 rad/s。图 23.11(a)和(b)分别描绘了不考虑放大器

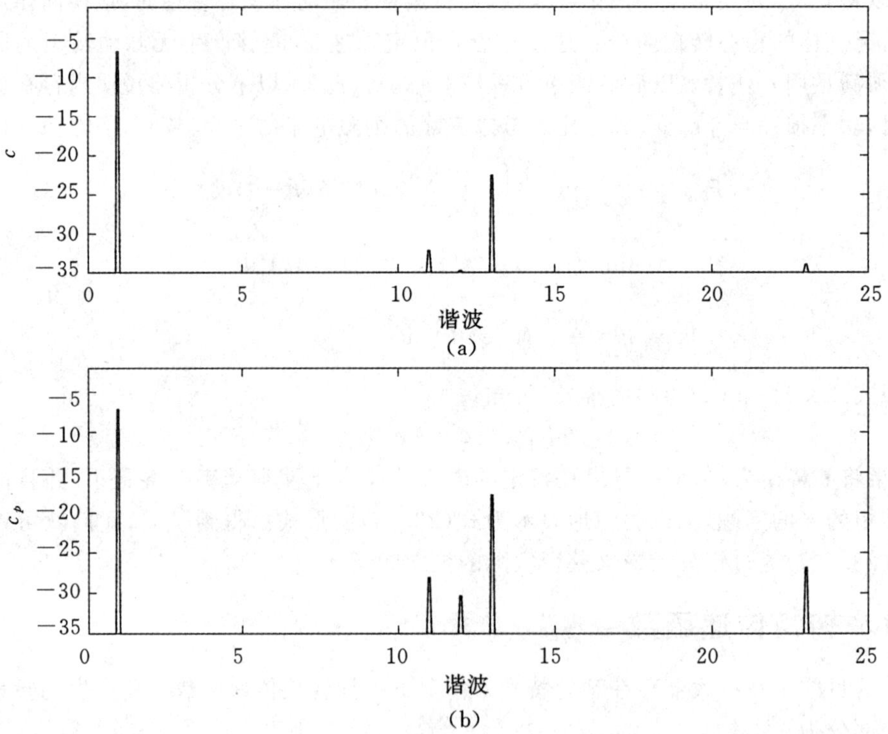

图 23.11 换向函数的频谱:(a)第一种换向策略;(b)第二种换向策略

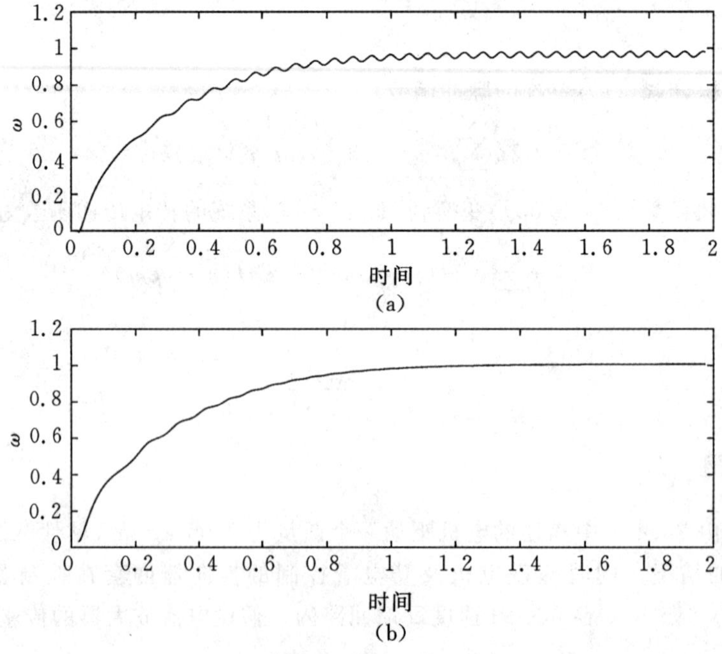

图 23.12 闭环 PI 速度控制器的阶跃响应:(a)第一种换向策略;(b)第二种换向策略

频率响应和考虑放大器频率响应时换向函数的频谱。图 23.12 给出了在两种换向策略下，闭环速度控制器的阶跃响应。从图中可以明显地看出，只有在设计换向律时考虑了放大器的动态特性，才能够消除速度的波动。

23.9 无刷电机励磁电流的自适应再整形

23.9.1 引言

当我们将电机的励磁电流视为输入时，转矩控制问题得以彻底地简化。在这种情况下，该问题变成从期望转矩和被测位置到相电流的非线性映射[8,10,13,14]。然而，这种开环控制的主要缺点是其消除位置非线性的能力严重地依赖于电机各相的转矩-转角曲线。许多研究人员提出了不同的自适应机制来调整运行中的电机控制器。Chen[12]提出了一种实现平滑运动控制的自适应线性化方法。Shouse 等人[18]在永磁同步电机中应用了一种自校正跟踪控制器。此外，文献中还提出了有关转矩估计或者电机参数测量的不同方法。Delecluse 等人[19]以一类无刷电机自感系数和互感系数的变化为基础，提出了一种测量方法。这些测量得到的参数被用于设计一种非线性控制策略。其他研究人员使用转矩观测器或者磁通观测器开发了动态转矩控制器，以补偿转矩脉动[7]。这些自适应控制策略均被应用于运动控制器中，但它们都严重地依赖于与电机联结的机械负载的精确建模。

在前面几节中，我们基于傅里叶级数分析提出了实现无刷电机精确转矩控制的换向律。在这种方法中，假设互转矩相对于如磁阻转矩和启动转矩之类的其他的转矩分量处于主导地位。在随后的小节中，我们提出一种自校正形式的自适应转矩控制策略[20]。我们基于对相电压的测量设计了一种电机转矩函数的傅里叶系数估计器，对励磁电流重新进行整形。如图 23.13 所示，在换向律中应用估计得到的傅里叶系数，能够在实现精确的转矩无脉动控制的同时，使得铜耗最小。我们还分析证明了整个控制系统的稳定性。相应结果表明，如果指令转矩信号是有界的，并且与电机联结的负载系统也是稳定的，那么实际转矩将收敛于指令转矩。这种自适应策略具有两个优点：第一，估计器并不依赖于可能具有复杂动力学特性的机械负载的建模；第二，应用所提出的自适应策略时，无论输入轨迹如何，电机转矩都将渐近趋于指令转矩。该控制策略的上述优点及其自校正能力使得这种转矩控制器适合于伺服应用场合。

23.10 基于电感矩阵的电机建模

根据法拉第定律和欧姆定律，时变的磁链 $\boldsymbol{\psi}$ 与端电压 v 和绕组电流 i 的关系如下：

$$\frac{\mathrm{d}\boldsymbol{\psi}(i,\theta)}{\mathrm{d}t}=-\boldsymbol{R}\boldsymbol{i}+v \tag{23.57}$$

式中，θ 为电机转角，$\boldsymbol{R}=\mathrm{diag}\{R_s,\cdots,R_r\}$ 表示线圈电阻。电磁机械是一种能够将输入的电能 W_{ele} 转变为机械能 W_{mech} 输出的装置。这种机电能量的转换是通过磁储能 $W_{\mathrm{fld}}=\int_0^{\psi}\boldsymbol{i}^{\mathrm{T}}(\boldsymbol{\psi}',\theta)\mathrm{d}\boldsymbol{\psi}'$ 来进行的。此时，假设该磁系统无损耗，则由热力学第一定律可以得到：

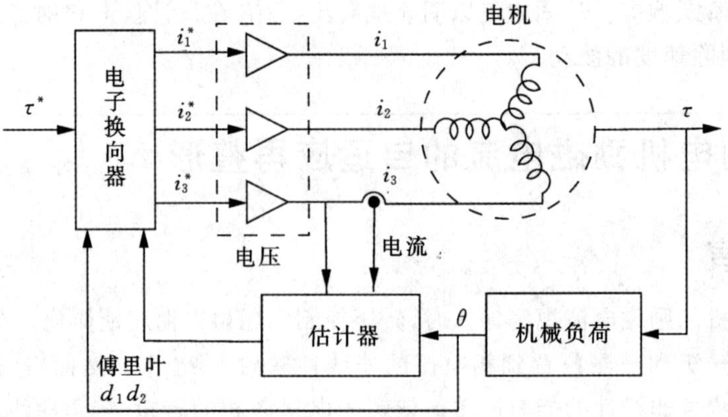

图 23.13 自适应自校正转矩控制器的结构

$$\mathrm{d}W_{\mathrm{fld}} = \mathrm{d}W_{\mathrm{ele}} - \mathrm{d}W_{\mathrm{mech}} \tag{23.58}$$

根据法拉第定律和虚功原理,可以得到 $\mathrm{d}W_{\mathrm{ele}}=\boldsymbol{i}^{\mathrm{T}}v\mathrm{d}t=\boldsymbol{i}^{\mathrm{T}}\mathrm{d}\boldsymbol{\psi}$ 和 $\mathrm{d}W_{\mathrm{mech}}=\tau\mathrm{d}\theta$。引入共能 $W_{\mathrm{co}}(\boldsymbol{i},\theta)=\boldsymbol{i}^{\mathrm{T}}\boldsymbol{\psi}-W_{\mathrm{fld}}(\boldsymbol{\psi},\theta)$,我们可以将式(23.58)改写为:

$$\mathrm{d}W_{\mathrm{co}}(\boldsymbol{i},\theta) = \boldsymbol{\psi}^{\mathrm{T}}\mathrm{d}\boldsymbol{i} + \tau\mathrm{d}\theta \tag{23.59}$$

一般情况下,$W_{\mathrm{co}}(\boldsymbol{i},\theta) = \int_0^i \boldsymbol{\psi}^{\mathrm{T}}(\boldsymbol{i}',\theta)\mathrm{d}\boldsymbol{i}'$ 的全微分是两个独立变量 $\boldsymbol{i}$ 和 θ 的函数,可以写为:

$$\mathrm{d}W_{\mathrm{co}}(\boldsymbol{i},\theta) = \frac{\partial W_{\mathrm{co}}}{\partial \boldsymbol{i}}\mathrm{d}\boldsymbol{i} + \frac{\partial W_{\mathrm{co}}}{\partial \theta}\mathrm{d}\theta \tag{23.60}$$

比较式(23.59)和式(23.60),可得

$$\tau(\boldsymbol{i},\theta) = \frac{\partial W_{\mathrm{co}}(\boldsymbol{i},\theta)}{\partial \theta} = \frac{\partial}{\partial \theta}\int_0^i \boldsymbol{\psi}^{\mathrm{T}}(\boldsymbol{i}',\theta)\mathrm{d}\boldsymbol{i}' \tag{23.61}$$

式(23.57)和式(23.61)决定了大部分电机的动态特性。

一般来说,磁通 $\boldsymbol{\psi}(\boldsymbol{i},\theta)$ 是电流和位置的非线性函数。但是对一个线性电磁系统而言,有:

$$\boldsymbol{\psi}(\theta,\boldsymbol{i}) = L(\theta)\boldsymbol{i} \tag{23.62}$$

式中,$\boldsymbol{L}(\theta)$ 为电感矩阵。电感矩阵的形式依赖于电机结构,但其总是对称的并且关于 θ 具有周期性。假设可以忽略磁阻转矩,并且各相之间是磁解耦的,那么电感矩阵具有以下形式:

$$\boldsymbol{L}(\theta) = \begin{bmatrix} \boldsymbol{L}_s & \boldsymbol{L}_{sr}(\theta) \\ \boldsymbol{L}_{sr}^{\mathrm{T}}(\theta) & \boldsymbol{L}_r \end{bmatrix} \tag{23.63}$$

式中 $\boldsymbol{L}_s=\mathrm{diag}\{L'_s\}$ 和 $\boldsymbol{L}_r=\mathrm{diag}\{L'_r\}$ 分别为定子和转子的自感矩阵,$\boldsymbol{L}_{sr}(\theta)$ 是与位置有关的互感矩阵,下标 s 和 r 分别表示定子和转子。对于一个 p 相电机而言,相电流和电压向量分别为 $\boldsymbol{i}=\mathrm{col}(\boldsymbol{i}_s,\boldsymbol{i}_r)\in\mathbb{R}^{2p}$ 和 $\boldsymbol{v}=\mathrm{col}(v_s,v_r)\in\mathbb{R}^{2p}$。如果磁场由永磁体产生,我们可以认为等效转子电流为 $i_r=$常量。根据这些假设,转矩方程(式(23.61))可以改写为:

$$\begin{aligned}\tau(\boldsymbol{i},\theta) &= \frac{1}{2}\boldsymbol{i}^{\mathrm{T}}\left(\frac{\partial \boldsymbol{L}}{\partial \theta}\right)\boldsymbol{i} \\ &= \sum_{j=1}^{p} y_k(\theta)\boldsymbol{i}_{rj}\end{aligned} \tag{23.64}$$

其中 $y_k(\theta)=\sum_{j=1}^{p}\frac{\partial}{\partial\theta}\boldsymbol{L}_{srkj}(\theta)\boldsymbol{i}_{rj}$ 为所谓的**转矩整形函数**。

下节我们将概述如何设计励磁电流 $\boldsymbol{i}_{s_k}$，以便在假设转矩整形函数 $y_k(\theta)$完全已知的条件下，利用式(23.64)来获得期望转矩。在 23.11 节中，上述假设条件将被松弛，转矩整形函数将利用电压方程(式(23.57))实时地估计得到。

23.11 自适应控制

23.11.1 电压动态方程

将式(23.62)代入式(23.57)，我们可以得到一组独立的微分方程。不失一般性，我们仅考虑与第一相有关的方程，即：

$$v_{s_1}=R_s i_{s_1}+\boldsymbol{L}_s'\frac{\mathrm{d}i_{s_1}}{\mathrm{d}t}+\frac{\mathrm{d}}{\mathrm{d}t}\left(\sum_{k=1}^{p}\boldsymbol{L}_{sr_{1k}}(\theta)\boldsymbol{i}_{r_k}\right) \tag{23.65}$$

利用链式法则，并注意到 i_r＝常量，可以得到：

$$\begin{aligned}\sum_{k=1}^{p}\boldsymbol{L}_{sr_{1k}}(\theta)\boldsymbol{i}_{r_k}&=\int_0^{\theta}y_1(\xi)\mathrm{d}\xi\\&=\sum_{\substack{n=-N\\n\neq 0}}^{N}\frac{-jd_n}{qn}\mathrm{e}^{\mathrm{j}qn\theta}\end{aligned} \tag{23.66}$$

将式(23.66)代入式(23.65)，并重新整理得到的方程，可得：

$$\left(1+\kappa\frac{\mathrm{d}}{\mathrm{d}t}\right)R_s i_{s_1}=v_{s_1}+\frac{\mathrm{d}}{\mathrm{d}t}\sum_{\substack{n=-N\\n\neq 0}}^{N}\frac{j\mathrm{d}_n}{qn}\mathrm{e}^{\mathrm{j}qn\theta(t)} \tag{23.67}$$

式中

$$\kappa=\frac{\boldsymbol{L}_s'}{R_s}$$

为电气系统的时间常数。

23.11.2 自校正控制

定义稳定的真滤波器：$\breve{G}_1(s)=1/(1+\kappa s)$和 $\breve{G}_2(s)=s/(1+\kappa s)$，根据滤波后的信号可以将式(23.67)改写为：

$$\boldsymbol{R}_s\boldsymbol{i}_{s1}-G_1*v_{s_1}=G_2*\left(\sum_{\substack{n=-N\\n\neq 0}}^{N}\frac{j\mathrm{d}_n}{qn}\mathrm{e}^{\mathrm{j}qn\theta(t)}\right) \tag{23.68}$$

式中 $G_1(t)$和 $G_2(t)$分别为相应滤波器的**脉冲响应**，且 $*$ 表示卷积积分。我们可以将动态方程(式(23.68))线性参数化表示为：

$$G_2*Y^{\mathrm{T}}\rho=\frac{1}{2}q(R_s i_{s_1}-G_1*v_{s_1}):=v_F \tag{23.69}$$

其中

$$\boldsymbol{Y}(t) := \begin{bmatrix} \sin(q\theta(t)) \\ \frac{1}{2}\sin(2q\theta(t)) \\ \vdots \\ \frac{1}{N}\sin(Nq\theta(t)) \\ \cos(q\theta) \\ \frac{1}{2}\cos(2q\theta(t)) \\ \vdots \\ \frac{1}{N}\mathrm{cso}(qN\theta(t)) \end{bmatrix} \tag{23.70}$$

并且向量 $\boldsymbol{\rho}=\mathrm{col}(\mathrm{Re}(\boldsymbol{d}),\mathrm{Im}(\boldsymbol{d}))$包含了我们所关心的参数,$v_F$ 为经过滤波后的相电压。

图 23.13 描述了三相无刷电机的控制器结构。回想一下,电子换向器采用周期性的换向函数根据如下公式来调整转矩指令:

$$i_k^* = u\left(q\theta \frac{2\pi(k-1)}{3}\right)\tau_d \quad \forall k = 1,\cdots,3$$

式中,利用傅里叶级数可以将周期函数 $u(\cdot)$表示为:

$$u(\theta) = \sum_{n=1}^{N} c_n \mathrm{e}^{\mathrm{j}nq\theta}$$

根据电机转矩整形函数的傅里叶系数 d_n,通过如下映射可以确定傅里叶系数 c_n:

$$\boldsymbol{c} = \phi(\boldsymbol{d}) \tag{23.71}$$

以使得电机产生需要的转矩(如前面小节所述)。令 $\hat{\boldsymbol{\rho}}$ 和 $\tilde{\boldsymbol{\rho}}=\boldsymbol{\rho}-\hat{\boldsymbol{\rho}}$ 分别表示估计的参数和参数误差。将 i_k 视为控制输入,我们可以提出如下的控制律:

$$i_k = \tau_d u_k(\phi(\hat{\boldsymbol{\rho}}),\theta) \quad \forall k = 1,\cdots,p \tag{23.72}$$

以及如下的参数更新律:

$$\dot{\hat{\boldsymbol{\rho}}} = \gamma(G_2 * Y)\sigma \tag{23.73}$$

式中

$$\sigma = \frac{1}{2}qR_s\tau_d u_1(\phi(\hat{\boldsymbol{\rho}}),\theta) - \frac{1}{2}qG_1 * v_{s_1} - (G_2 * Y^{\mathrm{T}})\hat{\boldsymbol{\rho}} \tag{23.74}$$

且 $\gamma>0$ 为估计器增益。

命题 1:

控制律(式(23.72))和参数更新律(式(23.73))具有以下性质:$\sigma\in\mathscr{L}_2\cap\mathscr{L}_\infty$,且 $\tilde{\boldsymbol{\rho}},\dot{\hat{\boldsymbol{\rho}}}\in\mathscr{L}_\infty$,其中 $\mathscr{L}_\infty$ 和 $\mathscr{L}_2$ 分别表示有界信号空间与平方可积信号空间。

证明:由式(23.69)与式(23.74)可以很容易推断出

$$\sigma = (G_2 * \boldsymbol{Y}^{\mathrm{T}})\tilde{\boldsymbol{\rho}} \tag{23.75}$$

选取以下正定函数:

$$\mathbf{V} = \frac{1}{2}\tilde{\boldsymbol{\rho}}^{\mathrm{T}}\boldsymbol{\gamma}^{-1}\tilde{\boldsymbol{\rho}} \tag{23.76}$$

将式(23.75)代入 $\mathbf{V}$ 沿着式(23.73)所示轨迹的时间导数中,可得

$$\dot{\mathbf{V}} = -\sigma^2$$

上述标准的论证过程证明了该命题。 ■

本节剩余部分将对所提出的自适应控制律进行稳定性分析。最终的目标是证明在该控制律作用下,电机转矩 τ 将趋于指令转矩 τ_d。换言之,转矩跟踪误差 $e=\tau-\tau_d$ 将渐近收敛于零。为此,定义

$$\tilde{y}(\boldsymbol{\rho},\hat{\boldsymbol{\rho}},\theta) \triangleq y(\boldsymbol{\rho},\theta) - y(\hat{\boldsymbol{\rho}},\theta)$$

作为实际整形函数与基于估计的傅里叶系数计算得到的整形函数之间的差异。在接下来的分析中我们将证明,在较弱的条件下,即使 $\hat{\boldsymbol{\rho}}$ 并不一定趋于 $\boldsymbol{\rho}$,误差 $\tilde{y}$ 都将收敛于零。这对于随后证明 e 是一致稳定的非常关键。假设:

A1 电机速度 $\omega=\mathrm{d}\theta/\mathrm{d}t$ 有界,但并不恒为零。

A2 转矩设定值 τ_d 有界。

推论 1:

根据上述假设,有以下结论:

1. 误差 $\tilde{y}$ 一致稳定。

2. 转矩跟踪误差 e 渐近收敛于零。

证明:首先,我们必须证明 σ 收敛于零。如果证明了 $\dot{\sigma}$ 是有界的,则可以由命题 1 推断出 σ 的渐近稳定性。式(23.75)对时间求导可得

$$|\dot{\sigma}| \leqslant a_1 \| Y \|_\infty \| \dot{\tilde{\rho}} \|_\infty + a_1 \| \dot{Y} \|_\infty \| \tilde{\rho} \|_\infty \tag{23.77}$$

式中:

$$a_1 = \max\left(\frac{1}{\kappa^2}, \frac{2}{\kappa} - \frac{1}{\kappa^2}\right)$$

为滤波器 $\breve{G}_2(s)$ 的**峰值增益**[①],即 $\| \breve{G}_2(s) \|_{pk-gn} = \| G_2 \|_1 = a_1$。由于 $\tilde{\boldsymbol{\rho}}$ 和 $\dot{\tilde{\boldsymbol{\rho}}}$ 为有界变量,因此只需要证明 $\boldsymbol{Y}$ 和 $\dot{\boldsymbol{Y}}$ 是有界的。此外,由于正弦函数在单位范围内有界,因此可以得到 $\boldsymbol{Y}$ 的保守边界及其对时间的导数

$$\| \boldsymbol{Y} \| \leqslant 2\sum_{n=1}^{N} \frac{1}{n}, \text{和 } \| \dot{\boldsymbol{Y}} \| \leqslant 2Nq\,|\omega| \tag{23.78}$$

那么 $\boldsymbol{Y},\dot{\boldsymbol{Y}} \in \mathscr{L}_\infty$ 意味着式(23.77)右端的所有项均有界,因此 $\dot{\sigma} \in \mathscr{L}_\infty$。这个结果连同命题 1 意味着当 $t\to\infty$ 时,$\sigma\to 0$。此外,由式(23.73)可以推导出:

$$\| \dot{\tilde{\rho}} \| \leqslant a_2 \,|\sigma|$$

---

① LTI 系统 H 的峰值增益定义为:$\| H \|_{pk-gn} := \sup\limits_{\| w \|_\infty \neq 0} \frac{\| Hw \|_\infty}{\| w \|_\infty}$,该式等于 LTI 系统脉冲响应的 $\mathscr{L}_1$ 范数,即 $\| \breve{H} \|_{pk-gn} = \| H \|_1$。

式中，$a_2 = a_1 \gamma \| Y \|$。由于 σ 渐近收敛于零，所以 $\dot{\hat{\boldsymbol{\rho}}}$ 也渐近收敛于零。由此可见，$\hat{\boldsymbol{\rho}}$ 趋于一个未必为 $\boldsymbol{\rho}$ 的常向量。由于$\breve{G}_2(s) = s\breve{G}_1(s)$，故可以将式(23.75)改写为：

$$\sigma = (\boldsymbol{G}_1 * \dot{\boldsymbol{Y}}^{\mathrm{T}})\tilde{\boldsymbol{\rho}} \tag{23.79}$$

此时将 $\tilde{y} = y(\tilde{\rho}, \theta)$ 代入式(23.78)对时间的导数中，可以得到$\dot{\boldsymbol{Y}}\tilde{\boldsymbol{\rho}} = \omega\tilde{y}$。利用该结果以及式(23.79)中 $\tilde{\rho}$ 收敛于常向量的事实，可以得知当 $t \to \infty$ 时，$G_1 * (\omega \cdot \tilde{y}(\theta)) \to \sigma$。此外，由于 σ 收敛于零，因此有：

$$G_1 * (\omega\tilde{y}(\theta)) \to 0, \text{当 } t \to \infty \tag{23.80}$$

根据终值定理和 $\breve{G}_1(0) \neq 0$ 的事实，上式意味着 $\omega\tilde{y} \to 0$。最后，根据假设 A1 可以推导出当 $t \to \infty$ 时，$\tilde{y}(\theta) \to 0$。

现在开始证明推论中的第二点。假设根据估计的傅里叶系数来重新设计励磁电流的频谱。那么，从指令转矩到实际转矩 τ 的映射可以表示为：

$$\tau = \tau_d \sum_{k=1}^{p} u_k(\phi(\hat{\boldsymbol{\rho}}), \theta) y_k(\boldsymbol{\rho}, \theta) \tag{23.81}$$

注意到如果 $\boldsymbol{\rho} = \hat{\boldsymbol{\rho}}$ 则式(23.81)右端的求和项恒等于 1，即：

$$\sum_{k=1}^{p} u_k(\phi(\hat{\boldsymbol{\rho}}), \theta) \cdot y_k(\hat{\boldsymbol{\rho}}, \theta) = 1 \quad \forall \theta \in \mathbb{R}, \forall \hat{\boldsymbol{\rho}} \in \mathbb{R}^{2N} \tag{23.82}$$

由式(23.82)和式(23.81)，我们可以计算转矩误差：

$$\begin{aligned} e &= \tau_d - \tau_d \sum_{k=1}^{p} u_k(\phi(\hat{\boldsymbol{\rho}}), \theta) \cdot y_k(\boldsymbol{\rho}, \theta) \\ &= \tau_d \sum_{k=1}^{p} u_k(\phi(\hat{\boldsymbol{\rho}}), \theta)(y_k(\hat{\boldsymbol{\rho}}), \theta) - y_k(\boldsymbol{\rho}, \theta)) \\ &= \tau_d \sum_{k=1}^{p} u_k(\phi(\hat{\boldsymbol{\rho}}), \theta) y_k(\tilde{\boldsymbol{\rho}}), \theta) \end{aligned} \tag{23.83}$$

根据式(23.36)、式(23.46)和式(23.83)，可以得到转矩误差的保守边界

$$\begin{aligned} |e| &\leqslant 2pN \| \phi(\hat{\boldsymbol{\rho}}) \|_{\infty} |\tau_d| |\tilde{y}| \\ &\leqslant 2N \| Q^{+} \| (\hat{\boldsymbol{\rho}}) \| |\tau_d| |\tilde{y}| \end{aligned} \tag{23.84}$$

根据假设 A2，不等式(23.84)中右端所有项均有界。此外，由于 $\tilde{y}$ 趋于零，我们可以推断出当 $t \to \infty$ 时，$e \to 0$。 ■

23.11.3 输入/输出稳定的机械负荷系统

以下的论述将证明如果指令转矩 τ_d 有界，则速度也有界。令 M 表示输入和输出分别为 τ 和 ω 的机械负荷系统的动态特性，即 $\omega = M\tau$，通常 $\breve{M}(s) = 1/(Js + b)$，其中 J 和 b 分别为电机转子惯量和轴承中的粘性摩擦。现在可以合理地假设机械负荷是**输入-输出有界**的系统，即：

$$|\omega| \leqslant a_3 |\tau| \tag{23.85}$$

式中 $a_3 = \| \breve{M} \|_{pk-gn}$ 为机械系统的峰值增益。我们可以由式(23.46)推导出：

$$\| \phi(\hat{\boldsymbol{\rho}}) \| \leqslant \frac{1}{p\sigma_{\min}(Q(\hat{\boldsymbol{\rho}}))} \tag{23.86}$$

将下列不等式：

$$\| u_k(\phi(\hat{\boldsymbol{\rho}},\theta) \| \leqslant \| \phi(\hat{\boldsymbol{\rho}}) \|, \quad \| y_k(\boldsymbol{\rho},\theta) \| \leqslant \| \boldsymbol{\rho} \| \quad \forall k = 1,\cdots,p$$

和式(23.86)代入式(23.81)，可以获得所得到的转矩的保守边界：

$$|\tau| \leqslant \frac{\| \boldsymbol{\rho} \|}{\sigma_{\min}(Q(\hat{\boldsymbol{\rho}}))} |\tau_d| \tag{23.87}$$

由式(23.85)和式(23.87)明显可知，τ_d 有界则意味着转速有界。应当指出的是，如果没有机械负荷，则不能保证速度有界，因此得不到稳定的转矩误差。然而，机械负荷由联结至电机的外部载荷加上电机转子组成，因此，没有外部载荷时电机转子便成为唯一的机械负荷。如果存在阻尼，即电机轴承中存在非零摩擦，那么转子系统便是输入/输出有界的。

此外，假设式(23.81)中的求和项 $\sum_{k=1}^{p} u_k(\phi(\hat{\boldsymbol{\rho}}),\theta) y_k(\boldsymbol{\rho},\theta)$ 在调节期间保持非零，则可知 τ 以及由此得到的 ω 不恒为零。因此，如果机械负荷是输入-输出有界的系统，并且 τ_d 不恒为零，那么假设 A2 将自动地满足假设 A1。

23.12 实验

为了评估自校正转矩控制器的性能，我们对一台具有 9 个极对的三相同步电机进行了实验。利用一个 Wheatstone 电桥测量仪来检测绕组电阻和自感系数的实际值，如表 23.1 所示。

表 23.1 电机的电气参数

自感系数(mH)	电阻(Ω)	时间常数
12.5	2.54	0.0049

尽管控制器可以自适应地估计相转矩整形函数的傅里叶系数，我们还是测量了实际的系数来进行比较。为此，正如之前的相关工作所描述的那样[4]，我们可以使用一个特别设计的测功装置来描述电机的相转矩整形函数。由于电机有 9 个极对，因此转矩轨迹关于位置具有周期性，具有基本的 9c/r 空间-频率关系，因此转矩模式每 40 度重复一次。转矩整形函数的空间频率的谐波分量如图 23.14b 所示——例如，第 11 次谐波的空间频率为 99c/r。从图中可以清楚地看到，重要的频率成分出现在第 1、11 和 13 次谐波处；见表 23.2。

表 23.2 电机的转矩谐波

谐波编号	复数值(Nm/A)	幅值(Nm/A)
第 1 次	0.270＋0.720j	0.769
第 11 次	0.015＋0.015j	0.0212
第 13 次	0.003＋0.002j	0.0036

我们对实验电机装置应用了自适应的自校正转矩控制器。与之前的实验不同，转矩控制器并不需要电机转矩整形函数的**先验**知识。我们将转矩控制器嵌套到一个用于跟踪正弦参考位置轨迹 $\theta^* = 0.44\sin 3\pi t$ 的 PID 位置反馈回路中。为了限制估计参数的数量，我们在参数更

新律中只考虑与主要转矩谐波(即第 1、11 和 13 次谐波)相关的系数。图 23.15 和图 23.16 分

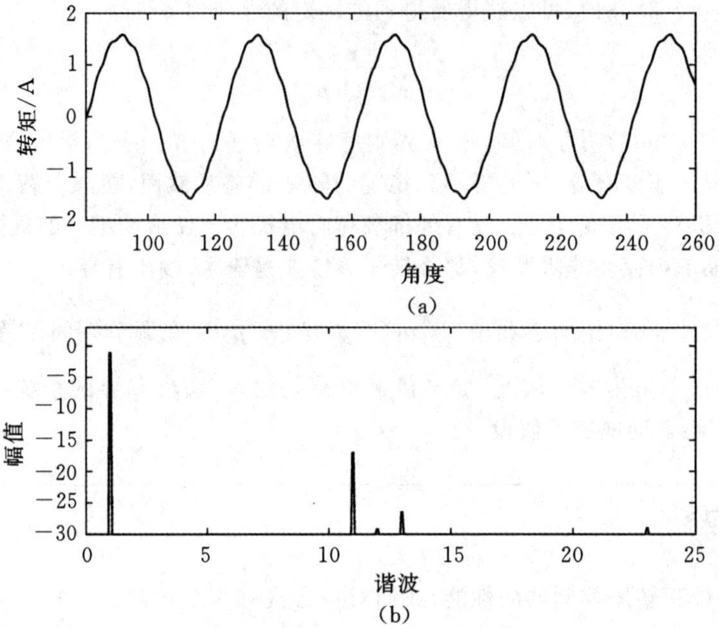

图 23.14　转矩整形函数(a)和转矩整形函数的特定谐波(b)

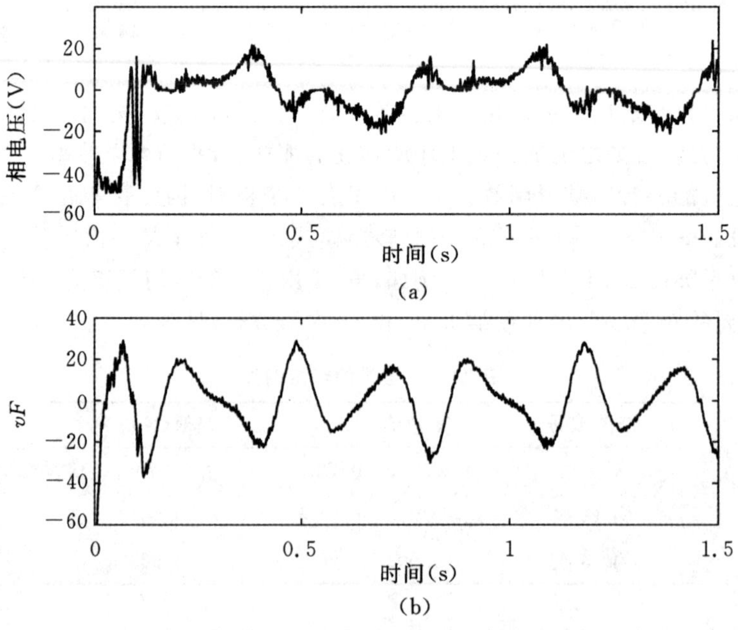

图 23.15　相电压(a)和滤波后的相电压(b)

别显示了相电压及其滤波之后的轨迹。虽然我们不能直接测量出由电机产生的电磁转矩，但是可以由测功仪获得的实际参数按照式(23.81)计算出来。我们可以由估计的和实际的傅里叶系数计算出实际/指令转矩比：

$$\frac{\tau}{\tau_d}=\sum_{k=1}^{p}u_k(\phi(\hat{\boldsymbol{\rho}},\theta)y_k(\boldsymbol{\rho},\theta)$$

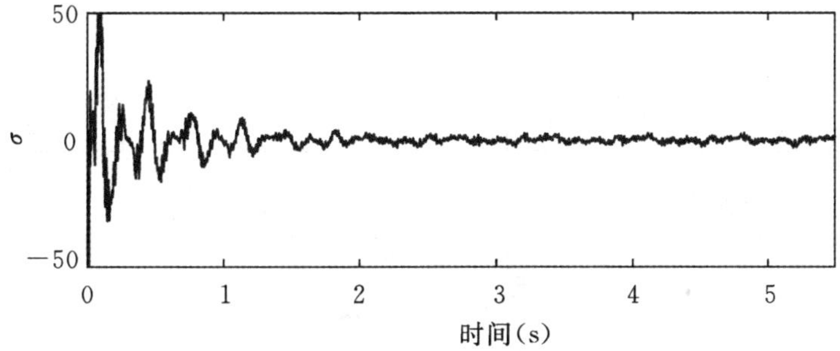

图 23.16　电压误差 σ 的历史曲线

23.13　估计参数的历史曲线

图 23.17 绘制了转矩比随时间变化的关系曲线。从中可以明显地看出，在校正周期之后电机转矩以 2%的精度跟踪指令转矩，并且控制器在数秒之后即开始自校正。图 23.18 给出了估计得到的傅里叶系数随时间变化的关系曲线。估计参数的收敛意味着输入信号具有充分激励性。

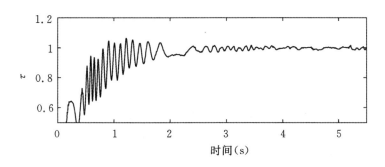

图 23.17　实际/指令转矩比的历史曲线

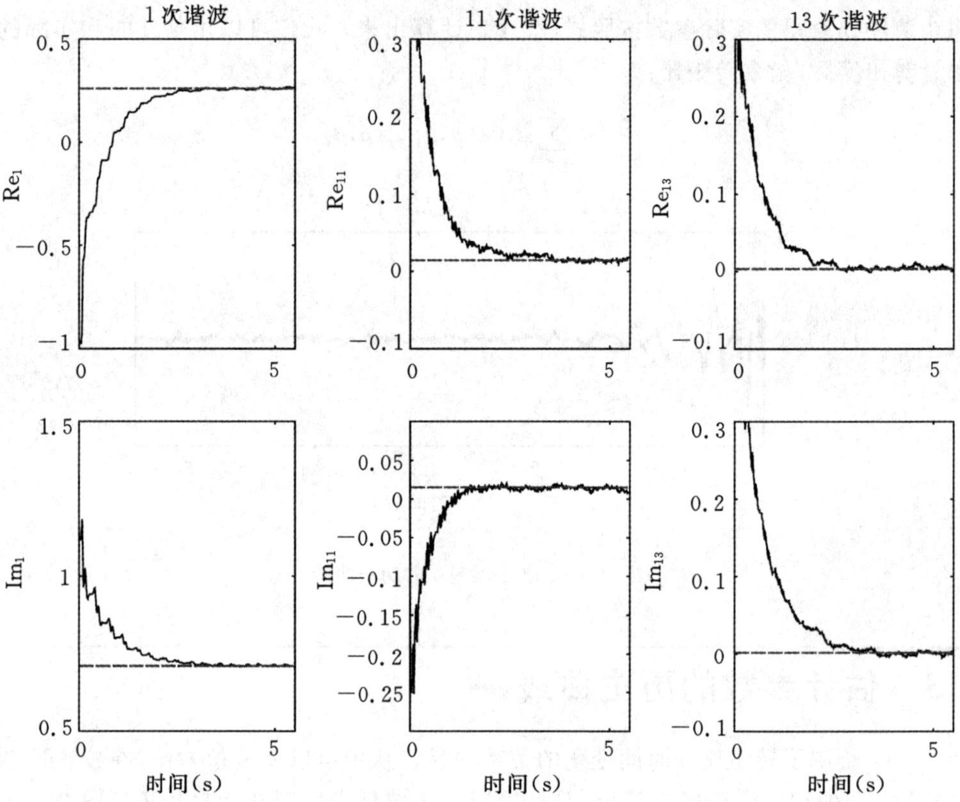

图 23.18　估计参数的历史曲线

参考文献

1. A. E. Fitzgerald, C. Kinsley, and A. Kusko. *Electric Machinery*. New York: McGraw-Hill Book Company, 1971.

2. P. C. Krause. *Analysis of Electric Machinery*. New York: McGraw-Hill, 1986.

3. K. Ramu. *Permanent Magnet Synchronous and Brushless DC Motors (Mechanical Engineering)*. NewYork: CRC Press, 2009.

4. F. Aghili, M. Buehler, and J. M. Hollerbach. Experimental characterization and quadratic programming-basedcontrol of brushless-motors, *IEEE Trans on Control Systems Technology*, vol. 11, no. 1, pp. 139 - 146, 2003.

5. S. J. Park, H. W. Park, M. H. Lee, and F. Harashima. A new approach for minimum-torque-ripplemaximum-efficiency control of BLDC motor, *IEEE Trans. on Industrial Electronics*, vol. 47, no. 1, pp. 109 - 114, February 2000.

6. Y. Murai, Y. Kawase, K. Ohashi, and K. Okuyamz. Torque ripple improvement for

brushless DCminiature motors, *IEEE Trans. Industry Applications*, vol. 25, no. 3, pp. 441 - 449, 1989.

7. N. Matsui, T. Makino, and H. Satoh. Autocompensation of torque ripple of direct drive motor by torqueobserver, *IEEE Trans. on Industry Application*, vol. 29, no. 1, pp. 187 - 194, January-February 1993.

8. D. G. Taylor. Nonlinear control of electric machines: An overview, *IEEE Control Systems*, vol. 14, no. 6, pp. 41 - 51, 1994.

9. C. French and P. Acarnley. Direct torque control of permanent magnet drives, *IEEE Trans. on IndustryApplications*, vol. 32, no. 5, pp. 1080 - 1088, September-October 1996.

10. F. Aghili, M. Buehler, and J. M. Hollerbach. Optimal commutation laws in the frequency domain forPMsynchronous direct-drive motors, *IEEE Transactions on Power Electronics*, vol. 15, no. 6, pp. 1056 - 1064, November 2000.

11. Y. Wang, D. Cheng, C. Li, and Y. Ge. Dissipative hamiltonian realization and energy-based L2-disturbance attenuation control of multimachine power systems, *IEEE Trans. on Automatic Control*, vol. 48, no. 8, pp. 1428 - 1433, August 2003.

12. D. Chen and B. Paden. Adaptive linearization of hybrid step motors: Stability analysis, *IEEE Trans. Automatic Control*, vol. 38, no. 6, pp. 874 - 887, June 1993.

13. H. Le-Huy, R. Perret, and R. Feuillet. Minimization of torque ripple in brushless dc motor drives, *IEEETrans. Industry Applications*, vol. 22, no. 4, pp. 748 - 755, August 1986.

14. Ha and Kang. Explicit characterization of all feedback linearizing controllers for a general type ofbrushless dc motor, *IEEE Trans. Automatic Control*, vol. 39, no. 3, pp. 673 - 677, 1994.

15. M. Ilic'-Spong, R. Marino, S. M. Peresada, and D. G. Taylor. Feedback linearizing control of switchedreluctance motors, *IEEE Trans Automatic Control*, vol. AC-32, no. 5, pp. 371 - 379, 1987.

16. H. W. Kuhn and A. W. Tucker. Nonlinear programming, in *Proc. Second Berkeley Symposium on Mathematical Statistics and Probability*, Berkeley: University of California Press, pp. 481 - 492, 1951.

17. F. Aghili, M. Buehler, and J. M. Hollerbach. A modular and high-precision motion control system withan integrated motor, *IEEE/ASME Trans. on Mechatronics*, vol. 12, no. 3, pp. 317 - 329, June 2007.

18. K. R. Shouse and D. G. Taylor. A digital self-tuning controller for permanent-magnet synchronousmotors, *IEEE Trans. Control Systems Technology*, vol. 2, no. 4, pp. 412 - 422, December 1994.

19. C. Delecluse and D. Grenier. A measurement method of the exact variations of the self and mutualinductances of a buried permanent magnet synchronous motor and its application to the reduction oftorque ripples, in 5th *International Workshop on Advanced Motion Control*, Coimbra, June 29 - July 1, pp. 191 - 197, 1998.

20. F. Aghili. Adaptive reshaping of excitation currents for accurate torque control of brushless motors, *IEEE Trans. on Control System Technologies*, vol. 16, no. 2, pp. 356 – 364, March 2008.

24

升压变换器混合模型预测控制

Raymond A. DeCarlo
普渡大学
Jason C. Neely
普渡大学
Steven D. Pekarek
普渡大学

24.1 引言

在现代能源转换系统中，dc-dc 变换器获得了广泛地应用，其应用实例除了军事、太空和工业电力系统之外，还包括电源和混合电动汽车(HEVs)。变换器输出电压的调节是通过对半导体开关器件的开/关动作进行控制来实现的。Dc-dc 变换器具有连续的和离散的(开关)动态特性，因此成为混合系统。

尽管变换器的动态特性是混合的(随开关状态的变化而变化)，但是现有的控制方法通常会建立一个变换器的均值模型(AVM)，在该模型中开关动态特性是平均的[1,2]。在均值形式的变换器模型中，缓变的电路动态特性被建模成一个连续时间系统。一旦建立了变换器的均值模型，我们就可以应用若干线性或者非线性连续时间系统控制技术中的任何一种来进行控制。

本章将新近发展起来的混合最优控制理论(HOCT)应用于 dc-dc 变换器控制，特别是通过求解所谓的嵌入式最优控制问题(EOCP)来进行 dc-dc 升压变换器的开关控制。我们通过一种称之为混合模型预测控制(HMPC)的非线性模型预测控制(MPC)策略，来对 EOCP 进行离散化和实现。

MPC 是一种离散时间控制策略，它在每个采样时刻都将系统当前(测量的)的状态作为初始状态进行有限时域优化，从而获得控制值。MPC 需要一个动态模型来预测系统的响应，并且需要一个用户定义的性能指标(PI)来进行优化。在每个采样瞬时，MPC 都需要测量变换器的状态，从而开始计算在一个有限时域窗口内分段恒定的开关控制值，以使得 PI 在该窗口内最小。MPC 将所得序列中的第一个控制值应用于变换器，然后重复这个过程。

本章描述了用于升压变换器(见图 24.1)实时控制的 HMPC 策略，该升压变换器电路所产生的输出电压大于电源电压，$v_C > V_s$。

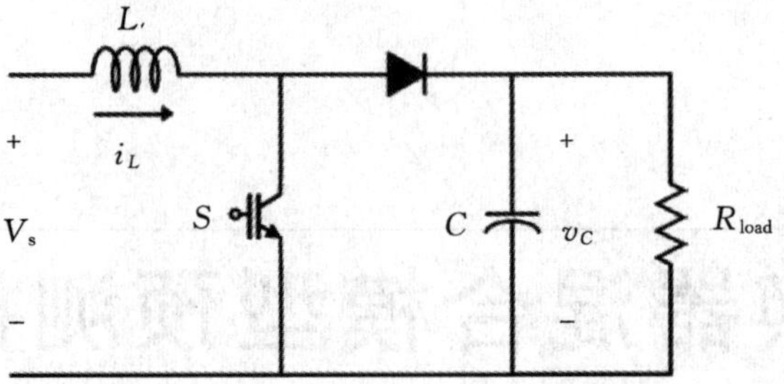

图 24.1 升压变换器所产生的电压大于电源电压。输出电压的调节是通过控制开关状态 $s\in\{0,1\}$的开/关序列来实现的

24.2 升压变换器的混合状态模型

从图 24.1 可以看出，当 $s=1$ 时，电感电流增加，输出电压以时间常数 $\tau=R_{\text{load}}C$ 衰减。当 $s=0$ 时，电感中储存的能量向电容充电，电感电流减小，输出电压增加。如果开关保持**关断**，电感电流将降为零，则变换器进入第三种工作模式，称之为**不连续导通**。对于本章所描述的控制策略，只允许双模式的电路工作方式，并且通过对开关函数(t)施加约束来保持这种工作方式。

在不允许存在不连续导通工作模式的条件下，我们可以将图 24.1 所示的升压变换器建模为一个由开关状态 $s\in\{0,1\}$决定的双模式系统，其中"0"表示"打开"或者"关"，"1"表示"闭合"或者"开"。在每个开关位置，变换器均有一个独特的线性状态模型，其状态向量 $\boldsymbol{x}=[i_L\ \ v_C]^{\mathrm{T}}$ 如下所示：

$$\text{mode } s=0:\dot{\boldsymbol{x}}(t)=A_0\boldsymbol{x}(t)+\boldsymbol{b}_0 \tag{24.1}$$

$$\text{mode } s=1:\dot{\boldsymbol{x}}(t)=A_1\boldsymbol{x}(t)+\boldsymbol{b}_1 \tag{24.2}$$

其中，$\boldsymbol{x}(t_0)=x_0$，$t\geqslant t_0$，系统矩阵如下所示：

$$\boldsymbol{A}_0=\begin{bmatrix}0 & -\dfrac{1}{L}\\ \dfrac{1}{C} & -\dfrac{1}{R_{\text{load}}C}\end{bmatrix},\quad \boldsymbol{b}_0=\begin{bmatrix}\dfrac{V_s}{L}\\ 0\end{bmatrix} \tag{24.3}$$

$$\boldsymbol{A}_1=\begin{bmatrix}0 & 0\\ 0 & -\dfrac{1}{R_{\text{load}}C}\end{bmatrix},\quad \boldsymbol{b}_1=\begin{bmatrix}\dfrac{V_s}{L}\\ 0\end{bmatrix} \tag{24.4}$$

注意到系统中 V_s 并不是控制输入，混合模型可以简化为：

$$\dot{\boldsymbol{x}}(t)=(1-s(t))\cdot[\boldsymbol{A}_0\boldsymbol{x}(t)+\boldsymbol{b}_0]+s(t)\cdot[\boldsymbol{A}_1\boldsymbol{x}(t)+\boldsymbol{b}_1] \tag{24.5}$$

系统(式(24.5))对于开关控制的优化包含了所谓的开关最优控制问题(SOCP)：寻求满足模型约束的(t)，使得一个性能指标最小。然而对于 $s(t)\in\{0,1\}$，这种优化问题是非凸的。

本章从公式化表示升压变换器的连续时间 EOCP 开始，推导控制律[3]。然后研究和实现了一种离散时间形式的优化方法，作为非线性的 MPC 策略。

24.3 连续时间 EOCP 的公式化表示

我们分两步对 EOCP 进行公式化表示。首先，建立式(24.5))的嵌入式形式，其中用$\tilde{s}(t)\in[0,1]$代替$\tilde{s}(t)\in\{0,1\}$：

$$\dot{\boldsymbol{x}}(t)=(1-\tilde{s}(t))\cdot[\boldsymbol{A}_0\boldsymbol{x}(t)+\boldsymbol{b}_0]+\tilde{s}(t)\cdot[\boldsymbol{A}_1\boldsymbol{x}(t)+\boldsymbol{b}_1] \tag{24.6a}$$

$$\tilde{s}(t)\in[0,1] \tag{24.6b}$$

$$i_L(t)>0 \tag{24.6c}$$

其中，式(24.6c)是维持连续导通的条件。实质上，式(24.6b)将式(24.5)所示的原始的开关系统嵌入到了一类连续参数化问题中。系统(式(24.5))的轨迹在系统(式(24.6))的轨迹中是稠密的[3]。

接下来，我们提出一个嵌入式的 PI：

$$P_s(t_0,t_f,x_0,\tilde{s})=\int_{t_0}^{t_f}[\tilde{s}(t)F_1(t,\boldsymbol{x}(t))+(1-\tilde{s}(t))F_0(t,\boldsymbol{x}(t))]\mathrm{d}t \tag{24.7}$$

其中，$F_0\in C^1$ 和 $F_1\in C^1$ 决定了各自工作模式中的期望性能，$t\in[t_0,t_f]$为优化的有限时间区间。PI 也可能包含一个终端罚函数[3]，但是此处所描述的系统并未使用终端罚函数。在定义了嵌入式模型和嵌入式 PI 之后，EOCP 即为

$$\min_{\tilde{s}(t)}P_s(t_0,t_f,x_0,\tilde{s}) \tag{24.8}$$

满足式(24.6)所示的约束。

24.3.1 升压变换器的性能指标

控制器的目标是跟踪指令输出电压 V_C^* 的同时具有相应的稳态电感电流 L_L^*。(在用户选择的其他众多可能的函数中)经过实验验证的被积函数为：

$$F_0=F_1=C_I(i_L(t)-I_L^*-K(V_C^*-v_C(t)))^2+C_V(v_C(t)-V_C^*)^2 \tag{24.29}$$

其中，我们注意到

$$I_L^*=\frac{(V_C^*)^2}{V_sR_{\text{load}}} \tag{24.10}$$

是在稳态下令**输入功率**与**输出功率**相等得到的。权重常数 $C_I\in\mathrm{R}^+$、$K\in\mathrm{R}^+$ 和 $C_V\in\mathrm{R}^+$ 可以调节跟踪性能。更确切的说，跟踪性能取决于式(24.9)中的两个误差平方项，可以把它们分别看作**电流模式补偿**项和**电压误差**项。式(24.9)中的第二项使得$(v_C-V_C^*)$收敛于零，或者相当于使状态 $v_C\to V_C^*$。式(24.9)中的第一项使得状态 i_L 收敛于 $I_L^*+K(V_C^*-v_C)$，当 $v_C\to V_C^*$ 时，它进一步收敛于 I_L^*。**电流模式补偿**项的这种结构被用于改善系统的瞬态响应，当 $v_C<V_C^*$ 时，可以增加输入功率，当 $v_C>V_C^*$ 时，可以降低输入功率。对于给定的电压误差，选择参数 K 可以调整补偿电流的等级。实际上，我们可以通过经验给出控制器参数 K、C_I 和 C_V 以产生期望的瞬态响应。

文献[3]中的定理 9 表明，对于这样一类非线性系统，它对于控制输入 u_0,u_1 是线性的，并且其 PI 是 u_0,u_1 的凸函数，那么 EOCP 的解存在。由于此处所考虑的系统是线性的，并且没

有 u_0,u_1,所以这些条件很容易满足。因此,式(24.8)所示的 EOCP 的解存在。

24.3.2 EOCP 和 SOCP 的关系

文献[3]已经证明除了某些罕见的情况之外,通过求解 $\tilde{s}\in[0,1]$的 EOCP 可以找到 SOCP 的解。如果得到的解是 bang-bang 型的,那么可以用它来求解 SOCP。如果产生的解不是 bang-bang 型的,则我们利用一种可以解释为占空比的方法,将该解投影到集合{0,1}上。具体而言,正如文献[3]所给出的,EOCP 解和 SOCP 解之间的关系具有四个要点:

1. EOCP 始终有解,但是不能保证 SOCP 有解。
2. EOCP 的值是 SOCP 的 P_s 值的下界。
3. 当 EOCP 具有使得 P_s 最小的 bang-bang 型解 $\tilde{s}\in\{0,1\}$时,也可以用它求解原始的 SOCP。
4. 对于 $\tilde{s}\notin\{0,1\}$而言,由于 EOCP 始终有解并且开关轨迹在嵌入式系统的轨迹中稠密,因此可以用原始开关系统的解以任意的期望精度来近似 EOCP 的解。

通过建立嵌入式离散时间模型和嵌入式离散时间 PI,然后找出使得离散化了的 P_s 达到最小的嵌入式分段恒定的开关状态 $\tilde{s}_s$、$\tilde{s}_{k+1}$、…、$\tilde{s}_{k+N-1}$,我们可以数值求解 EOCP。与 MPC 的原理一致[4],利用一种可以解释为占空比的方法将序列 $\tilde{s}_k$ 中的第一个控制值投影到集合 $s(t)\in\{0,1\}$上。然后,在被索引的由用户定义的优化窗口内重复上述过程。这个过程在此被称之为 HMPC 优化。我们可以利用约束优化方法来数值求解离散时间 PI 的最小化问题,此处所采用的是一种有效集方法。

24.4 HMPC 设计

利用本节提出的步骤,我们可以将 EOCP 离散化并且转换为可以数值求解的 HMPC 问题。以时间步长 $T_s=1/F_s$ 对该问题进行离散化,其中 F_s 为开关频率。因此离散时间点为 $t_k=k\cdot T_s$,$x_k=\boldsymbol{x}(t_k)$。

假设电路参数 V_s、L、C、R_{load} 和开关频率 F_s 已知。为了应对电源和负载的变动,可以将一个参数估计器与控制过程配对,以便当 V_s 和 R_{load} 变化时能够更新模型;然而,由于此处所考虑的系统中 V_s 和 R_{load} 保持不变,因此我们关注的重点仍然集中在 MPC 策略上。文献[5,6]中对参数估计器进行了描述。

步骤1:嵌入式离散时间模型

嵌入式离散时间模型

$$x_{k+1}=(1-\tilde{s}_k)\cdot([I+T_sA_0]x_k+T_sb_0)+\tilde{s}_k\cdot([I+T_sA_1]x_k+T_sb_1) \quad (24.11)$$

的建立利用了前向欧拉(FE)导数近似;在 $t_k\leqslant t<t_{k+1}$ 内,嵌入式离散时间开关状态 $\tilde{s}_k\in[0,1]$保持恒定。虽然可以选用其他的离散时间近似方法,但是为了简化数值优化过程,我们选取了 FE 方法,并且实验证明其具有令人满意的效果。

步骤2:计算延时的补偿

为了补偿计算延时,我们利用 t_k 时刻的状态测量值 $x_{m,k}$ 以及之前计算的开关控制值 $\tilde{s}_k$ 来

估计 t_{k+1} 时刻的状态 $\hat{x}_{k+1}$。根据下式利用估计的状态 $\hat{x}_{k+1}$ 来初始化有限时域 MPC 窗口。

$$\hat{x}_{k+1}=(1-\tilde{s}_k)\cdot([I+T_s\boldsymbol{A}_0]x_{m,k}+T_s\boldsymbol{b}_0)+\tilde{s}_k\cdot([I+T_s\boldsymbol{A}_1]x_{m,k}+T_s\boldsymbol{b}_1) \tag{24.12}$$

步骤 3:离散时间 PI

正如之前所述,将平衡状态记为 $\boldsymbol{x}*=[I_L^*\quad V_C^*]^{\mathrm{T}}$,状态误差记为 $\bar{\boldsymbol{x}}=\boldsymbol{x}-\boldsymbol{x}^*$。因此,如式(24.8)所示的 PI 的被积函数可以表示为如下更为常见的二次型形式:

$$F_0=F_1=\bar{\boldsymbol{x}}^{\mathrm{T}}\boldsymbol{Q}\,\bar{\boldsymbol{x}} \tag{24.13}$$

其中

$$\boldsymbol{Q}=\begin{bmatrix}C_I & C_IK\\ C_IK & C_IK^2+C_V\end{bmatrix}>0 \tag{24.14}$$

我们可以将有限时域窗口划分为 N 个区间:$[t_{k+1},t_{k+2}]\cdots[t_{k+N},t_{k+N+1}]$,并且利用梯形积分法根据式(24.7)来建立嵌入式离散时间 PI。对于一个 2 分区的 MPC 窗口,PI 可由下式给出:

$$P_s=\frac{T_s}{2}(\bar{\boldsymbol{x}}_{k+1}^{\mathrm{T}}\boldsymbol{Q}\,\bar{\boldsymbol{x}}_{k+1}+2\,\bar{\boldsymbol{x}}_{k+2}^{\mathrm{T}}\boldsymbol{Q}\,\bar{\boldsymbol{x}}_{k+2}+\bar{\boldsymbol{x}}_{k+3}^{\mathrm{T}}\boldsymbol{Q}\,\bar{\boldsymbol{x}}_{k+3}) \tag{24.15}$$

步骤 4:不等式约束

最小化如式(24.15)所示的离散时间 PI 时,应当满足控制和状态的不等式约束。为了维持连续导通条件 $i_L(t)>0$,嵌入式离散时间电感电流需要满足下界约束:$i_L(k+1)\geqslant i_{\min}$,$i_L(k+2)\geqslant i_{\min}$。采用离散时间模型,这些下界可以表示为 $\tilde{s}_{k+1}$,$\hat{x}_{k+2}$ 的附加约束。不等式约束归纳如下:

- 容许控制

$$0\leqslant\tilde{s}_{k+1},\quad \tilde{s}_{k+2}\leqslant 1 \tag{24.16}$$

- 维持连续导通条件的控制:

$$\tilde{s}_{k+1}\geqslant\frac{L}{T_s}\frac{(i_{\min}-\hat{i}_L(k+1))}{\hat{v}_C(k+1)}+\frac{(\hat{v}_C(k+1)-V_s)}{\hat{v}_C(k+1)} \tag{24.17}$$

$$\tilde{s}_{k+1}+\tilde{s}_{k+2}\geqslant\frac{L}{T_s}\frac{(i_{\min}-\hat{i}_L(k+1))}{\hat{v}_C(k+1)}+2\frac{(\hat{v}_C(k+1)-V_s)}{\hat{v}_C(k+1)} \tag{24.18}$$

对式(24.11)进行直接的代数操作可以得到不等式(式(24.17))。假设 $v_C(k+1)/v_C(k+2)\approx 1$,也可以由式(24.11)得到不等式(式(24.18))。确定下界 $i_{\min}$ 则需要用到将要使用的开关函数的知识。正如即将在步骤 5 中所描述的那样,我们将实现一种中心对齐的脉宽调制(PWM)策略,它将会产生如下所示的下界:

$$i_{\min}=\frac{T_sV_s}{2L}\frac{(\hat{v}_C(k+1)-V_s)}{\hat{v}_C(k+1)} \tag{24.19}$$

由约束集(式(24.16)至式(24.18))的交集可以得到可行的控制作用的集合,将其表示为 S_{CCM},在本章所示的情况中,它是非空的、紧致的和凸的。

在每个时间间隔内,都要确定 $\hat{i}_L(k+1)$ 和 $\hat{v}_C(k+1)$,并且重新定义由式(24.17)和式(24.18)给出的不等式约束。然而,由于每个约束(式(24.16)至式(24.18))均为凸集,所以其交集始终为凸集[7]。

步骤 5:数值解

应用于两分区的 HMPC 问题可以表示为如下的非线性规划形式:

$$\underset{\tilde{s}_{k+1},\tilde{s}_{k+2}\in S_{\mathrm{CCM}}}{\text{minimize}}\ P_s \tag{24.20}$$

满足式(24.11)约束。集合 S_{CCM} 非空且紧致,同时 P_s 在 $\tilde{s}_{k+1}$ 和 $\tilde{s}_{k+2}$ 上连续;因此,式(24.20)的解存在[8]。

对于本章所述结果,可以利用依赖于牛顿步(Newton step)的有效集算法来实现在 $\tilde{s}_{k+1}$ 和 $\tilde{s}_{k+2}$ 上的最小化。本节稍后将详细介绍该算法。求解问题(式(24.20))用了不足一个开关周期的时间,因而可以实现实时控制。

步骤 6:投影算法

式(24.20)的数值解决定了 $\tilde{s}_{k+1},\tilde{s}_{k+2}\in[0,1]$ 的最优值;然而,物理开关需要一个开/关信号 $s(t)\in\{0,1\}$。因此,作为最后一步,我们需要利用一种可以用占空比来解释的方法,将 $\tilde{s}_{k+1}$ 投影到实际的开关集合 $s(t)\in\{0,1\}$ 上。投影算法如图 24.2 所示。然后,我们利用开关信号 $s(t)$ 来驱动图 24.1 中所示的开关。利用第二个分区的嵌入式解 $\tilde{s}_{k+2}$ 对下一个 MPC 窗口的优化过程进行初始化,这被称之为**移动初始化**(shift initialization)[9]。

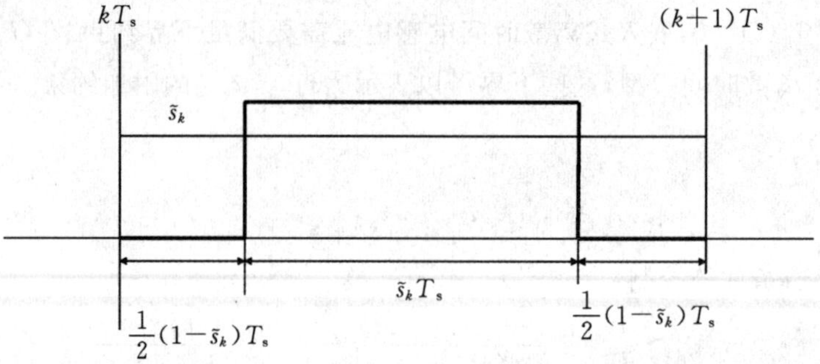

图 24.2 在区间 $kT_s\leqslant t<(k+1)T_s$ 上由 $\tilde{s}_k$ 确定 $s(t)$ 的投影算法。该 PWM 波形通常被称为"中心对齐"的 PWM

HMPC 的控制框图如图 24.3 所示。

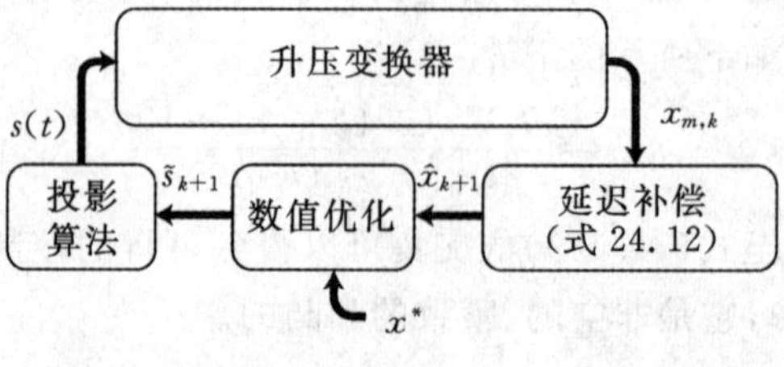

图 24.3 控制器框图,其中 $x_{m,k}$ 为 t_k 时刻的状态测量量,$\hat{x}_{k+1}$ 为 t_{k+1} 时刻的状态预测,$\boldsymbol{x}^*=[I_L^*\ \ V_C^*]^{\mathrm{T}}$ 为期望状态,$\tilde{s}_{k+1}$ 是通过使得满足约束条件的 PI 最小化而产生的,$s(t)$ 为应用于变换器开关的开/关信号

24.5 数值优化算法

我们可以采用多种方法来求解式(24.20)所示形式的优化问题,其中包括梯度投影法、内点法或者有效集法。本章选取了有效集法,因为已经证明该方法非常适合于具有较少约束的低维问题。此处所采用的有效集法与文献[10,11]中的方法类似。为了处理模型约束,我们将式(24.11)代入式(24.15)。在这种情况下,很容易证明 P_s 仅依赖于$\tilde{s}_{k+1}$、$\tilde{s}_{k+2}$和$\hat{x}_{k+1}$。

将式(24.16)至式(24.18)描述的不等式约束写成 $g_i(\tilde{s}_{k+1},\tilde{s}_{k+2})\leqslant 0$ 的形式,其中 $i\in\{1,2,\cdots,6\}$。具体而言,由式(24.16)可得:

$$g_1(\tilde{s}_{k+1},\tilde{s}_{k+2})=-\tilde{s}_{k+1} \tag{24.21a}$$

$$g_2(\tilde{s}_{k+1},\tilde{s}_{k+2})=\tilde{s}_{k+1}-1 \tag{24.21b}$$

$$g_3(\tilde{s}_{k+1},\tilde{s}_{k+2})=-\tilde{s}_{k+2} \tag{24.21c}$$

$$g_4(\tilde{s}_{k+1},\tilde{s}_{k+2})=\tilde{s}_{k+2}-1 \tag{24.21d}$$

由式(24.17)和式(24.18)可得:

$$g_5(\tilde{s}_{k+1},\tilde{s}_{k+2})=-\tilde{s}_{k+1}+\frac{L}{T_s}\frac{(i_{\min}-\hat{i}_L(k+1))}{\hat{v}_C(k+1)}+\frac{(\hat{v}_C(k+1)-V_s)}{\hat{v}_C(k+1)} \tag{24.22a}$$

$$g_6(\tilde{s}_{k+1},\tilde{s}_{k+2})=-\tilde{s}_{k+1}-\tilde{s}_{k+2}+\frac{L}{T_s}\frac{(i_{\min}-\hat{i}_L(k+1))}{\hat{v}_C(k+1)}+2\frac{(\hat{v}_C(k+1)-V_s)}{\hat{v}_C(k+1)} \tag{24.22b}$$

当 $g_i(\tilde{s}_{k+1},\tilde{s}_{k+2})=0$ 时,我们认为不等式约束**有效**;当 $g_i(\tilde{s}_{k+1},\tilde{s}_{k+2})<0$ 时,认为该不等式约束**无效**。**有效**约束的索引是**工作集** ϑ 的成员,即对于 $i\in\vartheta, g_i(\tilde{s}_{k+1},\tilde{s}_{k+2})=0$。有效约束集必须是线性无关的;因此,由于是在 R^2 中进行优化,至多有两个约束集是有效的。

优化过程可以归结为以下三个步骤:步骤 1 和 2 包括初始化优化过程所需的计算,步骤 3 描述了有效集算法。

24.5.1 优化的开始阶段

1. **步骤 1**:利用初始值$\hat{x}_{k+1}$计算不等式(式(24.22))(以更新 S_{CCM})。
2. **步骤 2**:确定最初可行的起始点$(\tilde{s}_{k+1})^0,(\tilde{s}_{k+2})^0\in S_{\mathrm{CCM}}$,对于此处所述的结果,通过移动初始化来产生初值,然后检查其可行性。如果$(\tilde{s}_{k+1})^0,(\tilde{s}_{k+2})^0\notin S_{\mathrm{CCM}}$,那么通过正交投影步骤将初始值置回于 S_{CCM}内。
3. **步骤 3**:采用有效集算法最小化 P_s。从迭代索引 $n=1$ 开始,并且所有的不等式约束**无效**(即 $\vartheta=\emptyset$),算法如下:
   a. 给定$(\tilde{s}_{k+1})^0,(\tilde{s}_{k+2})^0$ 和$\hat{x}_{k+1}$,计算偏导数$\partial P_s/\partial\tilde{s}_{k+1}$,$\partial P_s/\partial\tilde{s}_{k+2}$以及$\partial^2 P_s/\partial\tilde{s}_{k+i}\partial\tilde{s}_{k+j}$,$i,j\in\{1,2\}$。
   b. 执行一个牛顿步来估计等式约束问题的解:

$$\underset{(\tilde{s}_{k+1})^n,(\tilde{s}_{k+2})^n}{\text{minimize}}\ P_s \tag{24.23}$$

满足 $g_i(\tilde{s}_{k+1})^n,(\tilde{s}_{k+2})^n=0, i\in\vartheta$。

在第一次迭代($n=1$)时,总是无约束的(即 $\vartheta=\emptyset$)。

c. 估计拉格朗日乘子 λ_i,$i\in\vartheta$,并从 ϑ 中移除具有最负拉格朗日乘子的约束。

d. 检查步骤(b)中所产生的解的可行性。如果$(\tilde{s}_{k+1})^0$,$(\tilde{s}_{k+2})^0\notin S_{\mathrm{CCM}}$,将解投影回 S_{CCM} 的边界上,并且使得在更新过程中违反的约束有效。此处是利用回溯法来完成这个步骤的。

e. 如果=5,返回最优解$(\tilde{s}_{k+1})^*$,$(\tilde{s}_{k+2})^*$。

否则,迭代索引增加:$n=n+1$,并且返回步骤 a。

24.5.2 结束优化

以上步骤概述了用于求解有约束的 HMPC 优化问题的有效集算法。下面将更为详细地讨论步骤 3(a)至 3(d)。

24.5.2.1 牛顿步

牛顿步将取决于 ϑ 的元素。例如,如果 $\vartheta=\emptyset$,牛顿步的实现如下:

$$\begin{bmatrix}\tilde{s}_{k+1}\\ \tilde{s}_{k+2}\end{bmatrix}^n=\begin{bmatrix}\tilde{s}_{k+1}\\ \tilde{s}_{k+2}\end{bmatrix}^{n-1}-\begin{bmatrix}\dfrac{\partial^2 P_s}{\partial \tilde{s}_{k+1}^2} & \dfrac{\partial^2 P_s}{\partial \tilde{s}_{k+1}\partial \tilde{s}_{k+2}}\\ \dfrac{\partial^2 P_s}{\partial \tilde{s}_{k+1}\partial \tilde{s}_{k+2}} & \dfrac{\partial^2 P_s}{\partial \tilde{s}_{k+2}^2}\end{bmatrix}^{-1}\begin{bmatrix}\dfrac{\partial P_s}{\partial \tilde{s}_{k+1}}\\ \dfrac{\partial P_s}{\partial \tilde{s}_{k+2}}\end{bmatrix} \tag{24.24}$$

如果 ϑ 仅包含一个约束,则优化过程简化为一个线性搜索。举例而言,如果 $\vartheta=\{2\}$,即约束$\tilde{s}_{k+1}=1$,则有:

$$(\tilde{s}_{k+1})^n=(\tilde{s}_{k+1})^{n-1} \tag{24.25a}$$

$$(\tilde{s}_{k+2})^n=(\tilde{s}_{k+2})^{n-1}-\left(\frac{\partial^2 P_s}{\partial \tilde{s}_{k+2}^2}\right)^{-1}\left(\frac{\partial P_s}{\partial \tilde{s}_{k+2}}\right) \tag{24.25b}$$

如果 ϑ 包含两个约束,则$(\tilde{s}_{k+1})^n$ 和$(\tilde{s}_{k+2})^n$ 将保持先前的值。对于此处所述的结果,我们选择迭代限制 $n=5$。如果从一次迭代到下一次迭代的工作集没有改变,则采用随后的牛顿步来进一步改进解。

尽管我们讨论的控制问题是一个有约束的优化问题,但是值得注意的是变换器在稳态时不太可能沿着约束边界运行。在这种情况下,不等式约束是无效的。如果对于所有的迭代,不等式约束均无效,那么算法简化为 Newton-Raphson 方法。在稳态时,假设起始值已经“接近”于最优值,此时 Newton-Raphson 方法具有二阶收敛性;因此,在两到三个牛顿步之后,可以认为解与最优值之间的误差已经非常小了。

24.5.2.2 拉格朗日乘子

在步骤 3(c)中,通过最小化 $\|\sum_{i\in\vartheta}\lambda_i\nabla g_i+\nabla P_s\|$ 来估计有效约束的拉格朗日乘子 λ_i,$i\in\vartheta$,其中 ∇P_s 是 P_s 关于$\tilde{s}_{k+1}$,$\tilde{s}_{k+2}$ 的梯度。将具有最负拉格朗日乘子的约束从工作集中移除。

如果 $\exists\lambda_i<0$,那么 $\vartheta=\vartheta/i$,其中 $i=\mathrm{argmin}(\lambda_i)$。

24.5.2.3 检查可行性/回溯法

在步骤 3(d)中,通过测试无效的约束来检查$(\tilde{s}_{k+1})^n$ 与$(\tilde{s}_{k+2})^n$ 的可行性。如果违反了一个无效的约束,那么必须重新映射这个解来满足新的约束。

要做到这一点,需要计算以下的量:

$$\Delta \tilde{s}_{k+1} = (\tilde{s}_{k+1})^n - (\tilde{s}_{k+1})^{n-1} \tag{24.26}$$

$$\Delta \tilde{s}_{k+2} = (\tilde{s}_{k+2})^n - (\tilde{s}_{k+2})^{n-1} \tag{24.27}$$

同时通过下式计算比例因子:

$$\alpha' = \max\{\alpha \mid g_i(\tilde{s}_{k+1} + \alpha\Delta \tilde{s}_{k+1}, \tilde{s}_{k+2} + \alpha\Delta \tilde{s}_{k+2}) \leqslant 0, \text{其中 } i \notin \vartheta\}$$

然后,利用下式来更新解:

$$\begin{bmatrix} \tilde{s}_{k+1} \\ \tilde{s}_{k+2} \end{bmatrix}^n = \begin{bmatrix} \tilde{s}_{k+1} \\ \tilde{s}_{k+2} \end{bmatrix}^{n-1} + \alpha' \begin{bmatrix} \Delta \tilde{s}_{k+1} \\ \Delta \tilde{s}_{k+2} \end{bmatrix} \tag{24.28}$$

此外,必须更新 ϑ 集以包含一个新的有效约束:

$$\vartheta \leftarrow \vartheta \cup i, \text{其中 } g_i(\tilde{s}_{k+1} + \alpha'\Delta \tilde{s}_{k+1}, \tilde{s}_{k+2} + \alpha'\Delta \tilde{s}_{k+2}) = 0$$

注意到上述优化算法是灵活的,可以根据用户的需求而改变。例如,当采用高斯-牛顿(Gauss-Newton)步来代替牛顿步时,我们发现该算法在实际中工作良好。此外,使用不同于**移动初始化**的方法来选择初始值 $(\tilde{s}_{k+1})^0$,$(\tilde{s}_{k+2})^0$ 可能在 x^* 出现跃变时改善算法的收敛性。

24.5.2.4 关于数值解和选择参数 K、C_I 与 C_V 的说明

为了设计一种有效的控制作用,用户必须基于自身对物理系统的认识来选择一个 PI;但是以便于数值处理为基础来选择 PI,同样也是有利的。非线性规划可能具有多个局部极小值,这使得高效率地找出全局最小值变得很困难。然而,集合 S_{CCM} 总是凸集;如果选择的 P_s 关于 $\tilde{s}_{k+1}$,$\tilde{s}_{k+2} \in S_{\text{CCM}}$ 为凸,那么式(24.20)是一个凸规划,任何局部极小值也是唯一的全局极小值[7]。对于此处所考虑的控制作用,选取 PI 为状态误差的二次函数,并且矩阵 $\boldsymbol{Q}>0$。由此,我们可以很容易地计算出一阶和二阶导数,同时通过恰当地选择矩阵 $\boldsymbol{Q}$,将令问题(式(24.20))简化为一个给定 $\| \bar{x}_{k+1} \|$ 边界的凸规划。在接下来的数值算例和硬件实验中,我们选择控制参数 K、C_I 与 C_V 来指定期望的系统响应,同时也使得凸优化方法能够得以应用。在指令输出电压值具有高达 20 V 的阶跃变化的情况下,结果表明优化算法工作良好。

24.5.2.5 数值算例

考虑一个具有以下电路参数的升压变换器:$V_s = 230$ V,$L = 1.0$ mH,$C = 100$ nF,$R_{\text{load}} = 100\ \Omega$,开关频率 $F_S = 15.68$ kHz,控制器参数值为 $C_I = 1.0$,$K = 0.8$,$C_V = 0.5$。我们来关注两个算例,它们具有不同的初始条件,并且指令输出电压与下一节硬件实现中所示的暂态过程相一致。

第一个数值算例的初始状态为 $\hat{\boldsymbol{x}}_{k+1} = [5.0\ \text{A} \quad 330\ \text{V}]^{\text{T}}$,期望状态为 $\boldsymbol{x}^* = [5.3\ \text{A} \quad 350\ \text{V}]^{\text{T}}$,起始值为 $(\tilde{s}_{k+1})^0 = (\tilde{s}_{k+2})^0 = 0.5$。图 24.4 说明了解在 $\tilde{s}_{k+1}$,$\tilde{s}_{k+2}$ 平面内的迭代前进过程。图 24.4 也显示了 PI 的等值集合(level sets)以及不等式约束,其中式(24.16)所示的约束用一个长方形来表示,式(24.17)和式(24.18)所示的约束由两条直线来表示。图 24.5 描绘了每次迭代的 P_s 值。本例中该算法最多进行了五次迭代。虽然起始值并不接近最优解,但是图 24.5 表明在两次迭代之后算法即可确定最优控制作用 $(\tilde{s}_{k+1})^* = 1.00$,$(\tilde{s}_{k+2})^* = 0.00$。注意到,在每个开关周期 $\tilde{s} \in \{0,1\}$,于是它构成了一个 bang-bang 解;因此,利用 EOCP 的解也可以求解 SOCP。

第二个数值算例的初始状态为 $\hat{\boldsymbol{x}}_{k+1} = [5.3\ \text{A} \quad 350\ \text{V}]^{\text{T}}$,期望状态为 $\boldsymbol{x}^* = [5.0\ \text{A} \quad 340$

V]^T,起始值为$(\tilde{s}_{k+1})^0=(\tilde{s}_{k+2})^0=0.6$。算法产生的解为$(\tilde{s}_{k+1})^*=0.218$,$(\tilde{s}_{k+2})^*=0.343$。图 24.6 和图 24.7 给出了解的迭代过程以及 P_s 值。

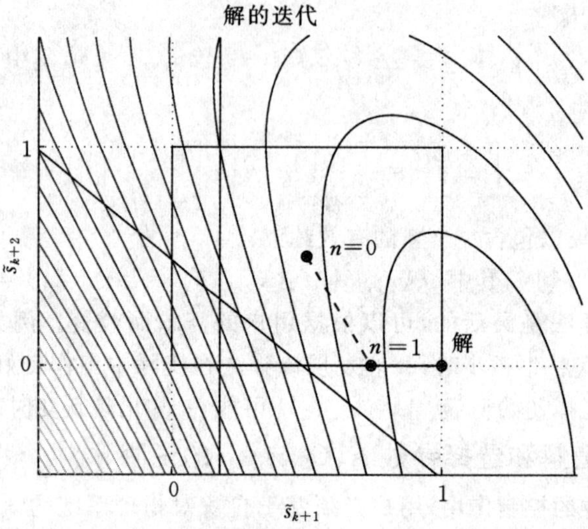

图 24.4 有效集解的示意,图中显示了对于初始状态$\hat{\boldsymbol{x}}_{k+1}=[5.0\ \mathrm{A}\ \ 330\ \mathrm{V}]^T$ 和指令状态 $\boldsymbol{x}^*=[5.3\ \mathrm{A}\ \ 350\ \mathrm{V}]^T$,解的迭代过程。该算法产生了一个 bang-bang 解:$(\tilde{s}_{k+1})^*=1.00$,$(\tilde{s}_{k+2})^*=0.00$,其中 $\vartheta=\{2,3\}$

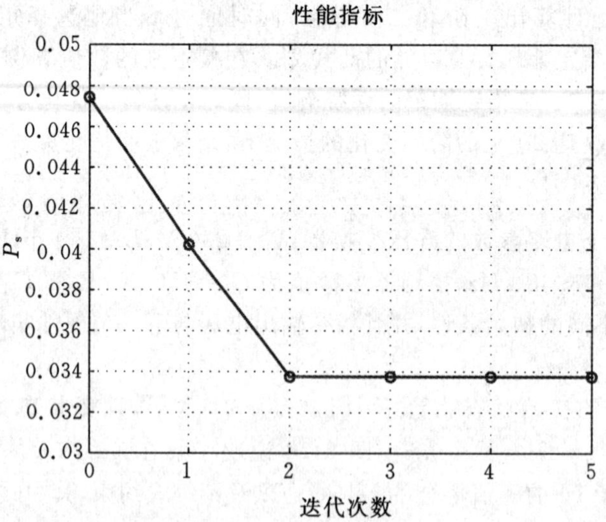

图 24.5 第一个数值算例中每次迭代的 P_s 值。该算法包含 5 次迭代,但是仅在两次迭代之后就可以有效地确定解

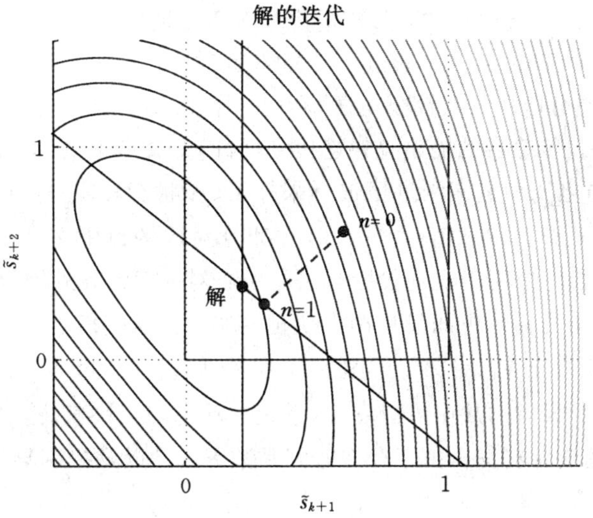

图 24.6 有效集解的说明，图中显示了对于初始状态$\hat{\boldsymbol{x}}_{k+1}=[5.3\ \mathrm{A}\ \ 350\ \mathrm{V}]^{\mathrm{T}}$和指令状态$\boldsymbol{x}^*=[5.0\ \mathrm{A}\ \ 340\ \mathrm{V}]^{\mathrm{T}}$，解的迭代过程。该算法产生的解为：$(\tilde{s}_{k+1})^*=0.218$，$(\tilde{s}_{k+2})^*=0.343$，其中$\vartheta=\{5,6\}$

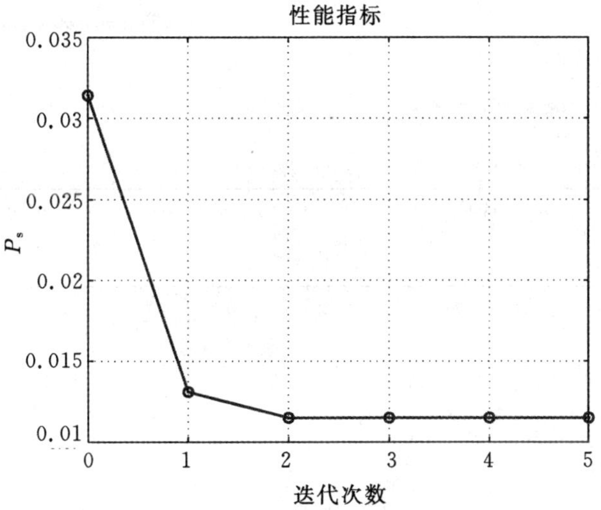

图 24.7 第二个数值算例中每次迭代的 P_s 值。该算法包含 5 次迭代，但是仅在两次迭代之后就可以有效地确定解

24.6 硬件实现

我们将 HMPC 应用于一个升压变换器，其标称的电路参数值为：$V_s=230$ V，$L=1.0$ mH，$C=100$ nF，$R_{\mathrm{load}}=100\ \Omega$，开关频率为 $F_s=15.68$ kHz，给定的 PI 参数值为 $C_V=0.5$，C_I

$=1.0, K=0.8$。这些参数与之前数值算例中给出的参数是一致的。

我们通过一个 Sorensen 300-33T 直流电源给升压变换器提供电源电压 V_s。利用 Innovative Integration 公司的 Toro PCI 卡板载的 TMS320C6711 DSP 实现 HMPC 的所有计算。采用 Tektronix P5200 差分电压探头测量电压,利用一个带 AM503B 放大器的 Tektronix A6303 电流传感器测量电流。传感器的输出直接连接到 Toro PCI 卡上的模-数转换通道。

DSP 在 t_k 时刻对电压和电流测量值进行采样,预测状态 $\hat{\boldsymbol{x}}_{k+1}$,利用有效集算法求解 $\tilde{s}_{k+1}$,并且产生一个与嵌入式开关状态值 $\tilde{s}(t)\in[0,1]$ 线性对应的范围在 0 至 5 V 内的模拟信号。将嵌入式解 $\tilde{s}(t)$ 提供给一个用于实现投影算法的中心对齐 PWM 外围设备。

我们进行了一个指令输出电压发生两次变化的实验。从变换器处于稳定状态 $V_C^*=330$ V 开始,指令输出电压跃升至 $V_C^*=350$ V,随后又突降为 $V_C^*=340$ V。图 24.8 描绘了输出电压、电感电流和模拟信号 $\tilde{s}(t)$,从中可以看出,系统的动态响应快速,输出电压的上升时间小于 500 μs,并且没有超调或者震荡。由于存在时间常数 $R_{\text{load}}C$ 以及控制器保持连续导通,所以电压从 350 V 降到 340 V 时略显缓慢。

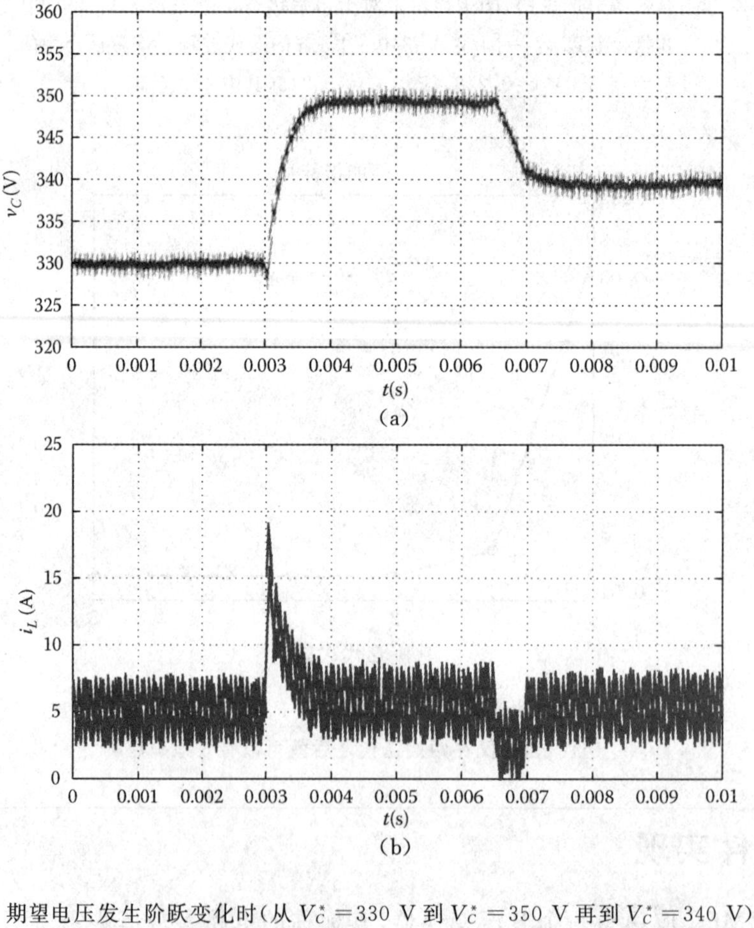

图 24.8 期望电压发生阶跃变化时(从 $V_C^*=330$ V 到 $V_C^*=350$ V 再到 $V_C^*=340$ V)的硬件实现结果,其中包括:测量得到的电容电压(a);电感电流(b);嵌入式开关状态波形(c)

图 24.9 给出了测量得到的第一次瞬态响应的特写，它清楚地表明，当 V_C^* 从 330 V 跃升至 350 V 时，嵌入式开关在一个周期内为 $\tilde{s}=1$，之后在下一个周期内为 $\tilde{s}=0$，这与上文所述的第一个数值算例中的 bang-bang 解是一致的。

图 24.10 给出了第二次瞬态过程中变换器状态的特写，它表明变换器保持了连续导通（$i_L(t)>0$）。我们注意到，当 V_C^* 从 350 V 跃变至 340 V 时，嵌入式开关状态在一个周期内为 $\tilde{s}=0.203$，然后在另一个周期内为 $\tilde{s}=0.338$，这个结果与上文所述的第二个数值算例中的解（见图 24.6）是类似的。

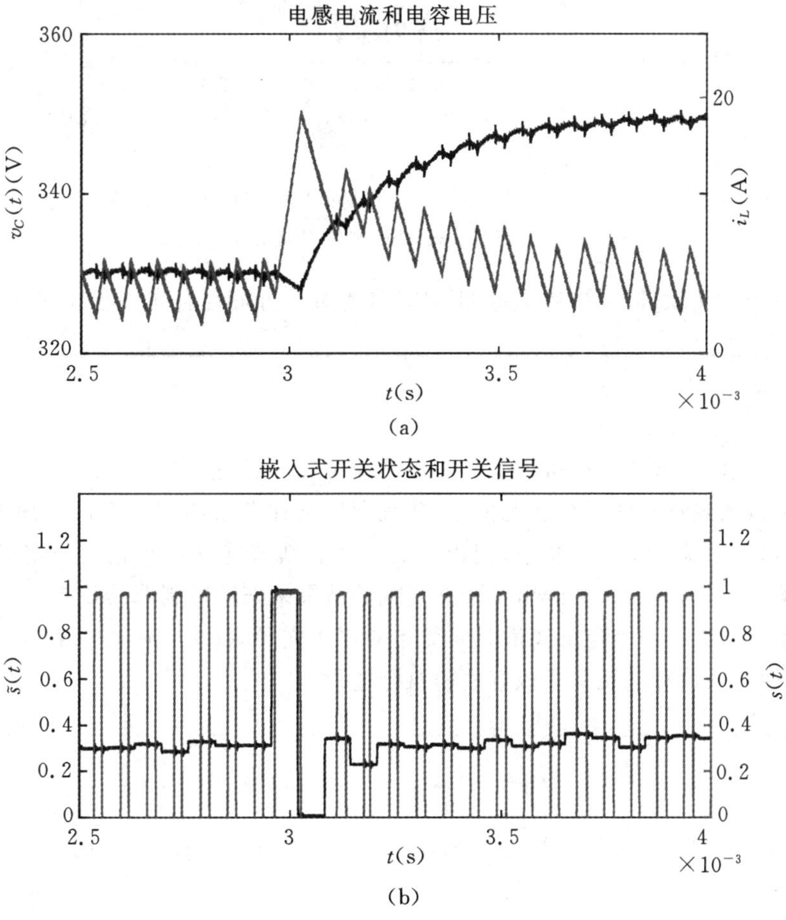

图 24.9　期望电压从 $V_C^*=330$ V 跃升至 $V_C^*=350$ V 时，(a)电感电流和电容电压的特写，以及(b)嵌入式开关状态和门驱动信号的特写

24.6.1　实用性考虑

本节给出的硬件实现结果并没有考虑电源电压和负载电阻值发生变化的情况。在实际的 dc-dc 变换器中，当存在电源和负载变动时，控制器必须调节输出电压。我们可以利用参数估计器来实现上述要求，该估计器能够基于状态测量量来更新电源电压和负载电阻的估计值，并

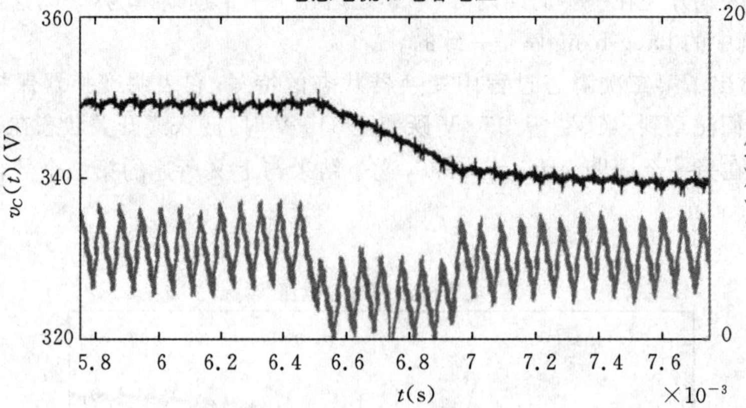

图 24.10　期望电压从 $V_C^* = 350$ V 跃变到 $V_C^* = 340$ V 时,电感电流和电容电压的特写。HMPC 维持约束条件 $i_L(t) > 0$

且更新动态模型。文献[5,6]描述了将 HMPC 和参数估计器结合在一起的方案。

24.7 小结

在本章中,我们实现了一种可以实时执行的开关变换器的 HMPC 策略。在 HMPC 中,我们创建了一种嵌入式形式的混合状态模型,并且利用它在有限的时域窗口内预测变换器的动态特性。然后,我们确定了开关状态,使得预测的状态轨迹能够最小化用户定义的 PI。本章提出了控制器的设计方法,并且给出了硬件实现的结果来证明控制器的效能。

特别是本章给出了一个定义离散时间优化的逐步向导,提出了一种求解优化问题的有效集算法,并且通过数值算例说明了该算法的执行过程。

参考文献

1. Krein, P. T. *Elements of Power Electronics*, Oxford University Press, New York and Oxford, 1998.

2. Krein, P. T., Bentsman, J., Bass, R. M., Lesieutre, B. L. On the use of averaging for the analysis of powerelectronic systems, *IEEE Transactions on Power Electronics*, 5(2), 182-190, 1990.

3. Bengea, SC., DeCarlo, R. A. Optimal control of switching systems, *Automatica*, 41(1), 11-27, 2005.

4. Camacho, E., Bordons, C. *Model Predictive Control*. Springer-Verlag, Berlin, 2004.

5. Oettmeier, F. M., Neely, J., Pekarek, S., DeCarlo, R., Uthaichana, K. MPC of switching in a boostconverter using a hybrid state model with a sliding mode observer, *IEEE*

Transactions on IndustrialElectronics, 56(9), 3453 – 3466, 2009.

6. Neely, J., Pekarek, S., DeCarlo, R. Hybrid optimal-based control of a boost converter, *Twenty FourthAnnual IEEE Applied Power Electronics Conference and Exposition*, 2009. *APEC* 2009, Washington, DC, pp. 1129 – 1137, February 15 – 19, 2009.

7. Boyd, S. *Convex Optimization*; Cambridge University Press, Cambridge, UK, 2004.

8. Wade, W. R. *An Introduction to Analysis*; 3rd edition, Prentice-Hall, Englewood Cliffs, NJ, pp. 274 – 275, 2004.

9. Diehl, M., Ferreau, H. J., Haverbeke, N. Efficient numerical methods for nonlinear MPC and movinghorizon estimation; *International Workshop on Assessment and Future Directions of NMPC*; Pavia, Italy, September 5 – 9, 2008.

10. Nocedal, J., Wright, J. W. *Numerical Optimization*, 2nd edition, Springer-Verlag, New York, NY, 2006.

11. Allgöwer, F., Zheng, A. *Nonlinear Model Predictive Control*, Birkhäuser-Verlag, Berlin, pp. 335 – 346, 2000.

第六部分

网络领域

25

网络化控制的 SNR 方法

Eduardo I. Silva
费德里科·圣玛丽亚技术大学
Juan C. Agüero
澳大利亚纽卡斯尔大学
Graham C. Goodwin
澳大利亚纽卡斯尔大学
Katrina Lau
澳大利亚纽卡斯尔大学
Meng Wang
澳大利亚纽卡斯尔大学

25.1 引言

控制理论经历了几个显著的发展阶段，我们可以采用多种方法来对这些不同的阶段进行分类。其中，分类最重要的问题之一是考察执行器、控制器和传感器之间互相连接的方式。它们之间连接的方式不断进步，从直接机械互连到气动和液压互连，再到电气连接，最终到网络化连接和/或无线连接。最新的网络化连接和/或无线的互连阶段给控制系统的设计界提出了全新的挑战。

标准的控制理论[1]假定控制器与对象之间的通信是完美通信。而另一方面，通信技术的进步又促使我们在控制中采用通用的通信网络[2]。图 25.1 表示了一个网络化控制系统(Networked Control System，NCS)，其中输入指令以及控制器所使用的测量值都是通过网络进行传输的。

我们注意到，关于网络化控制一个最重要的方面就是，与传统的(非网络的)情况相比，网络化控制的设计具有额外的自由度，尤其是在网络传输前需要对信号进行处理(通过某种形式的编码)，并且在接收的时候，需要对接收到的信号(通过某种形式的解码)重新进行转换的情形。这种新的控制架构与硬连线的解决方案相比，增强了适用性，降低了成本。然而，使用网络化控制的架构也存在缺点。例如，典型的通信链接需要服从数据速率的限制[3]，易丢失数据[4]，并且可能存在随机性的延迟[5,6]。解决这些问题超出了标准控制理论的范畴，所以由此

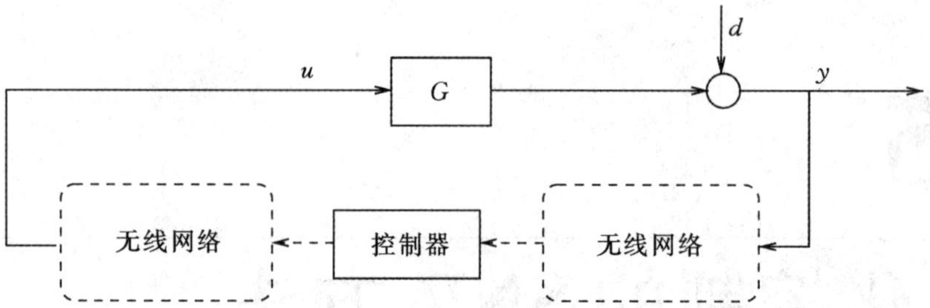

图 25.1　网络化控制系统

在控制领域诞生了一种新的介于通信与控制理论之间的综合的方法。至今难以统一阐述NCS的各个方面的观点。然而,人们也已经得到了很多令人关注的结果,在特刊[7]中收录了一些比较好的调查报告。

本章的目的是简要介绍一种独特的观点,即NCS设计的信噪比(Signal-to-Noise Ratio, SNR)方法。这种方法相对简单,基本上它是这样一种方法,即在设计中将信道替换为一个加性噪声源,且该噪声源的相关方差以一种自由度的方式显现。因此它可以很容易为实践工程师所理解。尽管该方法很简单,但它却对NCS的设计及其性能给出了重要的见解。SNR方法的一个优点在于它促生了简单的网络化控制的架构设计的方法,这些方法是以线性时不变滤波器和线性控制设计方法为基础的。因此NCS很快就在实际应用中(例如,WCDMA功率控制,25.2节)发挥出很大效用。

新近出现的有关网络化控制的文献中包含很多深刻的见解,例如,信道的平均最小数据速率是镇定一个不稳定系统所必需的[3]。典型地,这些结果取决于适当的控制器以及编码/解码对的综合设计。有趣的是,一些结果可以通过使用简单的加性噪声模型进行**形式上地**复现。接下来可以看到,的确,在对控制架构和编码/解码策略进行合理假设的情况下,就有可能在加性白噪声(Additive White-Noise,AWN)信道中的SNR约束的前提下,来理解平均数据速率限制或数据丢失对系统的影响[8~10]。这些结果使人们可以利用与SNR相关的结果(例如,文献[11,12])得出在更广范围内的有效结论。

25.2　启发式案例的研究:WCDMA的功率控制

移动通信是一个迅速发展的领域,它对现代社会有着巨大影响。这些移动通信系统的成功运行都依赖于复杂的控制系统。在这一节我们将以这些系统为例来说明NCS中新兴的思想。日常使用的算法包括具有量化数据、随机延迟和丢包的受约束多变量的非线性随机NCS的现实实例。

接下来我们将介绍宽带码分多址(Wideband Code-Division Multiple Access,WCDMA)通信系统的概念、术语及现象学方面的内容。

人们在全球范围内部署了第三代(Third-generation,3G)蜂窝通信系统以满足对更高速率通信以及日益增长的多媒体服务的需求。在3G技术标准中,WCDMA技术[13]已经成为应用最广泛的空中接口技术。传输功率的控制,特别是上行链路中(从手机到基站(Base Station,

BS)的连接)的传输功率控制，对 WCDMA 系统的成功运行至关重要。

在一个 WCDMA 小区(某一 BS 的覆盖区域)里，通过使用唯一的扩频码，在这个 BS 中的所有不同种类的用户设备(User Equipment，UE)都可在相同频带内运行，且它们的信号能互不干扰[14]。考虑一种情况：一个记为 UE1 的 UE，非常靠近 BS，而另一个记为 UE2 的 UE，位于小区边缘。两个 UE 的通信路径损耗(信道增益)的差异可达 70 dB[13]。除非使用一些控制，否则 UE1 会阻塞 UE2 以及其他许多 UE 到 BS 的通信。此外，由于 UE 在小区中移动，那么 UE 到 BS 的信号路径并不唯一。这是传输信号的不同的反射和散射的结果，因为不同的反射和散射会导致时变的时间延迟和出现时变的频率选择性(或非选择性)信道。在接收端，来自不同路径的信号相长地(或相消地)叠加，形成最终的接收信号，这就会引起**衰落**。

为处理这些所谓的**远近效应**以及**衰落**问题，需要一个功率控制的方案来确保在同一个 BS 中来自所有 UE 的接受到的信号功率都是近似恒定的。具体地，为了最大化系统的总容量，需要调整每个 UE 的传输功率，使得每个接收到的信号的信扰比(Signal-to-Interference Ratio，SIR)能等于和给定的目标数据速率相匹配的最低允许水平[13]。

典型的 WCDMA 上行链路的功率控制的内部回路的简化方框图如图 25.2 所示。可将这种设置作为 NCS 的一个例子。注意到在电信类文献中，通常使用对数尺度(dB)来表示量值。因此，在任何时候，当涉及 WCDMA 的功率控制问题时，我们都使用对数尺度。我们将 z 作为前移算子来使用，并用 p 表示 UE(也被称为移动台(Mobile Station，MS))的传输功率，用 g 表示信道增益，用 I 表示其他用户的干扰。因此，接收到的 SIR(对数尺度)为

$$\boldsymbol{y} = \boldsymbol{p} + \boldsymbol{g} - \boldsymbol{I} \tag{25.1}$$

目标的 SIR r 可通过一个在非常低的速率下运行的外部控制回路来提供[13]。跟踪误差

$$\boldsymbol{e} \triangleq \boldsymbol{r} - \boldsymbol{y} \tag{25.2}$$

被反馈到控制器 $\boldsymbol{K}$ 来计算功率控制的增量 $\boldsymbol{u}$。需要注意的是，通常会有一位数据通过下行链路控制信道发送给 MS 进行功率调节，这就是图 25.2 中需要包含“量化器”块的原因。在图 25.2 中，β 表示回路延迟。在此，将采样周期选为 WCDMA 的时隙时间，即 667 μs[15]。

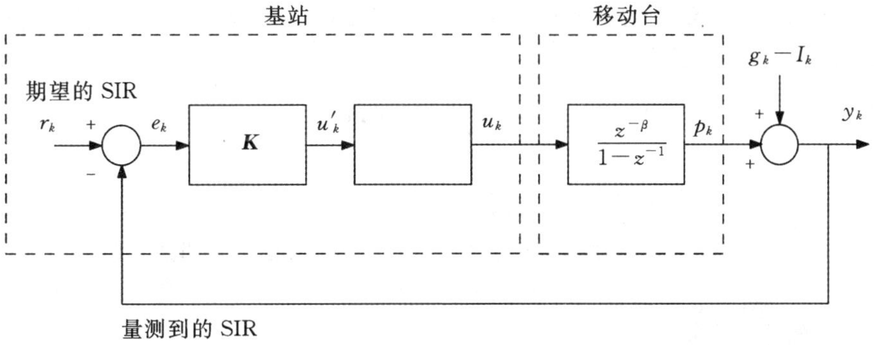

图 25.2 WCDMA 的内部功率控制回路的简化方框图

我们看到图 25.2 的控制回路包含量化环节，而且在传输信号 $\boldsymbol{u}$ 时可能会丢失数位。因此，可以看出这是一个典型的代表现实 NCS 的实例。

在后续部分我们将介绍有关 NCS 设计中使用 SNR 方法的核心思想。我们将转到 25.7 节中的 WCDMA 功率控制的例子。为了引出本章剩余部分所研究的一些问题,接下来我们介绍一个简单的受 WCDMA 功率控制问题启发的例子。

考虑图 25.2 中的 NCS,取回路延迟 $\beta=1$,白噪声干扰 $\boldsymbol{d}\triangleq\boldsymbol{g}-\boldsymbol{I}$,无参考输入(即 $r=0$),$\boldsymbol{K}=1$(这个 K 的选择符合实践中通常的选择[16])。定义 $\boldsymbol{G}\triangleq\boldsymbol{z}^{-\beta}/1-\boldsymbol{z}^{-1}=1/\boldsymbol{z}-1$。假设量化器是均匀的,且可将其建模为一个 AWN 的源 q[17]。同时假设可允许如图 25.3 所示那样的修改 WCDMA 的反馈回路。图中,$\boldsymbol{A}$ 为设计者可选的稳定的最小相位双正则线性时不变(LTI)滤波器。如果量化噪声 $\boldsymbol{q}$ 与 $\boldsymbol{d}$ 不相关,且假设 $\boldsymbol{d}$ 为白噪声,则量化器输入 $\boldsymbol{u}'$ 和接收的 SIR$\boldsymbol{y}$ 的平稳方差为

$$\sigma_{u'}^2=\sigma_d^2\,\|\boldsymbol{A}^{-1}\boldsymbol{S}\|_2^2+\sigma_q^2\,\|\boldsymbol{GS}\|_2^2 \tag{25.3a}$$

$$\sigma_y^2=\sigma_d^2\,\|\boldsymbol{S}\|_2^2+\sigma_q^2\,\|\boldsymbol{AGS}\|_2^2 \tag{25.3b}$$

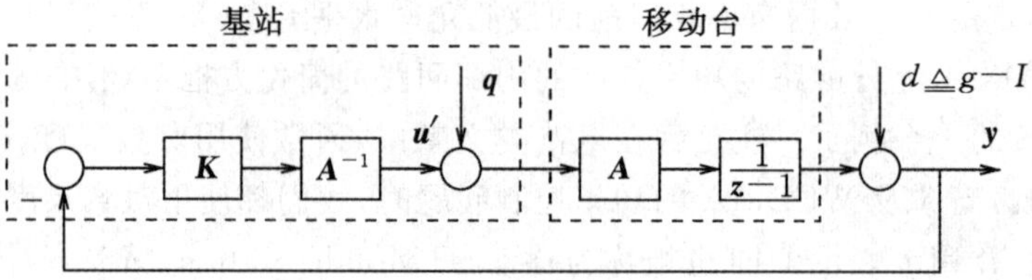

图 25.3 WCDMA 内部功率控制回路中额外自由度的使用

其中,σ_q^2 和 σ_d^2 是 $\boldsymbol{q}$ 和 $\boldsymbol{d}$ 的方差,$\boldsymbol{S}\triangleq(1+\boldsymbol{G})^{-1}$,$\|\boldsymbol{X}\|_2^2\triangleq\frac{1}{2\pi}\int_{-\pi}^{\pi}\boldsymbol{XX}^{\mathrm{H}}\mathrm{d}\omega$ ①。$\boldsymbol{q}$ 的方差取决于量化器的参数,而量化器参数的选择要与 $\boldsymbol{u}'$ 的统计信息相一致。假定将其关系转化成如下的 SNR 约束(将在 25.6.2 节详细讨论这个问题):

$$\frac{\sigma_{u'}^2}{\sigma_q^2}\leqslant\Gamma \tag{25.4}$$

对于某些 Γ 取决于量化级别的情况,$\Gamma>0$。将式(25.4)代入式(25.3),对任意的 σ_q^2(即任意的量化器参数)和任意的滤波器 $\boldsymbol{A}$,

$$\sigma_y^2\geqslant\sigma_d^2\,\|\boldsymbol{S}\|_2^2+\frac{\sigma_d^2\,\|\boldsymbol{A}^{-1}\boldsymbol{S}\|_2^2}{\Gamma-\|\boldsymbol{GS}\|_2^2}\,\|\boldsymbol{AGS}\|_2^2 \tag{25.5}$$

$$\geqslant\sigma_d^2\,\|\boldsymbol{S}\|_2^2+\frac{\sigma_d^2}{\Gamma-\|\boldsymbol{GS}\|_2^2}\left(\frac{1}{2\pi}\int_{-\pi}^{\pi}|\boldsymbol{G}||\boldsymbol{S}|^2\right)^2\triangleq[\sigma_y^2]_{\mathrm{opt}} \tag{25.6}$$

其中,由 Cauchy-Schwartz 不等式可得到式(25.6)。如果选择量化器的参数使得

$$\sigma_q^2=\sigma_d^2\,\|\boldsymbol{A}^{-1}\boldsymbol{S}\|_2^2(\Gamma-\|\boldsymbol{GS}\|_2^2)^{-2} \tag{25.7}$$

则式(25.5)中的等号成立。

如果滤波器 $\boldsymbol{A}$ 满足 $|\boldsymbol{A}|=\sqrt{|\boldsymbol{G}^{-1}|}$,则式(25.6)中的等号成立。实际上,后面一种情况需要一个稳定的最小相位双正则 LTI 滤波器 $\boldsymbol{A}$ 来对 $\sqrt{|\boldsymbol{G}^{-1}|}$ 进行近似[18,19]。

---

① 这里的(·)^{H} 表示(·)的共轭转置。

读者可能已经注意到，在式(25.5)和(25.6)中，对 Γ 施加了一个隐含的约束，即 $\Gamma > \|\boldsymbol{GS}\|_2^2$。可以证明这个条件等价于存在一个使 NCS 在均方意义下稳定的滤波器 $\boldsymbol{A}$。在 25.5 节会更为细致地探讨这个问题。

由于 $G=1/(z-1)$，由式(25.5)和(25.6)可得到所提出的架构的可达的最佳性能为

$$[\sigma_{\boldsymbol{y}}^2]_{\text{opt}} = \left(2+\frac{1.62}{\Gamma-1}\right)\sigma_{\boldsymbol{d}}^2 \tag{25.8}$$

另一方面，如果保持标准选择 $\boldsymbol{A}=1$ 不变，那么

$$\sigma_{\boldsymbol{y}}^2 = \left(2+\frac{2}{\Gamma-1}\right)\sigma_{\boldsymbol{d}}^2 \tag{25.9}$$

综上可见，对图 25.2 中的架构进行一个简单的修改就可以提高性能。如果 Γ 很小(对应于一个级数很小的量化器)，则改善效果更加显著(见 25.6.2 节)。

上一个例子在图 25.2 的 NCS 中使用了一个相对简单的结构性的变动。但也可以选择更为复杂的变动。为了介绍这些复杂的架构，我们将从本章所采用的常规设置开始描述。

25.3　NCS 分析的常规设置

在这一节以及接下来的三个小节中，我们将集中讨论图 25.4 中的 NCS，图 25.2 中的 WCDMA 的功率控制回路是它的一个特例。图 25.4 中，$\boldsymbol{G}$ 是一个给定的单输入单输出(Single-input Single-output，SISO)LTI 的对象，$\boldsymbol{M}$ 和 $\boldsymbol{N}$ 是需要设计的 LTI 系统，$\boldsymbol{d}$ 是模拟输出的扰动，$\boldsymbol{u}$ 是控制输入，$\boldsymbol{y}$ 是一个可以测量的信号。图 25.4 中的设置包括一个在反馈回路中不透明的信道，它的输入输出分别为 $\bar{\boldsymbol{v}}$ 和 $\bar{\boldsymbol{u}}$。与图 25.4 中虚线所建议的一样，我们也将考虑在发送端信道的输出可能会有一个采样间隔的时间延迟。这种输出会有一个采样间隔的时间延迟的假设在某些情况下是合乎规律的，而在另一些情况下却是不合适的。我们将在本章中对这两种情况进行研究。信道两边的方框 $\mathscr{E}$ 和 $\mathscr{D}$，分别对应于将实值信号 $\boldsymbol{v}$ 映射到信道符号序列 $\bar{\boldsymbol{v}}$ (即数字信道的量化值)的非线性系统和将信道输出 $\bar{\boldsymbol{w}}$ 映射到实值信号 $\boldsymbol{w}$ 的非线性系统。

我们的目的是设计图 25.4 中 LTI 系统的 M 和 N 以及方框 $\mathscr{E}$ 和 $\mathscr{D}$，使得 $\boldsymbol{y}$ 的平稳方差最小，其中 $\boldsymbol{y}$ 的平稳方差服从信道所施加的通信约束。我们的分析将涵盖以下的场景：

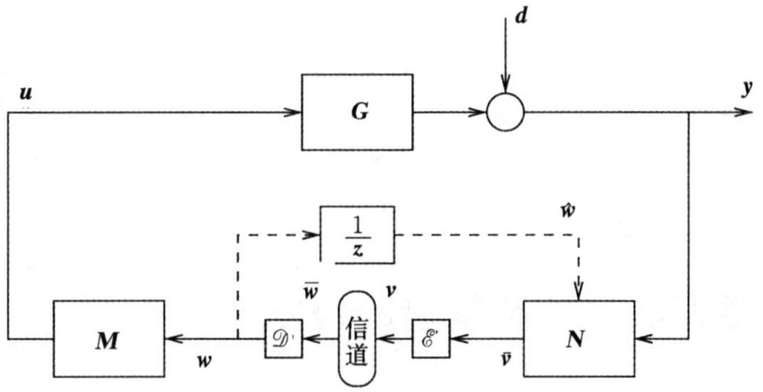

图 25.4　常规的网络化控制架构

- **AWN 信道**:在这种信道模型下,发送给信道的数据被一个噪声源加性地损坏,且存在最大允许信道输入的功率[11]。尽管非常简单,但是这种信道模型正是通信理论真正的基础[20],而且经常被用来模拟物理层中的无线链路[21]。对这种模型,关于信道的反馈路径通常是不可用的。
- **有限字符集下的无噪数字信道**:这种信道模型用来描述通信链路能对给定有限集中的符号进行无差传输的情况[22,23]。当以这样一种方式来使用误差校正算法,使得更高层的通信协议能够遵从透明的通信时,这种信道模型就相当于一种有用的抽象。与上一种信道相比,由于不考虑任何的信道误差,所以假定该信道具有关于信道的反馈是合乎规律的。
- **平均数据速率受限的无噪数字信道**:这种信道模型相当于上一种信道模型的松弛版。这种情况下,不是由信道字符集的基数来施加约束的,而是由代表字符集中符号的二进制字的平均时长来施加约束的[24,25]。通过这种方法,人们可以用信息论的思想[20]来设计数字链路上的通信系统。与上一种信道模型一样,该信道模型具有关于信道的反馈是合理的假设。
- **Bernoulli 删除信道**:这种信道模型用来描述数据易于以给定概率丢失的情况(例如,当采用无线链路进行通信时)[4]。在这种场景下,通常使用底层协议来提供证明传输成功的确认信号(TCP 类协议;[4])。如果是这种情况,那么信道具有关于信道的反馈的假设是合理的。如果没有这样的确认信号(UDP 类协议),那么就不能使用关于信道的反馈。

备注 25.1

在这一章我们将同时讨论具有信道反馈和无信道反馈的情况。如果在某一阶段,我们没有明确提到信道反馈是否可用,那么我们的讨论,**在加以必要的修正后**,对于这两种情况都将适用。

已有很多文献都对以上提到的信道通信的控制问题给予了较多的关注(见以上及文献[7]中的参考文献)。在这章中,我们将证明上面提到的所有情况都可以以一个统一的形式来进行处理,即将相应的设计问题简化为一个 SNR 受限的 AWN 信道的控制系统设计的问题。本章将在 25.4 和 25.5 节中论述这些问题。接下来在 25.6 节中,我们会详细地阐述如何将上述的信道视为 SNR 受限的信道。

为了简化后面的阐述,这里引入以下的标准假设:

假设 25.1:

1. 对象 G 是 SISO,LTI,严格正则的,且具有一个可镇定且可检测的基本实现。
2. 对象和 LTI 系统的 $\boldsymbol{M}$ 和 $\boldsymbol{F}$ 的初始状态(统称为 x_0)是联合二阶随机变量。
3. 扰动 $\boldsymbol{d}$ 是一个与 x_0 不相关的零均值二阶宽平稳(Wide Sense Stationary,WSS)序列,且其功率谱密度 $|\Omega_d|^2>0$。

25.4 SNR 受限的 AWN 信道的控制架构

考虑图 25.4 中的 NCS,并假定 $\boldsymbol{v}$ 和 $\boldsymbol{w}$ 之间的链接是一个服从 SNR 约束的标量 AWN 信道(见图 25.5)。这个信道具有一个标量输入和一个标量输出,它们之间通过

$$\boldsymbol{w}=\boldsymbol{v}+\boldsymbol{q} \tag{25.10}$$

进行关联，其中 $\boldsymbol{q}$ 是一个与$[\boldsymbol{x}_0^{\mathrm{T}} \quad \boldsymbol{d}^{\mathrm{T}}]^{\mathrm{T}}$ 不相关的零均值白噪声序列，在满足 SNR 约束条件下对某一给定且有限的 Γ，它具有可任选的有限方差 σ_q^2，其约束条件可表示为

$$\gamma \triangleq \frac{\sigma_v^2}{\sigma_q^2} \leqslant \Gamma \tag{25.11}$$

式(25.11)中，σ_v^2 表示 $\boldsymbol{v}$ 的静态方差。只要假设 25.1 成立，$\sigma_q^2 < \infty$，且图 25.5 中的反馈回路是内部稳定的，则 σ_v^2 就会存在。

SNR 受限的 AWN 信道的一个关键特性是噪声方差 σ_q^2 是可选的。在学习了 25.3 节中提到的通信信道之后，这个看起来似乎不寻常的特性就会自然而然地出现，并会在 25.6 节中进行明确的表示。

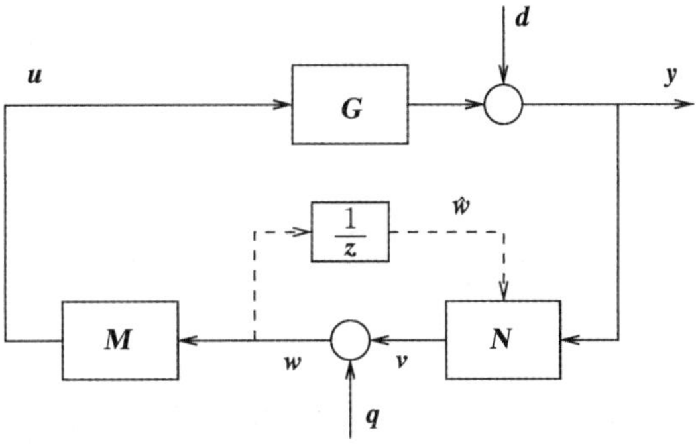

图 25.5 常规的在 AWN 信道上闭合的 NCS

我们将关注图 25.5 的架构的以下变体：

1. 完美重构的编码方案：假设 LTI 的对象 G_0 已给定，然后设计一个 LTI 控制器 $\boldsymbol{C}_0$，以便在理想通信的假设下，即 $\boldsymbol{u}=\boldsymbol{y}$，使得系统能提供令人满意的性能。这种情况下会自然而然地选择 $\boldsymbol{M}$ 和 $\boldsymbol{N}$，以实现从 $\boldsymbol{y}$ 到 $\boldsymbol{u}$ 的单位传递，从而保持闭环设计的关系，并对通信链路产生完全加性的的影响[19]。我们因此考虑联合对象 G_0 和控制器 C_0 来构成 $\boldsymbol{G}$，即 $G \triangleq G_0 C_0$。

对以上描述的情况，我们提出采用图 25.6 中的架构，其中 $\boldsymbol{A}$ 和 $\boldsymbol{F}$ 是要设计的 LTI 系统。为了说明 $\boldsymbol{w}$ 在发送端可能会有一个采样间隔的时间延迟的情况，在这种情况下我们将 $\boldsymbol{F}$ 限制为严格正则的。对这种架构，有

$$\boldsymbol{u} = \boldsymbol{y} + \boldsymbol{A}(1 - \boldsymbol{F})\boldsymbol{q} \tag{25.12}$$

因此，通过合理选择 $\boldsymbol{A}$ 和 $\boldsymbol{F}$，我们可以通过频谱来描述噪声 $\boldsymbol{q}$ 对 $\boldsymbol{u}$ 的影响，从而得到噪声 $\boldsymbol{q}$ 对输出 $\boldsymbol{y}$ 的影响。对不可能具有关于信道反馈的场景，$\boldsymbol{F}=0$ 是唯一可用的选择。

图 25.6 中的架构称为完美重构的解码方案。

当使用完美重构的编码方案时，图 25.5 中的 NCS 的内部稳定性及良好的适定性，等价于 $\boldsymbol{A}$ 是稳定、双正则且相位最小的，以及 $\boldsymbol{F}$ 为稳定且严格正则的。

2. 单模块架构：在这种情况下，我们固定 $\boldsymbol{M}=1$ 并将 $\boldsymbol{N}$ 当作设计参数(见图 25.7)。由于 $\boldsymbol{N} \triangleq [N_1 \quad N_2]$充当了一个标准控制器的角色，因此为了确保得到的 NCS 的内部稳定性和适定性，对 N 所限定的条件也是标准的[26]。在这种情况下，

$$\boldsymbol{u} = \boldsymbol{q} + N_1 \boldsymbol{y} + N_2 \hat{w} \tag{25.13}$$

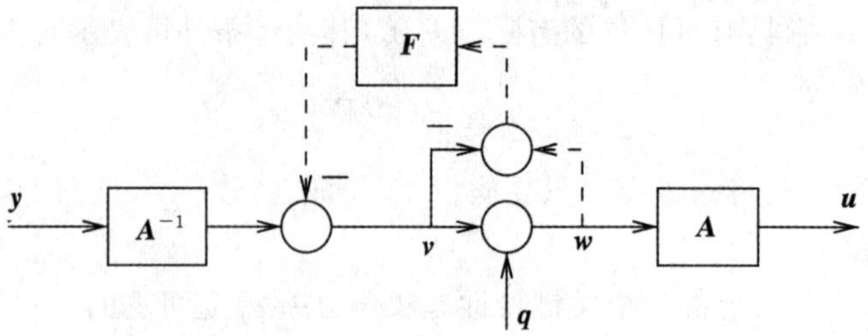

图 25.6　完美重构的编码方案

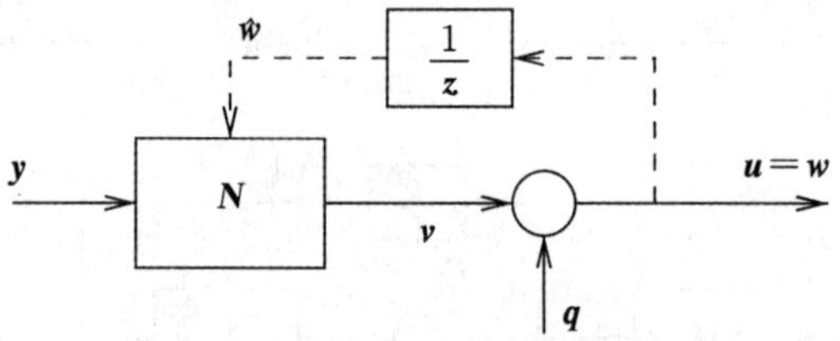

图 25.7　单模块的控制架构

对于可以使用关于信道的反馈的场景,$\boldsymbol{N}$ 的每个部分都可自由选择,我们称这种方案为具有反馈的单模块架构。相反地,对于反馈不可用的场景,则 $\boldsymbol{N}=[N_1\ \ 0]$,得到的控制器将被称为无反馈的单模块架构(或单自由度的架构)。

3. 双模块架构:这种架构相当于图 25.5 中的架构,除了对 NCS 的内部稳定性和适定性的要求之外,对 $\boldsymbol{M}$ 或 $\boldsymbol{N}$ 没有施加约束。这种架构相当于最常规的架构,可以通过仅使用 LTI 块以及(可能的)关于 SNR 受限的 AWN 信道的反馈来构建这种架构。

对于可以使用关于信道的反馈的场景,$\boldsymbol{N}$ 的每个部分都可以自由地选择,我们称这种方案为具有反馈的双模块架构。对于反馈不可用的场景,则 $\boldsymbol{N}=[N_1\ \ 0]$,得到的控制器被称为无反馈的双模块架构。

以上介绍的这些架构绝不是详尽的。但是,它们对应于与许多应用相关的典型实例。

25.5　SNR 受限的 AWN 信道的 NCS 的优化设计

在介绍 25.4 节中提出的架构的优化设计之前,我们将从信道在满足 SNR 约束的同时,能达到稳定性的条件开始研究。这样的研究对于评价设计问题的可行性是最根本的。

25.5.1　均方稳定性

我们采用以下稳定性的概念:

定义 25.1:

考虑线性系统 $\boldsymbol{x}(k+1)=\boldsymbol{A}\boldsymbol{x}(k)+\boldsymbol{B}\boldsymbol{w}(k)$,其中 $k\in\mathbb{N}_0$,$\boldsymbol{A}$、$\boldsymbol{B}$ 是适当维数的常数矩阵,$\boldsymbol{x}(k)$

$\in \mathbb{R}^n$ 是 k 时刻的系统状态，$\boldsymbol{x}(0)=x_0$，x_0 是一个二阶随机变量，输入 $\boldsymbol{w}$ 是一个与 x_0 不相关的二阶 wss 过程。当且仅当存在有限的 $\boldsymbol{u}\in \mathbb{R}^n$ 和 $\boldsymbol{M}\in \mathbb{R}^{n\times n}$，$M\geqslant 0$，使得②无论初始状态 x_0 为何值，

$$\lim_{k\to\infty} E\{\boldsymbol{x}(k)\} = \mu, \lim_{k\to\infty} E\{\boldsymbol{x}(k)\boldsymbol{x}(k)^{\mathrm{T}}\} = M$$

都成立，那么系统是均方稳定(Mean Square Stable，MSS)的。■

众所周知[27]，对线性系统来说，MSS 等价于内部稳定性(标准意义上[26])。因此，假如假设 25.1 成立且 $\sigma_q^2<\infty$，当且仅当 $\boldsymbol{A}$ 与 $\boldsymbol{F}$ 或 $\boldsymbol{M}$ 与 $\boldsymbol{N}$ 能使 $\boldsymbol{G}$ 内部稳定时，25.4 节中介绍的架构才是 MSS 的。

下一个定理表征的是：在可以使用关于信道的反馈的假设下，以上描述的所有架构是 MSS 的，与该架构具有最小 SNR 是一致的[8,12]。

定理 25.1：

考虑图 25.5 中的 NCS，其中 $\boldsymbol{q}$ 是 SNR 受限的 AWN 信道的噪声，且假设 25.1 成立。对于可以使用关于信道的反馈的场景，而且要么 $\boldsymbol{M}$ 和 $\boldsymbol{N}$ 使得控制架构相当于一个单模块或双模块架构，要么假定 $\boldsymbol{G}$ 具有单位反馈且是可镇定的，并且 $\boldsymbol{M}$ 和 $\boldsymbol{N}$ 使得控制架构相当于一个完美重构的编码方案，那么

$$\inf\{\gamma:\text{MSS holds}\} = \gamma_\infty \triangleq \left(\prod_{i=1}^{n_p} |p_i|^2\right)-1 \tag{25.14}$$

其中 p_i 表示 $\boldsymbol{G}$ 的第 i 个严格不稳定极点，并且它可以对相应架构中的信道噪声方差 σ_q^2 和 LTI 滤波器进行最小化。SNR 的下确界 γ_∞ 通常是无法达到的，除非 $\sigma_q^2\to\infty$③。■

我们从定理 25.1 可推出，当可以使用关于信道的反馈时，当且仅当信道 SNR Γ 的取值范围满足 $\Gamma>\gamma_\infty$ 时，在任意一个所考虑的架构下，通过选择噪声方差 σ_q^2 和 LTI 滤波器，才有可能实现 MSS。有趣的是对所有的架构，符合 MSS 的最小 SNR，即 γ_∞，仅是 G 的不稳定极点的函数。

我们注意到，在完美重构的编码方案的情况下，假定可通过单位反馈镇定 $\boldsymbol{G}$。这意味着式(25.14)中的极点 p_i 将对应于基础对象 G_0 和控制器 C_0 的不稳定极点(25.4 节)。这表明对强可镇定的对象总存在一个控制器 C_0，使得在所有三种架构(带反馈)中，MSS 对 SNR 的要求是相同的。然而，如果对象不是强可镇定的，那么每个起镇定作用的 C_0 都是不稳定的。因此，对于这样的对象，当采用完美重构的编码方案时，MSS 对 SNR 的要求要稍高一些。

定理 25.1 的一个关键因素是每种架构都要利用关于信道的反馈。对于另一类不可以使用此类反馈的场景，有如下结果[11,12]：

定理 25.2：

考虑图 25.5 中的 NCS，其中 q 是 SNR 受限的 AWN 信道中的噪声，不可以使用关于信道的反馈，而且假设 25.1 成立。那么：

1. 如果假定 G 具有单位反馈，且是可镇定的，而且选择的 M 和 N 使得控制架构相当于 $F=0$ 的完美重构的编码方案，那么

---

② $E\{\cdot\}$表示期望运算符。

③ 即 γ_∞ 是 SNRγ 的下确界而不是最小值。

$$\inf\{\gamma:\text{MSS holds}\}=\|T\|_2^2\geqslant\gamma_\infty \tag{25.15}$$

其中 $T\triangleq G(1-G)^{-1}$,$\|\cdot\|_2$ 表示 L_2 中的常规范数[26]。当且仅当 $\left(\prod_{i=1}^{n_p}\frac{1-zp_i}{z-p_i}\right)\frac{1}{1-G}$ 是常量时,式(25.15)中的等号成立。

2. 如果选择的 M 和 N 使得控制架构相当于无反馈的单模块或双模块架构,那么

$$\inf\{\gamma:\text{MSS holds}\}=\gamma_{\infty,nf}\triangleq\left(\prod_{i=1}^{n_p}|p_i|^2\right)-1+\Delta_G \tag{25.16}$$

其中 p_i 的含义与定理 25.1 中的相同,$\Delta_G\geqslant0$ 取决于非最小相位零点与 G 的相对阶,而且当且仅当对象是稳定的,或在封闭单位圆盘外没有有限的非最小相位零点,且相对阶为 1 时,$\Delta_G=0$(文献[11]中的式 34 是 Δ_G 的显式表达式)。

在式(25.15)和(25.16)中,最小化的实现都与定理 25.1 相同,只是要附加额外的约束 $F=0$ 或 $N_2=0$。与前文相同,SNR 的下确界通常是无法达到的,除非 $\sigma_q^2\to\infty$。 ■

我们从定理 25.2 中可以看出,对于不可使用关于信道的反馈的情况,符合 MSS 的最小 SNR 不止取决于对象的不稳定极点。在完美重构的编码方案的情况下,整个对象 G 只扮演一种角色,而在单模块或双模块架构中,对象的相对阶及其非最小相位的零点都会成为重要的特征。由定理 25.1 和 25.2 可推出,通常当不能使用关于信道的反馈时,与可以使用此反馈时的情况相比,MSS 对信道 SNR 的要求更为严格。这是自然而然的,因为前一种情况的控制架构比使用信道反馈的控制架构的自由度要少。

到目前为止,我们已经探讨了 SNR 的约束 Γ 与 SNR 受限的 AWN 信道的不同架构的 MSS 之间的相互作用。接下来的三个小节将介绍在这些架构中出现的各种模块的优化设计问题。

25.5.2 完美重构的编码方案的设计

在这种情况下,设计者可以选择后置滤波器 $\boldsymbol{A}$、反馈滤波器 $\boldsymbol{F}$ 以及信道噪声方差 σ_q^2。我们将从关注无反馈的完美重构的编码方案的设计,即 $F=0$,开始分析。接下来的结果将给出闭合形式的最佳性能的表达式,以及使系统能渐进地达到这样的性能时 $\boldsymbol{A}$ 与 σ_q^2 的选择[18,19]:

定理 25.3:

考虑图 25.5 中的 NCS,其中 $\boldsymbol{q}$ 是 SNR 受限的 AWN 信道中的噪声,不可以使用关于信道的反馈,且假设 25.1 成立。如果 $\boldsymbol{G}$ 具有单位反馈,且是可镇定的,并且选择的 $\boldsymbol{M}$ 和 $\boldsymbol{N}$ 使得控制架构相当于 $\boldsymbol{F}=0$ 且 $\Gamma>\|\boldsymbol{T}\|_2^2$ 时的完美重构的编码方案,那么:

1. 系统可达到的最佳性能可由

$$\inf\{\sigma_y^2:\gamma\leqslant\Gamma,\text{MSS holds}\}=\|(\boldsymbol{T}+1)\boldsymbol{\Omega}_d\|_2^2+\frac{\left(\frac{1}{2\pi}\int_{-\pi}^{\pi}|(\boldsymbol{T}+1)||\boldsymbol{T}||\boldsymbol{\Omega}_d|\,\mathrm{d}\omega\right)^2}{\Gamma-\|\boldsymbol{T}\|_2^2} \tag{25.17}$$

给出,在系统具有最优性能时,SNR 约束也是起作用的。

2. 为了获得无限接近最佳的性能,同时又能满足 SNR 约束的等式关系,充分条件是要能选择出一个稳定的、最小相位的、双正则的 $\boldsymbol{A}$,使之能提供对 $\boldsymbol{A}$ 的理想最优选择足够好的近似,

即 $\boldsymbol{A}_i$ 满足

$$|\boldsymbol{A}_i|^2=\frac{|\boldsymbol{\Omega}_d|}{|\boldsymbol{G}|} \tag{25.18}$$

并选择 $\sigma_q^2=\dfrac{\|\boldsymbol{A}^{-1}(\boldsymbol{T}+1)\boldsymbol{\Omega}_d\|_2^2}{\Gamma-\|\boldsymbol{T}\|_2^2}$。

如果式(25.18)的 RHS 平方根是有理数，并且在单位圆上没有极点或零点，那么选择 $\boldsymbol{A}$ 时无需近似。相应地，在实际中系统是可以达到其最佳性能的。即使不是这种情况，采用考虑合理的低阶滤波器来近似 $\boldsymbol{A}_i$，通常也就足够了[19]。

我们现在回到完美重构的编码方案的一般情况，并考虑可以使用关于信道的反馈的场景，即假定 F 是可选的。下面的定理是由文献[18]中的结果得出的推论：

定理 25.4：

考虑图 25.5 中的 NCS，其中 $\boldsymbol{q}$ 是 SNR 约束的 AWN 信道中的噪声，关于信道的反馈是可用的，且假设 25.1 成立。如果假设 $\boldsymbol{G}$ 具有单位反馈，且是可镇定的，选择的 M 和 N 使得控制架构相当于完美重构的编码方案，且 $\Gamma>\infty$，那么：

1. 系统可达到的最佳性能由

$$\inf\{\sigma_y^2:\gamma\leqslant\Gamma,\text{MSS holds}\}=\|(\boldsymbol{T}+1)\boldsymbol{\Omega}_d\|_2^2+\frac{1}{2\pi}\int_{-\pi}^{\pi}\frac{\lambda_\Gamma\boldsymbol{Y}}{2(\sqrt{\boldsymbol{Y}^2+\lambda_\Gamma|\boldsymbol{T}+1|^2}+\boldsymbol{Y})}\mathrm{d}\omega \tag{25.19}$$

给出，其中 $\boldsymbol{Y}\triangleq|\boldsymbol{T}+1|^2|\boldsymbol{G}\boldsymbol{\Omega}_d|$，且 λ_Γ 是唯一满足

$$\Gamma=g(\lambda_\Gamma)\triangleq\exp\left(\frac{1}{\pi}\int_{-\pi}^{\pi}\ln\left(\sqrt{\frac{Y^2}{\lambda_\Gamma}+|\boldsymbol{T}+1|^2}+\frac{Y}{\sqrt{\lambda_\Gamma}}\right)\mathrm{d}\omega\right)-1 \tag{25.20}$$

的正实数，并且在系统具有最优性能时，SNR 约束也是起作用的。

2. 为了获得无限接近最佳的性能，同时满足 SNR 约束的等式关系，充分条件是要能选择出稳定的、最小相位的、双正则的 $\boldsymbol{A}$，以及稳定且严格正则的 $\boldsymbol{F}$，使之能给出对理想最优选择足够好的近似，即 $\boldsymbol{A}_i$ 和 $\boldsymbol{F}_i$ 要满足

$$|\boldsymbol{A}_i|^2=\frac{|\boldsymbol{\Omega}_d|}{|1-\boldsymbol{F}_i||\boldsymbol{G}|},\quad|1-\boldsymbol{F}_i|=\frac{2(\Gamma+1)\alpha_\Gamma}{\sqrt{\boldsymbol{Y}^2+4(\Gamma+1)\alpha_\Gamma^2|\boldsymbol{T}+1|^2}+\boldsymbol{Y}} \tag{25.21}$$

其中 $\alpha_\Gamma\triangleq\dfrac{1}{2}\sqrt{\dfrac{\lambda_\Gamma}{\Gamma+1}}$，并选择

$$\sigma_q^2=\alpha_\Gamma \tag{25.22}$$

对信道 SNR 的任何可行的上界 Γ，定理 25.4 给出了使用完美重构的编码方案时，系统可达到的最佳性能的闭合形式的表达式。依据满足 $g(\lambda_\Gamma)=\Gamma$ 的标量参数 λ_Γ（见式(25.20)），可给出我们的结果。由于 $g(\cdot)$是它的变量的单调函数(这里原文 is argument 应该为 its argument)，因此寻找 λ_Γ 可简化为一个简单的可使用标准算法进行处理的数值问题。与定理 25.2 的情况相同，采用合理的低阶滤波器来近似 A_i 或 F_i，通常就足够了。

25.5.3　单模块架构的设计

在之前的章节中，我们集中讨论了对象 $\boldsymbol{G}$ 具有单位反馈，且是可镇定时的情况。如果去

掉这个假设,那么单模块架构就成为合适的选择。

不论使用的单模块架构有或者没有反馈,得到的 NCS 都可被写作如图 25.8 中的一般形式,其中 $\boldsymbol{P}$ 被划分为块 $\boldsymbol{P}_{ij}$,使得

$$\begin{bmatrix} \boldsymbol{y} \\ \boldsymbol{v} \\ \hline \bar{\boldsymbol{y}} \end{bmatrix} = \left[\begin{array}{c|c} \boldsymbol{P}_{11} & \boldsymbol{P}_{12} \\ \boldsymbol{P}_{21} & \boldsymbol{P}_{22} \end{array}\right] \begin{bmatrix} \boldsymbol{d} \\ \boldsymbol{q} \\ \hline \bar{\boldsymbol{u}} \end{bmatrix} \tag{25.23}$$

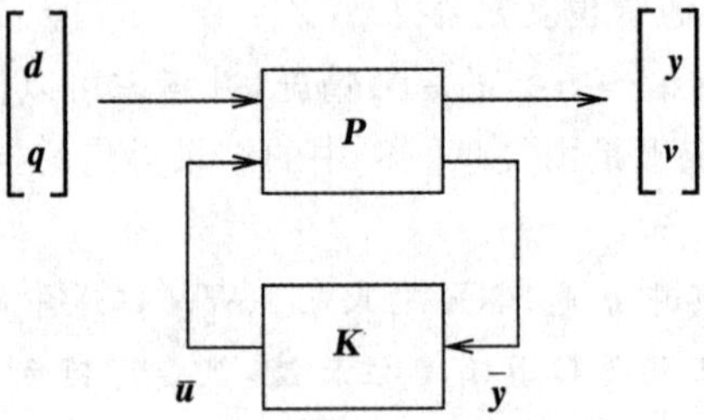

图 25.8　重写等价的单模块架构($\bar{\boldsymbol{u}}$ 和 $\bar{\boldsymbol{y}}$ 定义见式(25.24),(25.25))

对无反馈的单模块架构,我们有(参考图 25.5 和 25.7)

$$\boldsymbol{P} = \left[\begin{array}{cc|c} 1 & \boldsymbol{G} & \boldsymbol{G} \\ 0 & 0 & 1 \\ \hline 1 & \boldsymbol{G} & \boldsymbol{G} \end{array}\right], \boldsymbol{K} = \boldsymbol{N}_1, \bar{\boldsymbol{y}} = \boldsymbol{y}, \bar{\boldsymbol{u}} = \boldsymbol{v} \tag{25.24}$$

如果可以使用反馈,那么

$$\boldsymbol{P} = \left[\begin{array}{cc|c} 1 & \boldsymbol{G} & \boldsymbol{G} \\ 0 & 0 & 1 \\ \hline 1 & \boldsymbol{G} & \boldsymbol{G} \\ 0 & \boldsymbol{z}^{-1} & \boldsymbol{z}^{-1} \end{array}\right], \boldsymbol{K} = \boldsymbol{N}, \bar{\boldsymbol{y}} = \begin{bmatrix} \boldsymbol{y} \\ \hat{\boldsymbol{w}} \end{bmatrix}, \bar{\boldsymbol{u}} = \boldsymbol{v} \tag{25.25}$$

与前一章节所考虑的情况相比,当使用单模块架构时,不存在系统最佳性能的**显式闭合形式**的表达式。参考文献里提出了几种方法,我们推荐读者在文献[12]中去查找详细的说明。这里,令我们十分高兴的是,可以使用标准流程来处理单模块架构的优化设计。

考虑图 25.8。我们的目标是寻找

$$J_{opt} \triangleq \inf\{\sigma_y^2 : \gamma \leqslant \Gamma, \text{MSS holds}\} \tag{25.26}$$

其中,最优化是在所有有限的 σ_q^2 和所有滤波器 $\boldsymbol{K} \in S$ 上来执行的,其中 S 是能够确保图 25.8 中的反馈回路的内部稳定性和良好适定性的所有 LTI 和正则 $\boldsymbol{K}$ 的集合。考虑定理 25.1,显然对于具有反馈的单模块架构,当且仅当 $\Gamma > \gamma_\infty$ 时,式(25.26)中的优化问题才是可行的。如果反馈是不可用的,那么优化可行的条件将变为 $\Gamma > \gamma_{\infty,nf}$(定理 25.2)。

通过 γ 的定义(式(25.11)),有

$$J_{opt} = \inf_{\sigma_q^2 < \infty} \inf_{K \in S} \{\sigma_y^2 : \sigma_v^2 \leqslant \Gamma\sigma_q^2\} \tag{25.27}$$

对任意固定的 σ_q^2,式(25.27)的核心问题是一个标准的服从二次约束的二次最优控制问题。因此,如果可行的话,可以使用基于 LMI[28]、内外因式分解[12]等标准方法来处理式(25.27)的

核心问题。式(25.27)的核心问题是可行的充分必要条件是

$$\sigma_q^2 \in \{x^2 : 0 < x^2 < \infty \text{ 且 } \inf_{K \in S} \sigma_v^2 \leqslant \Gamma x^2\} \tag{25.28}$$

此外,也可把对 σ_q^2 是否满足式(25.28)的测试简化为一个标准的无约束的二次最优控制问题。

由以上可得,通过使用任意的线搜索求解程序,外加二次约束的二次最优控制问题的求解方法,将很容易得到 J_{opt}(的一个近似值),以及对应的最优的噪声方差 σ_q^2 和最优的 LTI 滤波器 $\boldsymbol{N}$。

以下的结果给出了在系统具有最优性能时,保证 SNR 约束起作用的条件[12]:

引理 25.1:

考虑图 25.5 中的 NCS,其中 $\boldsymbol{q}$ 是 SNR 受限的 AWN 信道中的噪声,假设 25.1 成立,且 $\boldsymbol{M}=1$。如果可以使用(或不可以使用)关于信道的反馈的,$\Gamma > \gamma_\infty$(或 $\Gamma > \gamma_{\infty,nf}$),且在系统具有最优性能时,从扰动 $\boldsymbol{d}$ 到信道输出 $\boldsymbol{v}$ 的传递函数非零,那么在系统具有最优性能时,SNR 约束是有效的(或者在不对最优性能进行折中的情况下,使之有效)。

我们注意到如果在系统具有最优性能时,从 $\boldsymbol{d}$ 到 $\boldsymbol{v}$ 的传递函数是零,那么在不可靠的信道上,只有不发送任何关于 $\boldsymbol{d}$ 的信息才可能实现最优性能。显然,在 NCS 中没人对这种情况感兴趣。我们因此得出结论,在大多数令人感兴趣的情况下,在系统具有最优性能时,SNR 约束也是有效的。

25.5.4　常规架构的设计

现在我们集中讨论图 25.5 中的常规架构。一般地,人们可能会认为重写图 25.8 中的 NCS,并应用前一章节中的思想就应该足够了。下面我们将说明情况并非如此。

为了确定思路,现在来考虑无反馈的双模块架构(类似的解释适用于具有反馈的双模块架构)。得到的 NCS 与图 25.8 相同,其中

$$\boldsymbol{P}=\left[\begin{array}{cc|cc} 1 & 0 & 0 & \boldsymbol{G} \\ 0 & 0 & 1 & 0 \\ 1 & 0 & 0 & \boldsymbol{G} \\ 0 & 1 & 1 & 0 \end{array}\right], \boldsymbol{K}=\begin{bmatrix} \boldsymbol{N}_1 & 0 \\ 0 & \boldsymbol{M} \end{bmatrix}, \bar{\boldsymbol{y}}=\begin{bmatrix} \boldsymbol{y} \\ \boldsymbol{w} \end{bmatrix}, \bar{\boldsymbol{u}}=\begin{bmatrix} \boldsymbol{v} \\ \boldsymbol{u} \end{bmatrix} \tag{25.29}$$

$\boldsymbol{K}$ 中的零元素源自对通信的约束,即源自 $\boldsymbol{u}$ 不依赖于 $\boldsymbol{y}$,以及 $\boldsymbol{v}$ 不依赖于 $\boldsymbol{w}$ 的事实。这时,我们看到 K 的优化设计变为控制器服从**稀疏约束**的最优控制问题。由于一般来说没有已知的方法可以来凸化它们[29],因此人们认为这样的问题本身是难于处理的。文献[29]中确定出了最广为人知的可被凸化的稀疏约束问题的类。不幸的是,正如一个简单计算所示,眼前的问题并不符合那些类。

因此图 25.5 中 $\boldsymbol{M}$ 和 $\boldsymbol{N}$ 的联合优化设计是一个棘手的问题。克服这个问题的一个简单的方法是采用前文所述思想的迭代形式。这里至少存在两种可能的设计:

1. 通过一系列单模块问题进行设计:不论关于信道的反馈是否可用,都可以使用 25.5.3 节的结果来设计 $\boldsymbol{M}$ 和 $\boldsymbol{N}$,如下所示:固定 $\boldsymbol{M}$(例如,$\boldsymbol{M}=1$)并选择 $\boldsymbol{N}$,以便在服从 SNR 约束 Γ 的条件下优化性能。对已选的 $\boldsymbol{N}$,选择 $\boldsymbol{M}$,以便在服从 SNR 约束 Γ 的条件下优化性能,如此**无限**重复。在上述过程的每一步,都需要求解 25.5.3 节中讨论过的单模块问题类的优化问

题,当然每一步,其中的架构都应具有不同的 $\boldsymbol{P}$ 块。我们将详细过程留给读者。

2. 通过完美重构的编码方案和单模块问题进行设计:作为一个替代(但非等价)方法,可以将 $\boldsymbol{M}$ 写作 $\boldsymbol{M}=\boldsymbol{CA}$,并采用与完美重构的编码方案的情况一样的方法,考虑 $\boldsymbol{N}$ 的选择。得到的控制架构如图 25.9 所示。

设计的第一步,我们建议选择 $\boldsymbol{C}$ 作为 $\hat{\boldsymbol{u}}=\boldsymbol{y}$ 时,对 $\boldsymbol{G}$ 的镇定控制器。然后利用 25.5.2 节的结果对 $\boldsymbol{A}$ 和 $\boldsymbol{F}$ 进行设计,其中优化对象由 $\boldsymbol{GC}$ 给出。第三步,我们建议针对上一步选择的滤波器,采用 25.5.3 节的思想来优化设计 $\boldsymbol{C}$。为此,注意对给定的 $\boldsymbol{A}$ 和 $\boldsymbol{F}$,图 25.9 中的架构可被写作图 25.8 中的形式,其中

$$\boldsymbol{P}=\left[\begin{array}{cc|c} 1 & 0 & \boldsymbol{G} \\ \boldsymbol{A}^{-1} & -\boldsymbol{F} & \boldsymbol{A}^{-1}\boldsymbol{G} \\ 1 & \boldsymbol{A}(1-\boldsymbol{F}) & \boldsymbol{G} \end{array}\right],\boldsymbol{K}=\boldsymbol{C},\bar{\boldsymbol{u}}=\boldsymbol{u},\bar{\boldsymbol{y}}=\hat{\boldsymbol{u}} \tag{25.30}$$

无限重复以上流程。

上述过程至少能够收敛于一个局部最小值。将 M 或 C 的初值选择为不同值,可以降低这个方法的保守性。

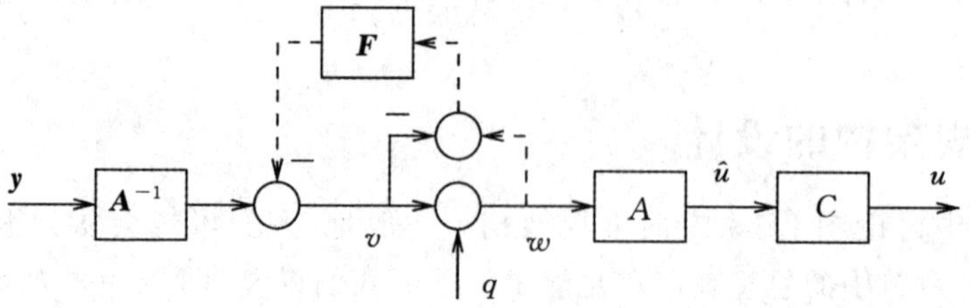

图 25.9 完美重构的编码方案加镇定控制器

25.6 通信约束向 SNR 约束的转化

在前两个小节中我们集中讨论了 SNR 受限的 AWN 信道。尤其是我们研究了 25.4 节中描述的三种架构中 MSS 与 SNR 约束之间的相互作用,还给出了它们的设计准则。

在本节中,我们将证明,当信道是一个 AWN 信道,或是一个有限字符集上的无噪数字信道,或是一个平均数据速率受限的无噪数字信道,或一个贝努里(Bernoulli)删除信道时,25.5 节中的结果可以很容易地适用于图 25.4 中的 NCS。为此,恰当地选择 $\mathscr{E}$ 和 $\mathscr{D}$ 是很有帮助的。

25.6.1 AWN 信道

AWN 信道是最简单的信道,通过选择合适的 $\mathscr{E}$ 和 $\mathscr{D}$ 可以将图 25.4 中 $\boldsymbol{v}$ 和 $\boldsymbol{w}$ 之间的链接转化为 SNR 受限的 AWN 信道。

在一个 AWN 信道中,输入 $\bar{\boldsymbol{v}}$ 和输出 $\bar{\boldsymbol{w}}$ 的关系如下[21,第4章]

$$\bar{\boldsymbol{w}}=\bar{\boldsymbol{v}}+\bar{\boldsymbol{q}} \tag{25.31}$$

其中 $\bar{\boldsymbol{q}}$ 是一个与 $[\boldsymbol{x}_0^{\mathrm{T}}\quad \boldsymbol{d}^{\mathrm{T}}]^{\mathrm{T}}$ 不相关的固定白噪声序列,且 $\bar{\boldsymbol{v}}$ 的平稳方差服从 $\sigma_{\bar{v}}^2\leqslant V$。

显然，由于信号$\bar{v}$是所关注的信号经过尺度变换所得，因此使用具有前置和后置尺度变换因子的 AWN 信道是合理的。并且相应地，我们选取 $\mathscr{E}(\boldsymbol{v}(k))=\alpha^{-1}\boldsymbol{v}(k)$及 $\mathscr{D}(\bar{\boldsymbol{w}}(k))=\alpha\bar{\boldsymbol{w}}(k)$，如图 25.10(a)所示。图 25.10(a)中，α 是由设计者选择的实参数。直接可以看出在图 25.10(a)中信号 $\boldsymbol{v}$ 和 $\boldsymbol{w}$ 的关系为 $\boldsymbol{w}=\boldsymbol{v}+\boldsymbol{p}$，其中等效噪声 $\boldsymbol{q}\triangleq\alpha\bar{\boldsymbol{q}}$ 是一个与$[\boldsymbol{x}_0^{\mathrm{T}}\quad \boldsymbol{d}^{\mathrm{T}}]^{\mathrm{T}}$ 不相关的，且方差为 $\sigma_q^2=(\alpha\sigma_{\bar{q}})^2$ 的零均值白噪声序列。由于 α 是由设计者来选取的，因此 σ_q^2 也是一个设计参数。

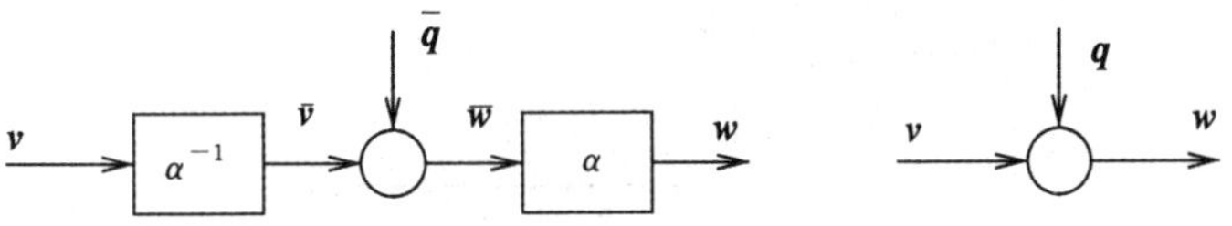

(a)　　　　　　　　　　　　(b)

图 25.10　(a)具有前置和后置尺度变换因子的 AWN 信道，以及(b)重写的等价形式

根据前面的定义，$\bar{v}$方差的约束等价于

$$\gamma=\frac{\sigma_v^2}{\sigma_q^2}\leqslant\frac{V}{\sigma_{\bar{q}}^2}=\Gamma \tag{25.32}$$

即等价于 SNR 的约束。

从上述讨论，我们可以得出结论，25.5 节的结果可以直接应用于具有前置和后置尺度变换的 AWN 信道的 NCS。在等价的 SNR 受限的设计问题中，一旦选定 σ_q^2，那么可以由 $\alpha^2=\sigma_q^2\sigma_{\bar{q}}^{-2n}$来得到对 $\mathscr{E}$ 和 $\mathscr{D}$ 所定义的尺度变换因子 α。

我们承认在有些情况下假设存在关于信道的反馈是不适当的。当然，如果这样一个透明的反馈信道是可用的，那么就可以用它来代替$\bar{v}$和$\bar{w}$之间的前向 AWN 信道，并且不会产生任何的通信约束。

25.6.2　有限字符集下的无噪数字信道

在有限字符集下的无噪数字信道中，只要$\bar{v}(k)$属于所谓的信道字符集这一给定的有限集时，输入$\bar{v}$和输出$\bar{w}$的关系为

$$\bar{\boldsymbol{w}}(k)=\bar{\boldsymbol{v}}(k) \tag{25.33}$$

不失一般性，我们假定可由$\{-\Delta(L-1)/2,\cdots,-\Delta,0,\Delta,\cdots,\Delta(L-1)/2\}$给出信道字符集，其中 L 为某一正奇数，Δ 为某一正实数。

为了处理有限字符集下的数字信道，$\mathscr{E}$ 必须包含一个量化器。现在我们集中讨论简单的量化器，即(L 级的)有限均匀量化器，即考虑通过下式定义的 $\mathscr{E}$

$$\mathscr{E}(\boldsymbol{v}(k))=Q_L(\boldsymbol{v}(k))\triangleq\begin{cases}V & \text{若 } \boldsymbol{v}(k)>V+\Delta/2,\\ \Delta\mathrm{round}\left(\dfrac{v(k)}{\Delta}\right) & \text{若 } |\boldsymbol{v}(k)|\leqslant V+\Delta/2, \quad V\triangleq\dfrac{\Delta(L-1)}{2}\\ -V & \text{若 } \boldsymbol{v}(k)<-V-\Delta/2,\end{cases} \tag{25.34}$$

其中 L 如前所述，Δ 是量化步长，round(·)表示朝最近的整数进行舍入(见图 25.11)。我们

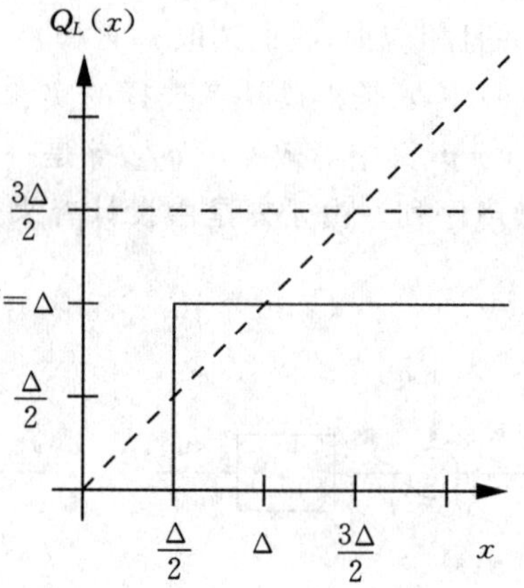

图 25.11　3 级有限均匀量化器(只展示 $x \geqslant 0$ 的部分)

还可令 $\mathscr{D}(\bar{\boldsymbol{w}}(k))=\bar{\boldsymbol{w}}(k)$,并通过下式定义量化噪声序列 $\boldsymbol{q}$。

$$\boldsymbol{q} \triangleq \boldsymbol{w}-\boldsymbol{v} \tag{25.35}$$

量化是高度非线性的运算。因此精确地表征量化噪声 $\boldsymbol{q}$ 是非常困难的。然而,文献中常用的一个有用的近似是把均匀量化噪声 $\boldsymbol{q}$ 建模为一个均匀分布于区间 $\left(-\frac{\Delta}{2},\frac{\Delta}{2}\right)$,且与量化器的输入不相关的白噪声序列[17](对于我们这种情况,假定 $\boldsymbol{q}$ 与 $[\boldsymbol{x}_0^{\mathrm{T}}\quad \boldsymbol{d}^{\mathrm{T}}]^{\mathrm{T}}$ 不相关更为合理)。

通常量化的 AWN 模型并不完全成立,但是通过设定输入 $\boldsymbol{v}$ 的充要条件却可能使加性噪声的模型变得有效(例如,文献[30])。这些结果假定除其他情况之外,要么 $L\to\infty$(即量化器是无限的),要么在每个时刻都有 $|\boldsymbol{v}(k)|\leqslant V+\Delta/2$(即无过载发生)。然而,这些结果通常在很强的限制条件下才是有用的。不过,如果与 v 的量值相比,Δ 很小,量化器也不过载,且输入 $\boldsymbol{v}$ 的样本有平滑的概率密度,那么 AWN 模型可近似成立,并且具有很高的精度[31,32]。

一个众所周知的使 AWN 模型有效的方法是在量化之前将一个辅助的随机信号 $\boldsymbol{\eta}$ 加载到有用信号上,并在接收端再去除它(见图 25.12)[31,32]。这个辅助的随机信号被称为**抖动信号**,并且假定它在发送端和接收端都是可以使用的。在这种情况下,

$$\mathscr{E}(\boldsymbol{v}(k)) = Q_L(\boldsymbol{v}(k)+\boldsymbol{\eta}(k)),D(\bar{\boldsymbol{w}}(k)) = \bar{\boldsymbol{w}}(k)-\boldsymbol{\eta}(k) \tag{25.36}$$

因而

$$\boldsymbol{w}(k) = Q_L(\boldsymbol{v}(k)+\boldsymbol{\eta}(k))-\boldsymbol{\eta}(k) \tag{25.37}$$

下面的定理将用来保证,即使对嵌入到反馈系统内的量化器,去抖也会让 AWN 模型更加精确[33]:

定理 25.5:

考虑图 25.4 中的反馈方案,其中 $\boldsymbol{w}$ 和 $\boldsymbol{v}$ 的关系如式(25.37)所示,并且假设 25.1 成立。如果完美通信(即 $\boldsymbol{w}=\boldsymbol{v}$)使反馈方案内部稳定且具有良好的适应性,$Q_L$ 不过载,并且抖动 $\boldsymbol{\eta}$ 是一个随机序列,其概率密度函数 $\boldsymbol{\eta}(k)$ 在 $(\boldsymbol{\eta}^{k-1},\boldsymbol{d},\boldsymbol{x}_0)$ 条件下满足 $f(\boldsymbol{\eta}(k)\mid\boldsymbol{\eta}^{k-1},\boldsymbol{d},\boldsymbol{x}_0)=f(\boldsymbol{\eta}(k))\sim\mathrm{Unif}(-\Delta/2,\Delta/2)$,那么量化噪声 $\boldsymbol{q}\triangleq\boldsymbol{w}-\boldsymbol{v}$ 的概率密度函数 $\boldsymbol{q}(k)$ 在条件 $(\boldsymbol{q}^{k-1},\boldsymbol{d},\boldsymbol{x}_0)$ 下,满足 $f(\boldsymbol{q}(k)\mid\boldsymbol{q}^{k-1},\boldsymbol{d},\boldsymbol{x}_0)=f(\boldsymbol{q}(k))\sim\mathrm{Unif}(-\Delta/2,\Delta/2)$。

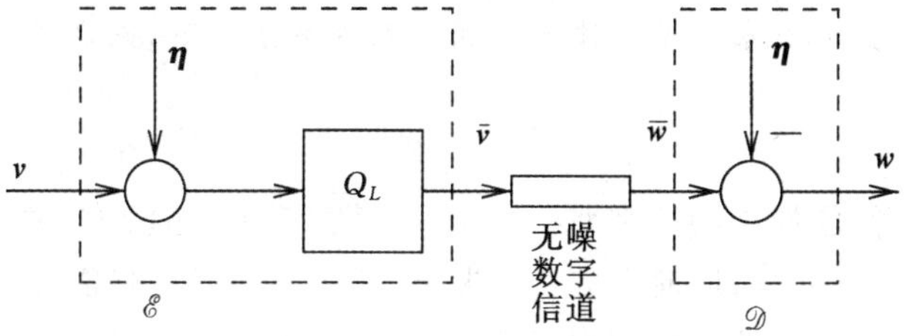

图 25.12 用于有限字符集下的数字信道传输的抖动量化器

上面的定理假设量化器没有发生过载(相当于量化器是无限的,即 $L\to\infty$)。如果量化器是有限的,并且扰动 $\boldsymbol{d}$ 和初始状态 $\boldsymbol{x}_0$ 具有有界支撑,那么可以调整动态范围 V 以避免过载。另一方面,如果我们考虑具有无界支撑的过程的情况,那么就不能保证图 25.4 中的反馈系统的稳定性[3]。然而,实际这并不那么重要,因为,正如下面讨论的那样,保证较小的过载概率是完全可能的。

考虑一个量化步长为 Δ 的 L 级的均匀量化器。假定 $\boldsymbol{v}$ 是渐进 wss 的,且需要集中讨论其稳态。现在选择量化器的动态范围 V,使得

$$V+\frac{\Delta}{2}\geqslant\alpha\sigma_x \tag{25.38}$$

其中 α 是量化器的负载因子,σ_x 是量化器的实际输入的标准差,即如果使用非抖动量化器,则 $\boldsymbol{x}=\boldsymbol{v}$;如果存在抖动,则 $\boldsymbol{x}=\boldsymbol{v}+\boldsymbol{\eta}$。通过选择一个合适的 α 值,就有可能得到任意小的过载概率。例如,如果 x 是高斯分布的,且 $\alpha=4$,那么式(25.38))意味着过载概率为 6.33×10^{-5}。这就是所谓的 4σ 规则[17]。

在无抖动的有限均匀量化器的情况下,假设量化器的加性噪声模型成立,式(25.38)便等价于

$$\gamma=\frac{\sigma_v^2}{\sigma_q^2}\leqslant\frac{3L^2}{\alpha^2}=\Gamma \tag{25.39}$$

其中 $\sigma_q^2=\Delta^2/12$ 是等效的量化噪声 $\boldsymbol{q}$ 的方差。另一方面,如果我们考虑抖动的有限均匀量化器,且定理 25.5 中的假设成立,那么量化器的加性噪声模型成立,且式(25.38)等价于

$$\gamma=\frac{\sigma_v^2}{\sigma_q^2}\leqslant\frac{3L^2}{\alpha^2}-1=\Gamma \tag{25.40}$$

(从式(25.39)和(25.40)中我们可以看出,对一个固定的量化级数 L 和固定的负载因数 α,使用抖动量化器将获得更小的 SNR。这是由于抖动量化器的动态范围,既要适应抖动,也要适应有用信号。)

从前面的分析我们可以得出结论,如果我们使用了有限量化器,想要得到较小的过载概率,并且要么假定噪声模型成立,要么使用去抖,因而就会产生 SNR 受限的 AWN 信道。在这种情况下,选择噪声方差 σ_q^2 相当于选择量化步长,同时 SNR 约束的目的在于防止过载。

上述讨论意味着当不使用抖动时,令 $\Gamma=\frac{3L^2}{\alpha^2}$,或当使用抖动量化器时,令 $\Gamma=\frac{3L^2}{\alpha^2}-1$,则 25.5 节中的所有结果都可以应用于这种情况。需要注意的是,一旦在等价的 SNR 受限的设

计问题中选定了 σ_q^2,那么可以通过 $\Delta=\sqrt{12\sigma_q^2}$ 来计算得出量化步长。

对于无噪数字信道,输出永远等于输入。因此在这种情况下,假定关于信道的反馈是可以使用的是自然而然的。

备注 25.2

这里需要提醒读者,已提出的控制架构无法保证图 25.4 中的 NCS 的均方稳定性,除非 $\boldsymbol{x}_0$ 和 $\boldsymbol{d}$ 都具有有限支撑[3]。而且,即使在那种情况下,保证不过载可能需要一个非常大的负载因子 α,从而对给定的量化级数,系统的性能会降低。根据我们的经验,4σ 规则在实践中效果很好,但是要警告读者的是,如果量化器发生过载,4σ 规则将不能提供任何严格的保证。

25.6.3 平均数据速率受限的无噪数字信道

在一个平均数据速率受限的无噪数字信道中,有

$$\bar{\boldsymbol{w}}(k)=\bar{\boldsymbol{v}}(k) \tag{25.41}$$

成立,只要 $\bar{\boldsymbol{v}}(k)$ 是一个二进制符号,并且这些二进制符号的平均的期望长度(每个样本的位数)$\mathscr{R}$ 的上界为 $\hat{\mathscr{R}}$,即

$$\mathscr{R}\triangleq\lim_{k\to\infty}\frac{1}{k}\sum_{i=0}^{k-1}R(i)\leqslant\hat{\mathscr{R}} \tag{25.42}$$

其中 $R(i)$ 是信道输入 $\bar{v}(i)$ 的期望长度(位数)。

对这些信道,我们提出使用熵编码抖动量化器(ECDQ)[34]来作为图 25.4 中的 $\mathscr{E}$-$\mathscr{D}$ 对。ECDQ 的结构如图 25.13 所示,其中 Q_∞ 是一个量化步长为 Δ 的无限均匀量化器,抖动 $\boldsymbol{\eta}$ 如前所述。新的模块,即 EC 和 ED,组成一个无损的编码-解码对(也被称为熵编解码器对[20,第5章])。在每个时刻,EC 通过④式(25.43))

$$\bar{v}(k)=H_k(\boldsymbol{s}(k),\boldsymbol{\eta}(k)) \tag{25.43}$$

且利用量化器的输出 $\boldsymbol{s}$ 来构建二进制字 $\bar{\boldsymbol{v}}(k)$,其中 $\mathscr{H}_k$ 是一个从量化器的可数输出字符集到一个前缀自由的二进制字集合的确定性时变映射[20]。于是 EC 的输出可以无损传输,并且在接收端 ED 可通过

$$\boldsymbol{s}(k)=\mathscr{H}_k^{-1}(\bar{\boldsymbol{w}}(k),\boldsymbol{\eta}(k)),\bar{\boldsymbol{w}}(k)=\bar{\boldsymbol{v}}(k) \tag{25.44}$$

来恢复 $\boldsymbol{s}$。最终 $\boldsymbol{s}$ 去抖后将构成 $\boldsymbol{w}$。在式(25.44)中,$\mathscr{H}_k^{-1}$ 是一个在所有时刻都满足 $\mathscr{H}_k^{-1}(\mathscr{H}_k(\boldsymbol{s}(k),\boldsymbol{\eta}(k)))=\boldsymbol{s}(k)$ 的时变映射。后一种情况意味着,这里所考虑的 EC-ED 对是实时工作且无延迟的。

映射 $\mathscr{H}_k$ 和 $\mathscr{H}_k^{-1}$ 取决于给定 $\boldsymbol{\eta}(k)$ 条件下的 $\boldsymbol{s}(k)$ 的条件分布。由于 EC-ED 对是无损的,定理 25.5 保证在中等的假设下,$\boldsymbol{q}\triangleq\boldsymbol{w}-\boldsymbol{v}$ 是一个均匀分布于区间 $\left(-\frac{\Delta}{2},\frac{\Delta}{2}\right)$,且独立于 $[\boldsymbol{x}_0^{\mathrm{T}}\ \ \boldsymbol{d}^{\mathrm{T}}]^{\mathrm{T}}$ 的 i.i.d.序列。这对任何无损 EC-ED 对都是有效的。此外,这也意味着我们可独立于 EC 和 ED 的选择来计算给定的 $\boldsymbol{\eta}(k)$ 条件下 $\boldsymbol{s}(k)$ 的分布,因此,可以在实际中设计出这些装置(即使在闭合回路中,见文献[33,34])。

---

④ 这里,我们集中讨论无记忆的 EC-ED 对,即 EC 只使用实际信号和抖动的样本。在文献[8]中可以找到更一般的处理方法。

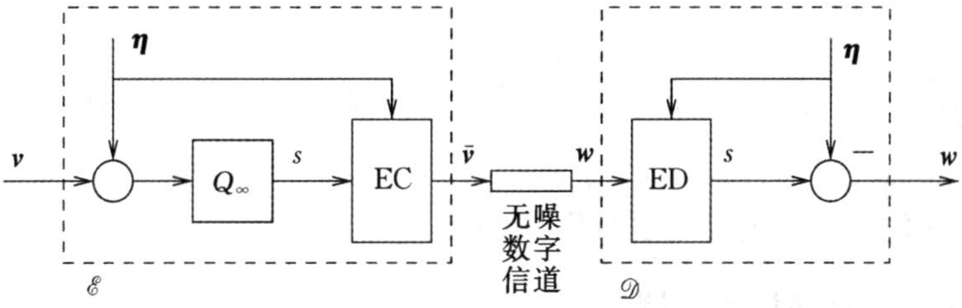

图 25.13 用于无噪数字信道的数据传输的熵编码抖动量化器

ECDQ 的关键特性说明如下：

定理 25.6：

考虑图 25.4 中的反馈方案，其中 w 和 v 的关系可由上述的 ECDQ 描述(见图 25.13)。如果完美通信使反馈方案内部稳定且适定性良好，假设 25.1 成立，且抖动的选择同定理 25.5，那么存在一个 EC-ED 对，使得平均数据速率 $\mathcal{R}$ 满足

$$\mathcal{R} < \frac{1}{2}\ln(1+\gamma) + \frac{1}{2}\log_2\left(\frac{2\pi e}{12}\right) + 1, \gamma \triangleq \frac{\sigma_v^2}{\Delta^2/12} \tag{25.45}$$

其中 σ_v^2 是 ECDQ 输入 $\boldsymbol{v}$ 的平稳方差。

备注 25.3

在式(25.45)中出现最后两项是由于这样的事实，即 ECDQ 产生的量化噪声是均匀分布而不是高斯分布的，还因为实际的 EC-ED 对不是理想高效的[20](见文献[8]中的细节)。

由定理 25.5 和 25.6 可得，当使用 ECDQ 来处理无噪数字信道时，图 25.4 中的 $\boldsymbol{v}$ 和 $\boldsymbol{w}$ 之间的链接表现类似于一个 SNR 受限的 AWN 信道，其中

$$\gamma = \frac{\sigma_v^2}{\sigma_q^2} \leqslant 2^{2\left(\hat{\mathcal{R}} - \frac{1}{2}\log_2\left(\frac{2\pi e}{12}\right) - 1\right)} - 1 = \Gamma, \sigma_q^2 = \frac{\Delta^2}{12} \tag{25.46}$$

如同前面的情况一样，对等效噪声的方差的选择就相当于对量化步长 Δ 的选择。另一方面，式(25.46)中 γ 的上界保证了信道上的平均数据速率满足式(25.42)中的约束。

备注 25.4

式(25.45)中的不等式通常是不严格的。因此，尽管选择如上的 Γ 可以保证 $\mathcal{R} < \hat{\mathcal{R}}$，但也可能产生相对保守的结果。

与有限字符集下的数字信道的情况相反，使用 ECDQ 使得图 25.4 中 $\boldsymbol{v}$ 和 $\boldsymbol{w}$ 之间的链接变为一个真正的 SNR 受限的 AWN 信道。因此，25.5 节中的所有结果都严格适用于本节所考虑的信道。值得注意的是，鉴于与前述有限字符集下的数字信道相同的原因，在此情况下假定可以使用关于信道的反馈就是自然而然的。

作为我们结果的例证，这里将采用有反馈的架构来考虑均方稳定性的问题。由定理 25.1 和 25.6 我们可以得出结论，当图 25.4 中的 NCS 在平均数据速率满足

$$\mathcal{R} < \sum_{i=1}^{n_p}\log_2|p_i| + \frac{1}{2}\log_2\left(\frac{2\pi e}{12}\right) + 1 \tag{25.47}$$

时，NCS 是有可能实现 MSS 的。这里提出的简单架构能够镇定这样的给定对象，即该对象的

平均数据速率与文献[24]中确定出的绝对最小稳定的平均数据速率，即 $\sum_{i=1}^{n_p}\log_2|p_i|$ 的差值不超过$\frac{1}{2}\log_2\left(\frac{2\pi e}{12}\right)+1(\approx 1.254)$位/样本。按照我们的观点，这里所建议的 SNR 公式表示的简单性已经补偿了此速率损失。如文献[8,33]中介绍的那样，这些研究结果是处理更复杂的平均数据速率受限的控制系统设计框架的一部分。

25.6.4 Bernoulli 删除信道

在 Bernoulli 删除信道中，输入$\bar{v}$和输出$\bar{w}$的关系可表示为

$$\bar{w}(k)=\boldsymbol{\theta}(k)\,\bar{v}(k) \tag{25.48}$$

其中 $\boldsymbol{\theta}$ 是一个独立于$[x_0^{\mathrm{T}}\quad d^{\mathrm{T}}]^{\mathrm{T}}$ 的 i.i.d. 二进制随机变量序列，且有 $P\{\boldsymbol{\theta}(k)=1\}=p<1$。

对 Bernoulli 删除信道，我们令$\bar{v}=\boldsymbol{v}$，$\bar{w}=\boldsymbol{w}$，并将重画图 25.4，如图 25.14(a)所示，其中 H 是取决于G、N 和M 的 LT 系统。这里还考虑了一种附加(额外)的情况，即利用一个增益等于成功传输概率 p 的标量加性白噪声信道来代替图 25.14(a)中的删除信道(见图 25.14(b))的情况。如果 T_{dv_p}(T_{qv_p})代表图 25.14(b)中的反馈系统中从 $\boldsymbol{d}$($\boldsymbol{q}$)到附加信号 $\boldsymbol{v}_p$ 的闭环传递函数，那么我们有以下结果[33]：

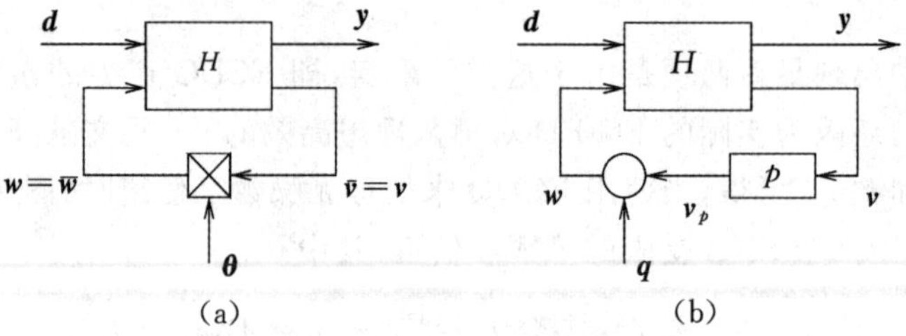

图 25.14 (a)在数据丢失概率为 $1-p$ 的删除信道上，具有反馈的 LTI 系统 N，以及 (b)在增益为 p 的加性噪声信道上，具有反馈的 LTI 系统 N

定理 25.7：

考虑图 25.4 中的 NCS，假设 25.1 成立，并假定其信道如式(25.48)所描述，且 $\boldsymbol{\theta}$ 定义如前所述。假设 $\boldsymbol{q}$ 是一个与$[x_0^{\mathrm{T}}\quad d^{\mathrm{T}}]^{\mathrm{T}}$ 不相关的零均值白噪声序列。那么，当且仅当图 25.14(b)中的 LTI 回路是内部稳定且

$$\sigma_q^2=\frac{\|T_{dv_p}\Omega_d\|_2^2}{\frac{p}{1-p}-\|T_{qv_p}\|_2^2} \tag{25.49}$$

是非负有限的时候，图 25.4 中的 NCS 才是 MSS 的。而且，如果图 25.4 中的 NCS 是 MSS 的，那么在图 25.14(a)里被切换的系统中的信号的平稳谱密度等于图 25.14(b)中 LTI 系统里对应信号的平稳谱密度。

我们从定理 25.7 可以推出，所考虑的 NCS(等效的，图 25.14(a)中的切换系统)的平稳二阶特性以及 MSS 相关的特性可以通过图 25.14(b)中更简单的 LTI 系统来进行研究，其中不

可靠的信道可以使用一个增益为 p，输入为 $\mathbf{v}_p$、输出为 $\mathbf{w}$ 且服从如下的平稳 SNR 等式约束的 AWN 信道来进行替换，

$$\gamma_p \triangleq \frac{\sigma_{v_p}^2}{\sigma_q^2} = \frac{p}{1-p} \triangleq \Gamma_p \tag{25.50}$$

（在等式(25.50)中我们使用了式(25.49)以及从图 25.14(b)得到的平稳方差 v_p 的表达式。）

与目前研究过的信道相比，在现在的实例中，我们实现了在等效信道的 SNR 上的等式约束（且没有上界）。这是一个不争的事实，因为如 25.5 节所提到的，在大多数服从不等式 SNR 约束的优化问题中，SNR 约束在最优点处是有效的。因此，25.5 节中的所有结果可以适用于这种情况，但由于存在增益 p，需要作出显著改变。这意味着图 25.8 中的 P 的定义要做一些简单的修改，并且完美重构的编码方案的架构也要进行细微的改变。图 25.15 给出了一种可能的情况。

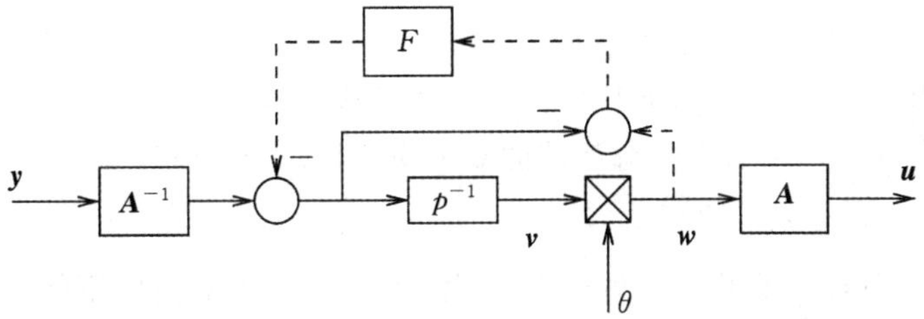

图 25.15　由于在 Bernoulli 删除信道中存在闭合 NCS 的等效增益 p，这是对完美重构的编码方案进行修改后的情况

与之前研究的 AWN 信道的情况相同，对于 Bernoulli 删除信道，通信约束和 SNR 约束是严格等价的。换句话说，SNR 约束相当于另一种看待原始通信约束的方法，而不是像无噪数字信道的情况那样，SNR 约束是 $\mathscr{E}$ 和 $\mathscr{D}$ 模块的某些特定的选择的结果（然而，在当前的情况下，可变的 σ_q^2 没有明确的物理意义，同时 $\gamma_p < \Gamma_p$ 也是没有意义的）。

在当前情况下，存在关于信道的反馈等同于基础通信协议中存在数据包确认（TCP 协议[4]）。如果没有可用的数据包确认（UDP 协议），那么信道具有反馈的假设就是无效的。

现在通过说明我们的方法如何能够重新得到已有的结果，来对本节进行总结。这里假定采用具有反馈的架构。通过定理 25.1 和 25.7（和一些进一步的操作），我们可以推出，当且仅当成功的传输概率 p 满足

$$p > 1 - \frac{1}{\prod_{i=1}^{n_p} |p_i|^2} \tag{25.51}$$

时，保证图 25.4 中 NCS 的 MSS 才是有可能的。式(25.51))中 p 的边界与文献[4]中给出的边界相同。然而，当采用 LTI 架构时，我们的结果成立，而文献[4]中的结果是考虑时变时的控制方案。因此我们可以看到，对于任意 Bernoulli 删除信道以及一个 TCP 通信协议，在文献[4]中的时变方案下实现的 MSS 的 SISO 对象模型类，与我们提出的方案下实现的 MSS 的对象类是相同的。关于这个结果以及不可以使用数据包确认的情况下相应结果的深入讨论，读

者可参看文献[33]。

25.7 SNR 方法在 WCDMA 功率控制中的应用

我们现在再转回到作为 25.2 节动机的 WCDMA 功率控制的问题。图 25.2 中的控制回路仅包含一个设计自由度,即 K 的选择。然而,如同 25.3 节到 25.6 节所提出的结果所意味的那样,在具有通信约束时,只能通过使用额外的自由度来达到系统的最优性能。在此我们将说明这的确是 WCDMA 功率控制回路所面临的情形。

这里考虑四种控制架构:

- **控制律 1**:这种架构相当于无反馈的单模块架构(如果 $\boldsymbol{N}=[-1\ \ 0]$且量化器的参数固定为 $V=1$ 和 $\Delta=1$,那么这种架构可简化为实践中所采用的典型的控制方案[16])。
- **控制律 2**:这种架构相当于无反馈的双模块架构。对于这种架构的设计,我们将对 25.5.4 节中所描述的第一种算法进行两次迭代。
- **控制律 3**:这里,我们将使用具有反馈的单模块架构。
- **控制律 4**:这种控制律相当于具有反馈的双模块架构。与控制律 2 相同,我们将对 25.5.4 节中所简述的第一种算法进行两次迭代。

注意,由于存在现有实现所产生的遗留约束,所以在实践中我们不能使用某些架构。然而,如果能不去管这些遗留问题而重新设计系统,如果这样做真会带来好处的话,那么我们将很乐意看看带来的好处可能会是什么。

令回路延迟 $\beta=2$,即假定⑤

$$G=\frac{1}{z(z-1)} \tag{25.52}$$

并注意,对象 G 是临界稳定的,这意味着 $\gamma_{\infty}=\gamma_{\infty,nf}=0$。假定扰动 $\boldsymbol{d}\triangleq\boldsymbol{g}-\boldsymbol{I}$ 的模型为 $\boldsymbol{d}=H_0\boldsymbol{n}$,其中

$$H_0=\frac{z}{z-0.96} \tag{25.53}$$

且 $\boldsymbol{n}$ 是方差为 σ_n^2 的零均值白噪声序列。不失一般性,可以把 SIR 参考值 r 设为零。

我们从图 25.5 中的线性 NCS 开始考虑,研究在假定 $\sigma_n^2=1$ 的条件下,对于不同的最大可用的 SNR Γ 值,采用以上控制律所能达到的性能。这些结果如图 25.16 所示。

对于每种架构,可以达到的性能随着 $\Gamma\to\gamma_{\infty}=0$ 变得越来越坏,且当 $\Gamma\to\infty$时恢复为非网络化的最佳的性能(见水平点划线),这种表现与预期的结果相同。有趣的是,使用控制律 2 和 3 只对 SNR 较小的值(如 $\Gamma<20$),才能产生比较明显的性能收益。不出所料,我们还可以看到与对应的单模块架构相比,无反馈的双模块架构具有更好的性能。然而,与(更容易设计和实现的)具有反馈的单模块架构相比,具有反馈的双模块架构并没有带来任何好处。我们注意到,在第一个设计阶段已经选择最优的 N(考虑 $M=1$),那么在第二个设计阶段对于任何考虑

---

⑤ 为了实现设计目标,我们将 G 的不稳定极点的位置从 $z=1$ 修改为 $z=1.0001$,以避免当解决与设计相关的二次优化问题时存在的收敛问题。

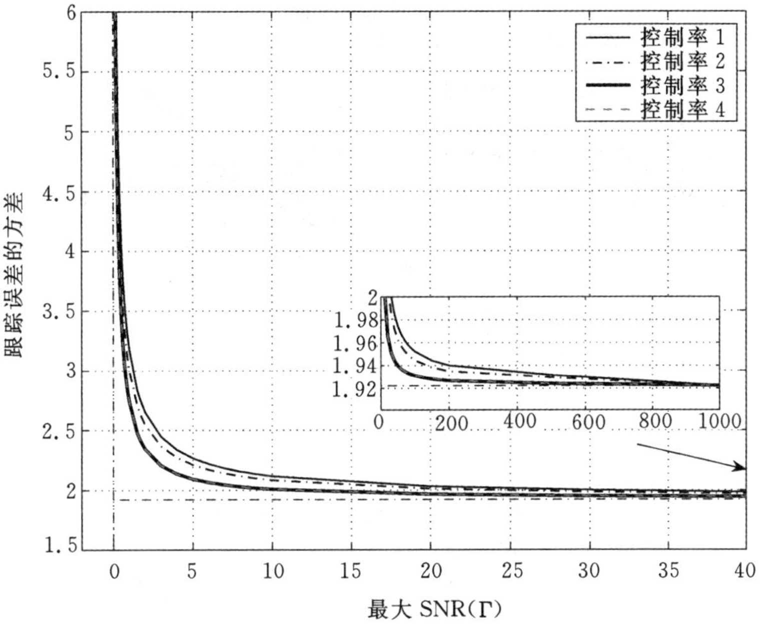

图 25.16 已获得的跟踪误差的方差为最大的 SNR Γ 值的函数曲线

过的 Γ 值，所得到的最优的 M 模块几乎都相当于单位模块⑥。

现在我们考虑一个与实际 WCDMA 设置非常相近的情况，其中 BS 和 MS 之间的信道为具有 3 个符号的字符集的数字信道⑦。因此我们考虑(抖动和非抖动的)$L=3$ 级的量化器。为了实现设计目标，对于抖动量化器的情况，我们采用负载因数 $\alpha_{dither}=\sqrt{10}$的 SNR 受限的加性噪声模型；对于非抖动量化器的情况，采用负载因数 $\alpha_{no-dither}=4$ 的 SNR 受限的加性噪声模型。选择这些参数可使这两种情况下的 SNR 相等，从而确保两者比较的公平性。

现在考虑以下四种架构。第一种架构相当于在实践中的标准选择，即 $\boldsymbol{N}=[-1\ \ 0]$，$M=1$，且具有固定参数 $\Delta=1$ 和 $V=1$ 的非抖动量化器[16]。(N 和 M 的选择相当于在图 25.2 中选择 $K=1$。)剩下的三种架构相当于控制律 1～3。由于控制律 4 提供的性能水平与具有反馈的单模块架构所能达到的性能水平相同(回忆图 25.16 中的结果)，我们将不考虑控制律 4 具有反馈的单模块架构。

图 25.17 和 25.18 表示了使用抖动与非抖动量化器时，对于以上四种架构，测量到的跟踪误差的方差为扰动方差 σ_n^2 的函数(曲线)。仿真结果对应于 20 个以上的实现的均值，每个样本长度为 10^5，并且在控制律 1～3 的情况下，采用了一个真实有限且参数 $\Delta=\sqrt{12\sigma_{q,opt}^2}$ 及 $V=\Delta(L-1)/2$(这里，$\sigma_{q,opt}^2$ 是最优量化噪声方差)的 3 级量化器。

在采用抖动量化器的情况，对所有的 σ_n^2，所提架构都胜过标准架构。除了当 σ_n^2 较小时，所有所提架构的表现都类似，在所有其他的情况下，具有反馈的单模块架构都能提供更好的性

---

⑥ 这个结果与文献[35]中提出的自由度为 3 的架构的结果相一致(自由度为 3 的架构是具有反馈的双模块架构的重写)。

⑦ 然而我们注意到，实际上只允许有两个符号。

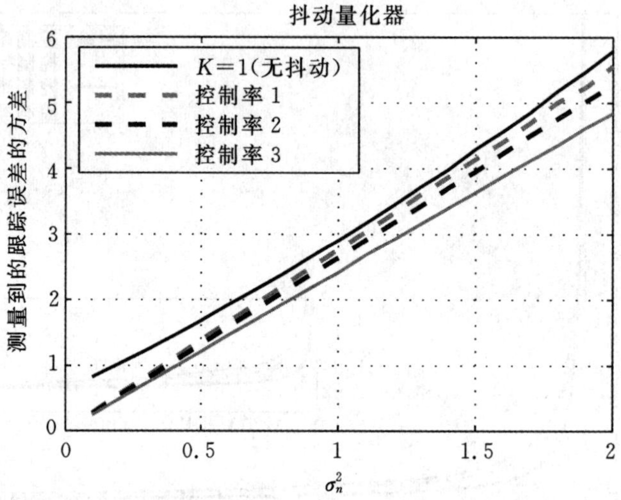

图 25.17 使用抖动量化器时,测量到的跟踪误差的方差为扰动方差的函数曲线

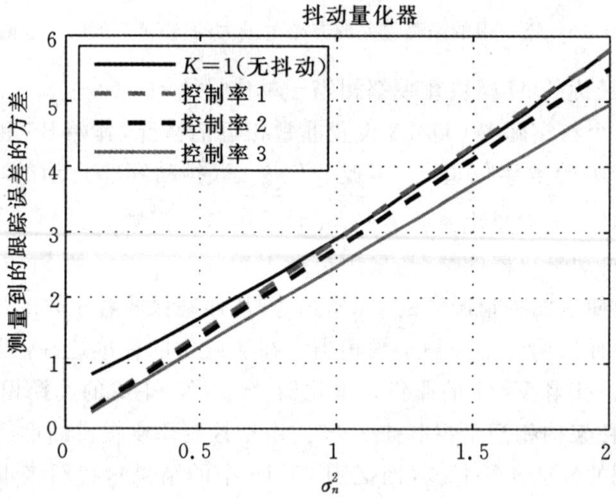

图 25.18 使用非抖动量化器时,测量到的跟踪误差的方差为扰动方差的函数曲线

能。值得注意的是,对抖动量化器,仿真结果与分析计算所作的预测之间几乎没有差别。然而,在采用非抖动量化器的情况下,由于加性噪声模型不再(严格)有效,情况会有所不同。从图 25.18 看出,与抖动量化器的情况相比,控制律 1 和 2 的性能要更差一些,而同时控制律 3 所达到的性能则没有显著变化。在我们看来,由于控制律 3 具有关于信道的反馈可对非线性的影响进行补偿,因此与其他情况相比,在这种情况下该噪声模型要更为合适。忽略以上情况,可以看出对于所有 σ_n^2,控制律 2 和 3 都胜过标准的控制律。另外,在 $\sigma_n^2 \leqslant 1$ 时,控制律 1 也胜过标准的控制律。

25.8 结论

本章回顾了 NCS 设计的 SNR 方法。这种方法相对简单，并且仅仅通过标准线性时不变的系统理论就可以进行理解。这种方法重新利用了很多目前网络化控制文献中有用的结果，这种方法也可应用于许多具有实际意义的问题，包括涵盖以下方面的控制问题：

- AWN 信道
- 有限字符集下的无噪数字信道
- 平均数据速率受限的无噪数字信道
- Bernoulli 删除信道

致谢

第一作者 Eduardo I. Silva 对 CONICYT 给予 FONDECYT3100024 的支持表示感谢。

参考文献

1. G. C. Goodwin, S. Graebe, and M. E. Salgado. *Control System Design*. Prentice-Hall, Englewood Cliffs, New Jersey, 2001.

2. D. Hristu-Varsakelis and W. Levine (Eds.). *Handbook of Networked and Embedded Systems* Birkhauser, Boston, Massachusets, 2005.

3. G. Nair, F. Fagnani, S. Zampieri, and R. Evans. Feedback control under data rate constraints: An overview. *Proceedings of the IEEE*, 95(1): 108 - 137, 2007.

4. L. Schenato, B. Sinopoli, M. Franceschetti, K. Poolla, and S. Sastry. Foundations of control and estimation over lossy networks. *Proceedings of the IEEE*, 95 (1): 163 - 187, 2007.

5. J. P. Hespanha, P. Naghshtabrizi, and Y. Xu. A survey of recent results in networked control systems. *Proceedings of the IEEE*, 95(1): 138 - 162, 2007.

6. Y. Tipsuwan and M. Y. Chow. Control methodologies in networked control. *Control Engineering Practice*, 11: 1099 - 1111, 2003.

7. P. Antsaklis and J. Baillieul. Special issue on technology of networked control systems. *Proceedings of the IEEE*, 95(1): 5 - 8, 2007.

8. E. I. Silva, M. S. Derpich, and J. Ostergaard. A framework for control system design subject to average data-rate constraints. Submitted to *IEEE Transactions on Automatic Control*, 2010.

9. E. I. Silva, M. S. Derpich, J. Ostergaard, and D. E. Quevedo. Simple coding for achieving mean square stability over bit-rate limited channels. In *Proceedings of the 46th IEEE Conference on Decision and Control*, Cancun, Mexico, 2008.

10. E. I. Silva, G. C. Goodwin, and D. E. Quevedo. On the design of control systems over unreliable channels. In *Proceedings of the European Control Conference*, Budapest, Hungary, 2009.

11. J. H. Braslavsky, R. H. Middleton, and J. S. Freudenberg. Feedback stabilization over signal-to-noise ratio constrained channels. *IEEE Transactions on Automatic Control*, 52(8): 1391 - 1403, 2007.

12. E. I. Silva, G. C. Goodwin, and D. E. Quevedo. Control system design subject to SNR constraints. *Automatica*, 46(2): 428 - 436, 2010.

13. H. Holma and A. Toskala. *WCDMA for UMTS: HSPA Evolution and LTE*, 4th ed. Wiley, New York, 2007.

14. A. J. Viterbi. CDMA: *Principles of Spread Spectrum Communication*. Addison-Wesley, Reading, MA, 1995.

15. 3GPP TS 25.2111. *Physical Channels and Mapping of Transport Channels onto Physical Channels (FDD)*, Release 1999.

16. F. Gunnarsson. Power control in wireless networks: Characteristics and fundamentals. In M. Guizani, editor, *Wireless Communications Systems and Networks*, Chapter 7, pp. 179 - 208. Kluwer Academic Publishers, Dordrechet 2004.

17. N. Jayant and P. Noll. *Digital Coding of Waveforms. Principles and Approaches to Speech and Video*, Prentice-Hall, Englewood Cliffs, NJ, 1984.

18. M. S. Derpich, E. I. Silva, D. E. Quevedo, and G. C. Goodwin. On optimal perfect reconstruction feedback quantizers. *IEEE Transactions on Signal Processing*, 56(8): 3871 - 3890, 2008.

19. G. C. Goodwin, D. E. Quevedo, and E. I. Silva. Architectures and coder design for networked control systems. *Automatica*, 44(1): 248 - 257, 2008.

20. T. M. Cover and J. A. Thomas. *Elements of Information Theory*, 2nd ed. John Wiley & Sons, Inc., New York, 2006.

21. A. Goldsmith. *Wireless Communications*. Cambridge University Press, New York, NY, 2005.

22. M. Fu and L. Xie. The sector bound approach to quantized feedback control. *IEEE Trans. Autom. Control*, 50(11): 1698 - 1711, 2005.

23. D. Nesic and D. Liberzon. A unified framework for design and analysis of networked and quantized control systems. *IEEE Transactions on Automatic Control*, 54(4): 732 - 747, 2009.

24. G. Nair and R. Evans. Stabilizability of stochastic linear systems with finite feedback data rates. *SIAM Journal on Control and Optimization*, 43(2): 413 - 436, 2004.

25. S. Tatikonda, A. Sahai, and S. Mitter. Stochastic linear control over a communication channel. IEEE Transactions on Automatic Control, 49(9): 1549 - 1561, 2004.

26. K. Zhou, J. C. Doyle, and K. Glover. *Robust and Optimal Control*. Prentice-Hall,

Inc. ,Englewood Cliffs,New Jersey,1996.

27. K. J. Astrom. *Introduction to Stochastic Control Theory*. Academic Press, New York,1970.

28. S. Boyd,L. El Ghaoui,E. Feron,and V. Balakrishnan. *Linear Matrix Inequalities in System and Control Theory*. SIAM,Philadelphia,Pennsylvania,1994.

29. M. Rotkowitz and S. Lall. A characterization of convex problems in decentralized control. *IEEE Transactionson Automatic Control*,51(2):274 – 286,2006.

30. B. Widrow and I. Kollar. *Quantization Noise:Roundoff Error in Digital Computation, Signal Processing, Control, and Communications*. Cambridge University Press, New York,NY,2008.

31. W. R. Bennet. Spectra of quantized signals. *Bell Syst. Tech. J.*, 27(4): 446 – 472,1948.

32. R. M. Gray and D. L. Neuhoff. Quantization. *IEEE Transactions on Information Theory*,44(6),1998.

33. E. I. Silva. *A Unified Framework for the Analysis and Design of Networked Control Systems*. PhD thesis,School of Electrical Eng. and Comp. Sci. ,The University of Newcastle,Australia,2009.

34. R. Zamir and M. Feder. On universal quantization by randomized uniform/lattice quantizers. *IEEETransactions on Information Theory*,38(2):428 – 436,1992.

35. J. C. Aguero,G. C. Goodwin,K. Lau,M. Wang,E. I. Silva,and T. Wigren. Threedegree of freedom adaptive power control forCDMAcellular systems. In *IEEE Global Communications Conference (Globecom)*,Honolulu,HI,2009.

26

通信网络的优化与控制

Srinivas Shakkottai
德克萨斯 A&M 大学
Atilla Eryilmaz
俄亥俄州立大学

26.1 引言

互联网可能是人们建造出的最大的分布式控制系统。它由成千上万的节点组成，每个节点又与其他节点的子集进行相互作用。这些节点以一种公平且可有效利用资源的方式共享带宽，来发送和接收数据包。这个系统是如此稳健，以至于其正常运行被视为理所当然，而服务中断则会上新闻头条。在本章我们将提出一个在通信网络中结合分布式控制与公平资源分配思想的分析框架。

互联网的基本指导原则是在端对端的基础上作出控制决策。换句话说，不应该有集中化的进行资源分配决策的实体存在。图 26.1 给出了互联网的简单示意图。Web 服务器和终端用户之间的**流**包含发自 Web 服务器的数据包和发自终端用户的确认信息。数据包穿过一条由若干个路由器所组成的**路径**，这些路由器将决定向哪个方向转发数据包。网络本身的所有权将在几个互联网服务的供应商(Internet service providers，ISP)之间进行分配。

图 26.1 中，Web 服务器必须基于数据包所穿过的路径的状态来决定数据包的发送速率——如果有几个竞争的流，网络服务器必须觉察到它们，并进行退避以免独占带宽。路由器的信号将帮助服务器来作出这些决策，这些信号可以以丢包的形式(如果路由器队列溢出)出现或者以某种方式进行了标记的形式出现。这些信号被传送到终端用户，终端用户再利用确认数据包将它们传回到服务器。这些确认包可以是预先商定好的丢失响应或标记过的数据包。注意，并不是每个路由器都直接与源或目的端进行通信，路由器不过仅仅是根据需要储存并转发数据包。

本章将论述互联网流的控制系统的分析与设计。我们的目标是设计服务器端的源规则，以便能够以一种实现资源公平分配的方式来对网络反馈进行响应。我们讨论的重点将集中于系统的确定性分析，并于章节末简要讨论系统随机性方面的问题。有关互联网控制系统更全面的研究，推荐读者查阅文献[1,2]。

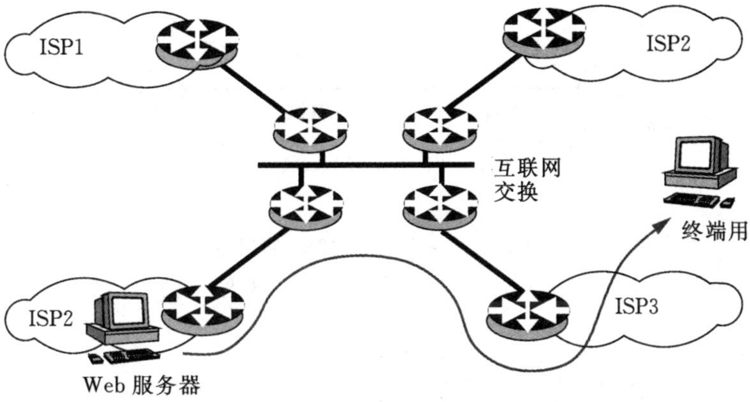

图 26.1 互联网流的示意图。控制是端对端的，路由器仅仅储存并转发数据包

26.2 网络效用最大化

首先我们在 Kelly 等人开创性工作[3~6]的基础上，为网络资源分配问题来开发效用最大化的框架。正如我们在 26.1 节所看到的那样，可以把互联网理解为由流量源集合 $\mathscr{S}$ 和链路集合 $\mathscr{L}$ 而构成。每个链路 $l\in\mathscr{L}$ 具有有限的容量 c_l。每个源想要向网络中的某一目的发送流量，它需要使用一个固定路径 $r\in\mathscr{L}$ 来到达它的目的。源在路径 r 上以速率 x_r 传输数据所获得的效用记为 $U_r(x_r)$。我们假设效用函数是连续可微、不减且严格凹的。这里凹性假设是由这样的观点得出，即用户感觉接收到(来自路径上的所有链路)每单位容量的回复是减少的。例如，用户对从 1 kbps 到 100 kbps 的速率增长比对从 1 Mbps 到 1.1 Mbps 的速率增长有更强烈的感觉，尽管在这两种情况下速率的增量是一样的。网络必须以某种方式在链路上分配容量，从而使所有用户的效用和达到最大化。换句话说，网络面临的问题是以下的优化问题：

$$\max_{X_r}\sum_{r\in S}U_r(x_r) \tag{26.1}$$

其约束为

$$\sum_{r:l\in r}x_r\leqslant c_l \qquad \forall\, l\in\mathscr{L} \tag{26.2}$$

$$x_r\geqslant 0 \qquad \forall\, r\in S \tag{26.3}$$

以上约束表明链路容量是有限的，且每个用户接收的传输速率必须为非负。这些约束构成一个凸集，又由于效用函数是严格凹的，所以这个问题有唯一解。

例 1

以上思想可以通过文献[2]中出现的下面这个例子来进行说明。考虑如图 26.2 所示的双链路网络。

此网络包含两个链路 A 和 B 以及三个源，路径如图所示。令链路 A 的容量 $C_A=2$，链路 B 的容量 $C_B=1$。效用最大化函数为

$$\log x_0+\log x_1+\log x_2$$

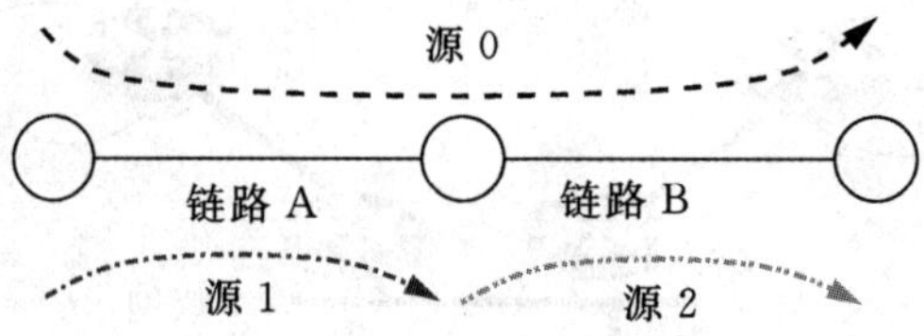

图 26.2 一个简单的双链路网络

服从约束

$$x_0 + x_1 \leqslant 2$$
$$x_0 + x_2 \leqslant 1$$

且 x_0,x_1 和 x_2 都为非负。由于随着 $x \to 0$,$\log x \to -\infty$,最优解将于非负的速率处取得。因此我们可以丢弃非负的约束。Lagrange 对偶函数由下式给出

$$L(x,\lambda) = \log x_0 + \log x_1 + \log x_2 - \lambda_A(x_0 + x_1) - \lambda_B(x_0 + x_2)$$

其中 x 是分配给源的传输速率的向量,λ 是 Lagrange 乘子向量。然后对每个 r,令 $\frac{\partial L}{\partial x_r}=0$,可得

$$x_0 = \frac{1}{\lambda_A + \lambda_B}, \quad x_1 = \frac{1}{\lambda_A}, \quad x_2 = \frac{1}{\lambda_B}\cdots$$

利用 $x_0+x_1=2$ 和 $x_0+x_2=1$,可得

$$\lambda_A = \frac{\sqrt{3}}{\sqrt{3}+1}, \quad \lambda_B = \sqrt{3}$$

因此,解为

$$\hat{x}_0 = \frac{\sqrt{3}+1}{3+2\sqrt{3}}, \quad \hat{x}_1 = \frac{\sqrt{3}+1}{\sqrt{3}}, \quad \hat{x}_2 = \frac{1}{\sqrt{3}}$$

26.3 公平

上一节所采用的效用最大化的方法,目的在于确保所有用户的"满意度"总和最大化。我们将在本节说明,它也可以被视为确保某个在用户中预先定义好的公平的条件。换句话说,网络可以假设出用户的某一效用函数,并求解 26.2 节中的优化问题。我们将看到每个关于效用函数的假设都将导致用户间不同类型的公平的资源分配。对某些 $\alpha_r>0$,考虑(严格凹的,递增的)效用函数的形式为

$$U_r(x_r) = \frac{x_r^{1-\alpha}}{1-\alpha} \tag{26.4}$$

使用上面这个效用函数来进行资源分配被称为是 α 的**公平**,它是由 Mo 和 Walrand 提出的[7,8]。不同的 α 值会产生不同类型的公平。

首先考虑 $\alpha=2$。这意味着 $U_r(x_r)=-1/x_r$。这里,用户效用和最大化就等价于最小化

$\sum_r 1/x_r$。我们可以把 $1/x_r$ 看作为传输大小为 1 的文件的时延。换句话说，我们的目的是最小化所有用户文件传输的总延迟，并把这种公平度量称为**最小潜在时延**公平。

现在考虑当 $\alpha \to 1 \cdot \alpha = 1$ 时的情况。最大化 $x_r^{1-\alpha}/(1-\alpha)$ 的总和与最大化

$$\frac{x_r^{1-\alpha} - 1}{1-\alpha}$$

的总和将产生相同的最优解。由 L'Hospital 法则，我们得到

$$\lim_{\alpha \to 1} \frac{x_r^{1-\alpha} - 1}{1-\alpha} = \log x_r$$

换句话说，在此情况下 $U_r(x_r) = w_r \log x_r$。由于这个对数方程是连续且凹的，我们可以看到求解网络效用最大化问题的最优分配 $\{\hat{x}_r\}$ 应满足

$$\sum_r \frac{x_r - \hat{x}_r}{\hat{x}_r} \leqslant 0$$

其中 $\{x_r\}$ 是任意的其他可行分配。换句话说，如果我们对某个用户增加速率分配，那么此用户的速率增加的比例将会大于某个其他用户速率减少的比例所带来的补偿。这样的分配被称为**比例公平**。如果选择某一效用使得 $U_r(x_r) = w_r \log x_r$，其中 w_r 是某一权重，那么作为结果的分配被称为**加权比例公平**。

最后，考虑当 $\alpha \to \infty$ 时的情况。令 $\hat{x}_r(\alpha)$ 表示 α 公平的分配。那么，由凹性可得

$$\sum_r \frac{x_r - \hat{x}_r}{\hat{x}_r^{\alpha}} \leqslant 0$$

现在考虑某一流 s，可以将上面的表达式重写为

$$\sum_{r:\hat{x}_r \leqslant \hat{x}_s} (x_r - \hat{x}_r) \frac{\hat{x}_s^{\alpha}}{\hat{x}_r^{\alpha}} + (x_s - \hat{x}_s) + \sum_{i:\hat{x}_i > \hat{x}_s} (x_i - \hat{x}_i) \frac{\hat{x}_s^{\alpha}}{\hat{x}_i^{\alpha}} \leqslant 0$$

如果 α 很大，可以忽略上式的第三项。因此，如果 $x_s > \hat{x}_s$，那么速率满足 $\hat{x}_r \leqslant \hat{x}_s$ 的用户中，至少有一个用户的分配会减少。这个"不存在其他分配，使得给一个用户更多分配的同时，却不会让一个比较不幸的用户变得比以前情况更糟糕"的特性被称为**最大最小公平**。

26.4 分布式控制及其稳定性

迄今为止，我们已经讨论了网络资源分配中的效用最大化的方法。然而，由于存在数百万个跨越多个服务供应商的同步流，这样的集中式分配方法在互联网中是行不通的。为了能够进行端对端控制，需要开发分布式的控制框架来达到我们的优化目标。控制系统可以看作是由传输速率分别为 x_r 的源 $r \in S$ 以及链接 $l \in \mathscr{L}$ 而构成，其中每个链接会根据其经验负载给出其**价格** p_l。我们将在下面的几个小节看出这些价格在网络环境中将会转化为什么。我们引入一个被称为网络路由矩阵的矩阵 $\boldsymbol{R}$。矩阵的 (l,r) 元素由

$$R_{lr} = \begin{cases} 1 & \text{如果路径 } r \text{ 使用了链路 } l \\ 0 & \text{其他情况} \end{cases}$$

给出。定义链路 l 上的负载为

$$y_l = \sum_{s:l \in s} x_s \tag{26.5}$$

利用路由矩阵的元素,y_l 也可写为

$$y_l = \sum_{s:l\in s} R_{ls} x_s$$

令 $\boldsymbol{y}$ 为由所有 $y_l(l\in\mathscr{L})$ 组成的向量,我们有

$$\boldsymbol{y} = \boldsymbol{R}\boldsymbol{x} \tag{26.6}$$

令 $p_l(t)$ 表示 t 时刻链路 l 的价格,即

$$p_l(t) = f_l\Big(\sum_{s:l\in s} x_s\Big) = f_l(y_l(t)) \tag{26.7}$$

其中 $f_l(\cdot)$ 是将链路负载映射到链路价格的连续递增的价格函数。一个路径的价格就是该路径中所有链路的链路价格之和。因此我们定义路径的价格为

$$q_r = \sum_{l:l\in r} p_l(t) \tag{26.8}$$

同样的,令 $\boldsymbol{p}$ 为所有链路的价格的向量,$\boldsymbol{q}$ 为所有路径的价格的向量。于是我们有

$$\boldsymbol{q} = \boldsymbol{R}^{\mathrm{T}}\boldsymbol{P} \tag{26.9}$$

式(26.6)和(26.9)提供了源控制和链路控制之间的线性关系,以上关系如图 26.3 所示。

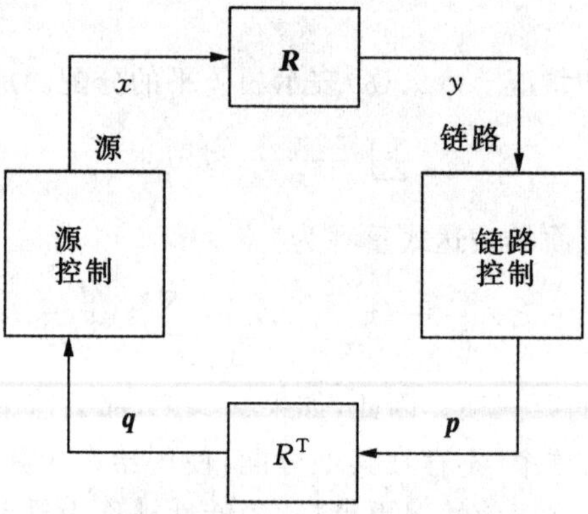

图 26.3　网络资源分配。源对链路价格反馈的响应

我们将在下面的小节中研究不同源和链路控制率的稳定性和收敛性。这里让我们回忆一下来源于 Lyapunov 理论的分布式系统稳定性的概念。考虑如下所示的动态系统

$$\dot{x} = g(x) \qquad x(0) = x_0 \tag{26.10}$$

其中假设 $g(x)=0$ 有唯一解,把这个解称为 0,这里 x 和 0 可以是向量。

定义 26.1:

式(26.10)的平衡点是

- 稳定的,如果对所有 $\varepsilon>0$,存在 $\delta=\delta(\varepsilon)>0$,使得

$$\| x(t) \| \leqslant \varepsilon \qquad \forall t \geqslant 0 \qquad \text{如果 } \| x_0 \| \leqslant \delta$$

- 渐进稳定的,如果对所有 $\| x_0 \|\leqslant\delta$,存在 $\delta>0$,使得

$$\lim_{t\to\infty} \| x(t) \| = 0$$

- 全局渐进稳定的,如果对所有初始条件 x_0 都有

$$\lim_{t\to\infty} \| x(t) \| = 0$$

Lyapunov 定理使用 Lyapunov 函数来检验动态系统的稳定性，可作如下表述[9]。

定理 26.1：

令 $\boldsymbol{x}=0$ 为 $\dot{x}=f(x)$ 的平衡点，且 $D\subset R^n$ 为一个包含的域。令 $V:D\to R$ 为一个连续可微函数，使得

$$V(x) > 0 \qquad \forall x \neq 0$$

且 $V(0)=0$。现在我们对不同的稳定概念设置如下条件。

1. 如果 $\forall x$，使得 $\dot{V}(x)\leqslant 0$，那么此平衡点就是稳定的。

2. 另外，如果 $\forall x\neq \mathbf{0}$，使得 $\dot{V}(x)<0$，那么此平衡点就是渐进稳定的。

3. 除了上述(1)和(2)的条件外，如果 V 还是径向无界的，即

$$当\ \| x \| \to \infty\ 时 \qquad V(x) \to \infty$$

那么此平衡点就是全局渐进稳定的。

注意，如果平衡点是某一 $\hat{x}\neq 0$ 的点，上述定理也成立。在这种情况下，把系统考虑为一个状态向量为 $\boldsymbol{y}=\boldsymbol{x}-\hat{\boldsymbol{x}}$ 的系统，上述定理的结果就可直接适用。

26.5 分布式效用最大化的原始算法

我们将 26.1 节中的效用最大化问题的条件松弛以便进行简单的算法设计。我们用一个罚函数来表示超出每个链路的容量的程度，并力图使效用减去罚值的差最大，即定义

$$V(\boldsymbol{x}) = \sum_{r\in S} U_r(\boldsymbol{x}_r) - \sum_{l\in L} B_l\Big(\sum_{s:l\in s} \boldsymbol{x}_s\Big) \tag{26.11}$$

其中 $\boldsymbol{x}$ 是所有源速率的向量。$B_l(\cdot)$ 是超出链路容量的罚函数，它被假定为是凸的、递增且连续可微的。等价地，

$$B_l\Big(\sum_{s:l\in s} \boldsymbol{x}_s\Big) = \int_0^{\sum\limits_{s:l\in s} \boldsymbol{x}_s} f_l(y)\,\mathrm{d}y \tag{26.12}$$

其中 $f_l(\cdot)$ 是一个连续递增的函数。我们把 $f_l(y)$ 称为价格函数，并把它与我们在 26.4 节所见的链路 l 相关联。显然，以上述形式定义的 B_l 是凸的，又由于 U_r 是严格凹的，所以 $V(x)$ 是严格凹的。这里假设选择的 U_r 和 f_l，使得式(26.11)的最大化能够产生一个 $\forall r\in S, \boldsymbol{x}_r\geqslant 0$ 的解。可通过微分来求出式(26.11)的最大值，并由下式给出。

$$U'_r(x_r) - \sum_{l:l\in r} f_l\Big(\sum_{s:l\in s} x_s\Big) = 0, r\in S \tag{26.13}$$

这里选择简单的梯度上升算法来求解松弛后的问题的最大值(式(26.11))，这种方法最先是在文献[6]中被提出来的。考虑算法

$$\dot{\boldsymbol{x}}_r = k_r(\boldsymbol{x}_r)\Big(U'_r(\boldsymbol{x}_r) - \sum_{l:l\in r} f_l\Big(\sum_{s:l\in s} \boldsymbol{x}_s\Big)\Big) \tag{26.14}$$

其中 $k_r(\cdot)$ 是非负、递增且连续的。可以通过将 $\dot{\boldsymbol{x}}_r$ 简单设定为与式(26.11)在 $\boldsymbol{x}_r$ 维的梯度值成比例的值来得到该算法。式(26.14)的驻点满足式(26.13)，从而取得最大值(式(26.11))。这个算法遵循的思想是，当价格高时减少速率，反之则增加速率。

我们用 Lyapunov 理论来证明它确实收敛于驻点。现在，如式(26.11)定义的 $V(\boldsymbol{x})$ 是一

个严格凹的函数。令$\hat{\boldsymbol{x}}$为它的唯一最大值，那么$V(\hat{\boldsymbol{x}})-V(\boldsymbol{x})$是非负的，且仅当$\hat{\boldsymbol{x}}=\boldsymbol{x}$时，$V(\hat{\boldsymbol{x}})-V(\boldsymbol{x})$等于零。因此，$V(\hat{\boldsymbol{x}})-V(\boldsymbol{x})$是系统(式(26.14))的可能的候选 Lyapunov 方程。我们将在下面的定理中使用这个 Lyapunov 方程。

定理 26.2：

对于一个所有源都遵循原始控制算法(式(26.14))的网络，令$W(x)=V(\hat{x})-V(x)$，假设函数$U_r(\cdot)$、$k_r(\cdot)$和$f_l(\cdot)$，能够使得对所有$i,\hat{x}_i>0$的情况，随着$\|x\|\to\infty$，有$W(x)\to\infty$，且$V(x)$的定义如式(26.11)所示，那么式(26.14)中的控制器是全局渐进稳定的，且其平衡处的值可使式(26.11)最大。

证明：对$W(\cdot)$求微分，我们得到

$$\dot{W}=-\sum_{r\in S}\frac{\partial V}{\partial x_r}\dot{x}_r=-\sum_{r\in S}k_r(x_r)(U'_r(x_r)-q_r)^2<0,\forall x\neq\hat{x}\tag{26.15}$$

且$\dot{W}=\forall x=\hat{x}$。这样，就证明了该系统已满足 Lyapunov 定理的所有条件，且系统状态收敛于$\hat{x}$。得证。■

在上述定理的证明过程中，我们假定选择的效用、价格和尺度变换函数，使得$W(x)$具有某些期望的特性。例如，如果$U_r(x_r)=w_r\log(x_r)$，且$k_r(x_r)=x_r$，那么对源r来说，原始资源分配算法将变为

$$\dot{x}_r=w_r-x_r\sum_{l:l\in r}f_l(y_l)$$

因此唯一的平衡点为$w_r/x_r=\sum\limits_{l:l\in r}f_l(y_l)$。如果$f_l(\cdot)$是任意的多项式函数，那么随着$\|x\|\to\infty$，$V(x)$趋向于$-\infty$，从而随着$\|x\|\to\infty$，就有$W(x)\to\infty$。

26.6 分布式效用最大化的对偶算法

我们刚刚看到了如何解决松弛版的网络效用的最大化问题，现在来考虑基于对偶性的控制器，该控制器会自然而然地产生出精确解。对于资源分配的问题(式(26.1))，其 Lagrange 对偶为

$$D(P)=\max_{\{x_r>0\}}\sum_r U_r(x_r)-\sum_l p_l\Big(\sum_{s:l\in s}x_s-c_l\Big)\tag{26.16}$$

其中p_l是 Lagrange 乘子。然后可将此对偶问题简化为

$$\min_{p\geqslant 0}D(p)$$

这里再次使用梯度算法(这里是梯度下降)来求解上述问题，该方法是在文献[6,10]中被提出的。现在为了取得式(26.16)的最大值，x_r必须满足

$$U'_r(x_r)=q_r\tag{26.17}$$

或等价的，

$$x_r=U'^{-1}_r(q_r)\tag{26.18}$$

其中$q_r=\sum\limits_{l:l\in r}p_r$是路径$r$的价格。由于

$$\frac{\partial D}{\partial p_l}=\sum_{r:l\in r}\frac{\partial D}{\partial q_r}\frac{\partial q_r}{\partial q_l}$$

故从式(26.18)和(26.16)中我们可以得到

$$\frac{\partial D}{\partial p_l}=\sum_{r:l\in r}\frac{\partial U_r(x_r)}{\partial p_l}-(y_l-c_l)-\sum_i p_i\frac{\partial y_i}{\partial p_l} \tag{26.19}$$

其中上面的 x_r 是式(26.16)中的优化了的 x_r。

为了求出上述等式的值,我们首先计算$\partial x_r/\partial p_l$。对式(26.17)求关于 p_l 的偏导,得

$$U''_r(x_r)\frac{\mathrm{d}x_r}{\mathrm{d}p_l}=1$$

$$\Rightarrow\frac{\mathrm{d}x_r}{\mathrm{d}p_l}=\frac{1}{U''_r(x_r)}$$

将此结果代入式(26.19),得

$$\frac{\partial D}{\partial p_l}=\sum_{r:l\in r}\frac{U'_r(x_r)}{U''_r(x_r)}-(y_l-c_l)-\sum_i p_i\sum_{r:l\in r}\frac{1}{U''_r(x_r)} \tag{26.20}$$

$$=c_l-y_l \tag{26.21}$$

这里,我们将式(26.20)中的最后两个求和的次序进行了互换,并利用了 $U'_r(x_r)=q_r$ 和 $q_r=\sum_{l\in r}p_l$ 的关系。上式是 Lagrange 对偶的梯度,由式(26.18)和(26.21),我们可以得到如下的对偶控制(梯度下降)算法:

$$x_r=U'^{-1}_r(q_r) \tag{26.22}$$

及

$$\dot{p}_l=h_l(y_l-c_l)^+_{p_l} \tag{26.23}$$

其中 $h_l>0$ 是一个常量,$(g(x))^+_y$ 表示

$$(g(x))^+_y=\begin{cases}g(x) & y>0\\ \max(g(x),0) & y=0\end{cases}$$

这个修正意味着 p_l 是非负的(这是有效的,因为通过 Karush-Kuhn-Tucker(KKT)条件,可得最优的 p_l 为非负的)。如果 $h_l=1$,则上述价格更新的动态性将与链路 l 上的队列的动态性相同。因此,队列长度可自然地给出价格的信息。

我们再次利用 Lyapunov 技术来证明这个算法收敛于最优解,并将给出文献[11]中的证明方法。将式(26.1)的最大值的点表示为$\hat{x}$。假如在对偶公式(式(26.16))中给定 $\boldsymbol{q}$,那么存在一个唯一的 $\boldsymbol{p}$,使得 $\boldsymbol{q}=\boldsymbol{R}^{\mathrm{T}}\boldsymbol{p}$(即 $\boldsymbol{R}$ 行满秩),其中 $\boldsymbol{R}$ 是路由矩阵。在最优解处

$$\hat{\boldsymbol{q}}=\boldsymbol{R}^{\mathrm{T}}\hat{\boldsymbol{p}}$$

并且 KKT 条件意味着,在每条链路 l,如果约束有效,要么

$$\hat{y}_l=c_l$$

要么,如果链路没有被充分利用,则有

$$y_l<c_l\text{ 且 }\hat{\boldsymbol{p}}_l=0$$

注意,在 R 行满秩的假设下,$\hat{\boldsymbol{p}}$ 也是唯一的。于是我们可得下面的定理。

定理 26.3:

如果在给定 $\boldsymbol{q}$ 的假设下,存在一个唯一的 $\boldsymbol{p}$,使得 $\boldsymbol{q}=\boldsymbol{R}^{\mathrm{T}}\boldsymbol{p}$,那么对偶算法就是全局渐进稳定的。

证明:考虑 Lyapunov 函数

$$V(p) = \sum_{l \in L} (c_l - \hat{y}_l) p_l + \sum_{r \in S} \int_{\hat{q}_r}^{q_r} (\hat{x}_r - (U'_r)^{-1}(\sigma)) \mathrm{d}\sigma$$

那么

$$\begin{aligned}
\frac{\mathrm{d}V}{\mathrm{d}t} &= \sum_{l} (c_l - \hat{y}_l)\, \dot{p}_l + \sum_{r} (\hat{x}_r - (U'_r)^{-1}(q_r))\, \dot{q}_r \\
&= (c - \hat{y})^{\mathrm{T}}\, \dot{p} + (\hat{x} - x)^{\mathrm{T}}\, \dot{q} \\
&= (c - \hat{y})^{\mathrm{T}}\, \dot{p} + (\hat{x} - x)^{\mathrm{T}} R^{\mathrm{T}}\, \dot{p} \\
&= (c - \hat{y})^{\mathrm{T}}\, \dot{p} + (\hat{y} - y)^{\mathrm{T}}\, \dot{p} \\
&= (c - y)^{\mathrm{T}}\, \dot{p} \\
&= \sum_{l} h_l (c_l - y_l)(y_l - c_l)_{p_l}^{+} \\
&\leqslant 0
\end{aligned}$$

并且仅当每个链路满足 $y_l = c_l$,或者 $y_l < c_l$ 且 $p_l = 0$ 时,$\dot{V} = 0$。最后,由于在每个时刻 $U'_r(x_r) = q_r$,故可满足所有的 KKT 条件。系统收敛于式(26.1)的唯一最优解。 ■

26.7 无线网络的跨层设计

到目前为止,我们集中讨论了有线网络中网络效用最大化的问题,其目标是为具有固定路径的流开发速率控制算法,使该算法能最终收敛到最优的流速率分配。在这一节,我们将证明可以将利用优化及控制理论的方法有效地推广到无线网络的控制问题中去,并且也可以将路由和介质访问(也被称为调度)决策加入到速率控制器中去。由于其决策需要横贯标准网络分层中的传输层、网络层和介质访问控制(Medium Access Control,MAC)层,因此这样的联合算法被称为"跨层"算法。

与有线网络中每条链路 $l \in \mathscr{L}$ 都有与之对应的固定容量 c_l 的情况不同,在无线网络中每条链路的容量取决于相邻节点间的传输活动。因此我们必须扩展网络模型,使之能包含这样的干扰效应。由于我们也非常关注寻找最优路径,所以需要修改会话的定义来去除固定路由的假设。接下来我们将提供相应的模型。

如同之前一样,令 $\mathscr{N}$ 为节点的集合,$\mathscr{L}$ 为所允许的跳频的集合。令 F 为系统中流的集合。由于不再将流与固定路径进行关联,故通过起始节点 $b(f)$ 和终止节点 $e(f)$ 来定义每个流 f。我们的资源分配算法将为每个流都找到最优的(潜在多路径)路径。图 26.4 表示了网络的一个示例。

我们假设每个表示为 i 的节点,为网络中的每个表示为 d 的其他节点,维持一个单独的队列,使得每个进入 i 节点且目的节点为 d 的数据包被保持在相应队列中。令 r_{ij} 为从节点 i 到节点 j 发生传输的速率。在无线设置中,由于干扰效应,不同节点间的速率是相关的。我们使用一个简单模型来描述这种干扰,但其结果可进行有效推广[12~16]。令 $\{A_m\}$ $m = 1, 2, \cdots, M$ 为 $\mathscr{L}$ 的子集,其中 A_m 为在干扰约束下可同时调度的跳频集合。每个 A_m 被称为一个**可行调度**,M 是可能的可行调度的个数。如果使用调度 A_m,那么如果 $(i,j) \in A_m$,则 $r_{ij} = 1$,否则 $r_{ij} = 0$。因此,当未调度的跳频保持寂静时,所有已调度的链路可以以速率 1 进行传输。网络可在每个时刻选择任意一个可行的调度。假如 π_m 为网络选择使用调度 m 的时间段,那么,分配给跳频

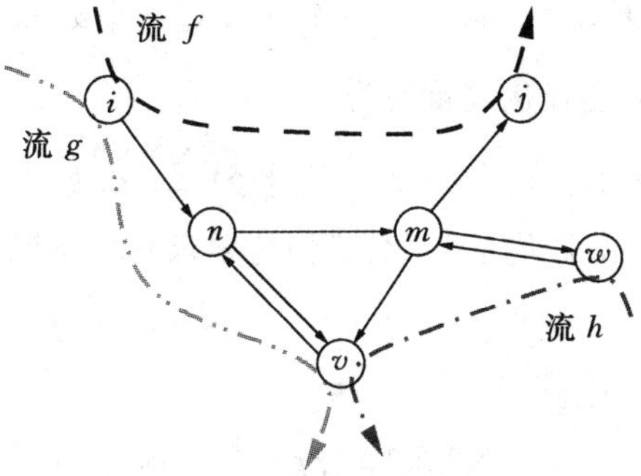

图 26.4 具有 $b(f)=i,e(f)=j,b(g)=i,e(g)=v$ 及 $b(h)=w,e(h)=v$ 的示例网络模型

(i,j)的平均速率由

$$R_{ij} = \sum_{m:(ij)\in A_m} \pi_m$$

给出。为了保证队列的稳定性,我们需要施加一个约束:每个队列的平均传输流入量一定不能大于它的流出量(式(26.24))。为了有助于公式化,我们将进入节点 i 并被传送到节点 d 的总的外生数据流的速率记为

$$x_i^d := \sum_{\{f:b(f)=i,e(f)=d\}} x_f$$

并把分配给节点 i 且目的节点为 d 的流入速率记为 $R_{in(i)}^d$,流出速率记为 $R_{out(i)}^d$。因此对于每个节点 i,

$$\sum_d R_{in(i)}^d := \sum_j R_{ji} \qquad \sum_d R_{out(i)}^d := \sum_k R_{ik}$$

虽然这种方法适用于一大类的效用函数(例如,文献[13,17,18]),但为了简单起见,我们仅考虑 $U_f(x_f)=w_f\log x_f$ 的情况。于是,资源分配问题的优化问题由

$$\max_{x,\pi,R\geqslant 0} \sum_f w_f \log x_f$$

给出,且服从如下的约束:

$$R_{in(i)}^d + x_i^d \leqslant R_{out(i)}^d, \quad \forall\, nodes \quad i,d\neq i \tag{26.24}$$

$$R_{in(i)}^d = \sum_j R_{ji}^d, \quad \forall\, i,j,d\neq i \tag{26.25}$$

$$R_{out(i)}^d = \sum_j R_{ij}^d, \quad \forall\, i,j,d\neq i \tag{26.26}$$

$$\sum_d R_{ij}^d = R_{ij}, \quad \forall\, i,j,d\neq i \tag{26.27}$$

$$R_{ij} = \sum_{m:(ij)\in A_m} \pi_m, \quad \forall\, i,j \tag{26.28}$$

$$\sum_{m=1}^{M} \pi_m = 1 \tag{26.29}$$

记对应于约束(式(26.24))的 Lagrange 乘子为 p_{id}。给优化目标附加上约束(式

(26.24)),我们得到

$$\max_{x,\pi,R\geqslant 0}\sum_f w_f \log x_f-\sum_i\sum_{d\neq i}p_{id}(R^d_{in(i)}+x^d_i-R^d_{out(i)})$$

通过调整求和式,可将上述表达式重写为

$$\max_{x\geqslant 0}\Big(\sum_f w_f \log x_f-\sum_f p_{ib(f)}x_f\Big)+\max_{\pi,R\geqslant 0}\Big(\sum_i\sum_{d\neq i}p_{id}(R^d_{out(i)}-R^d_{in(i)})\Big)$$

如果已知 Lagrange 乘子的最优值,那么我们将要求解以下两个问题:拥塞控制问题

$$\max_{x\geqslant 0}\Big(\sum_f w_f \log x_f-\sum_f p_{ib(f)}x_f\Big)$$

以及调度问题

$$\max_{\pi,R\geqslant 0}\Big(\sum_i\sum_{d\neq i}p_{id}(R^d_{out(i)}-R^d_{in(i)})\Big) \tag{26.30}$$

其中调度问题服从式(26.25)到(26.29)的约束。为解决拥塞控制问题,我们在每个源 f 上使用原始的分布式效用最大化算法:

$$\dot{x}_f(x)=\left(\frac{w_f}{x_f(t)}-p_{b(f)e(f)}(t)\right)^+_{x_f(t)} \tag{26.31}$$

并在每个节点 i 处,采用对偶的分布式效用最大化算法对每个目的节点 d 进行价格更新:

$$\dot{p}_{id}(t)=(x^d_i(t)+R^d_{in(i)}(t)-R^d_{out(i)}(t))^+_{p_{nd}(t)} \tag{26.32}$$

在价格更新算法中,在每个时刻通过求解式(26.30)可以计算出速率 $R^d_{in(i)}$ 和 $R^d_{out(i)}$。如果式(26.30)的最优解不唯一,那么其中的任何一个最优解都是可用的。

为了证明算法的收敛性,我们将使用一个与 Lyapunov 定理相似的定理,即 LaSalle 不变性原理,它是为 Lyapunov 函数的时间导数具有不止一个零点的情况而设计的。考虑微分方程 $\dot{y}=f(y(t))$,于是我们有以下定理[9]:

定理 26.4:LaSalle 不变性原理

令 $W:D\rightarrow R$ 为一个径向无界(即 $\lim_{\|y\|\rightarrow\infty}W(y)=\infty, y\in D$),连续可微,正定的函数,使得对所有 $y\in D$,有 $\dot{W}(y)\leqslant 0$。令 $\mathscr{E}$ 为 D 中使 $\dot{W}(y)=0$ 的点集。令 $\mathscr{M}$ 为 $\mathscr{E}$ 中最大的不变集(即 $\mathscr{M}\subseteq\mathscr{E}$ 且如果 $y(0)\in\mathscr{M}$,则 $\forall t\geqslant 0, y(t)\in\mathscr{M}$),那么每个起始于 D 的解,都将随着 $t\rightarrow\infty$ 而趋近于 $\mathscr{M}$。

为了研究控制器的收敛性,我们将使用如下的 Lyapunov 函数:

$$W(x,q)\triangleq\frac{1}{2}\sum_{f\in F}(x_f-\hat{x}_f)^2+\frac{1}{2}\sum_i\sum_{d\neq i}(p_{id}-\hat{p}_{nd})^2 \tag{26.33}$$

其中戴帽的参量是网络效用最大化问题的任意解。在随后的分析中,将集中讨论解唯一的情况,这样使我们可以讨论系统收敛于单点的情形。所有的论证都可以应用于更一般的收敛于最优解**集合**的系统的情况。从现在开始,为了表示简单,我们在没有明确说明的情况下,在包含节点 i 和目的节点 d 的两重求和中,假定 $d\neq i$。现在就来证明下面的定理:

定理 26.5:

从任意 $x(0)$ 和 $q(0)$ 开始,随着 $t\rightarrow\infty$,速率向量 $\boldsymbol{x}(t)$ 收敛于 $\hat{x}$,且

$$\hat{p}_{b(f)e(f)}=w_f/\hat{x}_f,\quad \forall f$$

此外,队列长度向量 $\boldsymbol{p}(t)$ 将趋向于有界集

$$\Big\{\boldsymbol{p}\geqslant 0:\sum_{i,d}(p_{id}-\hat{p}_{id})(R^d_{out(i)}-R^d_{in(i)}+(x^d_i-\hat{x}^d_i))=0\Big\}$$

证明：对 Lyapunov 函数求关于时间的偏导，且为了表述方便省略(t)，我们得到

$$\dot{W}=\sum_{f}(x_f-\hat{x}_f)\left(\frac{1}{x_f}-p_{b(f)e(f)}\right)+\sum_{i,d}(p_{id}-\hat{p}_{id})(x_i^d+R_{in(i)}^d-R_{out(i)}^d)_{p_{id}}^{+} \tag{26.34}$$

$$\leqslant\sum_{f}(x_f-\hat{x}_f)\left(\frac{1}{x_f}-p_{b(f)e(f)}\right)+\sum_{i,d}(p_{id}-\hat{p}_{id})(x_i^d+R_{in(i)}^d-R_{out(i)}^d) \tag{26.35}$$

对最后的不等式，要注意的是，如果式(26.34)中的投影无效，则式(26.35)和(26.34)相等；如果投影有效，则式(26.34)的表达式为 0，同时由于 $p_{id}=0$ 且括号内的项为负（否则，投影将会无效），则式(26.35)的表达式为正。利用 $w_f/\hat{x}_f=\hat{p}_{b(f)e(f)}$ 以及加减的关系，可以得到

$$\dot{W}=\sum_{f}(x_f-\hat{x}_f)\left(\frac{1}{x_f}-\frac{1}{\hat{x}_f}+\hat{p}_{b(f)e(f)}-p_{b(f)e(f)}\right)+\sum_{i,d}(p_{id}-\hat{p}_{id})(x_i^d-\hat{x}_i^d)$$
$$+\sum_{i,d}(p_{id}-\hat{p}_{id})(\hat{x}_i^d+R_{in(i)}^d-R_{out(i)}^d)$$

注意到

$$\sum_{i,d}(p_{id}-\hat{p}_{id})(x_i^d-\hat{x}_i^d)=-\sum_{f}(x_f-\hat{x}_f)(\hat{p}_{b(f)e(f)}-p_{b(f)e(f)})$$

可得

$$\dot{W}=\sum_{f}(x_f-\hat{x}_f)\left(\frac{1}{x_f}-\frac{1}{\hat{x}_f}\right)+\sum_{i,d}(p_{id}-\hat{p}_{id})(\hat{x}_i^d+R_{in(i)}^d-R_{out(i)}^d)$$

现在让我们检查上式右边的每一项。很容易看出

$$(x_f-\hat{x}_f)\left(\frac{1}{x_f}-\frac{1}{\hat{x}_f}\right)\leqslant 0$$

由约束（式(26.24)），可得

$$\hat{x}_i^d\leqslant R_{out(i)}^d-R_{in(i)}^d$$

其中要回忆一下戴帽的参量是网络效用最大化问题的最优解。由于速率 $R_{in(i)}^d$ 和 $R_{out(i)}^d$ 是式(26.30)的解，同时 $\hat{R}_{out(i)}^d$ 和 $\hat{R}_{in(i)}^d$ 为节点 i 处且目的节点为 d 的输出输入速率的可行解，因此

$$\sum_{i,d}p_{id}(\hat{x}_i^d+R_{in(i)}^d-R_{out(i)}^d)\leqslant 0$$

由 KKT 条件

$$p_{id}(R_{in(i)}^d+\hat{x}_i^d-R_{out(i)}^d)=0$$

又由于 $\hat{R}$ 可以求解调度问题，且 $\hat{p}$ 为调度算法中的权重，因此

$$-\sum_{i,d}\hat{p}_{id}(\hat{x}_i^d+R_{in(i)}^d-R_{out(i)}^d)=-\sum_{i,d}\hat{p}_{id}(\hat{R}_{out(i)}^d-\hat{R}_{in(i)}^d-R_{out(i)}^d+R_{in(i)}^d)\leqslant 0$$

所以，$\dot{W}\leqslant 0$。为了应用 LaSalle 不变性原理，现在来考虑可使 $\dot{W}=0$ 的点的集合 $\mathscr{E}$。集合 $\mathscr{E}$ 由满足

$$\left\{x_f=\hat{x}_f,\sum_{i,d}(p_{id}-\hat{p}_{id})(\hat{x}_i^d+R_{in(i)}^d-R_{out(i)}^d)=0\right\}$$

的点集$(\boldsymbol{x},\boldsymbol{p})$来给定。我们认为 $\hat{p}_{b(f)e(f)}=w_f/\hat{x}_f$ 可在更大程度上对其中的最大不变集 $\mathscr{M}\subseteq\mathscr{E}$ 进行描述。来看这里，注意到，如果违反了约束条件，那么拥塞控制器（式(26.31)）将改变速率使之不等于 $\hat{x}_f$，并会因此导致系统偏离到 $\mathscr{E}$ 之外。因此，LaSalle 不变性原理适用且定理得证。

■

接下来,我们集中讨论调度问题(式(26.30)),研究它该如何进行实施。通过对求和重新排列,并利用式(26.25)中 $R^d_{in(i)}$ 和式(26.26)中 $R^d_{out(i)}$ 的定义,可将式(26.30)重写为

$$\max\sum_{i,k}\sum_{d}R^d_{ik}(p_{id}-p_{kd})$$

利用 $\sum_{d}R^d_{ik}=R_{ik}$,调度问题可变为

$$\max\sum_{i,k}R_{ik}\max_{d}(p_{id}-p_{kd})$$

利用式(26.28)和(26.29),调度问题可进一步简化为

$$\max_{\sum_m \pi_m=1}\sum_{\{i,k,m:(i,k)\in A_m\}}\pi_m\max_{d}(p_{id}-p_{kd}) \tag{26.36}$$

$$=\max_{\sum_m \pi_m=1}\sum_{m}\pi_m\sum_{(i,k)\in A_m}\max_{d}(p_{id}-p_{kd}) \tag{26.37}$$

$$=\max_{m}\sum_{(i,k)\in A_m}\max_{d}(p_{id}-p_{kd}) \tag{26.38}$$

其中,当将能最大化式(26.38)的 A_m,π_m 设为1,而把其他的 A_m,π_m 设为零时,可使式(26.37)的表达式取最大值,由此可得出最后的等式。因此,调度问题就转变为一个寻找具有最大权重的调度问题,其中链路的权重由

$$\max_{d}(p_{id}-p_{kd})$$

给定。这被称为**背压算法**。

让我们检查式(26.32)的价格更新。此式具有的动态性与在节点 i 处维持目的节点为 d 的数据包队列的动态性类似。但是要注意的是,进入队列的到达速率包含如下的项,

$$R^d_{in(i)}=\sum_{j}R^d_{ji}$$

它不是数据包在队列中的真实到达速率,而是数据包从其他节点到节点 i 的可能速率。如果某些其他节点的队列为空,则可能无法实现这个速率。然而,注意由背压算法(式(26.38))可以看出,如果 $p_{jd}=0$,则 $R^d_{ji}=0$。因此,如果 $p_{jd}=0$,不可预先设定跳频 (i,j)。所以,确实可以将价格理解为在节点 i 处目的节点为 d 的数据包队列的长度。从而可以简单地用每个目的队列的长度作为价格,而不必进行价格的计算。

注意,流 f 的拥塞控制器(式(26.31))仅仅使用了入口队列长度来调节流的到达速率,而没有使用网络内部的队列长度。假如拥塞发生在网络内部的任何地方,而不仅仅限于网络的边缘,这种情况可能有悖于我们的直觉。能够仅使用入口队列长度的关键原因在于背压调度算法(式(26.38))的特性。特别地,在网络内部任何高度拥塞的链路都会被给予优先权,从而可有效阻止其干扰区内的别的链路的传输。这会增加无效链路的拥塞等级,于是导致附近其他链路发生拥塞。所以,网络中任何链路的拥塞将会逐渐扩散到网络中的所有链路。这就是为什么对拥塞控制器仅使用入口队列长度值就已经足够了的根本原因。

26.7.1 随机信道的状态和到达的过程

我们讨论的重点集中在以连续时间运行,且由确定组件构成的网络。然而在实际中,网络运行过程中会出现很多随机因素,例如节点间信道质量的随机波动。我们将论述一些把这样

的影响纳入到我们之前讨论过的设计框架的重要步骤。

为了对信道的变化建模，我们假定网络信道的状态是属于有限集(称为$\mathcal{J}$)的众多状态中的一个。我们假定信道状态过程可由一个平稳 Markov 链描述，用β_j 表示信道状态为j的平稳概率。我们令Γ_j表示当前状态为$j \in \mathcal{J}$时的可行链路状态的集合。因此，如果在时刻t的信道状态为j，则被调度链路的速率$R(t):=(R_{ij}(t))_{(i,j)\in L}$一定会落入$\Gamma_j$中。

在这种动态场景中，为了与目前的容量约束相一致，需要对背压策略进行修正。因此调度程序需要执行以下的优化来决定t时刻链路的速率：

$$R(t) \in \underset{\{\mu \in \Gamma_j\}}{\arg\max} \sum_{\{(n,m)\in L\}} \mu_{(n,m)} \max_d (p_{nd}(t) - p_{md}(t))$$

为了考虑到达过程的随机性，以模拟各种实现的细节，可将拥塞控制器组件修正为以下的形式：

$$E[x_f(t+1) \mid p_{b(f)e(f)}(t)] = \min\{M, x_f(t) + \alpha(KU'_f(x_f(t)) - p_{b(f)e(f)}(t))\}$$

其中K是一个正的设计参数，$\alpha>0$是一个较小的步长参数，M是一个有限常数，被用来防止拥塞控制器在短时间内向网络注入大量传输量。

注意，这里的资源分配和拥塞控制器算法都是来源于其对应的连续时间的确定性算法。但是需要对作为结果的随机系统进行分析后才能获得它们的动态特性和随机特性。为此，我们首先要注意，网络的队列长度过程构成了一个 Markov 链。因此，不能再说队列和速率将收敛到一个确定的点集。相反，我们要重新考虑随机收敛的结果。接下来，我们将讨论随机分析中的一些关键技术部分，并忽略其分析细节。我们推荐有兴趣的读者查阅文献[12～21]。

在证明中，广泛使用以下随机版的 Lyapunov 稳定性定理，即 Foster 判据。

定理 26.6：Foster 判据

假设$\{q(t)\}_{t=1}^{\infty}$是一个可数状态空间上的不可约非周期的 Markov 链，且令V和W为非负函数，使得对于$q\in\Omega^c$，$V(q)\geqslant W(q)$，其中Ω是状态空间的一个子集。如果

$$E[V(q(t+1)) \mid q(t)=q] < \infty \qquad q \in \Omega$$

$$E[V(q(t+1)) - V(q(t)) \mid q(t)=q] \leqslant -W(q) \qquad q \in \Omega^c$$

那么，这个 Markov 链就是平稳遍历的，且

$$E[W(q(\infty))] < \infty$$

Foster 判据表明，当 Markov 链函数是负的**平均飘移**，且在有限集Ω外，那么它必是平稳的，并且依据由$W(q)$测量出的漂移度，也可以对稳态分布的一阶矩函数进行限制。注意，这个表述和结果的特性类似于之前讨论的 Lyapunov 稳定性判据。因此，在跨层算法的连续时间分析中所使用的 Lyapunov 函数可以作为 Foster 判据中的V函数来进行使用。随机和动态性的分量会影响W函数和Ω集的形式。

26.8 小结

本章中我们尝试介绍了在多跳频通信系统，特别是互联网中，推动拥塞控制协议设计的主要思想。这些思想与出现在多供应链环境中的多商品流问题的思想很相近。当我们讨论的重点集中于控制的基本思想时，忽略了互联网中使用的实际协议的细节。实际上，现实中的拥塞

控制协议与我们论述的简单的控制理论模型之间的联系是非常紧密的,在诸如文献[1,2]的著作中对这种联系进行了更为详细的探讨。

参考文献

1. S. Shakkottai and R. Srikant. Network optimization and control. *Foundations and Trends in Networking*, Now Publishers, Delft, The Netherlands, 2, 2007.

2. R. Srikant. *The Mathematics of Internet Congestion Control*. Birkhauser, Berlin, Germany, 2004.

3. F. P. Kelly. Charging and rate control for elastic traffic. *European Transactions on Telecommunications*, 8:33 - 37, 1997.

4. F. P. Kelly. Models for a self-managed Internet. *Philosophical Transactions of the Royal Society*, A358:2335 - 2348, 2000.

5. F. P. Kelly. Mathematical modelling of the Internet. In *Mathematics Unlimited—2001 and Beyond* (Eds. B. Engquist and W. Schmid), pp. 685 - 702, Springer-Verlag, Berlin, 2001.

6. F. P. Kelly, A. Maulloo, and D. Tan. Rate control in communication networks: Shadow prices, proportional fairness and stability. *Journal of the Operational Research Society*, 49: 237 - 252, 1998.

7. J. Mo and J. Walrand. Fair end-to-end window-based congestion control. In *SPIE International Symposium*, Boston, MA, 1998.

8. J. Mo and J. Walrand. Fair end-to-end window-based congestion control. *IEEE/ACM Transactions on Networking*, 8(5):556 - 567, October 2000.

9. H. Khalil. *Nonlinear Systems*, 2nd edn. Prentice-Hall, Upper Saddle River, NJ, 1996.

10. S. H. Low and D. E. Lapsley. Optimization flow control, I: Basic algorithm and convergence. *IEEE/ACM Transactions on Networking*, 861 - 875, December 1999.

11. F. Paganini. A global stability result in network flow control. *Systems and Control Letters*, 46(3):153 - 163, 2002.

12. A. Eryilmaz and R. Srikant. Fair resource allocation in wireless networks using queue-length-based scheduling and congestion control. In *Proceedings of IEEE INFOCOM*, Miami, FL, 2005.

13. L. Georgiadis, M. J. Neely, and L. Tassiulas. *Resource Allocation and Cross-Layer Control in Wireless Networks*. Foundations and Trends in Networking, NOW Publishers, Delft, The Netherlands, 2006.

14. M. J. Neely, E. Modiano, and C. E. Rohrs. Dynamic power allocation and routing for time varying wireless networks. *Proceedings of IEEE INFOCOM*, San Francisco, CA, April 2003. To appear.

15. L. Tassiulas. Scheduling and performance limits of networks with constantly varying topology. *IEEE Transactions on Information Theory*, 43(3):1067 - 1073, May 1997.

16. L. Tassiulas and A. Ephremides. Stability properties of constrained queueing systems and scheduling policies for maximum throughput in multihop radio networks. *IEEE Transactions on Automatic Control*, 37(12):1936 – 1948, December 1992.

17. A. Eryilmaz and R. Srikant. Joint congestion control, routing and MAC for stability and fairness in wireless networks. *IEEE Journal on Selected Areas in Communications*, 24 (8):1514 – 1524, August 2006.

18. X. Lin, N. Shroff, and R. Srikant. A tutorial on cross-layer optimization in wireless networks. *IEEE Journal on Selected Areas in Communications*, 24 (8): 1452 – 1463, August 2006.

19. P. Giaccone, B. Prabhakar, and D. Shah. Towards simple, high-performance schedulers for highaggregate bandwidth switches. In *Proceedings of IEEE INFOCOM*, New York, NY, 2002.

20. M. J. Neely, E. Modiano, and C. Li. Fairness and optimal stochastic control for heterogeneous networks. In *Proceedings of IEEE INFOCOM*, Miami, FL, 2005.

21. A. L. Stolyar. Maximizing queueing network utility subject to stability: Greedy primal-dual algorithm. *Queueing Systems*, 50:401 – 457, 2005.

第七部分

特殊应用领域

27

先进的运动控制设计方法

Maarten Steinbuch
爱因霍芬科技大学
Roel J. E. Merry
爱因霍芬科技大学
Matthijs L. G. Boerlage
通用电气全球研究中心
Michael J. C. Ronde
爱因霍芬科技大学
Marinus J. G. van de Molengraft
爱因霍芬科技大学

27.1 引言

若某机械系统包含执行机构，且这些执行机构的主要功能是将负载安放在恰当的位置，那么该机械系统可称为运动系统，其中的执行机构可以是水动、气动或者电动的，但其发展趋势是节能且清洁的电动(及压电式)驱动器与电机。运动系统的轨迹规划和运动曲线的自由度通常会受到限制，从这个意义上讲，它有别于机器人系统。与主动振动系统的区别是，它要完成一个实际动作。这方面的例子包括线性与旋转驱动器，以及代表最新发展水平的平面 6 自由度(Degree-of-Freedom，DOF)运动平台。运动系统的一个典型特征是，它的系统动力学特性通常可以采用线性模型较好地近似，尽管有时其中也包含明显的柔性动力学特性，这种情况在高性能和高自由度系统中特别常见。一般情况下，较廉价的运动系统的引导装置会存在摩擦。通常可以采用直接驱动执行机构的方式来防止侧向间隙。目前通常采用编码器作为传感器，它可以达到极高的分辨率(纳米以下)。

工业中最先进的运动控制系统的特点可以总结如下：经过精心设计后，大多数系统要么是解耦的，要么可以采用静态输入输出(Input-Output，I/O)变换进行解耦，因此大多数运动系统及其运动软件体系结构均采用单输入单输出(Single-Input-Single-Output，SISO)的控制设计方法，而反馈控制通常是在频域通过回路整形技术来实现的。典型的运动控制器采用比例-积分-微分(Proportional-Integral-Derivative，PID)结构，它在高频具有低通特性，并采用一个或两个陷波滤波器来补偿柔性动力学特性[1]。除反馈控制器外,可以将前馈控制器用于加速度、速度、摩擦前馈等参考信号,而设定值本身则由设定值生成器根据加加速度限制曲线来给出。

对于对重复干扰或设定值干扰等干扰了解较多的情况,最新的研究进展是采用迭代学习和重复控制。在先进及高精度的运动系统领域,例如晶片扫描仪,可以采用更先进的设定值或高阶前馈(snap 前馈[2,3])控制方法。此外,如果需求提高使得不同自由度之间的动力学耦合不能再忽略时,就需要采用更先进的多输入多输出(Multiple-Input-Multiple-Output,MIMO)控制,同时对用于鲁棒控制设计的系统辨识结果,也提出了更加严格的要求。

本章将详细总结最新的运动系统控制设计方法,并介绍将 SISO 回路整形方法扩展到 MIMO 领域的分步过程。该过程由(1)交互分析、(2)解耦、(3)独立式 SISO 的设计、(4)顺序式 SISO 的设计,以及(5)基于范数的 MIMO 设计组成。本章将以一个 3 自由度的原子力显微镜(Atomic Force Microscope,AFM)运动系统为例,阐述其中的设计特点。

本章将用到如下定义。集中控制:控制器的传递函数矩阵可以具有任意结构;分散控制:控制器的传递函数为对角矩阵,输入输出总是解耦的(在频域);独立式分散控制:在设计单个回路时,不考虑之前和之后所设计的回路的影响;顺序式分散控制:在设计单个回路时,考虑之前所有已闭合回路的影响。

27.2 节简单描述运动系统的动力学特性;27.3 节介绍前馈设计;27.4 节介绍 SISO 问题的反馈设计方法,以及针对 MIMO 运动问题的反馈设计新方法;27.5 介绍所述方法在 AFM 中的应用;27.6 节对全章进行总结,并给出最重要的结论。

27.2 运行系统

运动系统的(线性)动力学行为通常由其机械特性主导,因此对机械系统的物理理解有助于更好地进行多变量控制设计和解耦。后续的推导均假定电流放大器或执行机构的电气零件都足够快,可以采用增益进行近似。根据有限元建模、线性化第一原理建模或降阶的连续系统描述方法,可以推导出如下有限维、线性、多自由度的运动方程[4]:

$$\begin{aligned} \boldsymbol{M}\ddot{\boldsymbol{q}} + \boldsymbol{D}\dot{\boldsymbol{q}} + \boldsymbol{K}\boldsymbol{q} &= \boldsymbol{B}_o\boldsymbol{u} \\ \boldsymbol{y} &= C_{oq}\boldsymbol{q} \end{aligned} \tag{27.1}$$

其中,$\boldsymbol{M}$、$\boldsymbol{D}$、$\boldsymbol{K}$ 分别表示质量矩阵、黏性阻尼矩阵、刚度矩阵。该模型只考虑位置测量量,有关包含速度、加速度测量量的扩展模型,读者可参考文献[5]。这里假定质量矩阵是正定的,刚度矩阵是半正定的。运动系统与机器人系统的区别在于其参数矩阵 $\boldsymbol{M}$、$\boldsymbol{D}$ 和 $\boldsymbol{K}$ 在大多数情况下均是常数矩阵。后文将简要讨论有关矩阵 $\boldsymbol{D}$ 的性质的假设。向量 $\boldsymbol{q}\in\mathbb{R}^{n_s}$ 表示集总参数系统中节点的位移。对于无输入的无阻尼振动问题,可以通过求解如下所示的广义特征值问题来确定实际的模态振型 ϕ 以及特征(自然)频率 ω:

$$\boldsymbol{K}\phi = \omega^2\boldsymbol{M}\phi, \quad \phi \neq 0 \tag{27.2}$$

零值特征频率与系统中所谓的刚体(Rigid Body,RB)模态相对应。对于 p 重特征频率,存在 p 个线性独立的特征模态振型,并且这些模态振型并不唯一(多重特征频率导致特征向量不唯一,尤其是 RB 模态)。令模态矩阵 $\boldsymbol{\Phi}$ 包含沿着模态振型 ϕ_i,$i=1,\cdots,n_s$ 的方向而张成的列,那么可以在模态坐标中将运动方程(式(27.1))写为如下形式:

$$\boldsymbol{M}_m\ddot{\boldsymbol{\eta}}+\boldsymbol{D}_m\dot{\boldsymbol{\eta}}+\boldsymbol{K}_m\boldsymbol{\eta}=\boldsymbol{\Phi}^{\mathrm{T}}\boldsymbol{B}_o\boldsymbol{u}$$
$$\boldsymbol{y}=C_{oq}\boldsymbol{\Phi}\boldsymbol{\eta} \tag{27.3}$$

其中，$\boldsymbol{M}_m=\boldsymbol{\Phi}^{\mathrm{T}}\boldsymbol{M}\boldsymbol{\Phi}$，$\boldsymbol{K}_m=\boldsymbol{\Phi}^{\mathrm{T}}\boldsymbol{K}\boldsymbol{\Phi}$ 为对角阵。矩阵 $\boldsymbol{D}_m=\boldsymbol{\Phi}^{\mathrm{T}}\boldsymbol{D}\boldsymbol{\Phi}$ 仅在特殊情况下才是对角阵。例如，在 Rayleigh 或比例阻尼的情况下便是如此。该情况假定 $\boldsymbol{D}=\alpha\boldsymbol{M}+\beta\boldsymbol{K}$，并且 α,β 是非负标量[4,p. 303]。此外，在模态阻尼或经典阻尼的情况下，$\boldsymbol{D}_m$ 也是对角阵[4]。这些阻尼模型通常在得到验证后被用于弱阻尼系统[4,5]的结构分析。当 $\boldsymbol{D}_m$ 为对角阵时，将式(27.2)左乘 $\boldsymbol{M}_m^{-1}$，可得：

$$\ddot{\boldsymbol{\eta}}+2\boldsymbol{Z}\boldsymbol{\Omega}\dot{\boldsymbol{\eta}}+\boldsymbol{\Omega}^2\boldsymbol{\eta}=\boldsymbol{M}_m^{-1}\boldsymbol{\Phi}^{\mathrm{T}}\boldsymbol{B}_0\boldsymbol{u}$$
$$\boldsymbol{y}=C_{oq}\boldsymbol{\Phi}\boldsymbol{\eta} \tag{27.4}$$

其中，$\boldsymbol{\Omega}^2=\boldsymbol{M}_m^{-1}\boldsymbol{K}_m$，$\boldsymbol{Z}=\mathrm{diag}\{\xi_i\}$，$i=1,\cdots,n_s$ 是对角阵。定义

$$y(s)=G_p(s)u(s) \tag{27.5}$$

其中，$G_p(s)$ 可以通过对式(27.4)进行如下变换而得出。假设 $\boldsymbol{D}_m$ 是对角阵，并定义 $\boldsymbol{C}_m=C_{oq}\boldsymbol{\Phi}$，$\boldsymbol{B}_m=\boldsymbol{M}_m^{-1}\boldsymbol{\Phi}^{\mathrm{T}}\boldsymbol{B}_o$，其中 $\boldsymbol{\Phi}$ 取实值，那么 $\boldsymbol{G}_p(s)$ 可以写为

$$\boldsymbol{G}_p(s)=\boldsymbol{C}_m\boldsymbol{C}_m(s)\boldsymbol{B}_m \tag{27.6}$$

其中，对于 $i=\{1,\cdots,n_s\}$，

$$\boldsymbol{G}_m(s)=\mathrm{diag}\{g_{m,i}(s)\}\qquad g_{m,i}(s)=\frac{1}{s^2+2\zeta_i\omega_i s+\omega_i^2} \tag{27.7}$$

或写为如下求和形式：

$$\boldsymbol{G}_m(s)=\sum_{i=1}^{n_s}\frac{\boldsymbol{c}_{mi}\boldsymbol{b}_{mi}^H}{s^2+2\zeta_i\omega_i s+\omega_i^2} \tag{27.8}$$

其中的 $\boldsymbol{c}_{mi}$，$\boldsymbol{b}_{mi}$ 分别表示 $\boldsymbol{C}_m$，$\boldsymbol{B}_m$ 的列和行。这表明每个多变量运动系统都可以采用二阶系统的和来描述。矩阵 $\boldsymbol{C}_m$，$\boldsymbol{B}_m$ 决定了输入输出组合与特定模态的关联关系。

作为例子，图 27.1 展示了一个系统的幅频响应函数(Frequency Response Function，FRF)以及其中蕴含的系统模态。

机械系统(具有模态阻尼或比例阻尼)的解耦能力依赖于执行机构和传感器的位置、(主导)模态的个数，以及模态振型与执行机构和传感器矩阵的一致性(主导模态必须同时包含在 $\mathrm{Ker}(\boldsymbol{C}_m)^{\perp}$ 和 $\mathrm{Im}(\boldsymbol{B}_m)$ 中)。文献[5,6]详细讨论了如何放置执行机构和传感器才能独立地控制各个模态。高性能运动系统通常被设计得既轻便又具有刚性，其目的是为了将柔性模态行为转移到高于期望的闭环带宽的频段内。特别是定位系统，对象在低频的行为如同一个刚体。

在每个自由度，对象均具有 RB 模态。对于 6 Cartesian 自由度，若执行机构中没有刚性连接，例如 Lorentz 力执行机构，6 个特征频率(12 个极点)都等于零。对于后面所述的应用于 AFM 的压电式驱动器，可以把执行机构看作位置执行机构，并且第一次共振是由安装在刚度有限的固定基座上的工作台的机械特性引起的。在任意情况下，总是存在 6 个线性独立的特征向量与这些 RB 模态相对应。我们可以通过选取任意的正交基将系统的 RB 行为解耦，正交基的各个轴可能与特定的性能目标或特定的干扰方向相对应。当传感器与执行机构的个数超过 RB 模态个数，且 $\boldsymbol{C}_m$、$\boldsymbol{B}_m$ 可逆时，存在某些输入(和输出)变换可以将系统变得在各个方向均独立可控。这种情况也称为过驱动，是一个新的研究领域。

这里主要讨论执行机构和传感器的个数与 RB 模态的个数相同的、线性时不变的机电运

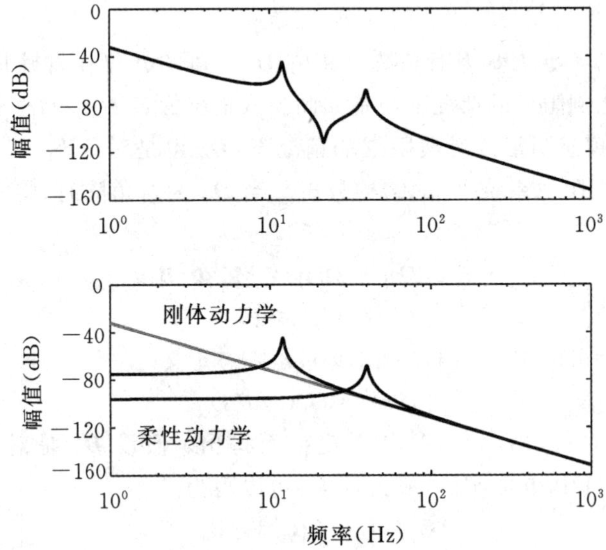

图 27.1 频率响应测量量(上图)可以理解为柔性和刚体模态的贡献之和(下图)

动系统的控制问题,其典型应用包括半导体制造过程中使用的高性能定位平台[8]、电子显微镜以及元件置放机。这类系统的动力学特性主要由其机械结构决定,因此它们的机械结构一般被设计得既轻便又具有刚性,以使得由柔性动力学特性引发的共振模态仅出现在高频段。

$$\boldsymbol{G}_p(s)=\sum_{i=1}^{N_{rb}}\frac{\boldsymbol{c}_i\boldsymbol{b}_i^{\mathrm{T}}}{s^2}+\sum_{i=N_{rb}+1}^{N}\frac{\boldsymbol{c}_i\boldsymbol{b}_i^{\mathrm{T}}}{s^2+2\zeta_i\omega_i s+\omega_i^2} \tag{27.9}$$

其中,N_{rb} 表示 RB 模态的个数;参数 ζ_i,ω_i 分别表示柔性模态的相对阻尼和共振频率;向量 c_i,b_i 对第 i 个模态振型的方向进行扩张,并且在所有频率处均为常值。由于共振频率 ω_i 通常较高,所以可以分别利用静态输入(和/或输出)变换 T_u,T_y 将对象近似解耦:

$$\boldsymbol{G}_{yu}(s)=\boldsymbol{T}_y\boldsymbol{G}_p(s)\boldsymbol{T}_u=\boldsymbol{G}(s)+\boldsymbol{G}_{\mathrm{flex}}(s) \tag{27.10}$$

$$\boldsymbol{G}(s)=\frac{1}{ms^2}\boldsymbol{I} \tag{27.11}$$

其中,$m\in\mathbb{R}^1$(只有在平移的情况下才这样表示;否则,表达式中应包含惯性项);$\boldsymbol{G}_{\mathrm{flex}}(s)$描述对象的柔性动力学特性,通常是非对角矩阵。在许多应用中,共振模态的频率和阻尼在对象的生命周期内会发生变化,并且对位置变化比较敏感。这些动力学特性的变化会引起鲁棒性问题,而我们的目标是准确控制对象的 RB 行为。

27.3 前馈控制设计

工业运动系统通常被设计用来执行步进和扫描运动或摘拾放置动作。一般采用分段的有限阶多项式作为参考曲线,这些曲线包含恒定的速度、加速度、加加速度、加加速度微分等运动阶段。这些参考轨迹的能量大多数集中在低频段,因此共振动力学特性很少被激发,尤其是在轻便且具有刚性的结构中。如果共振模态被激发,可以采用输入整形技术来降低其在特定频带内的能量。

如上所述，采用加速度前馈 K_{fa}、速度前馈 K_{fv} 以及摩擦前馈 K_{fc}（对于加性重复干扰）是现代运动控制平台的标准特征，具体如图 27.2 所示。本节的剩余部分将把逆动力学的概念拓展到一般的 MIMO 情况。

采用前一节的模型假设，可以为具有高频共振动力学特性的 RB 系统推导出如下简化模型：

$$\hat{\boldsymbol{G}}(\boldsymbol{s}) = \boldsymbol{G}_{rb}\frac{1}{s^2} + \hat{G}_{\text{flex}} \tag{27.12}$$

该模型包含了一个常值矩阵，用以表示 RB 模型中**所有**低频模态的贡献。

这里关注的目标是，在所有的运动时刻始终跟踪给定的参考曲线。假设对象输出 y 的测量位置即为拟实现的跟踪性能的位置；若非如此，将会涉及到推理运动控制问题[9]。因此，可以借助图 27.2 所示的由参考轨迹 $\boldsymbol{r}$ 到伺服误差 $\boldsymbol{e}$ 的传递函数来研究低频跟踪问题：

$$\boldsymbol{e} = S_o(s)(\boldsymbol{I} - \boldsymbol{T}_y\boldsymbol{G}(s)\boldsymbol{T}_u F(s))\boldsymbol{r} \tag{27.13}$$

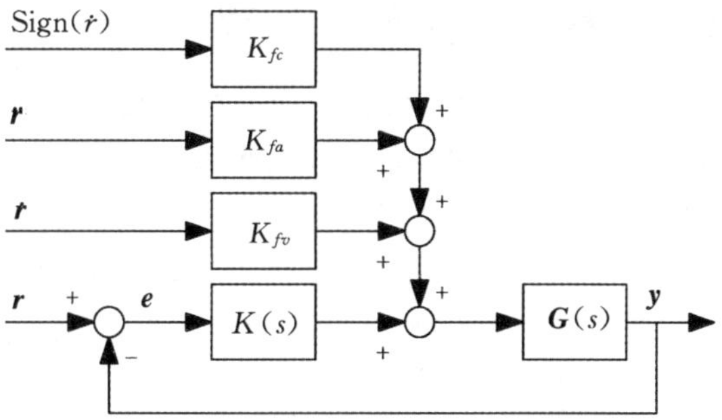

图 27.2 具有加速度、速度以及摩擦前馈的反馈控制回路

其输出灵敏度被定义为 $S_o(s) = (\boldsymbol{I} - T_y G(s) T_u K(s))^{-1}$。通常可以设计一个前馈控制器来近似对象的逆。由于许多运动系统包含主导的 RB 特性，在实践中可以借助**加速度前馈**来使用 RB 前馈的逆，那么

$$F(s) = \widetilde{\boldsymbol{G}}_{rb}^{-1} s^2 \tag{27.14}$$

也就是说，$\widetilde{\boldsymbol{G}}_{rb}$ 是 K_{fa} 在 MIMO 情况中的拓展。根据式(27.12)所示的对象模型，可以将我们感兴趣的传递函数写为

$$\begin{aligned}\boldsymbol{e} &= S_o(s)(\boldsymbol{I} - (\widetilde{\boldsymbol{G}}_{rb}\frac{1}{s^2} + \widetilde{\boldsymbol{G}}_{\text{flex}})(\widetilde{\boldsymbol{G}}_{rb}^{-1}s^2))\boldsymbol{r} \\ &= -S_o(s)\widetilde{\boldsymbol{G}}_{\text{flex}}\widetilde{\boldsymbol{G}}_{rb}^{-1}s^2\boldsymbol{r}\end{aligned} \tag{27.15}$$

很明显，这里存在一个从参考轨迹的加速度到伺服误差的残差传递函数。由于 $\widetilde{\boldsymbol{G}}_{\text{flex}}\widetilde{\boldsymbol{G}}_{rb}^{-1}$ 项是常量，那么当没有施加反馈控制时（$\boldsymbol{S}_o = \boldsymbol{I}$），伺服误差等于参考曲线的加速度的 $\widetilde{\boldsymbol{G}}_{\text{flex}}\widetilde{\boldsymbol{G}}_{rb}^{-1}$ 倍。当施加反馈控制时，输出灵敏度函数在低频段的斜率至少是 +2，因此伺服误差在该运动的非零加加速度阶段具有峰值。由加速度到伺服误差的残差传递函数决定了对角项的交互作用和低频跟随性能，该传递函数无法通过加速度前馈而得到简化。

为了增强跟踪性能,还可以利用参考轨迹的更高阶微分。**加加速度微分前馈控制器**[2,3]利用了四阶微分近似,相应的新的MIMO加加速度微分前馈控制器变为

$$F(s)=\boldsymbol{F}_{acc}s^2+\boldsymbol{F}_{djerk}s^4 \tag{27.16}$$

$$\boldsymbol{F}_{acc}=\widetilde{\boldsymbol{G}}_{rb}^{-1} \tag{27.17}$$

$$\boldsymbol{F}_{djerk}=-\widetilde{\boldsymbol{G}}_{rb}^{-1}\widetilde{\boldsymbol{G}}_{\mathrm{flex}}\widetilde{\boldsymbol{G}}_{rb}^{-1} \tag{27.18}$$

其中的第一项表示传统的加速度前馈,第二项表示(多变量)加加速度微分前馈(*djerk*)。如果对象的RB模态是解耦的,那么该加加速度微分前馈部分可以补偿柔性模态,而不必将其在低频解耦。

需要指出的是,若采用该实现方式,可以在对加速度前馈控制进行调节后随即调节加加速度的微分前馈,这便于手动调整,但同时会逐渐增大前馈控制器的复杂度。

27.4 反馈控制设计

27.4.1 系统辨识——获取频率响应函数

考虑如图27.3所示的标准的单位反馈结构。设计任何控制器的第一个必要步骤是确定系统的动力学模型。假若已实现机械机构,那么接下来就需要确定合适的测量方案。对于运动系统,频率响应测量一般是利用噪声信号、单一正弦信号、扫频正弦信号或者特定的多频率正弦信号而实现的。需要重点指出的是,大多数运动系统都具有RB模态(即基本动力学模型中包含双积分器),因此它们是开环不稳定的。

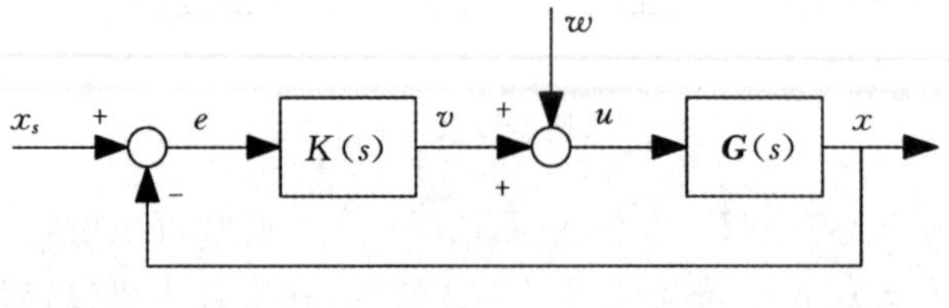

图27.3 标准的单位反馈结构

正因如此,一个方便甚至必要的做法是,首先采用一个低带宽的PD控制器$K(s)=\mathrm{D}s+\mathrm{P}$将系统镇定。一般情况下,可以在1～10 Hz的范围内选择控制器的零点(P/D比)。如果已知系统的符号,那么可以在保持P/D恒定的前提下简单地调整系统增益;或者在给定系统一个适当的设定值后,先增大D,然后增大P(调整过程中必须克服阻尼)。该方法被认为是一种时域调整方法,根据该方法只能得到低带宽的控制器,因此比较适于首次镇定的情况。在成功实施该方法后,可以进行辨识实验。虽然许多工程师在闭环情况下执行该操作,但也可以通过测量输入u对应的输出y来实现对对象的直接测量。众所周知,如果在u,y之间存在显著的干扰,那么由于相关性,将需要测量对象与逆控制器的线性组合。

鉴于该原因,应该采用辅助变量法:例如,测量如图27.3所示的过程灵敏度y/w和灵敏度u/w,然后将这两个频率响应做除法,由此可以得到对象的一个无偏估计。在MIMO系统中也可以采用相同的方法,但需要在每个频率测量点进行恰当的矩阵变换。

27.4.2 回路整形——SISO 的情况

假设 FRF 已经给出，本节首先简要总结一下针对 SISO 系统的回路整形方法。作为例子，考虑如图 27.4 所示的一种工业打印机的 FRF 测量结果。

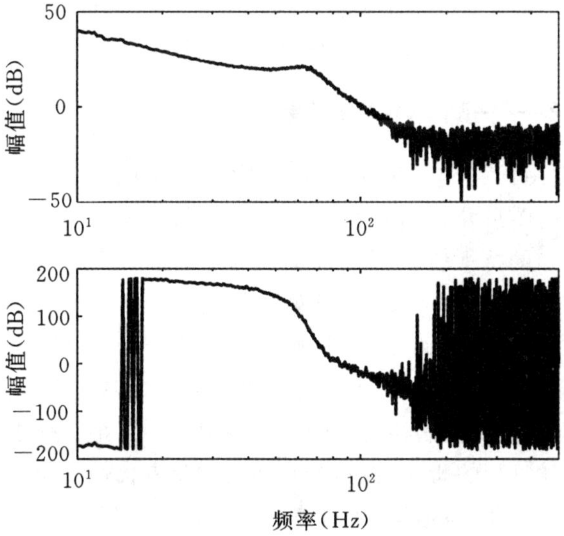

图 27.4 一种工业打印机的 FRF 测量结果

回路整形的核心思想是，对控制器进行修改，使其开环满足性能指标。该方法能够良好工作的原因是，控制器被线性地引入到开环传递函数 $l(j\omega)=g(j\omega)k(j\omega)$ 中，这便于既快又容易地推断出应该修改控制器的哪个部分。然而在实际中，所有的性能指标理所当然地是根据系统的最终性能给出的，即以闭环形式给出。因此，我们需要将闭环性能指标转换为开环性能指标。量化反馈理论(Quantitative Feedback Theory，QFT)就是以该思想为基础。通常我们需要对外部信号(设定值、干扰)进行建模并确定关于误差的性能指标。如何确定设定值涉及到反馈设计，在大多数情况下都与所需的带宽无关。对干扰进行建模存在一定难度，特别是在 MIMO 的情况下[15]。

假设干扰的频谱成分已知，以对象输入端存在一个幅值已知的正弦外力干扰的简单情况为例，如果我们知道有关误差幅值的性能指标，那么可以推出对过程灵敏度在相应频率处的要求。在知道相应频率处的过程增益后，可以计算出所需消弱的灵敏度。由于灵敏度在低频段可由开环情况下的逆来近似，那么可将其转变为在相应频率处对开环的性能指标要求。我们知道，一个调节好的运动系统的开环斜率位于 −2 与 −1 之间(在穿越频率处必定接近 −1)，那么可以据此估计需要的穿越频率 w_c。现在闭环性能指标已经转变为开环性能指标，下一步即为回路整形过程。

在确定所需要的穿越频率后，观测对象的 FRF。首先，选择合适的控制器结构，使得对象可以被镇定。即检查对象在穿越频率 ω_c 处的相位；如有必要，增加 ***D*** 的作用。一般来说，第一个运动控制器是零点(**P/D**)位于穿越频率 ω_c 的 PD 控制器。然后增强积分作用,通常使积分项的零点位于 $\omega_c/5$ 处。为了预防回路中的高频噪声,引入一个截止频率为 $5\cdot\omega_c$、相对阻尼为 0.5 的(二阶)低通滤波器。如果对象 FRF 中的寄生现象比较明显,还需应用一个陷波滤波器。在干扰包含特定频率成分的情况下,诸如逆陷波滤波器或者重复控制器的附加滤波器有助于改进系统的性能。在回路整形的整个过程中,需要通过调整来获得适当的裕量。其中,模数裕量(即灵敏度的峰值)最便于使用:它能够精确地表示 Nyquist 曲线与 -1 点之间的最小距离所对应的频率。若要修改该频率范围内的相位或幅度,需要格外小心。

27.4.3 回路整形——MIMO 的情况

在 MIMO 系统中应用回路整形具有一定难度。系统的稳定性由闭环多项式 $\det(\boldsymbol{I}+\boldsymbol{L}(s))$ 决定,因此可以利用图形化的特征根轨迹对其进行分析。特征根轨迹是开环传递矩阵 $\boldsymbol{L}(s)$ 所对应的 FRF $L(j\omega)$ 的特征值。一个 N 输入 N 输出的系统具有 N 条特征根轨迹。为了分析系统的稳定性,可以采用广义 **Nyquist 判据**[16]。若开环的 FRF 矩阵是非参数化的,可以在复平面内画出特征根轨迹。如果每条根轨迹均不包围$(-1,0)$点,那么该 MIMO 系统是闭环稳定的(对于开环稳定系统)。如果对象具有较大的非对角项(交互作用),不能直接对特征根轨迹进行整形。在该情况下,控制器的单个元素会影响到多个特征根轨迹,这可能导致反复设计并失去直观性。文献[17]的研究表明,若开环的**对角占优性**高于一定程度,可以允许对象之间存在交互,并且仍然采用频率响应回路整形设计技术。然而,裕量的概念将变得比较复杂。例如,在特征根轨迹图中观测到的相位裕量对所有回路在同一时刻的相位变化均是有效的。

在一些特例中,开环传递函数矩阵是对角的,即 $\boldsymbol{L}(\boldsymbol{s})=\mathrm{diag}(l_i(s))$,那么开环是解耦的,且

$$\det(\boldsymbol{I}+\boldsymbol{L}(\boldsymbol{s}))=\prod_{i=1}^{n}\det(1+\boldsymbol{l}_i(s)) \tag{27.19}$$

因此,开环传递函数矩阵的特征根轨迹由各个解耦的开环函数 $\boldsymbol{l}_i(s)$ 的频率响应决定,MIMO 反馈控制设计的复杂度降低为 SISO 反馈控制设计的复杂度。许多经典的 MIMO 控制设计方法尝试在回路的断开点(例如,对象的输入或输出)处将开环传递函数解耦。

MIMO 回路整形非常不直观的特点以及通常采用 SISO 回路整形方法这一事实,是现代设计工具在工业运动系统中应用的主要障碍。基于该原因,我们提出了一种分步设计方法,该方法只在必要情况下才会增加复杂度。对于 MIMO 运动系统,该控制设计方法包括如下步骤:

1. 交互作用分析
2. 解耦变换
3. 独立式反馈控制设计
4. 顺序式反馈控制设计
5. 基于范数的控制设计

除最后一个步骤外,以上步骤都可以借助对象的非参数化模型(频率响应)进行实现。基于范数的反馈设计方法需要对象的参数化模型。在采用算子范数对控制器进行综合前,重要

的一步是对对象进行尺度变换和条件化。

27.4.3.1 交互作用分析

交互作用分析的目标是辨识出对象动力学模型中的双向交互作用。如果不存在双向交互作用，那么可以选择一个对角传递函数矩阵控制器来实现闭环稳定性，如同开环解耦时的情况一样。即，从稳定性角度来说，反馈设计只是多个 SISO 设计问题的汇总。

我们采用两种指标来判别对象是否存在交互作用：(1)每个频率处的相对增益阵列(Relative Gain Array，RGA)与(2)采用交互作用的结构化奇异值(Structured Singular Value，SSV)来衡量输出的乘性不确定性。

定义 27.1：

与频率有关的相对增益阵列(RGA)[16,18]的计算方式为

$$\mathrm{RGA}(G(j\omega)) = G(j\omega) \times (G(j\omega)^{-1})^{\mathrm{T}} \tag{27.20}$$

其中，×表示按元素做乘法。

对于任意频率 ω(rad/s)，RGA 的每个行与列的和均为 1。若$(\mathrm{RGA})(j\omega)=I$，$\forall\,\omega$，则可以完美地实现双向解耦；如若不然，可以采用下一个指标进一步进行交互作用分析。

定义 27.2：

用于衡量交互作用的结构化奇异值(SSV)：令 $E_T = G_{nd}(j\omega)G_d^{-1}(j\omega)$，

$$\mu_D(E_T(j\omega)) < \frac{1}{2}, \quad \forall\,\omega \tag{27.21}$$

其中，μ_D 是关于反馈控制器的对角(解耦)结构的结构化奇异值[19]。

如果采用具有对角型传递函数矩阵的控制器，那么在不能满足该条件的频率处，必须把控制增益保持在较小值(远小于 0 dB)。当存在交互作用时，该条件粗略地表明了可以达到的性能。

27.4.3.2 解耦变换

重新定义对象的输入输出是消弱对象交互作用的一种常用方法。我们可以在一个更加解耦的坐标系中对多个输入或输出进行组合来控制系统。对于运动系统而言，大多数这种变换都是以运动学模型为基础而建立起来的。在这方面，执行机构的组合是按照能够使各个执行变量可以在重心处以相互独立(正交)的方向运行这一标准而决定的。同样地，传感器的组合是根据重心的每次转移和旋转都可以被独立地测量这一标准而决定的。这基本上是对象的运动学模型的逆过程。

由于运动系统通常被设计得既轻便又具有刚性，运动学解耦(RB 解耦)一般足以在穿越(带宽)频率处实现可接受的解耦。此外，对象特定的二元模态结构可以用来对柔性模态动力学(寄生于低阻尼)进行解耦，那么一个常值 I/O 变换通常足以将系统解耦。

一些文献描述了动态解耦方法或者在不同频率处(当然穿越频率最相关)的静态解耦方法，然而这些方法在应用时都比较复杂。

解耦变换的效果可以采用前面介绍的交互作用指标进行衡量。

27.4.3.3 独立式回路闭合

对于那些交互作用较弱或者几乎可以成功解耦的系统，可以通过独立地闭合各个控制回

路来设计对角型控制器,该过程可称为独立式回路闭合。对于残留的交互作用,我们将在分析中进行解释。

为了说明这一过程,我们利用如下分解:

$$\det(\boldsymbol{I}+\boldsymbol{GK})=\det(\boldsymbol{I}+E_T\boldsymbol{T}_d)\det(\boldsymbol{I}+\boldsymbol{G}_d\boldsymbol{K}) \tag{27.22}$$

其中的 $\boldsymbol{T}_d=\boldsymbol{G}_d\boldsymbol{K}(\boldsymbol{I}+\boldsymbol{G}_d\boldsymbol{K})^{-1}$。对于该分解方法,读者也可参阅文献[20]。通常 $\boldsymbol{G}_d(s)$ 仅被选为对象的传递函数矩阵的对角项,对象的非对角项 $\boldsymbol{G}_{nd}(s)=\boldsymbol{G}(s)-\boldsymbol{G}_d(s)$ 的作用由 $\boldsymbol{E}_T(s)$ 体现。那么,MIMO 闭环稳定性的评估可以分成两部分:一是 N 个非交互回路的稳定性,即 $\det(\boldsymbol{I}+\boldsymbol{G}_d(s)\boldsymbol{K}(s))$;二是 $\det(\boldsymbol{I}+\boldsymbol{E}_T(s)\boldsymbol{T}_d(S))$ 的稳定性。在第二种稳定性测试中,$\boldsymbol{T}_d$ 表示 N 个解耦回路的互补灵敏度函数。若 $\boldsymbol{G}(s)$ 和 $\boldsymbol{T}_d(s)$ 是稳定的,那么可以采用小增益定理[16]找到 $\det(\boldsymbol{I}+\boldsymbol{E}_T\boldsymbol{T}_d)$ 稳定的充分条件:

$$\rho(\boldsymbol{E}_T(j\omega)\boldsymbol{T}_d(j\omega))<1,\quad \forall\,\omega \tag{27.23}$$

其中,ρ 表示谱半径。保守起见,存在如下充分条件:

$$\mu_{\boldsymbol{T}_d}(\boldsymbol{E}_T(j\omega)\boldsymbol{T}_d(j\omega))<1,\quad \forall\,\omega \Rightarrow \tag{27.24}$$

$$\bar{\sigma}(\boldsymbol{T}_d(j\omega))<\mu_{\boldsymbol{T}_d}(\boldsymbol{E}_T(j\omega))^{-1},\quad \forall\,\omega \tag{27.25}$$

其中,$\mu_{\boldsymbol{T}_d}$ 是与 $\boldsymbol{T}_d$ 的对角(解耦)结构有关的 SSV[19]。由于 $\bar{\sigma}(\boldsymbol{T}_d(j\omega))=\max_i|\boldsymbol{T}_{d,ii}(j\omega)|$,所以式(27.24)所示条件意味着将单个边界作用于 $\boldsymbol{T}_d$ 的最差回路(最大增益)。

由于每个控制回路没有涉及到其他(以前)已调整好的控制回路,那么如果任意一个回路被打开,其他闭环仍能保持稳定。由于独立式回路闭合设计方法采用了充分条件,通常会导致一个保守(低性能)的设计。

27.4.3.4 顺序式回路闭合

如果交互作用较大,但还不太显著(这依赖于量化方法),那么选择顺序式回路闭合方法比较合适。该方法需要利用先前已设计好的每个控制器的信息,其中的控制设计是相关的,可以降低控制设计的保守度,所得到的控制器仍具有对角型传递函数矩阵。

原则上,我们可以从 MIMO 对象的开环 FRF 开始设计,然后采用 SISO 回路整形方法闭合一个回路。将所设计的控制器与对象看作一个整体,那么可以得到一个少了一对输入输出的新 FRF。接下来,采用类似的方法设计下一个回路。该过程可以形式化地描述为:对于 $\boldsymbol{K}=\mathrm{diag}\{k_i\},i=\{1,\cdots,n\}$,根据下式所示性质[21]来设计其中的每个 SISO 控制器 k_i:

$$\det(\boldsymbol{I}+\boldsymbol{GK})=\prod_{i=1}^{n}\det(1+g^ik_i) \tag{27.26}$$

在每个设计步骤 i 中,将等价对象 g^i 定义为下分式变换(Lower Fractional Transformation,LFT):

$$g^i=\mathscr{F}_l(\boldsymbol{G},-\boldsymbol{K}^i) \tag{27.27}$$

其中,$\boldsymbol{K}^i=\mathrm{diag}\{k_j\},j=\{1,\cdots,n\},j\neq i$。

如果多变量系统在每个设计步骤中都是闭环稳定的,那么该系统名义上是稳定的。若将这些回路按照它们被设计时的逆顺序打开,系统仍能保持闭环稳定。然而,如果将任意一个回路打开,便不能保证闭环稳定性。此外,即使每个设计步骤均具有一定的鲁棒裕度,仍不能保证最终的多变量系统的鲁棒稳定性[22]。

许多顺序控制方法是在 QFT 框架下而发展起来的[12~14]。此外,级联控制设计通常与顺序设计十分相似。

顺序式设计方法具有以下缺点：(1)设计步骤的顺序对可达到的性能影响很大，目前还没有一种可以确定最优设计顺序的通用方法，这可能导致反复设计，特别是对于大型的MIMO系统；(2)不能保证将先前所设计的回路的鲁棒裕度保留下来，每一步的鲁棒裕度并不意味着最终的闭环系统的鲁棒性；(3)由于每个设计步骤通常只考虑单个输出，那么先前所设计的回路的响应性能可能会恶化，这就需要进行反复设计。

尽管如此，顺序式回路整形方法仍是一种能够消弱独立式回路闭合方法的保守性，且复杂度(SISO回路整形，以FRF作为对象模型)较低的好方法。

27.4.3.5　基于范数的控制设计

如果上述方法不成功，接下来可以考虑采用基于范数的控制设计方法。该设计方法需要采用一个参数化(例如，状态空间模型)的加权滤波器在算子范数(比如 H_2，H_∞)意义上表示控制问题。对对象的动力学特性进行参数化建模通常需要花费很多时间和经济代价，一般还会增加控制器设计的复杂度。最近的研究倾向于利用基于FRF(数据)的模型来解决该问题。

在应用中，我们将说明参数化模型的复杂度是如何逐步建立起来的：将未建模的动力学特性作为(非结构化的)不确定性来处理，直到更高阶模型。

文献[1]给出了一些将基于范数的控制设计方法应用于运动系统的技巧。举例来说，首先采用上述步骤中的其中一种方法设计一个低性能的分散控制器，然后将该控制器与对象看作一个整体，并针对给定的加权滤波器，计算所有的MIMO FRF以及范数。这为(精细)调整权重提供了一个良好的初始设置。

此外，有必要细致地说明一下尺度变换的影响。在许多现有的实际系统中，执行机构和传感器的放大倍数是任意选择的。由于算子范数采用标量指标表示所有矩阵的性质，那么增广对象(也就是对象)的尺度变换对于控制问题的定义至关重要。因此，应为对象选择合适的输入输出尺度变换，使得在所关注的回路断开点处，闭环函数(设计目标)、闭环函数的增益对输入的方向(在回路断开点处)的依赖性较弱。也就是说，各个频率处的最大和最小奇异值(主要增益)较为接近。由此可以得到以下法则：

1. 经验法则1：通过尺度变换，使对象在期望的穿越频率处的增益为0 dB。
2. 经验法则2：对输入输出应用尺度变换 $\boldsymbol{D}, \boldsymbol{D}^{-1}$，其中的 $\boldsymbol{D}$ 是对角阵，使得由输入到输出的交叉项(每个对角项)的大小接近。

下一节将介绍AFM运动控制设计的各个步骤。

27.5　计量型AFM的控制设计

计量型AFM主要用来刻画待校准的商业AFM的传递标准。如图27.5所示，计量型AFM由一个高精度的3自由度平台、一个Topometrix公司生产的AFM头，以及一个用来在所有自由度上测量平台位置的ZYGO干涉仪组成。平台上承载着样本，它必须以高精度在(x,y)平面完成一次轨迹扫描。该平台由三个压电叠堆式的执行机构通过一个柔性机构来驱动，它在(x,y)扫描平面内的活动范围为100 μm，在z成像方向上的范围为20 μm。AFM头的悬臂挠度可由激光和光探测器来测量获得,干涉仪的激光和镜子与悬臂上的尖头须准确对齐,从而尽可能减小 Abbe 误差。ZYGO 干涉仪在所有自由度上的测量值都可以精确到长度计量的基准。表 27.1 给出了在将压电式执行机构解耦后,所有传感器的分辨率以及停滞噪声的均方根(root-mean-square,rms)值。

计量型 AFM 采用反馈控制,其输入为所有自由度上压电叠堆式执行机构的电压 $u_i(V)$,$i=\{x,y,z\}$,输出为 ZYGO 干涉仪在$\{x,y\}$扫描方向上的输出和光探测器在 z 成像方向上的输出,具体如图 27.6 所示。当平台带动样本在所有三个自由度上相对于悬臂进行移动时,它将以恒力模式去控制悬臂的尖头。ZYGO 干涉仪在 z 方向上的输出被用来直接测量样本的形貌图。该 MIMO 系统可以表示为

$$\begin{bmatrix} x \\ y \\ z_t \end{bmatrix} = \begin{bmatrix} G_{xx} & G_{xy} & G_{xz} \\ G_{yx} & G_{yy} & G_{yz} \\ G_{zx} & G_{zy} & G_{zz} \end{bmatrix} \begin{bmatrix} u_x \\ u_y \\ u_z \end{bmatrix} \tag{27.28}$$

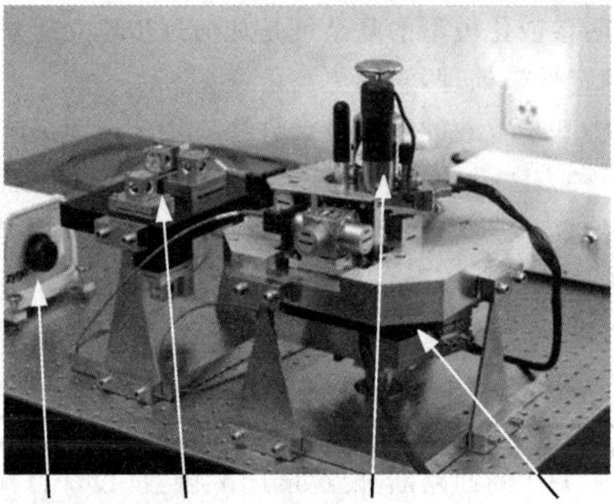

图 27.5 计量型 AFM

表 27.1 不同传感器的分辨率及噪声的均方根值

传感器	分辨率(mm)	噪声的均方根植(nm)
ZYGO x	0.15	3.56
ZYGO y	0.15	3.06
ZYGO z	0.15	1.25
Head z_t	0.05	0.14

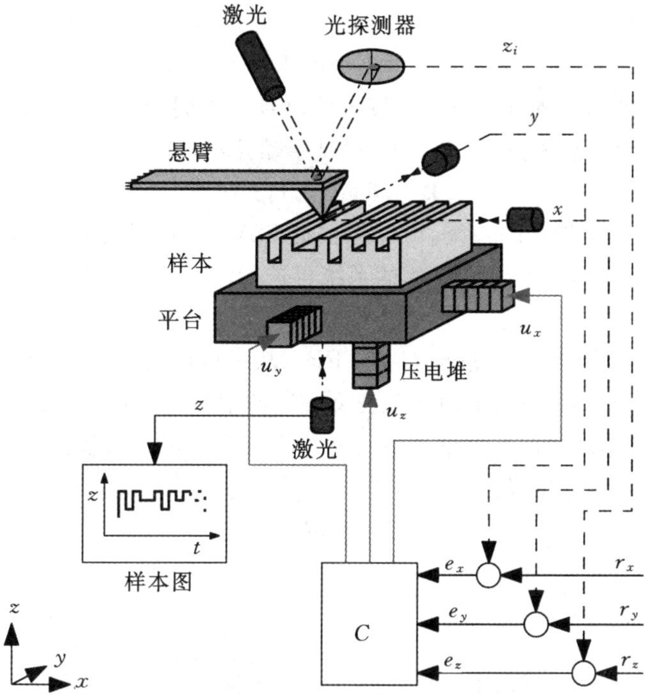

图 27.6　计量型 AFM 及其反馈控制结构的示意图

27.5.1　非参数辨识

FRF 是设计高性能控制系统的关键。借助一个在时域中调整好的低精度的分散控制器，可以将对象在闭环中辨识出来。为了达到该目的，采用零均值的白噪声信号独立地激励每个输入 $\boldsymbol{u}=[u_x, u_y, u_z]^{\mathrm{T}}$。这样，在每个实验中可以采用输入灵敏度传递函数的估计

$$\boldsymbol{S}_i(j\omega) = (\boldsymbol{I}+\boldsymbol{K}(j\omega)\boldsymbol{G}(j\omega))^{-1} \tag{27.29}$$

和过程灵敏度传递函数的估计

$$\begin{aligned}\boldsymbol{PS}(j\omega) &= (\boldsymbol{I}+\boldsymbol{G}(j\omega)\boldsymbol{K}(j\omega))^{-1}\boldsymbol{G}(j\omega)\\ &= \boldsymbol{G}(j\omega)(\boldsymbol{I}+\boldsymbol{K}(j\omega)\boldsymbol{G}(j\omega))^{-1}\end{aligned} \tag{27.30}$$

来填充列。其中，式(27.30)可由文献[16]中给出的“穿越准则”来证明。多变量对象 $\boldsymbol{G}$ 的 FRF 可以确定为

$$\boldsymbol{G}(j\omega) = \boldsymbol{PS}(j\omega)\boldsymbol{S}_i(j\omega)^{-1} \tag{27.31}$$

根据所得到的对象 FRF 的质量(式(27.31))，可以利用首次获得的 FRF 设计一个新的控制器并重复以上辨识过程。由于闭环函数在带宽频率附近关于干扰和噪声的增益较高，所以可以设计新的辨识控制器，以便在感兴趣的频率范围内获得良好的测量质量。

27.5.2　尺度变换

对象的尺度变换和条件数在(基于范数的)MIMO 控制器的综合过程中至关重要。首先

对对象进行尺度变换,使其在每个自由度的期望穿越频率 15 Hz 处的增益为 0 dB。相应的尺度变换矩阵 $\boldsymbol{T}_u=\mathrm{diag}\{1.68\times10^{-4},2.11\times10^{-4},1.48\times10^{-2}\}$,尺度变换后的系统为 $\boldsymbol{G}_T=\boldsymbol{G}\boldsymbol{T}_u$。图 27.7 中的灰色虚线给出了尺度变换后的系统的 FRF$\boldsymbol{G}_T(j\omega)$。

图 27.7 中 $\boldsymbol{G}_T$ 的非对角项在 z 方向的输入输出具有不同增益。为了改进条件数,对输入输出进行尺度变换。由于系统只有 3×3 维,通过手动计算,可以确定尺度变换矩阵为

$$\boldsymbol{D}=\mathrm{diag}\{1,1,\alpha\} \tag{27.32}$$

其中的 $\alpha=-35$ dB。对于较大的系统,可以把根据 SSV 计算得到的矩阵 $\boldsymbol{D}$ 用作输入输出尺度变换矩阵[19]。最后,对经过尺度变换后的系统再进行输入输出尺度变换,可得

$$\boldsymbol{G}=\boldsymbol{D}\boldsymbol{G}_T\boldsymbol{D}^{-1} \tag{27.33}$$

图 27.7 中的黑色实线给出了系统 $\boldsymbol{G}$ 的 FRF。从中可以看出,对角项在期望的带宽频率 15 Hz 处的幅值为 0 dB,并且所有非对角项在低频段的增益近似相等。在本示例的剩余部分,我们将式(27.33)给出的经过两次尺度变换所得到的系统 $\boldsymbol{G}$ 定义为被控对象。对于控制器 $\boldsymbol{K}$,将对象在输出端的开环函数定义为

$$\boldsymbol{L}=\boldsymbol{G}\boldsymbol{K} \tag{27.34}$$

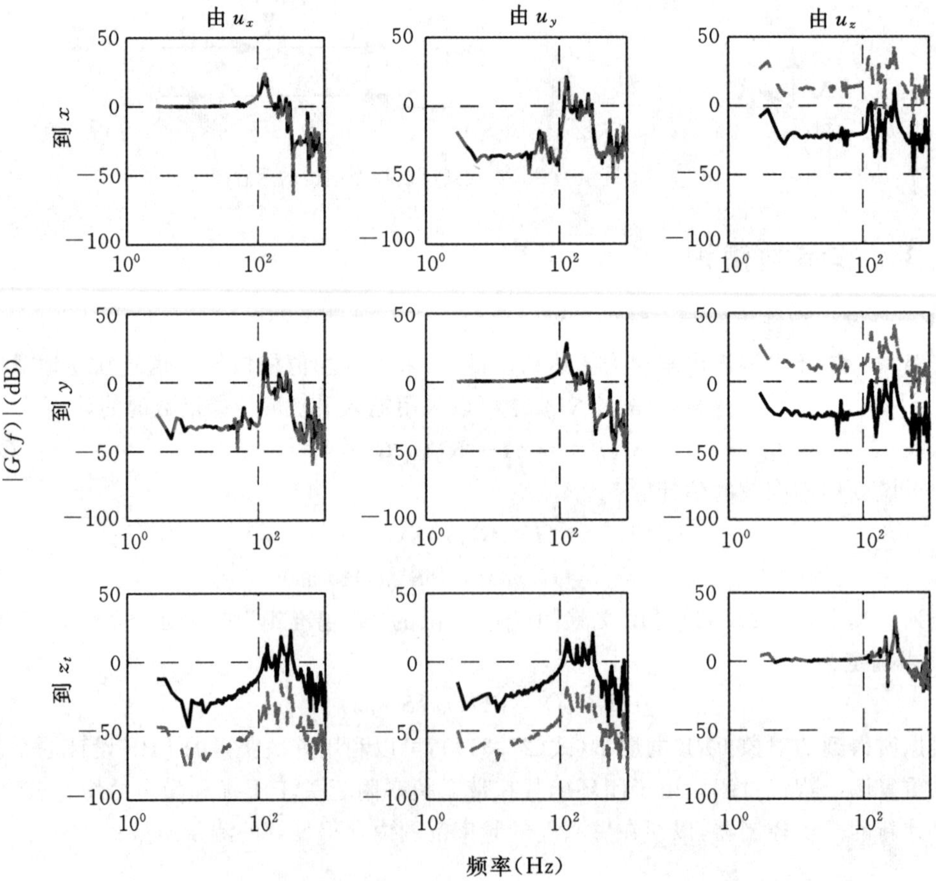

图 27.7 经过尺度变换后的系统 $\boldsymbol{G}_T$(灰色虚线)和 $\boldsymbol{G}$(黑色实线)的频率响应函数

27.5.3 交互作用分析

正如 27.4.3 节所讨论的那样，在进行尺度变换时，可以使用 RGA 和 SSV 来度量交互作用。由于这两种交互作用度量指标与尺度变换是独立的，所以 $\boldsymbol{G}$ 与 $\boldsymbol{G}_T$ 的结果相同。

为了评估计量型 AFM 不同轴间的交互作用，需要根据式(27.20)计算出与频率有关的 RGA[16,18]。对于所有的频率 f(Hz)，RGA 的每个行与列的元素之和均为 1。若(RGA)($j\omega$)$=I,\forall\omega$，则可以实现完美解耦。图 27.8 给出了图 27.7 所示系统 $\boldsymbol{G}$ 的 RGA，当频率 $f<100$ Hz($f=2\pi j\omega$)时，该对象中基本不存在双向交互作用。

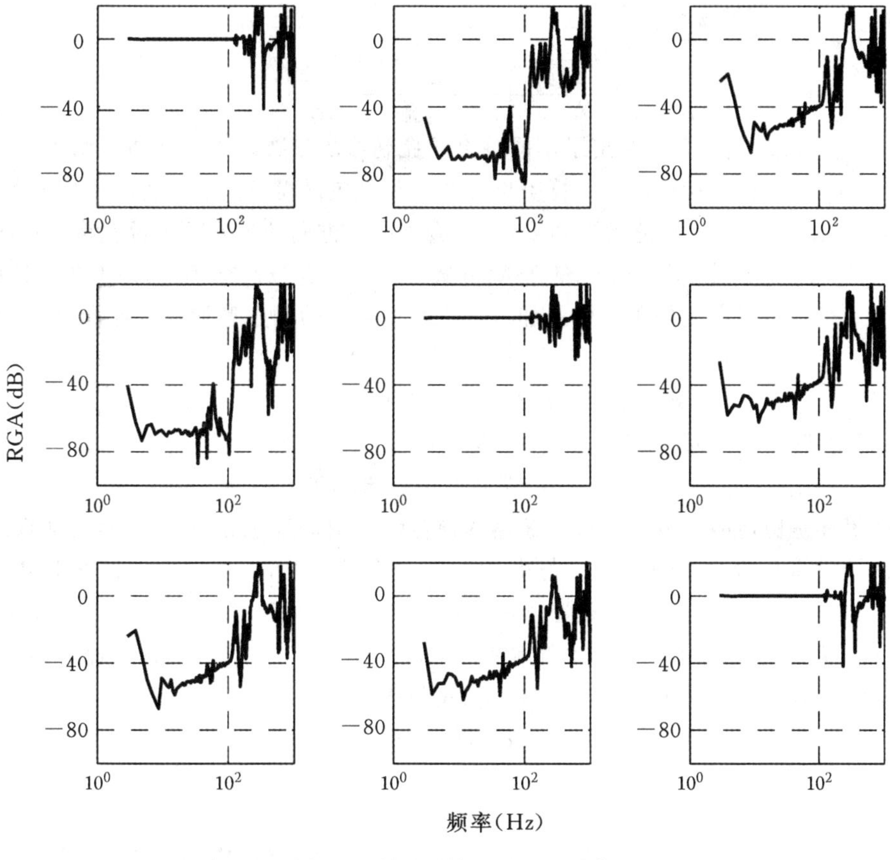

图 27.8 图 27.7 所示系统 G 的 RGA(式(27.20))

27.5.4 解耦变换

从图 27.8 给出的 RGA 中可以看出，通过设计，可以将系统在小于 50 Hz 的频段内很好地解耦。从物理角度而言，我们希望获得一个具有如下形式的传递函数矩阵：

$$\widetilde{G}(s)=\sum_{i=1}^{N}\frac{\boldsymbol{c}_i\boldsymbol{b}_i^{\mathrm{T}}}{s^2+2\zeta_i\omega_i s+\omega_i^2}$$

那么在低(零)频段，系统可被建模为 $\sum_{i=1}^{N}\boldsymbol{c}_i\boldsymbol{b}_i^{\mathrm{T}}/\omega_i^2$ 。当频率接近 50 Hz 时，可以把交叉项看作

常数。我们可以采用不同的矩阵对角化技巧来寻找解耦变换。对于解耦后的对象,如果计算交互作用度量指标,可以看到它们几乎没有什么不同;相应的带宽仍受到 x,y 方向上共振频率 121 Hz 的限制。

27.5.5 独立式控制设计

这里采用 SISO 回路整形技术为每个回路独立地设计反馈控制器:

$$\boldsymbol{K}^i = \mathrm{diag}\{K_x^i, K_y^i, K_z^i\} \tag{27.35}$$

其中

$$K_j^i = \underbrace{\frac{k}{s^2}}_{\text{int.}} \underbrace{\frac{1}{\dfrac{s^2}{(2\pi f_{j,1})^2} + \dfrac{2\beta_j}{2\pi f_{j,1}} s + 1}}_{\text{2nd order low pass}} \underbrace{\frac{\dfrac{s}{2\pi f_{j,2}} + 1}{\dfrac{s}{2\pi f_{j,3}} + 1}}_{\text{Lead}} \tag{27.36}$$

式中的 $j \in \{x, y, z\}$。表 27.2 给出了不同轴上的控制器的参数。为了评估采用了独立式控制器 $\boldsymbol{K}^i$ 后的 MIMO 系统的稳定性,计算得出了关于互补灵敏度 $\boldsymbol{T}_d$ 的对角结构的 SSV,具体如图 27.9(a)所示。从 SISO 回路整形角度而言,应该将 z 方向的带宽频率设置得比 x,y 方向更大一些。从图 27.9(a)中可以看出,充分条件(式(27.24))并没有被满足,即不能保证稳定性。

不失一般性,可以在充分条件中添加一个依赖于频率的对角型加权滤波器 $\boldsymbol{W}$ 以实现独立的分散控制。该滤波器对谱半径条件没有影响,即

$$\rho(\boldsymbol{E_T}(j\omega)\boldsymbol{W}(j\omega)\boldsymbol{W}^{-1}(j\omega)\boldsymbol{T}_d(j\omega)) < 1, \quad \forall \omega \tag{27.37}$$

具体可参阅文献[24]。如果在每个频率处,都有

$$\bar{\sigma}(\boldsymbol{W}^{-1}\boldsymbol{T}_d) \leqslant \boldsymbol{\mu}_{T_d}^{-1}(\boldsymbol{E_T W}) \tag{27.38}$$

成立,那么闭环是稳定的。带有加权滤波器的稳定性准则仍是充分条件,这里的加权滤波器只用于分析,并没有包含在控制器中。若将 $\boldsymbol{W}$ 选为对角阵,则可以突出每个回路对最大奇异值 $\boldsymbol{T}_d$ 的贡献。z 方向的互补灵敏度函数的衰减频率(50 Hz)要高于 x,y 方向的互补灵敏度函数,因此 x,y 方向的设计对 $\sigma_i(T_d)$ 的贡献在高频段会增大。与此同时,加权滤波器 $\boldsymbol{W}$ 可能导致 $\mu_{\boldsymbol{T}_d}(\boldsymbol{E_T W})$ 取较小的值。因此,对于该应用,我们选择

$$\boldsymbol{W}(s) = \mathrm{diag}\{w(s), w(s), 1\} \tag{27.39}$$

$$w(s) = \frac{\omega_w^2}{s^2 + 2\zeta_w \omega_w s + \omega_w^2} \tag{27.40}$$

其中,$\omega_w = 2\pi 50$ rad/s,$\zeta_w = 0.8$。如图 27.9(b)所示,由于 $\mu_{T_d}(\boldsymbol{E_T W})$ 的影响,边界值在较高频率处有所降低,由此可以满足闭环稳定性的加权充分条件。采用独立式回路整形技术设计的控制器是成功的,但这仅限于在穿越频率处。

表 27.2 独立式控制器 $\boldsymbol{K}^i$ 的参数

轴 j	k	$f_{j,1}$(Hz)	β_j	$f_{j,2}$(Hz)	$f_{j,3}$(Hz)
x	7943	150	0.6	12.5	100
y	7943	150	0.6	12.5	100
z	26 607	250	0.6	20	200

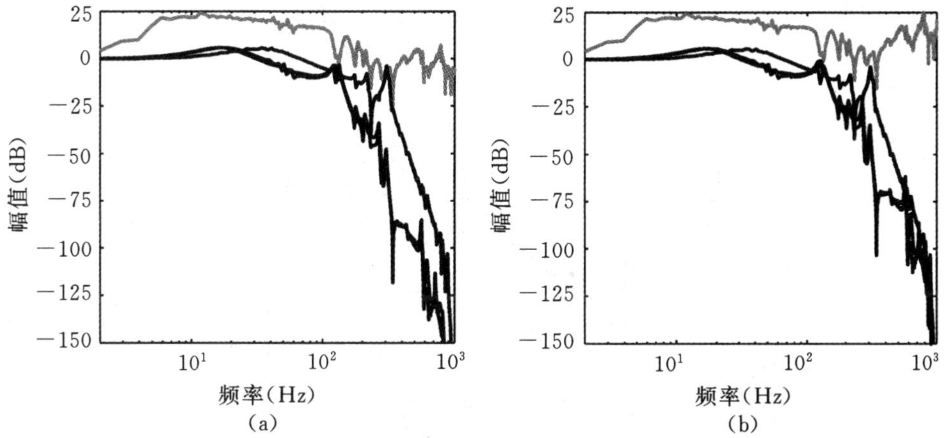

图 27.9 高带宽的分散控制器的稳定性充分条件。(a)没有经过尺度变换:不能满足充分条件;(b)采用了尺度变换矩阵 $\boldsymbol{w}$:可以保证稳定性

27.5.6 顺序式控制设计

采用独立式控制设计方法获得的分散控制器 $\boldsymbol{K}^i$ 也可以用来分析顺序式回路整形方法的稳定性。我们从可以达到最大带宽频率的回路开始,那么在低频段,其他回路几乎不会受到影响。然后,在 z 回路闭合的情况下分别设计 x、y 方向(先是 z 被控,然后 x 被控)。图 27.10 给出了这三种等价的开环形式。从中可以明显看出,每个回路都是稳定的;通过重复顺序设计步骤甚至有可能进一步提高带宽频率。这表明,仅通过改变稳定性分析,我们便降低了顺序式回路整形方法的保守度。在独立式回路整形设计中,仍有一些设计自由度没有被利用。

27.5.7 基于范数的控制设计

对于基于范数的控制设计,我们将混合灵敏度 H_∞ 控制设计问题形式化地描述为

$$\min_{stab.\,K}\left\|\begin{bmatrix}\boldsymbol{W}_s\boldsymbol{S}_o\\ \boldsymbol{W}_U\boldsymbol{K}\boldsymbol{S}_o\\ \boldsymbol{W}_E\boldsymbol{T}\end{bmatrix}\right\|_\infty \tag{27.41}$$

对于给定的加权滤波器 $\boldsymbol{W}_S$、$\boldsymbol{W}_U$、$\boldsymbol{W}_E$ 以及参数化模型,可以采用现成的标准软件进行控制器综合。由于经过尺度变换后,对象的 FRF 在期望的穿越频率处的增益为 0 dB,那么在小于 50 Hz 的频段,对象可由如下所示的(基本)参数化模型来表示:

$$\boldsymbol{G}_{model,1}(s)=\boldsymbol{I} \tag{27.42}$$

模型的不确定性可定义为

$$E(s)=(\boldsymbol{G}_{model,1}(s)-\boldsymbol{G}(s))\boldsymbol{G}_{model,1}(s)^{-1} \tag{27.43}$$

作为第一步,可以采用满足条件

$$\boldsymbol{W}_E(s)>\mu_{\boldsymbol{T}_d}(E(s)) \tag{27.44}$$

的标量加权滤波器 $\boldsymbol{W}_E(s)$ 克服最坏情况下每个频率处的不确定性。

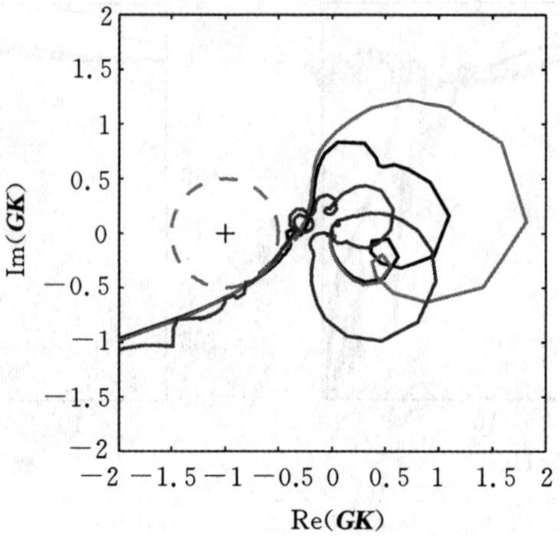

图 27.10　当采用顺序式控制设计方法时,MIMO 系统的等价开环形式。
x 方向(黑色线),y 方向(浅灰色线),z 方向(深灰色线)

为了保障实际系统的稳定性,根据式(27.24),将该加权滤波器取为互补灵敏度函数的上界。

这个简单模型限制了穿越频率。

另外一个改进模型采用二阶模型近似每个自由度:

$$\boldsymbol{G}_{model,2} = \mathrm{diag}\left\{\frac{1}{s^2 + 2\zeta_i\omega_i + \omega_i^2}\right\} \quad i = \{1,2,3\} \tag{27.45}$$

其中,需要选择合适的 ζ_i,ω_i,使其与三个通道的第一模态的共振频率相匹配。尽管该模型是六阶的,但考虑到其基本结构,后文仍将其称为二阶模型。同样地,由这些(新)模型简化引起的不确定性仍交由互补灵敏度函数的加权滤波器来处理。通过反复设计性能加权滤波器,可以得到如图 27.11 所示的灵敏度函数。从中可以明显看出,利用二阶模型并反复设计性能加权滤波器,可以达到更高的穿越频率。图中的浅灰线和黑线分别表示基于单位模型的 H_∞ 设计和基于二阶模型的 H_∞ 控制。

在以上工作的基础上,通过补偿/建模由采样引起的时延,可以更精细地对交叉项的(低)频率贡献进行建模。此外,为了进行更深入的分析,还可以考虑交互作用的具体情况(与方向相关),它在这里被建模为不确定性。μ 综合是一种能够解决该问题的控制方法。

此外还可以采用不同的控制设计方法。如果已对干扰的频率成分建模,可以将这些模型包含在加权滤波器中。如同 SISO 控制,采用简单的干扰模型独立地处理各通道中的干扰[1];更为先进一些的模型则会考虑不同干扰的方向和相关性[25]。随着所考虑物理模型的增多(增广对象的阶数增大),设计过程的复杂度也逐渐增强。由于要采用基于范数的综合技术,控制器的阶数也会有所增加。因此在某些情况下,有必要使用与控制相关的模型降阶技术以方便实现控制器。

对于使用了基于单位模型和基于二阶模型的 H_∞ 控制器的计量型 AFM,我们通过分别计算其特征根轨迹 $\lambda(\boldsymbol{GK}^I_{H_\infty})$ 和 $\lambda(\boldsymbol{GK}_{H_\infty})$,对它们的稳定性进行了评估。图 27.12 给出的特征根

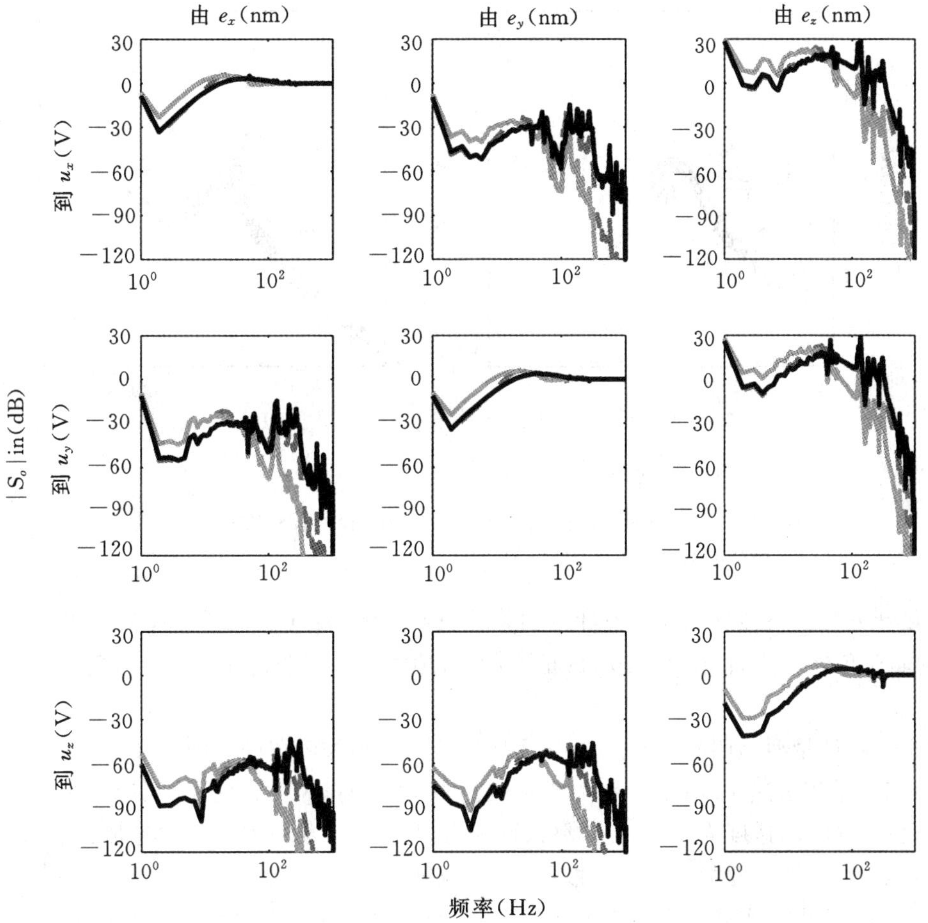

图 27.11 采用独立/顺序式控制器设计(深灰色虚线)、基于单位模型的 H_∞ 控制器设计(浅灰色实线)、基于二阶模型的 H_∞ 控制器设计(黑色实线)获得的输出灵敏度 $\boldsymbol{S}_o=(1+\boldsymbol{GK})^{-1}$

轨迹表明,这两种 MIMO 控制器均可以使系统稳定。由于基于二阶模型的 $\boldsymbol{K}_{H_\infty}$ 控制器的穿越频率较大,其高频共振变得更明显,图 27.12(b)中的圆圈显著地表明了这一点。

最后,对于所要实现的三种设计,尺度变换矩阵和解耦矩阵均按照下式与控制器集成在一起:

$$\boldsymbol{K}_{imp}(s)=\boldsymbol{T}_u\boldsymbol{T}_{scale,input}\boldsymbol{K}(s)\boldsymbol{T}_{scale,output} \tag{27.46}$$

27.5.8 实验结果

图 27.11 给出了由独立式控制器设计 $\boldsymbol{K}^i$、基于范数的控制器设计 $\boldsymbol{K}^I_{H_\infty}$(基于单位模型)和 $\boldsymbol{K}_{H_\infty}$(基于二阶模型)获得的输出灵敏度 $\boldsymbol{S}_o$。基于单位模型的 H_∞ 控制器设计方法得到的穿越频率最小,该设计方法的建模和控制器综合步骤都比较简单,但由于其模型不确定性较大,可达到的穿越频率降低。基于二阶模型的 H_∞ 控制器设计方法可达到的穿越频率略高于独立式

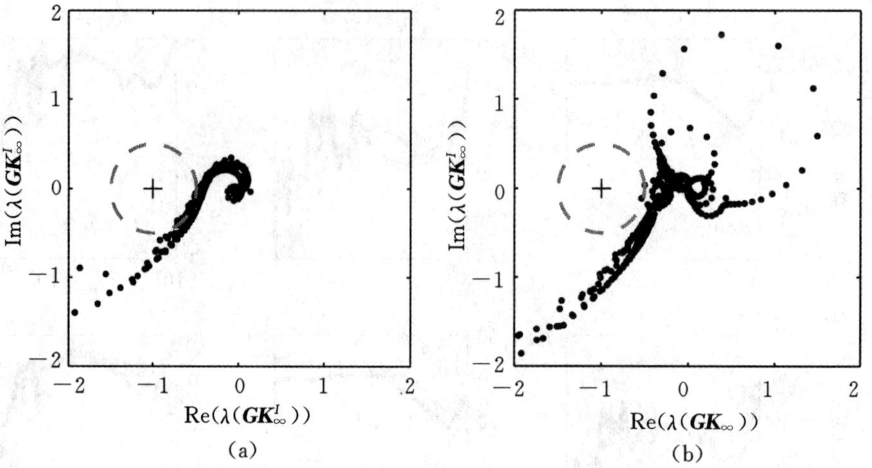

图 27.12　基于单位模型和基于二阶模型的 MIMO H_∞ 控制设计方法获得的特征根轨迹：(a)单位模型;(b)二阶模型

控制器设计方法。与独立式控制设计方法相比,两种 H_∞ 控制器在低频段都消弱了输出灵敏度 $\boldsymbol{S}_o$ 的非对角项。然而,在 $f>50$ Hz 的高频段,独立式控制器设计方法能够更好地抑制输出扰动。

通过针对计量型 AFM 的实验,测试了所设计的三种控制器的性能。在实验中,当慢速扫描 x 方向时,采用恒速 125 nm/s 作为设定值。当快速扫描 y 方向时,采用范围为 ± 25 μm 的三角形设定值曲线,速度为 25 μm/s,那么扫描周期为 4 s。始终对 z 方向施加控制,使尖头处恒定。在实验中,控制器的采样频率取为 $f_s=2$ kHz。

图 27.13 给出了实验中采用三种控制器获得的 ZYGO 干涉仪测量样本在 z 方向的形貌图,以及控制回路在 z 方向的跟踪误差(采用光探测仪获得)。由于平台没有绝对复位功能,测量样本的形貌图之间存在时移。当样本的形貌图发生转变时,可以看到三个控制器对应的样本形貌图具有明显区别。控制器 $\boldsymbol{K}^I_{H_\infty}$ 的穿越频率较低,对应的超调较大,而最小超调则由基于二阶模型的 H_∞ 控制器 K_{H_∞} 获得。三个实验所获得的跟踪误差的均方根值(rms)分别为 $\mathrm{rms}(e_{z_{K^i}})=9.69$ nm,$\mathrm{rms}(e_{z_{K^I_{H_\infty}}})=19.51$ nm,$\mathrm{rms}(e_{z_{K_{H_\infty}}})=8.40$ nm。图 27.13 的右半部分给出了累积功率谱密度(Cumulative Power Spectral Density,CPSD),它表明了跟踪误差之间的区别,以及 K_{H_∞} 相对于 K^i 的小改进。当 $f\to\infty$ 时,CPSD 收敛于跟踪误差均方根值的平方。

图 27.14 画出了实验中采用不同控制器获得的测量样本相对于所测得的 y 位置的形貌图。在三个实验中,样本形貌图的宽度和高度分别大约为 1.5 μm、300 nm。然而,从测得的形貌图中可以明显看到,不同控制器具有不同的超调量。基于范数的控制器 $\boldsymbol{K}_{H_\infty}$ 获得了最佳性能。样本形貌图转变之间的相移表明,AFM 中的样品相对于 y 扫描方向发生了轻微旋转,也就是说,样本在平台上绕着 z 轴旋转[26]。

图 27.15 给出了实验中采用三种控制器获得的三个轴上的跟踪误差。在大约 4.3 s 处,样本的形貌发生转变。可以看到在该时刻,z 方向的跟踪误差 $\boldsymbol{e}_z$ 发生了明显振荡。由于 H_∞

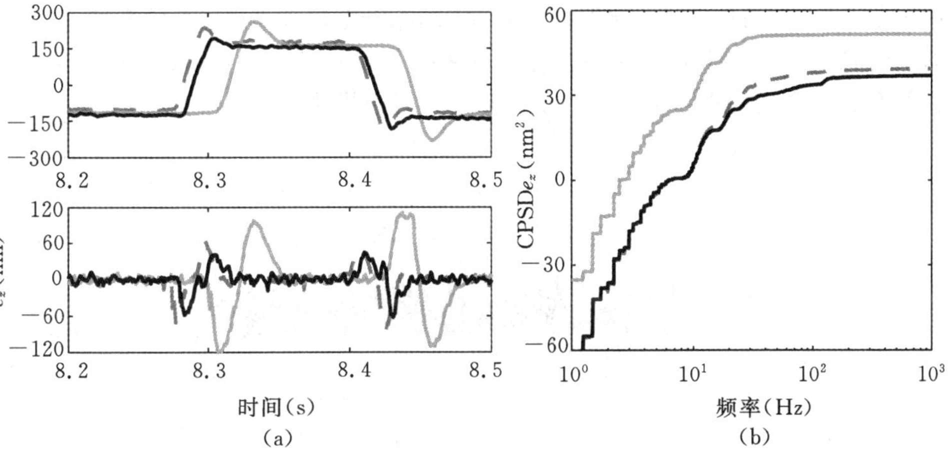

图 27.13 实验中采用独立/顺序式控制器设计(深灰色虚线)、基于单位模型的 H_∞ 控制器设计(浅灰色实线)、基于二阶模型的 H_∞ 控制器设计(黑色实线)获得的测量样本的形貌图、误差以及误差的 CPSD

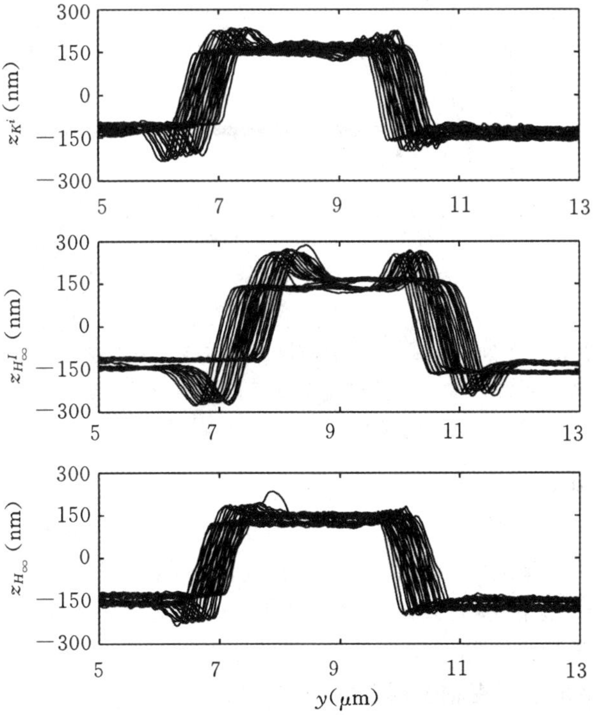

图 27.14 采用独立/顺序式控制器设计(上图)、基于单位模型的 H_∞ 控制器设计(中图)、基于二阶模型的 H_∞ 控制器设计(下图)获得的测量样本形貌图

控制器 $K_{H_\infty}^{I}$(基于单位模型)的穿越频率较小,它所产生的误差 e_z 最大,而控制器 K^{i} 和 K_{H_∞} 可以显著降低误差 e_z。与独立式控制器设计 K^{i} 相比,基于范数且采用了二阶模型的控制器设计 K_{H_∞} 的性能稍好一些。当样品形貌转变时,从慢扫描 x 方向的跟踪误差 e_x 中可以看到明显的扰动,从快扫描 y 方向的跟踪误差 e_y 中也可以看到轻微扰动。这些误差是由各轴之间的耦合引起的。

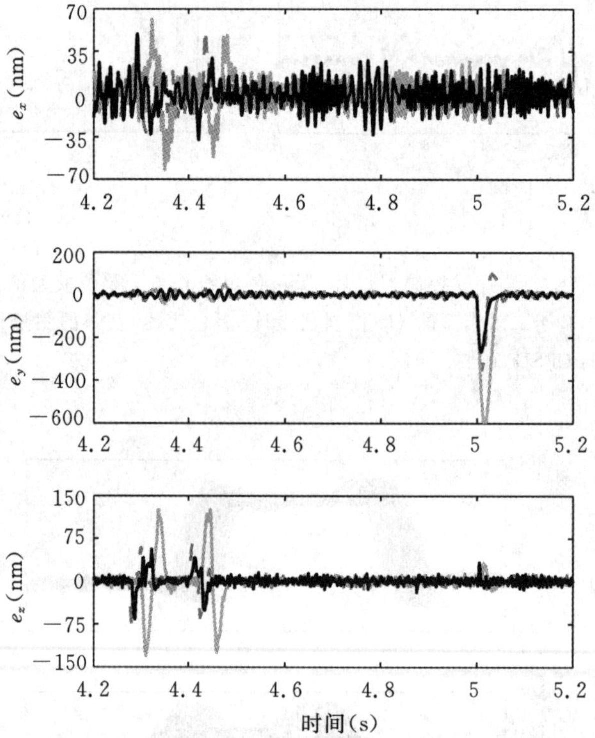

图 27.15 实验中采用独立/顺序式控制器设计(深灰实线)、基于单位模型的 H_∞ 控制器设计(浅灰色实线)、基于二阶模型的 H_∞ 控制器设计(黑色实线)获得的计量型AFM在所有自由度上的误差

如图 27.15 所示,快扫描 y 方向在 5 s 时出现了一个折返点,该折返点导致相应的跟踪误差 e_y 增大。基于范数的控制器 K_{H_∞} 获得的误差最小,其次是独立式设计控制器 K^{i},而基于范数的控制器 $K_{H_\infty}^{I}$ 获得的误差最大。这种误差差异是由不同控制器所达到的不同穿越频率造成的。在折返点出现的时刻(5 s),误差 e_z 也会有所增大,这是由各轴之间的耦合引起的。在 x 方向,由于误差的增长量没有超过噪声界限,所以该方向的耦合效应看不出来。对于所有的控制器设计,表 27.3 给出了所有轴上误差的均方根值。

图 27.16 给出了图 27.15 所示不同误差的 CPSD。当频率 $f\to\infty$ 时,不同的 CPSD 均收敛到相应误差的均方根值的平方。从图中可以看出,对于所有的三个轴,基于范数且采用了单位模型的控制器 $K_{H_\infty}^{I}$ 所获得的误差最大。与独立设计的控制器 K^{i} 相比,H_∞ 控制器 K_{H_∞} 在 x 方向的跟踪误差稍大。对于 y、z 方向,采用二阶模型并基于范数设计的控制器 K_{H_∞} 的性能优于

独立设计的控制器 $\boldsymbol{K}^i$。

表 27.3 不同控制器设计在所有轴上的误差

误差	K^i	$K^I_{\mathscr{H}_\infty}$	$K_{\mathscr{H}_\infty}$
rms(e_x)(nm)	9.10	11.23	10.06
rms(e_y)(nm)	29.00	57.03	22.63
rms(e_z)(nm)	9.69	19.51	8.40

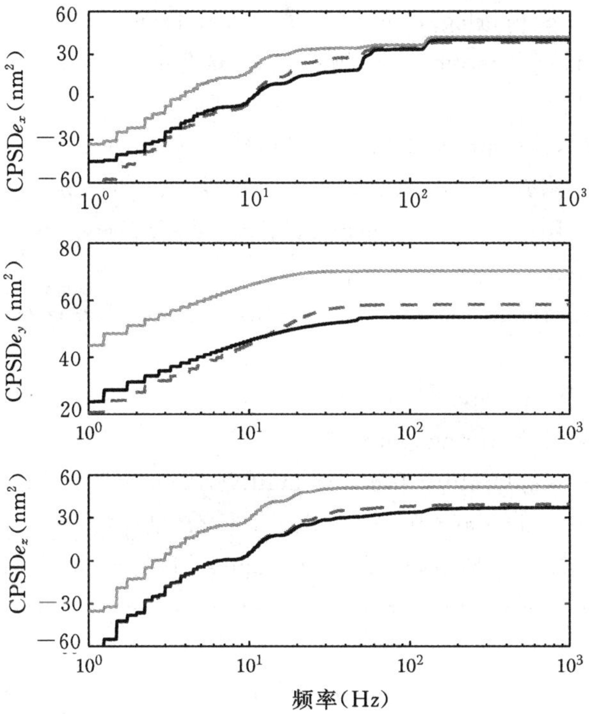

图 27.16 图 27.15 中所示误差的 CPSD。独立/顺序式控制器设计(深灰色实线)、基于单位模型的 H_∞ 控制器设计(浅灰色实线)、基于二阶模型的 H_∞ 控制器设计(黑色实线)

27.6 小结

本章针对运动系统,介绍了典型的控制设计工具、方法以及工业处理技巧。为了利用众所周知且在工业中已获得成熟应用的 SISO 回路整形技术,同时兼顾 MIMO 运动系统中可能存在的交互作用,本章提出了一种实用的分步方法。除了反馈设计之外,前馈设计对于实现运动系统的性能也是至关重要的。

尽管有关基于模型的设计方法的文献快速增多,但它们无法告诉工业工程师如何在实践中成功运用这些现代工具。本章希望搭建经典回路整形技术与 MIMO 控制之间的桥梁。对于基于数据的控制以及 MIMO 整形问题,FRF 可以直接用于基于范数的控制设计,但两者几乎都没有使用有关方向性的概念,因此本章预见干扰建模领域将得到进一步发展。最后,如果需要高性能的运动系统,特别是如果采用非方形对象,例如过驱动的情况,就有必要研究面向闭环辨识的鲁棒控制领域。

参考文献

1. M. Steinbuch and M. L. Norg. Advanced motion control: An industrial perspective, *European Journal of Control*, vol. 4, no. 4, pp. 278 - 293, 1998.

2. P. Lambrechts, M. Boerlage, and M. Steinbuch. Trajectory planning and feedforward design for electromechanical motion systems, *Control Engineering Practice*, vol. 13, no. 2, pp. 145 - 157, 2005.

3. M. Boerlage, R. Tousain, and M. Steinbuch. Jerk derivative feedforward control for motion systems, in *Proceedings of the American Control Conference*, pp. 4843 - 4848, 2004.

4. R. Craig and A. Kurdila. *Fundamentals of Structral Dynamics*, 2nd ed. John Wiley & Sons, New York, 2006.

5. W. Gawronski. *Advanced Structral Dynamics and Active Control of Structures*. Springer-Verlag, Berlin, 2004.

6. S. Moheimani, D. Halim, and A. Fleming. *Spatial Control of Vibration: Theory and Experiments*. World Scientific, Singapore, 2003.

7. M. Boerlage. An exploratory study on multivariable control for motion systems, Master's thesis, Eindhoven University of Technology, 2004.

8. M. van de Wal, G. van Baars, F. Sperling, and O. Bosgra. Multivariable $H_{\infty,\mu}$ feedback control design for high-precision wafer stage motion, *Control Engineering Practice*, vol. 10, no. 7, pp. 739 - 755, 2002.

9. T. Oomen, O. Bosgra, and M. Van de Wal. Identification for robust inferential control, in *Proceedings of the Conference on Decision and Control*, pp. 2581 - 2586, 2009.

10. L. Ljung. *System Identification: Theory for the User*, 2nd ed. Prentice-Hall, Englewood Cliffs, NJ, 1999.

11. R. Pintelon and J. Schoukens. *System Identification: A Frequency Domain Approach*. IEEE Press, New York, 2001.

12. I. Horowitz. Survey of quantitative feedback theory (QFT), *International Journal of Control*, vol. 53, pp. 255 - 291, 1991.

13. O. Yaniv. *Quantitative Feedback Design of Linear and Nonlinear Control Systems*. The Springer International Series in Engineering and Computer Science, vol. 509, 1999.

14. M. Garcia-Sanz and I. Egana. Quantitative non-diagonal controller design for multivariable systems with uncertainty, *International Journal of Robust Nonlinear Control*, vol. 12, pp. 321 - 333, 2002.

15. M. L. G. Boerlage, A. G. De Jager, and M. Steinbuch. Control relevant blind identifi-

cation of disturbances, *IEEE Transactions on Control Systems Technology*, vol. 18, no. 2, pp. 393 - 404, 2009.

16. S. Skogestad and I. Postlethwaite. *Multivariable Feedback Control, Analysis and Design*, 2nd ed. John Wiley & Sons, New York, 2005.

17. H. Rosenbrock. *Computer-Aided Control System Design*. Academic Press, Orlando, 1974.

18. E. Bristol. On a new measure of interaction for multivariable process control, *IEEE Transactions on Automatic Control*, vol. 11, no. 1, pp. 133 - 134, 1966.

19. K. Zhou, J. Doyle, and K. Glover. *Robust and Optimal Control*. Prentice-Hall, Englewood Cliffs, NJ, 1996.

20. P. Grosdidier and M. Morari. Interaction measures for systems under decentralized control, *Automatica*, vol. 22, pp. 309 - 319, 1986.

21. D. Mayne. Sequential design of linear multivariable systems, in *Proceedings of the IEE*, vol. 126, pp. 568 - 572, 1979.

22. J. Freudenberg and D. Looze. *Frequency Domain Properties of Scalar and Multivariable Feedback Systems*, Lecture Notes in Control and Information Sciences 104, M. Thoma and A. Wyner, Eds. Springer-Verlag, Berlin, 1988.

23. A. Den Hamer, S. Weiland, and M. Steinbuch. Model-free norm-based fixed structure controller synthesis, in *Proceedings of the Conference on Decision and Control*, pp. 4030 - 4035, 2009.

24. M. Morari and E. Zafiriou. *Robust Process Control*. Prentice-Hall, Englewood Cliffs, NJ, 1989.

25. M. L. G. Boerlage. Rejection of disturbances in multivariable motion systems, PhD thesis, Eindhoven University of Technology, September 2008.

26. R. J. E. Merry. Performance-driven model-based control for nano-motion systems, PhD thesis, Eindhoven University of Technology, November 2009.

28

颜色控制:一种先进的反馈系统

Lalit K. Mestha
施乐研究中心
Alvaro E. Gil
施乐研究中心

28.1 引言

尽管已有大量文献介绍控制理论与技术在连续进纸胶印中的应用[1],本章仍将重点关注商用单页数字印刷机。商用彩色数字印刷机势必要参与传统连续进纸胶印市场的竞争,这就要求它具有低成本、高质量,因此其控制难度远大于黑白印刷机。本章将简单介绍用于这些颜色系统的控制系统,通过重点关注系统级的颜色控制回路和目前最先进的算法,本章涵盖了诸如具有极点配置功能的多输入多输出(Multi-Input Multi-Output,MIMO)状态反馈(State Feedback,SF)、最优控制、模型预测控制以及协同控制等复杂算法的设计。这些算法可以运行在数字式以及过程式的执行机构上,用于生产高质量的印刷品,有利于降低成本和缩短周转时间。本章末尾将介绍一些可以进一步提高系统级设计性能的控制方法的发展方向。

28.1.1 颜色控制的必要性

数字胶印与传统胶印技术的主要区别体现在两个方面:设备成本、根据需求印刷可变数据的能力,其中前者代表了这两项技术在经济方面的主要差异。数字胶印与传统胶印技术的市场取决于许多因素,包括颜色的准确度和一致性、相关工作流程的复杂度和效率。

工作流程是一个常用术语,它描述一个典型的印刷车间从接受订单到印刷作业完成的整个过程所需要的各个步骤。工作流程不仅包括文档的生成和实际的生产步骤,还包括所有必要的支持性任务。工作流程的关键步骤包括文档的生成、查看和渲染,这些步骤通常被许多设备(比如显示器、印刷机、扫描仪和数码相机)以类似的或不同的技术调用,这加剧了颜色管理和控制工作的复杂性。从最基本层面上讲,任何设备所生产的印刷品的颜色都应该与用户对文档的颜色要求相一致。在需求颜色的描述方面,工业上存在许多常用术语,其中包括目标/期望/对准颜色等。为了能够复现所要求的颜色,设备应能够准确地渲染颜色文档,使得所要求的颜色与复现颜色之间的差异不超过人类视觉的感知极限,即视觉临界差异(Just Noticeable Difference,JND)。即使生产过程可以产生稳定的颜色，设备却可能无法准确地渲染颜色。所有与图像和数值操作相关的颜色管理和控制技术（在系统层）都旨在产生准确的颜色。在设备层存在一些过程控制技术，这些技术试图保持颜色从印刷品到印刷品、任务到任务、机器到机器、设备到设备的一致性。为了实现颜色的高准确度和一致性这一共同目标，颜色管理和控制技术通常相互融合。那么，颜色控制的目的就比较清楚了：在多个印刷品和多个设备之间，在各种分散分布且相互关联的工作流程之间保持颜色的准确度和一致性。

28.2 系统概述

印刷步骤一般包括（1）数字前端（Digital Front End,DFE）与（2）印刷引擎。有关详细的系统描述，请参阅文献[1]。在工作站中，由用户触发的过程可能与印刷引擎相独立；与此不同，DFE 或者由来自多个供应商的 DFE 构成的网络用于将电子作业转换为 *CMYK*（Cyan, Magenta, Yellow, and Black；即蓝绿色、品红色、黄色和黑色）形式。该过程涉及一系列的图像处理应用，比如捕捉、分割、栅格化、颜色管理和控制、图像分辨率增强以及反走样。由此得到的 *CMYK* 形式在经过专门设计和优化后用于相关的彩色数字印刷系统。我们需要将图像根据工业中标准的多维源特性文件转化为与设备独立的形式，例如 $L^* a^* b^*$ 或标准纸幅胶印印刷（Standard Web Offsetting Printing, SWOT）文件。L^* 定义亮度，a^* 与红/绿值相对应，b^* 描述黄/蓝的量，它与人眼感知颜色的方式相对应。当 $a^* = b^* = 0$ 时，相应的颜色为中性颜色。在某些情况下，需要将文档从特定设备的格式直接转换为特定印刷机的格式。为此，需要将输入文档从 PS（Post Script）、PDF（Portable Document Files）、TIFF（Tagged Image File Format）等页面描述语言（Page Description Language, PDL）格式转化为可供引擎印刷的 *CMYK* 颜色的分离格式。对于 PS 图像而言，首先会用到解释器，例如采用 PS 解释器识别出在 PDL 中发现的指令；然后利用成像模块以合适的印刷引擎分辨率，比如 600 dpi，生成去栅格化格式的 PDL 文档。以上过程通常称为光栅图像处理（Rasterized Image Processing, RIP）。在 RIP 过程中，会应用诸如由多维查找表（LookUp Table, LUT）组成的符合国际色彩联盟（International Color Consortium, ICC）要求的颜色特性文件，将颜色由 RGB 格式转变为 CMYK 分离格式，其中会使用 $L^* a^* b^*$ 作为不依赖于设备的内部空间，这对于用户来说是不可见的。优化颜色准确度所需要的控制函数一般在 DFE 内部使用，特别是在多维特性文件中使用。

对于印刷引擎来说，在典型的光电图像（Electro-Photographic, EP）印刷过程中，物料状态，即色粉和 EP 过程的状态，会影响印刷质量和颜色稳定度。媒介浆料的类型（例如镀膜的、不镀膜的、有纹理的、光滑的以及特殊的）、纸张差异、环境温度与湿度、工艺与物料的老化、驱动器的磨损等因素都会影响到颜色的质量。用于四色分离成像的印刷引擎结构[2]和工艺的基本步骤，例如 EP 过程中的充电/再充电、曝光、显影、传递、融合和清洗，都会给颜色的稳定性控制带来不同程度的影响。单面和双面印刷中涉及的颜色分离对图像配准的严苛要求，以及纸张在进纸路径不同区域中不断变化的运动方式，进一步加大了控制过程的难度。

28.2.1 物理过程

EP 印刷过程是一个将来自于物理科学与工程的专业领域概念融合在一起的独特学科。

在基于 EP 过程进行单色数字印刷方面,现有文献介绍了至少六个基本步骤。彩色数字印刷技术则可能以几种不同的结构来实现,它需要将这些步骤进行不同组合。图 28.1 给出了其中一种结构。如图所示,光电导体在充电站充电且经由曝光站后,其上面会形成静电隐像。接下来,在显影站中利用经过静电充电的色粉云把隐像渲染为在光电导体上实际可见的图像。显影后的隐像经由传送站到达媒介,被传送图像的色粉粒子在融合站中经过热处理和压力作用后融合在媒介中。最后,在清洗站去除光电导体中的残留色粉。虽然 EP 过程的六个站点对数字印刷都十分重要,但当为了实现控制目标而对物理过程进行建模时,一般将清洗站忽略掉。

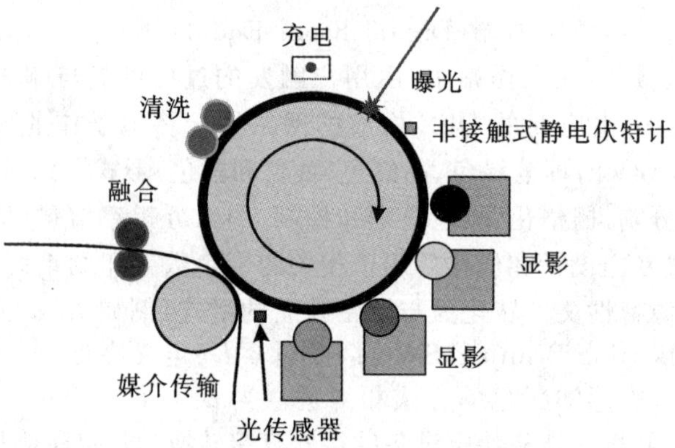

图 28.1 一个典型的带有光导鼓的光电成像印刷引擎

28.2.2 模型

为了实现颜色控制而对印刷机进行完整建模是十分困难的。颜色建模存在两种基本方法:(1)经验方法或者基于插值的方法,两者都将设备当作黑箱来处理;(2)解析方法或者第一性原理方法,两者试图采用与过程具有物理联系的解析函数来表示设备的颜色响应特性。对于各种输入图像,这两种方法都可预测设备的颜色响应。

一般来说,经验方法或者基于插值的方法的测量强度大,并需要使用大量由实验产生的输入输出数据。这类模型包括 LUT 或者与实验数据相拟合的参数化解析函数。

不是对于所有种类的成像设备都能够得到准确的第一性原理模型(所谓的"白箱"模型)。模型的复杂度、设备性能随时间漂移引起的实际物理过程的捕获误差、光散射效应以及与物理设备及媒介相关的不确定性使得无法在合理的时间内对设备进行精确建模。文献[1](第 10 章)描述了一种针对印刷系统的较为精确的参数化非线性谱模型,该模型对过程进行了合理抽象,这有助于我们将有意义的时变作用引入系统。五个关键的 EP 过程步骤被建模为非线性的局部传递函数(Localized Transfer Function,LTF),这些传递函数以执行机构为输入,并以传感和测量参数为输出。LTF 模型只刻画颜色"点印刷机"的局部信息,过程的空间信息(即点增长、点传播以及边缘增强)则由调制传递函数(Modulation Transfer Function,MTF)模型来刻画。基于这种顺序式方法,我们首先理清过程涉及的基本物理知识,它可用于对色点进行建模，这是在颜色过程中创建数字图像的基础。然后将过程模型按顺序进行级联，其中一个过程的输出是下一个过程的输入。点传播模型可以通过半色调策略和EP过程中关键段的MTF模型来建立，这些模型可以用于为每个主要的子系统设计反馈控制器，例如生成多维特性文件所需要的控制器，以便理解各个子系统间的交互作用，并通过精心设计控制回路来限制系统的复杂度，最终实现整体系统的目标。

用于数字彩色印刷的控制器一般是通过经验方法设计的。鉴于本章的重点是控制算法设计，为了验证控制器在非线性印刷系统上的性能，我们尽量不使用过程模型。

28.3 颜色控制：一种现代的反馈方法

为了理解清楚准确且一致地复现颜色的控制方法，首先考虑专色复现这一简单情况。

28.3.1 专色控制

专色是指将*CMYK*着色剂印刷在纸上所产生的任意颜色，专色可以是一种纯粹的分离颜色，也可以是混合颜色(称为模拟专色)，可以用于印刷营销宣传品、直邮广告、产品目录、名片以及设计文档。

某些生产专色的印刷机公司在实施RIP之前需要手动调节*CMYK*四分色。例如，文档制作者可能通过印刷设备的用户界面或者计算机监视器为特定区域选择应用Pantone®色。对于选定的印刷机，可以采用诸如$L^*a^*b^*$的与设备独立的坐标空间，或者由Pantone提供的*CMYK*配方来描述Pantone色。对于选定的Pantone专色，一般可以获得相应的硬拷贝样本，以便于与印刷的专色做比较。在DFE以正确配方处理文档之前，操作员可以使用专色编辑器手动输入另外的*CMYK*配方。如果第一次的印刷结果没有达到精度要求，需要进行重复编辑。为了找到正确的*CMYK*配方，可能需要多次重复印刷-审阅-调节的过程。

这种手动调节方式存在许多问题。例如，操作员在手动调节*CMYK*组合时可能会失误。相应地，修改*CMYK*值会增强输出颜色的可变性。即使是老练的操作员经过多次尝试后也可能找不到正确的*CMYK*组合。下面将说明为什么控制理论方法对于这种工作过程非常有效，这里假设可以获得在线或离线的颜色测量设备的支持。

颜色的自动反馈控制方法比手动方法更为有效。在自动方法中，传感器在第一次迭代中会针对一些标称的*CMYK*配方返回所印刷出的颜色的测量量，即$L^*a^*b^*$值。这个标称配方可以通过设备模型获得；如果专色来自于Phantone颜色库，该配方则由Phantone提供。通过对比$L^*a^*b^*$的测量值和期望值，控制算法计算下一个*CMYK*配方。这个迭代过程会一直持续，直到颜色的测量值与期望值之间的误差达到最小。在连续的迭代过程中，迭代控制回路可能变得不稳定，输出的颜色会偏离期望的颜色。然而，后面将说明，通过合理设计控制算法可以使迭代过程稳定。为了达到验证目的，可以将迭代过程直接在印刷机上或者在可以准确表示印刷机的印刷机模型上运行。

28.3.1.1 状态模型

从*CMYK*到$L^*a^*b^*$的印刷过程是一个MIMO动态系统。对于专色控制，动态特性是在印刷循环过程中捕获的。这里为颜色印刷过程提出一个线性的状态变量模型,该模型可以用于设计稳定的反馈控制器。在多次印刷循环中,过程一般会发生变化,通常将这种变化作为系统的不确定性来处理。

为了实现对单个专色的控制,采用黑箱模型表示颜色系统,其输入输出如图 28.2 所示。向量 V 表示 *CMYK* 的小偏差,它用于迭代过程。在任意给定的迭代中,*CMYK* 的标称值与向量 $\boldsymbol{V}$ 的和即为用于印刷的专色配方。测量得到的 $L^*a^*b^*$ 值由向量 $\boldsymbol{x}$ 表示。如前所述,*CMYK* 的标称值可由如下的其中一个方法得到:(1)采用印刷机的一个粗略模型的逆,(2)基于经验以及对期望的 $L^*a^*b^*$ 参考值的理解,(3)采用先前确定的专色配方(来自多维特性表或者 Phantone 颜色库)。一旦选定 *CMYK* 的标称值,寻找正确的 *CMYK* 值的问题就转化为迭代搜索最优的 $\boldsymbol{V}$ 向量,其中涉及到印刷、测量 $L^*a^*b^*$ 值、比较 $L^*a^*b^*$ 的测量值与参考值,以及在反馈控制器中处理误差以产生下一个 $\boldsymbol{V}$ 向量等操作。

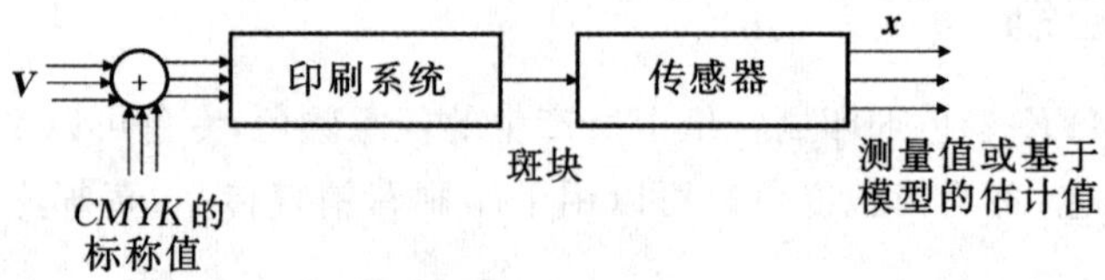

图 28.2　表示四色 *CMYK* 印刷系统的开环系统方块图

这里需要一个合理的误差处理算法(或者控制器),这样迭代才能收敛,并且满足常见的闭环性能指标(即快速收敛时间——一到两次迭代、零/最小稳态误差、无瞬态超调、对于系统变化具有较小的灵敏度、稳定范围大等)。

误差处理算法的设计需要有关 MIMO 控制系统的理论知识[3]。考虑到印刷机的输入输出特性是线性的,首先建立图 28.2 所示的开环系统状态模型。*CMYK* 标称值处的输入输出特性一般是准确的(见图 28.3 所示的只考虑 *CMY* 值的简单情况)。对于标称的 *CMYK* 输入,可以采用一个一阶有限差分方程(依赖于印刷数量)来表示开环颜色系统。如果 k 为印刷数量(更恰当的叫法是迭代次数),那么单个专色的开环系统方程可由 Jacobian 矩阵——与输入输出值相关的一阶灵敏度矩阵给出:

$$\boldsymbol{x}(k+1)=\boldsymbol{BV}(k)+\boldsymbol{x}_o \tag{28.1}$$

其中,$\boldsymbol{x}=\begin{bmatrix}L^*\\a^*\\b^*\end{bmatrix}$,$\boldsymbol{V}=\begin{bmatrix}\Delta C\\\Delta M\\\Delta Y\\\Delta K\end{bmatrix}$,$\boldsymbol{B}=\begin{bmatrix}\frac{\Delta L^*}{\Delta C} & \frac{\Delta L^*}{\Delta M} & \frac{\Delta L^*}{\Delta Y} & \frac{\Delta L^*}{\Delta K}\\ \frac{\Delta a^*}{\Delta C} & \frac{\Delta a^*}{\Delta M} & \frac{\Delta a^*}{\Delta Y} & \frac{\Delta a^*}{\Delta K}\\ \frac{\Delta b^*}{\Delta C} & \frac{\Delta b^*}{\Delta M} & \frac{\Delta b^*}{\Delta Y} & \frac{\Delta b^*}{\Delta K}\end{bmatrix}$,且 $\boldsymbol{x}_0=\begin{bmatrix}L_0^*\\a_0^*\\b_0^*\end{bmatrix}$ 与 *CMKY* 的标称值相对应。

当采用控制器将图 28.2 所示的开环系统闭合时(见图 28.4),可以获得闭环系统的状态空间模型。在这里,增益矩阵 $\boldsymbol{K}$ 和积分器构成了迭代回路的控制器。积分器的输入由向量 $\boldsymbol{u}(k)$ 表示。

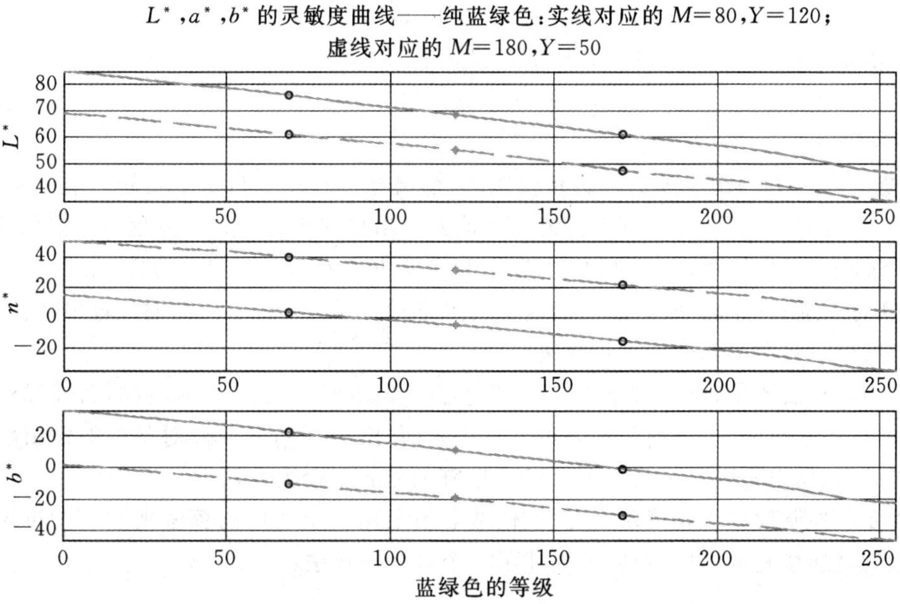

图 28.3 当 M 和 Y 为常值、$K=0$，而 C 变化时的 $L^*a^*b^*$ 的图示

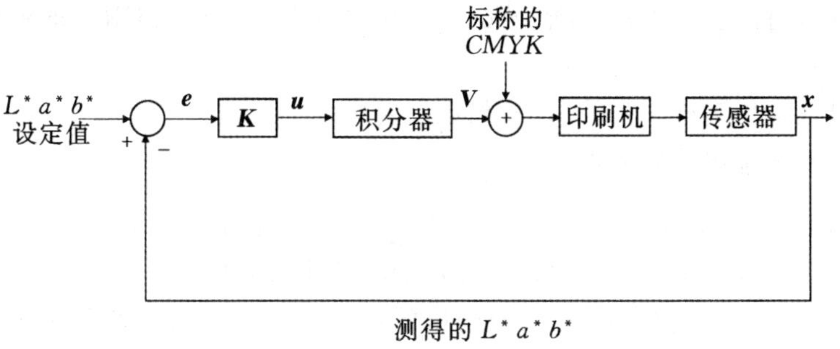

图 28.4 采用增益和积分器作为误差处理控制器时的闭合回路

利用该表示方式，可为积分器建立如下模型：

$$\boldsymbol{V}(k)=\boldsymbol{V}(k-1)+\boldsymbol{u}(k) \tag{28.2}$$

将式(28.2)代入式(28.1)，开环方程变为

$$\boldsymbol{x}(k+1)=\boldsymbol{B}[\boldsymbol{V}(k-1)+\boldsymbol{u}(k)]+\boldsymbol{x}_o \tag{28.3}$$

现在通过代数化简，推出一个明确带有积分器的增广开环状态方程。考虑式(28.1)关于第 k 次印刷的表示：

$$\boldsymbol{x}(k)=\boldsymbol{B}\boldsymbol{V}(k-1)+\boldsymbol{x}_o \tag{28.4}$$

若 Jacobian 矩阵是可逆的(该条件在色域边界上不一定总成立)，式(28.4)可以写为如下形式：

$$\boldsymbol{V}(k-1)=\boldsymbol{B}^{-1}\boldsymbol{x}(k)-\boldsymbol{B}^{-1}\boldsymbol{x}_o \tag{28.5}$$

将式(28.5)代入式(28.3)中,可以得到状态空间表示

$$\boldsymbol{x}(k+1)=\boldsymbol{B}[\boldsymbol{B}^{-1}\boldsymbol{x}(k)-\boldsymbol{B}^{-1}\boldsymbol{x}_o+\boldsymbol{u}(k)]+\boldsymbol{x}_o \tag{28.6}$$

进一步化简式(28.6),可以得到标准的状态空间表示

$$\begin{aligned}\boldsymbol{x}(k+1)&=\boldsymbol{A}\boldsymbol{x}(k)+\boldsymbol{B}\boldsymbol{u}(k)\\ \boldsymbol{y}(k)&=\boldsymbol{C}\boldsymbol{x}(k)\end{aligned} \tag{28.7}$$

其中,系统矩阵 $\boldsymbol{A}$ 和输出矩阵 $\boldsymbol{C}$ 均为单位矩阵,输出方程(28.7)与状态相同。很明显,由于抵消作用,与标称的 *CMYK* 输入值对应的输出值并未出现在最终的状态方程中。如果印刷机在校准印刷过程中发生飘移,$\boldsymbol{x}_0$ 就会发生变化,导致不能相互抵消。另一方面,由于基于 Jacobian 矩阵 $\boldsymbol{B}$ 对系统的一阶近似刻画了镇定反馈回路所需要的系统主要的输入输出特征,所以在模型中依然可以将漂移当作不确定性来处理。

这里需要指出的是,由于对于不同的颜色,Jacobian 矩阵也有所不同,那么式(28.7)所描述的模型只适用于控制单个期望的颜色。另一方面,由于不同系统针对基色的输出颜色的梯度都趋于一致,所以不同印刷机的 Jacobian 矩阵的差异不会太大。

尽管专色控制模型比较简单,但我们依然必须采用一个实用的算法来实现对色域内和色域外颜色的高质量复现,以下步骤便描述了一个这样的算法:

1. 确定目标专色是在设备色域之内还是色域之外。
2. 如果目标专色在色域之外,那么采用合适的色域映射算法把它们映射到色域边界或色域之内可印刷的颜色,然后为映射得到的颜色确定新的目标值。
3. 为目标值选择合适的灰色置换(Gray Component Replacement,GCR),即黑色附加量(关于更多细节,请参阅文献[1]的第 7 章)。
4. 将闭环控制算法应用到第 3 步的 GCR 约束设置中。
5. 从多个迭代步骤中选出最好的配方。

对于专色印刷,优先选择三色 GCR,这是因为它可以通过把其中的一个分离色保持为零来改进颜色的精度。该方法可以获得每个专色的独特配方,从而在不同设备上都呈现出最好的视觉匹配效果。基于三色 GCR,四色印刷机的色域可以表示为三色色域子类的组合,其中每个色域子类都由三色色域的一个子集组成。将选定的目标专色分配到其中一个色域子类中,从而计算出该专色的 *CMYK* 配方。一个由三色色域类组成的四色色域类的例子为:$CMY-L^*a^*b^*$、$CYK-L^*a^*b^*$、$CMK-L^*a^*b^*$、$MYK-L^*a^*b^*$。

两种主要的闭环算法为:(1)基于梯度的算法与(2)基于 SF 的算法。一旦选定了合适的三色色域类,或者当目标专色位于设备色域之外,且已经应用了恰当的色域映射算法之后,如果有必要,可以采用上述两种算法寻找配方。迭代聚类插值(Iteratively Clustered Interpolation,ICI)算法[4]是基于梯度的优化方法的一个例子,其初始点由迭代技术生成。本节主要关注如何利用 SF 控制器进行专色控制,该控制器可以用于考虑 GCR 约束时的专色复现,也可以用于不考虑 GCR 约束时的专色复现。

28.3.1.2 包含极点配置设计的状态反馈

本节将说明如何采用式(28.7)所示的状态空间模型来为专色复现 *CMYK* 色素配方,该配方是由控制系统确定的。为了使得生成的 *CMYK* 标称值的修正量具有较小值,需要将 L^*a^*

b^* 的测量值与相应的设定颜色值之间的误差乘以增益矩阵 $\boldsymbol{K}$(注意:这里的 $\boldsymbol{K}$ 不同于四色 $CMYK$ 色素中的基色 K),该矩阵可以通过 MIMO 极点配置或文献[1]中描述的 MIMO 优化控制方法设计得到。此外,还需要采用积分器对 $L^*a^*b^*$ 的期望值与测量值的加权误差进行积分。由此根据图 28.4,控制向量可以写为:

$$\boldsymbol{u}(k)=\boldsymbol{Ke}(k) \tag{28.8}$$

误差向量 $\boldsymbol{e}(k)$ 即为单个颜色的 $L^*a^*b^*$ 目标值与测量值之间的差值。当在模型上而不是在实际的印刷机上运行迭代时,需要使用 $L^*a^*b^*$ 的估计值。迭代会一直持续,直到误差小于预先设定的值。当为给定的专色确定最优的色素配方时,有时可以使用来自前一组迭代的 $CMYK$ 值(也称作依赖于算法的"最优执行机构")。若采用极点配置算法计算增益矩阵 $\boldsymbol{K}$,可以通过极点值调节所需要的迭代次数。假设印刷引擎没有漂移到远离确定印刷机 Jacobian 矩阵的状态,对于极点位置[0 0 0],经过一次迭代便可达到满意的误差(无差拍控制)。

28.3.1.3 线性二次调节器设计

MIMO 增益也可以通过线性二次调节器(Linear Quadratic Regulator,LQR)计算得到。LQR 设计为限制 $CMYK$ 的取值提供了额外的自由度,因此可以提供额外的 GCR 能力。例如,如果专色只可以通过分离色 CMY 来复现,并且我们还没有分配色域类,那么可以通过加入约束来抑制分离色 K。对于这样的 GCR 约束操作,线性二次型控制器可以在 N 次迭代内最小化一个选定的关于单色(即节点颜色)的二次目标函数,该目标函数可以表示为:

$$J=\frac{1}{2}\sum_{k=0}^{N-1}\left[\boldsymbol{x}^{\mathrm{T}}(k)\boldsymbol{Qx}(k)+\boldsymbol{u}^{\mathrm{T}}(k)\boldsymbol{Ru}(k)\right] \tag{28.9}$$

其中,$\boldsymbol{x}(k)$ 是包含 $L^*a^*b^*$ 值的状态向量,$\boldsymbol{u}(k)$ 是四色系统的输入或执行机构向量。对于该问题,这里采用先前针对具有 4 个输入 3 个输出的印刷机模型(或印刷机)所描述的状态空间公式来对单个颜色进行建模。系统特征可由一个 3×4 维的 Jacobian 矩阵 $\boldsymbol{B}$ 描述,连同式(28.9)一起,该矩阵可用来推导每个专色的增益矩阵。

例如,如果目标是最小化由节点的 $L^*a^*b^*$ 值构成的目标向量与由印刷机的 $L^*a^*b^*$ 值构成的向量之间的误差向量,那么目标函数可以用加权误差向量的平方和描述。此外,目标函数还可以包含 $CMYK$ 值(执行机构)的平方和,以恰当地衡量所期望的执行机构的性能。接下来重点描述 LQR 设计在抑制黑色(即分离色 K)方面的应用。矩阵 $\boldsymbol{Q}$ 和 $\boldsymbol{R}$ 可以设计为:

$$\begin{aligned}\boldsymbol{Q}&=\mathrm{diag}[q_1\quad q_2\quad q_3]\\\boldsymbol{R}&=\mathrm{diag}[r_1\quad r_2\quad r_3\quad \alpha]\\\alpha&=wr+\varepsilon\end{aligned} \tag{28.10}$$

需要注意的是,矩阵 $\boldsymbol{R}$ 中包含了一个权重因子 α,它被用来抑制黑色,通常是一关于变量 w 的函数,而变量 w 是根据专色和设备色域而**预先**设计出来的。常数 r 是一尺度参数,ε 一般选为较小的值,例如 0.22,以保证矩阵 $\boldsymbol{R}$ 对于所有专色都是正定的。对于一些颜色,权重变量 w 等于零。在这种情况下,如果没有使用非零的 ε,那么可能会导致违反正定条件。对于其他变量 r_1,r_2,r_3,我们使用固定值。然而,也可以通过改变它们的取值来调节对分离色 K 的抑制程度。例如,当用户在中性色中发现过多黑色时,可以改变变量 r_i 的值(0 到 100 之间的任意值)。增益矩阵方程可以通过文献[1(第 7 章),5]所描述的方法来获得;关于如何判断迭代 1 到 N 所获结果的最优性,可以参阅文献[6]。下面给出最终的方程。

增益矩阵方程可以描述为

$$\boldsymbol{K}(k)=[\boldsymbol{R}+\boldsymbol{B}^{\mathrm{T}}\boldsymbol{P}(k+1)\boldsymbol{B}]^{-1}\boldsymbol{B}^{\mathrm{T}}\boldsymbol{P}(k+1)\boldsymbol{A} \tag{28.11}$$

递归方程定义为

$$\boldsymbol{P}(k)=\boldsymbol{A}^{\mathrm{T}}\boldsymbol{P}(k+1)\boldsymbol{A}-\boldsymbol{A}^{\mathrm{T}}\boldsymbol{P}(k+1)\boldsymbol{B}[\boldsymbol{R}+\boldsymbol{B}^{\mathrm{T}}\boldsymbol{P}(k+1)\boldsymbol{B}]^{-1}\boldsymbol{B}^{\mathrm{T}}\boldsymbol{P}(k+1)\boldsymbol{A}+\boldsymbol{Q}$$

边界条件是 $\boldsymbol{P}(N)=0$,$\boldsymbol{K}(N)=0$。可以发现,对于每个专色,状态空间模型中的矩阵 $\boldsymbol{A}$ 等于单位矩阵。

28.3.1.4 模型预测控制器(Model Predicative Controller,MPC)

为了实现专色的最优视觉匹配,一项十分重要的任务是最小化专色的 $L^*a^*b^*$ 目标值与测量值在整个迭代过程中的预设规划内或预测时域内的感知色差函数,即由 CIE 定义的色差公式 $\Delta E2000$(文献[1]:附录 A)。具有极点配置功能的 SF 算法或 LQR 设计可以最小化专色的 $L^*a^*b^*$ 目标值与测量值之间的 Euclidean 范数(ΔE)。MPC 在每一次迭代中都会选择能够最小化色差 $\Delta E2000$ 的最优增益矩阵,该矩阵即为迭代过程中实际使用的增益矩阵。与 28.3.1.2 节和 28.3.1.3 节描述的方法相比,MPC 方法具有许多优点,其中一些优点如下:

1. MPC 方法较好地定义了需要最小化的性能(代价)函数。例如,在每次迭代中最小化 $\Delta E2000$ 这一准则对于实现专色,特别是对于那些位于色域之外但又不远离色域边界的专色的最优感知匹配十分重要。此外,对于位于设备色域之内的专色,可以使用非线性的性能函数,而不是使用如同 LQR 设计中的二次函数,该非线性函数不仅可以体现 $\Delta E2000$ 准则,还包含最小化控制能量(即每次迭代消耗的能量)的项。
2. MPC 方法使得在迭代过程中使用预测/规划时域成为可能。在专色算法的每次迭代中,我们可以进一步将增益矩阵的计算离散化,以找到一个能够最小化性能指标的增益矩阵,从而保证迭代过程的收敛性。具有半调噪声和漂移行为的印刷机通常需要这种控制方式。
3. MPC 方法能够在每次迭代中计算印刷机的 Jacobian 矩阵,从而计算得到增益矩阵,这使得系统具有更好的自适应性。需要指出的是,使用更加精确的印刷机模型,例如由内联传感器确定的模型,可以进一步改进系统的自适应性。
4. 通过调节权重因子可以容易地处理好控制能量与 $\Delta E2000$ 准则之间的折中,这对于色域内部、色域边界以及边界附近的专色控制特别有用。其中,对于色域边界的专色控制,可以设置为使用最小的控制能量,而不会导致不稳定。
5. 与其他方法相比,MPC 方法能够更快地收敛到期望的 $\Delta E2000$ 值。
6. 当将任意专色的硬拷贝校样与非标准专色库(即印刷店老板自定义的专色库)匹配时,MPC 方法能够实现精确的控制。
7. MPC 方法改进了迭代收敛率(即达到 $\Delta E2000$ 标准所需要的迭代次数),这可以减少迭代次数和印刷的专色样本数。
8. MPC 方法为在性能标准中包含额外项提供了可能。例如,关于减少色粉使用量的优化。当专色数量增多且一些专色的使用范围较大时,该功能变得很有意义。

MPC 算法可以用来最小化(1)$\Delta E2000$ 色差值,(2)执行机构的控制能量,(3)准则(1)与准则(2)之间的折中。当选择优化准则(1)时,设计者力图最小化期望颜色和测量颜色之间的误差。当使用准则(2)时,颜色的期望值与测量值之间的误差依然可以减小,但主要是将控制能量最小化。准则(3)的目的是平衡目标(1)和(2)。需要重点指出的是，通过最小化控制能量和误差可以导出“最优”控制器。

这里采用文献[9]中的思想来定义这里的术语和我们想要解决的问题。关于 MPC 的综述，可以参阅文献[10]。令 k 表示迭代次数，并令

$$y(k+1)=f(\boldsymbol{x}(k),\boldsymbol{u}(k),\boldsymbol{d}(k))=[L_{k+1}^{*}\quad a_{k+1}^{*}\quad b_{k+1}^{*}]^{\mathrm{T}}\in\mathbb{R}^{3}$$

表示由传感器或印刷机模型得到的输出(第 $k+1$ 次迭代中的 $L^{*}a^{*}b^{*}$ 测量值)，其中，f 是关于状态 $\boldsymbol{x}(k)\in\mathbb{R}^{4}$(即颜色 $CMYK$ 的任意组合)的光滑函数，$\boldsymbol{u}(k)$ 是控制输入，$\boldsymbol{d}(k)$ 是白噪声信号。令 $\boldsymbol{r}\in\mathbb{R}^{3}$ 表示第 k 次迭代的参考值$[L_r^{*}\quad a_r^{*}\quad b_r^{*}]^{\mathrm{T}}$，那么可以定义跟踪误差为

$$e(k+j)=[L_r^{*}\quad a_r^{*}\quad b_r^{*}]^{\mathrm{T}}-y(k+j)$$

我们的目标是建立一个规划策略，使得对于所有的 k，产生能够最小化误差 $e(k)$ 的控制输入序列。记

$$\boldsymbol{u}^{i}[k,N]=\boldsymbol{u}^{i}(k,0),\boldsymbol{u}^{i}(k,1),\boldsymbol{u}^{i}(k,2),\cdots,\boldsymbol{u}^{i}(k,N-1)$$

为长度为 N 的第 i 个规划的控制输入序列。每个规划 i 由一组控制输入构成，而这些控制输入是由 SF 控制器针对特定印刷机的 Jacobian 矩阵和极点位置集合计算产生的。印刷机的 Jacobian 矩阵则是利用已存储的印刷机模型在线计算出来的，而每一次迭代中的极点位置是由极点配置设计算法分配的。

在仿真中，我们采用离散模型

$$y_m(j+1)=f_m(\boldsymbol{x}_m(j),\boldsymbol{u}(j))$$

其中，$j=0,1,\cdots,N-1$(j 是规划 i 中迭代索引的预估值)，并令 $y_m^{i}(k,j)$ 表示使用控制输入 $\boldsymbol{u}^{i}[k,N]$ 在 k 时刻产生的第 j 个输出的估计值。为了弄清楚规划 i 的控制输入 $\boldsymbol{u}^{i}[k,N]$ 是如何影响系统的，对于所有的 $j=0,1,\cdots,N-1$，在第 k 次迭代中将系统的输出行为进行投影，即

$$y_m^{i}(k,j+1)=f_m(\boldsymbol{x}_m(k,j),\boldsymbol{u}^{i}(k,j))$$

对系统的状态进行相同操作，可得

$$\boldsymbol{x}_m^{i}(k,j+1)=\boldsymbol{I}\boldsymbol{x}_m^{i}(k,j)+\boldsymbol{K}^{i}(j)\boldsymbol{e}^{i}(k,j) \tag{28.12}$$

其中，$\boldsymbol{x}_m^{i}(k,j)$ 是规划 i 在第 k 次迭代中的第 j 个状态估计值，$\boldsymbol{I}\in\mathbb{R}^{4}$ 是单位矩阵，$\boldsymbol{K}^{i}(j)$ 是用于整体投影的第 i 个增益矩阵，$\boldsymbol{e}^{i}(k,j)$ 是规划 i 在第 k 次迭代中的第 j 个跟踪误差的估计值。这里需要指出的是，$\boldsymbol{x}_m^{i}(k,j)$ 是 $CMYK$ 的估计值，而 $\boldsymbol{y}_m^{i}(k,j)$ 是根据印刷机模型获得的 $L^{*}a^{*}b^{*}$ 的估计值。为了评价每个规划 i 的性能，定义代价函数

$$J(\boldsymbol{u}^{i}[k,N])=w_1\sum_{j=0}^{N-1}(E^{i}(k+j))^{2}+w_2\sum_{j=0}^{N-1}\|\boldsymbol{u}^{i}(k,j)\|^{2} \tag{28.13}$$

其中，

$$E^{i}(k+j)=\Delta E2000([L_r^{*}\quad a_r^{*}\quad b_r^{*}]^{\mathrm{T}},\boldsymbol{y}_m^{i}(k+j))$$

$$\boldsymbol{u}^{i}(k,j)=\boldsymbol{K}^{i}(j)([L_r^{*}\quad a_r^{*}\quad b_r^{*}]^{\mathrm{T}}-\boldsymbol{y}_m^{i}(k+j))$$

且 $\|\boldsymbol{a}\|$ 表示向量 $\boldsymbol{a}$ 的 2 范数。变量 w_1,w_2 是两个分别用于平衡色差公式和控制能量的影响的正常数，它们可以用来强调对(1)色差、(2)执行机构在跟踪色差时所需要的控制能量的要求，或者(3)实现(1)与(2)的折中。

为了选出最优规划，在每次迭代 k 中计算出

$$i^{*}=\operatorname{argmin}_i J(\boldsymbol{u}^{i}[k,N]) \tag{28.14}$$

由此,可将控制输入 $\boldsymbol{u}(k)=\boldsymbol{u}^{i^*}(k,0)$(即“最优”控制输入的第一个输入)应用在系统上。

接下来,我们对这里定义的 MIMO MPC 的性能进行说明。我们将 MIMO MPC 的结果与 MIMO SF 控制器产生的结果进行对比。对于每种颜色,在设计 SF 控制器时,考虑 Jacobian 矩阵的一个 delta 值等于 0.2,一个极点位置等于 0.3,这些均为应用现有技术设计这类控制器时的常用数值。另一方面,对于 MIMO MPC 方法,令 20 个 delta 值线性地分布在区间[0.02,0.2]内,且 25 个极点线性地分布在区间[0,0.8]内。利用 delta 值和极点位置的所有组合计算印刷机的 Jacobian 矩阵和增益矩阵(通过极点配置)。请注意,在每次迭代 k 中,MPC 考虑了 500 个控制器(增益矩阵)的行为。此外,MPC 还将每个控制器的性能投影到长度为 N 的时域内。那么,MPC 根据式(28.14)所得的结果选择 $\boldsymbol{u}(k)$。对于下面的所有仿真,令 $N=10$,$w_1=1$,$w_2=0$,这样我们就只关注最小化色差公式的代价。

专色的参考目标值为

$$[L_r^* \quad a_r^* \quad b_r^*]^{\mathrm{T}}=[79.61 \quad -8.92 \quad -22.06]$$

为了评价控制器的性能,将 $CMYK$ 的初始值摄动到[105 5 38 0],它对应的专色误差 $\Delta E2000$ 为 7.21。值得提出的是,我们在仿真中使用了数字印刷机模型,以便在每次迭代 k 中获得 $CMYK$ 对应的[L^* a^* b^*]值。图 28.5 给出了 SF 和 MPC 在 10 次迭代中得到的[L^* a^* b^*]值。请注意,MPC 在第二次迭代便锁定了参考值[L_r^* a_r^* b_r^*],而 SF 控制器需要四次迭代。图 28.6 给出了相应的 $\Delta E2000$ 值。MPC 可以从获得的增益矩阵池中动态地(在每次迭代中)选择“最优”的增益矩阵,其性能超过了 SF(见图 28.7)。需要说明的是,由于没有考虑到 delta $CMYK$ 的值与极点位置的所有可能组合,所选出的控制器不一定是最优的。然而,对于每种数字技术,考虑所有可能的组合是不现实的,这是因为综合考虑到生成控制输入所需的时间,考虑所有组合的方式的计算成本非常高昂。对于第一次和第二次迭代,图 28.8 和 28.9 分别给出了由式(28.13)定义的性能函数的形状。请注意如何根据可利用的成本确定最好的增益矩阵,并请观察 MPC 与 SF 的代价函数值之间的差异。此外,请注意在第一次迭代中应用“最优”控制输入后,第二次迭代中的代价函数值是如何显著减小的。

图 28.8 和 28.9 还提供了可以用来决定 delta $CMYK$ 值与极点位置的区间范围和分辨率的有用信息。例如,如果 MIMO MPC 方法仅用于本示例中考虑的专色,那么考虑区间[0.001 0.18]内少于 20 个的 delta 值和区间[0 0.1]内少于 25 个的极点位置值将更加有效。然而,当要控制的颜色散布在整个色域时,采用前文列出的 delta $CMYK$ 和极点位置值的区间范围可能更为方便。因此,在 MIMO MPC 方法中,delta $CMYK$ 和极点位置值的区间和分辨率可以方便地用作待控颜色的设计参数。

现在我们通过设定权重变量 $w_2=300$ 来说明考虑控制能量的效果。这时 MPC 的重点是控制能量,因此会尽力避免突然改变 $\boldsymbol{u}(k)$ 的取值。从图 28.10 中可以看出这一点,该图表明 MPC 持续增大选定极点的位置,直到达到最终的稳态值。通过增大极点位置值,MPC 可以避免突然改变 $\boldsymbol{u}(k)$ 的取值,也即尽可能消弱了激进性。通过比较图 28.10 和图 28.7 所示结果,可以看出考虑控制能量($w_2=300$)的作用是明显的。此外,由于 MPC 不允许突然改变控制输入,可以看出图 28.6 所示 $\Delta E2000$ 值的衰减率小于图 28.11。应该清楚的是,为了在迭代中达到期望的控制器性能,可以优化权重参数,这对于色域边界附近或者边界上的专色尤其重要。图 28.12 和图 28.13 给出了关于四种专色的附加仿真结果,相应的参考值为

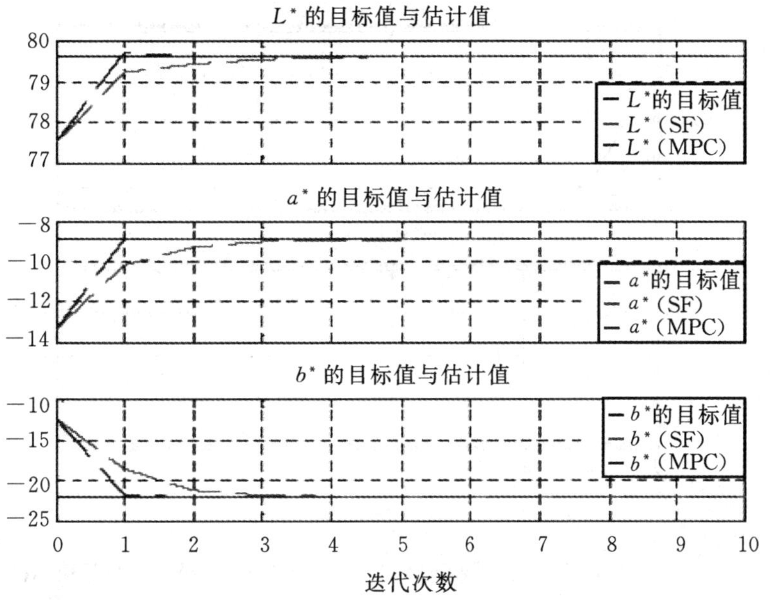

图 28.5　参考值[L_r^*　a_r^*　b_r^*]与 SF、MPC($w_1=1, w_2=0$)控制器获得的[L^*　a^*　b^*]值

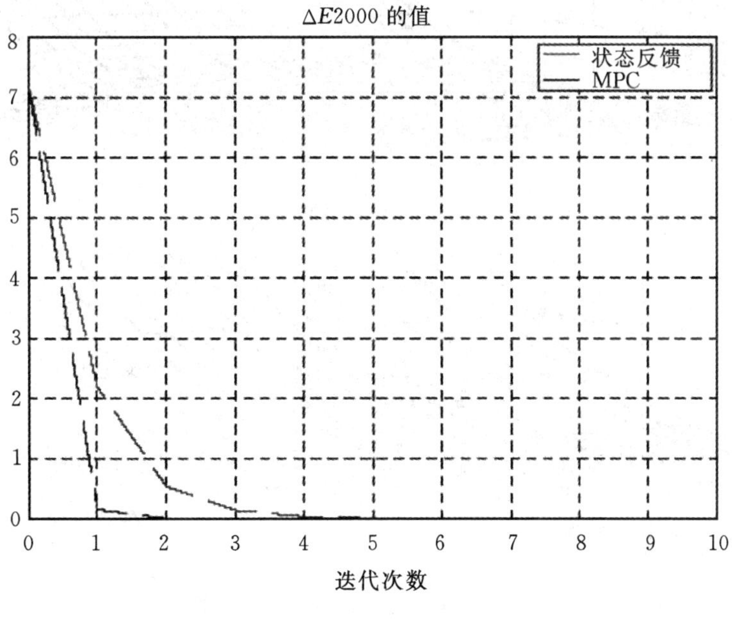

图 28.6　SF 和 MPC($w_1=1, w_2=0$)控制器获得的 $\Delta E2000$ 值

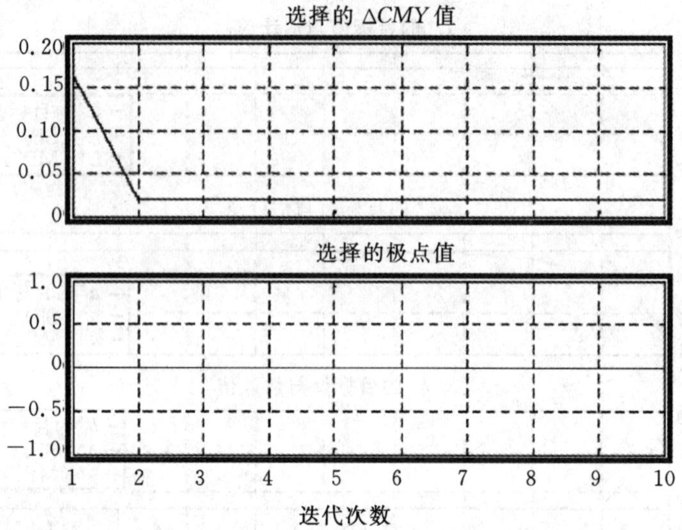

图 28.7 由 MPC($w_1=1,w_2=0$)控制器选择的 Jacobian 矩阵的 delta *CMYK* 值和极点位置值

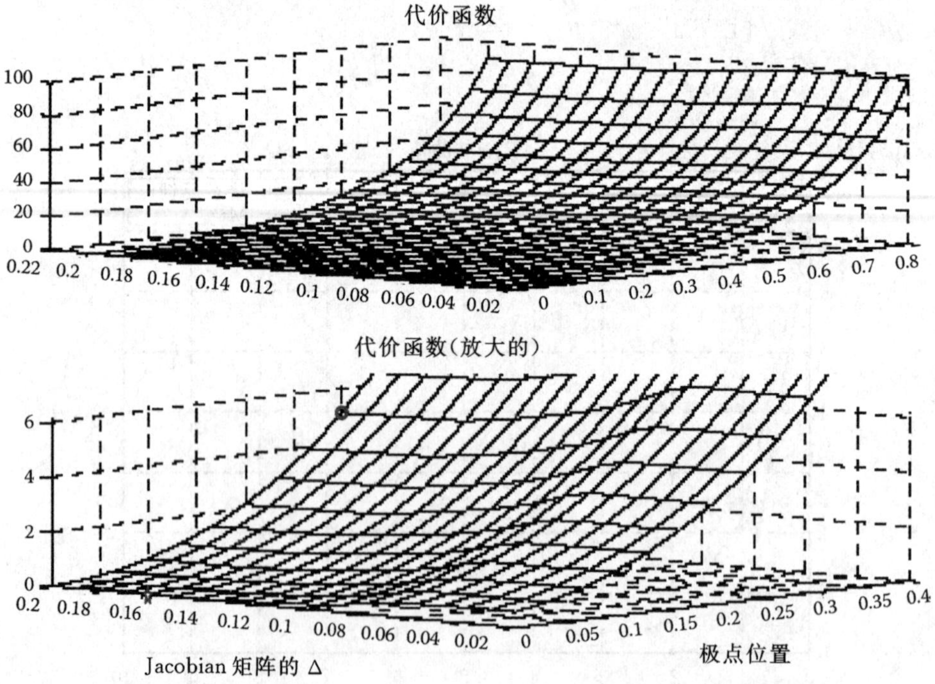

图 28.8 在第一次迭代中,Jacobian 矩阵的 Δ 和极点位置对应的代价函数值($w_1=1,w_2=0$)。下图左下方的灰色“ * ”表示 MPC 的代价,而左上方的灰色“o”表示 SF 方法的代价

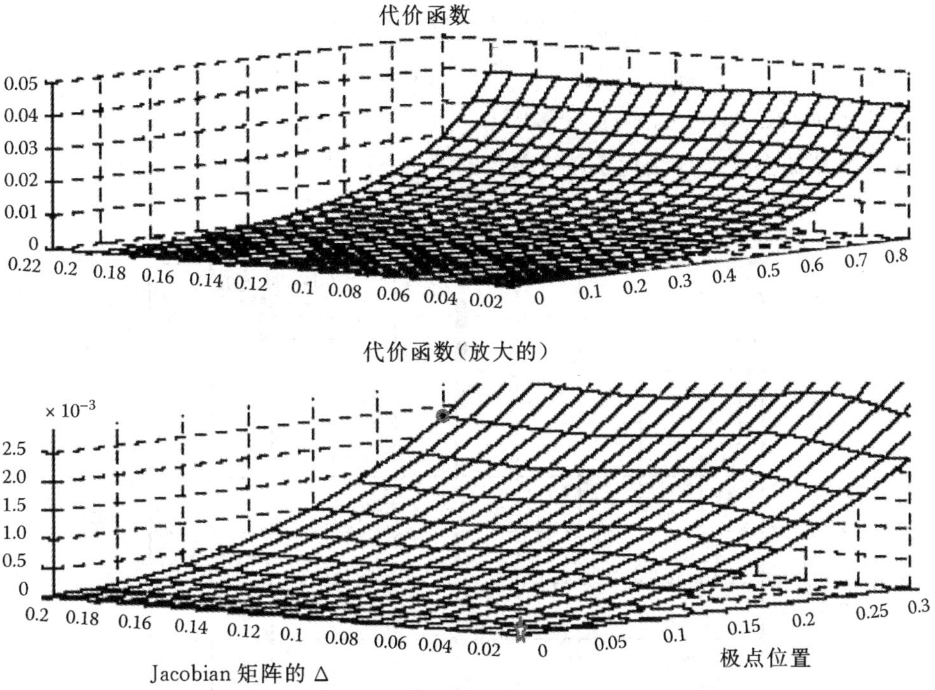

图 28.9　在第二次迭代中，Jacobian 矩阵的 Δ 和极点位置对应的代价函数值($w_1=1, w_2=0$)。下图右下方的灰色“＊”表示 MPC 的代价，而左上方的灰色“o”表示 SF 方法的代价

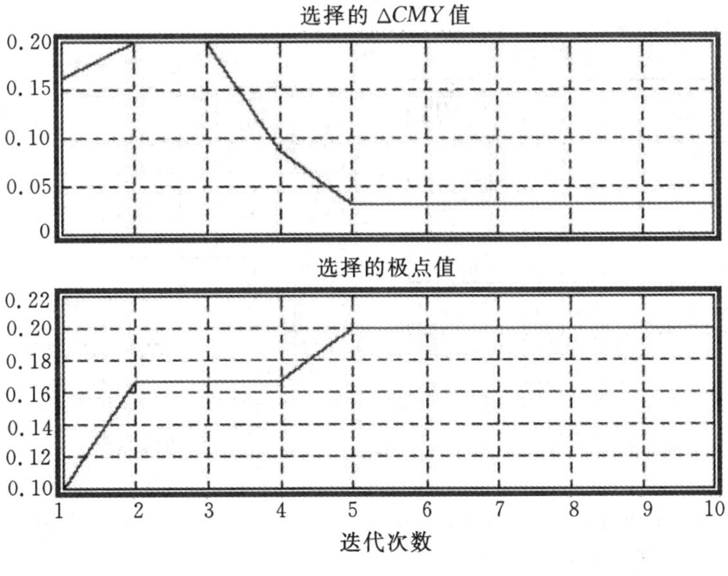

图 28.10　由 MPC($w_1=1, w_2=300$)选择的 Jacobian 矩阵的 delta 值和极点位置值

$$[L_r^* \quad a_r^* \quad b_r^*]^T = [90 \quad 0 \quad 96]$$

$$[L_r^* \quad a_r^* \quad b_r^*]^T = [22 \quad -2 \quad -31]$$

$$[L_r^* \quad a_r^* \quad b_r^*]^T = [24 \quad -20 \quad -22]$$

$$[L_r^* \quad a_r^* \quad b_r^*]^T = [54 \quad -64 \quad 28]$$

很明显,本节介绍的多增益算法优于基于单控制器的 SF 方法。

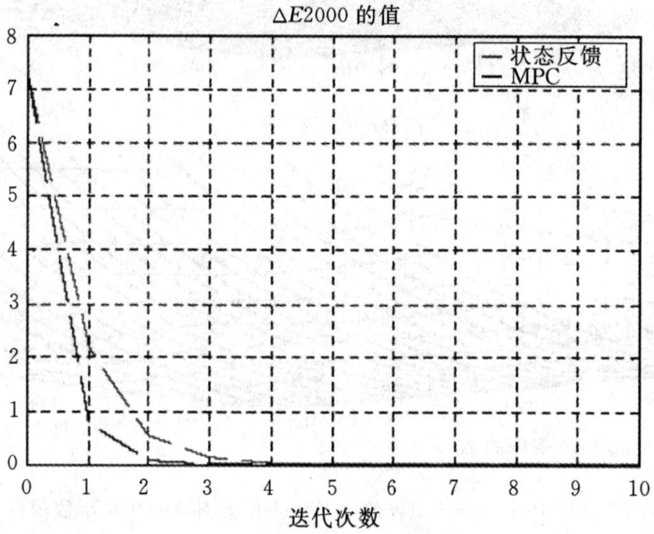

图 28.11　SF 和 MPC($w_1=1, w_2=300$)获得的 $\Delta E2000$ 值

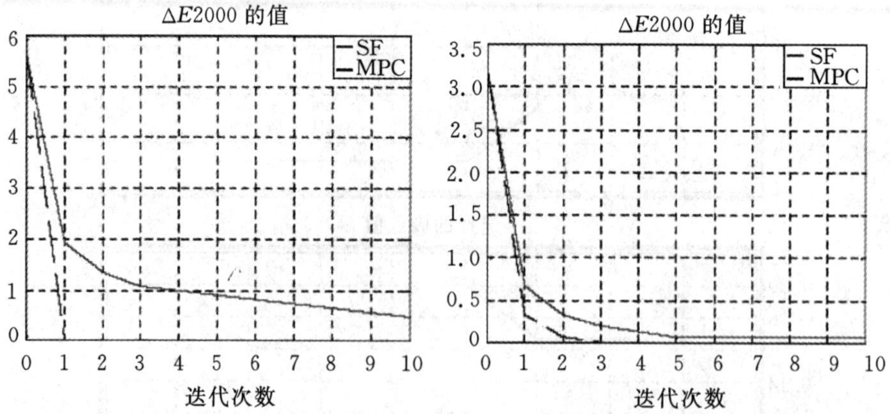

图 28.12　对于两个附加的专色,SF 和 $w_1=1, w_2=300$ 的 MPC 获得的 $\Delta E2000$ 值(请注意 MPC 的稳态误差小于 SF)

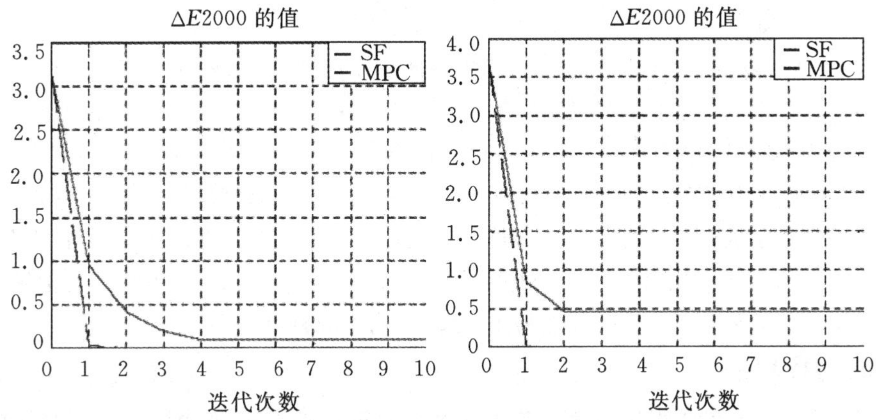

图 28.13 对于另外两个附加的专色,SF 和 $w_1=1,w_2=300$ 的 MPC 获得的 $\Delta E2000$ 值(请注意 MPC 的稳态误差小于 SF)

28.3.2 1D、2D、3D 控制:用于高质量图像的渲染

28.3.2.1 引言

用于实现精确专色的控制方法还可以拓展应用于创建一维(One-Dimensional,1D)灰度平衡或单分离色的色调复现曲线(Tone Reproduction Curve,TRC)以及二维/三维(Two or Three-Dimensional,2D/3D)变换,以实现对图像的精确渲染。1D 色调曲线或者 2D/3D LUT 一般是在 DFE 中实现的,而 DFE 则对图像像素进行变换,使它们与电子输入或者来自诸如胶印机或打样机等参考设备的印刷文档相匹配。下面将对 1D、2D、3D 变换进行简单描述,并介绍一些文献[1]中没有提及的新算法。

28.3.2.2 按通道 1D 线性化

在对各通道进行 1D 校准的过程中,将每个基色(称为通道,例如 C、M、Y)独立地线性化。通过线性化,我们希望使通过测量纸张颜色获得的 ΔE 关于覆盖区域呈现线性关系。为了实现校准,首先针对每个基色,在保持其他基色为 0 的前提下,印刷最小值(0)与最大值(255)之间的不同数值对应的颜色。借助于 1D 线性化,可以采用通道被线性化的印刷机来模拟理想的印刷机。对于该印刷机,通过测量纸张颜色获得的 ΔE 呈现线性特性。ΔE 是在纸张上印刷的目标颜色与白色之间的差异在与设备独立的颜色空间(L^* a^* b^*)中的 Euclidean 范数。$\Delta E2000$ 标准是另一种对基于纸张的分通道 1D 校准的潜在度量标准。1D 分通道线性化会生成 4 个 1D 色调曲线:$C'=f_c(C)$、$M'=f_m(M)$、$Y'=f_y(Y)$、$K'=f_k(K)$。这些色调曲线将输入的每个 $CMYK$ 数字值映射为设备的 $C'M'Y'K'$。

28.3.2.3 1D 灰度平衡校准

对于不同的设备,当将基色按照不同比率混合时,分通道 1D 线性化方法可能无法将颜色充分线性化,因此需要引入另外一种 1D 灰度平衡校准方法。对于某些设备,可以在采用分通道 1D 线性化方法后,再采用 1D 灰度平衡校准方法进一步将设备颜色线性化。在 1D 灰度平衡校准方法中,利用中性色附近的输出颜色的测量值生成每种分离色(例如,在保持 $K=0$ 时的 CMY)的1D TRC。

灰度平衡有许多定义,这里使用等价的中性灰度平衡来介绍该方法。这意味着,当采用输入为 $C=M=Y=40$ 的数字值(8位数字图像系统)印刷颜色时,印刷出来的颜色为 $L^*=100-(100/255)*40=84.3$ 且 $a^*=b^*=0$ 的灰色。该定义没有涉及到分离色 K。在采用"灰度平衡"处理设备的过程中,需要三个1D变换:$C'=g_c(C)$、$M'=g_m(M)$以及 $Y'=g_y(Y)$,这些函数把输入的 CMY 数字值映射为设备的 $C'M'Y'$,它们被称为灰度平衡的TRC。对于分离色 K,可采用与分通道1D线性化类似的1D映射函数 $K'=f_k(K)$来处理。就通过测量纸张颜色获得的 ΔE 指标而言,该方法可以有效地将 K 分离色通道线性化。

28.3.2.4 2D校准

1D校准只能用于将印刷机平衡到其中一个颜色轴(例如,等价的中性灰色)的颜色,或者像分通道1D线性化方法那样,用来实现关于纸张的线性化响应。在2D校准中,需要构建如下三个2D TRC:$C'=f_1(C,M+Y)$、$Y'=f_1(Y,C+M)$、$M'=f_1(M,C+Y)$。例如,蓝绿色输出 C' 是一个关于蓝绿色输入以及品红色与黄色输入之和的函数。2D校准相对于1D校准的优势在于,可以在五个色轴上对每种基色进行良好控制。通过控制灰度轴,可以实现良好的灰度平衡;通过控制蓝绿基色轴,可以实现通道的独立线性化;通过控制黑基色轴等其他轴,可以将印刷机在这些轴上线性化,从而更好地控制印刷机的色域。在这些轴上进行线性化的过程与通道独立的线性化过程类似。

28.3.2.5 3D或多维特性文件

3D或多维特性LUT是一种目标特性文件,是受GCR约束、由色域映射的LUT,它将与设备独立的颜色 $L^*a^*b^*$ 或 XYZ 转换到特定设备的 $CMYK$ 空间。一般来说,大部分的高质量图像都是在RGB空间中创建的。为了在四色印刷机上准确地复现RGB图像,每个像素的RGB三基色必须要转换到设备的 $CMYK$ 空间,这一般是通过LUT实现的。源特性LUT是一个从RGB颜色空间到与设备独立的 $L^*a^*b^*$ 颜色空间的三对三变换。若要渲染 $CMYK$ 图像,源特性文件就是一个从源 $CMYK$ 空间到与设备独立的 $L^*a^*b^*$ 颜色空间的四对三变换。因此,需要使用源LUT和目标LUT的组合来将图像转换到设备的 $CMYK$ 空间。

多维特性LUT为实现所有颜色的印刷色与校样设备的匹配,提供了良好的变换能力和结构,前提是假设这些颜色都位于常见的交叉色域。多维特性LUT具有有限个节点,这些节点对应的设备的 $CMYK$ 值均在特性文件创建阶段计算得到。对于那些颜色像素不在节点上的输入图像文件,需要进行插值操作。在ICC图像路径结构中,特性文件提供了一种简单的线性插值方法。该方法采用较低的分辨率,可以高速处理像素。对于那些不在ICC特性文件节点上的颜色像素,可以通过线性插值获得其取值。

为了建立一个良好的多维LUT,必须为每种颜色(或者节点)找到正确的 $CMYK$ 配方,以便为目标图像/文档产生令人满意的印刷输出。为了保证成功,必须正确地选择:(1)每个LUT的节点数,(2)配方(称为GCR,或者对选择的 $CMYK$ 的约束),(3)针对色域以外颜色的色域映射算法,(4)反演算法,以及(5)印刷机模型。在反演过程中,可以将特性LUT中的每个节点看作在与设备无关的颜色空间 $L^*a^*b^*$ 或者 XYZ 中具有理想取值的专色。受GCR约束的反演过程可以通过对每个节点颜色使用专色控制方法而实现，这涉及到在印刷机模型或真实印刷机上反复迭代。关于底层算法的详细描述，请参阅文献[1]的第 7 章。下面将介绍一些应用于受 GCR 约束的反演过程和色域映射函数的附加算法。

28.3.2.6　受 GCR 约束的反演过程——协同控制策略

为了实现高质量的印刷，3D 特性 LUT 的维数一般是 33×33×33 或者更小一些，并且通常涉及一个从 $L^*a^*b^*$ 到 *CMYK* 设备空间、且可以在每个节点取值的变换，这意味着必须为 35 937 个节点赋予设备的 *CMYK* 值。对于那些不在节点上的设备值，可以采用多维插值方法进行设置，因此插值方法必须简单且快速。

在选取节点时，采用最大化插值颜色的反演精度的策略。为了获得满意的颜色，并为较浅的颜色选择合适的分离色，需要采用 GCR 策略。当渲染给定的颜色时，GCR 可以提供一种替换 *CMY* 混合色中的 *K*(Black)的方法。与没有 *K* 分离色的印刷机相比，这种替换通过改变亮度(或者暗度)，扩展了色域中的较暗色的区域，有助于复现图像中的阴影、灰色区域以及较柔和的色调。分离色 *K* 的引入还具有节省色粉、颜色稳定性好、改进图像平滑度等优点。然而，如果在整个色域都使用高等级的 *K*，会导致肤色、天空色以及其他重要颜色中出现污点/颗粒。当采用黑色渲染像素时，必须考虑平滑度和色域的覆盖范围，这是反演过程中的一个关键因素，原因是它引入了冗余的解决方案。在进行 GCR 决策时，需要在相互矛盾的需求间进行精心取舍。一般情况下，印刷商会采用复杂算法或者精心设计的实验细致地调整黑色的添加量。这种实验通常需要许多次迭代才能获得 *K* 的正确取值。一旦调整成功，GCR 就会作为一部分包含在多维 LUT 中。在更基础的层面，GCR 策略还会与 *CMYK* 进行合理组合，以提供令人满意的颜色输出、最优色域、对邻近节点覆盖区域的约束等[11~13]。

文献[1]对特性 LUT 的组成进行了描述(图 28.14 给出了特性 LUT 中单个节点的示意图)。逆印刷机模型($\boldsymbol{P}^{-1}$)描述从诸如 $L^*a^*b^*$ 的与采样设备相独立的颜色空间到依赖于设备的颜色空间的映射。数学上可以定义为 $\boldsymbol{P}^{-1}:L^*a^*b^*\rightarrow CMYK$。色域之外的 $L^*a^*b^*$ 值可由合适的色域映射算法映射到边界节点或色域内部。对于每个目标颜色值为 $L^*a^*b^*$、但不知道其邻近节点配方的节点，可以使用基于状态空间、LQR，或者 MPC 的设计方法来寻找合适的 *CMYK* 配方。这种方法的问题是，虽然每个节点可能获得适于生成特定颜色的配方，但当将所有配方同时放在特性 LUT 中时，图像可能会被分离噪声/轮廓渲染(即颜色突变)，这会产生明显的图像质量缺陷。例如，人肩膀处的平滑过度在渲染后可能会有突变，尽管每个 LUT 节点都具有精确的颜色配方，这是因为整个图像是由插值像素根据其邻域节点的配方而渲染的。由于各节点的分离色的突变，平滑的目标图像可能不能保证渲染后的图像具有相同的平滑度。在 $L^*a^*b^*$ 颜色空间中同一邻域内的节点可能由 *CMYK* 空间中差异较大的配方渲染，这种选择 *CMYK* 分离色的模糊性会引起突变现象。不幸的是，在反演过程中不可能通过迭代平滑来弱化突变，同时又不牺牲精度。由此，该问题适于采用协同控制理论来处理。

下面所要介绍的研究工作受到了协同控制开发技术的启发。在最近十年，协同控制受到了控制领域的极大关注。控制不同类型的自主飞行器(Autonomous Air Vehicle，AAV)群组(通过通信网络相联以实现"车联网")的策略具有以较低代价极大增强操作能力的潜能。对这类飞行器群组进行导航的协同控制技术涉及到活动的协调，因此各智能体一起工作，以实现共同的目标。目前有大量研究集中于 AVV 的协同控制，一般协同控制问题的求解方案可以参

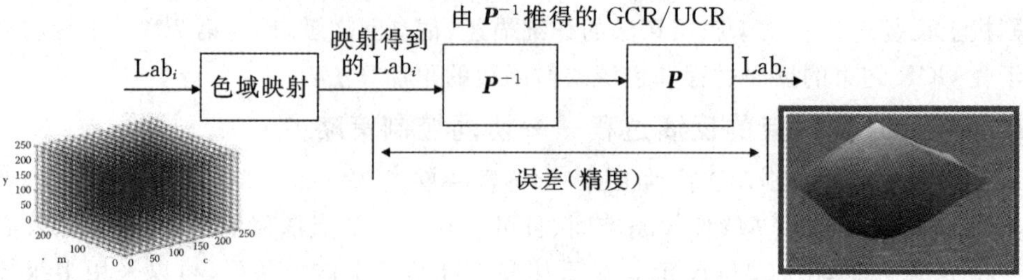

图 28.14 基于色域映射对前向与逆向印刷机的示意说明

照车辆路径规划问题(Vehicle Route Planning,VRP)的解而获得[14]。文献[15～18]介绍了与VRP 相关的其他研究工作,主要集中于任务的协同搜索和协同排序。其他的协同控制方法包括梯度算法[19～21]、多传感器融合[22]、替代优化[23]、滚动时域控制[15,16,24]。在某些情况下,通过应用这些方法实施协同,可以获得显著的任务性能,特别是对于不确定性很强的场合。

在四色印刷机中,利用几个不同的 *CMYK* 配方可以实现特定的节点颜色($L^*a^*b^*$)。该方法适于渲染专色,但不适于渲染颜色渐变/扫描的图像。这里介绍一下如何利用已知规范获得从 $L^*a^*b^*$ 到 *CMYK* 的变换,使得 *CMYK* 空间的 *LUT* 中任意邻域节点之间可以平滑过渡。平滑性可由两个新算法来保证:(1)*MIMO* 控制算法与(2)$L^*a^*b^*$ 空间中的近邻检测算法,其中的邻居对通过在控制迭代过程中交换信息来实现交互协作,进而确保它们在 *CMYK* 空间中的平滑过渡。这里所介绍的方法与其他方法的不同点在于,它能够在一次迭代内同时达到精度和平滑度的要求。

现在考虑被归类到设备色域内部和外部的节点(即 $L^*a^*b^*$ 值)。位于色域外部的节点的 *CMYK* 值是通过色域映射算法而获得的,28.3.2.7 节将描述一种色域映射算法。本节主要关注如何获得位于色域内部的节点的 *CMYK* 值,进而满足精度和平滑度需求。然而,只要位于色域外的颜色被映射到印刷机的色域边界上,就可以采用同样的方式获得 LUT 中所有节点的 *CMYK* 值。据了解,通常利用一组具有合适的 *CMYK* 值的印刷斑块来描述印刷机的特征,进而实现设备色域的测量。令 $CMYK_A$ 表示节点 *A* 的值,且假设该值是已知的。这个假设是合理的,这是因为多维 LUT 的设计者通常会在中性轴指定分离色 *K* 的期望值(即 GCR);只要分离色 *K* 已知,它就会对应一个唯一的 *CMY* 值,而该值可以采用专色控制方法(28.3.1 节)来获得。根据这些假设,有可能估计出“最近”的节点 *B* 的 *CMYK* 值($CMYK_B$),而“最近”的节点可以由 $L^*a^*b^*$ 空间中合适的距离度量指标(例如,感知距离 $\Delta E2000$ 或 Euclidean 距离 ΔE)来定义。节点 *B* 可能具有许多 *CMYK* 组合,在所有这些组合中,存在一个 *CMYK* 配方比其余配方更适于保持邻近节点之间的平滑度。

为了在满足 GCR 约束的同时创建一个平滑的特性 LUT,我们在色域内定义了两组节点颜色,它们均由 $L^*a^*b^*$ 值来描述。第一组称为“招募集”,其中包含一个或多个已预先确定 *CMYK* 值的节点,这些 *CMYK* 值可由中性轴的 GCR 规范来确定。第二组称为“候选集”,其中包含一个或多个有待确定 *CMYK* 值的节点。从概念上讲,招募集的目的是用来决定那些来自候选集、且可能成为招募集的一部分的潜在节点。类似地,候选集的目的是在招募集前推销自己,以备招募。下面介绍一种采用这种协同控制策略来生成平滑的特性 LUT 的逐步算法。

1. 定义招募集 $R=\{1,2,\cdots,N\}$，它包含 $N\geqslant 1$ 个具有 $L^*a^*b^*$ 值的节点。这些节点在 $L^*a^*b^*$ 空间中的位置由设计者决定。例如，招募集可能由来自中性轴（即 $L^*\neq 0, a^*=b^*=0$）的所有节点组成，当然还存在一些其他的选择。从中性轴上选择颜色的动机是继承来自已知 GCR 表的 *CMYK* 值，比如来自一个已调整好的特性 LUT 或手工设定的 GCR 曲线。由此，可以使这些颜色具有我们期望的一些特性。图 28.15 给出了一个招募集示例中的节点位置。
2. 采用期望的 GCR 计算招募集中任意节点的 *CMYK* 值。一种选择是采用 *K* 制约函数[25]来推导招募集中所有 $L^*a^*b^*$ 值对应的 *CMYK* 配方。当然，也可以采用其他方法。图 28.16 给出了一些颜色的 *CMYK* 响应的一种可能选择，这些颜色位于根据 33 级 RGB 所获得的中性轴上。
3. 定义候选集 $C_a=\{1,2,\cdots M\}$，它包含 M 个具有 $L^*a^*b^*$ 值的节点。该集合由 LUT 中所有位于色域内的节点组成，但也可以包含那些已被映射到印刷机色域边界上的色域内和色域外的颜色。
4. 计算任意节点 $i\in R$ 和 $j\in C_a$ 之间的距离（见图 28.17）。这里可使用的一个度量标准是 $\Delta E2000$ 公式，另一种选择是 Euclidean 距离 ΔE。
5. 对于每个候选节点，确定与招募节点之间的最小距离 $\min_{ij}\Delta E2000$，并将最近的候选节点记作 j^*。
6. 通过运行 MIMO 专色控制算法，并以招募集中某节点的 *CMYK* 值为标称值，计算每个候选节点的 *CMYK* 值。招募过程总是选择与任意招募节点的距离最小的候选节点，因此该过程是邻域驱动的。一旦确定一对节点，招募集的 *CMYK* 值将与候选集共享，即发生协作。采用 *MIMO* 控制器进行多次迭代，可使候选节点收敛到一个接近其最近邻居的新的 *CMYK* 值。
7. 第 5 步中找到的最近节点变为招募集的一部分，即 $R=R\cap\{j^*\}$，它们不再属于候选集，即 $C_a=C_a\setminus\{j^*\}$。
8. 重复步骤 5～7，直到 C_a 为空，即所有的候选节点均被招募。

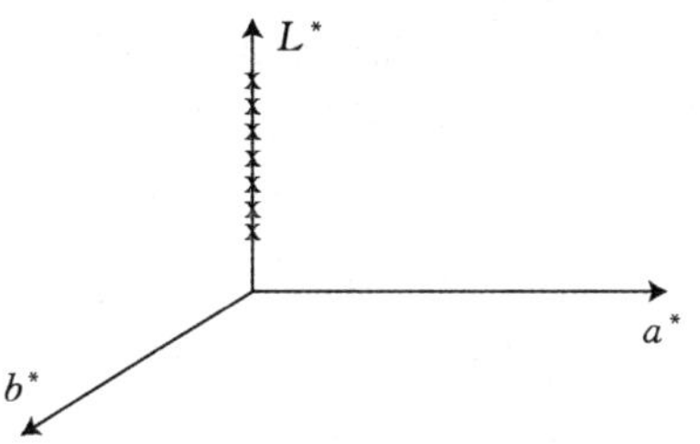

图 28.15　招募集中包含的节点

该策略可以处理包含在特性 LUT 中、从中性轴到印刷机色域边界的节点。图 28.18 给出了色度平面的一些快照，其中简单说明了节点的处理顺序。采用与单一节点控制回路共享信息的方式实现了跟踪（或者迭代）算法，进而计算候选集中的选定颜色与招募集中的颜色最接近的 *CMYK* 值。我们设计了 MIMO SF 控制器[3]来更新 *CMYK* 配方。该控制器收敛时，

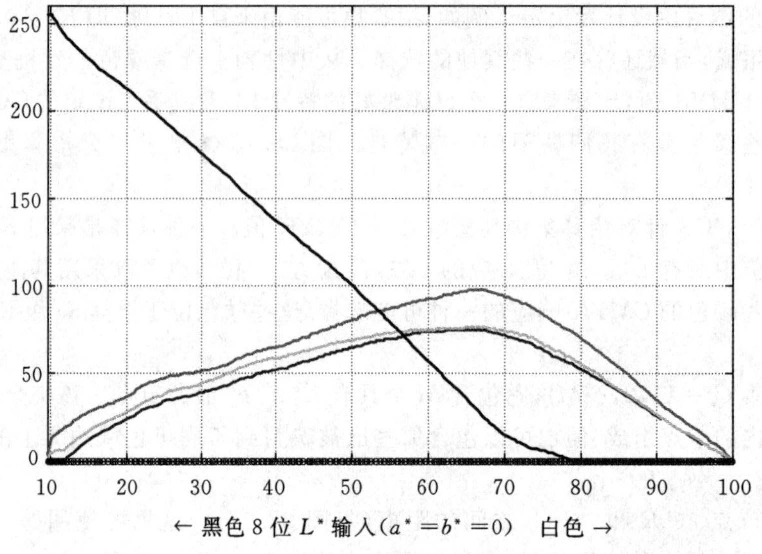

图 28.16 中性轴上 GCR 的 *CMYK* 响应。*X* 轴上的圆圈表示针对 GCR 所考虑的所有 L^* 等级

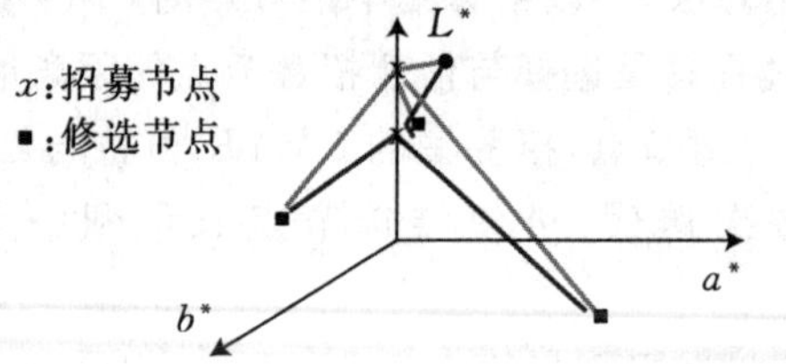

图 28.17 招募集中任一节点与候选集中任一节点之间度量指标的计算

可以准确地找到 *CMYK* 配方,复现期望的 $L^* a^* b^*$ 值。

图 28.4 所示系统可由式(28.7)表示。在完成上述步骤后,便可获得构建特性 LUT 所需要的全部信息。接下来,我们借助一个例子来说明该技术是如何实现的。假设我们从位于中性轴上的 24 个招募节点开始,其值由$[L^* \quad a^* \quad b^*]^T=[15 \quad 0 \quad 0]$变化到$[L^* \quad a^* \quad b^*]^T=[100 \quad 0 \quad 0]$。需要注意的是,招募节点的 L^* 值以 5 为增量,并呈均匀分布。另一方面,这里只选择招募集中的两种颜色来支持我们的观点,即$[L^* \quad a^* \quad b^*]^T=[56.65 \quad 6.42 \quad 6.5]$(颜色#1)与$[L^* \quad a^* \quad b^*]^T=[68.23 \quad 6.43 \quad 6.49]$(颜色#2)。颜色#1 将首先被选择,这是因为算法确定它是距离招募集中$[L^* \quad a^* \quad b^*]^T=[65 \quad 0 \quad 0]$且 $CMYK=[128 \quad 97 \quad 101 \quad 0]$的节点最近的节点(最小 $\Delta E2000$ 距离)。图 28.19 给出了这些 *CMYK* 值的灵敏度曲线。需要注意的是,为了获得颜色#1 的$[L^* \quad a^* \quad b^*]^T=[56.65 \quad 6.42 \quad 6.5]$值,控制器从最近的招募节点的标称 *CMYK* 开始,然后跟踪图 28.19 所示的灵敏度曲线,这意味着控制器要不断地迭代更新 *CMYK* 值,直到获得期望的 $L^* a^* b^*$ 值。为了保证平滑度,需要选择合适的标称值作为起始点。对于任何候选颜色,通过跟踪灵敏度曲线所提供的轨迹,可以确保获得唯一的 *CMYK* 解,

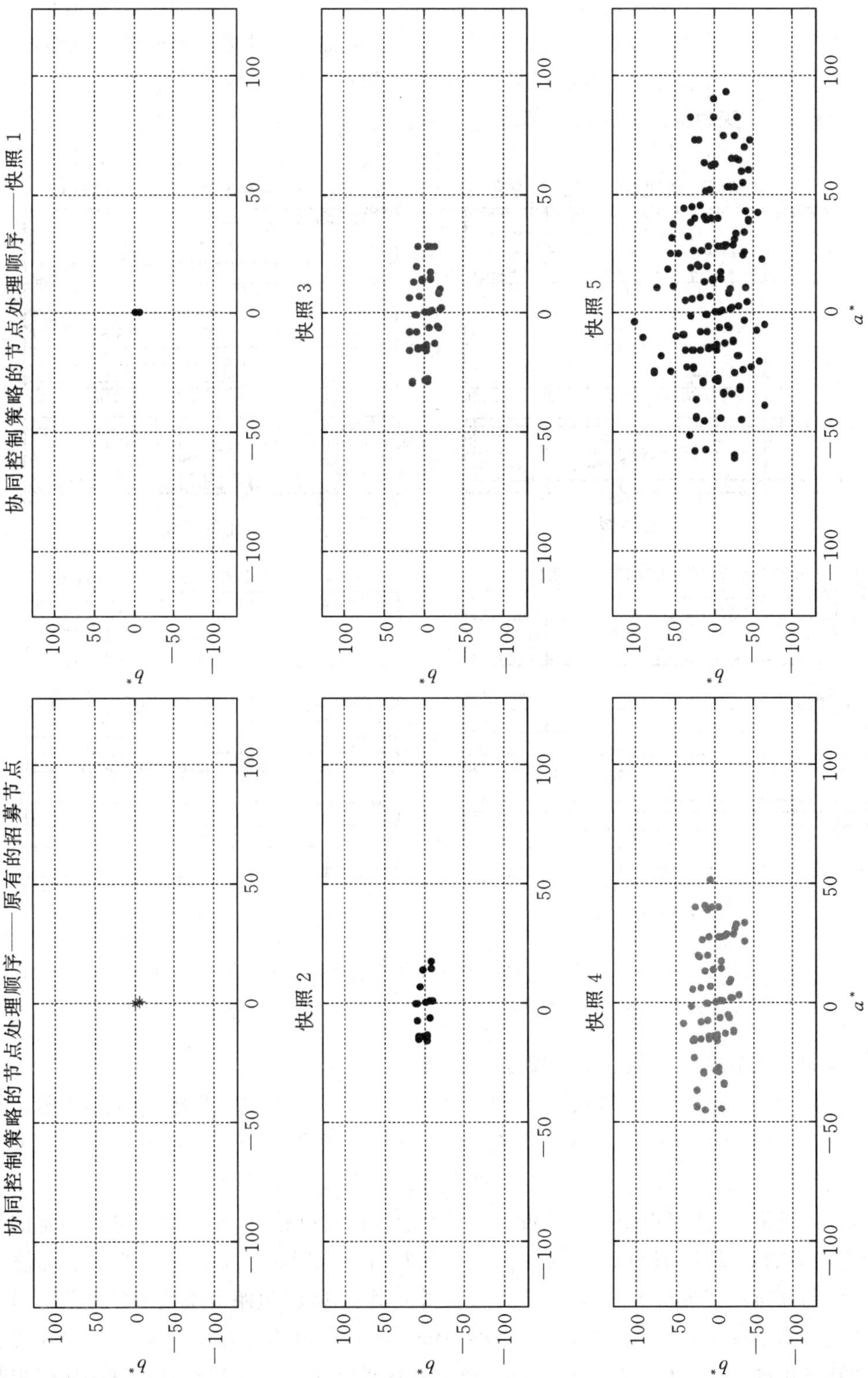

图 28.18　采用协同控制策略处理特性 LUT 中节点的快照

这是当邻近的颜色位于印刷机色域非线性区域时的一个重要特征。颜色♯1 的近似 *CMYK*=[128 97 101 0]值可由灵敏度曲线推出,但是由于灵敏度曲线不考虑颜色间的交互作用,这将导致一定的不精确性。采用这种方法获得的最终的 *CMYK* 值为 *CMYK*=[111 111 112 1]。由此,节点颜色♯1 变为了招募集的一部分。

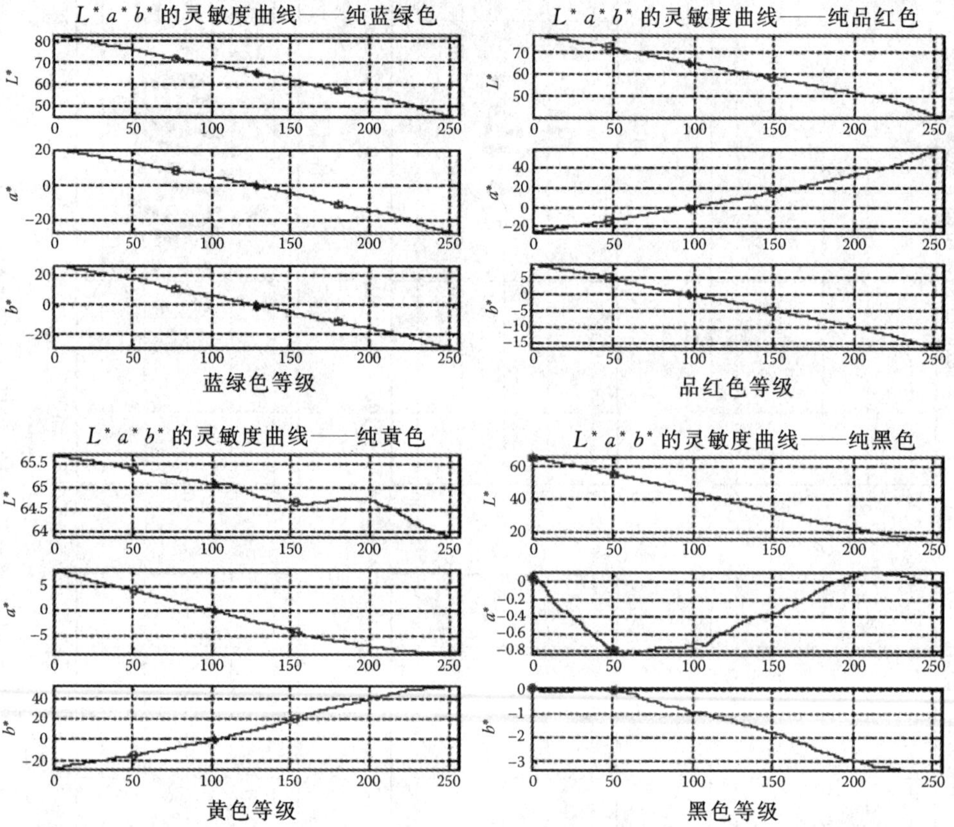

图 28.19 *CMYK*=[128 97 101 0]对应的灵敏度曲线。星号表示标称值,圆圈表示标称点附近用于计算 Jacobian 矩阵的点

算法检测到该节点距离颜色♯1 较近,后者的$[L^* \quad a^* \quad b^*]^T$=[56.65 6.42 6.5]、*CMYK*=[88 113 112 0],其灵敏度曲线可见图 28.20。需要注意的是,为了获得第二种颜色的$[L^* \quad a^* \quad b^*]^T$=[68.23 6.43 6.49]值,控制器会以迭代方式不断地修正 *CMYK* 值,直到达到期望的$L^*a^*b^*$值。对于该情况,颜色♯2 的近似 *CMYK*=[111 111 112 1]值可由灵敏度曲线推出,然而由于该曲线没有考虑颜色间的交互作用,这依然会导致一定的不精确性,最终获得的 *CMYK* 值为 *CMYK*=[100 103 104 0]。上文介绍的两种情况说明了如何利用控制器跟踪邻近节点的轨迹,使得所获得的新 *CMYK* 值距离所选的邻近节点最近。

需要重点指出的是,最近的候选节点集的 Jacobian 矩阵 $\boldsymbol{B}$ 和增益矩阵是利用招募集的局部信息计算得到的。这些值在所有的控制迭代过程中保持恒定。我们建议在每次迭代中都计算 Jacobian 矩阵和增益矩阵,这可以更好地捕获印刷机的非线性特性。这就需要分别将式

(28.7)和(28.8)中的 **B** 替换为 **B**(k),**K** 替换为 **K**(k)。该操作可以确保收敛到最近的 CMYK 值。当候选集比较稀疏时,如同低密度的特性 LUT(例如,LUT 由 33^3 降到 12^3)所对应的情况,这种变型操作尤其值得考虑。

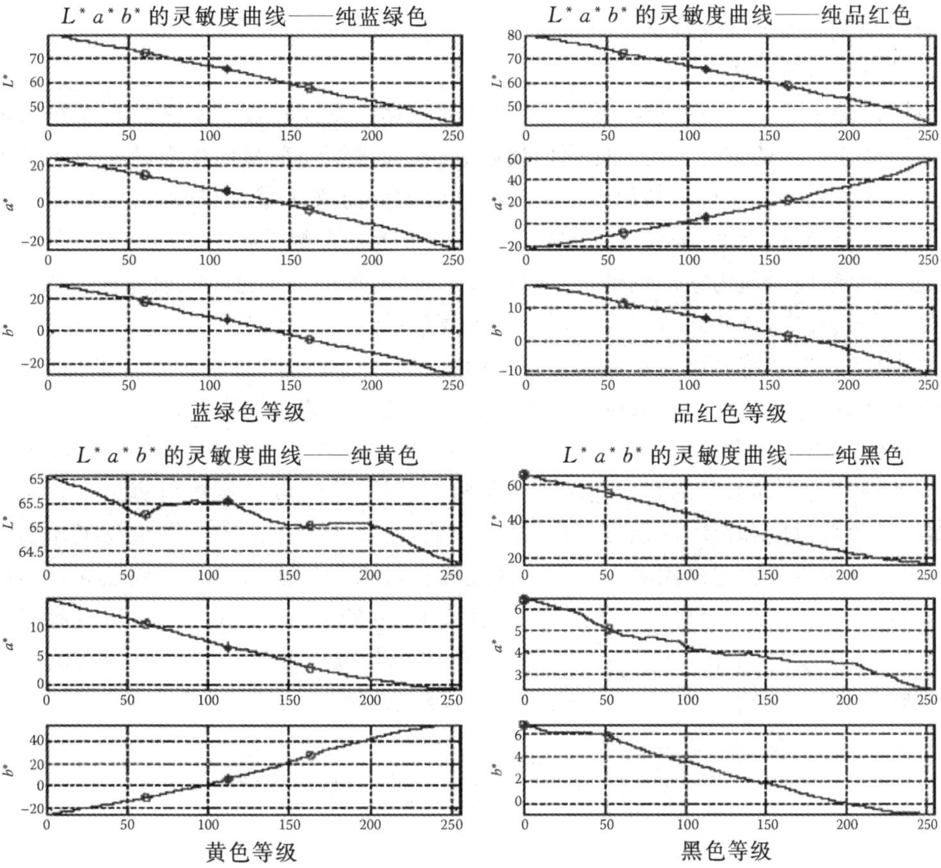

图 28.20 CMYK=[111 111 112 1]对应的灵敏度曲线。星号表示标称值,圆圈表示标称点附近用于计算 Jacobian 矩阵的点

28.3.2.7 色域映射

色域映射将位于色域外的颜色映射到色域内,是一种色调标度变换。当设备色域小于所需要的色域时,采用色域映射可以尽可能地保持原始的颜色和外观,以完美地复现图像中的颜色。若不使用色域映射,诸如印刷机这样的设备将会被迫把位于色域外的颜色剪裁掉。因此,色域映射是每种颜色复现设备都使用的关键属性。

目前存在大量关于色域映射算法的文献[26]。没有哪一种色域映射算法可以满足所有的要求,包括宜人的颜色、对比度、亮度、色度、色调等。有些色域映射算法可以增强色域中某区域的属性,而其他算法则可能更适合色域的另一个区域。由此,设备设计者通常在颜色管理系统中应用混合的色域映射函数。

处理色域外颜色的技巧包括色域剪裁和色域压缩。在色域剪裁中,按照某种尽可能消弱对输出结果影响的方式将所有色域外的颜色映射为色域“边界”的某种颜色,同时保持色域内的颜色不变。剪裁的一种通用形式是基于射线的方法,其中的射线连接待处理的色域外的颜色与色域中性轴上的某一点,这条线穿过色域边界的位置或点即为色域映射颜色。该策略可用来保持色域映射操作前后的色调。在色域压缩中,所有的图像颜色都被映射到印刷机色域,因此色域内和色域外的颜色都会发生变化。基于射线的和基于压缩的色域映射方法均可以由基于控制的方法有效实现[1,第7章]。

文献[27]提供了 90 多种算法,文献[1]则详细描述了基于控制的方法。基于价值的反馈系统是一种基于控制的方法。为了优化价值函数,它提供了一种从库中自动选择色域映射算法的方法。该方法将所有色域外的颜色聚集到不同的有意义区域,并且将每一簇颜色至少与一个候选的色域映射函数相关联。该方法的要点在于为每个簇选择和分配最恰当的色域映射策略,根据每个簇的价值为它们调整正确的参数,融合最优的局部色域映射算法以创建最终的映射。在使用过程中,该最终映射可以保持每个算法的优点。因此,上述方法被称为“基于价值的色域映射”。本节将介绍为了保证高质量的颜色印刷,如何灵活地利用控制理论实现最优色域映射策略的算法细节,接下来讨论基于价值的色域映射算法中的一些重要概念。

图 28.21 给出了一个有关 cusp 色域映射算法的示例,可以容易地想象出如何将该例子扩展到含有待调整的不同参数的其他色域映射策略。典型的 cusp 色域映射算法包含两个需要调整的参数(色调范围和范围取值)。对于每个参数,设计者必须采用不同值反复印刷测试图像,然后根据视觉效果决定采用哪一个值。该过程也可以采用诸如显示器或独立校样印刷机的校样设备来完成。第一个标有 T 的方块表示从 RGB 到 $L^* a^* b^*$ 的变换,它与前面提到的源特性 LUT 相同。第二个方块表示采用某种算法将色域外的颜色映射到印刷机色域的边界。根据映射得到的 $L^* a^* b^*$ 值,并采用前面几节介绍的控制方法,可以找到 $CMYK$ 值。

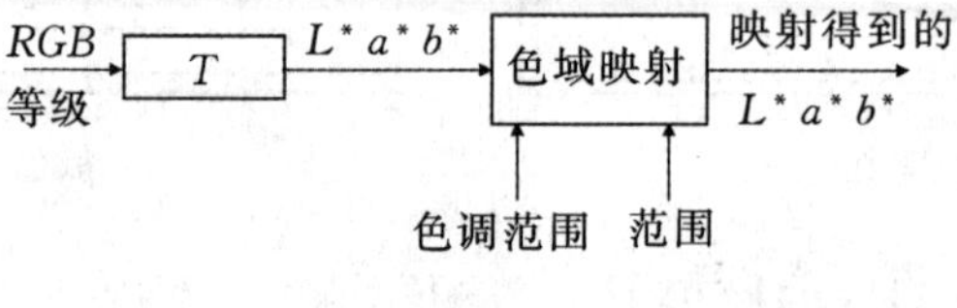

图 28.21 优化色域映射参数的开环方法

图 28.22 给出了基于闭环方法的 cusp 色域映射整定技术,该技术可以扩展应用于针对每个有意义的簇的其他色域映射方法的参数调节。标有 T_2 的方块表示将每种颜色的 $L^* a^* b^*$ 映射值映射为一个 1D 函数。例如,可以采用 $\Delta E2000$ 公式作为该函数,当然也可以考虑其他选择。$\Delta E2000$ 公式计算两个颜色之间的感知距离,这里即为当前簇中每个节点颜色在色域外的值和相应的映射值。标有“价值函数”的方块使每簇中所有的 1D 值随时可用,并将其转变为单个实值,以定量表示色域映射参数的“价值”。例如,可以采用均方误差函数作为价值函数。在这种情况下,价值函数针对每个属于待映射的有意义簇的节点颜色,确定了由 $\Delta E2000$ 公式计算所获值的均方误差。最后一个方块称为“优化算法”,它调节色域映射参数,以满足每个簇的“最优”价值函数的要求。很明显,映射函数 T_2 和价值函数的选择很关键,它必须反映设计者希望在优化过程中实现的目标。对于所有的簇,可以选择映射函数 T_2 与价值函数的

某种固定组合；当然也可以针对颜色空间的不同区域，选择 T_2 与价值函数的不同组合。这一点必须在运行优化程序之前根据建立的目标确定下来。下面给出一个关于 T_2 和价值函数的例子。

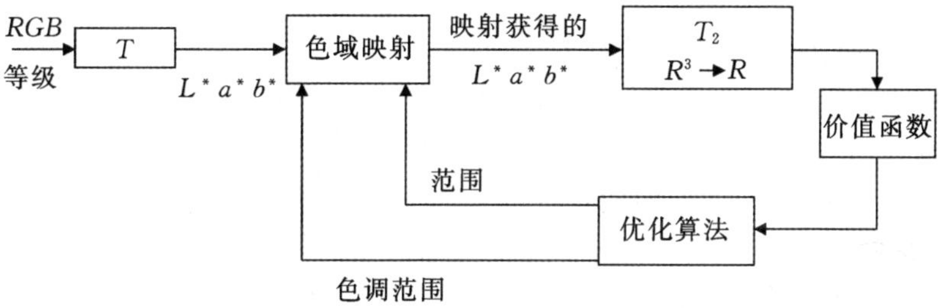

图 28.22　采用闭环方法优化色域映射的算法

假定将色域外的颜色分为 3 簇。设计者希望根据描述感知色差的最小距离来优化簇 1 中颜色的映射参数。对于簇 2，设计者只希望最小化不同亮度的平均值，即 ΔL^*。对于簇 3，设计者的目标是最小化颜色色调保留度的均方误差。因此，对于簇 1，T_2 和价值函数都是 $\Delta E2000$ 公式。对于簇 2，T_2 是 ΔL^*，而价值函数是所有 ΔL^* 的平均值的最小值。最后，簇 3 的 T_2 将使用一种色调保留映射技术，而价值函数是簇 3 中所含颜色的色调保留值的均方误差。接下来给出为所有簇创建全局色域映射策略所需实现的步骤，具体总结如下：

1. 定义用来将色域外颜色分组的簇的数量 N_c。
2. 运行把色域外颜色归类到 N_c 个簇的算法（例如，对于总计含有 33^3 个节点的 $L^* a^* b^*$ 空间，采用 K 均值算法），也可以通过指定色域区域（例如，红、黄、黑等区域）实现分簇，而不必使用 K 均值算法。
3. 从第一个簇开始工作，$i=1$。
4. 对于簇 i，运行优化算法，并确定第 i 个价值函数的最优值。
5. 如果 $i<N_c$，设置 $i=i+1$ 后跳转到第 4 步；否则，继续第 6 步。
6. 将所有的局部结果融合为全局色域映射策略[28]。

接下来将说明如何使用多方向搜索方法[29]为库中可用的 M 个色域映射方法，确定步骤 4 中第 i 个价值函数的最优值。关于该算法的应用，可参阅文献[9]。首先，假设 $G \in 1,2,\cdots,M$ 表示可以用于任意簇的色域映射算法集。任一色域映射 $j \in G$ 都含有一个或多个待优化的参数。当某色域映射算法不包含任意可调参数时，可以直接获得价值函数的值，而不必施加任何优化。如果色域映射算法至少含有一个需调整的参数，就要执行如下过程。令 $\theta_{i,j}(k) \in \mathbb{R}^{p(j)}$ 表示簇 i 的第 j 个色域映射算法需要在第 k 次迭代中调整的参数，并假设 $J(\theta_{i,j}(k))$ 关于 $\theta_{i,j}(k)$ 连续，并且存在梯度 $\nabla J(\theta_{i,j}(k))$。对于每个簇 i，存在一个候选解集，记作 $P_{i,j}^{l}(k) = \{\theta_{i,j}^{1}(k), \theta_{i,j}^{2}(k), \cdots, \theta_{i,j}^{p(j)+1}(k)\} \subset \mathbb{R}^{p(j)+1}$。该方法在这些候选解中进行迭代，以最小化 $J(\theta_{i,j}(k))$。算法的实现步骤可以描述如下：

1. 定义扩张因子 $\gamma_e \in (1,\infty)$ 和收缩因子 $\gamma_c = \dfrac{1}{\gamma_e}$。

2. 从第一个簇 $i=1$ 开始。

3. 从第一个色域映射方法 $j=1$ 开始。

4. 对于 $l=1,2,\cdots,p(j)+1$,计算 $J(\theta_{i,j}(k))$;持续执行如下步骤,直到满足停止条件。

5. 根据式

$l^*=\operatorname{argmin}\{J(\theta_{i,j}^l(k)):l=1,2,\cdots,p(j)+1\}$

找到新的最优的 $P_{i,j}(k)$ 点,并交换 $\theta_{i,j}^1(k)$ 和 $\theta_{i,j}^{l^*}(k)$;检查停止条件。

6. 旋转步骤:对于 $l=1,2,\cdots,p(j)+1$ 和 $J(\theta_{roti,j}^l(k))$,计算

$\theta_{rotij}^l(k)=\theta_{i,j}^1(k)-(\theta_{i,j}^l(k)-\theta_{i,j}^1(k))$

然后继续第 7 步。

7. 扩展步骤:如果

$$\min\{J(\theta_{rotij}^l(k)):l=1,2,\cdots,p(j)+1\}<J\{\theta_{i,j}^l(k)\}$$

成立,那么对于 $l=1,2,\cdots,p(j)+1$ 和 $J(\theta_{\mathrm{exp}i,j}^l(k))$,计算

$$\theta_{\mathrm{exp}i,j}^l(k)=\theta_{i,j}^1(k)-\gamma_e(\theta_{i,j}^l(k)-\theta_{i,j}^1(k))$$

现在确定旋转或扩展步骤是否会形成新的单纯形,并确定新的候选解 $P_{i,j}^l(k+1)$。如果

$$\min\{J(\theta_{\mathrm{exp}i,j}^l(k)):l=1,2,\cdots,p(j)+1\}<\min\{J(\theta_{\mathrm{rot}i,j}^l(k)):l=1,2,\cdots,p(j)+1\}$$

成立,那么选择扩展,并设置

$$\theta_{i,j}^1(k+1)=\theta_{i,j}^1(k)$$

和

$$\theta_{i,j}^l(k+1)=\theta_{\mathrm{exp}i,j}^l(k),l=1,2,\cdots,p(j)+1$$

否则,令

$$\theta_{i,j}^1(k+1)=\theta_{i,j}^1(k)$$

和

$$\theta_{i,j}^l(k+1)=\theta_{\mathrm{rot}i,j}^l(k),l=1,2,\cdots,p(j)+1$$

并转至步骤 5。

8. 收缩步骤:如果

$$\min\{J(\theta_{\mathrm{rot}i,j}^l(k)),l=1,2,\cdots,p(j)+1\}\geqslant J(\theta_{i,j}^1(k))$$

成立,那么对于 $l=1,2,\cdots,p(j)+1$ 和 $J(\theta_{\mathrm{cont}i,j}^l(k))$,计算

$$\theta_{\mathrm{cont}i,j}^l(k)=\theta_{i,j}^1(k)+\gamma_c(\theta_{i,j}^l(k)-\theta_{i,j}^1(k))$$

如果

$$\min\{J(\theta_{\mathrm{cont}i,j}^l(k)),l=1,2,\cdots,p(j)+1\}<J(\theta_{i,j}^1(k))$$

成立,通过令

$$\theta_{i,j}^1(k+1)=\theta_{i,j}^1(k)$$

和

$$\theta_{i,j}^l(k+1)=\theta_{\mathrm{cont}i,j}^l(k),l=1,2,\cdots,p(j)+1$$

形成 $P_{i,j}^l(k+1)$,并转至步骤 5。但是,如果

$$\min\{J(\theta_{\mathrm{cont}i,j}^l(k)),l=1,2,\cdots,p(j)+1\}\geqslant J(\theta_{i,j}^1(k))$$

那么对于 $l=1,2,\cdots,p(j)+1$,设置 $\theta_{i,j}^l(k)=\theta_{\mathrm{const},i,j}^l(k)$,然后转至步骤 6。

9. 如果满足停止条件，并且有更多的可利用的色域映射方法，那么设置 $j=j+1$。如果簇 i 不存在其他色域映射方法，那么令 $J^{i,j^*}=\mathrm{argmin}_j J(\theta_{i,j}^1(k))$，并检查是否存在其他待处理的簇。如果存在，令 $i=i+1$，并转至步骤 3；否则，停止算法。

需要注意的是，对于每个簇 i，选出的待使用的色域映射是 j^*，相应的参数是 $\theta_{i,j^*}^1(k)$。

28.3.2.8　图像仿真

当评价反演算法和特性文件的性能时，必须考虑许多定量的或视觉的因素。特性精度、色域的使用情况、多维 LUT 节点间 *CMYK* 配方的平滑度、中性色响应等只是要考虑的属性的一部分。视觉评估通常比较主观，但如果可以与印刷好的校样进行比较，还是非常有意义的。图 28.23 和 28.24 为当采用两个不同的多维特性文件仿真分离颜色时所获得的 *RGB* 图像，它们在每个像素点采用不同的 *CMYK* 分离色产生同一颜色。在每幅图中，我们给出了采用 ICC 特性文件校验后的原始图像和四个通道图像。

图 28.23　采用受 GCR 约束的逆 LUT 对特性文件 #1 的图像仿真

由于黑色分离色可使中性色渲染得不太平滑，所以中性色渲染应使用较少的黑色。某些记忆色，比如天空颜色，也存在同样的情况。对于前文提供的例子，图 28.23 和 28.24 所示的颜色分离图像表明了 *CMYK* 成分的差异。根据印刷机引擎的状态，使用较少黑色的图像可能得到较理想的渲染效果。如此细微的差别无法仿真，但可以表明渲染缺陷。此外，如果特性 LUT 的 *CMYK* 配方不平滑，有时可以看到颜色轮廓。

为了合理控制 *CMYK* 分离色的选择，可以使用 28.3.2.6 节所描述的协同控制策略，精心

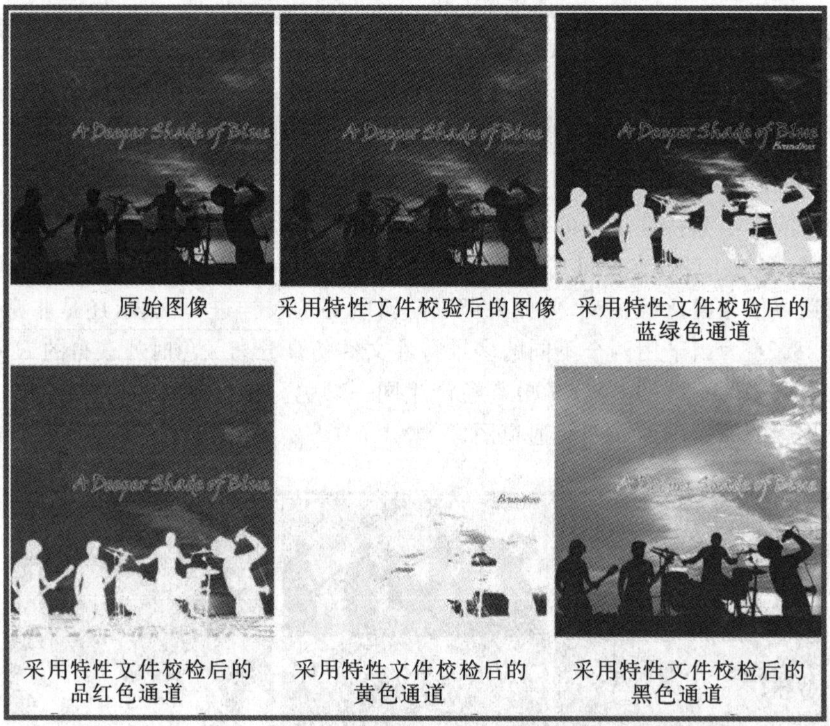

图 28.24 采用受 GCR 约束的逆 LUT 对特性文件 #2 的图像仿真

设计黑色或其他分离色在中性轴的用量,或者首先尝试设计它们在颜色空间特定区域(见图 28.16)的用量,然后通过与其他节点协作来保持平滑度。

28.4 过程控制

28.4.1 引言

在印刷行业,通常认为一致性会受到内部过程的影响,尽管我们可以根据从纸张上获得的测量量按照某种时间层次以较高频率更新 1D、2D 和 3D LUT(也称为控制函数)。如果在同一个印刷系统中实现了所有的 1D、2D 和 3D 回路,那么 1D 控制函数的更新频率必须高于 2D 函数,而 2D 控制函数的更新频率必须高于 3D 函数。一般情况下,根据从输出媒介上获得的测量量来创建调整设备 *CMYK* 值的 LUT。一致性要求的性能级别如此之高,以至于1D 回路的更新间隔接近于印刷一次就更新一次,这对于许多高端数字印刷机不太现实。因此需要设计复杂的 SISO 和 MIMO 控制回路以镇定内部过程。在内部过程中,这些回路根据来自输出的测量量(例如,通过采用光学传感器测量光感知器上而非纸张上的色粉状态而获得的色粉质量测量量)调整各种过程和数字(图像)执行机构,从而保持背景、一致的区域显影以及各基色的 TRC[30]。回路通常以变化的频率运行,而在每一次印刷时频率都会不断接近。为简单起见,下面介绍一种两层的过程控制设计方法,其中使用了一种基于模型预测控制理论的增益调度算法。

28.4.2 模型预测控制器

用来控制内部状态的过程执行机构具有硬性限制，这里所说的内部状态包括不同覆盖区域内（例如，低、中、高）的色粉量、色粉浓度等。例如，在 EP 印刷中，由于成本限制并考虑到图像质量，感光器电荷（完全曝光和未曝光的）不能超过一定限制。线性 SF 控制器（只具有一个 MIMO 增益矩阵）可能无法满足系统级的约束，这是因为当将线性控制器应用到非线性系统中时，它倾向于为执行机构生成大于实际需求的值。这可能导致不希望出现的稳定性问题，特别是当印刷引擎在运行极限附近工作时。

具有单个 MIMO 增益矩阵的两层过程控制系统一般采用三个过程执行机构（例如，iGen3®中感光器的未曝光电压和曝光电压，以及磁辊偏压；iGen4®中的光栅曝光强度、清洗电压以及磁辊偏压），在低、中、高覆盖区域跟踪色粉的量。过程控制系统的传递函数（即多维输入-输出特征数据）一般是非线性的，因此为每个执行机构组合计算新的增益矩阵更加合适，这需要使用最优自适应控制器设计方法，但该方法比较复杂且难以实现。另一种可选方法是将输入-输出特征映射划分为多个线性映射，然后在每次控制动作中，根据某些策略安排一个合适的增益矩阵。我们可以根据输入-输出特征数据**预先**计算出一个增益矩阵池。

下面介绍一种以最小化跟踪误差（即单位区域内已显影的量（Developed Mass Per Unit Area，DMA）的目标值与测量值之间的差异）的 Euclidean 范数为基础的模型预测控制算法。这里采用 28.3.1.4 节引入的符号来说明为实现过程控制回路中的控制器所需要进行的修改。令

$$\boldsymbol{y}(k+1)=[D_{k+1}^{l}\quad D_{k+1}^{m}\quad D_{k+1}^{h}]^{\mathrm{T}}\in\mathbb{R}^{3}$$

表示利用光学传感器获得的输出测量量（低、中、高色调在第 $k+1$ 次迭代中的 DMA 测量量），$\boldsymbol{u}(k)$ 表示控制输入 $[V_g\quad V_l\quad V_b]^{\mathrm{T}}$，它由感光器的栅极电压、光栅输出开关（Raster Output Switch，ROS）的激光强度以及显影偏压组成。令 $\boldsymbol{r}\in\mathbb{R}^3$ 表示第 k 次迭代的参考值 $[D_r^l\quad D_r^m\quad D_r^h]^{\mathrm{T}}$。定义跟踪误差为

$$\boldsymbol{e}(k+j)=([D_r^l\quad D_r^m\quad D_r^h]^{\mathrm{T}}-\boldsymbol{y}(k+j))$$

以及系统状态为式（28.12）所示形式。这里采用式（28.13）定义的代价函数，其中，

$$E^i(k+j)=\|[D_r^l\quad D_r^m\quad D_r^h]^{\mathrm{T}}-\boldsymbol{y}_m^i(k+j)\|$$

且

$$\boldsymbol{u}^i(k,j)=\boldsymbol{K}^i(j)([D_r^l\quad D_r^m\quad D_r^h]^{\mathrm{T}}-\boldsymbol{y}_m^i(k+j))$$

式中的 $\boldsymbol{K}^i(j)$ 表示第 i 个规划在第 j 次迭代中的增益矩阵。在每次迭代 k 中，根据式（28.14）计算的计算结果来选择最优规划。将控制输入 $\boldsymbol{u}(k)=\boldsymbol{u}^i(k,0)$ 应用到系统，下面给出一些仿真结果。

由于计算量的限制，首先在采用执行机构的标称输入的情况下，确定极点和 Jacobian 矩阵的所有组合对应的增益矩阵，然后根据拟采用的路径从获得的增益矩阵集合中选择最优矩阵。我们总计构建了 144 个增益矩阵以备选择。针对执行机构值的不同组合，根据 MIMO 极点配置设计来计算增益矩阵。选择的时域范围为 $N=15$，并采用 MPC 而不是 SF 控制回路来解决执行机构的有限偏移问题。图 28.25 给出了在大量的模拟瞬态过程中（总计 355 个不同

的瞬态)采用 MPC 方法和基于单增益矩阵的 SF 控制器所获得的栅极电压的对比情况。实验中使用的权重为 $w_1=1$,$w_2=0$,以着重强调将目标值与测量值之间的误差最小化。图 28.26 给出了 ROS 激光强度值的对比情况,图 28.27 则给出了采用两种方法所获得的显影偏差电压的对比情况。

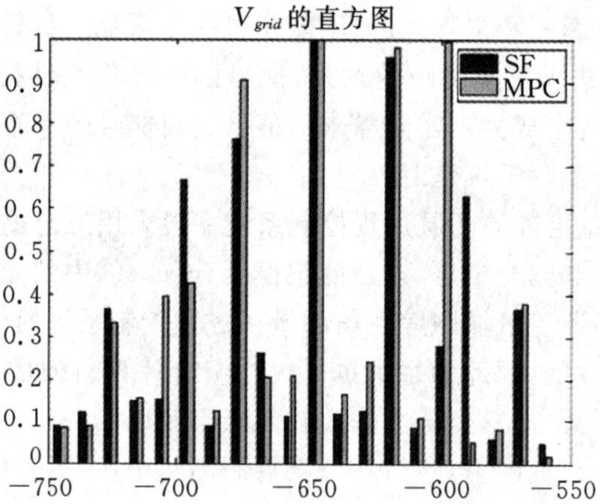

图 28.25 两级 SF 和 MPC 系统中 PR 栅极电压的直方图

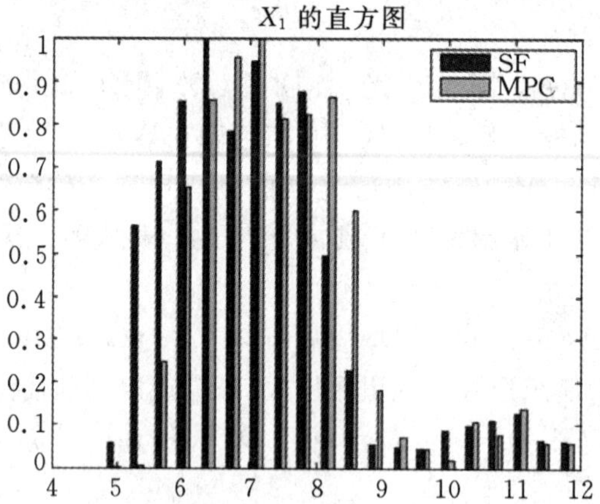

图 28.26 两级 SF 和 MPC 系统中 ROS 激光强度的直方图

从图中可以看出,两种方法的栅极电压偏离值没有太大区别。然而,对激光强度和偏差电压的使用限制有所改善。为将色粉量保持在期望的目标值,通常会联合使用这些执行机构。MPC 方法总是试图维护过程处于"最佳点",因此控制回路对于过程偏移具有较强的鲁棒性。为了更清晰地说明这一点,我们在图 28.28 中绘出了执行机构相对于 DMA 目标设定点[0.0789,0.2546,0.4525]的 3D 偏移图。请注意,与 SF 方法相比,MPC 方法采用了一个更直接的指向为满足 DMA 目标所需要的执行机构最终值的路径。图 28.29、28.30 和 28.31 展示了三种执行机构相对于设定点的直方图。从中可以明显看出,由于采用 MPC 进行增益调度,

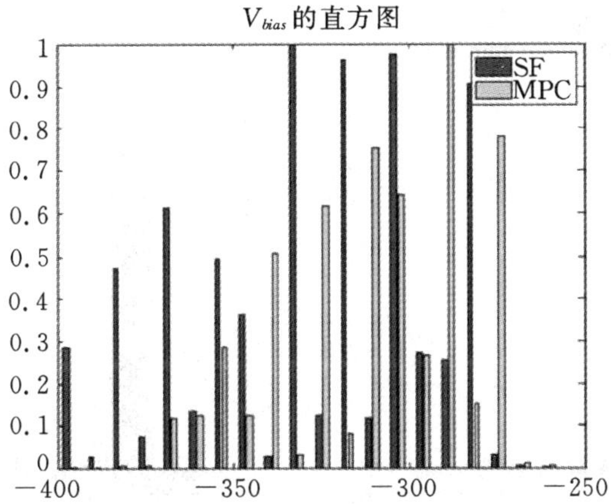

图 28.27 两级 SF 和 MPC 系统中显影偏压的直方图

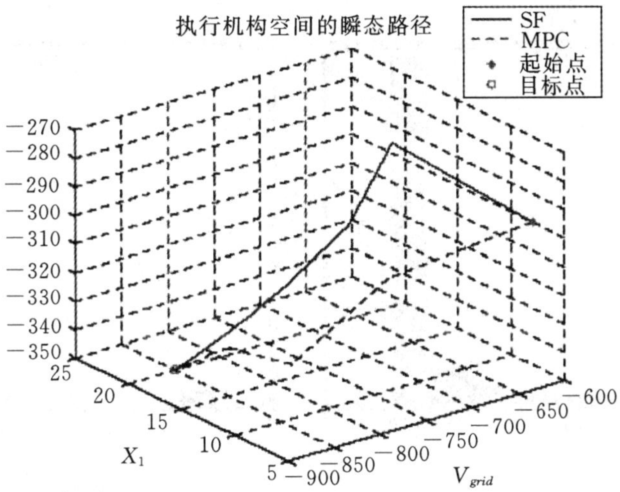

图 28.28 SF 和 MPC 对应的执行机构瞬时状态

相应执行机构的偏差较小。图 28.32 给出了 MPC 和 SF 控制回路相对于设定值的误差。

总之,由于印刷过程是非线性的,当采用单增益矩阵方案时,执行机构的动态范围会变大。在闭环控制操作(即测量-处理-执行循环)中,将多增益方案与一种系统的增益自动切换方案相结合,可以改进执行机构的性能,减小其动态范围。只要增益矩阵的数量足够大,就可以实现 MPC 中增益矩阵的平滑切换,这有助于解决许多不理想的稳定性问题、执行机构超调等问题,特别是当印刷引擎运行在它们的极限状态时。当设定值改变时(例如,当媒介变化,或由于更高级回路动作引起 DMA 目标变化时[31]),采用自动增益调度方法,闭环系统仍可以以较强的鲁棒性运行,而不会发生不稳定现象。

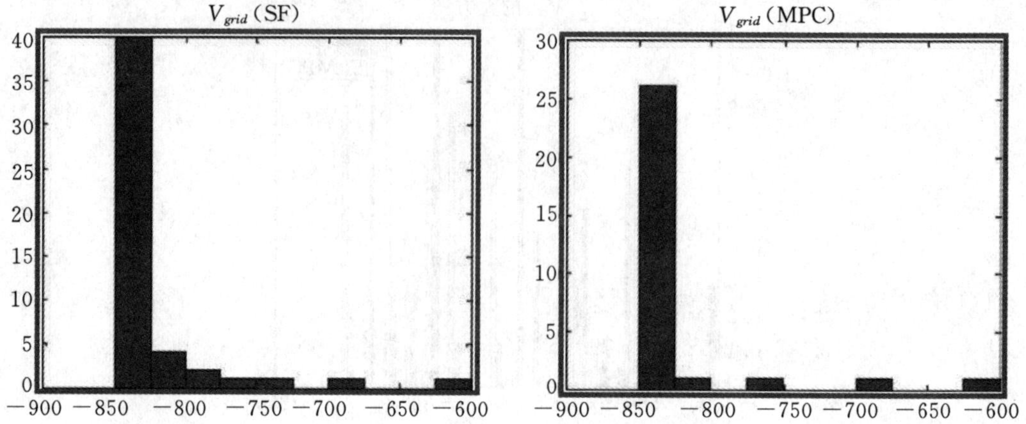

图 28.29 单个 DMA 设定点的栅极电压直方图

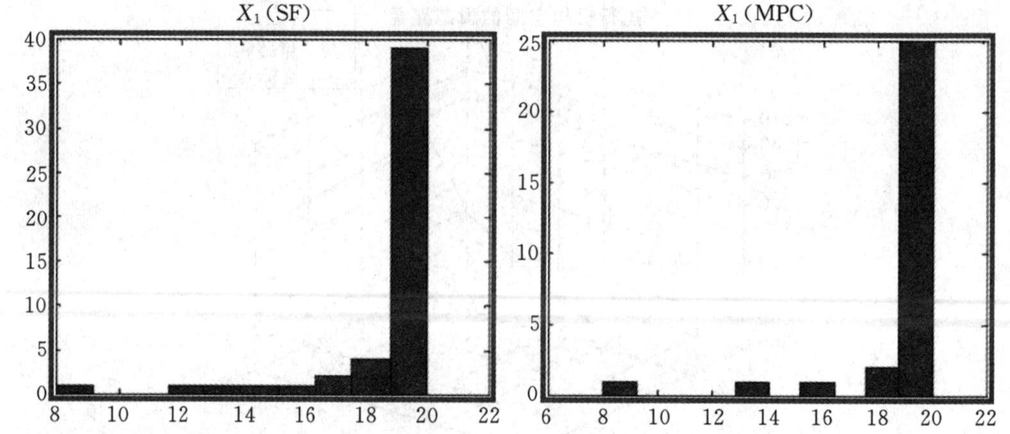

图 28.30 单个 DMA 设定点的激光强度直方图

28.5 总结

尽管由于引入许多新的执行机构(例如过程和图像的执行机构),使得数字印刷过程面临极大的挑战,但是这些执行机构为应用各种控制技术提供了机遇。此外,颜色生成过程中遇到的许多新挑战(例如,以低成本和高生产率获得接近或优于胶印的印刷质量)促使我们将 MIMO SF、极点配置设计、LQR、模型预测控制以及协同控制等新的控制理论应用到该领域。无数的 Xerox® 印刷系统(iGen3、iGen4、Docucolor 7002、Docucolor 8002、Docucolor 5000、Docucolor 8000、iGen4 220、Perfecting Press、Xerox Color 800/1000 等)采用这些控制方法每天都生产出高质量的印刷品,并获得几十亿美元的收益。

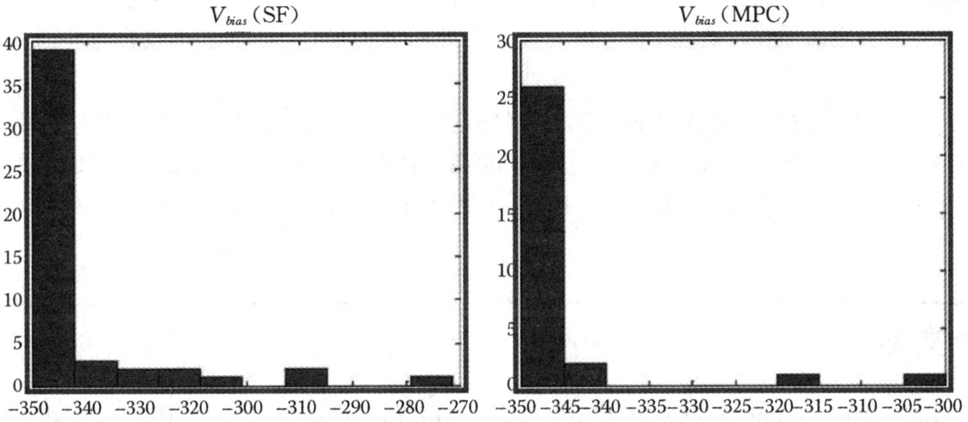

图 28.31　单个 DMA 设定点的偏差电压直方图

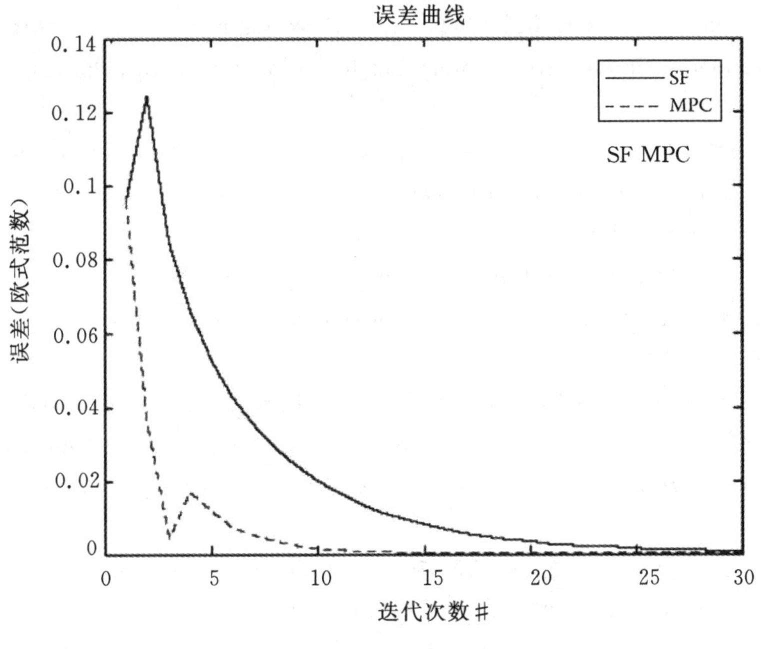

图 28.32　单个 DMA 设定点的误差曲线

本章着重讲述了如何使用先进算法实现颜色的一致性问题，当然还存在许多其他改进颜色质量的途径。图像是由一些精细的点组成的，每个点混合了四种或更多种基色，而数字印刷机具有按照人们的期望写出或擦除图像的能力。暗度等级是通过改变点的大小而确定的，可以从空白(背景)到完全覆盖指定的区域(充实)。在低密度图像(高亮)中，点比较小且明显不同。在高密度图像(阴影)中，无色调的区域呈现 cusp 形状，用来表示各点之间的未着色区域。在 8 位成像系统中，基色的混合是通过在 DEF 中改变每个基色在 0 到 255 之间的数字等级而实现的。高分辨率成像系统需具有更高的数字等级。图像路径会半色调化这些等级，将它们转换成多种点模式。由此，对于不同类型的点，基色的正确混合不仅可以创建准确、高质量的颜色，而且为实现高质量的设备、照明以及独立于观察者的颜色，提供了生成高度一致的输出的可能。

数字印刷的其他发展机遇包括：基于控制理论实现印刷车间的自动化和最优系统设计、网络化控制、具有状态同步特征和基于状态调度的高性能纸张路径控制、主动诊断和缺陷分析，以及多机印刷环境下的多印刷品匹配。因此，现代控制将在改进成像系统性能和经济性方面继续扮演重要角色。

参考文献

1. L. K. Mestha and S. Dianat. *Control of Color Imaging System*. CRC Press, Boca Raton, Florida, 2009.

2. H. Kipphan. *Handbook of Print Media*. Springer, Berlin, 2001.

3. K. Ogata. *Discrete-Time Control Systems*. Prentice-Hall, New Jersey, 1987.

4. D. Viassolo, S. A. Dianat, L. K. Mestha, Y. R. Wang. Practical algorithm for the inversion of an experimental input-output color map for color correction, Optical Engineering 42 (3), pp. 625 - 631.

5. L. K. Mestha, R. E. Viturro, Y. R. Wang, and S. A. Dianat. Gray balance control loop for digital color printing systems, in *Proceedings of the 2000 IS&T Conference on Digital Printing Technologies (NIP21)*, September 2005.

6. A. E. Bryson. *Dynamic Optimization*. Addison-Wesley, 1999.

7. A. Gil and L. K. Mestha. Spot color controls and method, US Patent Application No. 20080043264, February 2008.

8. L. K. Mestha and O. Y. Ramirez. On-line model prediction and calibration system for a dynamically varying color reproduction device, US Patent No. 6809837, October 2004.

9. K. Passino. *Biomimicry for Optimization, Control, and Automation*. Springer-Verlag, London, 2004.

10. C. E. Garcia, D. M. Prett, and M. Morari. Model predictive control: Theory and practice—a survey, *Automatica*, vol. 25(3), pp. 335 - 348, 1989.

11. G. Sharma. *Digital Color Imaging Handbook*. New York: CRC Press, 2003.

12. R. Balasubramanian and R. Eschbach. Design of UCR and GCR strategies to reduce moire in color printing, in *IS&T PICS Conference*, 1999, pp. 390 - 393.

13. R. Balasubramanian and R. Eschbach. Reducing multi-separation color moire via a variable undercolor removal and gray-component replacement strategy, *Journal of Imaging Science and Technology*, vol. 45(2), pp. 152 - 160, March/April 2001.

14. G. Laporte. The vehicle routing problem: An overview of the exact and approximate algorithms, *European Journal of Operational Research*, vol. 59, pp. 345 - 358, 1992.

15. J. Bellingham, A. Richards, and J. How. Receding horizon control of autonomous aer-

ial vehicles, in *Proceedings of the ACC*, Anchorage, Alaska, May 2002, pp. 3741 – 3746.

16. W. Li and C. G. Cassandras. Stability properties of a receding horizon controller for cooperating UAVs, in *43rd IEEE CDC*, Paradise Island, Bahamas, December 2004, pp. 2905 – 2910.

17. R. Beard, T. McLain, and M. Goodrich. Coordinated target assignment and intercept for unmanned air vehicles, in *Proceedings of the IEEE International Conference on Robotics and Automation*, Washington, DC, May 2002, pp. 2581 – 2586.

18. M. G. Earl and R. D'Andrea. Iterative MILP methods for vehicle control problems, in *43rd IEEE CDC*, Paradise Island, Bahamas, December 2004, pp. 4369 – 4374.

19. T. H. Chung, V. Gupta, J. W. Burdick, and R. M. Murray. On a decentralized active sensing strategy using mobile sensor platforms in a network, in *43rd IEEE CDC*, Paradise Island, Bahamas, December 2004, pp. 1914 – 1919.

20. P. Ogren, E. Fiorelli, and N. Leonard. Cooperative control of mobile sensor networks: Adaptive gradient climbing in a distributed environment, *IEEE TAC*, vol. 49, no. 8, pp. 1292 – 1302, August 2004.

21. J. Cortes, S. Martinez, T. Karatas, and F. Bullo. Coverage control for mobile sensing networks, *IEEE Transactions on Robotics and Automation*, vol. 20, no. 2, pp. 243 – 255, April 2004.

22. Z. Tang and U. Ozguner. Sensor fusion for target track maintenance with multiple UAVs based on Bayesian filtering method and hospitability map, in *42nd IEEE CDC*, Maui, HI, December 2003, pp. 19 – 24.

23. C. Zhang, Q. Sheng, and R. Ordonez. Notes on the convergence and applications of surrogate optimization, in *Fifth International Conference on Dynamical Systems and Differential Equations*, Pomona, CA, June 2004, pp. 1 – 9.

24. D. A. Castanon and C. G. Cassandras. Cooperative mission control for unmanned air vehicles, in *Proceedings of the AFOSR Workshop on Dynamic Systems and Control*, Pasadena, CA, August 2002, pp. 57 – 60.

25. L. K. Mestha, Y. R. Wang, A. E. Gil, M. Maltz, and R. Bala. A restricted black GCR-UCR strategy for creating pleasing colors, US Patent Filed No. 20070410, December 2007.

26. P. Zolliker and K. Simon. Continuity of gamut mapping algorithms, *Journal of Electronic Imaging*, vol. 15(1), January-March 2006.

27. J. Morovic. *Color Gamut Mapping*. John Wiley and Sons, Inc., NY, 2007.

28. M. Maltz, S. J. Harrington, and S. A. Bennett. Blended look-up table for printing images with both pictorial and graphical elements, US Patent No. 5734802, March 1997.

29. V. Torczon. On the convergence of the multidirectional search algorithm, *SIAM Journal on Optimization*, vol. 1(1), pp. 123 – 145, 1991.

30. P. K. Gurram, S. A. Dianat, L. K. Mestha, and R. Bala. Comparison of 1-D, 2-D and 3-D printer calibration algorithms with printer drift, in *IS&T The International Conference on*

Digital Printing Technologies (*NIP*21), September 18 - 23 2005, pp. 505 - 510.

31. L. K. Mestha, P. K. Gurram, A. E. Gil, and P. Ramesh. Algorithms and methods to match color gamuts for multi-machine matching, US Patent No. 20081152, December 2008.

29

金融资产投资组合的建立：最优随机控制方法的一个应用

CharlesE. Rohrs
Rohrs 咨询公司
Melanie B. Rudoy
麻省理工学院

29.1 引言

金融工程中的概念所源于的学科长期以来一直是控制理论家所关注研究的主题之一。特别地，金融经济学的许多主要成果都是随机变量、随机微分及差分方程、离散及连续时间随机控制理论的直接应用。然而，这些成果的提出几乎完全独立于控制领域的发展，只有少数学者同时在这两个领域发表成果。

本章主要介绍投资组合优化方法的发展过程中的几个重要思想——使用资产收益的统计特征来优化组合一组资产，使得组合后的整体收益优于部分收益。这里主要考虑由资产的加权线性组合构成的投资组合，其平均收益是各资产平均收益的加权线性组合，但是组合收益的方差小于各资产方差的加权线性组合，除非这些资产完全相关。收益的方差是衡量风险的自然尺度，通常把采用收益之间的相关性来降低证券投资组合风险的方式称为**套期保值**。本章 29.3 节介绍即时资产收益的演化模型，随后 29.4 节和 29.5 节说明利用资产在不同阶段的相关性或不同资产之间的相关性实现套期保值的方法。

有关这些问题的开创性论文读起来非常有趣，并且可以获得电子版本①。Markowitz[1] 提出并解决了 29.2 节介绍的单阶段问题，Sharpe[2]②将这些成果拓展应用于单个资产收益的建模中，29.2.5 节则介绍了由此获得的资本资产定价模型。Samuelson[3] 引入最优控制技术解

① 若想了解比本章所介绍内容更简单的金融工程概念，建议阅读文献[5]。文献[6]介绍了该领域的主要成果，虽然文献[6]集成了 Merton 先前出版的论文，但它读起来更像一本教科书，较好地组织了涉及到的潜在数学知识，是学习该领域理论基础的最重要资源。其他两种受欢迎的教科书是文献[7,8]，两者都强调了第二种重要的资产定价方法，即严重依赖数学上极其复杂的鞅理论。

② 一般认为 Lintner[9] 和 Mossin[10] 同时独立地发现了与 Sharpe[2] 基本相同的成果。

决了离散时间投资组合问题，该技术在对投资组合的组成元素进行多次可能的调整之后再考虑收益。Merton[4]突破性地对连续时间最优投资组合问题进行了重新定义，并给出了该问题的解。上面提到的四位先驱凭借各自的贡献都获得了诺贝尔经济学奖。29.3 节将讨论资产收益模型，随后 29.4 节和 29.5 节针对比原文献更为复杂的模型，分别介绍了有关离散时间和连续时间的结果。

29.2 Markowitz 的均值-方差投资组合理论

严格来讲，将证券收益建模为随机变量的研究始于 1952 年 Harry Markowitz 所做的工作[1]③。Markowitz 的关键思想是将一组证券在一个阶段内的收益建模为随机变量，使用投资组合的收益均值来度量回报④，并使用投资组合的方差来评估持有该投资组合的风险。

考虑如下简单情形。投资者选择下面其中一种方案来投资总值为 W 的财产：全部投资在证券 A 中、全部投资在证券 B 中、以 1∶1的比例组合投资 A 和 B。A 的收益可表示为随机变量 r_A，这意味着投资到 A 的资产 W 在一个阶段后将升值为 $(1+r_A)W$；类似地，B 的收益可表示为随机变量 r_B。假设 r_A 和 r_B 具有相同的均值 μ 和方差 σ^2，两者之间的相关系数是 ρ，那么

$$E[(r_A-\mu)(r_B-\mu)]=\rho\sigma^2$$

通过简单计算可以得到 1∶1投资组合的收益是

$$r_P=0.5r_A+0.5r_B\text{，其均值为 }\mu\text{，方差为 }0.5(1+\rho)\sigma^2$$

一个重要结论是，与全部投资在证券 A 或 B 相比，1∶1投资组合可以获得相同的收益均值，但是如果这两种证券的收益不完全相关，那么收益的方差会较小。如果可以找到 N 个收益不相关的证券，那么等权重投资组合的收益均值等于各证券收益均值的平均值，而其方差是各证券收益方差平均值的 $1/N$。不幸的是，很难找到收益不相关的证券。证券的收益(具有正均值)趋向于正向不完全相关，因此，尽管多样化投资组合具有明显作用，但随着证券种类的增多，投资组合的优势会逐渐下降⑤。

接下来介绍 *Markowitz* 公式以及最优加权证券投资组合选择问题的求解，前提条件是所有证券在单个阶段内的收益构成一随机向量，且已知其均值向量和协方差矩阵。如同其他所有工程问题的求解，这是一个需要**一百八十度转变**的建模过程。任何实现的结果和从建模过程中获得的知识都依赖于模型的合理性和准确性，以及在使用源自统计特征的样本函数时所做的不可避免的猜想。

令 $\boldsymbol{r}$ 表示投资者可选的 p 种证券的收益对应的随机向量，假设 $\boldsymbol{r}$ 的均值向量和协方差矩阵均已知，分别为 $\boldsymbol{\mu}$ 和 $\boldsymbol{\Psi}$。投资者所选的投资组合的权重向量为 $\boldsymbol{w}$，其中 w_i 表示投入到第 i 个证券的资产占初始总投资的比例。为便于理解 $\boldsymbol{w}$，对其施加一个约束，通常称为预算约束

---

③ 不幸的是，技术领域没有跟进 Bachelier[11]所做的一种可预知复杂性的早期研究，该研究一直无人问津，直到在 20 世纪 50 年代被重新发现。根据 Merton 的说法[6]，该研究的重新发现"基本上归功于 Samuelson via L. J. Savage"。

④ 资产的投资组合仅是资产的简单聚集，财富在每种资产中的投资比例由权重给出，财富权重向量决定了投资组合的构成。

⑤ 下面将考虑一种称为**无风险资产**的特殊资产，它具有确定的收益，因此与其他所有资产的收益是不相关的。可以看到这类资产会给所考虑的问题带来一种特殊结构。

(Budget Constraint, BC)，即 $\boldsymbol{w}$ 中所有元素之和等于 1。

除非明确地将负值排除在外，否则权重向量中允许存在负值，这是因为投资者可能决定**卖空**证券。卖空证券的过程如下：投资者首先从拥有该证券的公司手中借入，然后立即抛售，并将所获收益投资于其他证券；随后以新价格购回被卖空的证券，并返还给借出机构。这种机制适于机构投资者和个人投资者卖空股票和其他证券。本章重点关注金融理论使用控制理论工具的基本方法，因此一般不考虑交易成本⑥。考虑交易成本是一个十分重要的细节，也是当前许多研究工作的主要内容。

29.2.1　单阶段均值-方差问题

Markowitz 均值方差投资者的目标是，对于给定收益方差限制的投资组合，最大化投资组合的平均收益。由于较大的方差对应着较大的均值，反之亦然，因此可以将方差约束当作一个等式约束。在求解过程中，假设协方差矩阵是可逆的，后面将对此进行解释。需要注意的是，在给定投资组合平均收益的情况下，存在一个最小化投资组合收益方差的等价对偶问题。形式上，原问题可以表示如下：

$$\left.\begin{aligned}&\boldsymbol{w}^* = \arg\max_{w} \boldsymbol{w}^{\mathrm{T}}\boldsymbol{\mu}\\&\text{满足 } \boldsymbol{w}^{\mathrm{T}}\boldsymbol{\Psi}\boldsymbol{w} = \boldsymbol{\sigma}_0^2\\&\boldsymbol{w}^{\mathrm{T}}\boldsymbol{l} = 1\end{aligned}\right\}\quad P_0$$

其中，$\boldsymbol{l}$ 是由 l 构成的向量，方差 σ_0^2 定义了投资者设定的容许风险预算。Markowitz 均值方差投资组合优化框架没有假设收益分布符合联合高斯或者其他分布，它仅简单地说明投资者仅根据标的证券的收益分布的一阶矩和二阶矩进行决策。

29.2.2　单阶段均值-方差问题的求解

现在推导问题 P_0 的解。首先通过对投资组合的权重向量应用如下的仿射变换 $\boldsymbol{R}^P \to \boldsymbol{R}^{P-1}$，而不是对两个等式约束应用 Lagrange 乘子，来确保满足 BC：

$$\boldsymbol{w} = \boldsymbol{c} + \boldsymbol{D}\boldsymbol{v} = \begin{bmatrix} v_1 \\ \vdots \\ v_{p-1} \\ 1 - \sum_{i=1}^{p-1} v_i \end{bmatrix}\text{，其中 } \boldsymbol{c} = \begin{bmatrix} 0 \\ \vdots \\ 0 \\ 1 \end{bmatrix}, \boldsymbol{D} = \begin{bmatrix} I_{p-1} \\ -\boldsymbol{1}^{\mathrm{T}} \end{bmatrix} \tag{29.1}$$

那么，问题 P_0 可以重写为 P_1：

$$\left.\begin{aligned}&\boldsymbol{w}^* = \boldsymbol{c} + \boldsymbol{D}\boldsymbol{v}^* \text{ 且 } \boldsymbol{v}^* = \arg\max_{\boldsymbol{v}} (\boldsymbol{c} + \boldsymbol{D}\boldsymbol{v})^{\mathrm{T}}\boldsymbol{\mu}\\&\text{满足} (\boldsymbol{c} + \boldsymbol{D}\boldsymbol{v})^{\mathrm{T}}\Psi(\boldsymbol{c} + \boldsymbol{D}\boldsymbol{v}) = \boldsymbol{\sigma}_0^2\end{aligned}\right\}\quad P_1$$

通过引入 Lagrange 乘子向量 $\boldsymbol{\lambda}$，可以进一步得到问题 P'_1：

$$\boldsymbol{v}^*, \boldsymbol{\lambda}^* = \arg\max_{\boldsymbol{v},\boldsymbol{\lambda}} \{(\boldsymbol{c} + \boldsymbol{D}\boldsymbol{v})^{\mathrm{T}}\boldsymbol{\mu} - \boldsymbol{\lambda}((\boldsymbol{c} + \boldsymbol{D}\boldsymbol{v})^{\mathrm{T}}\boldsymbol{\Psi}(\boldsymbol{c} + \boldsymbol{D}\boldsymbol{v}) - \boldsymbol{\sigma}_0^2)\}\quad P'_1$$

⑥　交易成本是在证券交易过程中产生的成本，比如经纪人佣金、外汇费以及买卖差价的影响。在某个特定时刻，证券的买入价（卖方报价）通常略高于它的出售价（买方报价）。

求解上式关于 $\boldsymbol{v}$ 的导数,并假设所需要的可逆条件成立,可以得到如下解:

$$\boldsymbol{v}^* = \frac{1}{2\boldsymbol{\lambda}^*}(\boldsymbol{D}^{\mathrm{T}}\boldsymbol{\Psi}\boldsymbol{D})^{-1}\boldsymbol{D}^{\mathrm{T}}(\boldsymbol{\mu} - 2\boldsymbol{\lambda}^*\boldsymbol{\Psi}\boldsymbol{c}) \tag{29.2}$$

那么,最优投资组合的权重向量可由下式给出:

$$\begin{aligned}\boldsymbol{w}^* &= \boldsymbol{c} + \boldsymbol{D}\boldsymbol{v}^* = \boldsymbol{c} + \frac{1}{2\boldsymbol{\lambda}^*}\boldsymbol{D}(\boldsymbol{D}^{\mathrm{T}}\boldsymbol{\Psi}\boldsymbol{D})^{-1}\boldsymbol{D}^{\mathrm{T}}(\boldsymbol{\mu} - 2\boldsymbol{\lambda}^*\boldsymbol{\Psi}\boldsymbol{c}) \\ &= \frac{1}{2\boldsymbol{\lambda}^*}\boldsymbol{f} + \boldsymbol{g}\end{aligned}$$

其中

$$\begin{aligned}\boldsymbol{f} &= \boldsymbol{D}(\boldsymbol{D}^{\mathrm{T}}\boldsymbol{\Psi}\boldsymbol{D})^{-1}\boldsymbol{D}^{\mathrm{T}}\boldsymbol{\mu} \\ \boldsymbol{g} &= \boldsymbol{c} - \boldsymbol{D}(\boldsymbol{D}^{\mathrm{T}}\boldsymbol{\Psi}\boldsymbol{D})^{-1}\boldsymbol{D}^{\mathrm{T}}\boldsymbol{\Psi}\boldsymbol{c}\end{aligned}$$

最后,$\boldsymbol{\lambda}^*$ 与方差约束 σ_0^2 之间的关系可由关于$(\boldsymbol{\lambda}^*)^{-1}$的二阶方程给出:

$$\begin{aligned}\sigma_0^2 &= (\boldsymbol{c} + \boldsymbol{D}\boldsymbol{v})^{\mathrm{T}}\boldsymbol{\Psi}(\boldsymbol{c} + \boldsymbol{D}\boldsymbol{v}) \\ &= (\boldsymbol{\lambda}^*)^{-2}0.25\boldsymbol{f}^{\mathrm{T}}\boldsymbol{\Psi}\boldsymbol{f} + (\boldsymbol{\lambda}^*)^{-1}\boldsymbol{f}^{\mathrm{T}}\boldsymbol{\Psi}\boldsymbol{g} + \boldsymbol{g}^{\mathrm{T}}\boldsymbol{\Psi}\boldsymbol{g}\end{aligned}$$

对于每个 σ_0^2,存在两个 $\boldsymbol{\lambda}^*$ 值,每个对应一个不同的平均收益,较小的平均收益将被舍弃[⑦]。

如果所有资产都是有风险的,并且不存在冗余资产,即所有资产收益的方差均不为零且任意一个资产都不是其他资产的线性组合,那么前面假定的 $\boldsymbol{\Psi}$ 可逆条件成立。

29.2.3 包含无风险资产的情况

为了满足 29.2.2 节的可逆条件,要求投资组合中包含的所有资产都具有风险(即收益方差不为零)。然而,人们通常期望在投资组合中包含一个**无风险资产**(收益方差为零的资产)。因此,需要格外用心,恰当地表示与此对应的投资组合选择问题。包含无风险资产的动机有两个:首先,无风险资产以一些有意义的方式改变了问题;其次,诸如在当前阶段结束时到期的美国国债等资产,其标称收益适于建模为无风险资产。

为了包含无风险证券,对资产收益向量进行增广,得到如下形式:

$$\boldsymbol{\mu} = \begin{pmatrix}\boldsymbol{\mu}_0 \\ r_f\end{pmatrix} \quad \boldsymbol{\Psi} = \begin{pmatrix}\boldsymbol{\Psi}_0 & \boldsymbol{0} \\ \boldsymbol{0}^{\mathrm{T}} & 0\end{pmatrix} \text{由此可得 } \boldsymbol{D}^{\mathrm{T}}\boldsymbol{\Psi}\boldsymbol{D} = \boldsymbol{\Psi}_0 \text{ 和 } \boldsymbol{\Psi}\boldsymbol{c} = 0$$

以及

$$\boldsymbol{v}^* = \frac{1}{2\boldsymbol{\lambda}^*}\boldsymbol{\Psi}_0^{-1}(\boldsymbol{\mu}_0 - \boldsymbol{1}r_f) = \frac{1}{2\boldsymbol{\lambda}^*}\boldsymbol{\Psi}_0^{-1}\boldsymbol{\mu}_{ex} \quad \boldsymbol{w}^* = \begin{bmatrix}\boldsymbol{v}^* \\ 1 - \boldsymbol{v}^{*\mathrm{T}}\boldsymbol{1}\end{bmatrix}$$

其中,向量 $\boldsymbol{\mu}_{ex} = (\boldsymbol{\mu}_0 - \boldsymbol{1}_{r_f})$称为平均超额收益。进一步可以得到相应的最优投资组合的方差和均值:

$$\sigma_0^2 = \frac{1}{(2\boldsymbol{\lambda}^*)^2}\boldsymbol{\mu}_{ex}^{\mathrm{T}}\boldsymbol{\Psi}_0\boldsymbol{\mu}_{ex} \quad \boldsymbol{\mu}^* = \frac{1}{2\boldsymbol{\lambda}^*}\boldsymbol{\mu}_{ex}^{\mathrm{T}}\boldsymbol{\Psi}_0^{-1}\boldsymbol{\mu}_{ex} + r_f = \sqrt{\sigma_0^2}\,\frac{\boldsymbol{\mu}_{ex}^{\mathrm{T}}\boldsymbol{\Psi}_0^{-1}\boldsymbol{\mu}_{ex}}{\sqrt{\boldsymbol{\mu}_{ex}^{\mathrm{T}}\boldsymbol{\Psi}_0\boldsymbol{\mu}_{ex}}} + r_f$$

---

⑦ 最优点处的 Lagrange 乘子值被称为风险的影子价格。它意味着如果容许的方差持续增大,均值也将会增大,即 $\mathrm{d}\boldsymbol{w}^{*\mathrm{T}}\mu/\mathrm{d}\sigma_0^2 = \boldsymbol{\lambda}^*$。

符号$\sqrt{\sigma_0^2}$被用来强调说明,当存在无风险资产时,最优投资组合的平均收益是关于投资组合收益的容许**标准差**(不是方差)的仿射函数。当标准差变化时,$\boldsymbol{\lambda}^*$随之变化,由此改变向量$\boldsymbol{v}^*$的尺度,但不会改变其方向。换句话说,当风险等级变化时,每个风险资产在最优投资组合中的相对比例保持不变。因此,对于所有方差等级,最优投资组合由两种基金的不同权重或资产组合构成,一种是仅包含无风险资产的退化基金,另一种是由其他风险资产构成的基金,其比例由与$\boldsymbol{v}^*$同方向的单位向量给出。这种特殊的投资组合称为**切线投资组合**,正如 James Tobin⑧[12]所述,这个思想被称作**两基金分离定理**。

对于可能包含无风险资产的所有最优投资组合来说,收益均值与标准差的关系图是一条直线,它被称为资本市场线(Capital Market Line,CML;对于下述例子,图 29.1 给出了相应的 CML)。

例子:美国股票和债券的年收益

假设一个投资者的投资期限为一年,他需要决定如何将自己的财富分配到两个风险资产中,一个对应于标准普尔 500 指数,另一个是 10 年期美国国债,两者的收益随机变量分别记作r_S,r_B。由于美国国债的票面价值每天都在浮动,那么在年底兑现时,其价值可能高于或低于原始购买价格与利息之和,因此这里将其当作风险资产(在该问题中,可将 1 年期美国国债当作无风险资产,这是因为它在一年内的支出是完全已知的,只有非常小的变化。需要指出的是,虽然在该问题中采用根据通货膨胀适时调节的实际收益更有意义,但该问题实际上采用了标称收益)。通过对从 CRSP 数据库中获得的 1925 至 2000 年的每日收益数据进行历史分析,可以得到对这两种资产的年收益的一阶和二阶统计量的估计:

$$\boldsymbol{\mu}=\begin{bmatrix}E(r_S)\\E(r_B)\end{bmatrix}=\begin{bmatrix}10.03\\5.79\end{bmatrix};\boldsymbol{\Psi}=\begin{bmatrix}\operatorname{var}(r_S) & \operatorname{cov}(r_S,r_B)\\\operatorname{cov}(r_S,r_B) & \operatorname{var}(r_B)\end{bmatrix}=\begin{bmatrix}245.40 & 17.83\\17.83 & 81.67\end{bmatrix}$$

正如协方差矩阵$\boldsymbol{\Psi}$的非对角结构所表明的那样,两种资产是相关的,相关系数为$\rho=0.13$。当容许风险参数变化时,相应的有效(最优)投资组合如图 29.1 中的实线所示,这条曲线称为效率边界。虚线标识的投资组合并不是针对给定的风险等级,最大化收益;而是针对给定的收益等级,最小化风险。

正如 29.2.3 节所解释的那样,当存在可投资的无风险资产时,对于各种风险等级(由σ_0给出),最优投资组合与 CML 对应。对于本例,图 29.1 中的虚线给出了无风险率为 2%的代表性 CML,并标出了切线投资组合。如果允许投资者举债经营,他有可能从无风险资产中借钱,以到达 CML 上切线投资组合点右侧的运行点集。CML 的斜率由下式给出:

$$S=\frac{\boldsymbol{u}^*-r_f}{\sqrt{\sigma_0^2}}$$

它被称为 Sharpe 比率。

对于任何投资组合,无论它是否为最优,利用其估计均值和标准差都可以形成 Sharpe 比率。从理论上讲,所有的最优投资组合都可以获得相同的最大 Sharpe 比率,因此 Sharpe 比率被用作投资组合性能的基准。最优投资组合理论意味着(具有一些哲理意味),那些可以在市场上系统地获得不断增多的平均收益的投资操作,同时需承担不断增大的风险,至少对于债券

⑧ James Tobin 也获得过诺贝尔经济学奖。

收益是这样的。通过比较具有不同风险等级(历史估计)的投资组合,可以利用 Sharpe 比率来调节风险。

另外需要注意的是,如果将 BC 移除,这意味着投资者可以无偿借款(即 $r_f=0$),那么相应的效率边界是一条通过原点的直线。在考虑 BC 的情况下,只有方差约束决定投资组合的规模(即尺度或者净杠杆率)。

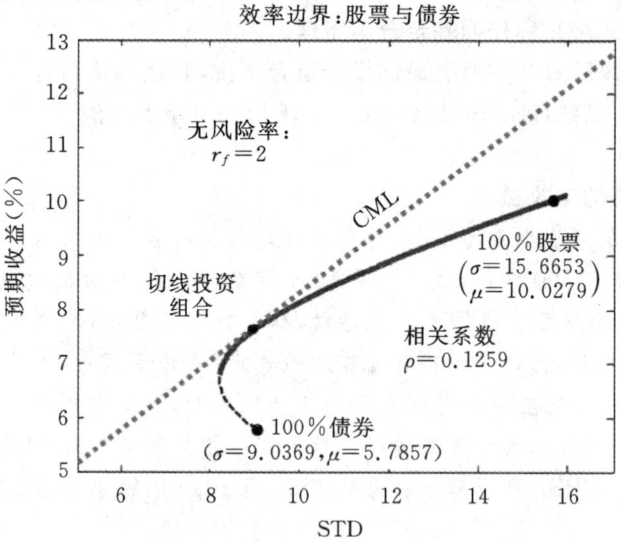

图 29.1 由股票(标准普尔 500 指数)、债券(10 年期美国国债)和 $r_f=2\%$ 的无风险资产组成的金融组合对应的均值方差效率边界和 CML

29.2.4 套期保值的使用

考虑一个投资者,他满足于每年滚动式投资 10 年期美国国债所带来收益的方差[⑨]。假设以往数据可以对未来进行精确地统计预测,那么投资者就可以以最优方式在股票与债券方面分配投资,将平均收益从大约 5.8%增加到大约 7.5%,同时略微降低年度收益的方差。虽然他投资了部分收益方差较高的股票,但整体方差被降低了。这就是说,股票收益的风险被 10 年期债券的收益**套期保值**了。在市场交易和外行的金融报告中,许多词汇被滥用,曲解了它们的原意。**套期保值**是其中一个被赋予了许多含义的词汇,既包含正面含义,也包含负面含义(**套利**也同样被滥用)。在本章,**套期保值**表示通过组合不完全相关的资产,改善投资组合的质量。上面的例子说明了不同资产在一个阶段内的套期保值。本节在讨论如何建立资产的收益分布关于时间的模型后,将介绍一个可以描述为最优控制的问题,该问题可以通过能够在不同阶段之间套期保值的投资组合来解决,即投资组合利用资产收益在不同阶段不完全相关这一事实。这允许投资者持有的投资组合具有以下特点:投资组合在每个阶段的收益方差之和违反整体方差约束,然而由于跨阶段投资组合的收益负相关,整体方差约束依然可以被满足。因

⑨ 滚动式 10 年期债券表示投资者每年买入新的 10 年期债券,并卖出前一年买入的债券。

此，通过利用跨期投资组合收益不完全相关这一知识，可将单阶段投资组合的风险等级套期保值。

29.2.5 资本资产的定价模型

Linter[9]认为，如果每个资产的供应量与需求量是平衡的，那么切线投资组合中的投资组合权重必须等于每个风险资产在市场中的相对价值。根据该阐释，切线投资组合也可叫作**市场投资组合**。Sharpe 在文献[2]中说明，在这个特殊的模型中，如果 r_M 表示市场投资组合收益的随机变量，其均值为 μ_M；r_i（同以前）表示第 i 个债券收益的随机变量，其均值为 μ_i；那么，**对于每个债券** i，

$$u_i = r_f + \beta_i(\mu_M - r_f), \text{其中 } \beta_i = \frac{\operatorname{cov}(r_i, r_M)}{\operatorname{var}(r_M)} \tag{29.3}$$

这个优良的结果通常称为**资本资产定价模型**（Capital Asset Pricing Model，CAMP）⑩，或者有时更明确地叫作线性资产定价法则。任意证券的超额平均收益与市场投资组合的超额平均收益之间的线性关系叫作该证券的证券市场线（Security Market Line，SML；不要与之前定义的 CML 混淆）。证券的 beta 系数（或证券的投资组合）度量了该证券的**系统风险**，而证券收益的方差度量了该证券的**总体风险**，它包括系统风险和非系统风险。CAPM 理论说明，只有那些将系统风险当作非系统风险，并将其通过投资组合优化分散掉的投资者才能从市场中获得回报。

为了推导式（29.3），必须首先利用市场平衡理论证明每个风险资产必须包含在切线（市场）投资组合中⑪，然后假设一个简单的投资组合，该投资组合是债券 i 与市场投资组合的凸组合，其收益的数学期望为 $\mu=\alpha\mu_i+(1-\alpha)\mu_M$，标准差为

$$\sigma = \sqrt{\alpha^2\sigma_i^2 + (1-\alpha)^2\sigma_M^2 + 2\alpha(1-\alpha)\operatorname{cov}(r_i, r_M)} \tag{29.4}$$

$$\text{当 } \alpha = 0 \text{ 时，} \frac{d\sigma}{d\mu} = \frac{(d\sigma/d\alpha)}{(d\mu/d\alpha)} = \frac{\mu_i - \mu_M}{(1/\sigma)(-\sigma_M^2 + \operatorname{cov}(r_i, r_M))} = \frac{\mu_i - \mu_M}{\sigma_M(-1+\beta_i)}$$

由于当 $\alpha=0$ 时，$\sigma=\sigma_M$，进一步利用 β_i 的定义，可以推得最后一个等式。考虑到 $\alpha=0$ 时的斜率一定等于切线市场投资组合的斜率，即 CML 的斜率 $((\mu_M - r_f))/\sigma_M$，可以推导出式（29.3）。

当尝试测试 CAMP 模型时，指定市场投资组合就成了一个问题。对于该问题，可以使用股票、债券、海外投资以及不动产资产代理的价值加权指数。当获得这样的一个资产代理后，可以根据式（29.3）估计每个股票的 β，这是因为 β 的形式与各个资产的超额收益和指数超额收益之间的线性回归系数的形式相同。因此，如果 CAMP 是一个有效的模型，每个资产的超额收益关于市场超额收益的散点图应该聚集在一条通过原点的直线周围，这条线就是相应资产的 SML。

---

⑩ 目前存在一些其他的资本资产定价模型，但 CAPM 是第一个，因此它拥有一个通用名称，并一直未被改变。

⑪ 假设存在一个没有包含在切线（市场）投资组合中的风险资产，那么该资产将没有任何需求性，这是因为无论多么讨厌风险的投资者，都只想要风险资产的切线投资组合。由于该资产供需不平衡，所以直到其价格回落到足够有吸引力成为所需求的切线投资组合一部分时，才会产生平衡。类似的论据表明，切线投资组合一定是市场投资组合。

29.3 建立收益关于时间的模型

在29.2节介绍的单阶段投资组合的构造框架中,Markowitz仅使用二阶统计量描述资产收益便可获得优良的结果。当允许在不同阶段重组投资组合时,为了对其进行优化,必须对收益如何从一个阶段到下一个阶段的变化情况进行建模。

建立该模型的第一步是选择资产价格或收益作为基本的度量单位,以描述可交易资产在一段时间内的价值。由于资产价格和收益之间的关系非常简单,它们之间的区别看上去微不足道,但是它们对选择统计模型的影响是十分明显的。由于收益可能是正的也可能是负的,而资产价格被限制为非负,这意味着不能采用双边分布(例如高斯分布)函数来对它们建模。更为重要的是,采用收益而不采用价格可以获得更简单且更准确的模型。因此,基本投资组合问题可以公式化地描述为一个关于基础资产的收益的函数。特别地,这里需要使用资产收益的对数,而不是直接使用简单的收益,具体如下:

令 p_k 表示单个资产在时刻 t_k 的价格,并令 R_k 表示该资产在时间段 $(t_k-1,t_k]$ 内的收益,那么

$$R_k = \frac{p_k - p_{k-1}}{p_{k-1}} = \frac{p_k}{p_{k-1}} - 1$$

该收益表示资产价值的变化的百分比,这里的下标 k 表示收益值在时刻 k 变为已知,这类收益通常称为简单收益。第二类收益是对数-收益 r_k,它被定义为投资期间资产价格的对数变化:

$$r_k = \log(1+R_k) = \log(p_k) - \log(p_{k-1})$$

由于 $\log(1+R_k)$ 表示与简单收益率 R_k 相对应的等价的连续合成率 r_k^c,所以对数收益也被称为连续合成收益。当 R_k 充分接近零时,如下 Taylor 级数近似成立:

$$r_k = \log(1+R_k) \approx R_k \tag{29.5}$$

由此,对数收益变为简单收益的一个良好的代理。需要注意的是,简单收益与对数收益之间的单调关系意味着,优化其中的一个度量指标等价于优化另外一个。

考虑多个投资阶段,在 N 个阶段内的简单收益总值 R_T 可由单阶段内简单收益的乘积来计算:

$$1+R_T = \prod_{k=1}^{N}(1+R_k) = \prod_{k=1}^{N}\frac{p_k}{p_{k-1}} = \frac{p_N}{p_0}$$

与简单收益相比,对数收益的一个优势是多个阶段内的对数收益等于各个阶段内收益的和,而不是它们的积,具体如下:

$$r_T = \log(1+R_T) = \log(\prod_{k=1}^{N}(1+R_k)) = \sum_{k=1}^{N}(\log(p_k) - \log(p_{k-1})) = \sum_{k=1}^{N} r_k$$

对数收益的加性积累有利于处理多阶段投资组合的选择问题,因此容易应用诸如动态规划这样的有效计算技术。

虽然在处理资产投资组合问题时,对数收益确实有利于对问题进行表示,但是投资组合的简单收益可以利用其组成资产的简单收益的线性组合来计算,而投资组合的对数收益与基础

资产的对数收益却并不存在类似的简单关系。为了规避这一问题，采用式(29.5)的近似形式。对于在时刻 k 投资组合权重向量为 $\boldsymbol{v}_k$ 的投资组合，其对数收益的近似表达式为

$$\log\left[\prod_{k=1}^{N}(1+\boldsymbol{v}_k\boldsymbol{R}_k)\right]=\sum_{k=1}^{N}\log(1+\boldsymbol{v}_k\boldsymbol{R}_k)\approx\sum_{k=1}^{N}\boldsymbol{v}_k\boldsymbol{R}_k\approx\sum_{k=1}^{N}\boldsymbol{v}_k\boldsymbol{r}_k \tag{29.6}$$

由此，在一段时间内的投资组合的总收益的对数可以近似表示为各个资产的对数收益的加权组合在该段时间内的和。如果对于初始选择的时间尺度，近似表达式不成立，那么可以增大在对数-价格过程中的采样率，直到近似表达式可以被接受。在由此产生的离散时间模型中，每个阶段内各个资产的收益可由对数收益的变化给出，而每个阶段内投资组合的收益可以近似为各资产的对数收益的加权和。此外，假设投资组合的收益可以在不同阶段间累加，这与对数收益的性质相一致。

采用对数价格和对数收益对资产价值的变化进行建模是非常自然的，这一事实还带来了为离散时间问题选择优化准则的问题。我们一般倾向于对投资策略⑫获得的最终总收益进行均值方差优化，然而式(29.6)提供了对总收益**对数**的近似，而并非总收益本身，这使得它使用起来非常方便。为了确保相应的优化问题便于求解，需要在对总对数收益的近似的均值加以限制的前提下，最小化总对数收益的近似的方差。Campell 和 Viceira[13,14]对离散时间系统的真实收益进行了更复杂的近似，给出了更精细的优化准则，二者均已得到使用。本章在讲述过程中使用的简单近似展现了解决离散时间投资组合优化问题时所面临的复杂度类型。

正如 29.5 节所述，当考虑资产和交易的连续时间模型时，上面讨论的许多问题都不复存在，结果变得令人非常满意。金融领域的连续时间模型由 Robert C. Merton 于 1970 年在他的博士学位论文及其他相关论文中引入，当时他还在 MIT，是 Paul Samuelson 的学生。Samuelson 在 Merton 1990 年出版的那本书[6]的前言中写道："就像 Norbert Wiener 和 Kiyoshi Ito 那样，Merton 之所以获得拜伦式的成功，得益于有关连续概率的数学工具，把原来不得不进行复杂近似的结果转变成简单且美丽的道理。"

在离散时间域还是在连续时间域对收益进行建模，是金融理论文献的一个重要区别。连续时间模型采用了一个有争议的假设，即交易是连续进行的。此外，如同采用估计技术描述收益数据特征时那样，过去的收益数据很自然地被以离散时间格式采集。当然，连续交易假设可以看作实际交易发生速度的一种近似。事实上，随着电脑驱动的交易技术促使交易的时间尺度越来越小，这种近似的性能越来越好。此外，连续重组投资组合的概念是打破 Black-Scholes-Merton 定价理论的一个关键因素，具体可参见文献[15,16]⑬。

29.3.1　离散时间模型

目前存在多种描述对数价格随时间演化的模型。模型的选择依赖于我们试图描述的性质，例如交叉资产与暂时收益的相关性、均值回归行为，以及共同的随机增长趋势。一个模型可以描述单个资产的行为，也可联合起来定义一组相互依赖的资产的变化情况。一般采用的准则是选择最简单的模型描述预期的行为，这有利于更好地理解系统的性质。简单的模型可

---

⑫　对于给定的初始资产，优化最终的总收益等价于优化最终的资产。

⑬　Primbs[17]利用二次型最优控制问题给出了 Black-Scholes 选择定价公式的另一种推导。

以给出简单的解决方案，这有助于理解；较复杂的模型则有助于模拟现实生活中的行为。

简单模型通常假设每个阶段的对数收益（对数价格在每个阶段的差异）可以表示为白噪声，也就是说，它们是独立同分布（Independent and Identically Distributed，IID）的。这种广泛使用的模型描述了一个重要概念，即无法根据过去的收益来预测未来的收益，因此对数价格服从随机游走模型⑭。对数收益则可以用高斯分布或诸如 Pareto 或 Cauchy 分布的重尾分布（Heavy-Tailed Distribution）来建模表示。然而，在多阶段场景中，必须仔细了解单阶段收益模型对相应的多阶段收益的影响。例如，如果假设单阶段对数收益服从高斯分布，那么多阶段收益不再是高斯的。另一方面，如果假设单阶段对数收益服从高斯分布，那么可由每个阶段对数收益之和表示的等价的多阶段对数收益也是高斯的。反过来，这意味着单阶段和多阶段的简单收益服从偏移的对数高斯分布⑮。人们普遍认为实际的对数收益比高斯分布的重尾特征更明显，但若假设为重尾分布，数学上很难处理⑯。如同在其他所有工程系统中经常采用的策略那样，在对金融系统建模时，需要折中处理，采用不太精确的模型以产生有意义且具一般性的结果。因此，一般都假设对数收益服从高斯分布。

考虑这样一个系统，它起始于时刻 t_0，允许投资者在 N 个即时点组建新的投资组合，两个相邻时间点之间的间隔为 h。这里引入时间间隔参数 h 的原因是，对于有限时间 T，随着 N 增大并保持 $Nh=T$ 时，h 趋近于零；对于这一极限情况，许多金融理论采用连续时间模型。在连续时间场景下，许多结果变得更加优雅（例如，每个采样时间上的简单收益趋近于零，而且每个采样时间上的简单收益和对数收益均收敛，这避免了采用对数收益描述投资组合收益时的近似）。

令 $\boldsymbol{x}[nh]$为表示一组资产的对数价格的 p 维随机向量，假设该组资产根据一阶向量自回归（Vector Autoregressive，VAR）过程进行演化，具体如下所示：

$$\boldsymbol{x}[nh+h]=(\boldsymbol{I}-\boldsymbol{\Pi}h)\boldsymbol{x}[nh]+\boldsymbol{\phi}h+\sqrt{h}\boldsymbol{\Sigma}\boldsymbol{z}[nh] \tag{29.7}$$

其中，$\boldsymbol{I}$ 是 $p\times p$ 维单位矩阵；$\boldsymbol{\Pi}$ 是 $p\times p$ 维矩阵，其特征值非负且较小；$\boldsymbol{\phi}$ 是一 p 维常向量；z 是一 p 维零均值向量，它在不同阶段间是独立同分布的，且满足 $E[\boldsymbol{z}[n]\boldsymbol{z}^{\mathrm{T}}[n]]=\boldsymbol{I}$；$h$ 是标量采样时间。这里使用对称的均方根矩阵 $\boldsymbol{\Sigma}$，使得 $\boldsymbol{\Sigma\Sigma}=\boldsymbol{\Psi}$，即实际噪声的协方差矩阵，因此可以认为 $z[nh]$是一标准的 IID 噪声过程。在式(29.7)描述的模型中，一个确定性信号与高斯白噪声通过了一个线性系统，这个系统模型使得工程师了解到 $\boldsymbol{x}[nh]$是一高斯随机向量，其均值和协方差可由状态转移矩阵和卷积和描述。

大部分金融理论是在 $\boldsymbol{\Pi}=0$ 的前提下执行的，对数价格服从随机游走模型，其漂移由 $\boldsymbol{\phi}$ 确定。许多重要概念都建立在该模型基础上，尽管该模型假设无法根据除平均漂移之外的过去价格来预测未来的价格。很久之前就有一些重要论文报道了利用计量检验来支持这一观点[21]，然而，这些测试大多是在标量系统上完成的。自 1990 年以来，跨越阶段和资产的价格的可预测性已被证明[22]。VAR 模型可以描述这种跨因素和跨阶段的可预测性，该模型遵循

⑭ 文献[18]介绍了该理论概念，并深入讨论了数据如何服从随机游走假设以及关于资产收益的其他多种模型。相反，还有一本以非数学方式讲述投资的畅销书（本人的最爱），其名字令人难忘，叫作《漫步华尔街》[19]。

⑮ 当 $\log(1+R)$服从高斯或正态分布时，收益通常被称作是对数正态的。

⑯ 重尾的衍生问题值得深入讨论，可参见文献[20]。

了一个基本的经济原则，即公司 A 在时刻 n 的估值的提高可能与其供应链或竞争对手在 $n+1$ 时刻的估值变化相关。这一结论产生了许多交易方案，它们大多是专设的。当只考虑有两个相关资产时，它们称为配对交易，而在 $\boldsymbol{\Pi}$ 不为零[23]的更一般情况下，称它们为协整模型。

29.3.2 连续时间模型

式(29.7)的一个关键方面是，离散时间白噪声序列 $\boldsymbol{z}$ 可以通过比例因子$\sqrt{h}$进入该式。当 h 趋近于零时，可以选择均方根特征来对对数价格的两个重要性质进行建模，下面对此进行解释。

考虑由下式定义的过程⑰

$$\boldsymbol{Z}[nh+h]=\boldsymbol{Z}[nh]+\sqrt{h}\boldsymbol{z}[nh] \text{ 且 } E[\boldsymbol{z}[nh]\boldsymbol{z}[nh]^{\mathrm{T}}]=\boldsymbol{I}$$

当 h 趋近于零，nh 趋于 t 时，$\boldsymbol{Z}(t)$可由一个标准的关于连续时间向量的随机微分方程来描述。考虑到模型包含$\sqrt{h}$特征，连续时间过程 $\boldsymbol{Z}(t)$的样本路径处处连续但不可微，这使得即使采用非常小的时间增量，所得模型中的对数价格虽然可以平滑变化但不可预测。当 $\boldsymbol{Z}(0)=\boldsymbol{0}$ 时，$\boldsymbol{Z}(t)$是一标准的向量 Wiener 过程，其方差随时间线性增大。过程$\sqrt{h}\boldsymbol{z}[nh]$的均值为零，协方差为 $h\boldsymbol{I}$，那么

$$\boldsymbol{Z}[nh]=\boldsymbol{Z}[0]+\sum_{k=0}^{n-1}\sqrt{h}\boldsymbol{z}[kh], E(\boldsymbol{Z}[nh])=\boldsymbol{0}, \operatorname{cov}(\boldsymbol{Z}[nh])=nh\boldsymbol{I}$$

当 h 趋近于小的 $\mathrm{d}t$，nh 趋近于 t 时，记号 $\mathrm{d}\boldsymbol{Z}(t)$与 $\boldsymbol{Z}[nh+h]-\boldsymbol{Z}[nh]=\sqrt{h}\boldsymbol{z}[nh]$相同。

基于对 $\mathrm{d}\boldsymbol{Z}(t)$的这种理解，可以看到，当 h 趋近于小的 $\mathrm{d}t$ 时，式(29.7)变为

$$\mathbf{d}\boldsymbol{x}(t)=\boldsymbol{\Pi}\boldsymbol{x}(t)\mathrm{d}t+\boldsymbol{\phi}\mathrm{d}t+\boldsymbol{\Sigma}\mathbf{d}\boldsymbol{Z}(t) \tag{29.8}$$

其中，$\boldsymbol{\Sigma}\boldsymbol{\Sigma}=\boldsymbol{\Psi}$，$\boldsymbol{Z}(t)$是一标准的 Wiener 过程。

式(29.8)是一连续时间模型，其中包含一个确定的定常信号和一个通过了线性系统的高斯白噪声，这使得 $\boldsymbol{x}(t)$是一高斯随机向量，其均值和协方差可由状态转移矩阵和卷积积分来描述。

对量$(\mathrm{d}\boldsymbol{Z})^2$ 进行了解非常有趣。若 $\boldsymbol{\zeta}$ 和 $\boldsymbol{Z}$ 是标量（为简单起见），$z[nh]$是具有零均值、单位方差的 IID 序列，且

$$\boldsymbol{\zeta}[nh+h]=\boldsymbol{\zeta}[nh]+(\sqrt{h}\boldsymbol{z}[nh])^2, \boldsymbol{\zeta}[0]=0$$

那么，$\boldsymbol{\zeta}[nh]$的均值为 nh，方差为 $nh^2(E([z^4[nh]-1]))$。假设 $E[z^4[nh]]$是有界的，当 h 趋近于小的 $\mathrm{d}t$，$\operatorname{var}((\boldsymbol{\zeta}[nh+h]-\boldsymbol{\zeta}[nh])/h)$趋近于 0 时，我们可以转而使用连续时间随机微分方程的符号，即

$$\mathrm{d}\zeta(t)=(\mathrm{d}\boldsymbol{Z}(t))^2, \text{其均值为}(\mathrm{d}\boldsymbol{\zeta}(t))=\mathrm{d}t, \text{方差为 } \operatorname{var}(\mathrm{d}\boldsymbol{\zeta}(t))=0$$

由此，$(\mathrm{d}\boldsymbol{Z})^2$ 变为**确定**的量 $\mathrm{d}t$。

这一事实使得在推导关于随机微分方程的输出的非线性函数的变化时，必须使用 Ito 积分[24]。为了保持 $\mathrm{d}\boldsymbol{Z}$ 中那些在 $\mathrm{d}t$ 中充当确定性一阶项的平方项，对非线性函数进行 Taylor 级

⑰ 小写的 $z[nh]$是表示离散时间白噪声(IID)过程的标准向量，而大写的 $\boldsymbol{Z}(t)$是用来表示连续时间 Wiener 过程的标准向量，它源自 $\boldsymbol{Z}[nh]$的极限过程，即对离散时间求和的白噪声向量。

数展开,可以得到 Ito 引理。

Ito 引理:令 $V(X,T)$ 是一个两阶可微的连续函数,并令 p 维向量 $\boldsymbol{x}$ 的变化取决于随机微分方程

$$\mathrm{d}\boldsymbol{x} = \boldsymbol{f}(\boldsymbol{x},t)\mathrm{d}t + G(\boldsymbol{x},t)\mathrm{d}\boldsymbol{Z}(t)$$

那么 V 的变化取决于随机微分方程

$$\begin{aligned}\mathrm{d}\boldsymbol{V} &= \frac{\partial V}{\partial \boldsymbol{x}}\mathrm{d}\boldsymbol{x} + \frac{\partial V}{\partial t}\mathrm{d}t + \frac{1}{2}\mathrm{d}\boldsymbol{x}^{\mathrm{T}}\ \frac{\partial^2 V}{\partial \boldsymbol{x}\partial \boldsymbol{x}}\mathrm{d}\boldsymbol{x} \\ &= \frac{\partial V}{\partial \boldsymbol{x}}(\boldsymbol{f}(\boldsymbol{x},t)\mathrm{d}t + G(\boldsymbol{x},t)\mathrm{d}\boldsymbol{Z}(t)) + \frac{\partial V}{\partial t}\mathrm{d}t + \frac{1}{2}\ \boldsymbol{1}^{\mathrm{T}}\boldsymbol{G}^{\mathrm{T}}(\boldsymbol{x},t)\ \frac{\partial^2 V}{\partial \boldsymbol{x}\partial \boldsymbol{x}}G(\boldsymbol{x},t)\ \boldsymbol{1}\mathrm{d}t\end{aligned}$$

例如,令 $V(\boldsymbol{x})=\boldsymbol{x}^{\mathrm{T}}\boldsymbol{x}$,且 $\boldsymbol{x}$ 的变化取决于式(29.8)所示的随机微分方程,那么应用 Ito 引理,并舍掉所有满足 $y>1$ 的 $(\mathrm{d}t)^y$ 项,可得

$$\mathrm{d}V = 2\boldsymbol{x}^{\mathrm{T}}\boldsymbol{\Pi}\boldsymbol{x}\,\mathrm{d}t + 2\mathrm{d}\boldsymbol{x}^{\mathrm{T}}\boldsymbol{\phi}\mathrm{d}t + 2\boldsymbol{x}^{\mathrm{T}}\boldsymbol{\Sigma}\mathrm{d}\boldsymbol{Z} + \boldsymbol{1}^{\mathrm{T}}\boldsymbol{\Psi}\,\boldsymbol{1}\mathrm{d}t$$

29.4 多阶段离散时间投资组合问题的优化

29.4.1 问题描述

现在考虑在多阶段场景下构建风险资产投资组合这一问题,投资时间分为 N 个间隔,并可能在每个间隔的起始时刻重组投资组合⑱。假设证券的对数价格能够采用式(29.7)所示的离散时间模型来表示,这里重写如下:

$$\boldsymbol{x}[nh+h] = (\boldsymbol{I}-\boldsymbol{\Pi}h)\boldsymbol{x}[nh] + \boldsymbol{\phi}h + \sqrt{h}\boldsymbol{\Sigma}\boldsymbol{z}[nh]$$

每个阶段的对数收益向量等于资产对数价格的变化,即 $\boldsymbol{r}[n]=\boldsymbol{x}[n]-\boldsymbol{x}[n-1]$,每个阶段投资组合的对数收益近似为 $\boldsymbol{r}_p[n]\approx\boldsymbol{w}[n-1]^{\mathrm{T}}\boldsymbol{r}[n]$。在 N 个阶段的末尾,累计投资组合的对数收益可近似为

$$\sum_{k=0}^{N-1}\boldsymbol{r}_p[k] \approx \sum_{k=0}^{N-1}\boldsymbol{w}[k-1]^{\mathrm{T}}\boldsymbol{r}[k] = \sum_{k=0}^{N-1}\boldsymbol{w}[k-1]^{\mathrm{T}}(\boldsymbol{x}[k]-\boldsymbol{x}[k-1])$$

通过确定投资组合序列的权重 $\{\boldsymbol{w}[0],\cdots,\boldsymbol{w}[N-1]\}$,可将 29.2.1 节介绍的可解决对偶均值-方差问题的单阶段 Markowitz 均值方差投资组合优化框架扩展到多阶段场景。也就是说,找到一组权重,使得它在满足累积的投资组合对数收益的均值约束的前提下,最小化累积的投资组合对数收益的方差。从数学形式上讲,即寻求最优策略 $\boldsymbol{w}^*$,使得

$$\left.\begin{aligned}\sigma^{2*}(\mu_0) &= \min_{\boldsymbol{w}[0],\cdots,\boldsymbol{w}[N-1]} \mathrm{var}\left[\sum_{n=0}^{N-1}\boldsymbol{w}^{\mathrm{T}}[n]\boldsymbol{r}[n+1]\right] \\ \text{使得 } & E\left[\sum_{n=0}^{N-1}\boldsymbol{w}^{\mathrm{T}}[n]\boldsymbol{r}[n+1]\right] = \mu_0\end{aligned}\right\} P_{DT0}$$

采用诸如动态规划的随机最优控制标准技术不能得到该问题的解析解。由于最终的协方差中含有最终均值的平方项,所以目标函数关于时间不是加性的。然而,这刚好便于最小化最

⑱ 一般认为 *Paul Sameulson*[3]首次使用动态规划解决了离散时间最优投资组合问题。

终对数收益的均方项,这是因为一旦将均值设定好,最终的对数收益的均方与方差只相差一个常数项,可以得到相同的最优权重。鉴于该原因,首先处理均值方差对偶问题 P_{DT0}。投资者可以利用二次效用函数解决如下所示的动态投资组合的选择问题。为了便于显示结果,在二次效用函数中增加了一个额外的正常量 λ_N 和常用的 Lagrange 乘子 γ_N。当然,也可以选择最大化自然效用函数的负,相应的问题可以表示为

$$\min_{w[0],\cdots,w[N-1]} E\left[\gamma_N \sum_{n=0}^{N-1} \boldsymbol{w}^{\mathrm{T}}[n]\boldsymbol{r}[n+1] - \lambda_N\left(\sum_{n=0}^{N-1} \boldsymbol{w}^{\mathrm{T}}[n]\boldsymbol{r}[n+1]\right)^2\right]\Bigg\} \quad P_{DT1}$$

比例因子 γ_N 和 λ_N 定义了效用函数的形状,它们是投资者根据自身的风险偏好设定的确定量。对于一些选择合适的 γ_N 和 λ_N,问题 P_{DT0} 的最优投资组合权重向量序列对于问题 P_{DT1} 也是最优的。

29.4.2 最优策略的推导

首先采用动态规划算法确定问题 P_{DT1} 的解。价值函数,即最优回报函数,在最后阶段可记为 $J_N(\boldsymbol{r}_N)$,并可由下式给出:

$$\boldsymbol{J}_N(\boldsymbol{r}_N) = \boldsymbol{U}(\boldsymbol{r}_N) = \boldsymbol{\gamma}_N\boldsymbol{r}_N - \boldsymbol{\lambda}_N\boldsymbol{r}_N^2$$

根据 Bellman 最优性原理,在最后阶段的初始时刻,投资者的目的是最大化当前回报和预期回报之和(由于只对最终收益的函数进行奖励,所以当前收益为零)。

$$\boldsymbol{w}_{N-1}^* = \arg\max_{\boldsymbol{w}_{N-1}} E_{N-1}[0 + \boldsymbol{J}_N(\boldsymbol{r}_N)]$$

在 $N-1$ 时刻,价值函数由下式给出:

$$\begin{aligned}
\boldsymbol{J}_{N-1}^* &= \max_{\boldsymbol{w}_{N-1}} E_{N-1}[\boldsymbol{J}_N(\boldsymbol{r}_N)] = \max_{\boldsymbol{w}_{N-1}} E_{N-1}[\boldsymbol{\gamma}_N\boldsymbol{r}_N - \boldsymbol{\lambda}_N\boldsymbol{r}_N^2] \\
&= \max_{\boldsymbol{w}_{N-1}} E_{N-1}[\boldsymbol{\gamma}_N(\boldsymbol{r}_{N-1} + \boldsymbol{w}_{N-1}^{\mathrm{T}}(\boldsymbol{x}_N - \boldsymbol{x}_{N-1})) - \boldsymbol{\lambda}_N(\boldsymbol{r}_{N-1} + \boldsymbol{w}_{N-1}^{\mathrm{T}}(\boldsymbol{x}_N - \boldsymbol{x}_{N-1}))^2] \\
&= \max_{\boldsymbol{w}_{N-1}} \boldsymbol{\gamma}_N\boldsymbol{r}_{N-1} + \boldsymbol{\gamma}_N\boldsymbol{w}_{N-1}^{\mathrm{T}}\boldsymbol{m}_{N-1} - \boldsymbol{\lambda}_N\boldsymbol{r}_{N-1}^2 - 2\boldsymbol{\lambda}_N\boldsymbol{r}_{N-1}\boldsymbol{w}_{N-1}\boldsymbol{w}_{N-1}^{\mathrm{T}}\boldsymbol{m}_{N-1} - \boldsymbol{\lambda}_N\boldsymbol{w}_{N-1}^{\mathrm{T}}\boldsymbol{S}_{N-1}\boldsymbol{w}_{N-1}
\end{aligned}$$

其中

$$\boldsymbol{m}_{N-1} = E_{N-1}[\boldsymbol{x}_N - \boldsymbol{x}_{N-1}] \qquad \boldsymbol{S}_{N-1} = E_{N-1}[(\boldsymbol{x}_N - \boldsymbol{x}_{N-1})(\boldsymbol{x}_N - \boldsymbol{x}_{N-1})^{\mathrm{T}}]$$

可以得知最后阶段的最优投资组合策略 $\boldsymbol{w}_{N-1}$ 为

$$\boldsymbol{w}_{N-1}^* = \frac{1}{2\boldsymbol{\lambda}_N}(\boldsymbol{\gamma}_N - 2\boldsymbol{\lambda}_N\boldsymbol{r}_{N-1})\boldsymbol{S}_{N-1}^{-1}\boldsymbol{m}_{N-1}$$

利用 $N-1$ 时刻的最优策略的表达式,价值函数可以再次表示为累积的已实现收益的二次函数,具体如下:

$$\boldsymbol{J}_{N-1}(\boldsymbol{r}_{N-1}) = \boldsymbol{\gamma}_{N-1}\boldsymbol{r}_{N-1} - \boldsymbol{\lambda}_{N-1}\boldsymbol{r}_{N-1}^2$$

其中

$$\boldsymbol{\gamma}_{N-1} = \boldsymbol{\gamma}_N(1 - \boldsymbol{m}_{N-1}^{\mathrm{T}}\boldsymbol{S}_{N-1}^{-1}\boldsymbol{m}_{N-1}),\quad \boldsymbol{\lambda}_{N-1} = \boldsymbol{\lambda}_N(1 - \boldsymbol{m}_{N-1}^{\mathrm{T}}\boldsymbol{S}_{N-1}^{-1}\boldsymbol{m}_{N-1}),\ \boldsymbol{c}_{N-1} = \frac{0.25\boldsymbol{\gamma}_N}{\boldsymbol{\lambda}_N}\boldsymbol{m}_{N-1}^{\mathrm{T}}\boldsymbol{S}_{N-1}^{-1}\boldsymbol{m}_{N-1}$$

次阶段中二次目标函数的新系数 $\boldsymbol{\gamma}_{N-1}$ 和 $\boldsymbol{\lambda}_{N-1}$ 本身都是随机变量。对于每一阶段,重复以上过程,以便找到所有投资组合的权重向量的表达式,由此得到如下所示的最优控制策略:

$$\boldsymbol{w}_k^* = \frac{1}{2\boldsymbol{\lambda}_N}(\boldsymbol{\gamma}_N - 2\boldsymbol{\lambda}_N\boldsymbol{r}_k)\boldsymbol{S}_k^{-1}\boldsymbol{m}_k$$

其中

$$\boldsymbol{\eta}_k = \boldsymbol{v}_{k+1} - \boldsymbol{m}_{k+1}^{\mathrm{T}} \boldsymbol{S}_{k+1}^{-1} \boldsymbol{m}_{k+1}, \boldsymbol{v}_k = E_k[\boldsymbol{\eta}_k], \boldsymbol{m}_k = E_k[\boldsymbol{\eta}_k \Delta \boldsymbol{x}_{k+1}], \boldsymbol{S}_k = E_k[\boldsymbol{\eta}_k \Delta \boldsymbol{x}_{k+1}^{\mathrm{T}}]$$

上述关于$\{\boldsymbol{\eta}_k, \boldsymbol{v}_k, \boldsymbol{m}_k, \boldsymbol{S}_k\}$的递归方程集合没有封闭解。现在的问题是,虽然可以在优化之前利用式(29.7)计算得到每个阶段中对数价格 $\boldsymbol{x}_k$ 的均值和方差,但$\{\boldsymbol{\eta}_k, \boldsymbol{v}_k, \boldsymbol{m}_k, \boldsymbol{S}_k\}$中更复杂的二次型的条件期望却难以计算。一种计算这些二次型条件期望的方法是数值积分,另一种是前向 Monte Carlo 技术。文献[23]给出了一种基于 Monte Carlo 方法和重要性采样的技术,该方法利用了对数价格过程的一组样本路径 $\boldsymbol{x}_n$,以便以有效的数值方式近似所需要的矩。当$(\boldsymbol{\lambda}_N, \boldsymbol{\gamma}_N)$中的一个参数保持不变,而另一个变化时,由此可以得出全部的均值方差解。文献[23]给出了该问题的许多次优的封闭近似解。

29.4.3 包含预算约束和无风险资产的情况

回顾 29.2.2 节可知,通过在每个阶段对投资组合的权重向量进行如下线性变换,可以得到具有 $\boldsymbol{w}_k^{\mathrm{T}} \mathbf{1}=1$ 形式的 BC:

$$\boldsymbol{w}_k = \boldsymbol{c} + \boldsymbol{D}\boldsymbol{v}_k = \begin{bmatrix} v_k^1 \\ \vdots \\ v_k^{p-1} \\ 1 - \sum_{i=1}^{p-1} v_k^i \end{bmatrix}, \boldsymbol{c} = \begin{bmatrix} 0 \\ \vdots \\ 0 \\ 1 \end{bmatrix}, \boldsymbol{D} = \begin{bmatrix} \boldsymbol{I}_{P-1} \\ -\mathbf{1}^{\mathrm{T}} \end{bmatrix}$$

为了求解一组新的控制策略$\{\boldsymbol{v}[0] \cdots \boldsymbol{v}[N-1]\}$,可以重复推导 29.4.2 节介绍的最优控制策略。

还可以采用与 29.2.3 节类似的方式修改该问题,使其包含无风险资产。

29.4.4 表示为线性二次型调节器问题

线性二次型调节器(Linear Quadratic Regulator,LQR)问题是最优控制理论的一个范式问题。虽然问题 P_{DT0} 中给定的原始的动态均值方差目标不能直接映射到 LQR 框架,但问题 P_{DT1} 定义的二次效用版本却可以。然而,由此产生的系统是 LQR 的一个特例,它的状态变化矩阵本身是随机的。虽然 LQR 框架内的公式表达式为最优投资组合构建问题提供了一种方便且广为知晓的表示方式,但它并不能消除由此带来的计算困难。

为了将问题 P_{DT1} 映射到 LQR 框架,令 $\boldsymbol{r}_{Ck}$ 表示 k 时刻累积的投资组合收益,$\boldsymbol{y}_k$ 表示系统状态,$\boldsymbol{u}_k$ 表示输入:

$$\boldsymbol{y}_k = \begin{pmatrix} \boldsymbol{r}_{Ck} \\ \boldsymbol{w}_k \end{pmatrix}, \boldsymbol{u}_k = \boldsymbol{w}_{k+1} - \boldsymbol{w}_k$$

该系统根据如下所示的线性系统进行演化:

$$\boldsymbol{y}_{k+1} = \boldsymbol{A}_k \boldsymbol{y}_k + \boldsymbol{B}_k \boldsymbol{u}_k + \boldsymbol{\varepsilon}_k, \quad \boldsymbol{A}_k = \begin{bmatrix} \mathbf{1} & \Delta \boldsymbol{x}_{k+1}^{\mathrm{T}} \\ \mathbf{0} & \boldsymbol{I} \end{bmatrix}, \quad \boldsymbol{B}_k = \begin{pmatrix} \Delta \boldsymbol{x}_{k+1}^{\mathrm{T}} \\ \boldsymbol{I} \end{pmatrix}$$

资产的对数价格 $\boldsymbol{x}_k$ 没有被包含在状态向量中,但它出现在状态转移矩阵中。由于假设控制作用对价格没有影响(单个交易者对市场无影响),所以将价格排除在状态向量之外是有意义的。由此才有可能采用 LQR 框架表示一个非线性系统,其代价是创建依赖于时间的随机系统矩阵。

现在来选择一组最优操作,以最大化如下所示的二次代价函数:

$$\underset{\epsilon_0,\cdots,\epsilon_{N-1}}{E}\{\boldsymbol{y}_N^{\mathrm{T}}\boldsymbol{Q}_N\boldsymbol{y}_n+\sum_{k=0}^{N-1}(\boldsymbol{y}_k^{\mathrm{T}}\boldsymbol{Q}_k\boldsymbol{y}_k+\boldsymbol{u}_k^{\mathrm{T}}\boldsymbol{R}_k\boldsymbol{u}_k)\}$$

其中,对于所有的 k,矩阵 $\boldsymbol{Q}_k$ 和 $\boldsymbol{R}_k$ 均为零;一个例外是,最终的代价 $\boldsymbol{Q}_N$ 由下式给出:

$$\boldsymbol{Q}_N=\begin{bmatrix}\boldsymbol{\lambda}_N & \boldsymbol{0}^{\mathrm{T}}\\ \boldsymbol{0} & \boldsymbol{0}\end{bmatrix}$$

将累积收益初始化为 $r_0=\boldsymbol{\gamma}_N/2\boldsymbol{\lambda}_N$,可以生成期望的如同问题 P_{DT1} 所定义的二次目标函数。

由于矩阵 $\boldsymbol{A}_k$ 与 $\boldsymbol{B}_k$ 中都存在对数价格,那么它们是时变且随机的,因此标准的 LQR 解并不适用。正如文献[25]所介绍的那样,最优控制律仍是关于状态的线性函数,其形式为:

$$\boldsymbol{u}_k=-(\boldsymbol{R}_k+E[\boldsymbol{B}_k^{\mathrm{T}}\boldsymbol{K}_{k+1}\boldsymbol{A}_k])^{-1}E[\boldsymbol{B}_k^{\mathrm{T}}\boldsymbol{K}_{k+1}\boldsymbol{A}_k]\boldsymbol{y}_k=\boldsymbol{L}_k\boldsymbol{y}_k \tag{29.9}$$

其中,$\boldsymbol{K}_N=\boldsymbol{Q}_N$,且

$$\boldsymbol{K}_k=\boldsymbol{Q}_k+E[\boldsymbol{A}_k^{\mathrm{T}}\boldsymbol{K}_{k+1}\boldsymbol{A}_k]-E[\boldsymbol{A}_k^{\mathrm{T}}\boldsymbol{K}_{k+1}\boldsymbol{B}_k](\boldsymbol{R}_k+E[\boldsymbol{B}_k^{\mathrm{T}}\boldsymbol{K}_{k+1}\boldsymbol{B}_k])^{-1}E[\boldsymbol{B}_k^{\mathrm{T}}\boldsymbol{K}_{k+1}\boldsymbol{A}_k] \tag{29.10}$$

由此产生的这里所需要的矩集合与 29.4.2 节中给出的矩集合相同,它们面临相同的计算困难。虽然 LQR 框架为动态均值方差最优(Mean-Variance Optimal,MVO)投资组合构建问题提供了一种方便且广为知晓的表示方式,但该形式不能消除由此带来的计算困难,这是因为必须依然采用数值积分或 Monte Carlo 技术来求解式(29.9)与(29.10)所需要的矩。

29.4.5 例子:跨期对冲

下面所述的例子选自文献[23],它将说明多阶段均值方差方法相对于单阶段均值方差框架的优点。特别地,这个例子将表明跨期对冲在动态场景中的益处。由于不同阶段投资组合的收益之间负相关关系的抵消作用,所得投资组合的收益的方差高于预期值,因此可以满足最终的方差目标。

现在考虑包含两个风险资产的系统,假设其中的对数价格的变化取决于式(29.7)所定义的过程,且

$$\boldsymbol{I}-\boldsymbol{\Pi}=\begin{pmatrix}0.7878 & 0.0707\\ 0.2634 & 0.9122\end{pmatrix},\boldsymbol{\Psi}=\boldsymbol{\Sigma\Sigma}=\begin{pmatrix}0.0400 & 0\\ 0 & 0.0049\end{pmatrix}$$

初始状态 $\boldsymbol{x}_0=(1.75\quad 4.30)$。为方便起见,主要考虑投资者的投资期限只包含两个阶段的情况。投资者在第一阶段的起始时刻必须决定如何分配投资资产,并允许在第二阶段的起始时刻重组投资组合。为了确定最优的投资组合权重向量,基于由 $M=5000$ 个采样路径组成的网络,采用文献[23]中描述的方法来数值近似函数$\{\boldsymbol{m}_0,\boldsymbol{S}_0\}$和$\{\boldsymbol{m}_1,\boldsymbol{S}_1\}$。

首先假设投资者将风险预算(即最终投资组合的收益的标准差)设定为 20%,或者也可写为 $\sigma_0^2=(0.20)^2=0.04$。在计算最优策略之后,通过运行 Monte Carlo 方法来统计地描述每个解决方案。表 29.1 比较了在考虑 BC 和不考虑 BC 的情况下,采用动态和静态 MVO 投资策略获得的每个阶段的投资组合收益的二阶统计量。在静态 MVO 策略中,不允许投资者在获得第一阶段的结果后重组投资组合。该策略采用模型来计算两个阶段的统计量,并利用

29.2.2节介绍的原始Markowitz结果来寻找单个最优投资组合,并在两个阶段内保持不变。表29.1中的数值是针对每种策略运行Monte Carlo的样本均值[19]。

表29.1 对于一个两阶段的例子,采用静态和动态MVO方案所获得的二阶统计量的比较

策略	阶段1,r_1					阶段2,r_2						总计,r_T	
			权重					权重					
	均值	标准差	w_1	w_2	净杠杆	均值	标准差	w_1	w_2	净杠杆	Corr[r_1,r_2]	均值	标准差
动态:不考虑BC	0.31	0.26	−0.87	2.85	1.98	0.14	0.23	−0.15	1.47	1.32	−0.69	0.44	0.20
动态:考虑BC	0.24	0.24	−0.99	1.99	1.00	0.14	0.23	−0.38	1.62	1.24	−0.60	0.38	0.20
静态:不考虑BC	0.19	0.16	−0.47	1.86	0.39	0.13	0.20	−0.47	1.86	1.39	−0.39	0.32	0.20
静态:考虑BC	0.19	0.17	−0.64	1.64	1.00	0.13	0.21	−0.64	1.64	1.00	−0.45	0.31	0.20

正如表29.1所揭示的那样,总的预期收益与不同阶段间投资组合收益的负相关程度具有直接关系。r_1与r_2之间的负相关关系越强,意味着每个阶段投资组合的收益的方差值越大,而总方差保持不变。无论是个人投资还是集体投资,每个阶段的风险的增加量都是通过杠杆原理实现的。在不考虑BC的情况下,通过比较静态和动态策略的收益统计量,可以对此进行很好地说明。不考虑BC的情况与考虑BC且包含一个无风险率为零的无风险资产的情况相同。

静态MVO解决方案在每个阶段采用了139%的净杠杆,而动态MVO解决方案首先采用了198%的净杠杆,然后在第二阶段采用了132%的杠杆等级。动态方案之所以在第一阶段获得了较高的投资组合收益,是因为采用了较大的杠杆率,然而动态方案在第二阶段获得的收益与静态方案相当。动态方案在第一阶段采用的较大杠杆率会引起风险增大,但这可以由两个阶段中投资组合的收益之间的负相关系数−0.69抵消掉;作为对比,静态策略的负相关系数较小,仅为−0.39。两种策略都可以满足两阶段问题所需要的值为20%的总标准差。需要注意的是,在问题设置中无法使用数学工具挑选第一阶段的权重来产生更大的方差和更强的跨阶段负相关性。这简单地说明了,为了产生MVO收益,动态规划算法所进行的操作。

其次,通过允许介于0%和40%之间的风险预算,可以在均值标准差空间产生如图29.2所示的效率边界集。在不考虑BC的情况,效率边界是从原点穿越y轴的直线,这与零风险率的解释一致。正如预期的那样,在静态情况下,与零风险率(即不包含BC)相关的直线与不存在无风险资产时的效率边界相切。然而,在动态情况下,两个阶段的借款量是变化的,上述关系不再成立。假如保持两个阶段的借款量固定不变,就会得到一条切线。很明显,允许借款量适时变化的效果不差于保持借款量不变的效果,并且不包含BC的动态投资组合对应的直线优于切线所能实现的结果。当然在这两种情况下,动态策略都优于静态策略,因此嵌套效率边界很有意义。

---

⑲ 特别地,这可能引起机敏的观察者的关注,原因可能是当考虑BC时,动态投资组合在第二阶段表现出的平均杠杆率为1.24。该结果是合理的,这是因为动态投资组合在第一阶段获得的平均收益为24%,并在第二阶段将所有资产都进行了投资。

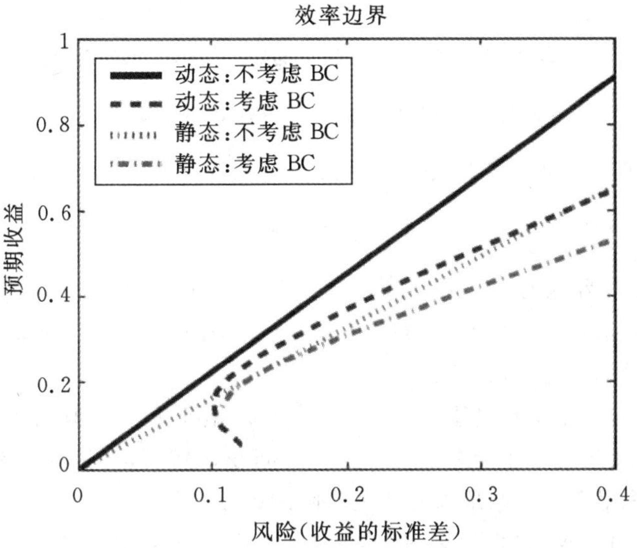

图 29.2 在考虑 BC 和不考虑 BC 的情况下,静态和动态 MVO 投资组合的效率边界

29.5 连续时间投资组合问题的优化

Merton[4]率先采用随机最优控制方法来解决连续时间投资组合问题。本节首先介绍式(29.8)所示的连续时间模型⑳,这里重写如下:

$$\mathrm{d}\boldsymbol{x} = \boldsymbol{\Pi x}\,\mathrm{d}t + \boldsymbol{\phi}\mathrm{d}t + \boldsymbol{\Sigma}\mathrm{d}\boldsymbol{Z}$$

其中,$\boldsymbol{x}(t)$是对数价格向量,$\boldsymbol{\phi}$是常值漂移向量,$\boldsymbol{Z}(t)$是标准的 Wiener 过程向量。对于连续时间的情况,由于所有的改变都无限小,所以可以直接采用投资组合的值(对于财富来说,记作 $\boldsymbol{W}$),而无需像离散时间的情况那样,必须使用近似值进行分析。

令 $\boldsymbol{v}(t)$表示权重向量,其中 v_i 表示投资于对数价格为 x_i 的资产的财富分量。假设存在一种无风险债券,其对数价格 b 满足

$$\mathrm{d}b = r_f\mathrm{d}t$$

使得债券的价格以恒定的比率 r_i 指数增长。

投资在无风险债券上的财富分量为$(1-\boldsymbol{v}^{\mathrm{T}}\,\mathbf{1})$,其中$\mathbf{1}$是由 1 组成的向量,由此包括无风险债券在内的所有投资的权重之和为 1,这使得 BC 能够确保所有财富每次均被投资完毕。这里允许 v_i 取负值,表示资产卖空。当买入某债券时,钱被借出,这使得当投资于无风险债券的财富分量为负值时,借钱融资以购买其他资产。

在给定资产对数价格如何变化的情况下,可以知道价格本身如何根据函数关系 $s_i=e^{x_i}$ 而发生变化,其中的 s_i 是证券 i 的价格。由于 s_i 是关于 x_i 的非线性函数,并且 x_i 受到一个随机

⑳ 为方便起见,本节舍去时间记号。

微分方程的支配,因此必须使用 Ito 引理来寻找支配 s_i 的随机微分方程。由于幂运算是逐个元素进行的,这给记号带来一点儿小麻烦。

令 $\boldsymbol{\Pi}_{i:}$ 和 $\boldsymbol{\Sigma}_{i:}$ 分别表示 $\boldsymbol{\Pi}$ 和 $\boldsymbol{\Sigma}$ 的第 i 行,Ψ_{ii} 表示 $\boldsymbol{\Psi}$ 的第 i 个对角元素,那么

$$\mathrm{d}s_i = s_i(\boldsymbol{\Pi}_l \boldsymbol{x} + \boldsymbol{\phi}_i + \frac{1}{2}\Psi_{ii})\mathrm{d}t + s_i \boldsymbol{\Sigma}_l \mathrm{d}\boldsymbol{Z} \tag{29.11}$$

需要指出的是,假如 $x_i(t+\mathrm{d}t) - x_i(t) = \ln(s_i(t+\mathrm{d}t)) - \ln(s_i(t))$ 的均值为 $m\mathrm{d}t$,方差为 $\sigma^2\mathrm{d}t$,那么收益 $(s_i(t+\mathrm{d}t) - s_i(t))/s_i(t)$ 的均值为 $(m+\frac{1}{2}\sigma^2)\mathrm{d}t$,方差为 $\sigma^2\mathrm{d}t$。这与采用高斯随机变量的指数形式所得结果相同。该结果并不是源自高斯假设,而是来自 Ito 引理所阐释的关联关系。该关联关系源自一个观点:即使在很短的时间内,$\mathrm{d}\boldsymbol{Z} = \boldsymbol{Z}(t+\mathrm{d}t) - \boldsymbol{Z}(t)$ 仍是大量随机变量的和,因此其行为与高斯分布类似。

为了排除重尾分布,需要对过程进行假设[6,第3章]。鉴于人们一般认为资产收益实际上会表现出重尾现象,因此该假设在金融工程存在一定问题。然而,与其他所有的建模努力类似,过分地忠于现实无法得到解析结果以及与之伴随的内涵和效用。

通过将 $\boldsymbol{s}$ 定义为由 s_i 组成的向量,$\boldsymbol{S}_D$ 定义为对角元素为 s_i 的对角阵,$\boldsymbol{\Psi}_D$ 定义为对角元素与 $\boldsymbol{\Psi}$ 相同且其余位置为 0 的对角矩阵,可以得到式(29.11)的向量形式,那么

$$\mathrm{d}\boldsymbol{s} = \boldsymbol{S}_D(\boldsymbol{\Pi}\boldsymbol{x} + \boldsymbol{\phi} + \frac{1}{2}\boldsymbol{\Psi}_D \boldsymbol{1})\mathrm{d}t + \boldsymbol{S}_D\boldsymbol{\Sigma}\mathrm{d}\boldsymbol{Z}$$

投资于各个证券的财富向量由 $\boldsymbol{W}\boldsymbol{v}$ 给出,其中 $\boldsymbol{W}$ 表示投资者的财富量,而向量 $\boldsymbol{W}\boldsymbol{v}^{\mathrm{T}}\boldsymbol{S}_D^{-1}$ 中的元素等于投资者所拥有的各个证券份额的数量。由此可以给出如下描述财富演化的方程:

$$\mathrm{d}\boldsymbol{W} = \boldsymbol{W}(\boldsymbol{v}^{\mathrm{T}}\boldsymbol{S}_D^{-1}\mathrm{d}\boldsymbol{s} + (1 - \boldsymbol{v}^{\mathrm{T}}\boldsymbol{1})r_f)\mathrm{d}t$$

将 $\mathrm{d}\boldsymbol{s}$ 替换掉,可得

$$\begin{aligned}\mathrm{d}\boldsymbol{W} &= \boldsymbol{W}(\boldsymbol{v}^{\mathrm{T}}\boldsymbol{\Pi}\boldsymbol{x} + \boldsymbol{v}^{\mathrm{T}}\boldsymbol{\phi} + \frac{1}{2}\boldsymbol{v}^{\mathrm{T}}\boldsymbol{\Psi}_D \boldsymbol{1} + (1 - \boldsymbol{v}^{\mathrm{T}}\boldsymbol{1})\boldsymbol{r}_f)\mathrm{d}t + \boldsymbol{v}^{\mathrm{T}}\boldsymbol{\Sigma}\mathrm{d}\boldsymbol{Z} \\ &= \boldsymbol{W}(\boldsymbol{v}^{\mathrm{T}}\boldsymbol{\Pi}\boldsymbol{x} + \boldsymbol{v}^{\mathrm{T}}\boldsymbol{r}_e + \frac{1}{2}\boldsymbol{v}^{\mathrm{T}}\boldsymbol{\Psi}_D \boldsymbol{1} + \boldsymbol{r}_f)\mathrm{d}t + \boldsymbol{v}^{\mathrm{T}}\boldsymbol{\Sigma}\mathrm{d}\boldsymbol{Z}\end{aligned} \tag{29.12}$$

其中,$\boldsymbol{r}_e = \boldsymbol{\phi} - \boldsymbol{1}\boldsymbol{r}_f$ 是均值超额对数收益向量,即超过无风险率的收益。

需要注意的是,可以采用一种有效方式来描述财富,即资产投资组合的价值,随时间的变化规律,而无需对其进行近似,这一点不同于离散时间的情况。这种简化的代价是,假设投资组合的组成成分是连续更新的。

在连续时间金融问题中普遍使用的优化准则是幂效用函数。这里仅在最终时刻 T 应用它:

$$\boldsymbol{J}(T) = E_0\left[\frac{1}{1-\gamma}\boldsymbol{W}(T)^{1-\gamma}\right] \tag{29.13}$$

当 $\gamma > 0$ 时,这是一个与保守型投资者相对应的标准的下凹效用函数。所谓保守型投资者指的是那些以较小的收益方差获得较少平均收益的投资者。金融经济学领域[26]对各种具有不同形状的效用函数的性质进行了广泛研究,并且将幂效用函数称为常值相对风险规避(Constant Relative Risk Aversion,CRRA)曲线。γ 越大,表示投资者越厌恶风险。具有相同 γ 值的两个投资者希望在具有相同风险收益的资产上投资相同比例的财产,并且财富投资的

比例与财富总额无关,这就是 CRRA 的概念。

对于所有的 γ,求解关于幂效用的投资组合优化问题还可以得出最优均值方差投资组合。当 γ 从非常大的值逐渐减小到零时,最优的最终财富的均值和方差都将增大。由于只有 $\boldsymbol{J}$ 在最优点处关于 W 的前两阶微分对解有影响,所以每个最优点也是二次代价函数以及均值方差问题的解。需要指出的是,当 γ 通过 1 时,CRRA 准则变为对数财富的数学期望,这是一个重要的特殊情况,被称为增长最优的投资组合。在大多数研究的 $\boldsymbol{\Pi}=0$ 的实例模型中,这种情况具有特殊性质。

式(29.8)、(29.12)与(29.13)形成了标准的随机最优控制问题,它可通过 Hamilton-Jacoby-Bellman(HJB)方程求解[21]。HJB 方程提供了最优代价函数 $V(t,\boldsymbol{W},\boldsymbol{x})$ 的变化情况,该函数可定义为

$$V(t,\boldsymbol{W},\boldsymbol{x}) = \max_{v(s),t\leqslant s\leqslant T} E_t\left[\frac{1}{1-\gamma}\boldsymbol{W}(T)^{1-\gamma}\right]$$

在这种情况下,给定 t 时刻之前的信息,并利用时刻 t 与 T 之间的最优权重,函数 V 度量了效用在时刻 T 的条件期望。HJB 方程可由下式给出:

$$0 = \max_{\boldsymbol{v}}\{\boldsymbol{V}_t + \boldsymbol{V}_W\boldsymbol{W}(\boldsymbol{v}^{\mathrm{T}}\boldsymbol{\Pi x} + \boldsymbol{v}^{\mathrm{T}}\boldsymbol{r}_e + \frac{1}{2}\boldsymbol{v}^{\mathrm{T}}\boldsymbol{\Psi}_D\ \boldsymbol{1} + \boldsymbol{r}_f) + \boldsymbol{V}_x(\boldsymbol{\Pi x} + \boldsymbol{\phi})$$
$$+ \frac{1}{2}\boldsymbol{V}_{WW}\boldsymbol{W}^2\boldsymbol{v}^{\mathrm{T}}\boldsymbol{\Psi v} + \boldsymbol{W}\boldsymbol{V}_{Wx}\boldsymbol{\Psi v} + \frac{1}{2}\mathrm{Tr}(\boldsymbol{V}_{xx}\boldsymbol{\Psi}) \tag{29.14}$$

对 $\boldsymbol{v}$ 进行优化,可以获得最优权重的表达式:

$$\boldsymbol{v}^* = -(\boldsymbol{V}_{WW}\boldsymbol{W\Psi})^{-1}[\boldsymbol{V}_W(\boldsymbol{\Pi x} + \boldsymbol{r}_e + \frac{1}{2}\boldsymbol{\Psi}_D\ \boldsymbol{1}) + \boldsymbol{V}_{Wx}\boldsymbol{\Psi}] \tag{29.15}$$

若将最优权重代入到 HJB 方程,可以得到包含 $V(t,\boldsymbol{W},\boldsymbol{x})$ 的确定性的偏微分方程,它通常被称为贝尔曼方程:

$$0=[\boldsymbol{V}_t+\boldsymbol{V}_W\boldsymbol{W}\boldsymbol{r}_f+\boldsymbol{V}_x(\boldsymbol{\Pi x}+\boldsymbol{\phi})+\frac{1}{2}\mathrm{Tr}(\boldsymbol{V}_{xx}\boldsymbol{\Psi})]-\frac{1}{2\boldsymbol{V}_{WW}}[\boldsymbol{V}_W(\boldsymbol{\Pi x}+\boldsymbol{r}_e+\frac{1}{2}\boldsymbol{\Psi}_D\ \boldsymbol{1})+\boldsymbol{V}_{Wx}\boldsymbol{\Psi}]^{\mathrm{T}}\boldsymbol{\Psi}^{-1}$$
$$\times[\boldsymbol{V}_W(\boldsymbol{\Pi x}+\boldsymbol{r}_e+\frac{1}{2}\boldsymbol{\Psi}_D\ \boldsymbol{1})+\boldsymbol{V}_{Wx}\boldsymbol{\Psi}] \tag{29.16}$$

通过利用有限差分近似创建关于 t、$\boldsymbol{W}$ 和 $\boldsymbol{x}$ 的多维网格,可以将该方程近似地数值求解,当然还存在一些更为复杂精细的方法。

逼近这种方程解析解的常用方法是采用形式 $V(t,W,x)$ 对解析解进行据理推测,然后看看能得到什么结果。一个成功的猜测称为拟设,该问题中式(29.16)的拟设可追溯于(最晚)文献[27],它由下式给出:

$$V(t,\boldsymbol{W},\boldsymbol{x}) = \frac{1}{1-\gamma}\boldsymbol{W}(t)^{1-\gamma}\exp(\frac{1}{2}\boldsymbol{x}^{\mathrm{T}}A_0(t)\boldsymbol{x} + \boldsymbol{b}_0^{\mathrm{T}}(t)\boldsymbol{x} + c_0(t))$$

在将该拟设及其导数代入 Bellman 方程后,可以巧妙地处理由此得到的方程,以便分割 $V(t,\boldsymbol{W},\boldsymbol{x})$,并将 $\boldsymbol{x}$ 的每个幂系数设为 0。由此得到三个方程:

---

[21] 本手册的另一章简单介绍了随机最优控制和 HJB 方程。文献[6]也结合金融背景介绍了一些处理这类问题的优秀方法。

$$-\dot{\boldsymbol{A}}_0=\boldsymbol{A}_0\boldsymbol{\Pi}+\boldsymbol{\Pi}^{\mathrm{T}}\boldsymbol{A}_0+\boldsymbol{A}_0\boldsymbol{\Psi}A_0+\frac{1-\gamma}{\gamma}(\boldsymbol{\Psi}\boldsymbol{A}_0+\boldsymbol{\Pi})^{\mathrm{T}}\boldsymbol{\Psi}^{-1}(\boldsymbol{\Psi}\boldsymbol{A}_0+\boldsymbol{\Pi})$$

$$-\dot{\boldsymbol{b}}_0=\boldsymbol{\Pi}\boldsymbol{b}_0+\boldsymbol{A}_0\boldsymbol{\phi}+\boldsymbol{A}_0\boldsymbol{\Psi}\boldsymbol{b}_0+\frac{1-\gamma}{\gamma}(\boldsymbol{\Psi}\boldsymbol{A}_0+\boldsymbol{\Pi})^{\mathrm{T}}\boldsymbol{\Psi}^{-1}(\boldsymbol{\Psi}\boldsymbol{b}_0+\boldsymbol{r}_e+\frac{1}{2}\boldsymbol{\Psi}_D\,\mathbf{1})$$

$$\dot{c}_0=(1-\gamma)r_f+\boldsymbol{\phi}^{\mathrm{T}}\boldsymbol{b}_0+\frac{1}{2}\mathrm{Tr}(\boldsymbol{b}_0\boldsymbol{\Psi}\boldsymbol{b}_0^{\mathrm{T}})+\frac{1}{2}\mathrm{Tr}(\boldsymbol{\Psi}\boldsymbol{A}_0)$$

$$+\frac{1-\gamma}{\gamma}(\boldsymbol{\Psi}\boldsymbol{b}_0+\boldsymbol{r}_e+\frac{1}{2}\boldsymbol{\Psi}_D\,\mathbf{1})^{\mathrm{T}}\boldsymbol{\Psi}^{-1}(\boldsymbol{\Psi}\boldsymbol{b}_0+\boldsymbol{r}_e+\frac{1}{2}\boldsymbol{\Psi}_D\,\mathbf{1})$$

其中的边界条件为 $\boldsymbol{A}_0(T)=0,\boldsymbol{b}_0=\mathbf{0},c_0=0$。

关于 $\boldsymbol{A}_0$ 的方程是一个 Riccati 方程,其求解技术是已知的。当将每个解代入下一个方程后,另外两个方程就变为简单的微分方程。

关于最优权重的方程可由下式给出:

$$\boldsymbol{v}^*=\frac{1}{\gamma}\boldsymbol{\Psi}^{-1}\left[(\boldsymbol{\Psi}\boldsymbol{A}_0+\boldsymbol{\Pi})\boldsymbol{x}+\boldsymbol{\Psi}\boldsymbol{b}_0+\boldsymbol{r}_e+\frac{1}{2}\boldsymbol{\Psi}_D\,\mathbf{1}\right]\tag{29.17}$$

在 $\boldsymbol{\Pi}=0$ 的情况下,该问题的解十分有趣,它得到了广泛研究,并被称为收益的**随机游走**模型。基于随机游走模型,可以大大简化该问题的解。特别地,在所有的时刻 t,若 $\boldsymbol{A}_0(t)=0$ 和 $\boldsymbol{b}_0(t)=0$,可以求解出关于拟设参数的方程。最优权重可由 $\boldsymbol{v}^*=\frac{1}{\gamma}\boldsymbol{\Psi}^{-1}\left[\boldsymbol{r}_e+\frac{1}{2}\boldsymbol{\Psi}_D\,\mathbf{1}\right]$给出($c_0(t)$不全为零,但它不包含在投资组合权重中)。现在,最优投资组合与 $\boldsymbol{x}(t)$ 相独立,因此,尽管投资者可以在任何时刻重组投资组合,但他将保持投资组合在所有时刻相同。此外,投资组合与投资期限 T 也是独立的。这种投资策略被称为**短视投资**。投资权重也源自求解 Markowitz 均值方差最优问题的结果,也就是说,权重与逆方差矩阵和收益均值向量的乘积成正比。

当 $\boldsymbol{\Pi}\neq0$ 时,可以以两种重要方式推广式(29.17)的结果。首先,正如 $\boldsymbol{\Pi x}$ 项所描述的那样,最优投资组合会使用模型中的信息,这些信息根据当前的价格水平可以对未来收益进行一定程度的预测。其次,正如 $\boldsymbol{A}_0(t)$ 和 $\boldsymbol{b}_0(t)$ 项所描述的那样,这种可预测性的使用程度取决于投资者的投资期限 T 的接近程度。在接近投资期限末尾时,$\boldsymbol{A}_0(t)$ 和 $\boldsymbol{b}_0(t)$ 项必须收敛到它们的零边界条件。若在投资组合决策中包含 $\boldsymbol{x}(t)$,将导出类似于 29.4.5 节中的离散时间例子所展示的跨期对冲。$\boldsymbol{A}_0(t)$ 和 $\boldsymbol{b}_0(t)$ 的作用是修改跨期对冲的使用方式,这依赖于投资者的结算时间 T 的接近程度。

若能有效解决 $\boldsymbol{\Pi}\neq0$ 时的投资组合优化问题,则可以获得一些极大的赚钱机遇。这类方法被用于对均值回归资产进行建模,并为诸如**成对交易**的长期投资方法提供额外的量化工具。在成对交易中,投资者平衡两个资产的多头和空头(正权重和负权重),这两个资产受到相同因素的类似影响,它们的价格先是错开,然后受各自变化规律的影响而逐渐接近。结果是,在价格相互分离期间跨期相关的变化规律很可能回复到正常关系。当然,如果未来遵循一个基于历史的模型,这将变为现实。这也是在使用任何定量技术时必须谨记的警告。文献[17]简单介绍了最优投资组合场景下的成对交易。有了上述解决方案,我们可以不再局限于处理简单的股票对,还可以充分利用更加精细复杂的多资产的相关性,当然前提是我们能够找到它们。

29.6 最后的讨论

本章介绍的投资组合优化示例是随机控制理论的直接应用,所解释的问题是引人注目的,所采用的建模和分析方法是数量分析专家常用的典型方法。这些掌握了精细数学知识的投资管理人员采用统计方法,以便以较低的风险获得较高的收益。更深入地理解金融市场的动力学特性正变得越来越重要,更多受过控制理论教育的工程师和研究人员将在这一奋进方向上发挥作用。

参考文献

1. H. Markowitz. Portfolio selection, *Journal of Finance*, 7(1), 77 - 91, 1952.

2. W. F. Sharpe. Capital asset prices: A theory of market equilibrium under conditions of risk, *Journal of Finance*, 19, 425 - 442, 1964.

3. P. A. Samuelson. Lifetime portfolio selection by stochastic dynamic programming, *Review of Economics and Statistics*, 51, 239 - 246, 1969. http://www.rle.mit.edu/dspg/documents/mbsPhDFinal_Feb09.pdf.

4. R. C. Merton. Lifetime portfolio selection under uncertainty: the continuous-time case, *Review of Economics and Statistics*, 51, 247 - 57, 1969 (Reprinted in [6]).

5. D. G. Luenberger. *Investment Science*, Oxford University Press, Oxford, 1997.

6. R. C. Merton. *Continuous-Time Finance*, Blackwell Publishing, New York, 1990.

7. J. H. Cochrane. *Asset Pricing*, Princeton University Press, Princeton, NJ, 2005.

8. D. Duffie. *Dynamic Asset Pricing Theory*, Princeton University Press, Princeton, NJ, 2001.

9. J. Lintner. The valuation of risk assets and the selection of risky investments in stock portfolios and capital budgets, *Review of Economics and Statistics*, 47(1), 13 - 37, 1965.

10. J. Mossin. Equilibrium in a capital asset market, *Econometrica*, 35, 368 - 383, 1966.

11. L. Bachelier. Théorie de la Spéculation, *Annales de l'Ecole Normale Supérieure, Paris: Bauthier-Villars*, 1900.

12. J. Tobin. Liquidity preference as behavior towards risk, *The Review of Economic Studies*, 25, 65 - 86, 1958.

13. J. Campbell and L. Viceira. Consumption and portfolio decisions when expected returns are time varying, *Quarterly Journal of Economics*, 114, 433 - 495, 1999.

14. J. Campbell and L. Viceira. *Strategic Asset Allocation: Portfolio Choice for Long-Term Investors*. Oxford University Press, Oxford, 2002.

15. F. Black and M. Scholes. The pricing of options and corporate liabilities. *Journal of Political Economy*, 81 (May-June), 637 - 54, 1973.

16. R. C. Merton. Theory of rational option pricing, *Bell Journal of Economics and*

Management Science, 4 (Spring), 141 - 83. 1973.

17. J. A. Primbs. A control system based look at financial engineering. 2009. http://www.stanford.edu/~japrimbs/Publications/FT%20draft%201%2020080113.pdf.

18. J. Y. Campbell, A. W. Lo, and A. C. MacKinlay. *The Econometrics of Financial Markets*, Princeton University Press, Princeton, NJ, 1997.

19. B. G. Malkiel. *A Random Walk Down Wall Street*, W. W. Norton & Co., New York, 1973 and 1997.

20. B. Mandelbrot and R. L. Hudson. *The (Mis)Behavior of Markets: A Fractal View of Risk, Ruin, and Reward*, Basic Books, New York, 2004.

21. E. Fama. Efficient capital markets: A review of theory and empirical work, *Journal of Finance*, 25, 383 - 417, 1970.

22. A. W. Lo and A. C. MacKinlay. When are contrarian profits due to stock market overreaction? *The Review of Financial Studies*, 3(2), 175 - 205, 1990.

23. M. B. Rudoy. Multistage mean-variance portfolio selection in cointegrated vector autoregressive systems, PhD Dissertation, MIT, 2009.

24. K. Ito. On stochastic differential equations, *Memoirs of the American Mathematical Society*, 4, 1 - 51, 1951.

25. D. Bertsakis. *Dynamic Programming and Optimal Control*. Belmont, MA: Athena Scientific, 2000.

26. C. Huang and R. H. Litzenberger. *Foundations for Financial Economics*, Prentice-Hall, Englewood Cliffs, NJ, 1988.

27. F. Herzog, G. Dondi, H. P. Geering, and L. Schumann. Continuous-time multivariate strategic asset allocation, *Proceedings of the 11th Annual Meeting of the German Finance Association*, Session 2B, pp. 1 - 34, Tübingen, Germany, October 2004.

30

土木建筑结构的地震响应控制

Jeff T. Scruggs
杜克大学
Henri P. Gavin
杜克大学

30.1 引言

在当代土木工程中,分析建筑结构对瞬时环境载荷的动态响应性能已成为设计过程的一个标准组成部分。人们要求结构设计在面对地震、风力干扰以及爆炸载荷时必须具有一定的弹性,而这些载荷在到达时间、频率组成、密度以及持续时间方面具有很强的不确定性。20 世纪 60 年代以来,结构工程师开始采用振动隔离的概念和技术为建筑结构设计附加的被动机械部件,以抑制建筑结构的动态响应,这种隔离技术最早出现在航空航天领域。这里涉及的几个基本思想目前已在世界各地许多建筑中采用和实施,其中最流行的思路是在中低层建筑中安装高度灵活的地基隔离系统。这种系统已被证明可以非常有效地消弱上层建筑在地震时的大加速度和形变,它的实施也已成为行业标准。在高层建筑中,采用调谐质量阻尼器(通常安装在顶层或顶层附近)来减小由风引起的建筑物加速度也已经得到人们的认可。图 30.1 描述了一个同时安装了地基隔离系统和调谐质量阻尼器的理想化的建筑物。此外,世界各地的许多高层建筑还装配了辅助的阻尼耗能机构。例如,在楼层之间安装液压的或摩擦式的阻尼装置来耗散能量。

与这些技术相关的一个根本性设计难题是没有一个系统可以同时应对结构变形和所有的绝对加速度,即使加速度值非常小。例如,如果将一个建筑物设计为绝对刚性的,那么来自地震的动态激励会向上层建筑传递很大的加速度,这将给建筑造成破坏,并带来严重的安全风险。类似地,隔离系统可以非常有效地屏蔽地震对上层建筑的干扰,但它同时可能会因受到过大的隔离张力而带来破坏,或者失去实用价值。因此,如何设计出能够在两个极端之间取得良好平衡的建筑结构是一项有难度的工作。

早在 20 世纪 70 年代中期,结构工程研究人员开始考虑采用反馈控制的思想,以期在折中的动态响应性能方面获得优于纯粹的被动系统的性能。从那时起直至整个 80 年代,这方面的研究主要集中在如何利用由外部提供动力的液压或机电驱动机构来实现主动的控制结构,以

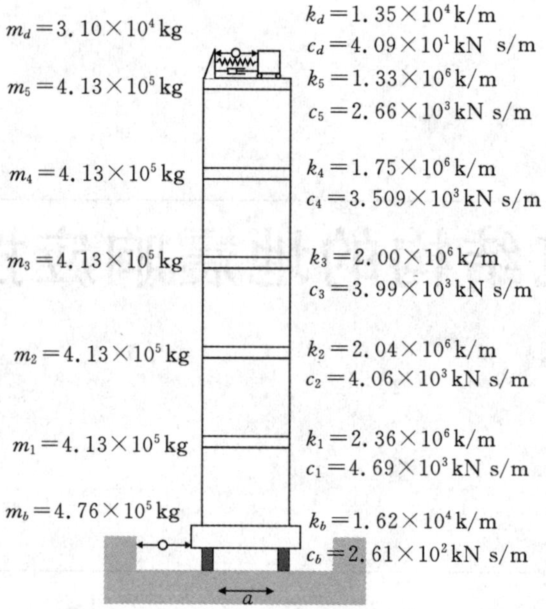

图 30.1 装设有地基隔离系统和调谐质量阻尼器的建筑物示意图。符号←○→表示能量吸收装置,所列数值与30.6节的例子相对应

及如何实现众多的控制理论,这些理论在当时已经成为标准(例如,$\mathscr{H}_2$/线性二次高斯(Linear Quadratic Gaussian,LQG)技术)[1]。1989年,鹿岛建设公司在东京建成了第一个主动的控制结构,用来抑制由风引起的振动。然而,从那时起,实际工程中只实现了少数几个主动的控制结构。

造成这种结果的原因有很多,其中最重要的一个原因是,这类系统需要大量投资。不可回避的一个问题是,相对于所能抵消的风险,这些投资是否值得。此外,这类控制系统采用的执行机构必须连接到大功率的外部电源,这使得控制结构的可靠性与周围电网的可靠性产生了不稳定的关联,那么当遭遇地震以及可能造成停电的其他极端事件时,这类系统将变得十分不可靠。此外,实现主动控制系统命令的执行力所需要的电力和能源级别都相当高(0.1GW级),这进一步加剧了可靠性问题,让人质疑这类技术的实用性。除了这些问题之外,还牵涉到鲁棒稳定性问题。土木建筑结构具有显著的模型不确定性,在遭遇干扰时,这种不确定性更强。因此,考虑到所有这些不确定性,人们对主动控制是否可能会使原本稳定的结构变得不稳定产生了困惑。

所有这些问题促使人们在20世纪90年代初期一致使用通常认为是“半主动”的控制装置。从本质上讲,半主动装置是可控的耗能装置,它不会增加结构的振动能量,但其中的被动参数却可以根据反馈得到的低功率的电控信号在较大的带宽范围内实时调整。在利用反馈对装置中的耗能参数进行控制后,被控系统的性能可以超过未施加控制的被动系统,并可以接近完全主动的系统的性能;此外,这类系统更加可靠,所需要的运行能量也更少。

半主动系统在车辆悬挂领域具有悠久的历史,这里的目的是减小客舱的加速度,最早的研究始于 20 世纪 70 年代[2]。有关半主动装置的最简单的一个例子是变孔阻尼器，具体如图 30.2 所示，它通过改变孔口的大小来调节装置的有效粘度。其他例子还包括采用电流变液和磁流变(Magneto-Rheological，MR)液的阻尼器、Coulomb 摩擦可控的装置、刚度可变的装置，以及电分流可控的机电换能器。事实上，过去的二十年内提出了大量的新型半主动装置，有关它们的细节超出了本章的讨论范围，特别是目前已经有许多有关这方面的综述文献[3～5]。现有研究主要集中在装置设计；同时，有关半主动系统的一致控制理论也逐渐得到了发展。

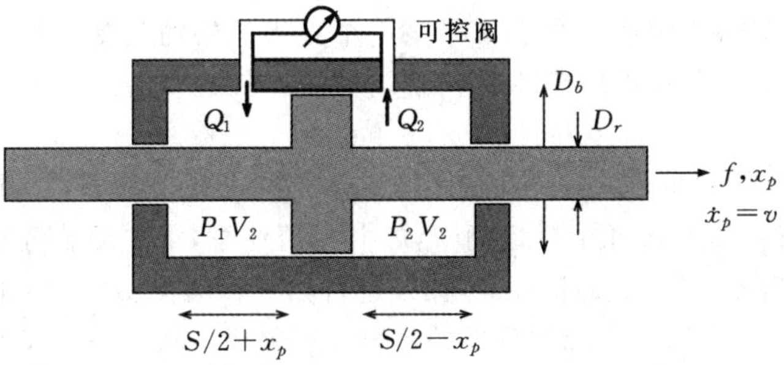

图 30.2 可控的液压阻尼器的示意图

本章将主要对有关半主动系统的控制理论进行概述。为了进一步加强针对性，本章特别关注地震响应的抑制问题。本章的意图不是对有关半主动控制的文献进行综述，而是根据半主动控制技术，提出一类有趣的控制问题，并讨论相应的解决方案。

30.1.1 理想化的双线性系统模型

考虑任意一个机械振动系统，其中嵌入了 n_f 个半主动装置。假设相应的结构系统可以由受下式支配的线性状态空间 $\boldsymbol{x}(t) \in \mathbb{R}^{n_x}$ 来近似：

$$\dot{\boldsymbol{x}} = \boldsymbol{A}\boldsymbol{x} + \boldsymbol{B}_f \boldsymbol{f} + \boldsymbol{B}_a \boldsymbol{a} \tag{30.1a}$$

$$\boldsymbol{v} = \boldsymbol{B}_f^{\mathrm{T}} \boldsymbol{x} \tag{30.1b}$$

$$\boldsymbol{y} = \boldsymbol{C}_y \boldsymbol{x} + \boldsymbol{D}_{ya} \boldsymbol{a} \tag{30.1c}$$

$$\boldsymbol{z} = \boldsymbol{C}_z \boldsymbol{x} + \boldsymbol{D}_{zf} \boldsymbol{f} + \boldsymbol{D}_{za} \boldsymbol{a} \tag{30.1d}$$

其中，$\boldsymbol{v}(t) \in \mathbb{R}^{n_f}$ 表示装置的速度向量，$\boldsymbol{f}(t) \in \mathbb{R}^{n_f}$ 是装置所提供的作用力的**配置**向量，$\boldsymbol{a} \in \mathbb{R}^{n_a}$ 表示地面加速度向量，$\boldsymbol{y} \in \mathbb{R}^{n_y}$ 表示反馈测量量向量，$\boldsymbol{z} \in \mathbb{R}^{n_z}$ 表示性能向量。在有关建筑结构的工程应用中，一般假设如下模型性质成立：

1. 由于土木工程结构总是开环稳定的，所以矩阵 $\boldsymbol{A}$ 具有 Hurwitz 性。
2. 从 $\boldsymbol{f}$ 到 $\boldsymbol{v}$ 的传递函数是正实且严格真的。由此，根据 Kalman-Yakubovic-Popov 引理，我们假设一个自对偶的被动状态空间实现，即该实现满足 $\boldsymbol{A} + \boldsymbol{A}^{\mathrm{T}} \leqslant 0$，并且使式(30.1a)和(30.1b)均包含 $\boldsymbol{B}_f$。
3. 我们可以进一步假设$(\boldsymbol{A}, \boldsymbol{A}+\boldsymbol{A}^{\mathrm{T}})$是一可观测对。由此，根据 Lasalle 定理，$V(\boldsymbol{x}) = \boldsymbol{x}^{\mathrm{T}}\boldsymbol{x}$ 构成了开环系统的 Lyapunov 函数。

理想的半主动装置在任意时刻都必须能够吸收结构能量。考虑到这一约束，半主动系统

的最简单模型可以由一个双线性的变粘度控制器来表示:

$$f(t)=-U(t)v(t) \tag{30.2}$$

其中,矩阵变量$U(t)$是可控的,服从代数约束$U(t)\in\mathscr{U}$, $\forall t$。从技术层面上讲,为确保瞬时的能量耗散,$\mathscr{U}$必须满足的唯一要求是

$$v^{\mathrm{T}}(t)f(t)=-v^{\mathrm{T}}(t)U(t)v(t)\leqslant 0,\forall U(t)\in U,v(t)\in\mathbb{R}^{n_f} \tag{30.3}$$

即

$$\mathscr{U}=\{U\in\mathbb{R}^{n_f\times n_f}:U+U^{\mathrm{T}}\geqslant 0\} \tag{30.4}$$

然而,半主动系统的硬件实现通常会给$\mathscr{U}$带来一个更为严格的限制。例如,对于半主动的流体阻尼器来说,两两之间传输液压功率是不切实际的,这就给$\mathscr{U}$施加了一个分散约束,即

$$\mathscr{U}=\{\mathrm{diag}\{\cdots,u_i,\cdots\}\in\mathbb{R}^{n_f\times n_f}:u_i\geqslant 0\} \tag{30.5}$$

此外,许多半主动系统(例如,孔口可控的阻尼器或可控的机电分流器)针对每个装置都具有一个最大粘度u_e,这就将每个u_i限制到区间$[0,u_{ei}]$内(请注意,半主动装置还有一个最小粘度,但该约束可以合并到A中)。最后请注意,如果进行如下标准化操作:$f\leftarrow U_e^{-1/2}f$ 和 $v\leftarrow U_e^{1/2}v$,其中,$U_e=\mathrm{diag}\{\cdots,u_{ei},\cdots\}$,那么标准化后的系统模型保留了状态空间$x$的自对偶性,而无量纲的$\mathscr{U}$满足

$$\mathscr{U}=\{\mathrm{diag}\{\cdots,u_i,\cdots\}\in\mathbb{R}^{n_f\times n_f}:u_i\in[0,1]\} \tag{30.6}$$

半主动控制理论一般会考虑采用$\mathscr{U}$的这一最后特征。然而,本章讨论的所有控制器都简单地将$\mathscr{U}$的定义扩展为式(30.4)所示集合的任意子集,前提是这些子集是凸的且是有界的。

对于给定的v,也可以非常方便地将f的可行区域描述为

$$\mathscr{F}(v)=\{f\in\mathbb{R}^{n_f}:f=-Uv,U\in\mathscr{U}\} \tag{30.7}$$

对于式(30.6)所示的分散的半主动约束的特殊情况,该集合可以描述为

$$\mathscr{F}(v=\{f\in\mathbb{R}^{n_f}:f_i^2+f_iv_i\leqslant 0,i\in\{1,\cdots,n_f\}\} \tag{30.8}$$

请注意,一般情况下,如果$\mathscr{U}$是凸的,那么对于任意的$v\in\mathbb{R}^{n_f}$,$\mathscr{F}(v)$也是凸的。

在实际中,所有半主动装置的约束都不能由上述的双线性约束来精确描述。例如,几乎所有的装置都具有力饱和阈值;许多装置的耗散性能都倾向于体现为可控的 Coulomb 摩擦,而不是可控的粘度;此外,装置一般都具有滞后和带宽限制。本章后半部分将讨论这些问题给理论研究带来的麻烦。

30.1.2 半主动控制问题

对于上面描述的理想化系统,半主动控制设计的目标是综合一个反馈控制律$\phi:y\rightarrow f\in\mathscr{F}(v)$,使得闭环中关于$z$的指标达到最小或有界。请注意,由于有关$v$的精确知识对于确保$f\in\mathscr{F}(v)$是必要的,因此上述问题描述中隐含了$v$是$y$的子空间这一含义。在这里,我们暂时不去探寻可能适于这些应用的特定的性能指标(这将由30.3节解决),而是提出几个半主动控制问题涉及的与具体性能无关的观点。从控制理论的角度来看,这是非常有趣的。

1. 一切可行的控制器都是渐近稳定的,这一点可以根据简单的 Lyapunov 判据推得。由于$A+A^{\mathrm{T}}\leqslant 0$,那么$x^{\mathrm{T}}x$是开环系统的 Lyapunov 函数。在闭环中,对于自由响应,下式成立:

$$\frac{\mathrm{d}}{\mathrm{d}t}x^{\mathrm{T}}(t)x(t)=x^{\mathrm{T}}(t)[A+A^{\mathrm{T}}-B_f(U(t)+U^{\mathrm{T}}(t))B_f^{\mathrm{T}}]x(t) \tag{30.9}$$

$$\leqslant \boldsymbol{x}^{\mathrm{T}}(t)[\boldsymbol{A}+\boldsymbol{A}^{\mathrm{T}}]\boldsymbol{x}(t),\ \forall \boldsymbol{U}(t)\in \mathscr{U} \tag{30.10}$$

请注意,即使结构模型是不确定的,只要实际的结构系统是正实的(土木建筑结构总是正实的),上式依然成立。由此可知,问题的物理特征可以确保鲁棒稳定性,这与设计问题无关。事实上,这也是半主动系统的主要卖点之一。

2. 在线性闭环系统中,唯一可行的自主控制律是静态速度反馈,即 $\boldsymbol{U}(t)=\boldsymbol{U}_0,\ \forall t$。然而,对于由式(30.6)定义的 $\mathscr{U}$,反馈律可以由一个线性时不变的粘滞阻尼器来实现。因此可以这样说,为了使实现的半主动装置有意义,反馈控制器**必须是非线性的**。

3. 由于解决了鲁棒稳定性问题,控制器之间唯一的区别因素是各自的性能。然而,考虑到说明2,它们的性能必须在非线性反馈的情况下进行评估。由于这种非线性关于 $\boldsymbol{U}$ 和 $\boldsymbol{x}$ 是双线性的,它不适于线性化近似;也不能像在鲁棒控制中那样,将其吸收到不确定性中。因此,即使系统模型是精确已知的,设计一个性能指标可解析计算的半主动控制器依然是一项很有难度的工作。那么,对于不确定的半主动系统以及状态空间(式(30.1a))为非线性的系统实施性能有界的控制将更具挑战性,但这也更能代表实际的建筑结构系统。该领域中几乎所有的问题都尚未解决。

30.1.3 命名法

在继续介绍之前,我们约定一些符号。$\|\boldsymbol{q}\|_2$ 和 $\|\boldsymbol{q}\|_\infty$ 分别表示向量 $\boldsymbol{q}\in\mathbb{R}^{n_q}$ 的 Euclidean 范数和无穷范数。除了特别说明之外,假设所有以时间为变量的函数向量 $\boldsymbol{q}(t)$ 在区间 $t\in[0,\infty)$ 内都是有意义的。因此,$\|\boldsymbol{q}\|_{\mathscr{L}_2}$ 和 $\|\boldsymbol{q}\|_{\mathscr{L}_\infty}$ 分别表示 $\boldsymbol{q}(t)$ 在 $\mathscr{L}_2$ 和 $\mathscr{L}_\infty$ 上的 Lebesgue 范数,即 $\|\boldsymbol{q}\|_{\mathscr{L}_2}^2=\int_0^\infty \boldsymbol{q}^{\mathrm{T}}(t)\boldsymbol{q}(t)\mathrm{d}t$,$\|\boldsymbol{q}\|_{\mathscr{L}_\infty}^2=\sup_{t\in[0,\infty)}\boldsymbol{q}^{\mathrm{T}}(t)\boldsymbol{q}(t)$。加权 Euclidean 范数为 $\|\boldsymbol{q}\|_{\boldsymbol{R}}^2=\boldsymbol{q}^{\mathrm{T}}\boldsymbol{R}\boldsymbol{q}$。对于矩阵 $\boldsymbol{R}$,$\lambda_{\max}\{\boldsymbol{R}\}$ 和 $\lambda_{\min}\{\boldsymbol{R}\}$ 分别表示它的最大和最小特征值;类似地,$\sigma_{\max}\{\boldsymbol{R}\}$ 和 $\sigma_{\min}\{\boldsymbol{R}\}$ 分别表示它的最大和最小奇异值。对于以时间为变量的向量 $\boldsymbol{q}(t)$,$\hat{\boldsymbol{q}}(s)$ 表示它的 Laplace 变换。对于平稳随机过程 $\boldsymbol{q}(t)$,$\mathscr{E}\boldsymbol{q}$ 表示它的数学期望。函数 sat(・)、sgn(・)和 hvs(・)分别表示饱和函数、符号函数和 Heaviside 阶跃函数。

30.2 地震干扰模型

本节将介绍一些在结构工程领域对地震进行建模和仿真的惯常做法,并将这些做法与一随机干扰特性相关联,这有利于设计和评价控制器。

30.2.1 结构设计中的响应谱

对于结构设计而言,地震引起的地面运动可以由它们对建筑结构的影响来描述,而这种影响程度可以由地面运动作用在一组具有不同的自然频率和特定的阻尼水平的简单线性振荡器上所引起的峰值响应谱来量化。对于地面加速度为 $a(t)$ 的地震,一个自然周期为 $T_n=2\pi/\omega_n$、阻尼系数为 ζ 的简单振荡器的位移响应 $r(t)$ 可以由下式来建模表示:

$$\ddot{r}(t)+2\boldsymbol{\zeta}\boldsymbol{\omega}_n\dot{r}(t)+\boldsymbol{\omega}_n^2 r(t)=-a(t) \tag{30.11}$$

对于恒定的 $\boldsymbol{\zeta}$(例如 0.05),加速度响应谱 S_a 可以由以 T_n 为变量的位移响应峰值曲线来表示。为使其具有加速度量纲,需要在位移峰值的基础上乘以 ω_n^2,即

$$S_n(T_n,\zeta)=\max_t|r(t;T_n,\zeta)|\frac{4\pi^2}{T_n^2} \tag{30.12}$$

这种谱是抗震结构设计方法的核心。在设计级的地面晃动程度下,建筑结构具有一个基本的自然周期和阻尼系数。通过将建筑物质量乘以与该自然周期和阻尼系数相对应的 S_a,可以很方便地获得等价的静态设计力。用于设计目的的特定的加速度记录依赖于许多因素。例如,建筑物位置与断层的临近程度、这些断层处的震级特点以及建筑物位置处的土壤特点。

与引起较小响应的地面运动相比,能够带来较大谱加速度的地面运动的发生频率较低。地震响应谱是根据可能会导致谱加速度过大的频率进行分类的。结构设计中使用的重现周期(超标频率的倒数)的量级通常在500到2500年之间,这部分依赖于建筑物的应用目的。

地震的地面运动的频率组成主要集中在1～5 Hz的频段。通过在建筑物地基中使用一些柔性机构,可以使建筑物的机械阻抗与该频率范围失谐。这种地基隔离系统是由在水平方向上具有柔性、位移能力在20～50 cm之间的部件和可以增加地基阻尼的部件组成的。被隔离建筑物的基本共振频率通常设计在0.3～0.6 Hz的范围内。已经证明,地基隔离系统能够在中低水平的地震地面运动中有效地保护建筑物。然而,地震断层所引起的在10 km范围内的地面运动有时会表现出显著连贯的脉冲特性,其频率含量也主要集中在隔离结构的基本自然频率范围内。这种类型的地面运动对地基隔离结构的要求非常高,特别是在隔离系统的位移能力方面。因此,在对地基隔离结构进行设计和分析时,需要特别考虑具有脉冲特性的近断层地面运动。

30.2.2 用于控制设计与评价的地震模型

为了实现控制系统设计的目的,可以将地震在每个方向 k 上引起的地面加速度建模表示为一个独立的、被包络且被滤波的白噪声过程,即 $a_k(t)=e(t)p_k(t)$。其中,$e(t)$表示包络线(对于所有方向通常都相同);对于最小相位滤波器 G_w,$p_k(t)$是一个谱密度为 $\Phi_{pk}(\omega)=|G_w(j\omega)|^2$的平稳随机过程。地面加速度记录[6]的包络线可以表示为

$$e(t)=(\alpha\beta)^{-\alpha}t^{\alpha}e^{\alpha-t/\beta} \tag{30.13}$$

其中,参数 β 表示衰减时间常数,而乘积 $\alpha\beta$ 表示包络线的上升时间。滤波器 G_w 可以建模为一个二阶系统:

$$G_w\sim\left[\begin{array}{cc|c} 0 & 1 & 0 \\ -(2\pi f_g)^2 & -4\pi\zeta_g f_g & \bar{a} \\ 0 & 4\pi\zeta_g f_g & 0 \end{array}\right] \tag{30.14}$$

其中,f_g 是一个与地面运动频率有关的参数,ζ_g 是一个与地面运动阻尼有关的参数,$\bar{a}$ 是尺度因子。一条记录可以通过如下四个步骤综合获得:(1)利用式(30.14)所示系统对一个不相关的Gaussian样本序列进行滤波;(2)将滤波后的Gaussian样本乘以式(30.13)所示的包络线函数;(3)去除所得到的滤波白噪声样本中的线性分量,使得 $a(0)=0$,$\sum a(t_i)=0$;(4)对该记录进行尺度变换,使得地面速度的峰值(Peak Ground Velocity,PGV)

$$\mathrm{PGV}=\max_t|v_g(t)=\max_j\left|\sum_{i=1}^{j}a(t_i)\Delta t\right| \tag{30.15}$$

等于一个指定值,该指定值确定了地面运动的强度。由于每条记录在经过尺度变换后都具有

相同的 PGV 值，所以式(30.14)所示滤波器的振幅常量 $\bar{a}$ 可以取任意值。

为了建立控制领域中使用的干扰模型与结构设计之间的相互关系，$e(t)$ 和 $G_w(j\omega)$ 的性质应使地面运动的响应谱 $S_a(T_n,\zeta)$ 能够表示所关注的建设物位置处的地震危险性。为此，对于特定区域，可以采用预先记录的代表设计级地面晃动程度的地震地面运动集合作为确定包络线函数和滤波器模型的基础。首先对预先采集的记录集进行尺度变换，使得每个记录的 PGV 值与该集合的 PGV 中值相匹配。然后采用如下两个步骤执行模型拟合过程：第一步，将模型的包络参数(α,β)确定为数据集中所有记录的包络参数的平均值；第二步，调节滤波器的参数($f_g,\zeta_g,\bar{a}$)，使根据被包络和被滤波的噪声计算出的平均谱加速度与预先采集的地震记录集的平均谱加速度相匹配。

近来，美国联邦应急管理局(Federal Emergency Management Agency，FEMA)收集了两组表示加利福尼亚州 7 级地震的历史记录(测量位置距离震中分别约为 4 km 和 15 km)来研究建筑物对强烈的地震地面运动的响应[7]。距离震中较远的集合，即所谓的“远场”集合，由震级分布在 6.5 到 7.6 的 44 条记录组成，这些记录是在距离震中 11～21 km、土壤比较坚固的位置处测量得到的。距离震中较近的集合，即所谓的近断层集合，由 56 条记录组成，这些记录是在距离震中 1.7～8.8 km、土壤比较坚固的位置处测量得到的。56 条“近断层”记录中的 28 条记录表现出了明显的脉冲特性。远场的地面运动数据集构成了 30.6 节将要介绍的例子中的地面运动模型的基础。

在对每条记录进行尺度变换使其与指定的 PGV 值相匹配后，根据地面加速度记录集拟合两个包络参数，并且根据所记录的地面运动的谱加速度拟合两个滤波器参数，可以得到如表 30.1 所示的参数值。表 30.1 中报道的地面加速度的峰值(Peak Ground Acceleration，PGA)与一组仿真记录的平均 PGA 值相对应，这里的每条仿真记录都具有一个指定的 PGV 值。表 30.1 中给出的滤波器输入参数 $\bar{a}$ 的取值可以使平均 PGV 值与指定的 PGV 值的平均值相匹配。

表 30.1　地震地面运动的参数值

集合	$\bar{a}$	PGA	PGV	α	β	f_g	ζ_g
FF	6.36	361	33	4	2	1.5	0.9
NFNP	87.7	537	52	3	2	1.3	1.1
NEP	124	525	80	1	2	0.5	1.8
	cm/s^2	cm/s^2	cm/s	—	s	Hz	—

缩写：FF＝远场记录，NFNP＝不具有脉冲特性的近断层记录，NFP＝具有脉冲特性的近断层记录

图 30.3 给出了关于远场和近断层的综合的地面运动记录。请注意，在关于近断层的例子中，速度脉冲的特征时间与包络线函数的时标是相当的。这种类型的地震地面运动的稳定性在本质上远低于“远场”记录所对应的地面运动。对于后者，在记录的持续时间内，地面运动记录包含许多运动周期。图 30.4 给出了随机地面运动模型和原始地面运动记录所对应的谱加速度的均值以及均值与标准差之和。请注意，这里的随机模型应与原始数据相一致，至少可以粗略地近似原始数据；此外，地面运动模型的变异系数不能大于原始数据集的变异系数。当自然周期为 2～3 s 时，近断层模型的谱加速度大约是远场模型的谱加速度的两倍。

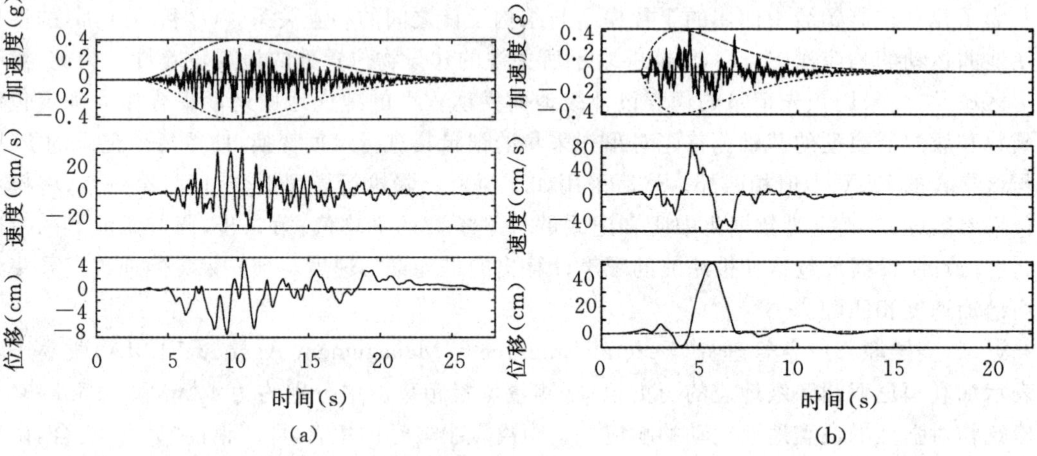

图 30.3　远场记录和近断层脉冲记录中的代表性记录。在加速度记录上应用了包络线函数。(a)远场数据集;(b)近断层脉冲数据集

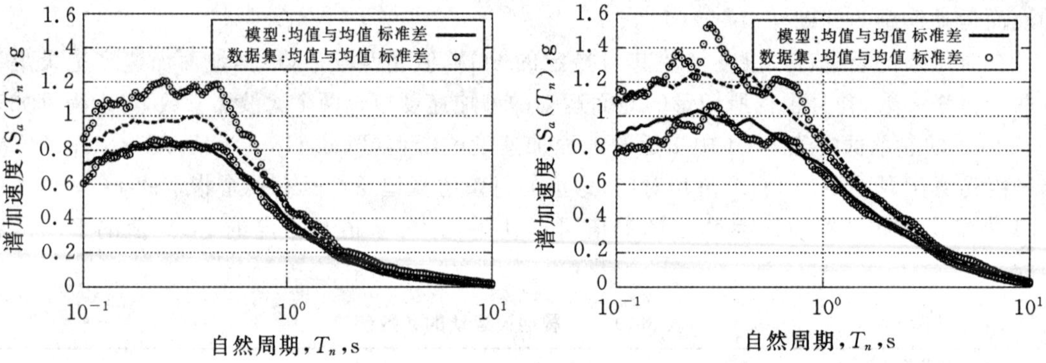

图 30.4　两个地震数据集和相应模型分别对应的谱加速度的均值以及均值与标准差之和。(a)远场;(b)具有脉冲特性的近断层

关于随机地面运动的更详细的描述[6]主要涉及到断层破裂的特征、地震发生时的地球物理环境以及所处的局部区域条件。出于控制设计和分析的目的,这里给出的两个简化模型代表了两类重要的地面运动干扰,并经过了大量历史记录样本的校准。

30.3　控制设计的性能指标

在地震工程中,控制问题所面临的困难之一在于,从问题综合的角度来看,那些最有力地促进复杂控制技术应用的闭环性能指标并不最容易处理。从根本上讲,促使我们在建筑物和桥梁中应用控制技术的唯一思想是:通过控制,使这些建筑结构在地震激励下变得更可靠。"可靠性"这一术语在建筑结构工程中的一个有说服力的解释是,在所有可能的不确定干扰的

作用下，z 依然能够保持在安全区域 $\mathscr{D}_z$ 内的概率。通常情况下，可以将 $\mathscr{D}_z$ 看作空间 $\mathbb{R}^{n_z}$ 中的超立方体，而将 z 的分量称为"故障模式"。故障模式集通常包括与建筑物生存能力有关的量（例如，层间漂移和结构应力）和可适用性有关的量（例如，结构敏感区域的绝对加速度），还可能包括与控制硬件的限制有关的量（例如，控制力的大小），这些量都被代表一定严重程度的阈值归一化了。根据 30.2 节所述的干扰 $\boldsymbol{a}(t)$ 的概率模型，可以计算首次穿越概率，即

$$P_{\mathscr{D}_z} = P[\boldsymbol{z}(t) \notin \mathscr{D}_z \text{ 对于某些 } t \in [0,\infty)] \tag{30.16}$$

请注意，若以式(30.16)作为优化设计的目标函数，那么并不要求式(30.1a)是线性的。在利用现代方法对被动结构进行结构可靠性分析时，该式永远不会是线性的。其中一个原因是，钢筋混凝土结构的被动结构耗能机制本质上具有滞后性。然而，对于装配有控制系统的建筑结构，可以假设结构响应主要是由控制装置，而不是由主体建筑结构的被动耗能机制来调节。在这种情况下，可以认为式(30.1a)的线性假设成立，以使得控制设计问题易于处理。然而，即使线性假设成立，若在 $\boldsymbol{a}$ 的概率参数化域对首次穿越边界 $\mathscr{D}_z$ 的概率进行明确优化，也不太容易解析处理，除非是在特别的环境条件下，但这样的环境条件都需要无约束的（例如，主动的）控制装置。一般来说，这类最优控制问题只能通过基于仿真的高维优化技术来求解。这类优化方法虽然比较有用，但只能为具体案例提供控制设计，而不能对半主动控制问题的本质提供更多解释。

本章将介绍半主动控制设计技术，这些技术充分利用来自最优控制理论的现有成果来获得便于计算的反馈律。虽然将要讨论的控制律是次优的，但它们确实具有可以理论证明和容易计算的性能上界。为优化而选择的性能指标不会与理想的基于可靠性的目标完全一致。我们首先调整 $\mathscr{D}_z$ 的定义，将其重新定义为邻域 $\{\boldsymbol{z} \in \mathscr{L}_\infty : \|\boldsymbol{z}\|_{\mathscr{L}_m} \leqslant 1\}$。由此，我们采用球面域替代了超立方体，这对于描述 $\mathscr{D}_z$ 是很理想的。接下来，我们考虑两个标准的控制理论性能指标，它们在不同的环境下都可以充当控制设计性能指标的合理代表。

30.3.1 近断层设计

首先考虑下式所示的最坏情况下的增益峰值：

$$J_{peak} = \sup_{\|\boldsymbol{a}\|_{\mathscr{L}_\infty} \leqslant 1} \|\boldsymbol{z}\|_{\mathscr{L}_\infty} \tag{30.17}$$

如果控制器的主要目标是防止近断层现象，那么这种性能指标就是合理的。由于半主动约束是齐次的，那么对于任意上界 $\|\boldsymbol{a}\|_{\mathscr{L}_\infty}$，最优反馈律都是相同的。

相应的概率论解释是，如果 $\bar{a} = \|\boldsymbol{a}\|_{\mathscr{L}_\infty}$ 是不确定的，且其概率密度为 $\rho(\bar{a})$，那么概率 $P_{\mathscr{D}_z}$ 具有上界，即

$$P_{\mathscr{D}_z} \leqslant \int_0^\infty hvs(J_{peak}\bar{a} - 1)\rho(\bar{a})\,\mathrm{d}\bar{a} \tag{30.18}$$

在 $\bar{a} = \|\boldsymbol{a}\|_{\mathscr{L}_\infty}$ 的条件下，$\boldsymbol{a}(t)$ 达到最坏情况 $\|\boldsymbol{z}\|_{\mathscr{L}_\infty}$ 的可能性很小。从这个意义上讲，上述边界通常是非常保守的。然而，它确实利用峰值强度的概率特性为与地震有关的概率 $P_{\mathscr{D}_z}$ 提供了一个有用的上界。此外，将这个边界最小化等价于将 J_{peak} 最小化，这与 $\rho(\bar{a})$ 无关。关于这一点，目前已有大量研究成果。

30.3.2 远场设计

对于不太接近震中的地理位置，包络线函数 $e(t)$ 的变化较慢；$\boldsymbol{a}(t)$ 中也存在比较显著的高

频分量,这些分量会导致非常大的 $\| \boldsymbol{a} \|_{\mathscr{L}_\infty}$ 值,尽管它们中的大多数会被建筑结构过滤掉。因此,以 J_{peak} 为优化目标将导致控制设计结果非常保守。

在这种情况下,可以假设 $e(t)$ 的时间常数大于建筑结构的时间常数,那么,恒定的 $e(t)=e_0$ 所对应的最优控制器将与缓慢变化的 $e(t)$ 所对应的最优控制器类似。由于半主动约束是齐次的,所以任何 e_0 对应的最优控制器都是相同的。那么,不失一般性,可以将 e_0 转化为单位量。此外,出于控制设计的目的,通常假设 $\boldsymbol{z}(t)$ 在 $e(t)=e_0$ 时的响应具有比较平稳的统计特征。

根据这些假设,我们可以基于谱强度等于 $\boldsymbol{I}$ 的白噪声输入 $\boldsymbol{w}(t)\in\mathbb{R}^{n_w}$,将式(30.1)重写为

$$\dot{\boldsymbol{x}} = \boldsymbol{A}\boldsymbol{x} + \boldsymbol{B}_f\boldsymbol{f} + \boldsymbol{B}_w\boldsymbol{w} \tag{30.19a}$$

$$\boldsymbol{v} = \boldsymbol{B}_f^{\mathrm{T}}\boldsymbol{x} \tag{30.19b}$$

$$\boldsymbol{y} = \boldsymbol{C}_y\boldsymbol{x} + \boldsymbol{D}_{yw}\boldsymbol{w} \tag{30.19c}$$

$$\boldsymbol{z} = \boldsymbol{C}_z\boldsymbol{x} + \boldsymbol{D}_{zf}\boldsymbol{f} \tag{30.19d}$$

其中对 $\boldsymbol{x}$ 进行了增广,使其能够包含每个加速度方向 k 所对应的地震干扰滤波器 $G_{wk}(j\omega)$ 的动态状态。正如在标准的线性最优随机控制设计中那样,$\boldsymbol{w}$ 被定义为包含注入到干扰滤波器的外源噪声以及测量噪声。

由于我们的目的是防止首次越界事件发生,所以我们主要关注如何抑制 $\boldsymbol{z}(t)$ 的响应分布的尾部。因此,能够在远场地震中良好运行的控制器是那些可以抑制 $\boldsymbol{z}(t)$ 分布的高阶矩的控制器。根据平稳性假设,我们可以认为该目标对于所有的 t 都是相同的。如果假设该分布在闭环中是近似 Gaussian 的(考虑到半主动控制律的非线性性,该假设不太准确,但它通常是一个合理的近似),那么相应的目标等价于是抑制二阶矩。这就是当按照上述方式对 $a(t)$ 的随机动力学进行建模时,人们普遍采用标准的二次 Gaussian 指标,即将

$$J_{quad} = \mathscr{E}\boldsymbol{z}^{\mathrm{T}}\boldsymbol{z} \tag{30.20}$$

作为地震响应控制的设计目标的理论基础。许多学者已经证明,当设计远场地震响应控制器时,该优化目标非常有效。然而,我们必须认识到,为了将该优化目标与原始的可靠性目标关联起来,需要做出大量的必要假设和近似。

30.4 控制设计

几乎所有成功的半主动控制综合技术起初都是基于状态反馈而发展起来的,然后才扩展到输出反馈。这里的输出反馈是通过对利用带宽足够高的 Luenberger 观测器或 Kalman-Bucy 滤波器而获得的状态估计应用确定性等价原理而实现的。这种做法涉及到一些微妙的理论问题,30.4.4 小节将对此进行讨论。现在我们简单说明半主动输出反馈所面临的困难主要源于分离原理的复杂性,这与线性 H_2 和 H_∞ 问题所面临的情况类似。

为此,我们暂时令 $y=x$。在下面的 30.4.1~30.4.3 小节,我们尝试将该领域中许多比较常见的状态反馈技术纳入到一个更为统一的框架中。大多数全状态反馈算法可以框定为一个广义饱和度,即

$$\boldsymbol{f}(t) = \phi(\boldsymbol{x}(t)) = \underset{\boldsymbol{f}\in S(\boldsymbol{x}(t))}{\arg\min} \| \boldsymbol{f} - \boldsymbol{K}\boldsymbol{x}(t) \|_{\boldsymbol{R}}^2 \tag{30.21}$$

当然也有一些这类算法不这样表示。式(30.21)中的 $\boldsymbol{R}>0$,$S(\boldsymbol{x}(t))\subseteq\mathscr{F}(\boldsymbol{v}(t))$ 对于所有的

$\boldsymbol{x}(t)$是一非空凸集。根据这些假设，上述的最小化问题在所有的 $\boldsymbol{x}(t)$中具有唯一的极值。

由此可知，上述控制器试图在满足约束的前提下，使控制力 $\boldsymbol{f}(t)$与一个线性时不变的状态反馈律 $\boldsymbol{Kx}(t)$相匹配。当这种匹配对于 $\boldsymbol{f}\in S(\boldsymbol{x}(t))$不可能实现时，权重矩阵 $\boldsymbol{R}$ 就决定了 $\boldsymbol{f}(t)$与 $\boldsymbol{Kx}(t)$的相近程度。各种方法仅在对 $\boldsymbol{K}$、$\boldsymbol{R}$、$\boldsymbol{S}$ 的综合方面有所不同。

30.4.1 Lyapunov 有界设计

半主动系统的最简单的控制综合工具都以 Lyapunov 理论为基础，并且都以二次稳定性概念为核心。文献中已有许多控制设计方法，其中包括大多数基于物理能量吸收的启发式方法，它们都可以理解为上述框架的特殊情况。本章的目的不是对属于这一类的所有技术进行全面地调查，而是仅仅挑选出 Leitmann 和 Reithmeier 所做的工作[8,9]，他们在这一领域的研究囊括了许多其他相关技术。

半正定二次型表达式 $V(\boldsymbol{x})=\boldsymbol{x}^{\mathrm{T}}\boldsymbol{Px}$ 的导数为

$$\dot{V}=\boldsymbol{x}^{\mathrm{T}}[\boldsymbol{P}(\boldsymbol{A}-\boldsymbol{B}_f\boldsymbol{U}\boldsymbol{B}_f^{\mathrm{T}})+(\boldsymbol{A}-\boldsymbol{B}_f\boldsymbol{U}\boldsymbol{B}_f^{\mathrm{T}})^{\mathrm{T}}\boldsymbol{P}]\boldsymbol{x}+2\boldsymbol{x}^{\mathrm{T}}\boldsymbol{P}\boldsymbol{B}_a\boldsymbol{a} \tag{30.22}$$

对于某些 $U_0\in\mathscr{U}$，上式等价于

$$\dot{V}=\boldsymbol{x}^{\mathrm{T}}[\boldsymbol{P}(\boldsymbol{A}-\boldsymbol{B}_f\boldsymbol{U}_0\boldsymbol{B}_f^{\mathrm{T}})+(\boldsymbol{A}-\boldsymbol{B}_f\boldsymbol{U}_0\boldsymbol{B}_f^{\mathrm{T}})^{\mathrm{T}}\boldsymbol{P}]\boldsymbol{x}+2\boldsymbol{x}^{\mathrm{T}}\boldsymbol{P}(\boldsymbol{B}_a\boldsymbol{a}-\boldsymbol{B}_f(\boldsymbol{U}-\boldsymbol{U}_0)\boldsymbol{v}) \tag{30.23}$$

我们知道，对于任意的 $\boldsymbol{U}_0\in\mathscr{U}$，$\boldsymbol{A}-\boldsymbol{B}_f\boldsymbol{U}_0\boldsymbol{B}_f^{\mathrm{T}}$ 是 Hurwitz 矩阵。因此，对于某些 $\boldsymbol{Q}\geqslant 0$，我们可以选择 $\boldsymbol{P}$ 作为 Lyapunov 方程

$$\boldsymbol{P}(\boldsymbol{A}-\boldsymbol{B}_f\boldsymbol{U}_0\boldsymbol{B}_f^{\mathrm{T}})+(\boldsymbol{A}-\boldsymbol{B}_f\boldsymbol{U}_0\boldsymbol{B}_f^{\mathrm{T}})^{\mathrm{T}}\boldsymbol{P}+\boldsymbol{Q}=\boldsymbol{0} \tag{30.24}$$

的解。根据 Lasslle 定理可知，$(\boldsymbol{A}-\boldsymbol{B}_f\boldsymbol{U}_0\boldsymbol{B}_f^{\mathrm{T}},\boldsymbol{Q})$的可观性意味着 $\boldsymbol{P}>0$，那么式(30.23)可以化简为

$$\dot{V}=-\boldsymbol{x}^{\mathrm{T}}\boldsymbol{Qx}+2\boldsymbol{x}^{\mathrm{T}}\boldsymbol{P}(\boldsymbol{B}_a\boldsymbol{a}-\boldsymbol{B}_f(\boldsymbol{U}-\boldsymbol{U}_0)\boldsymbol{v}) \tag{30.25}$$

$$=-\boldsymbol{x}^{\mathrm{T}}\boldsymbol{Qx}+2\boldsymbol{x}^{\mathrm{T}}\boldsymbol{P}(\boldsymbol{B}_a\boldsymbol{a}+\boldsymbol{B}_f\boldsymbol{U}_0\boldsymbol{v})+2\boldsymbol{x}^{\mathrm{T}}\boldsymbol{P}\boldsymbol{B}_f\boldsymbol{f} \tag{30.26}$$

Lyapunov 控制的最基本解释是设计一个全状态反馈律 $\phi:\boldsymbol{x}(t)\rightarrow\boldsymbol{f}(t)$，以便在任意时刻将上式所示导数最小化，即

$$\boldsymbol{f}(t)=\underset{\boldsymbol{f}\in\mathscr{F}(\boldsymbol{v}(t))}{\operatorname{argmin}}\boldsymbol{x}^{\mathrm{T}}(t)\boldsymbol{P}\boldsymbol{B}_f\boldsymbol{f} \tag{30.27}$$

对于式(30.8)所示的受对角约束的 $\mathscr{F}$ 的常见形式，上式将为每个对角元产生一个简单的"bang-bang"控制律：

$$f_i(t)=-v_i\operatorname{hvs}\{v_i\boldsymbol{B}_{f_i}^{\mathrm{T}}\boldsymbol{Px}\} \tag{30.28}$$

其中，$\boldsymbol{B}_{f_i}$ 是 $\boldsymbol{B}_f$ 的第 i 列。这将使得闭环导数变为

$$\dot{V}=-\boldsymbol{x}^{\mathrm{T}}\boldsymbol{Qx}+2\boldsymbol{x}^{\mathrm{T}}\boldsymbol{P}\boldsymbol{B}_a\boldsymbol{a}+\operatorname{tr}\{\boldsymbol{B}_f^{\mathrm{T}}\boldsymbol{x}\boldsymbol{x}^{\mathrm{T}}\boldsymbol{P}\boldsymbol{B}_f(2\boldsymbol{U}_0-\boldsymbol{I})-|\boldsymbol{B}_f^{\mathrm{T}}\boldsymbol{x}\boldsymbol{x}^{\mathrm{T}}\boldsymbol{P}\boldsymbol{B}_f|\} \tag{30.29}$$

其中，$|\cdot|$表示对矩阵内各元素分别取绝对值。该导数矩阵的迹是负的，由此可知

$$\dot{V}\leqslant-\boldsymbol{x}^{\mathrm{T}}\boldsymbol{Qx}+2\boldsymbol{x}^{\mathrm{T}}\boldsymbol{P}\boldsymbol{B}_a\boldsymbol{a} \tag{30.30}$$

上述方法会导致闭环系统产生滑模行为，这是它的主要缺点之一。事实上，基于上述思想的控制设计通常会导致建筑结构具有非常大的加速度，这是由半主动装置的瞬时开关操作造成的。控制器的开关面是可以由 $\boldsymbol{B}_{fi}^{\mathrm{T}}\boldsymbol{Px}=0$ 和 $\boldsymbol{B}_{fi}^{\mathrm{T}}\boldsymbol{x}=0$ 来刻画的子空间，其中后一种开关面不会是滑模面，这是因为控制力 $f_i=-u_i(t)\boldsymbol{B}_{fi}^{\mathrm{T}}\boldsymbol{x}$ 在这种开关面的每一侧都等于零。然而，前一

种开关面确实可以产生滑膜特性。因此,对于该开关面,当$\boldsymbol{U}(t)$未确定时,确保$\dot{V}<0$是很重要的,这可以通过要求$\boldsymbol{x}^{\mathrm{T}}\boldsymbol{Q}\boldsymbol{x}<0,\forall \boldsymbol{x}\in N\{\boldsymbol{B}_f^{\mathrm{T}}\boldsymbol{P}\}$来保障。

此外,还可以通过在式(30.23)的右侧增加$\boldsymbol{v}^{\mathrm{T}}(\boldsymbol{U}-\boldsymbol{U}_0)^{\mathrm{T}}\boldsymbol{R}(\boldsymbol{U}-\boldsymbol{U}_0)\boldsymbol{v}$项(对于某些$\boldsymbol{R}>0$)来避免滑模特性(同时减小加速度)。那么,半主动控制器ϕ就变为增广后的表达式的极小值,它等价于

$$\boldsymbol{f}(t)=\underset{\mathscr{F}(\boldsymbol{v}(t))}{\operatorname{argmin}}\|\boldsymbol{f}+(\boldsymbol{U}_0\boldsymbol{B}_f^{\mathrm{T}}+\boldsymbol{R}^{-1}\boldsymbol{B}_f^{\mathrm{T}}\boldsymbol{P})\boldsymbol{x}(t)\|_{\boldsymbol{R}}^2 \tag{30.31}$$

请注意,若令式(30.21)中的$S(\boldsymbol{x}(t))=\mathscr{F}(\boldsymbol{v}(t))$,$\boldsymbol{K}=-\boldsymbol{U}_0\boldsymbol{B}_f^{\mathrm{T}}-\boldsymbol{R}^{-1}\boldsymbol{B}_f^{\mathrm{T}}\boldsymbol{P}$,而$\boldsymbol{R}$为任意的正定矩阵,那么式(30.31)与式(30.21)将具有相同的形式。对于对角型的$\mathscr{U}$和受式(30.8)约束的$\mathscr{F}$,选择$\boldsymbol{R}=\operatorname{diag}\{\cdots r_i\cdots\}$可以将上述控制器简化为各个元素均饱和的控制器,即

$$f_i(t)=-v_i(t)\underset{[0,1]}{\operatorname{sat}}\{u_{0i}+\frac{1}{r_i v_i(t)}\boldsymbol{B}_{fi}^{\mathrm{T}}\boldsymbol{P}\boldsymbol{x}(t)\} \tag{30.32}$$

由此产生的闭环系统仍服从式(30.30),但是$\dot{V}$减小到超出该边界的程度将随着$\boldsymbol{R}$的增大而减小。

对于给定的$\boldsymbol{Q}$和$\boldsymbol{U}_0$,我们已经知道如何综合$\boldsymbol{K}$,然而依然需要考虑如何选择$\boldsymbol{Q}$和$\boldsymbol{U}_0$。比较流行的一个方法是利用Leitmann在文献[8]中提出的技术。根据Cauchy-Schwartz不等式,式(30.30)意味着

$$\dot{V}\leqslant-\boldsymbol{x}^{\mathrm{T}}\boldsymbol{Q}\boldsymbol{x}+2(\boldsymbol{x}^{\mathrm{T}}\boldsymbol{P}\boldsymbol{x})^{1/2}(\boldsymbol{a}^{\mathrm{T}}\boldsymbol{B}_a^{\mathrm{T}}\boldsymbol{P}\boldsymbol{B}_a\boldsymbol{a})^{1/2} \tag{30.33}$$

考虑到$\boldsymbol{a}^{\mathrm{T}}\boldsymbol{B}_a^{\mathrm{T}}\boldsymbol{P}\boldsymbol{B}_a\boldsymbol{a}\leqslant\lambda_{\max}\{\boldsymbol{B}_a^{\mathrm{T}}\boldsymbol{P}\boldsymbol{B}_a\}\boldsymbol{a}^{\mathrm{T}}\boldsymbol{a}$和$\boldsymbol{x}^{\mathrm{T}}\boldsymbol{Q}\boldsymbol{x}\geqslant\lambda_{\min}\{\boldsymbol{Q}\boldsymbol{P}^{-1}\}\boldsymbol{x}^{\mathrm{T}}\boldsymbol{P}\boldsymbol{x}$,上述结果意味着

$$\frac{\|\sqrt{\boldsymbol{P}}\boldsymbol{x}\|_{\mathscr{L}_\infty}}{\|\boldsymbol{a}\|_{\mathscr{L}_\infty}}\leqslant\frac{2\sqrt{\lambda_{\max}\{\boldsymbol{B}_a^{\mathrm{T}}\boldsymbol{P}\boldsymbol{B}_a\}}}{\lambda_{\min}\{\boldsymbol{Q}\boldsymbol{P}^{-1}\}} \tag{30.34}$$

考虑到$\|\sqrt{\boldsymbol{P}}\boldsymbol{x}\|_{\mathscr{L}_\infty}\geqslant\sqrt{\lambda_{\min}\{\boldsymbol{P}\}}\|\boldsymbol{x}\|_{\mathscr{L}_\infty}$、$\lambda_{\max}\{\boldsymbol{B}_a^{\mathrm{T}}\boldsymbol{P}\boldsymbol{B}_a\}\leqslant\sigma_{\max}^2\{\boldsymbol{B}_a\}\lambda_{\max}\{\boldsymbol{P}\}$以及$\lambda_{\min}\{\boldsymbol{Q}\boldsymbol{P}^{-1}\}\geqslant\lambda_{\min}\{\boldsymbol{Q}\}/\lambda_{\max}\{\boldsymbol{P}\}$,可以得到如下所示的"Leitmann界":

$$\frac{\|\boldsymbol{x}\|_{\mathscr{L}_\infty}}{\|\boldsymbol{a}\|_{\mathscr{L}_\infty}}\leqslant\frac{2\sigma_{\max}\{\boldsymbol{B}_a\}\lambda_{\max}\{\boldsymbol{P}\}^{3/2}}{\lambda_{\min}\{\boldsymbol{Q}\}\lambda_{\min}\{\boldsymbol{P}\}^{1/2}} \tag{30.35}$$

一般情况下,基于式(30.35)的控制设计包括两个步骤。第一步是找到可以最小化上述边界的$\boldsymbol{U}_0^*\in\mathscr{U}$以及相应的$\boldsymbol{P}^*$。通过假定$\boldsymbol{Q}$取某些特定值(不一定是最优的),比如$\boldsymbol{Q}=\boldsymbol{I}$,可以使该方法变得更易于使用。然后优化获得可以最小化$\lambda_{\max}\{\boldsymbol{P}\}^3/\lambda_{\min}\{\boldsymbol{P}\}$的$\boldsymbol{U}_0$,这就完成了第一步的工作。尽管该优化问题一般是非凸的,但在静态最优反馈设计的背景下比较容易处理。第二步是应用式(30.32)所示的半主动控制律,其中的$\boldsymbol{P}=\boldsymbol{P}^*$,而$\boldsymbol{R}$值应该在开关面附近提供足够的平滑度。该控制器可以确保改进在采用$\boldsymbol{U}(t)=\boldsymbol{U}_0^*,\forall t$时所能达到的最优边界。

值得注意的是,Leitmann边界是相当保守的,通过对理论稍加修改,可以用一个不太保守的边界来替换它。满足该要求的一个边界是

$$\frac{\|\boldsymbol{x}\|_{\mathscr{L}_\infty}}{\|\boldsymbol{a}\|_{\mathscr{L}_\infty}}\leqslant\frac{2\sqrt{\lambda_{\max}\{\boldsymbol{B}_a^{\mathrm{T}}\boldsymbol{P}\boldsymbol{B}_a\}/\lambda_{\min}\{\boldsymbol{P}\}}}{\lambda_{\min}\{\boldsymbol{Q}\boldsymbol{P}^{-1}\}} \tag{30.36}$$

在这种情况下,即使$\boldsymbol{Q}$取为一个恒定的假设值,上述关于$\boldsymbol{U}_0\in\mathscr{U}$的优化问题在代数上也变得更加复杂。

一类基于Lyapunov的相关方法直接指定$\boldsymbol{P}$值,但要求满足约束$(\boldsymbol{A}-\boldsymbol{B}_f\boldsymbol{U}_0\boldsymbol{B}_f^{\mathrm{T}})^{\mathrm{T}}\boldsymbol{P}+\boldsymbol{P}(\boldsymbol{A}

$-B_f U_0 B_f^T) \leqslant 0$。例如，如果选择 $P=I$，将使得 $V(x)=x^T x$，该式(由于自对偶实现的假设)是建筑结构的 Lyapunov 方程，这与 $U(t)$ 是如何被控的无关。一个进一步的惯例认识是，$x^T x$ 等于建筑结构在自由响应中的总能量。半主动控制设计的一个常用方法是在上述方法中综合使用该惯例认识。这种控制器可以最大化瞬时吸收的机械能量。然而，在 Q 半正定的情况下，Leitmann 边界等于无穷。因此，正如文献[8]所说明的那样，尽管基于能量的半主动控制方法比较流行，但它们一般不是能够保证闭环性能界的最有用方法。

30.4.2 基于 J_{peak} 有界的设计

上面讨论的基于 Lyapunov 的控制设计具有依赖于具体实现这一缺点，它们的应用意味着需要对状态空间进行尺度变换，使得邻域 $\| x \| =1$ 的边界上的所有点代表相当严重的响应结果。这本身不存在太大问题，但是特征值 $\lambda_{max}\{P\}$ 和 $\lambda_{min}\{Q\}$ 可能与状态空间中远离重要子空间的主轴相对应，这会使得边界非常保守。此外，这类方法只能保证关于系统状态的时不变二次型有界，不能保证关于控制力的函数有界。这在土木建筑结构的应用中是一个明显的缺点，这是因为结构形变和绝对加速度是控制设计中通常需要折衷处理的两个基本要素，而后者与控制力有直接关系。

然而，还存在一些类似的综合方法，它们以输入输出行为为基础，因此不依赖于具体的实现。实际上，基于 Lyapunov 的方法只是可以保证 J_{peak} 有界的半主动控制器的特例。下面将讨论一种可以保证 J_{peak} 有界的一般方法，该方法也允许(但不要求) J_{peak} 中包含控制力项。

下面考虑将性能向量定义为 $z=C_z x+D_{zf} f$(例如，$D_{za}=0$)时的情况。对于时不变的 $U(t)=U_0 \in \mathscr{U}$，可以知道，如果 $P>0$ 在满足 $a^T a \leqslant x^T P x$ 的区域内可以使得

$$\dot{V} = \frac{\mathrm{d}}{\mathrm{d}t} x^T P x = \begin{bmatrix} x \\ a \end{bmatrix}^T \begin{bmatrix} -Q(P,U_0) & PB_a \\ B_a^T P & 0 \end{bmatrix} \begin{bmatrix} x \\ a \end{bmatrix} \leqslant 0 \tag{30.37}$$

其中，$Q(P,U_0)=-(A-B_f U_0 B_f^T)^T P - P(A-B_f U_0 B_f^T)$，那么 $\| \sqrt{P} x \|_{L_\infty} / \| a \|_{L_\infty} \leqslant 1$。在此基础上应用附加的不等式

$$\begin{bmatrix} P & C_z^T - B_f U_0^T D_{zf} \\ C_z - D_{zf} U_0 B_f^T & I\gamma^2 \end{bmatrix} > 0 \tag{30.38}$$

可以确保 $J_{peak}<\gamma$。对于给定的 U_0，可以利用半正定规划来优化 (P,γ)。上述过程是 S 方法的一个基本应用[10]。该方法表明，如果存在一个 $\tau>0$，使得

$$\begin{bmatrix} -Q(P,U_0) & PB_a \\ B_a^T P & 0 \end{bmatrix} + \tau \begin{bmatrix} P & 0 \\ 0 & -I \end{bmatrix} \leqslant 0 \tag{30.39}$$

那么只要 $a^T a \leqslant x^T P x$ 成立，式(30.37)就成立。因此，任何可以使式(30.38)和(30.39)成立的 $\{P, U_0, \tau, \gamma\}$ 组合，都可以确保满足边界条件 $\| \sqrt{P} x \|_{\mathscr{L}_\infty} / \| a \|_{\mathscr{L}_\infty} \leqslant 1$ 和 $J_{peak}<\gamma$。

在服从不等式(30.39)和(30.38)的前提下，在区域 $\{P>0, U_0 \in \mathscr{U}, \gamma>0, \tau>0\}$ 内将 γ 最小化这一问题是非凸的。然而，对于恒定的 $\{U_0, \tau\}$，上述两个矩阵不等式将变为线性的，那么利用任意基于 LMI 的优化技术都可以唯一地求解出最优的 $\{P, \gamma\}$，这其中包括内点法和原始-对偶法。推而广之，对于恒定的 U_0，可以将这种优化方法应用到一个关于 τ 的一维搜索问题上，从而获得最小的 γ。此外，可以很容易地证明 τ 的可行域是紧致的，并且位于区间[0, $-\max_k$

$\frac{1}{2}\mathrm{Re}\lambda_k\{\boldsymbol{A}-\boldsymbol{B}_f\boldsymbol{U}_0\boldsymbol{B}_f^{\mathrm{T}}\}]$内。

尽管在区域$\boldsymbol{U}_0\in\mathscr{U}$内对$\gamma$进行优化这一问题是非凸的，但是当$n_f$较小时，利用任何一种基于 LMI 的静态反馈优化技术都可以求解该问题，其中一种最直接的方法是通过配方技术迭代求解$\{\boldsymbol{P},\boldsymbol{U}_0,\tau,\gamma\}$。即从某个恒定且可行的$\{\boldsymbol{U}_0^k,\tau^k\}$点出发，利用凸优化技术找到与最小的$\gamma^k$相对应的$\{\boldsymbol{P}^k,\gamma^k\}$。这时需要注意的是，对于所有可行的$\{\boldsymbol{U}_0,\boldsymbol{P},\tau,\gamma\}$和任意的$\boldsymbol{W}_1,\boldsymbol{W}_2>0$，

$$\begin{aligned}-\boldsymbol{Q}(\boldsymbol{P},\boldsymbol{U}_0)+\tau\boldsymbol{P}\leqslant{}&\tau^k\boldsymbol{P}+\tau\boldsymbol{P}^k-\tau^k\boldsymbol{P}^k-\boldsymbol{Q}(\boldsymbol{P},\boldsymbol{U}_0^k)-\boldsymbol{Q}(\boldsymbol{P}^k,\boldsymbol{U}_0)+\boldsymbol{Q}(\boldsymbol{P}^k,\boldsymbol{U}_0^k)\\&+\boldsymbol{B}_f(\boldsymbol{U}_0-\boldsymbol{U}_0^k)^{\mathrm{T}}\boldsymbol{W}_1^{-1}(\boldsymbol{U}_0-\boldsymbol{U}_0^k)\boldsymbol{B}_f^{\mathrm{T}}+\boldsymbol{W}_2^{-1}(\tau-\tau^k)^2\\&+(\boldsymbol{P}-\boldsymbol{P}^k)(\boldsymbol{B}_f\boldsymbol{W}_1\boldsymbol{B}_f^{\mathrm{T}}+\boldsymbol{W}_2)(\boldsymbol{P}-\boldsymbol{P}^k)\end{aligned}\tag{30.40}$$

成立，其中等式在$\{\boldsymbol{U}_0^k,\boldsymbol{P}^k,\tau^k,\gamma^k\}$处成立。因此，可以将上式代入式(30.39)中的(1,1)项，在此基础上应用 Schur 变换，从而得到一个更保守、但具有线性的矩阵不等式。在服从这个保守的 LMI 和式(30.38)的前提下，可以找到一个与最小的γ^{k+1}相对应的新解$\{\boldsymbol{U}_0^{k+1},\boldsymbol{P}^{k+1},\tau^{k+1},\gamma^{k+1}\}$。由于前一个解$\{\boldsymbol{U}_0^k,\boldsymbol{P}^k,\tau^k,\gamma^k\}$位于可行域的边界上，所以$\gamma^{k+1}\leqslant\gamma^k$。重复该过程，可以收敛到一个局部最优的$\boldsymbol{U}_0$值。

记γ^*是通过上述优化过程获得的最优γ值，并记$\{\boldsymbol{U}_0^*,\boldsymbol{P}_0^*,\tau_0^*\}$为最优点处的其他变量值。与 Leitmann 边界相同，γ^*值是J_{peak}的一个非常保守的估计。

在获得$\boldsymbol{U}_0^*$之后，我们希望找到一个可以改进该边界的非线性状态反馈控制器$\phi:\boldsymbol{x}(t)\to\boldsymbol{f}(t)$。也就是说，这种控制器可以保证闭环系统中存在一个$\gamma<\gamma^*$，满足$J_{peak}<\gamma$。实际上，这种控制器是可以找到的，这是因为不论$t$取何值，满足

$$\|\boldsymbol{f}(t)+(\boldsymbol{U}_0^*\boldsymbol{B}_f^{\mathrm{T}}+\boldsymbol{R}^{-1}\boldsymbol{B}_f^{\mathrm{T}}\boldsymbol{P}^*\boldsymbol{x}(t)\|_{\boldsymbol{R}}^2\leqslant\|\boldsymbol{R}^{-1}\boldsymbol{B}_f^{\mathrm{T}}\boldsymbol{P}^*\boldsymbol{x}(t)\|_{\boldsymbol{R}}^2\tag{30.41}$$

$$\|\boldsymbol{C}_z\boldsymbol{x}(t)+\boldsymbol{D}_{zf}\boldsymbol{f}(t)\|_2^2\leqslant\boldsymbol{x}^{\mathrm{T}}(t)\boldsymbol{P}^*\boldsymbol{x}(t)\gamma^{*2}\tag{30.42}$$

的任意$\boldsymbol{R}>0$和任意$\boldsymbol{f}(t)$都可以进一步减小每个$\boldsymbol{x}(t)$所对应的$\dot{V}$，同时满足$\boldsymbol{z}^{\mathrm{T}}(t)\boldsymbol{z}(t)\leqslant V(t)$。一个有效的策略是在使$\boldsymbol{f}(t)$满足式(30.42)所示约束的前提下，最小化式(30.41)的右半边。通过该方法，我们可以再次获得一个具有式(30.21)所示一般形式的控制器，其中的$\boldsymbol{R}>0$，$\boldsymbol{K}=-\boldsymbol{U}_0^*\boldsymbol{B}_f^{\mathrm{T}}-\boldsymbol{R}^{-1}\boldsymbol{B}_f^{\mathrm{T}}\boldsymbol{P}^*$，而

$$S(\boldsymbol{x}(t))=\mathscr{F}(\boldsymbol{v}(t))\cap\{\boldsymbol{f}:\|\boldsymbol{C}_z\boldsymbol{x}(t)+\boldsymbol{D}_{zf}\boldsymbol{f}\|_2^2\leqslant\boldsymbol{x}^{\mathrm{T}}(t)\boldsymbol{P}^*\boldsymbol{x}(t)\gamma^{*2}\}\tag{30.43}$$

对于所有的$\boldsymbol{x}(t)$，该控制器的求解过程是凸的。对于任意的$\boldsymbol{R}>0$，相应的解关于$\boldsymbol{x}$是连续的。此外，应用常规的 Lagrange 乘子方法即可在有限的计算步骤中找到最优解。

利用上面指定的$\boldsymbol{K}$,$\boldsymbol{R}$和S，式(30.21)所示的控制器就可以确保获得优于γ^*的γ，从而改进了时不变的最优$\boldsymbol{U}_0^*\in\mathscr{U}$。然而，实际改善的**幅度**一般是不可计算的。此外，由于γ^*只是J_{peak}在$\boldsymbol{U}(t)=\boldsymbol{U}_0^*$时的上界，两者并不一定相等，所以该控制器并不能保证减小J_{peak}的真实值。因此，这种设计方法的有用程度随着问题数据的不同而有所不同。

目前，能够确保改善J_{peak}**真实**值的半主动控制理论仍然是一个公开的难题。很明显，可以将J_{peak}的求解作为一个有约束的静态L_1最优反馈问题，并在整个$\boldsymbol{U}_0\in\mathscr{U}$空间内显式优化。目前，这方面已经积累了大量成果。难点在于如何为$\boldsymbol{f}(t)$设计一个可以保证改善J_{peak}(相对于$\boldsymbol{U}(t)=\boldsymbol{U}_0$情况)的非线性全状态控制器。

30.4.3 基于 J_{quad} 有界的设计

文献中对半主动控制问题的描述的最早形式是，为双线性半主动系统设计控制器，以最小

化式(30.20)所定义的 J_{quad}。这可以追溯到 *Karnopp* 等学者在1974年发表的开创性论文,这篇论文引入了变孔阻尼器的概念,并将其用于汽车悬挂系统中[11]。Karnopp[12]和 Margolis[13]在20世纪80年代初期对此进行了后续分析,他们最早研究提出了一种后来被广泛用于地震响应控制的技术,该技术通常被称为"限幅最优"半主动控制。其思想是首先简单设计一个可以最小化 J_{quad} 的线性 *LQG* 控制器(假设在输出反馈的情况下,存在一定程度的测量噪声,需要设计相关的 Kalman-Bucy 滤波器);然后对 LQG 反馈律的输出施加约束 $\boldsymbol{f}\in\mathscr{F}(\boldsymbol{v})$,要求 $\boldsymbol{f}$ 中的每个元素都达到饱和。对于状态反馈的情况,由此可以得到一个具有式(30.21)所示形式的控制器,其中的 $S(\boldsymbol{x})=\mathscr{F}(\boldsymbol{v})$,$\boldsymbol{R}=\boldsymbol{I}$,$\boldsymbol{K}$ 则被确定为 LQG 问题的最优增益,而该问题以 J_{quad} 为性能指标。

当应用于土木工程结构问题时,这种技术非常有效[14],尤其是对于只包括一个控制装置,且只有一个主导振动模态的问题。然而,该技术也有一些缺点。由于目前还不存在有关由预饱和 LQG 控制器所引起的最优性能弱化程度的解析表达式,所以一般必须进行多次控制设计,并通过时域仿真来评价相应的性能。事实上,我们能够定义一个合理的性能指标;只是根据该指标,系统的性能损失太大以致于闭环系统的 J_{quad} 性能实际上比一组优化过的线性粘滞阻尼器所获得的性能还要差[15]。一般来说,当多结构模态比较显著或结构加速度的抑制特别重要时,限幅最优控制器有时会表现不佳。

另一方面,我们实际上有可能准确地求解最优控制问题,以获得可以最小化 J_{quad} 的全状态反馈律 $\phi:\boldsymbol{x}\rightarrow\boldsymbol{f}$。针对该问题,Ying 等学者[16]详细介绍了一些通用技术。这个问题本质上可以归为一个平稳的随机 Bellman 问题。若要解决该问题,需要求解一个定义在 $\mathbf{R}^{n_x}$ 上的偏微分方程,以获得 Bellman 函数 $V(\boldsymbol{x})$。一旦找到了 $V(\boldsymbol{x})$,最优控制律 ϕ 的确定就等价于计算 $V(\boldsymbol{x})$ 的梯度以及其他一些常规的代数运算。尽管可以利用双线性半主动控制问题的齐次性在一定程度上消弱求解 $V(\boldsymbol{x})$ 的计算负担,但该方法会面临维数灾难问题,这个问题限制了许多 Bellman 型问题的求解。目前,该方法主要应用于自由度较少的简单结构系统中。

本章所讨论的方法是前述两种极端方法的折中。据我们所知,这里讨论的技术源于 Tseng 和 Hedrick[17]在汽车悬挂领域所做的工作,他们将其称为"最速下降"控制。Scruggs 等学者针对土木建筑应用研究了类似的技术,并将其推广到多装置系统中[15]。一方面,由此产生的反馈律在数学上是非常简单的。事实上,ϕ 具有式(30.21)所示的形式。此外,对于较高维的系统,综合 ϕ 所需要的计算代价不会明显增大。另一方面,尽管该技术是次优的,但是它确实具有非常重要的特性,主要体现为可以保证所获得的 J_{quad} 性能优于时不变阻尼系统(即 $\boldsymbol{U}(t)=\boldsymbol{U}_0,\forall t$)所能获得的最优性能。由此可知,它可以获得一个从技术角度来看非常有意义的性能边界。

与基于 Lyapunov 有界和 J_{peak} 有界的设计方法相同,这种控制设计方法包括两个步骤。第一步,优化寻找一个恒定的可以最小化 J_{quad} 的 $\boldsymbol{U}_0\in\mathscr{U}$。这是一个最优静态输出反馈 LQG 问题,不过它包含了一个附加条件,即输出反馈律(例如 $\boldsymbol{U}_0$)受 $\mathscr{U}$ 约束。众所周知,静态输出反馈 LQG 问题一般不存在封闭解,只能通过迭代来求解。这类问题通常面临的一个主要挑战是,如何确定一个可以保证算法收敛且稳定的初始猜测解。然而,对于我们考虑的这类问题,这构不成什么难点。主要原因是,对于任意的 $\boldsymbol{U}_0\in\mathscr{U}$,这类问题都具有渐近稳定性。假如 $\boldsymbol{U}_0$ 不受 $\mathscr{U}$ 的约束,那么许多收缩求解算法(例如,Levine-Athans 迭代算法)都可以用来实现最优。然而,U_0 的结构性约束促使人们提出了一种基于梯度的方法。J_{quad} 关于 U_0 的梯度矩阵为

$$\frac{\partial J_{quad}}{\partial \boldsymbol{U}_0} = -2(\boldsymbol{B}_f^{\mathrm{T}}\boldsymbol{PSB}_f + \boldsymbol{D}_{zf}^{\mathrm{T}}[\boldsymbol{C}_z - \boldsymbol{D}_{zf}\boldsymbol{U}_0\boldsymbol{B}_f^{\mathrm{T}}]\boldsymbol{SB}_f) \tag{30.44}$$

其中,$\boldsymbol{P}$ 和 $\boldsymbol{S}$ 满足

$$\boldsymbol{0} = [\boldsymbol{A} - \boldsymbol{B}_f\boldsymbol{U}_0\boldsymbol{B}_f^{\mathrm{T}}]^{\mathrm{T}}\boldsymbol{P} + \boldsymbol{P}[\boldsymbol{A} - \boldsymbol{B}_f\boldsymbol{U}_0\boldsymbol{B}_f^{\mathrm{T}}] + [\boldsymbol{C}_z - \boldsymbol{D}_{zf}\boldsymbol{U}_0\boldsymbol{B}_f^{\mathrm{T}}]^{\mathrm{T}}[\boldsymbol{C}_z - \boldsymbol{D}_{zf}\boldsymbol{U}_0\boldsymbol{B}_f^{\mathrm{T}}] \tag{30.45}$$

$$\boldsymbol{0} = [\boldsymbol{A} - \boldsymbol{B}_f\boldsymbol{U}_0\boldsymbol{B}_f^{\mathrm{T}}]\boldsymbol{S} + \boldsymbol{S}[\boldsymbol{A} - \boldsymbol{B}_f\boldsymbol{U}_0\boldsymbol{B}_f^{\mathrm{T}}]^{\mathrm{T}} + \boldsymbol{B}_w\boldsymbol{B}_w^{\mathrm{T}} \tag{30.46}$$

J_{quad} 关于 U_0 的函数表达式为

$$J_{quad} = \mathrm{tr}\{\boldsymbol{B}_w^{\mathrm{T}}\boldsymbol{PB}_w\} \tag{30.47}$$

这些结果在有关控制的文献中已经成为标准,并且可以很方便地通过基于梯度的收敛算法获得 $\mathscr{U}$ 中的局部最优解。此外,在必要时还可以使用 Lagrange 乘子方法使 $\boldsymbol{U}_0 \in \mathscr{U}$ 位于最优路径上。

令通过上述方法获得的最优性能为 J_{quad}^*,最优的 $\boldsymbol{U}_0$ 为 $\boldsymbol{U}_0^*$。此外,令 $\boldsymbol{P}^*$ 和 $\boldsymbol{S}^*$ 为上面所述的 Lyapunov 方程在 $\boldsymbol{U}_0 = \boldsymbol{U}_0^*$ 时的对应解。那么半主动控制设计的第二步是找到一个可以确保所产生的 J_{quad} 满足 $J_{quad} < J_{quad}^*$ 的非线性控制器 $\phi: \boldsymbol{x} \to \boldsymbol{f}$,这可以通过利用性能指标为二次的随机控制问题的一个重要性质来实现。一般情况下,对于任意用于镇定的反馈律 ϕ(线性或非线性),如下等式成立:

$$J_{quad} = J_{quad}^* + \varepsilon\{\| \boldsymbol{D}_{zf}(\boldsymbol{f} - \boldsymbol{Kx}) \|_2^2 - \| \boldsymbol{D}_{zf}(-\boldsymbol{U}_0\boldsymbol{v} - \boldsymbol{Kx} \|_2^2\} \tag{30.48}$$

其中

$$\boldsymbol{K} = -[\boldsymbol{D}_{zf}^{\mathrm{T}}\boldsymbol{D}_{zf}]^{-1}[\boldsymbol{B}_f^{\mathrm{T}}\boldsymbol{P}^* + \boldsymbol{D}_{zf}^{\mathrm{T}}\boldsymbol{C}_z] \tag{30.49}$$

这表明反馈控制器具有式(30.21)所示形式,其中,$S(\boldsymbol{x}) = \mathscr{F}(\boldsymbol{v})$,$\boldsymbol{R} = \boldsymbol{D}_{zf}^{\mathrm{T}}\boldsymbol{D}_{zf}$,而 $\boldsymbol{K}$ 可以综合为式(30.49)所示形式。即,控制器在每个时刻选择可以最小化式(30.48)中所示数学期望表达式中的第一个范数的 $\boldsymbol{f}(t)$。由于 $-\boldsymbol{U}_0\boldsymbol{v}(t) \in \mathscr{F}(\boldsymbol{v}(t))$,这将使得对于所有的 t,式(30.48)中的两个范数的差值非正,从而使得数学期望值非正。因此,控制器可以确保 $J_{quad} \leqslant J_{quad}^*$。除了非常特殊的情况之外,该不等式严格成立。

由此,我们获得了一个与基于 J_{peak} 有界的控制相类似的综合技术。在这两种情况下,相应的非线性控制器都试图在每个时刻将性能指标最小化。通过这种方式,它们的性能超过了可行的静态最优控制器。此外,这两种方法的性能改进幅度一般都不能以封闭形式给出。

30.4.4 输出反馈

现在考虑动态反馈控制器 $\phi: \boldsymbol{y} \to \boldsymbol{f} \in \mathscr{F}(\boldsymbol{v})$ 的设计。这里假设 $\boldsymbol{y}$ 在没有噪声的情况下是可测的。为了使问题的所有假设相一致,至少对于包含 $\boldsymbol{v}$ 的 $\boldsymbol{y}$ 的子空间,上述假设必须成立,这是因为为了使 $\boldsymbol{f}(t) \in \mathscr{F}(\boldsymbol{v}(t))$,$\boldsymbol{v}(t)$ 在每个时刻 t 都必须是准确可知的。对于该问题,一个合理的策略是构造一个映射为 $\{\boldsymbol{f}, \boldsymbol{y}\} \to \boldsymbol{\xi}$ 的临时的状态估计器,然后对状态估计 $\boldsymbol{\xi}(t)$ 应用确定性等价原理,由此得到一个广义的半主动输出反馈控制器:

$$\boldsymbol{f}(t) = \underset{f \in S(\boldsymbol{x}(t))}{\arg\min} \| \boldsymbol{f} - \boldsymbol{K\xi} \|_{\boldsymbol{R}}^2 \tag{30.50}$$

其中的 $\boldsymbol{K}$,$\boldsymbol{R}$ 和 $S(\boldsymbol{x}(t))$ 可以用与全状态反馈情况中相同的方法来综合,前面的小节对此已经进行了介绍。

假设将地震建模为式(30.19)所示的滤波白噪声(如同基于 J_{peak} 有界的设计所做的假设)，那么零噪音反馈假设就等价于假设 $\boldsymbol{D}_{yw}=\boldsymbol{0}$。由此，这里为基于 J_{quad} 有界的半主动控制问题所提出的最优估计器通常会导致产生一个奇异的最优滤波问题，即最优估计器的动态特性不合理(这个问题的根源在于，关于 $\boldsymbol{v}$ 的精确知识只是一种必要的假设)。然而，我们可以通过设计一个 Kalman-Bucy 滤波器来获得一个次优估计 $\boldsymbol{\xi}(t)$。在设计滤波器时，可以虚拟一个低强度的测量噪声，得到相应的 Kalman 增益 $\boldsymbol{L}$。如此计算，观测器

$$\dot{\boldsymbol{\xi}}=\boldsymbol{A\xi}+\boldsymbol{B}_f\boldsymbol{f}+\boldsymbol{L}(\boldsymbol{y}-\boldsymbol{C}_y\boldsymbol{\xi}) \tag{30.51}$$

生成的 $\boldsymbol{\xi}$ 将具有一定的残差(即 $E\boldsymbol{\xi}(\boldsymbol{x}-\boldsymbol{\xi})^{\mathrm{T}}\neq 0$)。考虑到闭环系统不可避免的非线性性，完全去除这个均方差具有很大难度，目前这在有关半主动控制的文献中仍然是一个未解决的问题。然而，可以定性地说，当使观测器的带宽较大时，方差 $E(\boldsymbol{x}-\boldsymbol{\xi})(\boldsymbol{x}-\boldsymbol{\xi})^{\mathrm{T}}$ 一般会变得非常小(但是，除了 $\boldsymbol{a}$ 和 $\boldsymbol{y}$ 之间表现出最小相位动态特性的特殊问题之外，该方差不会渐近趋于零；而有关渐近情况的细节，可以参见本手册的其他章节)。因此，针对基于 J_{quad} 有界的半主动控制问题实现真正的确定性等价原理，对于许多应用来说只具有**边缘效益**。

对于基于 Lyapunov 或 J_{peak} 有界的设计来说，系统模型即为式(30.1)，而没有必要对 $\boldsymbol{a}$ 的动力学进行建模。因此，如果依然假设 $\boldsymbol{a}(t)$ 可以被精确地测量，并且可以与 $\boldsymbol{y}$ 一起用作反馈，那么可以构造出一个形式为

$$\dot{\boldsymbol{\xi}}=\boldsymbol{A\xi}+\boldsymbol{B}_f\boldsymbol{f}+\boldsymbol{B}_a\boldsymbol{a}+\boldsymbol{L}(\boldsymbol{y}-\boldsymbol{C}_y\boldsymbol{\xi}-\boldsymbol{D}_{ya}\boldsymbol{a}) \tag{30.52}$$

的真正的渐近观测器，其中 $\boldsymbol{\xi}(t)\rightarrow\boldsymbol{x}(t)$，偏差为零。误差的动力学由 $\boldsymbol{L}$ 决定，而 $\boldsymbol{L}$ 可以由任意一种标准的渐近观测器技术来设计。然而，在许多情况下，$\boldsymbol{a}$ 无法进行实时反馈或者可能包含显著的噪声，这就使得一般无法对整个系统的状态进行渐近估计。在这种情况下，通常采用与基于 J_{quad} 有界的控制设计相同的方法来设计观测器。

更一般地说，在为半主动系统设计观测器时，如何对测量不确定性进行建模具有一定难度。在上面的讨论中，我们假设 $\boldsymbol{v}$ 和 $\boldsymbol{f}$ 是精确已知的。由于在控制设计时，必须对有关半主动约束域 $\mathscr{F}(\boldsymbol{v})$ 的知识做出假设，那么**一个知识必然意味着其他的知识**。然而，另一种解决半主动输出反馈问题的方法是假设 $\boldsymbol{U}(t)$ 是精确已知的，并假设 $\boldsymbol{v}$ 和 $\boldsymbol{f}$ 不确定。在半主动系统中，装置特征服从这种不确定性模型的情况并不太常见。尽管如此，Scruggs 等学者针对基于 J_{quad} 有界的控制问题对该方法进行了研究[15]。结果表明，该方法产生的反馈律可以确保与状态反馈相同的 J_{quad} 边界。然而，在这种情况下，控制器的形式比式(30.50)更复杂，并且不具有确定性等价性。但不管怎么说，$\boldsymbol{U}(t)$ 的控制器必须始终跟随状态估计的时变协方差矩阵，而且必须明确地平衡好“良好的估计”和“良好的控制”这个双重任务。

30.5 非理想的装置模型

30.4 节讨论的半主动控制理论是理想化的，这主要体现在两个不同的方面。首先，它假设约束 $\boldsymbol{f}\in\mathscr{F}(\boldsymbol{v})$ 关于 $\boldsymbol{v}$ 是齐次的，或等价地讲，$\mathscr{F}(\boldsymbol{v})$ 由 $\{\boldsymbol{f},\boldsymbol{v}\}$ 空间中的一个双无限锥构成。实际上，所有的装置在一定程度上都违反这个假设。其次，它假设 $\mathscr{U}$ 可以瞬间从 $\mathscr{U}$ 中的一个值转变为另一个值。实际上，半主动装置的动力学限制了它们的动态变化能力。本节将对这些

问题进行简单讨论,并说明如何调整 30.4 节介绍的控制理论,使其适应更真实的装置模型。

30.5.1 $\mathscr{F}(\boldsymbol{v})$的非齐次性

大多数的半主动装置都具有一个最大的力限制,超越该限制就会出现饱和。例如,大多数的液压阻尼器就具有这种特征。此外,许多可控阻尼器所能提供的力类似于可控摩擦,即

$$f_k(t) = -u_u(t)\mathrm{sgn}(v_k(t)) \tag{30.53}$$

其中,$u_k(t) \in [0,1]$是一个独立的控制变量。许多半自动装置的 $\mathscr{F}(\boldsymbol{v})$区域的形状更为复杂。

根据 30.4 节所述理论,解决这些问题的最简单方法是,首先描述每个装置 $k \in \{1 \cdots m\}$的速度特性$\bar{v}_k$,它表示可以预期的在动态响应中出现的最大速度。那么,对于许多装置特性,存在一个集合 $\mathscr{U}_{\bar{v}}$,可以使得

$$-\boldsymbol{U}\boldsymbol{v} \in \mathscr{F}(\boldsymbol{v}), \forall \boldsymbol{v}, \boldsymbol{U}: | v_k | \leqslant \bar{v}_k, \boldsymbol{U} \in \mathscr{U}_{\bar{v}} \tag{30.54}$$

图 30.5 对此进行了说明。在尽可能选择最大的 $\mathscr{U}_{\bar{v}}$后,可以利用 30.4 节所述方法进行控制设计。首先优化 $\boldsymbol{U}_0 \in \mathscr{U}_{\bar{v}}$,然后以同样的方式综合 $\boldsymbol{R}$ 和 $\boldsymbol{K}$,最后根据实际的(非齐次的)力的可行域 $\mathscr{F}(\boldsymbol{v})$来定义 $S(\boldsymbol{x})$。

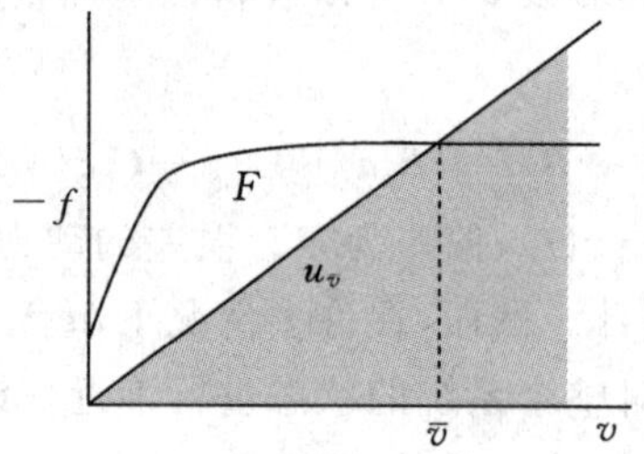

图 30.5 在 $v \leqslant \bar{v}$的情况下,利用齐次的半主动装置对非齐次的装置进行保守近似的示例

30.5.2 动态限制

为了说明装置的动力学的典型表现方式,我们回到图 30.2 所示的有关变孔阻尼器的例子。

从现成的商业组件中选择响应时间为 100 ms 的比例控制阀即可制作一个满足如下要求的可控阻尼装置:在 1 m/s 的速度下调节 1 MN 的力,在 40 L/s 的流速下调节 20 MPa 的压力。如图 30.2 所示,采用一个比例或伺服阀来控制装置中阀室之间液压油的流量。活塞的面积为 A_p,两个阀室之间的压力差为 $p_2 - p_1$,装置中所包含流体的体积为 V_T,其中 $V_T = V_1 + V_2$。孔的内径为 D_b,而杆的外径为 D_r。

在忽略密封摩擦的情况下,活塞杆上的力 f 等于 $A_p(p_2 - p_1)$,其中 A_p 为活塞面积。假设阀中的流体不可压缩,阀门流量 $Q_1 = Q_2 = Q$,并用一线性表达式$(p_1 - p_2) = c(u)Q$ 近似描述可控阀中的压流关系,其中的 $c(u)$是一个可控的压流系数,$u \in [0,1]$表示阀的位置。考虑到阀室 1 和 2 中流体的可压缩性,那么$\dot{p}_1 V_1 = -\beta \dot{V}_1$、$\dot{p}_2 V_2 = -\beta \dot{V}_2$,其中的 β 表示液压油的体积弹性模量,它的取值范围为 80~200 kN/cm²。根据惯例,$\dot{V} > 0$ 意味着体积膨胀,$\dot{p} > 0$ 表

示流体静压增大。对于阀室 1，$\dot{V}_1=-Q_1+A_p v$；对于阀室 2，$\dot{V}_2=-Q_2+A_p v$。通过代入阀门方程、平衡方程和可压缩性方程，Patten[18] 推得

$$\dot{p}_2=-\frac{\beta}{V_2(x_p)}\frac{f}{A_p c(u)}+\frac{\beta}{V_2(x_p)}A_p v \tag{30.55}$$

和

$$-\dot{p}_1=-\frac{\beta}{V_1(x_p)}\frac{f}{A_p c(u)}+\frac{\beta}{V_1(x_p)}A_p v \tag{30.56}$$

将两式相加后乘以 A_p 即可得到非线性阻尼器的动力学模型

$$\dot{f}=A_p(\dot{p}_2-\dot{p}_1)=-\frac{\beta}{c(u)}\left(\frac{1}{V_1(x_p)}+\frac{1}{V_2(x_p)}\right)f+\beta A_p^2\left(\frac{1}{V_1(x_p)}+\frac{1}{V_2(x_p)}\right)v \tag{30.57}$$

阀门的开度变量 u 具有一阶延迟特性，可以建模为

$$\dot{u}=\frac{1}{T_u}(u^*-u) \tag{30.58}$$

其中，T_u 是阀门的时间常数，u^* 是阀门的控制输入。在许多机电系统中，通过对阀进行过驱动可以在一定程度上缩短其响应时间。在这种情况下，阀门动力学可以建模为

$$\dot{u}=\frac{1}{T_u}\underset{[-1,1]}{\mathrm{sat}}\{K_u(u^*-u)\} \tag{30.59}$$

其中，K_u 表示阀门的增益。可以假设阀门系数 $c(u)$ 随着阀门变量 u 的变化而线性变化：

$$c(u)=(1-u)c_{\min}+uc_{\max} \tag{30.60}$$

常数 $c_{\min}$、$c_{\max}$ 以及约束 $0\leqslant u\leqslant 1$ 为阻尼力提供了一个扇形边界。阀门的时间延迟特性掩盖了非线性模型具有的所有其他动力学特性。如图 30.6 所示，装置的行为可以线性化为

$$f(v,u)=c(u)A_p^2 v \tag{30.61}$$

图 30.6 是根据表 30.2 给出的参数值而生成的。对于 $0<t<10$ s，设定位移 $x_p=t\sin(\pi t)$cm，并且将时变的阀门控制输入特别设定为

$$u^*=50\mid x_p\mid^{3/2}\cdot\mathrm{hvs}[-f\cdot x_p] \tag{30.62}$$

其中的 $\dot{x}_p=v$，单位为(m/s)。u^* 具有上下界，从而限制了 u 的变化速度。

表 30.2　可控阻尼器的参数值

液压油的体积弹性模量	β	100	kN/cm^2
活塞面积	A_p	550	cm^2
行程	S	130	cm
阀门系数的最小值	$c_{\min}$	110	Pa s/cm^3
阀门系数的最大值	$c_{\max}$	1654	Pa s/cm^3
阀门的时间常数	T_u	0.1	s
阀门的增益	K_u	10	—

时间延迟 T_u 很难被准确地融入到 30.4 节讨论的理想的双线性半主动控制理论中。然而，通过对控制性能公式中的 $\boldsymbol{z}$ 进行增广，使其包括 $\boldsymbol{f}_h$，可以消弱它的影响。相应的 $\hat{\boldsymbol{f}}_h(s)=$

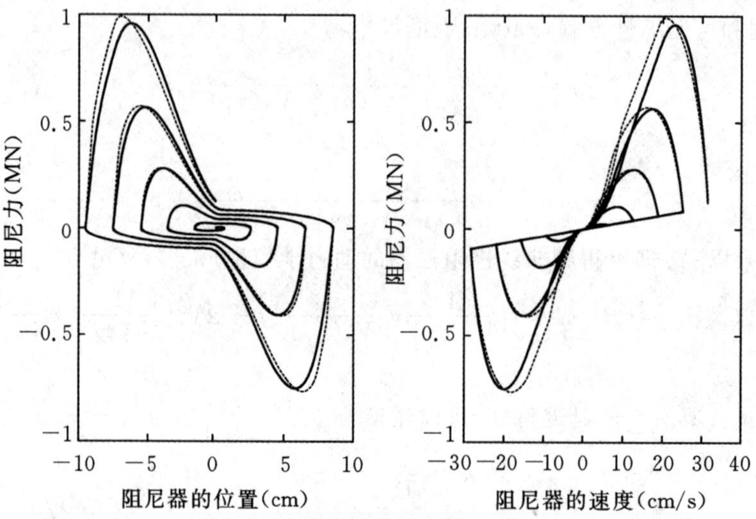

图 30.6 非线性阻尼器模型(式(30.57),实线)与线性化的阻尼器模型的响应比较,后者是根据式(30.59)、(30.60)和(30.62),并利用表 30.2 中的参数而进行控制的

$W(s)\hat{f}(s)$,而 $W(s)$是一个转折频率为 $1/T_u$ 的高通滤波器。

在这个例子中,阻尼器的流体压力位于商用液压系统的正常工作范围内(10～20 MPa)。正如可以提供 6 MPa 额定压力和 200 kN 作用力的 MR 阻尼器的商用情况[19]所表明的那样,MR 流体在大型结构控制应用中很有前景。

30.6 例子

作为本章中所描述的半主动控制方法的闭环性能的一个例子,本节将 30.4.3 节介绍的基于 J_{quad} 有界的控制器应用于图 30.1 所示的结构模型。这个结构模型以为了对被动地基隔离系统进行实验而开发的大型的、具有实验室规模的模型为基础,而这个具有实验室规模的建筑结构的数学模型已被用来仿真地震隔离系统的半主动阻尼行为[20]。在研究过程中,该结构模型中的质量、阻尼以及刚度参数都被放大了 70 倍,以表示全尺寸的建筑结构框架。图 30.1 中给出的参数值都是放大后的值,放大后的建筑结构总体质量 W/g 为 2450 吨。被动隔离力 f_b 可以由弹性刚度 k_b、粘性阻尼 c_b(见图 30.1)以及迟滞力的组合来建模表示:

$$f_b = k_b x_b + c_b \dot{x}_b + F_y(1-\kappa)z \tag{30.63}$$

其中,x_b 表示地基隔离系统的形变,z 是一个不断变化的滞后变量:

$$\dot{z} = [1 - |z|(0.5\mathrm{sgn}(z\dot{x}_b) + 0.5)]\dot{x}_b/D_y \tag{30.64}$$

这个迟滞模型的参数包括屈服力 F_y、屈服位移 D_y、应变硬化刚度比 κ。屈服力通常被设定为建筑结构重量的一小部分 $F_y = F_{yr}W$。在本研究中,后屈服刚度 k_b 被设定为 162.4 kN/cm。当 $F_y \to 0$ 时,它将引起一个自然周期为 2.5 s 的第一模态。如图 30.7 所示,后屈服弹性刚度通过刚度比参数 κ 与预屈服刚度产生关联,F_y/G_y。由此可知,$D_y = F_{yr}W_\kappa/k_b$。

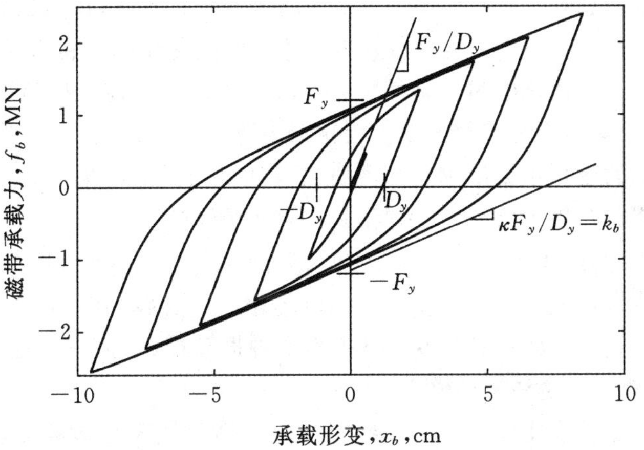

图 30.7 $x_b=t\sin(\pi t)$cm/s、$F_y=0.05$ W、$\kappa=1/6$、$k_b=162.4$ kN/cm 和 $c_b=2.618$ kN/cm/s 时的迟滞承载力

将由式(30.59)和(30.61)建模表示的可控阻尼器与地基中的隔离系统和顶层上的质量阻尼器系统集成在一起。如表 30.2 和图 30.6 所示，地基隔离系统中的可控阻尼器所对应的 $c_{\min}A_p^2=333$ kN/cm/s、$c_{\max}A_p^2=5000$ kN/cm/s、$T_u=0.1$ s；而质量阻尼器系统中的可控阻尼器所对应的 $c_{\min}A_p^2=0.50$ kN/cm/s、$c_{\max}A_p^2=8.0$ kN/cm/s、$T_u=0.01$ s。在这两种阻尼器中，无量纲的阀门增益 K_u 都被设定为 10。

地震干扰可以根据 30.2.2 节所描述的趋势消除法，并采用式(30.13)和(30.14)来建模表示。本例中采用的干扰模型参数与“远场”地震源相对应。在被动和半主动情况下，对每条地震记录都进行了尺度变换，使 PGV 值为 0.33 m/s(PGV 的变异系数为零)，相应的 PGA 值为 0.4g(变异系数大约为 16%)。

采用了四个响应指标来量化控制性能，包括顶层的总加速度的峰值

$$\mathrm{PRA}=\max_t|a(t)+\ddot{r}_5(t)| \tag{30.65}$$

一层的总加速度的峰值

$$\mathrm{PFFA}=\max_t|a(t)+\ddot{r}_1(t)| \tag{30.66}$$

一楼的楼间位移的峰值

$$\mathrm{PFFD}=\max_t|r_2(t)-r_1(t)| \tag{30.67}$$

以及隔离系统位移的峰值

$$\mathrm{PBD}=\max_t|r_1(t)| \tag{30.68}$$

其中，$r_i(t)$是第 i 层相对于地面的位移，$a(t)$是地面加速度。加速度性能指标用来衡量对建筑物内容物的潜在损害，一楼楼间位移用来衡量对建筑结构的潜在损害，而隔离系统位移的峰值则用以衡量超出隔离系统承载力设计极限的潜在可能。

为了严格评估半主动阻尼系统的优势，首先对被动阻尼系统进行优化是非常重要的；对半主动控制系统和轻微阻尼的不控系统进行比较则没有任何意义。优化后的被动阻尼系统包含

线性粘度、非线性粘度以及滞后现象。本研究对被动阻尼系统执行了两次优化。在第一次优化中,同时考虑粘性阻尼和 $F_y=0.05$ W、$\kappa=1/6$ 的迟滞隔离系统;在第二次优化中,同时考虑粘性阻尼和 $F_y=0.005$ W、$\kappa=1/4$ 的迟滞隔离系统。两次优化都是利用远场干扰模型而执行的。对被动阻尼系统进行优化的目标是最小化底层和顶层的响应,这里没有考虑地基位移的峰值,原因是该值随着隔离系统阻尼的增大而单调下降。一般研究表明,性能指标在最优阻尼值附近对粘滞阻尼率的变化不太敏感。本项研究得到了同样的结果,因此采用整数形式近似给出了优化后的取值。对于 $F_y=0.05$ W 和 $\kappa=1/6$ 的隔离系统,$c_{b,\mathrm{opt}}\approx 800$ kN/m/s;对于 $F_y=0.005$ W 和 $\kappa=1/4$ 的隔离系统,$c_{b,\mathrm{opt}}\approx 1500$ kN/m/s。当 $F_y=0.005$ W 时,采用优化后的阻尼值所获得的性能指标要小于 $F_y=0.05$ W 时的相应值,因此在最优被动阻尼系统中选取 $F_y=0.005$ W。顶层上的质量阻尼器被调整为第二种振动模式,而将阻尼值 c_a 取为 2.8 kN/cm/s 可以最大程度地抑制这种振动模式。

本例对三种情况进行了比较。基准(Baseline,BL)情况代表地基隔震系统的当前状态,该系统的屈服力 F_y 为 0.05 W,刚度比 κ 为 1/6,粘性阻尼为 2.618 kN/cm/s,可调的质量阻尼器参数被设置为相应的最优值。最优被动(Optimal Passive,OP)阻尼情况代表采用被动线性粘滞阻尼以及较小的迟滞阻尼 $F_y=0.005$ W 所能达到的性能极限。隔震系统和可调质量阻尼器系统的粘性阻尼都被设置为相应的最优值。对于半主动阻尼的情况,根据 J_{quad} 有界的设计方程设置式(30.21)所示控制器中的 $\boldsymbol{K}$、$\boldsymbol{R}$、S,并且采用了如下权重系数:对于地基位移,$z_1=10$ cm;对于一楼漂移,$z_2=2$ mm;对于一层加速度,$z_3=0.1$ g;对于顶层加速度,$z_4=0.1$ g。

为了捕获随机变化的地震干扰的影响,针对每一种情况,都采用 FF 地面运动参数进行了 250 次瞬态响应仿真。表 30.3 列出了关于这 250 次仿真的平均值和变异系数的性能指标,图 30.10～30.8 则给出了仿真性能指标的直方图。正如所期望的那样,最优被动阻尼系统降低了底层和顶层的峰值响应,但这些改进是以增大地基位移为代价的。与 BL 系统和最优被动阻尼系统相比,半主动阻尼系统减小了所有性能指标的峰值响应。与最优被动阻尼系统相比,半主动系统的响应减小了 13%(相对于顶层)到 30%(相对于地基隔离系统)。此外,同样重要的一点是,响应的变异度也有所减小。半主动阻尼系统的响应值和变异度都小于最优被动阻尼系统。

表 30.3 基准(BL)系统、最优被动(OP)阻尼系统和半主动(SA)阻尼系统的性能比较

Metric		BL	OP	SA	SA-OP
avg PRA	g	0.126	0.098	0.085	−13%
cov PRA		0.136	0.240	0.158	−34%
avg PFFA	g	0.117	0.091	0.074	−19%
cov PFFA		0.139	0.251	0.164	−35%
avg PFFD	mm	0.910	0.773	0.631	−18%
cov PFFD		0.157	0.259	0.159	−39%
avg PBD	cm	9.454	12.088	8.433	−30%
cov PBD		0.269	0.285	0.200	−30%

Metric:性能指标

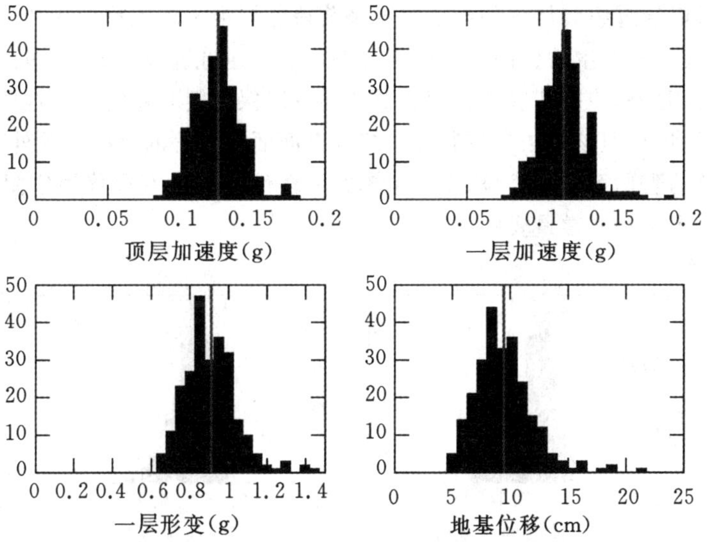

图 30.8 基准系统(被动迟滞阻尼系统)的响应直方图

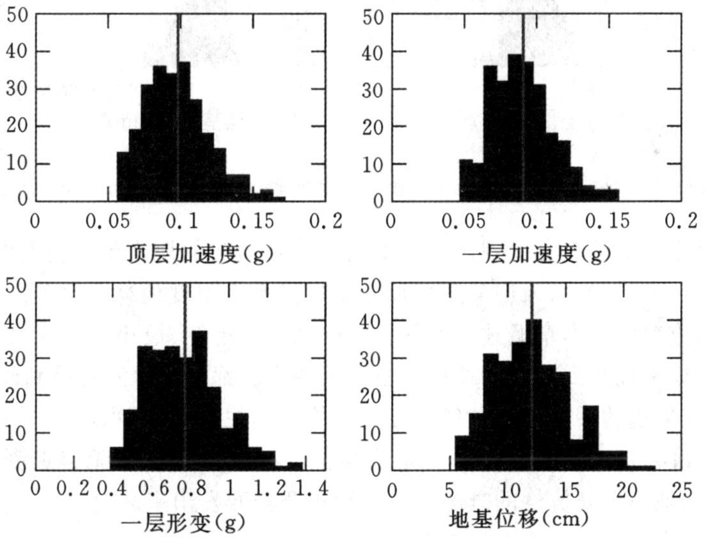

图 30.9 隔离系统中的最优粘滞阻尼与可调质量阻尼器所对应的响应直方图

30.7 总结

土木工程结构的振动控制面临着许多有关控制器综合、执行机构的开发和特性描述、干扰建模和性能评估等方面的挑战。执行机构的能耗以及为克服可能的较大建模误差所需要的鲁棒稳定性等问题促进了半主动阻尼方法的发展,该方法通过改变粘滞阻尼系数来调节控制力的大小。我们可以通过组装传统的液压装置来获得能够为土木工程应用产生足够大力量的半主动装置,这些装置所产生的控制力可由阀门来调节。通过这种方式,瓦级的电力即可调节兆瓦级的机械动力;此外,控制装置的物理耗散特性可以保证闭环稳定性。这些特点使得半主动阻尼方法很有吸引力,但该方法在控制算法综合方面面临显著的挑战。此外,为了充分描述可由反馈进行调节的阻尼系统的优势,将该系统的闭环性能与具有最优恒定阻尼的系统的性能进行比较并做出评价是非常重要的。

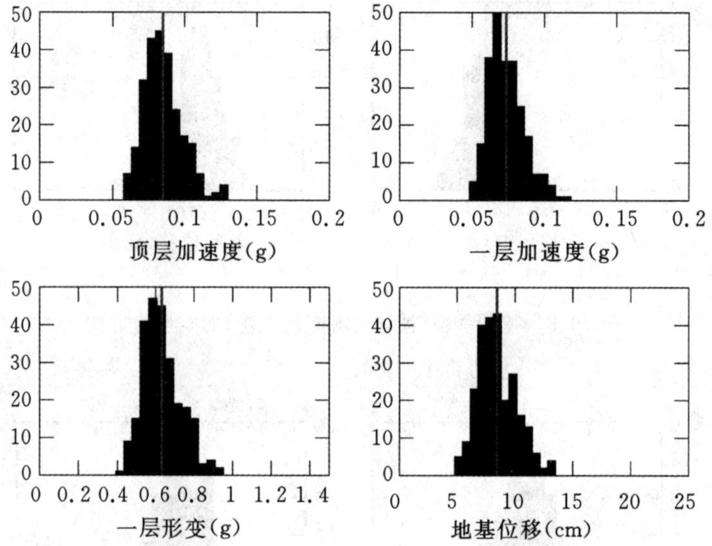

图 30.10 隔离系统中的半主动阻尼与可调质量阻尼器所对应的响应直方图

可能有人讨论在对没有强大到足以严重损坏建筑结构的地震干扰进行控制时,采用二次型性能指标是否合适。然而,人们最感兴趣的是如何最大限度地减小建筑结构对具有潜在破坏性的地震的峰值响应。本章概述了基于 Lyapunov 稳定性、最小化二次型性能目标以及最小化峰值响应目标来优化反馈律的迭代方法。这些方法都隐式地满足控制硬件的瞬时耗散约束,并且可以保证半主动系统的性能优于最优的静态阻尼系统的性能。严格推导这些控制器所能实现的性能改善幅度的解析表达式是为半主动控制系统设计无偏观测器的一个合理理论,但目前这仍然是一个开放性的难题。在这种观测器开发出来之前,分离原理都不是严格成立的,尽管假设其成立是一个合理的近似。

半主动闭环系统总是非线性的,需要通过仿真瞬态响应来评估其性能。本章提供了三个与被包络的滤波高斯白噪声过程有关的地震干扰模型。这些干扰模型不仅有助于开发用于控制器综合的增广的动态矩阵,而且也有助于估计性能指标的概率分布。

本章对带有调谐质量阻尼器、由地震激励的地基隔离结构的相关概念进行了解释。半主动装置一般被安装在地基中的隔离系统中和顶层上的调谐质量阻尼器中。假设地震干扰模型可以用来描述远场特性,并且采用二次型性能指标作为优化目标。与具有最优恒定阻尼的系统相比,半主动控制系统的响应指标较小,其变异度也较小,这体现了可以经受持久干扰的系统的特点。此外，与最优被动阻尼系统相比，这个二次控制器能够更有效地抑制峰值响应。对于具有脉冲现象和高度不平稳的近断层地震模型，诸如 30.4.1 和 30.4.2 节介绍的那些可以显式地保证响应峰值有界的控制综合技术可以提供更好的闭环性能。

参考文献

1. T. T. Soong. *Active Structural Control: Theory and Practice*, Addison-Wesley, Reading, MA, 1990.

2. D. Hrovat. Survey of advanced suspension developments and related optimal control applications, *Automatica*, vol. 33(10), pp. 1781 – 1817, 1997.

3. G. W. Housner, L. A. Bergman, T. K. Caughey, A. G. Cassiakos, R. O. Claus, S. F. Masri, R. E. Skelton, T. T. Soong, B. F. Spencer Jr., and J. T. P. Yao. Structural control: past, present and future, *Journal of Engineering Mechanics*, vol. 123(9), pp. 897 – 971, 1997.

4. B. F. Spencer Jr. and S. Nagarajaiah. State of the art in structural control, *ASCE Journal of Structural Engineering*, vol. 129(7), pp. 845 – 856, 2003.

5. M. D. Symans and M. C. Constantinou. Semiactive control systems for seismic protection of structures: A state-of-the-art review, *Engineering Structures*, vol. 21(6), pp. 469 – 487, 1999.

6. D. M. Boore. Simulation of ground motion using the stochastic method, *Pure and Applied Geophysics*, vol. 160, pp. 635 – 676, 2003.

7. FEMA. Quantification of building seismic performance factors ATC-63 Project Report—90% Draft, FEMA report P695, April 2008.

8. G. Leitmann. Semiactive control for vibration attenuation, *Journal of Intelligent Material Systems and Structures*, vol. 5, pp. 841 – 846, 1994.

9. G. Leitmann and E. Reithmeier. A control scheme based on ER-materials for vibration attenuation of dynamical systems, *Applied Mathematics and Computation*, vol. 70, pp. 247 – 259, 1995.

10. S. Boyd, L. El Ghaoui, E. Feron, and V. Balakrishnan. *Linear Matrix Inequalities in System and Control Theory*, SIAM, Philadelphia, 1994.

11. D. Karnopp, M. M. Crosby, and R. A. Harwood. Vibration control using semi-active force generators, *ASME Journal of Engineering for Industry*, vol. 96, pp. 619 – 626, 1974.

12. D. C. Karnopp. Active damping in road vehicle suspension system, *Vehicle System Dynamics*, vol. 12, pp. 291 – 316, 1983.

13. D. L. Margolis. The response of active and semi-active suspensions to realistic feedback signals, *Vehicle System Dynamics*, vol. 12, pp. 317 – 330, 1983.

14. S. J. Dyke, B. F. Spencer Jr., M. K. Sain, and J. D. Carlson. Modeling and control of magnetorheological dampers for seismic response reduction, *Smart Materials and Structures*, vol. 5(5), pp. 565 – 575, 1996.

15. J. T. Scruggs, A. A. Taflanidis, and W. D. Iwan. Nonlinear stochastic controllers for semiactive and regenerative systems yielding guaranteed quadratic performance bounds. Part 1: State feedback control, *Journal of Structural Control and Health Monitoring*, vol. 14, pp. 1101 - 1120, 2007.

16. Z. G. Ying, W. Q. Zhu, and T. T. Soong. A stochastic optimal semi-active control strategy for ER/MR dampers, *Journal of Sound and Vibration*, vol. 259, pp. 45 - 62, 2003.

17. H. E. Tseng and J. K. Hedrick. Semi-active control laws-optimal and sub-optimal, *Vehicle System Dynamics*, vol. 23, pp. 545 - 569, 1994.

18. W. N. Patten, C. Mo, J. Kuehn, and J. Lee. A primer on design of semiactive vibration absorbers (SAVA), *Journal of Engineering Mechanics*, vol. 124, no. 1, 61 - 68, 1998.

19. G. Yang, B. F. Spencer Jr., J. D. Carlson and M. K. Sain. Large-scale MR fluid dampers: modeling and dynamic performance considerations, *Engineering Structures*, vol. 24, no. 3, 309 - 323, 2002.

20. J. C. Ramallo, E. A. Johnson, and B. F. Spencer. Smart base isolation systems, *Journal of Engineering Mechanics*, vol. 128, pp. 1088 - 1099, 2002.

31

量子估计与控制

Matthew R. James
澳大利亚国立大学
Robert L. Kosut
SC 公司

31.1 引言

“我想描述这样的一个领域，尽管目前还没有取得多少进展，但是理论上却可以作出大量成果。这个领域与其他领域的不同之处在于，它不揭示太多基础物理知识（类似于“什么是奇异粒子？”），它更像固体物理学，可以告诉我们许多在复杂情况下发生的有趣且奇怪的现象。最重要的一点是，这个领域将产生数目惊人的技术应用。

我想要讨论的就是在微小尺度上对物体进行调节和控制的问题。

一提到这点，人们就会说到微型化，以及它现在发展得多么迅速，并举出犹如小手指甲一般大小的电动机等例子。他们还告诉我市场上有一种微型设备，可以用来在大头针顶端写下《主祷文》。然而，这根本算不得什么，这只是我想讨论的方向上最原始的一个发展阶段。下面将要介绍和描绘的是一个小得惊人的世界。到 2000 年，当人们回首当前这个年代，他们会疑问，为何直到 1960 年才开始有人认真地朝这个方向努力。

我们为什么不能把 24 卷的大英百科全书全部写在大头针顶端上呢？”

Richard P. Feynman

物质底层大有空间①，加州理工学院美国物理学会

1959/12/29

从时间隧道的这一端回首过去，我们也有同样的“疑问”：为何 Feynman 能够在这么多年以前就预料到量子技术的前途。在我们为了更深入地理解物理和生物现象而不断探索的过程中，或许只有现在，我们才开始认真思索量子力学这一“小尺度”领域的控制问题。这个领域的规律预示了新型的材料和设备[1~3]。与相应的经典系统相比，量子信息系统和测量仪器有望在速度和/或者分辨率方面实现指数级改进。许多这类系统的正常运行在本质上都依赖于估

① 理查德·费曼于 1959 年 12 月 29 日，在加州理工学院举行的美国物理学会年会上发表的经典讲话，全文在加州理工学院《工程与科学》1960 年 2 月号上首次刊出。——编者注

计和控制,比如原子钟,电气、热力、光电特性的测量,生物统计学,磁力测定,重力测定,以及人们提出的许多量子计算机的实现方式。仪器噪声、量子退相干以及建模误差都会产生不确定性,它们单独或者共同地影响材料或设备能否达到性能要求。某些系统需要通过估计来确定是否达到了性能要求,然后应用与特定的估计误差相适应的控制技术,比如文献[4~8]中的例子。

本章的目的是,说明如何将估计和控制应用到量子系统中。此外,我们相信,控制工程中的工具在经过适当修改或发展之后,会成为实现有关量子技术的希望和梦想的工具。

31.1.1 量子估计与控制

"要观测就要去打扰"是一句名言。那么,如何才能估计量子力学中的**任意对象**呢?答案就是,虽然系统行为符合概率规则,但是它们毕竟只是规则啊!因此,输出结果的概率即为规律,诸如极大似然(Maximum Likelihood,ML)、最小二乘、滤波等统计**估计**方法都适用于量子系统。此外,可以采用反馈来控制量子系统的基本统计行为。

在 *The Human Use of Human Beings*:*Cybernetics and Society*(1950)一书中,Norbert Wiener 这样介绍反馈控制:

"这种以机器的实际性能而非预期性能为基础的控制称之为**反馈**……控制的作用是……为熵的正常方向产生一个暂时的局部反转。"

反馈控制的经典实例是18世纪 James Watt 使用的用来调节蒸汽机(见图31.1)转速的机械调速器。

实际的蒸汽机转速通过离心力提升金属球。在金属球上升过程中,联动装置将进气阀关小,转速将维持在一个平衡点附近。反馈控制对于蒸汽机的稳定运行至关重要,正是这项关键技术成就了这些推动工业革命的机器。直到19世纪中叶,Clerk Maxwell 在进行认真研究之后,才对这方面做出了精确的分析。

是什么让这个装置如此引人入胜呢?首先,它调节旋转式蒸汽机的转速的机理很容易理解;其次,或许也是更重要的一点,**用以调节转速的机械结构是装置自身的一部分**。一个外行的观察者无法把该机械结构与装置的其余部分区别开。此外,如果假设这个机械结构具有思考能力,它也几乎不需要进行任何思考!它无需了解被控对象的任何实际细节,不知道蒸汽、压力、流量、摩擦、金属疲劳、地脚螺栓位置等,诸如此类,几乎不知道任何信息。然而,该机械结构是蒸汽机的最基本部件。没有它,蒸汽机或许会爆炸。它表面看起来很简单,这给反馈概念增添了一层神秘感。反馈是无形的,却能对实际转速的效果做出响应,因此决定了系统的稳定性。没有这个无形同时又**实际存在**的反馈,蒸汽机将不复存在。

蒸汽机当然属于由经典物理描述的宏观系统,而控制工程也是建立在经典模型之上。当前,在纳米尺度上监测和调节对象开始成为可能,人们可以实际考虑如何控制单个原子了(见图31.2)。

在原子尺度上,就需要量子物理定律了。实际上,这些定律为技术开发提供了全新的重要资源,这一点在量子信息与计算、精密测量、原子凝射器、量子机电系统以及量子化学的最新进展中都可以看到。量子控制指的是对行为由量子物理定律支配的系统所施加的控制。将量子

图 31.1 含有机械调速器(金属球机构)的 Boulton-Watt 蒸汽机,1788 年(放置于伦敦科学博物馆)

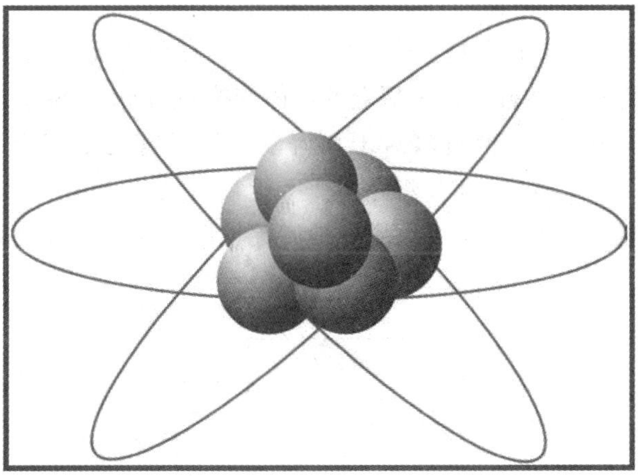

图 31.2 原子的模型

物理考虑在内的控制理论(例如文献[9～41])正在发展之中。

量子控制具有哪些类型呢？和经典(即非量子)系统一样,可以把它们分为开环和闭环控制。这里的开环控制与它的通常含义相同,即在被控对象上——这里指量子系统,施加一个预定的经典控制信号,并且不采用任何反馈(见图31.3)。

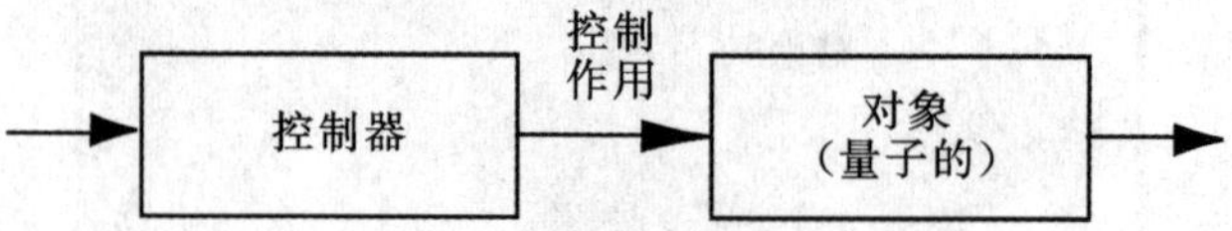

图31.3 开环控制

闭环或者反馈控制也具有它的通常含义——控制作用依赖于在被控对象运行时收集到的信息。然而,这里必须小心对待控制器的性质和"信息"所表示的意义。当控制器是一个只能处理经典信息的经典系统时,需要一些有关量子对象的测量量,具体如图31.4所示,这被称为测量反馈量子控制。现有的测量反馈理论与应用都依赖于量子滤波理论[42,43],31.5.2~31.5.4节将对此进行介绍。测量反馈量子控制在很多应用中都是有效的,它还有另外一个优点:控制算法可以在传统的经典硬件(只要它足够快)中实现。

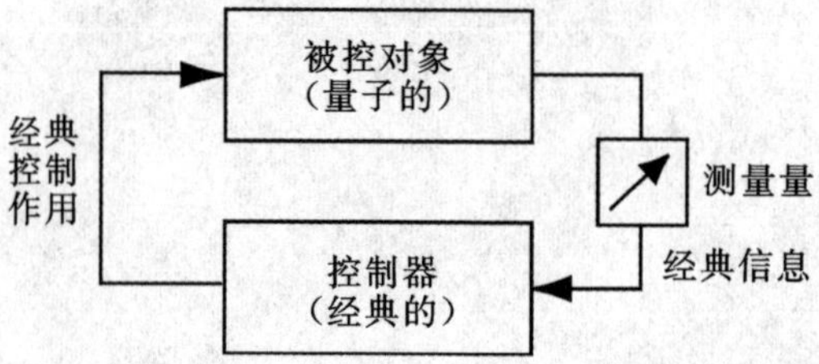

图31.4 闭环测量反馈控制

此外,还可以采用另外一个量子系统作为控制器,如图31.5所示。这种反馈**不使用测量量**,回路里的信息流完全是量子化的。这种量子信息的交换可能是通过**量子信号**(比如一束光)的单向交换,也可能是通过直接物理耦合的双向交换,这被称为**相干**或**量子反馈**量子控制。虽然量子反馈在概念上很简单,但目前对于如何系统地设计完全相干反馈(Coherent Feedback,CF)回路还知之甚少。31.5.5节将介绍一个近期有关相干反馈设计的例子。相干反馈的优点在于可以保留量子信息,而且可以更好地匹配控制器与量子被控对象(动态特性变化非常快)的时间标度。

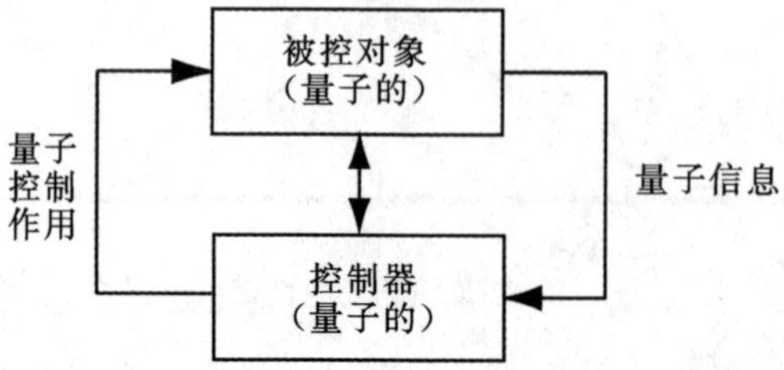

图31.5 不包含测量量的闭环反馈控制

31.2 若干量子力学知识

31.2.1 预备知识

令 H 是一个可分的 Hilbert 空间，其内积为$\langle \cdot , \cdot \rangle$(关于第二个参量呈线性，关于第一个参数呈共轭线性)，范数为 $\| \boldsymbol{\psi} \| = \sqrt{\langle \boldsymbol{\psi}, \boldsymbol{\psi} \rangle}$。简单的例子有$(i)\mathscr{H}=\mathscr{C}^n$，$n$ 维复向量空间，其中 $\langle \boldsymbol{\psi}, \boldsymbol{\phi} \rangle = \sum_{k=1}^{n} \boldsymbol{\psi}_k^{\dagger} \boldsymbol{\phi}_k$，$\boldsymbol{\psi}_k^{\dagger}$ 表示 $\boldsymbol{\psi}_k$ 的伴随(复共轭)矩阵，$(ii)\mathscr{H} = L^2(\mathbb{R})$，由定义在 $\mathscr{R}$ 上并且具有平方可积分量的复值函数构成的空间，内积 $\langle \boldsymbol{\psi}, \boldsymbol{\phi} \rangle = \int \boldsymbol{\psi}^{\dagger}(x) \boldsymbol{\phi}(x) \mathrm{d}x$ 。

令 $\mathscr{B}(\mathscr{H})$ 是由**有界算子** $A: \mathscr{H} \to \mathscr{H}$ 构成的 Banach 空间。两个算子的对易子定义为$[\boldsymbol{A}, \boldsymbol{B}] = \boldsymbol{AB} - \boldsymbol{BA}$。对于任意的 $\boldsymbol{A} \in \mathscr{B}(\mathscr{H})$，其伴随 $\boldsymbol{A}^{\dagger} \in \mathscr{B}(\mathscr{H})$ 是对于所有的 $\boldsymbol{\psi}, \boldsymbol{\phi} \in \mathscr{H}$ 都满足$\langle \boldsymbol{A}^{\dagger} \boldsymbol{\psi}, \boldsymbol{\phi} \rangle = \langle \boldsymbol{\psi}, \boldsymbol{A\phi} \rangle$ 的算子。对于算子 $\boldsymbol{A} \in \mathscr{B}(\mathscr{H})$，如果 $\boldsymbol{AA}^{\dagger} = \boldsymbol{A}^{\dagger}\boldsymbol{A}$，则称它是**正规**的。两种重要的正规算子是**自伴算子**($\boldsymbol{A} = \boldsymbol{A}^{\dagger}$) 和**幺正算子**($\boldsymbol{A}^{\dagger} = \boldsymbol{A}^{-1}$)。正规算子 $\boldsymbol{A}$ 的**谱定理**(对于离散情况)是指，存在一组完备的标准正交特征向量(构成了 $\mathscr{H}$ 的一个基)，并且 $\boldsymbol{A}$ 可以写为 $A = \sum_n a_n P_n$，其中 P_n 是 $\boldsymbol{A}$ 在与特征值 a_n 相对应的第 n 个特征空间(对角形式) 上的投影。在 Dirac 的左右矢表示法中，特征向量可写作 $|n\rangle$，投影 $P_n = |n\rangle\langle n|$。投影是由单位矩阵(正交) 分解得到的：$\sum_n P_n = \boldsymbol{I}$。如果 $\boldsymbol{A}$ 是自伴的，那么特征值 a_n 全部都是实数。在这种物理学家最经常使用的表示法中，右矢 $|\boldsymbol{\psi}\rangle$ 总是一个伴随为$\langle \boldsymbol{\psi}|$ 的单位向量。因此，$|\boldsymbol{\psi}\rangle$ 的模 $\|\boldsymbol{\psi}\| = \sqrt{\langle \boldsymbol{\psi} | \boldsymbol{\psi} \rangle} = 1$(本章并不总是附带右矢记号，因此有时将 $\boldsymbol{\psi}$ 隐含地假定为一个单位向量，即 $\boldsymbol{\psi}^{\dagger}\boldsymbol{\psi} = 1$)。

张量积常用来描述**复合系统**。如果 $\mathscr{H}_1$ 和 $\mathscr{H}_2$ 是 Hilbert 空间，那么张量积 $\mathscr{H}_1 \otimes \mathscr{H}_2$ 也是 Hilbert 空间，它由形如 $\boldsymbol{\psi}_1 \otimes \boldsymbol{\psi}_2$ 的线性组合以及内积$\langle \boldsymbol{\psi}_1 \otimes \boldsymbol{\psi}_2, \boldsymbol{\phi}_1 \otimes \boldsymbol{\phi}_2 \rangle = \langle \boldsymbol{\psi}_1, \boldsymbol{\phi}_1 \rangle \langle \boldsymbol{\psi}_2, \boldsymbol{\phi}_2 \rangle$ 构成。这里，$\boldsymbol{\psi}_1, \boldsymbol{\phi}_1 \in \mathscr{H}_1$，$\boldsymbol{\psi}_2, \boldsymbol{\phi}_2 \in \mathscr{H}_2$。如果 $\boldsymbol{A}_1$ 和 $\boldsymbol{A}_2$ 分别是 $\mathscr{H}_1$ 和 $\mathscr{H}_2$ 上的算子，那么 $\boldsymbol{A}_1 \otimes \boldsymbol{A}_2$ 是 $\mathscr{H}_1 \otimes \mathscr{H}_2$ 上的算子，定义为$(\boldsymbol{A}_1 \otimes \boldsymbol{A}_2)(\boldsymbol{\psi}_1 \otimes \boldsymbol{\psi}_2) = \boldsymbol{A}_1 \boldsymbol{\psi}_1 \otimes \boldsymbol{A}_2 \boldsymbol{\psi}_2$。通常，$\boldsymbol{A}_1 \otimes \boldsymbol{A}_2$ 写作 $\boldsymbol{A}_1 \boldsymbol{A}_2$。

31.2.2 量子力学的假设条件

在量子力学[44] 中，诸如能量、自旋、位置等物理量都被称为**可观测量**，并可表示为作用于 Hilbert 空间 $\mathscr{H}$ 上的自伴算子($\boldsymbol{A} = \boldsymbol{A}^{\dagger}$)。

量子系统的**状态**是单位向量 $\boldsymbol{\psi} \in \mathscr{H}$ 或 $|\boldsymbol{\psi}\rangle \in \mathscr{H}$。对于离散情况，每个元素 $\boldsymbol{\psi}_k$ 都是系统的一个可能状态，其发生概率为 $|\boldsymbol{\psi}_k|^2$。因此，$\|\boldsymbol{\psi}\| = 1$ 意味着所有的输出都可能出现(这同样适用于连续的情况；比如，对于空间点 $r = (x, y, z)$，$\|\boldsymbol{\psi}(r)\|^2 \mathrm{d}x\mathrm{d}y\mathrm{d}z$ 表示粒子在微元体中被发现的概率)，相应的状态 $|\boldsymbol{\psi}\rangle$ 被称为**纯态**。纯态是被称为**密度算子**或**密度矩阵**的更一般状态的一个特例。密度算子 $\boldsymbol{\rho}$ 是 $\mathscr{H}$ 上的迹为 1 的正自伴算子，纯态的形式是 $\boldsymbol{\rho} = |\boldsymbol{\psi}\rangle\langle \boldsymbol{\psi}|$。更一般地，纯态的凸组合构成的状态称为**混态**：$\boldsymbol{\rho} = \sum_n \lambda_n |\boldsymbol{\psi}_n\rangle\langle \boldsymbol{\psi}_n|$。

量子力学假设**封闭**系统的状态演变服从 Schrödinger 方程：

$$i \frac{\mathrm{d}}{\mathrm{d}t} |\boldsymbol{\psi}\rangle = \boldsymbol{H} |\boldsymbol{\psi}\rangle \tag{31.1}$$

这里的 $\boldsymbol{H}$ 是一个可观测量,称为 Hamiltonian 量,它表示系统的能量,$i=\sqrt{-1}$。由于 $|\boldsymbol{\psi}\rangle$ 的范数为单位量,因此从一个时刻到另一个时刻的演化必定是幺正的,即 $\boldsymbol{\psi}(t)=\boldsymbol{U}(t)\boldsymbol{\psi}(0)$,其中幺正变换矩阵称为**传播子**,它服从矩阵形式的 Schrödinger 方程 $i\dot{\boldsymbol{U}}=\boldsymbol{HU}$,$\boldsymbol{U}(0)=\boldsymbol{I}$(同一性)。密度算子同样也遵循幺正演化,即 $\boldsymbol{\rho}(t)=\boldsymbol{U}(t)\boldsymbol{\rho}\boldsymbol{U}^{\dagger}(t)$,因此,根据 Schrödinger 方程式(31.1),可知 $i\dot{\boldsymbol{\rho}}=[\boldsymbol{H},\boldsymbol{\rho}]=\boldsymbol{H\rho}-\boldsymbol{\rho H}$。我们可以认为状态向量不随时间变化,而可观测量根据 $\boldsymbol{A}(t)=\boldsymbol{U}^{\dagger}(t)\boldsymbol{A}\boldsymbol{U}(t)$ 演化,这就是 Heisenberg 绘景。

$\boldsymbol{A}$ 的特征值可以看作 $\boldsymbol{A}$ 的一个测量值。如果系统在被测量时处于状态 $\boldsymbol{\rho}$,而 $\boldsymbol{A}$ 的谱分解为 $A=\sum_n \boldsymbol{a}_n\boldsymbol{P}_n$,那么值 $\boldsymbol{a}_n$ 的发生概率为

$$\mathrm{Prob}(a_n)=\mathrm{Tr}[\boldsymbol{\rho}\boldsymbol{P}_n] \tag{31.2}$$

在测量后,如果值 $\boldsymbol{a}_n$ 被记录下来,那么状态"坍缩"为

$$\boldsymbol{\rho}'=\frac{\boldsymbol{P}_n\boldsymbol{\rho}\boldsymbol{P}_n}{\mathrm{Prob}(\boldsymbol{a}_n)} \tag{31.3}$$

这就是 Von Neumann 状态简化。当量子系统处于纯态 $|\boldsymbol{\psi}\rangle$ 时,可观测量 $\boldsymbol{A}$ 的期望值可以用 Hilbert 空间的内积定义:$\langle\boldsymbol{A}\rangle=\langle\boldsymbol{\psi},\boldsymbol{A\psi}\rangle$。对 $\boldsymbol{A}$ 进行谱分解,可以得到 $\langle A\rangle=\sum_n\lambda_n\langle\boldsymbol{\psi},\boldsymbol{P}_n\boldsymbol{\psi}\rangle$。如果系统处于混态 $\boldsymbol{\rho}$,那么 $\langle A\rangle=\mathrm{Tr}(\boldsymbol{A\rho})=\sum_n\lambda_n\mathrm{Tr}(\boldsymbol{P}_n\boldsymbol{\rho})$(本章将采用符号 $\langle\boldsymbol{A}\rangle$ 或 $\mathbb{P}[\boldsymbol{A}]$ 表示可观测量 $\boldsymbol{A}$ 的期望值)。

从更抽象的数学意义上来说,如果 $\mathscr{C}$ 是一组满足对易律的算子(对易性 *-代数),那么根据**谱定理**[13;定理2.4],密度算子 $\boldsymbol{\rho}$ 可以确定一个经典概率分布 $\mathbf{P}$,而且对于任意的 $\boldsymbol{C}\in\mathscr{C}$,由 $\mathscr{C}$ 的谱构造出的经典概率空间中的任一经典随机变量 $\iota(\boldsymbol{C})$ 都满足 $\mathbb{P}[\boldsymbol{C}]=\mathbf{P}[\iota(\boldsymbol{C})]$。当上下文清楚时,我们可能会不区分这些标识,直接采用符号 $\boldsymbol{C}$ 表示可观测量 $\boldsymbol{C}\in\mathscr{C}$ 或对应的经典随机变量 $\iota(\boldsymbol{C})$。对于可观测量 $\boldsymbol{A}$,在上文所述假设成立的前提下,投影 $\boldsymbol{P}_n$ 就能生成一个这样的可对易集 $\mathscr{C}$。

31.2.3 开放的量子系统

开放的量子系统是可以组成更大的封闭系统的量子系统。图 31.6 是一个对环境 E"开放"的系统 S 的示意图。环境由整个系统难以到达的部分构成,例如,热库、核自旋、声子。完整的 SE 系统(复合系统)服从由幺正算子 U_{SE} 描述的正常演化的量子力学动力学过程,而 U_{SE} 可能依赖于外部施加的经典控制。

在这里,S 系统的状态是可达的,而 E 系统的状态则是不可达的。我们把 S 系统称为**系统**,而把 E 系统称为**环境**或**热库**。既然宇宙中有些状态并不可达,那么描述系统状态从某一时刻到另一时刻可能的非幺正变换具有基础性意义。

一般情况下,任何开放的量子系统的状态-状态的动态变化特性都可以采用一种称为 Kraus 算子和表示(Operator Sum Representation,OSR)的规范形式[45]来描述。该形式可以用来解释退相干以及多种形式的误差来源。令 $\boldsymbol{\rho}_{in}^{S}$ 表示某个初始时刻的系统状态,$\boldsymbol{\rho}_{\mathrm{out}}^{S}$ 表示稍后时刻的系统状态。如果输入状态 $\boldsymbol{\rho}_{in}^{S}\in\mathbf{C}^{n_S\times n_S}$ 与 $\boldsymbol{\rho}^{E}\in\mathbf{C}^{n_E\times n_E}$ 不相关,也就是说,它们构成了 U_{SE} 的一个张量积输入,那么 S 系统的输出端的状态可由 Kraus OSR 给出:

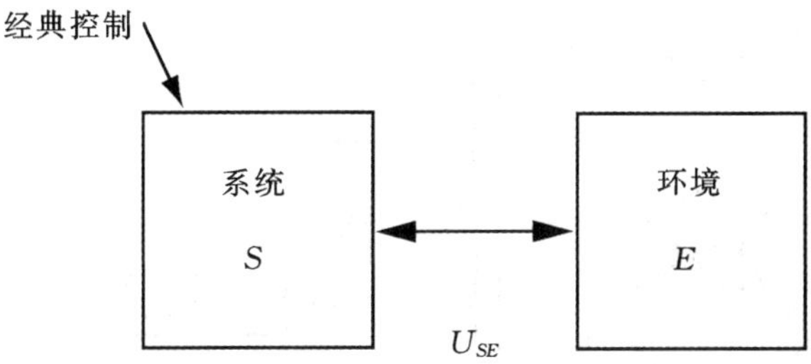

图 31.6 开放的量子系统的示意图

$$\boldsymbol{\rho}_{\text{out}}^{S} = \sum_{\mu=1}^{\kappa} \boldsymbol{K}_{\mu} \boldsymbol{\rho}_{in}^{S} \boldsymbol{K}_{\mu}^{\dagger}, \sum_{\mu=1}^{\kappa} \boldsymbol{K}_{\mu}^{\dagger} \boldsymbol{K}_{\mu} = \boldsymbol{I}_{S} \tag{31.4}$$

$\boldsymbol{K}_{\mu} \in \mathbf{C}^{n_S \times n_S}$受式(31.4)约束，将它称为 **OSR** 元素，可以保证量子系统是保迹的，也就是说，$\mathbf{Tr}\boldsymbol{\rho}_{in}^{S}=1$ 意味着 $\text{Tr}\boldsymbol{\rho}_{\text{out}}^{S}=1$。此外，OSR 可以刻画由 S 系统的测量量生成的所有量子统计量。特别地，对于 S 系统上任意的可观测量 $\boldsymbol{A} = \sum_{n} \boldsymbol{a}_n \boldsymbol{P}_n$ ，

$$\text{Prob}(\boldsymbol{a}_n) = \text{Tr}(\boldsymbol{P}_n \boldsymbol{\rho}_{\text{out}}^{S}) = \sum_{\mu} \text{Tr}(\boldsymbol{P}_n \boldsymbol{K}_{\mu} \boldsymbol{\rho}_{in}^{S} \boldsymbol{K}_{\mu}^{\dagger}) \tag{31.5}$$

通过“描绘”环境状态可以得到输出状态，这被称为**部分迹操作**②，可以表示为

$$\boldsymbol{\rho}_{\text{out}}^{S} = \text{Tr}_E[\boldsymbol{U}_{SE}(\boldsymbol{\rho}_{in}^{S} \otimes \boldsymbol{\rho}^{E})\boldsymbol{U}_{SE}^{\dagger}] \tag{31.6}$$

因此，开放系统的输出状态是幺正动力学过程 $\boldsymbol{U}_{SE}$ 与 E 系统对 S 系统所施加的平均影响的组合。

然而，在其他情况下，S 系统的状态是不可达的，而 E 系统或者 E 系统的一部分是可达的，可以用于反馈控制。例如，在图 31.7 中，S 系统是一个原子，而 E 系统则是外部的自由运动场。原子不能被直接测量；相反，测量的是场的一个可观测量 $\boldsymbol{y}_0(t)$，这个信息可以按经典方式处理，并且用于 31.5.3 节所讨论的测量反馈控制。另一种可能是，无需对场进行测量，而是通过另外的量子系统对其进行相干处理。31.5.5 节讨论的相干反馈控制将会对此进行详细说明。

31.2.4 凸性与量子力学

凸性源自量子力学的本质，尤其在量子估计中，它起着重要作用，其中的一些问题可以公式化描述为凸优化问题。例如，考虑如下凸集，它产生于 n 维 Hilbert 空间中量子力学的几个基本方面：

发生概率 $\{p_\alpha \in \mathbb{R}\}$ $\sum_{\alpha} p_\alpha = 1, p_\alpha \geqslant 0$

密度矩阵 $\{\boldsymbol{\rho} \in \mathbf{C}^{n \times n}\}$ $\text{Tr}\boldsymbol{\rho}=1, \boldsymbol{\rho} \geqslant 0$

正定算子值测量(Positive Operator Valued Measure, POVM) $\{\boldsymbol{O}_\alpha \in \mathbf{C}^{n \times n}\}$ $\sum_{\alpha} \boldsymbol{O}_\alpha = \boldsymbol{I}_n, \boldsymbol{O}_\alpha \geqslant 0$

---

② 如果 $\boldsymbol{\rho}$ 是复合系统 $\boldsymbol{S} \otimes \boldsymbol{E}$ 的一个状态，那么 $\boldsymbol{\rho}_1 = \text{Tr}_E[\boldsymbol{\rho}]$ 也是系统 $\boldsymbol{S}$ 的状态，并且对于系统的所有可观测量 $\boldsymbol{X}$，满足 $\text{Tr}[\boldsymbol{\rho}_1 \boldsymbol{X}] = \text{Tr}[\boldsymbol{\rho}(\boldsymbol{X} \otimes \boldsymbol{I})]$。

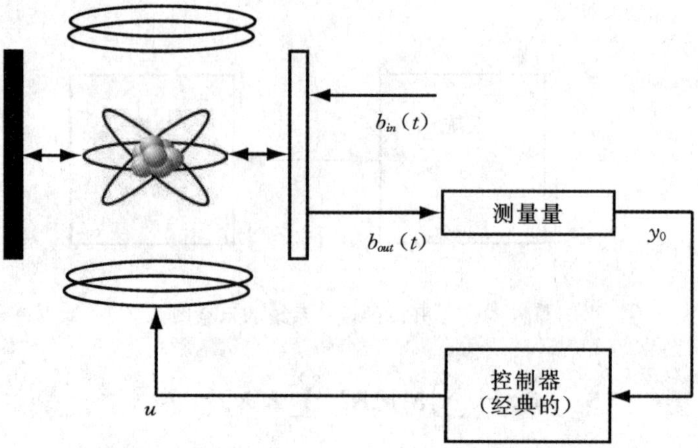

图 31.7 光腔反馈控制中的原子。根据 31.2.3 节中的记法,原子是 S 系统,而场 $b_{in}(t)$ 和 $b_{out}(t)$ 组成了 E 系统。在本例中,反馈回路测量和使用了 E 系统的一个可观测量 $y_0(t)$

固定基集 $\{\boldsymbol{B}_i\in\mathbf{C}^{n\times n}\mid i=1,\cdots,n^2\}$ 中的 OSR	$\{\boldsymbol{X}\in\mathbf{C}^{n^2\times n^2}\}$	$\sum\limits_{ij}\boldsymbol{X}_{ij}\boldsymbol{B}_i^{\dagger}\boldsymbol{B}_j=\boldsymbol{I}_n,\boldsymbol{X}\geqslant 0$

31.2.5 谐振子

由于量子谐振子易于处理,并在建模中应用广泛[44;文本框7.2][44;10.6节][47;4.1节],因此它是最重要的例子之一。光腔和玻色场的模型都建立在量子谐振子的基础之上。量子谐振子的 Hilbert 空间为 $\mathscr{H}=L^2(\mathbf{R},\mathbf{C})$,它是关于定义在实线上的平方可积函数的向量空间。这个系统的算子可以由湮灭算子 $\boldsymbol{a}$ 表示,其伴随为 $\boldsymbol{a}^{\dagger}$,正则对易关系为 $[\boldsymbol{a},\boldsymbol{a}^{\dagger}]=1$。湮灭算子的操作可以在 $\mathscr{H}$ 中的函数(向量)域 $\boldsymbol{\psi}$ 上表示为

$$(\boldsymbol{a}\boldsymbol{\psi})(\boldsymbol{x}) = \boldsymbol{x}\boldsymbol{\psi}(\boldsymbol{x}) - i\frac{\mathrm{d}\boldsymbol{\psi}}{\mathrm{d}\boldsymbol{x}}(\boldsymbol{x})$$

$\boldsymbol{a}^{\dagger}\boldsymbol{a}$ 的特征值是数字 0,1,2,…(量子数),对应的特征向量可记作 $\boldsymbol{\psi}_n\ (n=0,1,2,\cdots)$,称为**数态**。可以推得 $\boldsymbol{a}\boldsymbol{\psi}_n=\sqrt{n}\boldsymbol{\psi}_{n-1}$ 和 $\boldsymbol{a}^{\dagger}\boldsymbol{\psi}_n=\sqrt{n+1}\boldsymbol{\psi}_{n+1}$ 成立。

如果谐振子具有 Hamiltonian 量 $\boldsymbol{H}=\omega\boldsymbol{a}^{\dagger}\boldsymbol{a}$,那么湮灭算子的演变可由 $\boldsymbol{a}(t)=\boldsymbol{U}^{\dagger}(t)\boldsymbol{a}\boldsymbol{U}(t)$ 定义,其中,$\boldsymbol{U}(t)$ 是求解 Schrödinger 方程(31.1)的幺正算子(或者矩阵,视情况而定)。即在初始条件 $\boldsymbol{a}(0)=\boldsymbol{a}$ 下,$\dot{\boldsymbol{a}}(t)=-i[\boldsymbol{a}(t),\boldsymbol{H}]=-i\omega\boldsymbol{a}(t)$。因此,$\boldsymbol{a}(t)=\mathrm{e}^{-i\omega t}\boldsymbol{a}$,并且可以清晰地看到对易关系得到保持,即对于所有的 t,$[\boldsymbol{a}(t),\boldsymbol{a}^{\dagger}(t)]=[\boldsymbol{a},\boldsymbol{a}^{\dagger}]=1$。

自伴算子 $\boldsymbol{q}=\frac{1}{\sqrt{2}}(\boldsymbol{a}+\boldsymbol{a}^{\dagger})$ 和 $\boldsymbol{p}=-\frac{i}{\sqrt{2}}(\boldsymbol{a}-\boldsymbol{a}^{\dagger})$ 分别为实**正交算子**和虚**正交算子**。我们可以构造向量 $\boldsymbol{x}=(\boldsymbol{q},\boldsymbol{p})^{\mathrm{T}}$,使得谐振子的动力学过程在正交形式下可以表示为 $\dot{\boldsymbol{x}}(t)=\boldsymbol{A}\boldsymbol{x}(t)$,更明确地,有

$$\begin{bmatrix}\dot{\boldsymbol{q}}(t)\\ \dot{\boldsymbol{p}}(t)\end{bmatrix}=\begin{bmatrix}0 & \omega\\ -\omega & 0\end{bmatrix}\begin{bmatrix}\boldsymbol{q}(t)\\ \boldsymbol{p}(t)\end{bmatrix} \tag{31.7}$$

需要注意的是，式(31.7)中矩阵 $\boldsymbol{A}$ 的形式很特殊。对易关系为$[\boldsymbol{q},\boldsymbol{p}]=i$，可以用向量 $\boldsymbol{x}$ 表示为$[\boldsymbol{x}_j,\boldsymbol{x}_k]=i\boldsymbol{J}_{jk}$，其中

$$\boldsymbol{J}=\begin{bmatrix}0 & 1\\ -1 & 0\end{bmatrix}$$

矩阵 $\boldsymbol{A}$ 满足 $\boldsymbol{AJ}+\boldsymbol{JA}^{\mathrm{T}}=0$，这个关系足以确定 Hamiltonian 量 $\boldsymbol{H}$：我们有 $\boldsymbol{H}=\frac{1}{2}\boldsymbol{x}^{\mathrm{T}}\boldsymbol{Rx}$，其中 $\boldsymbol{R}=\frac{1}{2}(-\boldsymbol{JA}+\boldsymbol{A}^{\mathrm{T}}\boldsymbol{J})$。正如在下文将要看到的那样，代数关系在描述量子系统时起着重要作用，或许还可以用于物理实现[25,31]。

谐振子是本章(31.5.1 节)讨论的线性量子系统的构成要素。本章只考虑高斯状态，这意味着所有正交算子的概率分布都具有经典的高斯测度。

31.2.6　玻色场

在量子力学中，诸如光束的电磁场可用玻色场表示。在 31.2.7 节和 31.5 节中将要讨论的系统中，我们使用量子随机模型，它源于对更基本的模型的旋波近似和马尔可夫近似。这种理想化处理极大地方便了我们的理解和处理，并为量子光学中的许多状况提供了准确的描述。

玻色场通道可以采用一个由具有奇异对易关系的谐振子构成的无限集表示。在时域中，存在湮灭算子 $\boldsymbol{b}(t)$，它满足$[\boldsymbol{b}(t),\boldsymbol{b}^{\dagger}(s)]=\delta(t-s)$。当场处于真空态时，协方差为$\langle\boldsymbol{b}(t)\boldsymbol{b}^{\dagger}(t')\rangle=\delta(t-t')$。实场正交算子和虚场正交算子分别定义为 $\boldsymbol{b}_r(t)=\boldsymbol{b}(t)+\boldsymbol{b}^{\dagger}(t)$ 和 $\boldsymbol{b}_i(t)=-i(\boldsymbol{b}(t)-\boldsymbol{b}^{\dagger}(t))$(与直流电路分析中的相量表示近似)。当场处于真空态时，这两个正交算子都等价于经典的 Wiener 过程，但是它们并不对易。在正交算子形式下，协方差可由非负的 Hermitian 矩阵 $\boldsymbol{F}$ 表示，其定义为

$$\boldsymbol{F}=\left\langle\begin{bmatrix}\boldsymbol{b}_r(t)\\ \boldsymbol{b}_i(t)\end{bmatrix}\begin{bmatrix}\boldsymbol{b}_r(s) & \boldsymbol{b}_i(s)\end{bmatrix}\right\rangle=(\boldsymbol{I}+i\boldsymbol{J})\delta(t-s)\tag{31.8}$$

31.2.7　光腔

光腔是量子光学系统中的基本部件(见图 31.8a)。图 31.8b 给出了光腔的示意图，它包含一对镜子，镜子之间构建有一个受限的电磁(光学)模，它的频率取决于镜子之间的间隔。这个模式可以用一个湮灭算子为 $\boldsymbol{a}$(见 31.2.5 节)的谐振子描述。其中一个部分透射的镜子使得电磁模有机会与外部自由场 $\boldsymbol{B}$ 相互作用。当外部场处于真空态时，腔体内的初始能量可能会逸出。在这种情况下，光腔系统可以看作一个阻尼谐振子[47]。

光腔是 31.2.3 节所提开放量子系统的一个例子，其中，S 系统是内部腔模式，而 E 系统是外部的自由运动场。光腔的 Stratonovich 形式的 Schrödinger 方程为

$$\dot{\boldsymbol{U}}(t)=\{\sqrt{\boldsymbol{\gamma}}\boldsymbol{a}\boldsymbol{b}_{in}^{\dagger}(t)-\sqrt{\boldsymbol{\gamma}}\boldsymbol{a}^{\dagger}\boldsymbol{b}_{in}(t)-i\boldsymbol{\omega}\boldsymbol{a}^{\dagger}\boldsymbol{a}\}\boldsymbol{U}(t),\quad U(0)=I\tag{31.9}$$

这里，$\boldsymbol{\gamma}$ 是内部腔模式与外部场之间耦合强度的度量，$\boldsymbol{\omega}$ 是反映光腔与外部场失谐水平的频率参数。算子 $\boldsymbol{L}=\sqrt{\boldsymbol{\gamma}}\boldsymbol{a}$ 称为耦合算子。腔的模式根据式 $\boldsymbol{a}(t)=\boldsymbol{U}^{\dagger}(t)\boldsymbol{a}\boldsymbol{U}(t)$发生演化，因此

$$\dot{\boldsymbol{a}}(t)=-\left(\frac{\boldsymbol{\gamma}}{2}+i\boldsymbol{\omega}\right)\boldsymbol{a}(t)-\sqrt{\boldsymbol{\gamma}}\boldsymbol{b}_{in}(t),\boldsymbol{a}(0)=\boldsymbol{a}\tag{31.10}$$

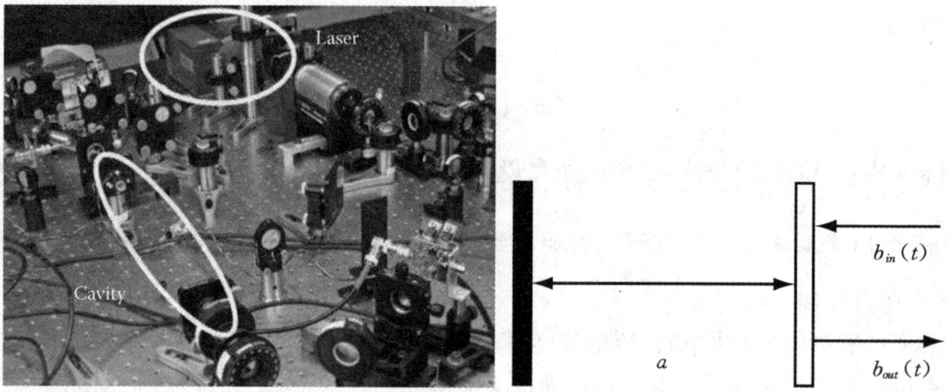

(a) (b)

图 31.8 (a)量子光学系统中由一对镜子构成的光腔(承蒙 E. Huntington 提供);(b)双镜光腔的简化表示,其中一个镜子是全反射的,另一个是部分透射的(图中没有填充的那个)。部分透射的镜子使得光腔内的光模式 $\boldsymbol{a}$(例如激光束)可以与外部光场交互。外部场由一个 Faraday 光隔离器(图中没有绘出)分为输入分量 $\boldsymbol{b}_{in}(t)$和输出分量 $\boldsymbol{b}_{\text{out}}(t)$

写成正交算子形式,有

$$\begin{bmatrix}\dot{\boldsymbol{q}}(t)\\ \dot{\boldsymbol{p}}(t)\end{bmatrix}=\begin{bmatrix}-\frac{\boldsymbol{\gamma}}{2} & \boldsymbol{\omega}\\ -\boldsymbol{\omega} & -\frac{\boldsymbol{\gamma}}{2}\end{bmatrix}\begin{bmatrix}\boldsymbol{q}(t)\\ \boldsymbol{p}(t)\end{bmatrix}+\begin{bmatrix}-\sqrt{\boldsymbol{\gamma}} & 0\\ 0 & -\sqrt{\boldsymbol{\gamma}}\end{bmatrix}\begin{bmatrix}\boldsymbol{b}_{in,r}(t)\\ \boldsymbol{b}_{in,i}(t)\end{bmatrix} \tag{31.11}$$

由此,对易关系得到保持。式(31.11)是一个形式为$\dot{\boldsymbol{x}}(t)=\boldsymbol{A}\boldsymbol{x}(t)+\boldsymbol{B}\boldsymbol{w}(t)$的线性系统,其中 $\boldsymbol{A}$ 和 $\boldsymbol{B}$ 是式(31.11)中的实矩阵,而 $\boldsymbol{w}(t)=(\boldsymbol{b}_{in,r}(t),\boldsymbol{b}_{in,i}(t))^{\mathrm{T}}$。矩阵 $\boldsymbol{A}$ 和 $\boldsymbol{B}$ 满足 $i\boldsymbol{A}\boldsymbol{J}+i\boldsymbol{J}\boldsymbol{A}^{\mathrm{T}}+\boldsymbol{B}\boldsymbol{T}\boldsymbol{B}^{\mathrm{T}}=0$,其中 $\boldsymbol{T}=\frac{1}{2}(\boldsymbol{F}-\boldsymbol{F}^{\mathrm{T}})$。如果该关系成立,那么 Hamiltonian 量 $\boldsymbol{H}=\frac{1}{2}\boldsymbol{x}^{\mathrm{T}}\boldsymbol{R}\boldsymbol{x}$ 与耦合算子 $\boldsymbol{L}=\boldsymbol{M}\boldsymbol{x}$ 可由 $\boldsymbol{R}=\frac{1}{4}(-\boldsymbol{J}\boldsymbol{A}+\boldsymbol{A}^{\mathrm{T}}\boldsymbol{J})$与 $\boldsymbol{M}=\frac{\sqrt{\boldsymbol{\gamma}}}{2}(1,i)$确定。

输出场 $\boldsymbol{y}(t)=(\boldsymbol{b}_{out,r}(t),\boldsymbol{y}_{out,i}(t))^{\mathrm{T}}$ 的正交算子形式为

$$\begin{bmatrix}\boldsymbol{b}_{out,r}(t)\\ \boldsymbol{b}_{out,i}(t)\end{bmatrix}=\begin{bmatrix}\sqrt{\boldsymbol{\gamma}} & 0\\ 0 & \sqrt{\boldsymbol{\gamma}}\end{bmatrix}\begin{bmatrix}\boldsymbol{q}(t)\\ \boldsymbol{p}(t)\end{bmatrix}+\begin{bmatrix}\boldsymbol{b}_{in,r}(t)\\ \boldsymbol{b}_{in,i}(t)\end{bmatrix} \tag{31.12}$$

这个输出方程具有 $\boldsymbol{y}(t)=\boldsymbol{C}\boldsymbol{x}(t)+\boldsymbol{D}\boldsymbol{w}(t)$的形式。请注意 $\boldsymbol{B}=\boldsymbol{J}\boldsymbol{C}^{\mathrm{T}}\boldsymbol{J},\boldsymbol{D}=\boldsymbol{I}$。

31.3 量子估计与控制方法

31.3.1 估计

量子估计可以分为几个宽泛的类别:量子状态层析(Quantum State Tomography,QST)、量子过程层析(Quantum Process Tomography,QPT)以及量子参数估计(Quantum Parameter

Estimation,QPE)。在 QST 中,估计的是密度矩阵 ρ;在 QPT 中,估计的是一个称为**过程矩阵**的矩阵,通过该矩阵可以将 OSR 元素恢复出来;而在 QPE 中,估计的是 Hamiltonian 模型中的不确定参数。

在 QST 和 QPT 中,测量量关于待估参数是线性的。此外,量子状态(密度矩阵)和过程矩阵都被物理限制为凸集。很自然地,已发展完善的最小二乘法和 ML 方法成为解决这两个问题的可选方法。例如,文献[45,48]对此进行了介绍。由此得到的估计问题是一个凸优化问题,因此理论上是易于求解的。然而不幸的是,QST,尤其是 QPT 的参数空间的维度难以处理:对于维度为 n 的 Hilbert 空间,QST 的规模为 n^2,而 QPT 的规模则增长到 n^4。因此,对于 q 量子比特③ $n=2^2$,QST 和 QPT 的规模随着量子比特的数目呈指数增长。这不仅增加了计算量,而且还带来了资源困难。例如,使用的输入的数量、测量设备的数量,以及为了达到期望精度所需的实验次数。目前已经提出了一些方法来缓解这个规模难题,值得关注的方法包括各种形式的基于辅助态④的 QPT(文献[50]对其进行了综述),利用对称性来估计选定的过程性质[51],以及利用先验模型来简化过程矩阵参数的方法[52]。采用辅助态之后,规模增长的幂次减小了,但仍然是指数的。此外,辅助态方法可能需要纠缠输入,而这种输入对于噪声和退相干非常敏感。

近来,基于压缩感知(Compressed Sensing,CS)的估计方法[53~55]已经被应用于 QPT。CS 意味着所需要的测量资源的规模阶数为 $s\log N$,其中 s 是待估计的 N 维信号的稀疏水平。此外,CS 方法需要求解一个凸优化问题。对于使用 q 量子比特的 QPT,$N=(2^q)^4$,因此,采用基于 CS 的方法意味着测量资源的规模阶数为 sq。正如下面将要说明以及文献[56]假设的那样,对于一个初始设计良好且动力学过程近似于理想幺正算子(量子计算的一个主要目标)的系统来说,与理想幺正算子相对应的过程矩阵几乎是稀疏的,也就是说,存在一个 s 稀疏估计,若以测量噪声为模,其估计误差低于任何期望的水平。

QPE 意味着估计量子系统模型(一般是 Hamiltonian 模型)中的参数。QPE 的一个重要子集是量子计量,它所关注的信息通常包含在**单个**不能被直接测量的参数中。例如,估计光学干涉仪两臂之间的相位差或者原子钟的跃迁频率。图 31.9 给出了用于相位估计的经典 Mach-Zehnder 干涉仪的示意图。

单参数(相位)在理想的无噪声情况下的理论极限估计精度已得到深入研究,例如,文献[58~63]。这些研究表明,对仪器,即探针,进行特殊处理可以得到一个小于 Cramér-Rao 下界的渐进方差,即所谓的量子 Cramér-Rao 界或量子 Fisher 信息(Quantum Fisher Information,QFI)。特别地,量子独特的**纠缠**性质可以使参数估计的收敛速度从经典的极限 $1/\sqrt{N}$增大到 Heisenberg 极限 $1/N$,这是由不确定性原理决定的[64]。在后一种情况中,N 指的是纠缠态的维度。纠缠态对噪声和退相干很敏感,因此阻碍了获得理论上的 QFI。除了敏感性之外,仪器的局限性也可能导致不能达到理论上的 QFI,这是因为不是所有的状态都可以获得,而且不是所有的测量方案都可以实现。

---

③ 量子比特是经典信息比特的量子模拟。具体来说,一个满足 $|\boldsymbol{a}|^2+|\boldsymbol{b}|^2=1$ 的两级状态 $|\boldsymbol{\psi}\rangle=\boldsymbol{a}|0\rangle+\boldsymbol{b}|1\rangle$ 是"0"和"1"的叠加态,这一点与对应的经典比特状态不同。

④ 辅助态是特意添加到系统状态中用以提高性能的量子态(和通道)。例如,根据量子计量修正量子误差。

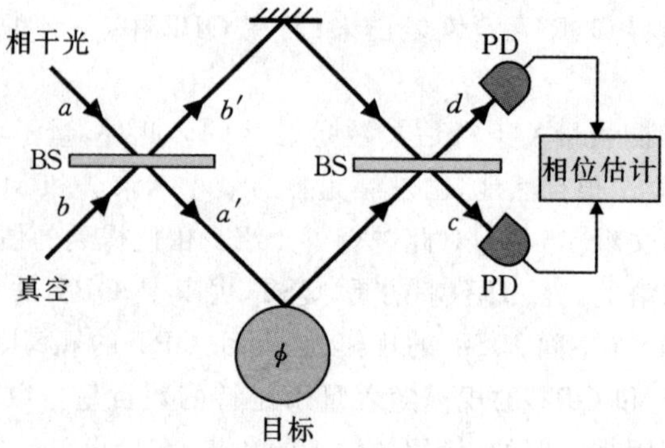

图 31.9 经典的 Mach-Zehner 干涉仪。一束相干光被分为两部分,通过分析两个输出光束的光子测量量来估计两个光臂之间的相位差 ϕ(BS:分光镜,PD:光电探测器)

一般来说,Hamiltonian 量对于理解大多数物理现象都是有用的。如果一个量子系统被用来模拟另一个量子系统的动力学过程(Feynman 关于量子计算机应用的最初思想),那么准确有效地描述量子过程的能力就变得非常重要。据说,自适应控制实验证明我们已经制造出了一台量子计算机,唯一的问题是由于我们不知道 Hamiltonian 量 $\boldsymbol{H}$,导致我们不清楚计算机在求解哪个方程[5,8,65]。此外,$\boldsymbol{H}$ 实际上是由外部场调节的,也就是说,在驱动场开启时,外部场创建了一个“固定的”新 Hamiltonian 量。近来,CS 也已经用于估计 Hamiltonian 量[66],本章对此不再展开讨论。

31.3.2 控制

如何才能控制一个量子系统呢?假设影响 Schrödinger 方程(31.1)的系统的 Hamiltonian 量 $\boldsymbol{H}$ 依赖于一个外部控制变量 $\boldsymbol{u}$,即 $\boldsymbol{H}=\boldsymbol{H}_0+\boldsymbol{H}_1\boldsymbol{u}$,那么 Schrödinger 方程可以写为

$$\dot{\boldsymbol{U}}=-i(\boldsymbol{H}_0+\boldsymbol{H}_1\boldsymbol{u})\boldsymbol{U},0\leqslant t\leqslant t_f,\boldsymbol{U}(0)=\boldsymbol{I} \tag{31.13}$$

很明显,该方程在每一个时刻都与控制变量 $\boldsymbol{u}$ 和幺正算子 $\boldsymbol{U}$ 的内积相关,因此它是**双线性**的。对于系统方程(31.13),最简单的控制问题是,选择一个开环控制信号 $\boldsymbol{u}(t)$ 使得终止时刻 t_f 的幺正算子 $\boldsymbol{U}(t_f)$ 等于或者接近于期望的幺正算子 $\boldsymbol{U}_{des}$。这个问题完全是确定性的,从开创性论文[22]开始,已经积累了大量有关该问题的文献。学者们利用非线性控制理论的方法,并将结果应用于一系列问题(例如,文献[16,67],特别是最近的关于**动态解耦**的工作[68,69])。由于量子态的演变依赖于幺正算子,所以后者控制了内在物理系统的基本统计行为。

那么量子控制仅仅包含经典的非线性控制形式吗?如果我们希望利用反馈来控制量子系统的话,那么答案是否定的。自 20 世纪 80 年代以来,在量子系统的反馈控制方面取得的进展均依赖于更为复杂的模型。这些更先进模型的发展是由量子物理的一个重要领域——量子光学——的快速重要的进步而推动的。在适当的时候,从量子光学系统的反馈控制中取得的经验将会影响反馈控制在其他物理领域中的发展。据我们所知,量子反馈控制方面最早的文献是 Belavkin 发表的论文[10],这篇论文讨论了开放量子模型、滤波以及最优测量反馈控制。稍后,Belavkin 发展了**量子滤波**的一般理论[12],它包含源于量子光学的随机主方程[70]。量子控

制理论的发展中的一个重要里程碑是 Wiseman 和 Millburn 在 20 世纪 90 年代所做的工作[38,71,72]。他们最近出版了一本关于量子测量和控制的教科书[73]。

许多控制问题都可以采用开放量子系统的**量子噪声**模型来表示，光腔模型方程(31.9)就是一个例子[47,74]。尤其是最优控制问题，可以通过确定一个合适的代价函数来公式化描述[17,23,75,76]。一般来说，这些问题难以解析求解，尽管原则上可以使用动态规划方法。不过，与经典随机系统类似，存在一类具有封闭解的**测量反馈**问题，即线性高斯量子随机系统[17,75,77]。虽然基本的幺正方程关于控制变量是双线性的，但是这类线性量子系统的特性意味着，某些可观测量的演化过程是由线性方程确定的，而这些方程保持了高斯状态——这就是它易于计算处理的原因。31.5 节将介绍这些模型，提出并解决一些控制问题。

人们也可以建立**相干反馈**最优控制问题[25,32]。可以证明，H^∞ 问题易于处理，这是因为它具有线性高斯模型，而且重要的是，对于该问题，可以从优化问题中将相干控制器的物理约束解耦出来[25]。这方面内容将在 31.5.5 节中叙述。不过，相干反馈 LQG 问题看上去不太容易求解[32]。

31.3.3 自适应与学习控制

在量子化学中，自适应和学习控制已经在实验室中成功地应用于成百上千的实验(图 31.10)[65,78]。它们都是直接自适应控制系统，没有为系统提供任何模型，只能根据性能指标，通过调整控制参数来改进性能。不过，这些调整"方向"明显必须依赖于"控制参数绘景(landscape)"的形状；否则，不可能知道如何做出调整。可以想象，控制绘景一般具有许多局部最优值，因此，如果没有任何绘景知识而进行穷举搜索，那么要找到全局最优值是很困难的。然而，令人惊讶的是，对量子系统的控制绘景进行的深入分析表明事实并非如此[78,79]。分析表明，对于无约束的时变控制，如果系统是可控的，那么**所有**的局部极大值都是全局最大值，也就是说，每一个局部极大值出现的概率都相同，而所有其他的极值出现的概率都为 0。然而，当存在控制约束时，控制绘景可能会展示出一些在原始自由浮动集中不太明显的结构。

所有实验都有效这个事实实在令人惊讶。一种猜测是，对控制绘景的一次考察将提供大量细节，其中许多可能是由强约束的控制所产生的无效结构。从积极的角度看，随着可用带宽的增大，控制绘景将变得更简单更规范，这意味着更多局部最优值的性能接近于全局最优值。

31.4 量子估计

在接下来的几个小节里，我们将简要概述量子估计算法，它们大部分都以量子力学变量所固有的凸性为基础。

涉及的应用包括：用于状态和过程层析以及 Hamiltonian 参数估计的 ML 估计与最优实验设计(Optimal Experiment Design，OED)、量子状态检测以及量子误差修正。凸优化的最大优点是可以有效可靠地找到全局最优解。

ML 估计问题包括状态(密度)估计、输入状态分布的 ML 估计、QPT 的 OSR 元素的 ML 估计以及 Hamiltonian 参数的 ML 估计。与这些估计问题相关联的是一个由 Cramer-Rao 不等式引起的 OED 问题，该不等式可以确定系统配置以最大化估计精度。

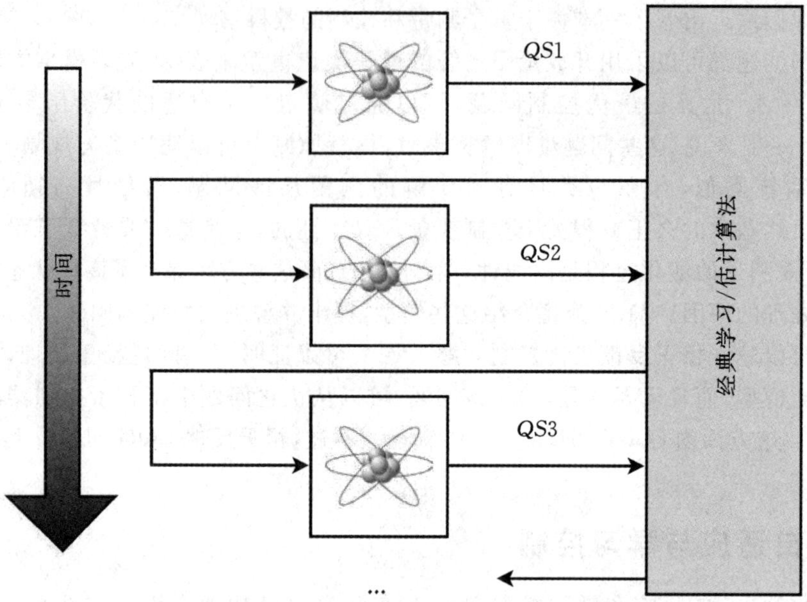

图 31.10 迭代学习控制。相同的方案用于相同重复实验中的估计问题。fresh 量子系统被用于每次迭代:$QS1$、$QS2$、$QS3$,…

对于特定量子状态极其灵敏的检测仪的设计问题可以描述为一个关于 POVM 矩阵的凸优化问题,而 POVM 矩阵可以刻画测量仪器的特性。例如,最大化检测的后验概率便是一个关于 POVM 元素的拟凸优化问题。

量子信息误差修正过程的设计问题可以转变为一个双凸优化问题,该问题不断地在编码与恢复之间迭代,每个编码或恢复步骤都是一个半正定规划。对于给定的编码算子,确定恢复算子的问题是凸的;而对于给定的恢复方法,确定编码方案的问题也是凸的。这使得我们可以使用一些派生出来的代码,对于误差系统中的许多不确定性,这些代码比标准代码更加鲁棒。

31.4.1 量子状态层析

31.4.1.1 数据采集

对于量子状态估计问题,数据大多都源于配置为 γ,并重复 ℓ_γ 次的相同实验。图 31.11 给出了配置为 γ 的 QST 数据采集结构示意图。

在这里,$\boldsymbol{\rho}^{\text{true}} \in \mathbf{C}^{n\times n}$ 是真实的未知的待估计状态,$n_{\alpha\gamma}$ 是 ℓ_γ 次实验中 α 出现的次数,$\{M_{\alpha\gamma}\}$ 是测量仪器的 POVM 元素。因此,数据集包含了所有结果出现的次数:

$$D = \{n_{\alpha\gamma} \mid \alpha = 1,\cdots,n_{\text{out}},\gamma = 1,\cdots,n_{\text{cfg}}\} \tag{31.14}$$

如果 $\boldsymbol{p}_{\alpha\gamma}^{\text{true}}$ 表示当系统配置为 γ、状态输入为 $\boldsymbol{p}^{\text{true}}$ 时,获得结果 α 的真实概率,那么

$$\mathbb{P}\ n_{\alpha\gamma} = \ell_\gamma p_{\alpha\gamma}^{\text{true}} \tag{31.15}$$

其中,数学期望$\mathbb{P}(\cdot)$是根据与 $\boldsymbol{\rho}^{\text{true}}$ 对应的内在量子概率分布而计算得到的。我们可以建立如下系统模型:

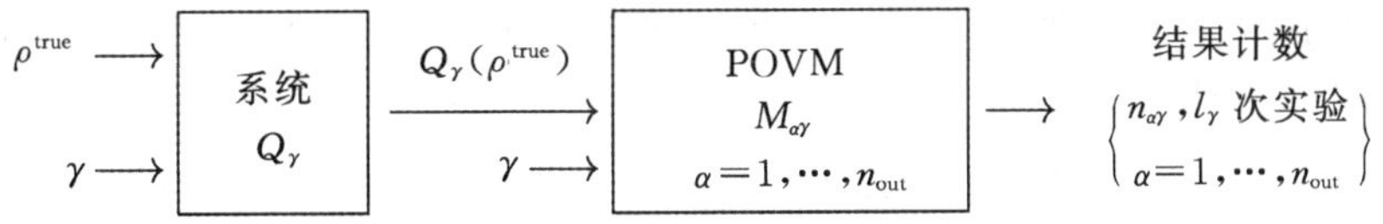

图 31.11　配置为 γ 的 QST 数据采集

$$p_{\alpha\gamma}(\boldsymbol{\rho}) = \mathrm{Tr} M_{\alpha\gamma} Q_\gamma(\boldsymbol{\rho}) \tag{31.16}$$

其中，$p_{\alpha\gamma}(\boldsymbol{\rho})$是系统配置为 γ、输入状态 $\boldsymbol{\rho}$ 属于密度矩阵集

$$\{\boldsymbol{\rho} \in \mathbf{C}^{n\times n} \mid \boldsymbol{\rho} \geqslant 0, \mathrm{Tr}\boldsymbol{\rho} = 1\} \tag{31.17}$$

时，测量 α 的结果概率。如果将 Q_γ 建模为元素为$\{K_{\gamma k}\}$的 OSR，那么模型的结果概率关于输入状态是线性的，即

$$p_{\alpha\gamma}(\boldsymbol{\rho}) = \mathrm{Tr} O_{\alpha\gamma}\boldsymbol{\rho}, O_{\alpha\gamma} = \sum_{k=1}^{\kappa_\gamma} K_{\gamma k}^\dagger M_{\alpha\gamma} K_{\gamma k} \tag{31.18}$$

此外，集合$\{O_{\alpha\gamma}\}$是一个 POVM。如果将 $\boldsymbol{Q}_\gamma$ 建模为幺正系统，那么

$$Q_\gamma(\boldsymbol{\rho}) = U_\gamma \boldsymbol{\rho} U_\gamma^\dagger, U_\gamma^\dagger U_\gamma = I_n \Rightarrow O_{\alpha\gamma} = U_\gamma^\dagger M_{\alpha\gamma} U_\gamma \tag{31.19}$$

集合 O_γ 仍然是一个 POVM，它只有单个元素 $K_\gamma = U_\gamma$。

图 31.12 给出了牛津大学 Clarendon 实验室进行的 QST 实验的设置示意图。在该实验中，对于结果概率 $p_{\alpha\gamma}$，结果 $\alpha\in\{0,1\}$和配置 $\gamma\in\{\Omega,T\}$都是从荧光信号的频域和时域中挑选出来的[80]。

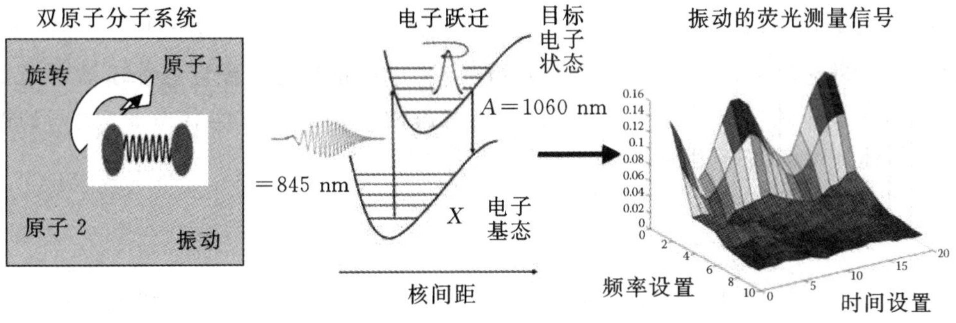

图 31.12　实验室中的 QST；双原子分子中振动波包的状态层析

31.4.1.2　极大似然方法

本节将介绍量子状态估计的 ML 方法，可以看到这种估计方法也是凸的。这些结果可以在文献[81,82]以及其中的文献中找到。这些参考文献没有讨论如何使用诸如内点法的凸规划方法进行计算。

如果实验是相互独立的，那么获得数据(式(31.14))的概率是单个模型概率(式(31.16))的乘积。因此，对于一个假定的初始状态 $\boldsymbol{\rho}$，根据模型可以预测获得相应数据集(式(31.14))的概率为 $\mathrm{P}(D,\boldsymbol{\rho}) = \prod_{\alpha,\gamma} p_{\alpha\gamma}(\boldsymbol{\rho})^{n_{\alpha\gamma}}$。因此，数据可由结果计数$\{n_{\alpha\gamma}\}$来刻画，而模型项对 $\boldsymbol{\rho}$ 具有一

定的依赖性。$\boldsymbol{\rho}$ 的 ML 估计量可以通过如下方式得到：在集合(式(31.17))中寻找一个可以最大化 $\mathrm{P}(D,\boldsymbol{\rho})$ 的 $\boldsymbol{\rho}$，或者等价地，可以最小化**负对数似然函数** $L(D,\boldsymbol{\rho})=-\log P\{D,\boldsymbol{\rho}\}$ 的 $\boldsymbol{\rho}$。ML 状态估计量 $\boldsymbol{\rho}^{\mathrm{ML}}$ 是优化问题

$$\begin{aligned}&\text{最小化} \quad L(D,\boldsymbol{\rho})=-\sum_{\alpha,\gamma} n_{\alpha\gamma}\log \mathrm{Tr}\boldsymbol{O}_{\alpha\gamma}\boldsymbol{\rho}\\&\text{使得} \quad \boldsymbol{\rho}\geqslant 0,\quad \mathrm{Tr}\boldsymbol{\rho}=1\end{aligned} \tag{31.20}$$

的解。

$L(D,\boldsymbol{\rho})$ 是关于 $\boldsymbol{\rho}$ 的对数凸函数的正加权和，因此它是一个关于 $\boldsymbol{\rho}$ 的对数凸函数。$\boldsymbol{\rho}$ 是密度矩阵这一约束构成了 $\boldsymbol{\rho}$ 上的凸集，因此，式(31.20)属于一类已经深入研究过的对数优化问题，例如文献[49]。

31.4.1.3 最小二乘方法

在典型的应用中，每一个配置的实验次数 ℓ_γ 要足够多，以使得结果概率的**经验估计**是实际结果概率 $p_{\alpha\gamma}^{\mathrm{true}}$ 的一个良好估计：

$$p_{\alpha\gamma}^{\mathrm{emp}}=\frac{n_{\alpha\gamma}}{\ell_\gamma}\approx p_{\alpha\gamma}^{\mathrm{true}} \tag{31.21}$$

这就引出了最小二乘(Least Squares，LS)状态估计 $\boldsymbol{\rho}^{\mathrm{LS}}$，它是约束加权 LS 问题

$$\begin{aligned}&\text{最小化} \quad \sum_{\alpha,\gamma}[\boldsymbol{\rho}_{\alpha\gamma}^{\mathrm{emp}}-\mathrm{Tr}\boldsymbol{O}_{\alpha\gamma}\boldsymbol{\rho}]^2\\&\text{使得} \quad \boldsymbol{\rho}\geqslant 0,\quad \mathrm{Tr}\boldsymbol{\rho}=1\end{aligned} \tag{31.22}$$

的解。

很明显，这是一个凸优化问题。对于较大的 ℓ_γ，LS 解与 ML 解(式(31.22))几乎相同。

31.4.1.4 最优实验设计

这一节将讨论量子状态估计的实验设计问题。目标是为每个配置选择所需要的实验次数，即向量 $\ell=[\ell_1\cdots\ell_{n_{\mathrm{cfg}}}]^{\mathrm{T}}\in\mathbb{R}^{n_{\mathrm{cfg}}}$ 的元素，以使得状态估计 $\hat{\boldsymbol{\rho}}(\ell)$ 与真实状态 $\boldsymbol{\rho}^{\mathrm{true}}$ 之间的误差达到最小。具体地说，我们希望从问题

$$\begin{aligned}&\text{最小化} \quad \mathbb{P}\,\|\hat{\boldsymbol{\rho}}(\ell)-\boldsymbol{\rho}^{\mathrm{true}}\|_{\mathrm{frob}}^2\\&\text{使得} \quad \sum\nolimits_\gamma \ell_\gamma=\ell_{\mathrm{expt}},\quad \text{整数 } \ell_\gamma\geqslant 0,\gamma=1,\cdots,n_{\mathrm{cfg}}\end{aligned} \tag{31.23}$$

中求解出 ℓ。其中，ℓ_{expt} 是期望的总实验次数。该问题可能不可解，至少是难以求解的，这归咎于以下几个原因：首先，问题的解依赖于生成 $\hat{\boldsymbol{\rho}}(\ell)$ 的估计方法；其次，由于 ℓ 是一个整数向量，该问题是一个整数组合问题；最后，方程的解依赖于所要估计的状态 $\boldsymbol{\rho}^{\mathrm{True}}$。幸运的是，所有这些问题都可以规避。我们首先消除问题的解对估计方法的依赖性。下面的结果是文献[83]应用 Cramér-Rao 不等式[84]而得到的。

31.4.1.4.1 状态估计方差的下界

对于每个配置所需要的 $\ell=[\ell_1\cdots\ell_{n_{\mathrm{cfg}}}]$ 次实验，假设 $\hat{\boldsymbol{\rho}}(\ell)$ 是 $\boldsymbol{\rho}^{\mathrm{true}}$ 的无偏估计，即 $\mathbb{P}\,\hat{\boldsymbol{\rho}}(\ell)=\boldsymbol{\rho}^{\mathrm{true}}$，那么估计误差的方差满足

$$\mathbb{P}\,\|\hat{\boldsymbol{\rho}}(\ell)-\boldsymbol{\rho}^{\mathrm{true}}\|_{\mathrm{frob}}^2\geqslant V(\ell,\boldsymbol{\rho}^{\mathrm{true}})=\mathrm{Tr}\sum_{\gamma=1}^{n_{\mathrm{cfg}}}\ell_\gamma\boldsymbol{G}_\gamma(\boldsymbol{\rho}^{\mathrm{true}})]^{-1}$$

$$G_\gamma(\boldsymbol{\rho}^{\text{true}}) = \boldsymbol{C}_{eq}^{\mathrm{T}}\left[\sum_\alpha (\text{vec}\boldsymbol{O}_{\alpha\gamma})(\text{vec}\boldsymbol{O}_{\alpha\gamma})^\dagger \boldsymbol{p}_{\alpha\gamma}(\boldsymbol{\rho}^{\text{true}})\right]\boldsymbol{C}_{eq} \in \mathbb{R}^{n^2-1\times n-1^2} \tag{31.24}$$

其中,$\boldsymbol{C}_{eq} \in \mathbb{R}^{n^2\times n^2-1}$源于等式约束 $\mathrm{Tr}\boldsymbol{\rho}=1$。

实验设计问题可以表示为如下关于整数向量 ℓ 的优化问题:

$$\begin{aligned} &\text{最小化} \quad \boldsymbol{V}(\ell,\boldsymbol{\rho}^{\text{true}}) \\ &\text{使得} \quad \sum_\gamma \ell_\gamma = \ell_{\text{expt}}, \text{整数 } \ell_\gamma \geqslant 0, \gamma=1,\cdots,n_{\text{cfg}} \end{aligned} \tag{31.25}$$

其中,ℓ_{expt}是期望的总实验次数。该表示方式的优点是优化对象 $\boldsymbol{V}(\ell,\boldsymbol{\rho}^{\text{true}})$ 关于 ℓ 是凸的[49,7.5节]。不幸的是,存在以下两个障碍:(1)ℓ 被限定为整数向量,这使得该问题成为一个组合问题;(2)下界函数 $\boldsymbol{V}(\ell,\boldsymbol{\rho}^{\text{true}})$依赖于真实值 $\boldsymbol{\rho}^{\text{true}}$。这些困难可以在一定程度上得到克服。对于(1),可以采用文献[49,7.5 节]描述的凸松弛方法。对于(2),可以采用一组“假设分析”替代值 $\boldsymbol{\rho}^{\text{surr}}$ 代替 $\boldsymbol{\rho}^{\text{true}}$,以此来解决已经松弛了的实验设计问题。这些值可以在最初阶段使用,然后通过在状态估计与实验设计之间不断迭代,逐渐“引导”到更精确的值。

按照文献[49,7.5 节]中所述方法,引入变量 $\lambda_\gamma=\ell_\gamma/\ell_{\text{expt}}$来表示配置为 γ 时所做的实验占总实验次数的比例。所有的 ℓ_γ 和 ℓ_{expt}都是非负整数,每个 λ_γ 都是非负**有理数**,准确地说,是 $1/\ell_{\text{expt}}$的整数倍,而且满足 $\sum_\gamma \lambda_\gamma = 1$。如果将 λ_γ 仅约束为非负实数,那么这相当于放松了 ℓ_γ 是整数这个约束。**松弛后**的实验设计问题可表示为

$$\begin{aligned} &\text{最小化} \quad \boldsymbol{V}(\lambda,\boldsymbol{\rho}^{\text{surr}}) = \mathrm{Tr}\left[\sum_\gamma \lambda_\gamma \boldsymbol{G}_\gamma(\boldsymbol{\rho}^{\text{surr}})/\ell_{\text{expt}}\right]^{-1} \\ &\text{使得} \quad \sum_\gamma \lambda_\gamma = 1, \quad \lambda_\gamma \geqslant 0, \gamma=1,\cdots,n_{\text{cfg}} \end{aligned} \tag{31.26}$$

这是一个关于 $\lambda_\gamma \in \mathbb{R}^{n_{\text{cfg}}}$的凸优化问题。令 $\boldsymbol{\lambda}^{\text{opt}}$表示式(31.26)的最优解,由于问题不再依赖于 ℓ_{expt},可以把 $\boldsymbol{\lambda}^{\text{opt}}$看作每个配置所需要的实验的分布。很明显,$\ell_{\text{expt}}\boldsymbol{\lambda}^{\text{opt}}$是 $1/\ell_{\text{expt}}$的整数倍构成的向量这一要求得不到保证。要获得由 $1/\ell_{\text{expt}}$的整数倍组成的向量,一个实际可行的选择是 $\ell_{\text{expt}}^{\text{round}} = \textbf{round}\{\ell_{\text{expt}}\lambda^{\text{opt}}\}$。如果 ℓ^{opt}是式(31.25)的(未知的)整数向量解,那么可以得到如下关系:

$$V(\ell_{\text{expt}}^{\text{round}},\boldsymbol{\rho}^{\text{surr}}) \geqslant V(\ell^{\text{opt}},\boldsymbol{\rho}^{\text{surr}}) \geqslant V(\ell_{\text{expt}}\lambda^{\text{opt}},\rho^{\text{surr}}) \tag{31.27}$$

因此,最优目标处于由松弛优化所获得的已知值之间。最优解落入的区间不会比 $V(\ell_{\text{expt}}^{\text{round}},\boldsymbol{\rho}^{\text{surr}})$与 $V(\ell_{\text{expt}}\boldsymbol{\lambda}^{\text{opt}},\boldsymbol{\rho}^{\text{surr}})$之间的差更大,而后者可以根据 $\boldsymbol{\lambda}^{\text{opt}}$而单独计算出来。如果这个区间足够小,那么对于所有的实际应用,“最优”解就是 $\boldsymbol{\lambda}^{\text{opt}}$。

31.4.1.4.2 数值实例——单光子的状态层析

图 31.13 给出了对单个光子进行状态层析所用仪器的示意图,该光子由量子状态(密度矩阵)$\boldsymbol{\rho}$ 描述。这个装置包括两个光子计数检测仪 A 和 B,并且涉及两个连续变量,分别与四分之一玻片(q)和二分之一玻片(h)对应(通过调整这两个器件可以改变光的偏振性)。对于任意角度参数(q,h),每个臂上的其中一个检测仪记录一个光子。我们的目标是利用两个检测仪上的光子计数作为数据,确定这些参数的最佳设置值,以及为估计状态 $\boldsymbol{\rho}$ 需要针对每种设置所进行的实验次数。由于光子源不完全有效,所以输入的量子状态实际上可能包含一个光子或者不包含光子。检测仪的记录结果是 0 还是 1,取决于光子是否入射到检测仪上。

假设入射状态**总是**一个光子,而不会没有光子,且每个检测仪具有一个效率值 η,$0\leqslant\eta\leqslant1$

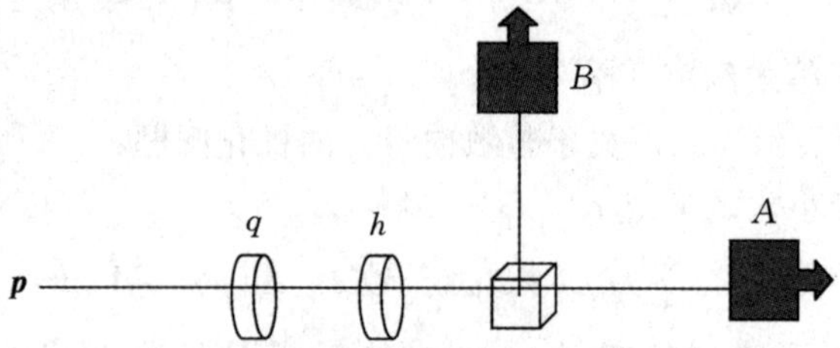

图 31.13　单光子检测仪

和一个非零的暗计数概率 δ,$0\leqslant\delta\leqslant1$。那么 $1-\eta$ 即为没有检测到光子的概率,$1-\delta$ 表示没有暗计数的概率。在这些条件下,检测仪 A、B 具有四种可能结果,可以用双索引表示为 $\alpha\in\{10,01,00,11\}$。对纯态输入和混态输入,可以求得最优实验分布:

$$\boldsymbol{\rho}_{\text{pure}}=\frac{1}{2}\begin{bmatrix}1&1\\1&1\end{bmatrix}=\boldsymbol{\Psi}_0\boldsymbol{\Psi}_0^{\dagger},\quad \boldsymbol{\Psi}_0=\frac{1}{\sqrt{2}}\begin{bmatrix}1\\1\end{bmatrix},\quad \boldsymbol{\rho}_{\text{mixd}}=\begin{bmatrix}0.6&-0.2i\\0.2i&0.4\end{bmatrix}\tag{31.28}$$

在考虑和不考虑源于检测仪效率 η 和暗计数概率 δ 的“噪声”的情况下,针对每个输入状态,计算分布 $\boldsymbol{\lambda}_{\text{pure}}^{\text{opt}}$,$\boldsymbol{\lambda}_{\text{mixd}}^{\text{opt}}$。在不考虑噪声时,$\eta=1,\delta=0$;在考虑噪声时,设 $\eta=0.75,\delta=0.05$。对于所有的情况和噪声条件,采用如下玻片设置:

$$\begin{aligned}h_i&=(i-1)(5^\circ),\quad i=1,\cdots,10\\q_i&=(i-1)(5^\circ),\quad i=1,\cdots,10\end{aligned}\tag{31.29}$$

两个角度都是以 5°为步长,从 0 增加到 45°,由此可以得到与所有玻片组合相对应的 $n_{\text{cfg}}=10^2=100$ 种配置。图 31.14 给出了在四种测试情况下——考虑噪声或不考虑噪声时分别对应的两种输入状态,最优分布 $\boldsymbol{\lambda}^{\text{opt}}$ 随配置 $\gamma=1,\cdots,100$ 的变化情况。可以看到,最优分布不是均匀的,而是集中于相同的特定玻片设置附近。

需要注意的是,除无噪声纯态之外的 OED 以及其他分布所对应的实验均显示出“分布广泛性”,这一点是很有趣的。这些 OED 分布可以处理与标称(替代)设计相差更大的偏差,而这便于得到更鲁棒的估计。

为了验证松弛最优 $\boldsymbol{\lambda}^{\text{opt}}$ 与未知的整数最优之间的差异,我们借助式(31.27)。下表表明,即便在 ℓ_{expt} 并不很大的两个无噪声状态情况下,这些分布也是未知最优整数解的良好估计。对于有噪声的情况,可以得到类似的结果。

ℓ_{expt}	$\dfrac{V(\ell_{\text{expt}}\boldsymbol{\lambda}_{\text{pure}}^{\text{opt}},\boldsymbol{\rho}_{\text{pure}})}{V(\ell_{\text{expt}}^{\text{round}}(\boldsymbol{\rho}_{\text{pure}}),\boldsymbol{\rho}_{\text{pure}})}$	$\dfrac{V(\ell_{\text{expt}}\boldsymbol{\lambda}_{\text{mixd}}^{\text{opt}},\boldsymbol{\rho}_{\text{mixd}})}{V(\ell_{\text{expt}}^{\text{round}}(\boldsymbol{\rho}_{\text{mixd}}),\boldsymbol{\rho}_{\text{mixd}})}$
100	0.9797	0.7761
1000	0.9950	0.9735
10 000	0.9989	0.9954

31.4.2 量子过程层析

QPT 是指采用测量所得数据估计量子过程的 OSR 元素[45,48]。因此,QPT 是一种几乎可以描述所有量子系统动力学的方法。特别是对于量子信息系统,QPT 可以用来确定系统是否

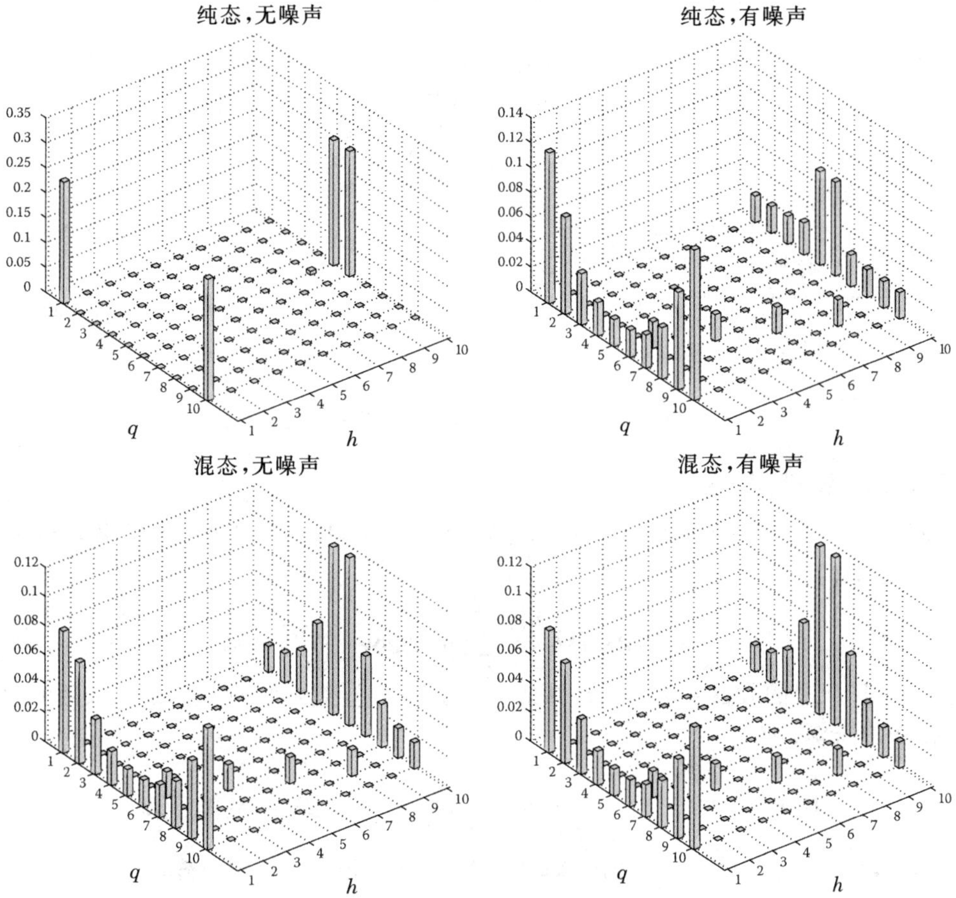

图 31.14　OED 的玻片分布

正在按照期望的方式运行。QPT 还可以用来估计特定的系统误差，从而使得这些误差可以进一步通过最优误差修正方法得到调节和改善。

31.4.2.1　数据采集

图 31.15 给出了 QPT 的数据采集方案，该图与图 31.11 类似。

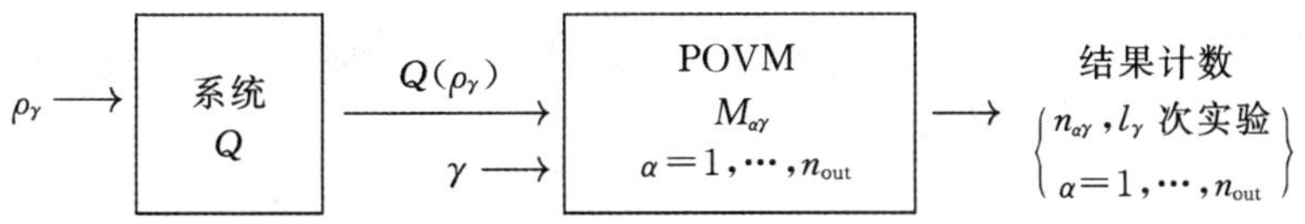

图 31.15　系统/POVM

状态层析（见图 31.11）与过程层析（见图 31.15）之间的主要区别在于，后者的输入状态是已知的，并且已经根据配置（$\boldsymbol{\gamma}$）被预先确定为特定值 $\boldsymbol{\rho}_\gamma$，而待估计的 Q 系统则不依赖于配置。图 31.16 给出了牛津大学 Clarendon 实验室进行的 QPT 实验的设置示意图，图中的"$\boldsymbol{X}$"指的是过程矩阵（其定义在下面给出），根据荧光数据可以将其估计出来[52]。

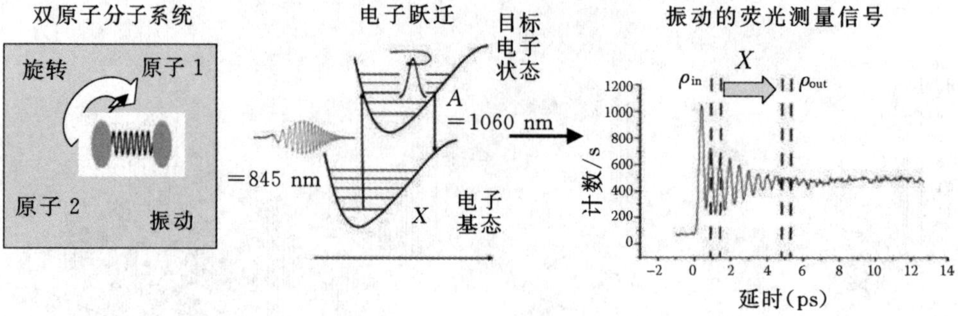

图 31.16　实验室中的 QPT；双原子分子中振动波包的过程层析

31.4.2.2　OSR 模型

与 QST 一样，如果 Q 可以用元素为 $\{K_k\}$ 的 OSR 表示，那么模型的概率结果为 OSR 元素的二次型函数，即

$$p_{\alpha\gamma}(\boldsymbol{\rho}) = \mathrm{Tr}\boldsymbol{O}_{\alpha\gamma}\boldsymbol{\rho},\quad \boldsymbol{O}_{\alpha\gamma} = \sum_{k=1}^{\kappa}\boldsymbol{K}_k^{\dagger}\boldsymbol{M}_{\alpha\gamma}\boldsymbol{K}_k,\quad \sum_{k=1}^{\kappa}\boldsymbol{K}_k^{\dagger}\boldsymbol{K}_k = \boldsymbol{I} \tag{31.30}$$

此外，OSR 元素的数目并不总是已知的。为了避开这些困难，标准方法是采用 $\mathbf{C}^{n\times n}$ 的矩阵基表示 OSR 元素，即

$$\{\boldsymbol{B}_i \in \mathbf{C}^{n\times n} \mid i = 1,\cdots,n^2\} \Rightarrow \boldsymbol{K}_k = \sum_{i=1}^{n^2} x_{ki}\boldsymbol{B}_i, k = 1,\cdots,\kappa \tag{31.31}$$

这 n^2 个系数 $\{x_{ki}\}$ 是复标量。引入矩阵 $\boldsymbol{X}\in\mathbf{C}^{n^2\times n^2}$，它通常被称为**过程矩阵**，其元素是

$$X_{ij} = \sum_{k=1}^{\kappa} x_{ki}^{*} x_{kj},\ i,j = 1,\cdots,n^2 \tag{31.32}$$

那么，迹保持条件转变为

$$\sum_{i,j=1}^{n^2} X_{ij}\boldsymbol{B}_i^{\dagger}\boldsymbol{B}_j = \boldsymbol{I}_n \tag{31.33}$$

这是一个关于 $\boldsymbol{X}$ 的线性约束。结果概率（式(31.30)）现在变为

$$p_{\alpha\gamma}(\boldsymbol{X}) = \mathrm{Tr}\boldsymbol{X}\boldsymbol{R}_{\alpha\gamma},\ [\boldsymbol{R}_{\alpha\gamma}]_{ij} = \mathrm{Tr}\boldsymbol{B}_j\boldsymbol{\rho}_{\gamma}\boldsymbol{B}_i^{\dagger}\boldsymbol{O}_{\alpha\gamma},\ i,j = 1,\cdots,n^2 \tag{31.34}$$

那么 QPT 就是在服从二次等式约束（式(31.32)）和线性等式约束（式(31.33)）的前提下，根据数据集 $\boldsymbol{D}$（式(31.14)）来估计 $\boldsymbol{X}\in\mathbf{C}^{n^2\times n^2}$。在将二次等式约束（式(31.32)）松弛为半正定约束 $\boldsymbol{X}\geqslant 0$ 后，可以通过求解问题

$$\begin{aligned}&\text{最小化}\quad \boldsymbol{L}(\boldsymbol{D},\boldsymbol{X}) = -\sum\nolimits_{\alpha,\gamma}\boldsymbol{n}_{\alpha\gamma}\log\mathrm{Tr}\boldsymbol{X}\boldsymbol{R}_{\alpha\gamma}\\&\text{使得}\quad \boldsymbol{X}\geqslant 0,\quad \sum\nolimits_{ij}X_{ij}\boldsymbol{B}_i^{\dagger}\boldsymbol{B}_j = \boldsymbol{I}_n\end{aligned} \tag{31.35}$$

中的 $\boldsymbol{X}$ 得到松弛的 ML 估计。类似地，松弛的 LS 估计是如下问题的解：

$$\begin{aligned}&\text{最小化}\quad \boldsymbol{V}(\boldsymbol{D},\boldsymbol{X}) = \sum\nolimits_{\alpha,\gamma}[\boldsymbol{p}_{\alpha\gamma}^{\mathrm{emp}} - \mathrm{Tr}\boldsymbol{X}\boldsymbol{R}_{\alpha\gamma}]^2\\&\text{使得}\quad \boldsymbol{X}\geqslant 0,\quad \sum\nolimits_{ij}X_{ij}\boldsymbol{B}_i^{\dagger}\boldsymbol{B}_j = \boldsymbol{I}_n\end{aligned} \tag{31.36}$$

这两个问题本质上分别与式(31.20)和式(31.22)具有相同的形式。因此,它们都是以矩阵 $\boldsymbol{X}$ 的元素为优化变量的凸优化问题。由于 $\boldsymbol{X}=\boldsymbol{X}^{\dagger}\in\mathbf{C}^{n^2\times n^2}$,所以它可以由 n^4 个实变量进行参数化描述。除去 n^2 个实线性等式约束,$\boldsymbol{X}$ 中自由(实)变量的数目为 $\boldsymbol{n}^4-\boldsymbol{n}^2$。即便是对于较小的量子比特数,这个数值也相当大。例如,当 $\boldsymbol{q}=[1,2,3,4]$ 量子比特时,$\boldsymbol{n}=2^q=[2,4,8,16]$,而 $\boldsymbol{n}^4-\boldsymbol{n}^2=[12,240,4032,65280]$。这种(关于量子比特的)指数增长是该方法的主要缺点。

过程矩阵 X 可以通过奇异值分解(Singular Value Decomposition,SVD)变换回 OSR。具体来讲,令 $\boldsymbol{X}=\boldsymbol{V}\boldsymbol{S}\boldsymbol{V}^{\dagger}$,其中的酉矩阵 $\boldsymbol{V}\in\mathbf{C}^{n^2\times n^2}$、$\boldsymbol{S}=\text{diag}(s_1,\cdots,s_{n^2})$。$\boldsymbol{S}$ 中的奇异值按顺序排列,即 $s_1\geqslant s_2\geqslant\cdots\geqslant s_{n^2}\geqslant 0$。那么根据 OSR 元素的这种基表示,系数变为

$$x_{ki}=\sqrt{s_k}V_{ik}^{*},\quad k,i=i,\cdots,n^2 \tag{31.37}$$

现在我们可以从松弛优化(式(31.35)或(31.36))中将 OSR 恢复出来,实际上已经找到了最优解,即松弛解就是最优的。

正像上文提到的那样,参数空间的维度($\boldsymbol{n}^4-\boldsymbol{n}^2$)将使得资源需求达到不可承受的程度。为了更清楚地说明这一点,采用一个 $\boldsymbol{n}_{\text{out}}\boldsymbol{n}_{\text{cfg}}\times\boldsymbol{n}^4$ 维的矩阵 $\boldsymbol{G}$ 表示式(31.34)所示的 $\boldsymbol{n}_{\text{out}}\boldsymbol{n}_{\text{cfg}}$ 维模型结果概率与过程矩阵 $\boldsymbol{n}^4$ 个元素之间的线性关系,即

$$\text{vec}(\boldsymbol{P})=\boldsymbol{G}\text{vec}(\boldsymbol{X}) \tag{31.38}$$

其中,$\text{vec}(\boldsymbol{P})$,$\text{vec}(\boldsymbol{X})$ 分别是由 p_{ik} 和 $\boldsymbol{X}$ 中的元素生成的向量。考虑到式(31.33)中的 $\boldsymbol{n}^2$ 个线性约束,只要 $\text{rank}(\boldsymbol{G})\geqslant\boldsymbol{n}_{\text{out}}\boldsymbol{n}_{\text{cfg}}\geqslant\boldsymbol{n}^4-\boldsymbol{n}^2$,通过做足够多的重复实验($\ell_{\text{expt}}$),就能够将 $\boldsymbol{X}$ 以任意期望精度从式(31.35)或(31.36)中恢复出来。因此,实验资源 $\boldsymbol{n}_{\text{out}}\boldsymbol{n}_{\text{cfg}}$ 也必须能够随着量子比特数量指数增长,即便是对于中等规模的系统,这也是进行 QPT 的障碍。

31.4.2.3 稀疏的过程矩阵

在很多情况下,过程矩阵是稀疏的或者是**几乎稀疏**的,即它只包含很少有意义的元素。在某些情况下,稀疏模式是已知的,它源于内在的动力学特征,这很自然地增加了 QPT 的效率[85]。然而在大多数情况下,稀疏模式是未知的。在更普遍的情况下,可以应用 CS 方法[53~55]。特别地,对于一类不完全线性,且受最小化 ℓ_1 范数约束(最小化 $\|x\|_{\ell_1}$,服从 $\boldsymbol{y}=\boldsymbol{A}\boldsymbol{x}$)的测量方程($\boldsymbol{y}=\boldsymbol{A}\boldsymbol{x},\boldsymbol{A}\in\mathbb{R}^{m\times N},m\ll N$),通过一个凸优化问题可以很好地估计稀疏变量 $\boldsymbol{x}$。这些方法对于测量噪声和几乎稀疏的变量也都具有鲁棒性。

对于量子信息系统而言,理想的量子逻辑门是酉矩阵,即 $\boldsymbol{Q}(\boldsymbol{\rho})=\boldsymbol{U}\boldsymbol{\rho}\boldsymbol{U}^{\dagger}$。令 $\{\bar{\boldsymbol{B}}_{\alpha}\in\mathbf{C}^{n^2\times n^2},\boldsymbol{\alpha}=1,\cdots,\boldsymbol{n}^2\}$ 表示"自然基",即每个基矩阵只有一个值为 1 的非零元素。在这种基下,与理想的酉通道相关的过程矩阵具有秩为 1 的形式,$\boldsymbol{X}_{nat}=\boldsymbol{x}\boldsymbol{x}^{\dagger}$,其中 $\boldsymbol{x}\in\mathbf{C}^{n^2}$,$\boldsymbol{x}\boldsymbol{x}^{\dagger}=\boldsymbol{n}$。通过 SVD 可以得到 $\boldsymbol{X}_{nat}=\boldsymbol{V}\text{diag}(n,0,\cdots,0)\boldsymbol{V}^{\dagger}$,其中的酉矩阵 $\boldsymbol{V}\in\mathbf{C}^{n^2\times n^2}$。通过对称为"SVD 基"的 $\{\boldsymbol{B}_{\alpha}=\sum_{\alpha'=1}^{n_S^2}\boldsymbol{V}_{\alpha'\alpha}\bar{\boldsymbol{B}}_{\alpha'},\boldsymbol{\alpha}=1,\cdots,\boldsymbol{n}^2\}$ 进行 SVD,可以得到一个等价的过程矩阵。在这组基下,酉通道的等价过程矩阵可表示为 $\boldsymbol{X}_{\text{svd}}$,它只有一个非零元素,是稀疏程度最大的矩阵,特别地,$(\boldsymbol{X}_{\text{nat}})_{11}=\boldsymbol{n}$。实际上,与环境交互的通道是理想酉矩阵的一个摄动。如果噪声源很小,那么具有标称基底的过程矩阵几乎是稀疏的。

例如,考虑一个理想的 2 量子比特($n=4$)的量子存储系统,那么 $\boldsymbol{U}=\boldsymbol{I}_4$。假设实际系统与单位矩阵的摄动相对应,而该摄动是由以概率 p_{bf} 对每个通道的误差位进行独立翻转而引起

的。对于 $p_{bf}=0.05$ 和 $p_{bf}=0.2$,相应的通道保真度大概为 0.90 和 0.64,这对于量子信息处理来说,需要通过 QPT 发现失真,然后修正,以使器件正常工作。如图 31.17 所示,在自然基情况下,理想的 16×16 的过程矩阵的 256 个元素中有 16 个元素非零,其幅值均为 1。在使用 SVD 基后,相应的过程矩阵如图 31.17b 所示,它只有单个非零元素,其幅值为 $n=4$——很明显,该过程矩阵具有最大的稀疏度。图 31.17c～f 分别说明了两种 p_{bf} 水平对两个基集的影响。图 31.17d 和 31.17f 则说明,在采用 SVD 基的情况下,实际的(有噪声的)过程矩阵几乎是稀疏的。

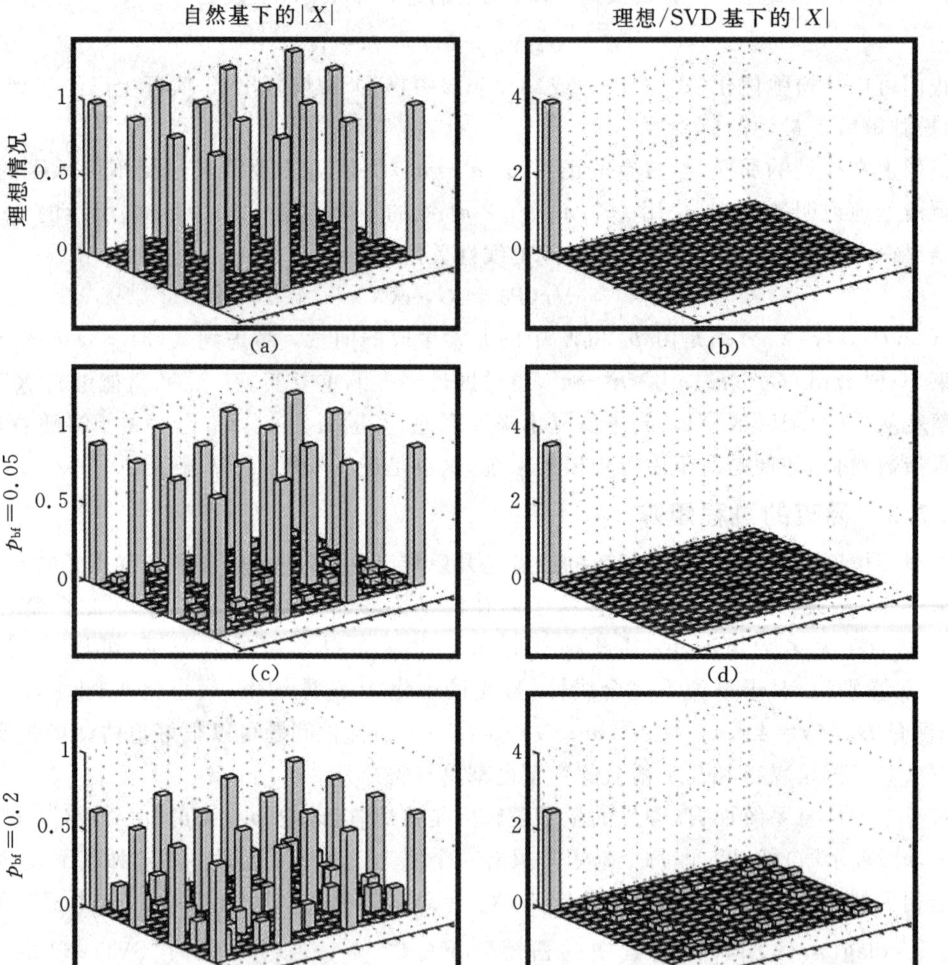

图 31.17 过程矩阵 $\boldsymbol{x}\in\mathbf{C}^{16\times16}$ 中元素的绝对值:(a)自然基下的理想情况(酉矩阵);(b)SVD 基下的理想情况(酉矩阵);(c)自然基下的实际情况($p_{bf}=0.05$);(d)SVD 基下的实际情况($p_{bf}=0.05$);(e)自然基下的实际情况($p_{bf}=0.2$);(f)SVD 基下的实际情况($p_{bf}=0.2$)

31.4.2.4 通过 CS 进行 QPT

能够将变量向量最小化的 ℓ_1 范数[49,53,55]是一知名的最小化稀疏度的启发式方法，它无需知道稀疏模态，同时只需要使用较少的资源。对于 QPT，等价的 ℓ_1 范数被定义为过程矩阵元素的绝对值的和。具体地说，可以通过求解如下凸优化问题得到 X 的估计：

$$\text{最小化} \quad \| \mathrm{vec}(\boldsymbol{X}) \|_{\ell_1} = \sum_{\alpha,\beta=1}^{n^2} | \boldsymbol{X}_{\alpha\beta} |$$

$$\text{使得} \quad \boldsymbol{V}(\boldsymbol{X}) = \| \mathrm{vec}(\boldsymbol{P}^{\mathrm{emp}}) - \boldsymbol{G}\mathrm{vec}(\boldsymbol{X}) \|_{\ell_2} \leqslant \sigma,\ \boldsymbol{X} \geqslant 0,\ \sum_{ij} X_{ij} \boldsymbol{B}_i^\dagger \boldsymbol{B}_j = \boldsymbol{I}_n \tag{31.39}$$

正如文献[57]说明的那样，如果 $\boldsymbol{G}$ 是一满足“集中不等式”的随机矩阵，且 $\boldsymbol{V}(\boldsymbol{X}) \leqslant \sigma$，那么只要 $\boldsymbol{n}_{\mathrm{out}} \boldsymbol{n}_{\mathrm{cfg}} = \mathcal{O}(s\log(n^4/s))$，由式(31.39)所得最优估计 $\boldsymbol{X}^*$ 与实际过程矩阵 $\boldsymbol{X}_{\mathrm{true}}$ 之间的误差以很大概率按照下式变化：

$$\| \mathrm{vec}(\boldsymbol{X}^* - \boldsymbol{X}_{\mathrm{true}}) \|_{\ell_2} = \mathcal{O}\left(\frac{1}{\sqrt{s}} \| \mathrm{vec}(\boldsymbol{X}_{\mathrm{true}}(s) - \boldsymbol{X}_{\mathrm{true}}) \|_1 \right) + \mathcal{O}(\delta) \tag{31.40}$$

这里，$\boldsymbol{X}_{\mathrm{true}}(s)$ 是 $\boldsymbol{X}_{\mathrm{true}}$ 的最好的 s 稀疏估计，当然前者并非已知。因此，如果 $\boldsymbol{X}_{\mathrm{true}}$ 确实是 s 稀疏的，且不存在噪声($\sigma=0$)，那么可以以很高的概率将真实的过程矩阵完全恢复出来。

在实际执行过程中，需要折中处理通过最小化 $\boldsymbol{V}(\boldsymbol{X})$ 来实现 $\boldsymbol{X}$ 对数据的拟合，以及通过 ℓ_1 范数最小化 $\boldsymbol{X}$ 的稀疏度，这一点可以借助式(31.39)中的参数 $\boldsymbol{\sigma}$ 进行调节。通常可以根据从预期环境中获得的一系列的 $\boldsymbol{X}$ 的替代来对 $\boldsymbol{V}(\boldsymbol{X})$ 求平均，进而选择合适的 $\boldsymbol{\sigma}$。

31.4.2.4.1 数值实例——含噪的 2 量子比特存储器的 QPT

对于每个例子进行 QPT 所要遵循的步骤都是：(1)根据完整的测量量集合求解方程(31.36)，得到 $\boldsymbol{X}_{\ell_2}$；(2)设置 $\boldsymbol{\sigma}=1.3\boldsymbol{V}(\boldsymbol{X}_{\ell_2})$；(3)求解方程(31.39)，得到 $\boldsymbol{X}_{\ell_1}$。

对于图 31.17 所示例子，输入和测量量都选自 2 量子比特状态集合：$|a\rangle$，$|+\rangle=(|a\rangle+|b\rangle)/\sqrt{2}$，$|-\rangle=(|a\rangle-i|b\rangle)/\sqrt{2}$，其中 $a,b=1,\cdots,16$。具体来说，可用的状态集合是如下矩阵的 16 个列：

$$\begin{bmatrix} 1 & 0 & 0 & 0 \\ 0 & 1 & 0 & 0 \\ 0 & 0 & 1 & 0 \\ 0 & 0 & 0 & 1 \end{bmatrix}, \frac{1}{\sqrt{2}} \begin{bmatrix} 1 & 1 & 1 & 0 & 0 & 0 \\ 1 & 0 & 0 & 1 & 1 & 0 \\ 0 & 1 & 0 & 1 & 0 & 1 \\ 0 & 0 & 1 & 0 & 1 & 1 \end{bmatrix}, \text{及} \frac{1}{\sqrt{2}} \begin{bmatrix} 1 & 1 & 1 & 0 & 0 & 0 \\ -i & 0 & 0 & 1 & 1 & 0 \\ 0 & -i & 0 & -i & 0 & 1 \\ 0 & 0 & -i & 0 & -i & -i \end{bmatrix} \tag{31.41}$$

由于只有同步的输入/测量量才有效，那么相关的概率结果(式(31.34))可以写为

$$\begin{aligned} p_{ab}(\boldsymbol{X}) &= \boldsymbol{g}_{ab}^\dagger \boldsymbol{X} \boldsymbol{g}_{ab}, \quad \boldsymbol{X} \in \mathbf{C}^{16\times16} \\ (\boldsymbol{g}_{ab})\alpha &= \boldsymbol{\phi}_a^\dagger \boldsymbol{\Gamma}_\alpha \boldsymbol{\phi}_b, \quad \alpha = 1,\cdots,16 \end{aligned} \tag{31.42}$$

其中，$\boldsymbol{\phi}_a,\boldsymbol{\phi}_b(a,b) \in \{1,\cdots,16\}$ 是从式(31.41)中选定的列。

图 31.18 给出了对于从集合(式(31.41))中选定的每个输入，过程矩阵的估计误差 $\Delta\boldsymbol{X}=$

$\boldsymbol{X}_{\text{true}}-\boldsymbol{X}_{\text{est}}$ 随实验次数⑤的变化情况,其中估计误差由 RMS 矩阵范数 $\|\Delta\boldsymbol{X}\|_{\text{rms}}=(1/n)(\text{Tr}\Delta\boldsymbol{X}^{\dagger}\Delta\boldsymbol{X})^{1/2}$ 来度量。图示结果来自题注所述的仿真过程。

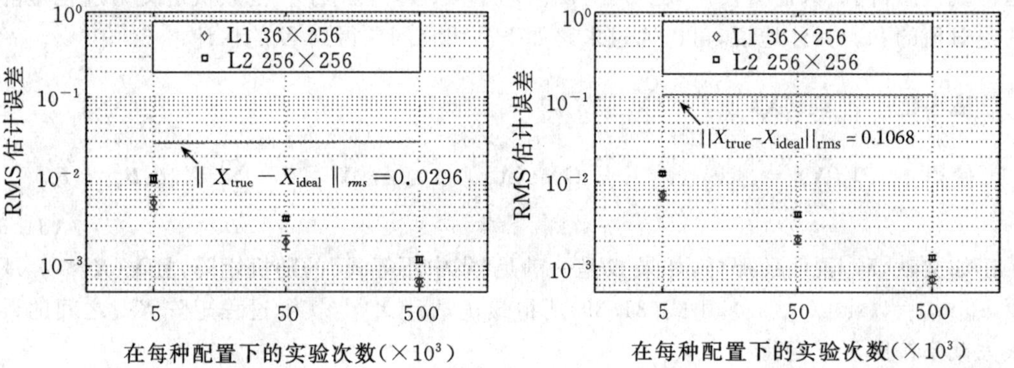

$p_{bf}=0.05$
(a)

$p_{\text{bf}}=0.20$
(b)

图 31.18　在每种配置下——从式(31.41)中选择的不同列,RMS 估计误差 $\|\boldsymbol{X}_{\text{true}}-\boldsymbol{X}_{\text{est}}\|_{rms}$ 随实验次数的变化情况。误差条形图表示在每种设置下,50 次运行的偏差。**最小化 ℓ_2 范数(□)**:$\boldsymbol{X}_{\text{est}}=\boldsymbol{X}_{\ell_2}$ 是利用所有的 16 个输入/输出组合,并根据式(31.36)而得到的;由此可以得到如式(31.38)定义的满秩矩阵 $\boldsymbol{G}\in\mathbf{C}^{256\times256}$,即 $\text{rank}(\mathcal{G})=256$。**最小化 ℓ_1 范数(◇)**:$\boldsymbol{X}_{\text{est}}=\boldsymbol{X}_{\ell_1}$ 是利用源自式(31.41)中第二个矩阵列的 6 个输入和 6 个测量量,并根据式(31.39)得到的;由此可以得到满秩矩阵 $\boldsymbol{G}\in\mathbf{C}^{36\times256}$,即 $\text{rank}(\boldsymbol{G})=36$

根据来自高度不完整的测量量中的少量数据,可以明显看出最小化 ℓ_1 范数相对于标准的最小化 ℓ_2 范数的优点。例如,当 $p_{bf}=0.05$(见图 31.18(a)),对于 6 输入/6 输出配置($\boldsymbol{G}\in\mathbf{C}^{36\times256}$)下的每种输入进行 50×10^3 次实验时,ℓ_1 方法的 RMS 估计误差为 0.0019。与此相对应,当对于 16 输入/16 输出配置($\boldsymbol{G}\in\mathbf{C}^{256\times256}$)下的每个输入进行 500×10^3 实验时,ℓ_2 方法的误差为 0.0012。后者的改进主要归功于针对每种输入的实验次数增加了 10 倍。为了得到该结果,增加的资源消耗量是非常明显的,与 ℓ_1 方法的的 6 个输入相比,ℓ_2 需要 16 个输入,**总的**实验次数从 $6\times50\times10^3$ 增加到 $16\times500\times10^3$。当然我们并不能简单地凭直觉认为,为了估计过程矩阵的 240 个参数,只采用了 36 个结果且明显不完全的测量量集合(见图 31.18 中的◇)不仅可以产生与采用了输入/测量量的全部 256 种组合的全输入情况(见图 31.18 中的)相类似的结果,而且对于每种输入下的同种实验次数,还可以产生优于后者的结果。如图所示,ℓ_1 方法的误差大概只有 ℓ_2 方法的误差的一半。此外,通过重新调整权重可以将(无加权的)ℓ_1 方法的误差降低 1/3 到 1/2。

将估计误差与真实值和理想值之间的实际误差(图 31.18 中的实线)相比较可以得知,每种输入至少需要 50×10^3 次实验才能得到一个足够好的趋向理想西矩阵的后 QPT 误差修正量。图 31.18 还表明对于两种位翻转误差水平 $p_{bf}\in\{0.05,0.20\}$,估计误差非常接近。这可

⑤　在每种输入/测量量配置下,实验次数都是均匀选取的。最小化 Cramér-Rao 下界的最优(非均匀)选择问题可以转换为一个凸优化问题[83]。

以由 Cramér-Rao 下界解释，该下界定义了任意无偏估计的渐进误差，即 RMS 以 $\Delta/\sqrt{N}$的速率减小。这里的 Δ 实际上是经验概率与实际概率之间的误差，它本身是一阶的。这与图 31.18 中的数据十分一致。

31.4.2.5 QPT 的实验设计

这里的 OED 设置与状态估计(QST)情况十分相似。令 $\boldsymbol{X}^{\text{surr}}$是真实过程矩阵 $\boldsymbol{X}^{\text{true}}$的一个替代，相关的(松弛的)OED 问题可表示为

$$\begin{aligned}&\text{最小化} \quad \boldsymbol{V}(\boldsymbol{\lambda},\boldsymbol{X}^{\text{surr}}) = \text{Tr}\left[\sum\nolimits_{\gamma}\boldsymbol{\lambda}_{\gamma}\boldsymbol{G}_{\gamma}(\boldsymbol{X}^{\text{surr}})\right]^{-1} \\ &\text{使得} \quad \sum\nolimits_{\gamma}\boldsymbol{\lambda}_{\gamma} = 1,\boldsymbol{\lambda}_{\gamma} \geqslant 0,\gamma = 1,\cdots,n_{cfg}\end{aligned} \tag{31.43}$$

其中

$$\boldsymbol{G}_{\gamma}(\boldsymbol{X}^{\text{surr}}) = \boldsymbol{C}_{eq}^{\dagger}\left[\sum_{\alpha}\frac{\boldsymbol{a}_{\alpha\gamma}\boldsymbol{a}_{\alpha\gamma}^{\dagger}}{\boldsymbol{p}_{\alpha\gamma}(\boldsymbol{X}^{\text{surr}})}\right]\boldsymbol{C}_{eq}, \quad \boldsymbol{a}_{\alpha\gamma} = \text{vec}\boldsymbol{R}_{\alpha\gamma} \in \mathbf{C}^{n^4} \tag{31.44}$$

且 $\boldsymbol{C}_{eq}\in\mathbf{C}^{n^4\times n^4-n^2}$是酉矩阵 $\boldsymbol{W}=[\boldsymbol{C}\quad \boldsymbol{C}_{eq}]\in\mathbf{C}^{n^4\times n^4}$的一部分，而 $\boldsymbol{W}$ 来自对如下 $n^2\times n^4$ 维矩阵的 SVD 操作：

$$[\boldsymbol{a}_1\cdots\boldsymbol{a}_{n^4}] = \boldsymbol{U}[\sqrt{n}\boldsymbol{I}_{n^2}\quad \boldsymbol{0}_{n^2\times n^4-n^2}]\boldsymbol{W}^{\dagger} \tag{31.45}$$

其中，$\boldsymbol{a}_k=\text{vec}(\boldsymbol{B}_i^{\dagger}\boldsymbol{B}_j)\in\mathbf{C}^{n^2}$，$k=i+(j-1)n^2$，$i,j=1,\cdots,n^2$。$\boldsymbol{C}_{eq}$的列，即 $\boldsymbol{W}$ 的最后 n^4-n^2 列，是零空间$[\boldsymbol{a}_1\cdots\boldsymbol{a}_{n^4}]$的基。

31.4.3 Hamiltonian 参数的估计

31.4.3.1 Hamiltonian 参数的 ML 估计

量子系统可以建模为一个有限维的 Hamiltonian 矩阵 $\boldsymbol{H}(t,\theta)\in\mathbf{C}^{n\times n}$，它对时间 t，$0\leqslant t\leqslant t_f$ 和未知参数向量 $\boldsymbol{\theta}\in\mathbb{R}^{n_\theta}$的依赖性是已知的。模型密度矩阵依赖于 $\boldsymbol{\theta}$ 以及从状态集合$\{\boldsymbol{\rho}_{\beta}^{\text{init}}\in\mathbf{C}^{n\times n}\mid\beta=1,\cdots,n_{in}\}$中抽取出来的初始的(预设且已知的)状态。因此，与初始状态 $\boldsymbol{\rho}_{\beta}^{\text{init}}$ 相关的密度矩阵是$\boldsymbol{\rho}_{\beta}(t,\theta)\in\mathbf{C}^{n\times n}$，它按照下式变化：

$$i\hbar\dot{\boldsymbol{\rho}}\beta = [(t,\theta),\boldsymbol{\rho}\beta],\boldsymbol{\rho}\beta(0,\theta) = \boldsymbol{\rho}_{\beta}^{init} \tag{31.46}$$

等价地，

$$\boldsymbol{\rho}\beta(t,\theta) = \boldsymbol{U}(t,\theta)\boldsymbol{\rho}_{\beta}^{init}\boldsymbol{U}(t,\theta)^{*} \tag{31.47}$$

其中，$\boldsymbol{U}(t,\theta)\in\mathbf{C}^{n\times n}$是与 $\boldsymbol{H}(t,\theta)$相关的酉算子，满足

$$i\hbar\dot{\boldsymbol{U}} = \boldsymbol{H}(t,\theta)\boldsymbol{U},\boldsymbol{U}(0,\theta) = \boldsymbol{I}_n \tag{31.48}$$

对于 n_{sa} 次采样中的每一次，在时间间隔 t_f 内记录相同的重复实验的测量结果。具体地说，令$\{t_\tau\mid\tau=1,\cdots,n_{sa}\}$表示相对于每个实验开始时刻的采样次数，令 $n_{\alpha\beta\tau}$ 表示在初始状态为 $\boldsymbol{\rho}_{\beta}^{\text{init}}$ 的 $\ell_{\beta\tau}$次实验中，状态 α 在 t_τ 次采样中被记录的次数。因此，包含所有结果计数的数据集为

$$D = \{n_{\alpha\beta\tau} \mid \alpha = 1,\cdots,n_{\text{out}},\beta = 1,\cdots,n_{in},\tau = 1,\cdots,n_{sa}\} \tag{31.49}$$

在该情况下，先前列举的并用 $\gamma=1,\cdots,n_{\text{cfg}}$标记的**配置**是输入状态 $\boldsymbol{\rho}_{\beta}^{\text{init}}$ 和采样次数 τ 的组合，因此 $n_{\text{cfg}}=n_{in}n_{sa}$。对于 POVM M_α，每个配置对$(\boldsymbol{\rho}_{\beta}^{\text{init}},t_\tau)$下的模型结果概率为

$$\begin{aligned}\boldsymbol{p}_{\alpha\beta\tau}(\theta) &= \text{Tr}\boldsymbol{M}_{\alpha\rho\beta}(t_\tau,\theta) = \text{Tr}\boldsymbol{O}_{\alpha\tau}(\theta)\rho_{\beta}^{init} \\ \boldsymbol{O}_{\alpha\tau}(\theta) &= \boldsymbol{U}(t_\tau,\theta)^{*}\boldsymbol{M}_{\alpha}\boldsymbol{U}(t_\tau,\theta)\end{aligned} \tag{31.50}$$

ML 的估计结果 $\theta^{\mathrm{ML}}\in\mathbb{R}^{n_\theta}$ 可以通过求解如下优化问题而获得：

$$\begin{aligned}&\text{最小化}\quad L(\boldsymbol{D},\theta)=-\sum\nolimits_{\alpha,\beta,\tau}n_{\alpha\beta\tau}\log\mathrm{Tr}\boldsymbol{O}_{\alpha\tau}(\theta)\boldsymbol{\rho}_\beta^{init}\\&\text{使得}\quad\theta\in\Theta\end{aligned}\tag{31.51}$$

其中，Θ 是一组关于 θ 的约束。例如，我们可能知道 θ 被限制在标称值附近的一个区域，比如 $\Theta=\{\theta|\ \|\theta-\theta_{nom}\|\leqslant\delta\}$。尽管后一个集合是凸的，但不幸的是，这并不能保证似然函数 $L(D,\theta)$ 关于 θ 是凸的。不过，有时它在受限区域 Θ 内也可能是凸的，例如，当 δ 足够小时。

31.4.3.2 Hamiltonian 参数估计的实验设计

尽管 Hamiltonian 参数估计问题不是凸的，但(松弛的)实验设计问题是凸的。直接将 Cramér-Rao 边界应用于式(31.51)所示的似然函数，可以得到如下结果。

31.4.3.2.1 Hamiltonian 参数估计方差的下界

对于每种配置($\boldsymbol{\rho}_\beta^{\mathrm{init}},\tau$)对应的 $\ell=[\ell_1\cdots\ell_{n_{\mathrm{cfg}}}]$ 次实验，设 $\hat{\theta}(\ell)\in\mathbb{R}^{n_\theta}$ 是 $\theta^{\mathrm{true}}\in\mathbb{R}^{n_\theta}$ 的无偏估计。在这些条件下，估计误差的方差满足

$$\mathbb{P}\ \|\hat{\theta}(\ell)-\theta^{true}\|^2\geqslant V(\ell,\theta^{true})=\mathrm{Tr}\boldsymbol{G}(\ell,\theta^{true})^{-1}\tag{31.52}$$

其中

$$\begin{aligned}\boldsymbol{G}(\ell,\theta^{true})&=\sum_{\beta,\tau}\ell_{\beta\tau}\boldsymbol{G}_{\beta\tau}(\theta^{true})\in\mathbb{R}^{n_\theta\times n_\theta}\\\boldsymbol{G}_{\beta\tau}(\theta^{true})&=\sum_\alpha\left[\frac{[\nabla_\theta\boldsymbol{p}_{\alpha\beta\tau}(\theta)][\nabla_\theta\boldsymbol{p}_{\alpha\beta\tau}(\theta)]^{\mathrm{T}}}{\boldsymbol{p}_{\alpha\beta\tau}(\theta)}-\nabla_{\theta\theta}\boldsymbol{p}_{\alpha\beta\tau}(\theta)\right]\Bigg|_{\theta=\theta^{true}}\in\mathbb{R}^{n_\theta\times n_\theta}\end{aligned}\tag{31.53}$$

关于 θ^{true} 的替代 $\hat{\theta}$ 的松弛实验设计问题为

$$\begin{aligned}&\text{最小化}\quad V(\boldsymbol{\lambda},\hat{\theta})=\mathrm{Tr}[\sum\nolimits_{\beta,\tau}\boldsymbol{\lambda}_{\beta\tau}\boldsymbol{G}_{\beta\tau}(\hat{\theta})]^{-1}\\&\text{使得}\quad\sum\nolimits_{\beta,\tau}\boldsymbol{\lambda}_{\beta\tau}=1,\quad\boldsymbol{\lambda}_{\beta\tau}\geqslant0,\forall\beta,\tau\end{aligned}\tag{31.54}$$

其优化变量为 $\lambda_{\beta\tau}$，表示每种配置($\boldsymbol{\rho}_\beta^{\mathrm{init}},\tau$)所需要的实验分布。该描述方式与前文公式的区别在于，它不包含任何关于参数的等式约束。梯度 $\nabla_\theta\boldsymbol{p}_{\alpha\beta\tau}(\theta)$ 与 Jacobian 矩阵 $\nabla_{\theta\theta}\boldsymbol{p}_{\alpha\beta\tau}(\theta)$ 依赖于 Hamiltonian 量 $\boldsymbol{H}(t,\theta)$ 的参数结构。

文献[87]深入探讨了一个双参数系统。正如该文及图 31.19 所描述的那样，最优和次优配置的 ML 估计均随着 $N\to\infty$ 逐渐逼近 Fisher 信息边界(由最优配置得出)，而最优配置可以更快地逼近该边界。此外，对于所有的 N，最优配置实验的 ML 估计的均方误差(Mean-Squared Error，MSE)都较小。为了在次优配置下得到相同的 MSE，对于这组特定的预测和实际参数，必须使用大约两倍于最优配置所要求的实验次数。

31.4.3.3 间接的自适应控制

Hamiltonian 参数估计可以与基于模型的控制律结合起来，组成迭代式的间接自适应控制。例如，考虑文献[88,89]中提出的自旋相干光子发送/接收系统。这个装置在存在外部(旋转)磁场的情况下，利用外电势(栅电压)影响半导体材料中的 g 因子，借此调节电子自旋，从而建立量子逻辑门。按照文献[90,III,Ch. 12～9]中关于自旋系统的模型，在“线性 g 因子控制”下的 2 量子比特门旋转坐标系中，归一化 Hamiltonian 量的理想化模型可由下式给出：

$$\boldsymbol{H}=\boldsymbol{H}_1+\boldsymbol{H}_2+\boldsymbol{H}_{12}$$

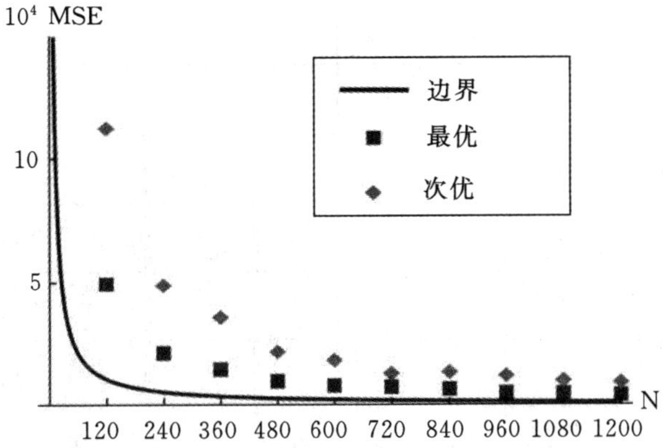

图 31.19　在最优(方形)和次优(菱形)配置下,ML 估计器的 MSE 曲线。同样标出了根据最优实验得到的任意估计器的 MSE 的 Fisher 边界(实线)

$$\boldsymbol{H}_1 = \frac{1}{2}[\varepsilon_{1z}\omega_0(\boldsymbol{Z}\otimes\boldsymbol{I}_2)+\varepsilon_{1x}\omega_1(\boldsymbol{X}\otimes\boldsymbol{I}_2)]$$

$$\boldsymbol{H}_2 = \frac{1}{2}[\varepsilon_{2z}\omega_0(\boldsymbol{I}_2\otimes\boldsymbol{Z})+\varepsilon_{2x}\omega_1(\boldsymbol{I}_2\otimes\boldsymbol{X})]$$

$$\boldsymbol{H}_{12} = \varepsilon_c\omega_c[\boldsymbol{X}^{\otimes 2}+\boldsymbol{Y}^{\otimes 2}+\boldsymbol{Z}^{\otimes 2}]$$

设计目标是利用 5 个控制量($\varepsilon_{1z},\varepsilon_{1x},\varepsilon_{2z},\varepsilon_{2x},\varepsilon_c$)构造 *Bell* 变换逻辑门[45]

$$\boldsymbol{U}_{bell} = \frac{1}{\sqrt{2}}\begin{bmatrix}1 & 0 & 1 & 0\\ 0 & 1 & 0 & 1\\ 0 & 1 & 0 & -1\\ 1 & 0 & -1 & 0\end{bmatrix}$$

Bell 变换的一个可能分解为

$$\boldsymbol{U}_{bell} = (\boldsymbol{U}_{had}\otimes\boldsymbol{I}_2)\sqrt{\boldsymbol{U}_{swap}}(\boldsymbol{X}^{-1/2}\otimes\boldsymbol{X}^{1/2})\sqrt{\boldsymbol{U}_{swap}}(\boldsymbol{I}_2\otimes\boldsymbol{X})$$

该序列中的每种操作都只使用单个量子比特和交换“门”,交换“门”是通过同时触动 5 个控制量而产生的,具体如图 31.20 所示。

这就使得最终时刻 t_f 的门与 $\boldsymbol{U}_{bell}$ 相差一个标量相位:

$$\boldsymbol{U}(t_f) = \mathrm{e}^{-i\frac{\pi}{4}}\boldsymbol{U}_{bell},\ t_f = \left[\frac{3}{\omega_1}+\frac{1}{4\omega_c}+\frac{1}{\omega_{had}}\right]\pi$$

设唯一的未知变量是 ω_1,考虑估计与控制问题之间的如下基本迭代:

$$\text{控制设计}\quad \varepsilon^{(i)} = \bar{\varepsilon}(\hat{\omega}_1^{(i)}),\ t_f^{(i)} = t_f(\hat{\omega}_1^{(i)})$$

$$\text{估计}\quad \hat{\omega}_1^{(i+1)} = \arg\min_{\omega_1}\mathbb{P}\,L(\omega_1,\varepsilon^{(i)})$$

其中,控制设计函数 $\bar{\varepsilon}(\hat{\omega}_1^{(i)})$ 表示来自上表(见图 31.20)的脉冲设计,而平均似然函数是根据 31.4.3.1 节的描述产生的,它包含如下参数:

单个初始状态　$\boldsymbol{\rho}^{init} = |0\rangle\langle 0|\ (\beta = 1)$

采样次数　$\boldsymbol{M}_1 = |0\rangle\langle 0|,\ \boldsymbol{M}_2 = |1\rangle\langle 1|\ (n_{out} = 2)$

采样时间　或$\{t_f(\hat{\omega}_1),\ (n_{sa} = 1)\}$ 或$\{t_f(\hat{\omega}_1)/2,\ t_f(\hat{\omega}_1),(n_{sa} = 2)\}$

ε_{1z}	ε_{1x}	ε_{2z}	ε_{2x}	$\varepsilon_c p$	Δt	门
0	0	0	1	0	$\frac{\pi}{\omega_1}$	$-i\boldsymbol{I}_2 \otimes \boldsymbol{X}$
0	0	0	0	1	$\frac{\pi}{8\omega_c}$	$e^{-i\frac{\pi}{8}}\sqrt{\boldsymbol{U}_{\text{swap}}}$
0	0	0	1	0	$\frac{\pi}{2\omega_1}$	$e^{-i\frac{\pi}{4}} \otimes \boldsymbol{X}^{1/2}$
0	1	0	0	0	$\frac{3\pi}{2\omega_1}$	$e^{-i\frac{3\pi}{4}} \otimes \boldsymbol{X}^{1/2} \otimes \boldsymbol{I}_2$
0	0	0	0	1	$\frac{\pi}{8\omega_c}$	$e^{-i\frac{\pi}{8}}\sqrt{\boldsymbol{U}_{\text{swap}}}$
$\frac{\omega_{\text{had}}}{\omega_0\sqrt{2}}$	$\frac{\omega_{\text{had}}}{\omega_1\sqrt{2}}$	0	0	0	$\frac{\pi}{\omega_{\text{had}}}$	$-i\boldsymbol{U}_{\text{had}} \otimes \boldsymbol{I}_2$

图 31.20 脉冲控制表

图 31.21 给出了当采用 Hamiltonian 参数($\omega_0^{\text{true}}=1,\omega_1^{\text{true}}=0.01,\omega_c^{\text{true}}=0.01$)时,$\mathbb{P}\ L(\hat{\omega}_1, n_{sa}=1)$在自适应迭代序列中随 $\hat{\omega}_1/\omega_1^{\text{true}}$ 的变化情况。迭代过程中使用了根据局部爬山算法得到的估计值 $\hat{\omega}_1$,也就是说,获得了平均似然函数的一个局部极值。在估计之后,利用脉冲控制表中的估计值进行控制。在所示的两种情况中,算法都收敛到了真实值。

尽管没有说明,算法并不是对于所有可能的初始值 $\hat{\omega}_1$ 都能收敛。图 31.21(c)给出了当根据表进行控制时,$\| \boldsymbol{U}(t_f(\hat{\omega}_1),\bar{\varepsilon}(\hat{\omega}_1))-\boldsymbol{U}_{des} \|_{frob}$ 与估计值 $\hat{\omega}_1/\omega_1^{\text{true}}$ 之间的关系。这个函数很明显不是凸的。当 $n_{sa}=1$ 时,收敛域为 $0.9 \leqslant \hat{\omega}_1/\omega_1^{\text{true}} \leqslant 1.3$;而当 $n_{sa}=2$ 时,收敛域为 $0.6 \leqslant \hat{\omega}_1/\omega_1^{\text{true}} \leqslant 2.5$。若 $\hat{\omega}_1/\omega_1^{\text{true}} < 0.6$,算法在这两种情况下都不会收敛。当然,这些结果只是针对本例,并不能推广。重申一下,总体来说,我们对于这种迭代的收敛条件、吸引域等方面还只是一知半解[91]。

31.5 最优量子反馈控制

31.5.1 量子线性系统

在余下的几节中,我们将关注一类特殊的量子系统的反馈控制。系统模型可以表示为 Heisenberg 绘景,采用形式上类似于标准的经典线性系统的方程来描述。然而,这些方程仅适用于非对易量子算子,而且是由非对易量子噪音源驱动的。这些方程中的矩阵并不是任意的——它们必须满足某些约束才能描述量子系统。特别地,我们现在来考虑描述开放的谐振子集合(比如互连的多个光腔)的量子线性系统。这些系统可用如下所示的量子随机微分方程描述,控制器可用的输入为量子量 $\boldsymbol{w}$ 和经典量 $\boldsymbol{u}$,可用的输出为 $\boldsymbol{y}$:

$$\begin{aligned} \dot{x}(t) &= \boldsymbol{A}\boldsymbol{x}(t) + \boldsymbol{B}_1\boldsymbol{w}(t) + \boldsymbol{B}_2\boldsymbol{u}(t),\ \boldsymbol{x}(0) = \boldsymbol{x} \\ \boldsymbol{y}(t) &= \boldsymbol{C}\boldsymbol{x}(t)\mathrm{d}t + \boldsymbol{D}\boldsymbol{w}(t) \end{aligned} \tag{31.55}$$

其中,$\boldsymbol{A},\boldsymbol{B}_1,\boldsymbol{B}_2,\boldsymbol{C},\boldsymbol{D}$ 分别是维度为 $2n\times 2n, 2n\times 2p, 2n\times m, 2p\times 2n, 2p\times 2p$ 的实矩阵,$\boldsymbol{x}(t)=$

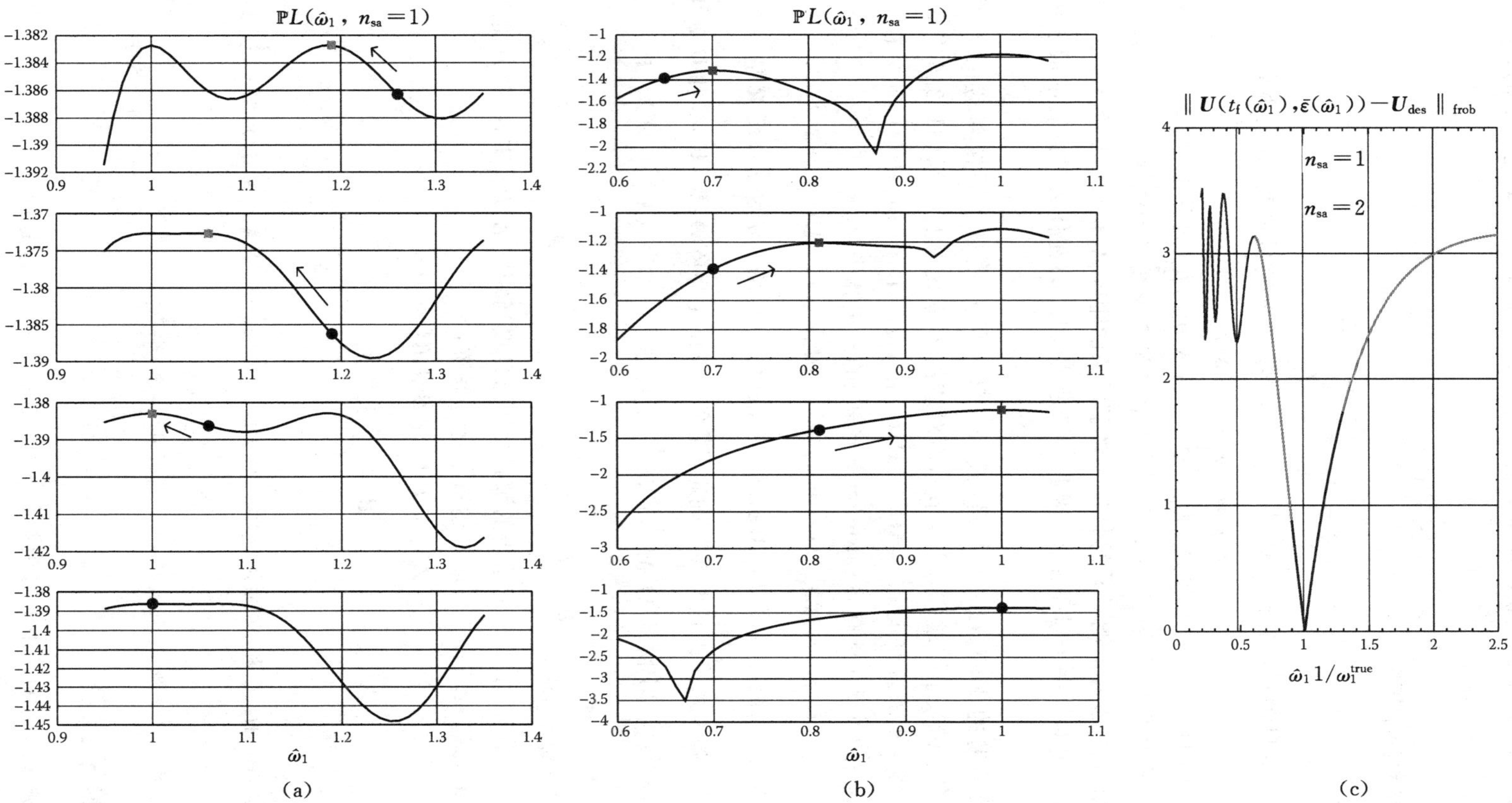

图 31.21 图(a)和(b):对于 $\hat{\omega}_1$ 的两个初始值,当 $t_f(\hat{\omega}_1)$处的 $n_{sa}=1$ 时的自适应控制;图(c):收敛区域

$(x_1(t),\cdots,x_{2n}(t))^{\mathrm{T}}$ 是系统变量的向量。初始的系统变量 $\boldsymbol{x}(0)=\boldsymbol{x}$ 是高斯的,状态为 ρ,且满足对易关系

$$[x_j,x_k]=i\Theta_{jk},\quad j,k=1,\cdots,n \tag{31.56}$$

其中,Θ 是反对称的实矩阵

$$\Theta=\boldsymbol{J}_n=\begin{bmatrix}0 & \boldsymbol{I}_n\\ -\boldsymbol{I}_n & 0\end{bmatrix} \tag{31.57}$$

这里的 $\boldsymbol{I}_n$ 是 $n\times n$ 维的单位矩阵。信号 $\boldsymbol{w}(t)$是自伴随机过程的向量,其协方差为

$$\langle \boldsymbol{w}(t)\boldsymbol{w}(t')^{\mathrm{T}}\rangle=\boldsymbol{F}\boldsymbol{\delta}(t-t') \tag{31.58}$$

其中,$\boldsymbol{F}$ 是非负的 Hermitian 矩阵 $\boldsymbol{F}=\boldsymbol{I}_{2p}+i\boldsymbol{J}_{2p}$。输入 $\boldsymbol{u}(t)$是(自伴的)经典过程的向量。

如上所述,这个线性系统(式(31.55))形式上看起来像经典的线性系统。本质区别在于向量 $\boldsymbol{x}(t)$,$\boldsymbol{w}(t)$和 $\boldsymbol{y}(t)$含有不能对易的分量。对于任意的矩阵 $\boldsymbol{A},\boldsymbol{B}_1,\boldsymbol{B}_2,\boldsymbol{C}$ 和 $\boldsymbol{D}$,该线性系统(式(31.55))并不一定对应一个量子系统,因此弄清楚式(31.55)在什么时候表示量子物理系统是很重要的。

产生这种类型的 Heisenberg 方程(式(31.55))的开放量子系统对应的 S 系统(回顾 31.2.3 节)由多个谐振子构成(31.2.5 节),而对应的 E 系统是自由场(31.2.6 节)。SE 系统的幺正动力学特性意味着要求 $\boldsymbol{x}(t)=\boldsymbol{U}^{\dagger}(t)\boldsymbol{x}\boldsymbol{U}(t)$ 和 $\boldsymbol{y}(t)=\boldsymbol{U}^{\dagger}(t)\boldsymbol{w}(t)\boldsymbol{U}(t)$,其中 $\boldsymbol{U}(t)=\boldsymbol{U}_{SE}(t)$ 是求解 Schrodinger 方程(具有 Stratonovich 形式)的幺正算子:

$$\dot{\boldsymbol{U}}(t)=\{\boldsymbol{L}\boldsymbol{b}_{in}^{\dagger}(t)-\boldsymbol{b}_{in}(t)\boldsymbol{L}^{\dagger}-i\boldsymbol{H}\}\boldsymbol{U}(t),\quad \boldsymbol{U}(0)=\boldsymbol{I} \tag{31.59}$$

其中,$\boldsymbol{w}(t)=(\boldsymbol{b}_{in,r}^{\mathrm{T}}(t),\boldsymbol{b}_{in,i}^{\mathrm{T}}(t))^{\mathrm{T}}$,$\boldsymbol{L}=\boldsymbol{M}\boldsymbol{x}$,$\boldsymbol{H}=\frac{1}{2}(\boldsymbol{x}^{\mathrm{T}}\boldsymbol{R}\boldsymbol{x}+\boldsymbol{x}^{\mathrm{T}}\boldsymbol{S}\boldsymbol{u}+\boldsymbol{u}^{\mathrm{T}}\boldsymbol{S}^{\mathrm{T}}\boldsymbol{x})$,而 $\boldsymbol{R}$ 是一个实对称矩阵,$\boldsymbol{S}$ 是实矩阵。如果系统由这些参数确定,那么可以给定矩阵 $\boldsymbol{A},\boldsymbol{B}_1,\boldsymbol{B}_2,\boldsymbol{C}$ 和 $\boldsymbol{D}$ 如下:

$$\boldsymbol{A}=\boldsymbol{J}_n(\boldsymbol{R}+\frac{1}{2i}(\boldsymbol{M}^{\dagger}\boldsymbol{M}-\boldsymbol{M}^{\mathrm{T}}\boldsymbol{M}^{\#})),\boldsymbol{B}_1=\boldsymbol{J}_n(i(\boldsymbol{M}^{\mathrm{T}}-\boldsymbol{M}^{\dagger}),(\boldsymbol{M}^{\mathrm{T}}+\boldsymbol{M}^{\dagger})),\boldsymbol{B}_2=\boldsymbol{J}_n\boldsymbol{S}$$

$$\boldsymbol{C}=\begin{bmatrix}\boldsymbol{M}+\boldsymbol{M}^{\#}\\ -i(\boldsymbol{M}-\boldsymbol{M}^{\#})\end{bmatrix},\boldsymbol{D}=\boldsymbol{I} \tag{31.60}$$

正如 31.2.5 节和 31.2.7 节暗指的那样[25],当且仅当矩阵 $\boldsymbol{A},\boldsymbol{B}_1,\boldsymbol{B}_2,\boldsymbol{C}$ 和 $\boldsymbol{D}$ 是实矩阵,且满足如下条件时,式(31.55)才可以描述量子物理系统:

$$\boldsymbol{A}\boldsymbol{J}_n+\boldsymbol{J}_n\boldsymbol{A}^{\mathrm{T}}+\boldsymbol{B}_1\boldsymbol{J}_p\boldsymbol{B}_1^{\mathrm{T}}=0 \tag{31.61}$$

$$\boldsymbol{B}_1=\frac{1}{2}\boldsymbol{J}_n\boldsymbol{C}^{\mathrm{T}}\boldsymbol{J}_p \tag{31.62}$$

$$\boldsymbol{D}=\boldsymbol{I} \tag{31.63}$$

实际上,如果 $\boldsymbol{A},\boldsymbol{B}_1,\boldsymbol{B}_2,\boldsymbol{C}$ 和 $\boldsymbol{D}$ 满足这些条件,那么 $\boldsymbol{R}=\frac{1}{2}(-\boldsymbol{J}_n\boldsymbol{A}+\boldsymbol{A}^{\mathrm{T}}\boldsymbol{J}_n)$,$\boldsymbol{M}=\frac{1}{2}[\boldsymbol{I}\quad i\boldsymbol{I}]\boldsymbol{C}$,而 $\boldsymbol{S}=-\boldsymbol{J}_n\boldsymbol{B}_2$。

31.2.7 节描述的光腔就是线性量子系统的一个例子。

31.5.2 量子滤波

通常,监测输出场 $\boldsymbol{y}(t)$中的可观测量 $\boldsymbol{y}_0(t)$是有意义的,这是因为该信息可以用来对系统进行推断或控制,具体如图 31.22 所示。

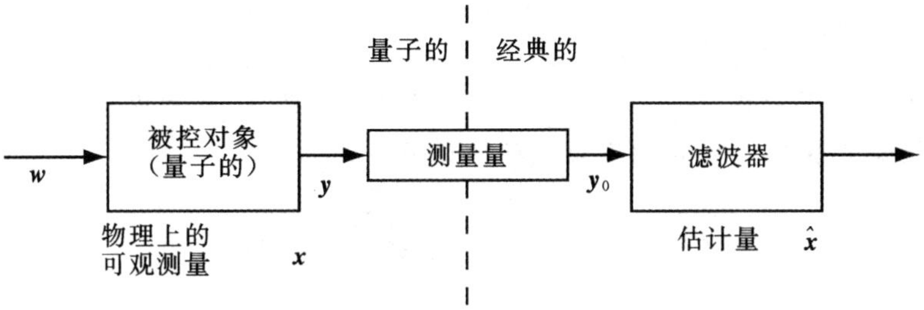

图 31.22 对测量信号 $y_0(\cdot)$进行滤波

在量子光学中,这种测量是利用光电检测系统实现的。例如,零差检测用来(近似地)测量实正交算子 $\boldsymbol{y}_0(t)=[\boldsymbol{I}_p \quad \boldsymbol{0}]\boldsymbol{y}(t)$,即检测仪产生的光电流。需要注意的是,对于所有的 j,k 和时刻 s,t,都有$[\boldsymbol{y}_{0,j}(s),\boldsymbol{y}_{0,k}(t)]=0$,因此 $y_0(s),0\leqslant s\leqslant t$ 的分量组成了一组对易的可观测量。测量信号为

$$\boldsymbol{y}_0(t)=\boldsymbol{C}_0\boldsymbol{x}(t)+\boldsymbol{w}_0(t) \tag{31.64}$$

其中,$\boldsymbol{C}_0=[\boldsymbol{I}_p \quad \boldsymbol{0}]\boldsymbol{C}$,而 $\boldsymbol{w}_0(t)=[\boldsymbol{I}_p \quad \boldsymbol{0}]\boldsymbol{w}(t)$是一个标准的经典 Wiener 过程。

利用**量子滤波器**对测量信号 $\boldsymbol{y}_0(\cdot)$滤波之后可以得到系统变量 $\boldsymbol{x}(t)$的估计$\hat{\boldsymbol{x}}(t)$。量子滤波器建立在 20 世纪 70 年代和 80 年代发展的开放量子系统理论基础之上,由 Belavkin[12,13,42] 和 Carmichael[70](他将其称为随机主方程和量子轨迹)独立地提出。量子滤波器可以计算量子系统的条件状态 $\boldsymbol{\pi}_t$,是为了用于一类比这里考虑的线性系统更一般的开放量子系统而开发出来的,可以将它看作是经典的非线性滤波方程的量子化推广。对于线性高斯量子系统,量子滤波器简化为 Kalman 滤波器。

$\boldsymbol{x}(t)$与 $\boldsymbol{y}_0(s),0\leqslant s\leqslant t$ 满足对易律,那么量子条件期望可定义为$\hat{\boldsymbol{x}}(t)=\mathbb{P}[\boldsymbol{x}(t)\mid \boldsymbol{y}_0(s),0\leqslant s\leqslant t]=\mathrm{Tr}[\boldsymbol{\pi}_t\boldsymbol{x}]$[12,13,42,75]。$\hat{\boldsymbol{x}}(t)$在时域的变化可由如下量子滤波器给出:

$$\dot{\hat{\boldsymbol{x}}}(t)=\boldsymbol{A}\hat{\boldsymbol{x}}(t)+\boldsymbol{B}_2\boldsymbol{u}(t)+(\boldsymbol{Y}(t)\boldsymbol{C}_0^{\mathrm{T}}+\boldsymbol{B}_1[\boldsymbol{I} \quad \boldsymbol{0}]^{\mathrm{T}})(\boldsymbol{y}_0(t)-\boldsymbol{C}_0\hat{\boldsymbol{x}}(t)) \tag{31.65}$$

其中

$$\dot{Y}(t)=\boldsymbol{A}\boldsymbol{Y}(t)+\boldsymbol{Y}(t)\boldsymbol{A}^{\mathrm{T}}+\boldsymbol{B}_1\boldsymbol{B}_1^{\mathrm{T}}-(\boldsymbol{Y}(t)\boldsymbol{C}_0^{\mathrm{T}}+\boldsymbol{B}_1[\boldsymbol{I} \quad \boldsymbol{0}]^{\mathrm{T}})(\boldsymbol{Y}(t)\boldsymbol{C}_0^{\mathrm{T}}+\boldsymbol{B}_1[\boldsymbol{I} \quad \boldsymbol{0}]^{\mathrm{T}})^{\mathrm{T}} \tag{31.66}$$

条件均值$\hat{\boldsymbol{x}}(t)$和对称化的条件协方差 $\boldsymbol{Y}(t)=\frac{1}{2}\mathbb{P}[\boldsymbol{x}(t)\boldsymbol{x}^{\mathrm{T}}(t)+(\boldsymbol{x}(t)\boldsymbol{x}^{\mathrm{T}}(t))^{\mathrm{T}}]$将条件状态 $\boldsymbol{\pi}_t$ 参数化。

例子:监测光腔内的原子

考虑被禁锢在光腔内的原子的测量反馈控制问题,具体如图 31.7[17] 所示。磁场和第二个光束在光腔内产生了一个依赖于空间位置的力,光腔提供了禁锢机制,而该机制可以通过经典控制信号进行调整。控制目标是冷却和限制原子,即减少原子的动量并在空间内确定原子的位置。这里仅介绍适用于本问题的量子滤波器,而关于控制方面的内容将在后面几节说明。

线性二次高斯(Linear Quadratic Gaussian,LQG)近似给出了被禁锢原子的线性量子模型,其参数

$$\boldsymbol{R}=\begin{bmatrix} m\omega^2 & 0 \\ 0 & \dfrac{1}{m} \end{bmatrix},\ \boldsymbol{S}=\begin{bmatrix} 0 & -l_2 \\ l_1 & 0 \end{bmatrix},\ \boldsymbol{M}=[\sqrt{2k}\quad 0]$$

确定了 Hamiltonian 量和耦合算子(回顾 31.5.1 节)。这里,m 表示原子的质量,ω 表示自然频率,而 k 是耦合度参数。矩阵 $\boldsymbol{A},\boldsymbol{B}_1,\boldsymbol{B}_2,\boldsymbol{C}$ 和 $\boldsymbol{D}$ 分别为

$$\boldsymbol{A}=\begin{bmatrix} 0 & \dfrac{1}{m} \\ -m\omega^2 & 0 \end{bmatrix},\quad \boldsymbol{B}_1=\begin{bmatrix} 0 & 0 \\ 0 & -\sqrt{2k} \end{bmatrix},\quad \boldsymbol{B}_2=\begin{bmatrix} l_1 & 0 \\ 0 & l_2 \end{bmatrix},\quad \boldsymbol{C}=\begin{bmatrix} 2\sqrt{2k} & 0 \\ 0 & 0 \end{bmatrix},\quad \boldsymbol{D}=\boldsymbol{l}$$

向量 $\boldsymbol{x}=(\boldsymbol{q},\boldsymbol{p})^{\mathrm{T}}$ 是由原子的可观测量——位置 q 和动量 p 组成的。可以看到,当不施加控制时,平均运动呈现振荡状态。

测量信号 $\boldsymbol{y}_0(\cdot)$ 由式(31.64)给出,其中 $\boldsymbol{C}_0=[I_p\quad 0]$,$\boldsymbol{C}=[2\sqrt{2k}\quad 0]$。估计向量 $\hat{\boldsymbol{x}}=[\hat{\boldsymbol{q}},\hat{\boldsymbol{p}}]^{\mathrm{T}}$ 按照如下所示的量子(Kalman)滤波器变化:

$$\begin{aligned} \dot{\hat{\boldsymbol{q}}}(t) &= \frac{\hat{\boldsymbol{P}}(t)}{m}+l_1\boldsymbol{u}_1+2\sqrt{2k}\boldsymbol{Y}_{11}(t)(\boldsymbol{y}_0(t)-2\sqrt{2k}\hat{\boldsymbol{q}}(t)) \\ \dot{\hat{\boldsymbol{p}}}(t) &= -m\omega^2\hat{\boldsymbol{q}}(t)+l_2\boldsymbol{u}_2(t)+2\sqrt{2k}\boldsymbol{Y}_{12}(t)(\boldsymbol{y}_0(t)-2\sqrt{2k}\hat{\boldsymbol{q}}(t)) \end{aligned} \tag{31.67}$$

其中,条件协方差

$$\boldsymbol{Y}(t)=\begin{bmatrix} \boldsymbol{Y}_{11}(t) & \boldsymbol{Y}_{12}(t) \\ \boldsymbol{Y}_{12}(t) & \boldsymbol{Y}_{22}(t) \end{bmatrix}$$

的分量满足

$$\begin{aligned} \dot{\boldsymbol{Y}}_{11}(t) &= \frac{2\boldsymbol{Y}_{12}(t)}{m}-8k\boldsymbol{Y}_{11}^2(t) \\ \dot{\boldsymbol{Y}}_{12}(t) &= \frac{\boldsymbol{Y}_{22}(t)}{m}-m\omega^2\boldsymbol{Y}_{11}(t)-8k\boldsymbol{Y}_{11}(t)\boldsymbol{Y}_{12}(t) \\ \dot{\boldsymbol{Y}}_{22}(t) &= -2m\omega^2\boldsymbol{Y}_{12}(t)+2k-8k\boldsymbol{Y}_{12}^2(t) \end{aligned} \tag{31.68}$$

31.5.3 基于测量反馈的量子 LQG 控制

Kalman 的 LQG 控制是控制理论中意义最重大的成果之一[92]。本节将解释基于测量反馈的 LQG(测量反馈(Measurement Feedback,MF)-量子线性二次型高斯(Quantum Linear Quadratic Gaussian,QLQG))是如何在量子线性系统(式(31.55))中工作的[17,75]。文献[20]给出了 LQG 控制在量子光学上应用的实验性论证[20]。

我们首先说明测量反馈控制器 K 对于量子线性系统(式(31.55))意味着什么。控制器 K 可以用来以因果方式处理测量信号 $\boldsymbol{y}_0(\cdot)$(在 31.5.2 节讨论过),从而得到经典控制信号 $\boldsymbol{u}(\cdot)$。因此,在每个时刻 $t\geqslant 0$,$\boldsymbol{u}(t)=\boldsymbol{K}_t(\boldsymbol{y}_0(s),0\leqslant s\leqslant t)$,具体如图 31.23 所示。

LQG 性能指标定义如下:

$$\boldsymbol{J}(K)=\mathbb{P}\left[\int_0^T\left[\frac{1}{2}\boldsymbol{x}^{\mathrm{T}}(t)\boldsymbol{P}\boldsymbol{x}(t)+\frac{1}{2}\boldsymbol{u}^{\mathrm{T}}(t)\boldsymbol{Q}\boldsymbol{u}(t)\right]\mathrm{d}t+\frac{1}{2}\boldsymbol{x}^{\mathrm{T}}(T)\boldsymbol{X}_T\boldsymbol{x}(T)\right] \tag{31.69}$$

其中,$\boldsymbol{P}$,$\boldsymbol{Q}$ 和 $\boldsymbol{X}_T$ 是对称的非负定矩阵。需要解决的问题是,寻找可以最小化 $\boldsymbol{J}(K)$ 的测量反馈控制器。

由于 $\boldsymbol{x}(t)$ 可以与对易的可观测量族 $y_0(s)$,$0\leqslant s\leqslant t$ 交换,所以量子条件期望 $\mathbb{P}[\boldsymbol{x}(t)|$

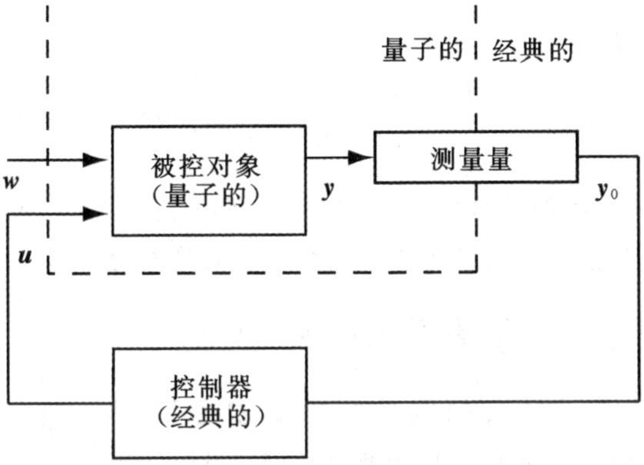

图 31.23 量子线性系统的测量反馈控制

$y_0(s),0\leqslant s\leqslant t$]具有明确的定义。此外,该期望满足基本性质$\mathbb{P}[\mathbb{P}[\boldsymbol{x}^{\mathrm{T}}(t)\boldsymbol{P}\boldsymbol{x}(t)\mid \boldsymbol{y}_0(s),0\leqslant s\leqslant t]=\mathbb{P}[\boldsymbol{x}^{\mathrm{T}}(t)\boldsymbol{P}\boldsymbol{x}(t)]$,且$\mathbb{P}[\boldsymbol{x}^{\mathrm{T}}(t)\boldsymbol{P}\boldsymbol{x}(t)\mid \boldsymbol{y}_0(s),0\leqslant s\leqslant t]=\hat{\boldsymbol{x}}^{\mathrm{T}}(t)\boldsymbol{P}\,\hat{\boldsymbol{x}}(t)+\mathrm{Tr}[\boldsymbol{PY}(t)]$成立。这都有利于求解式(31.69)所示问题。$\boldsymbol{J}(K)$可以改写为一个关于量子滤波器的等价的经典控制问题:

$$\boldsymbol{J}(K)=\mathbf{P}\left[\int_0^{\mathrm{T}}\left[\frac{1}{2}\,\hat{\boldsymbol{x}}^{\mathrm{T}}(t)\boldsymbol{P}\,\hat{\boldsymbol{x}}(t)+\frac{1}{2}\boldsymbol{u}^{\mathrm{T}}(t)\boldsymbol{Q}\boldsymbol{u}(t)\right]\mathrm{d}t+\frac{1}{2}\,\hat{\boldsymbol{x}}^{\mathrm{T}}(T)\boldsymbol{X}_T\,\hat{\boldsymbol{x}}(T)\right]+\alpha \tag{31.70}$$

其中,α是一个与控制器无关的常数。

这个等价问题可以采用经典随机控制理论[93]中的标准方法求解。最优控制律为

$$\boldsymbol{u}^*(t)=\boldsymbol{K}_t^*(\boldsymbol{y}_0(s),0\leqslant s\leqslant t)=-\boldsymbol{Q}^{-1}\boldsymbol{B}_2^{\mathrm{T}}\boldsymbol{X}(t)\,\hat{\boldsymbol{x}}(t) \tag{31.71}$$

其中

$$-\dot{X}(t)=\boldsymbol{X}(t)\boldsymbol{A}+\boldsymbol{A}^{\mathrm{T}}\boldsymbol{X}(t)+\boldsymbol{P}-\boldsymbol{X}(t)\boldsymbol{B}_2\boldsymbol{Q}^{-1}\boldsymbol{B}_2^{\mathrm{T}}\boldsymbol{X}(t),\ \boldsymbol{X}(t)=\boldsymbol{X}_T \tag{31.72}$$

需要注意的是,这个 MF-QLQG 问题的解与标准的经典 LQG 解(见图 31.24)相同。

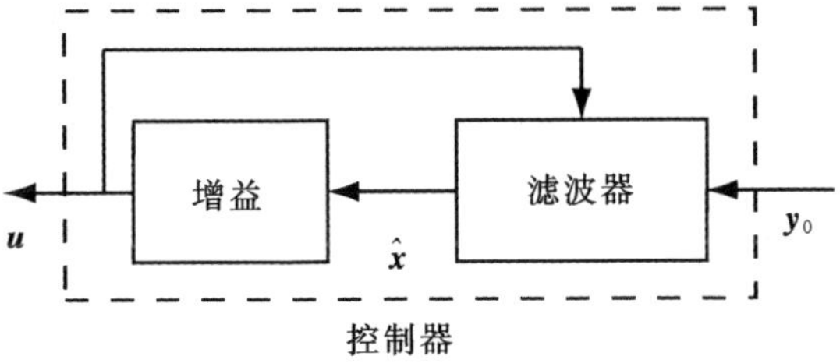

图 31.24 最优 MF-QLQG 控制器(式(31.65)与(31.71))的结构

这个控制器具有**分离结构**,其滤波器动态特性与条件状态为$\boldsymbol{\pi}_t$(由$\hat{\boldsymbol{x}}(t)$和$\boldsymbol{y}(t)$构成)的量子滤波器相对应,该条件状态在这里充当信息状态[93]。

例子:控制光腔内的原子

再次考虑 31.5.2 节中讨论的冷却和限制被禁锢原子的问题。文献[17]采用 LQG 控制解决该问题。如果选择代价矩阵$\boldsymbol{P}=\boldsymbol{R},\boldsymbol{Q}=\kappa^2\boldsymbol{R}$,并令$\boldsymbol{I}_1=\boldsymbol{I}_2=1$,可以发现最优的稳态反馈控

制律(式(31.71))为

$$\boldsymbol{u}^{*}(t)=-\begin{bmatrix}\frac{1}{\kappa} & 0\\ 0 & \frac{1}{\kappa}\end{bmatrix}\begin{bmatrix}\hat{\boldsymbol{q}}(t)\\ \hat{p}(t)\end{bmatrix} \tag{31.73}$$

在恰当采用该反馈后,条件动力学(式(31.67))的平均运动是渐进稳定的,这刚好满足成功冷却和限制的需求。稳态的波动始终存在,并可以由稳态协方差刻画。

31.5.4 基于测量反馈的量子 LEQG 控制

文献[94]公式化描述了经典的线性指数**二次型高斯**(Linear Exponential Quadratic Gaussian,LEQG)控制问题,或者称为**风险敏感**(Risk-Sensitive)控制问题,它在计算期望之前对代价指标中的积分做指数运算。一般来说,不能采用 Kalman 滤波求解基于测量反馈的 LEQG 控制问题,而且相应的解中需要一个包含代价项的滤波器[95~97]。这个结果令人惊讶却意义重大,它与博弈论和鲁棒控制有关。测量反馈风险敏感问题被扩展到了量子范畴[23,76,77]。本节将讨论基于测量反馈的量子 LEQG(Measurement Feedback Quantum LEQG,MF-QLEQG)控制问题。我们将看到,该问题的解与经典 LEQG 问题的解不同。

LQG 性能指标(式(31.69))被定义为不对易项的积分的期望。为了定义积分项的指数,引入可观测量 $R(t)$,该量被定义为如下微分方程的解:

$$\dot{\boldsymbol{R}}(t)=\frac{\mu}{2}\left[\frac{1}{2}\boldsymbol{x}^{\mathrm{T}}(t)\boldsymbol{P}\boldsymbol{x}(t)+\frac{1}{2}\boldsymbol{u}^{\mathrm{T}}(t)\boldsymbol{Q}\boldsymbol{u}(t)\right]\boldsymbol{R}(t),\ \boldsymbol{R}(0)=\boldsymbol{I} \tag{31.74}$$

其中,$\mu>0$ 是一个实值风险参数。因此,$R(t)$是一个时序指数函数。量子 MF-QLEQG 的性能指标定义为

$$\boldsymbol{J}^{\mu}(K)=\mathbb{P}\left[\boldsymbol{R}^{\dagger}(T)\mathrm{e}^{\mu\frac{1}{2}\boldsymbol{x}^{T}(T)\boldsymbol{X}_{T}\boldsymbol{x}(T)}\boldsymbol{R}(T)\right] \tag{31.75}$$

正像文献[23,77]阐述的那样,可以把 $\boldsymbol{J}^{\mu}(K)$重写为一个定义适当的信息状态 $\boldsymbol{\pi}_t^{\mu}$ 的经典期望,而 $\boldsymbol{\pi}_t^{\mu}$ 以如下方程确定的量$\hat{\boldsymbol{x}}^{\mu}(t)$和 $\boldsymbol{Y}^{\mu}(t)$为参数:

$$\dot{\hat{\boldsymbol{x}}}^{\mu}(t)=(\boldsymbol{A}+\mu\boldsymbol{Y}^{\mu}(t)\boldsymbol{P})\,\hat{\boldsymbol{x}}^{\mu}(t)+\boldsymbol{B}_2u(t)+(\boldsymbol{Y}^{\mu}(t)\boldsymbol{C}_0^{\mathrm{T}}+\boldsymbol{B}_1[\boldsymbol{I}\quad \boldsymbol{0}]^{\mathrm{T}})\,\boldsymbol{y}_0(t)-\boldsymbol{C}_0\,\hat{\boldsymbol{x}}^{\mu}(t)) \tag{31.76}$$

和

$$\begin{aligned}\dot{\boldsymbol{Y}}^{\mu}(t)=&\boldsymbol{A}\boldsymbol{Y}^{\mu}(t)+\boldsymbol{Y}^{\mu}(t)\boldsymbol{A}^{\mathrm{T}}+\mu\boldsymbol{Y}^{\mu}(t)\boldsymbol{P}\boldsymbol{Y}^{\mu}(t)+\boldsymbol{B}_1\boldsymbol{B}_1^{\mathrm{T}}-\frac{\mu}{4}\boldsymbol{J}\boldsymbol{P}\boldsymbol{J}\\&-(\boldsymbol{Y}^{\mu}(t)\boldsymbol{C}^{\mathrm{T}}+\boldsymbol{B}_1[\boldsymbol{I}\quad \boldsymbol{0}]^{\mathrm{T}})(\boldsymbol{Y}^{\mu}(t)\boldsymbol{C}^{\mathrm{T}}+\boldsymbol{B}_1[\boldsymbol{I}\quad \boldsymbol{0}]^{\mathrm{T}})^{\mathrm{T}}\end{aligned} \tag{31.77}$$

关于矩阵 $\boldsymbol{Y}^{\mu}(t)$的方程(31.77)中包含了依赖于代价矩阵 $\boldsymbol{P}$ 的项。$-\frac{\mu}{4}\boldsymbol{J}\boldsymbol{P}\boldsymbol{J}$ 项是由于式(31.74)中被积函数的项不满足对易律而造成的,相应的经典 LEQG 问题[95]中并不包含对应项。最优控制律为

$$\boldsymbol{u}_t^{\mu,*}(t)=\boldsymbol{K}_t^{\mu,*}(\boldsymbol{y}_0(s),0\leqslant s\leqslant t)=-\boldsymbol{Q}^{-1}\boldsymbol{B}_2^{\mathrm{T}}\boldsymbol{X}^{\mu}(t)(\boldsymbol{I}-\mu\boldsymbol{Y}^{\mu}(t)\boldsymbol{X}^{\mu}(t))^{-1}\,\hat{\boldsymbol{x}}^{\mu}(t) \tag{31.78}$$

其中

$$-\dot{\boldsymbol{X}}^{\mu}(t)=\boldsymbol{X}^{\mu}(t)\boldsymbol{A}+\boldsymbol{A}^{\mathrm{T}}\boldsymbol{X}^{\mu}(t)+\boldsymbol{P}-\boldsymbol{X}^{\mu}(t)(\boldsymbol{B}_2\boldsymbol{Q}^{-1}\boldsymbol{B}_2^{\mathrm{T}}-\mu\boldsymbol{B}_1\boldsymbol{B}_1^{\mathrm{T}})\boldsymbol{X}^{\mu}(t),\ \boldsymbol{X}^{\mu}(T)=\boldsymbol{X}_T \tag{31.79}$$

这个控制器同样也具有分离结构(如图 31.24,分别采用$\hat{\boldsymbol{x}}^{\mu}(t)$和$\boldsymbol{Y}^{\mu}(t)$代替$\hat{\boldsymbol{x}}(t)$和$\boldsymbol{Y}(t)$即可)。

对于量子物理来说,以$\hat{\boldsymbol{x}}^{\mu}(t)$和$\boldsymbol{Y}^{\mu}(t)$为参数的 MF-QLEQG 信息状态 $\boldsymbol{\pi}_t^{\mu}$ 看起来很新颖。可以将量子物理中采用的传统条件状态 $\boldsymbol{\pi}_t$ 看作是描述通过监测系统所得知识的主观状态。可以将风险敏感状态 $\boldsymbol{\pi}_t^{\mu}$ 看作是包含由监测系统获得并由代价函数修正的知识的主观状态,它同时包含了知识和目标信息,并将 Bohr 关于量子力学的阐释扩展到了反馈情况。

例子:监测光腔内的原子

再次回顾 31.5.2 节和 31.5.3 节中考虑的被禁锢原子。采用同前文相同的代价矩阵,可以发现量子风险敏感(或 MF-QLEQG)滤波器可以表示为

$$\begin{aligned}\dot{\hat{\boldsymbol{q}}}^{\mu}(t)&=\frac{\hat{\boldsymbol{p}}^{\mu}(t)}{m}+l_1\boldsymbol{u}_1(t)+2\sqrt{2k}\boldsymbol{Y}_{11}(t)(\boldsymbol{y}_0(t)-2\sqrt{2k}\hat{\boldsymbol{q}}^{\mu}(t))\\ \dot{\hat{\boldsymbol{p}}}^{\mu}(t)&=-m\omega^2\hat{\boldsymbol{q}}^{\mu}(t)+l_2\boldsymbol{u}_2(t)+2\sqrt{2k}\boldsymbol{Y}_{12}(t)(\boldsymbol{y}_0(t)-2\sqrt{2k}\hat{\boldsymbol{q}}^{\mu}(t))\end{aligned} \tag{31.80}$$

其中矩阵

$$\boldsymbol{Y}^{\mu}(t)=\begin{bmatrix}\boldsymbol{Y}_{11}^{\mu}(t) & \boldsymbol{Y}_{12}^{\mu}(t)\\ \boldsymbol{Y}_{12}^{\mu}(t) & \boldsymbol{Y}_{22}^{\mu}(t)\end{bmatrix}$$

的分量满足

$$\begin{aligned}\dot{\boldsymbol{Y}}_{11}^{\mu}(t)&=\frac{2\boldsymbol{Y}_{12}^{\mu}(t)}{m}+(\mu m\omega^2-8k)(\boldsymbol{Y}_{11}^{\mu}(t))^2+\frac{\mu}{m}(\boldsymbol{Y}_{12}^{\mu}(t))^2+\frac{\mu}{m}\\ \dot{\boldsymbol{Y}}_{12}^{\mu}(t)&=\frac{\boldsymbol{Y}_{22}^{\mu}(t)}{m}-m\omega^2\boldsymbol{Y}_{11}^{\mu}(t)+(\mu m\omega^2-8k)\boldsymbol{Y}_{11}^{\mu}(t)\boldsymbol{Y}_{12}^{\mu}(t)+\frac{\mu}{m}\boldsymbol{Y}_{22}^{\mu}(t)\boldsymbol{Y}_{12}^{\mu}(t)\\ \dot{\boldsymbol{Y}}_{22}^{\mu}(t)&=-2m\omega^2\boldsymbol{Y}_{12}^{\mu}(t)+2k+(\mu\omega^2-8k)(\boldsymbol{Y}_{12}^{\mu}(t))^2+\frac{\mu}{m}(\boldsymbol{Y}_{22}^{\mu}(t))^2+\frac{\mu m\omega^2}{4}\end{aligned} \tag{31.81}$$

最优反馈可由式(31.78)给出。

文献[77]通过仿真研究比较了 MF-QLQG 和 MF-QLEQG 控制器的鲁棒特性。如上文所述,两种控制器都是在标称模型基础上设计出来的。假设物理系统受到一个未建模的相干度为 β 的场的支配。图 31.25 给出了 MF-QLQG 的平均性能随不确定参数 β 变化的曲线,纵轴表示针对真实模型平均后的二次型代价函数的积分,横轴表示不确定参数 β。当 $\beta=0$ 时,标称模型与实际模型一致,而且正如预期的那样,MF-QLQG 的代价较小(为了最小化该代价,定义了 MF-QLQG。然而,随着 β 不断增大,MF-QLEQG 控制器表现得更好一些,这一点可以从相应曲线具有的较小凹度中看出。随着不确定性的增强,MF-QLEQG 控制器的性能比 MF-QLQG 退化得更慢一些。这与对鲁棒控制器的预期是一致的:在标称状态下具有良好性能,而在非标称状态下的性能亦可以接受。

31.5.5 基于量子相干反馈的 H^{∞} 控制

在前面几节中,控制器 K 是由经典测量信号 $\boldsymbol{y}_0(\cdot)$驱动,并且可以生成经典控制信号 $\boldsymbol{u}$ 的经典系统。现在考虑这样的一种控制器 K:它受完全量子化的信号 $\boldsymbol{y}_1$ 驱动,而这些量子信号来自量子被控对象 G 的一个或者多个输出通道。量子控制器 K 生成与被控对象 G 的输入

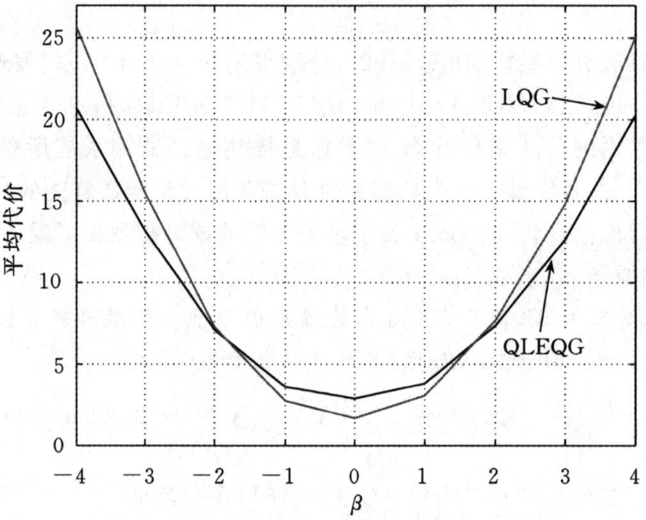

图 31.25　MF-QLQG 和 MF-QLEQG 控制器在不确定环境(横轴，β)下的性能(纵轴)

通道相连的量子信号 $\boldsymbol{u}$，具体如图 31.26 所示。映射 $K:\boldsymbol{y}_1(\cdot)\mapsto\boldsymbol{u}(\cdot)$是一种因果量子操作，因此，由 P 与 K 相连组成的反馈回路一般可以保持量子的相干性。

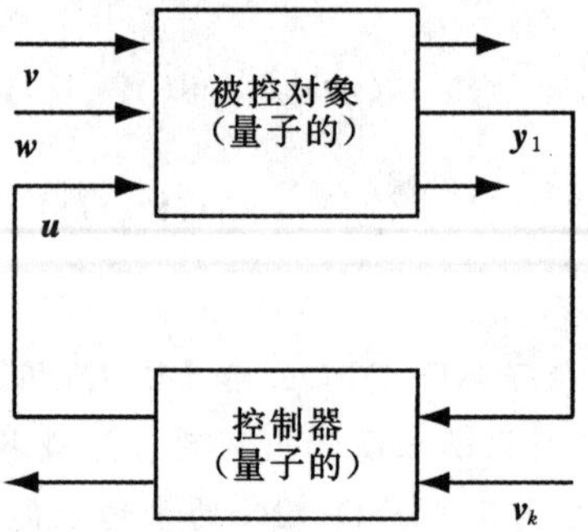

图 31.26　量子线性系统的相干反馈控制。该系统并不测量量子场 $\boldsymbol{u}$ 和 $\boldsymbol{y}_1$，控制器本身也是一个量子系统

被控对象 G 属于 31.5.1 节所讨论类型的量子线性系统，它可以表示为

$$\begin{aligned}\dot{\boldsymbol{x}}(t) &= \boldsymbol{A}\boldsymbol{x}(t)+\boldsymbol{B}_0\boldsymbol{v}(t)+\boldsymbol{B}_1\boldsymbol{w}(t)+\boldsymbol{B}_2\boldsymbol{u}(t)\\ \boldsymbol{y}_1(t) &= \boldsymbol{C}_1\boldsymbol{x}(t)+\boldsymbol{D}_1\boldsymbol{w}(t)\end{aligned}\tag{31.82}$$

其中，$\boldsymbol{v}$ 和 $\boldsymbol{w}$ 是独立的可对易的量子噪声，其协方差分别为$\langle\boldsymbol{v}(t)\boldsymbol{v}^{\mathrm{T}}(t')\rangle=\boldsymbol{F}_v\boldsymbol{\delta}(t-t')$和$\langle\boldsymbol{w}(t)\boldsymbol{w}^{\mathrm{T}}(t')\rangle=\boldsymbol{F}_w\boldsymbol{\delta}(t-t')$，$\boldsymbol{u}$ 是量子输入信号。对于一个适当的矩阵，量子输出信号 $\boldsymbol{y}_1$ 具有 $\boldsymbol{y}_1=\boldsymbol{P}_f\boldsymbol{y}$ 的形式。需要注意的是，诸如 $\boldsymbol{u}$ 和 $\boldsymbol{y}_1$ 的量子信号具有自伴分量(采用正交算子表示)，但是这些分量一般都不对易。因此，输出信息 $\boldsymbol{y}_1(s)$，$0\leqslant s\leqslant t$ 通常是一组非对易的可观测量，这有别于 31.5.2 节讨论的对易可观测量 $\boldsymbol{y}_0(s)$，$0\leqslant s\leqslant t$。目前，还没有任何已知的关于量

子滤波器的非对易推广，而且实际上完全量子化的反馈系统的系统化最优设计是一个重要的研究课题。本节采用形式固定的控制器 K，并利用性能指标和物理可实现性准则来确定控制器的参数。

设控制器 K 是一个量子线性系统，其形式为

$$\begin{aligned}\dot{\boldsymbol{\xi}}(t) &= \boldsymbol{A}_K\boldsymbol{\xi}(t)+\boldsymbol{B}_{K1}\boldsymbol{v}_K(t)+\boldsymbol{B}_{K2}\boldsymbol{y}_1(t)\\ \boldsymbol{u}(t) &= \boldsymbol{C}_K\boldsymbol{\xi}(t)+\boldsymbol{D}_K\boldsymbol{v}_K(t)\end{aligned}\tag{31.83}$$

其中，矩阵 $\boldsymbol{A}_K$，$\boldsymbol{B}_{K1}$，$\boldsymbol{B}_{K2}$，$\boldsymbol{C}_K$ 和 $\boldsymbol{D}_K$ 有待确定，$\boldsymbol{v}_K$ 表示量子噪声过程，其协方差为$\langle \boldsymbol{v}_K(t)\boldsymbol{v}_K^{\mathrm{T}}(t')\rangle=(\boldsymbol{I}+i\boldsymbol{J})\boldsymbol{\delta}(t-t')$。由自伴变量组成的向量 $\boldsymbol{\xi}$ 需满足对易关系 $\boldsymbol{\xi}(t)\boldsymbol{\xi}^{\mathrm{T}}(t)-(\boldsymbol{\xi}(t)\boldsymbol{\xi}^{\mathrm{T}}(t))^{\mathrm{T}}=i\Theta_K$，其中 Θ_K 是待确定的斜对称矩阵。

在具体介绍性能指标之前，将被控对象与控制器连接起来以组成闭环系统

$$\dot{\boldsymbol{\eta}}(t)=\widetilde{\boldsymbol{A}}\eta(t)+\widetilde{\boldsymbol{B}}\widetilde{\boldsymbol{w}}(t)\tag{31.84}$$

其中，$\widetilde{\boldsymbol{w}}(t)=(\boldsymbol{v}^{\mathrm{T}}(t),\boldsymbol{w}^{\mathrm{T}}(t),\boldsymbol{v}_K^{\mathrm{T}}(t))^{\mathrm{T}}$，

$$\widetilde{\boldsymbol{A}}=\begin{bmatrix}\boldsymbol{A} & \boldsymbol{B}\boldsymbol{C}_K\\ \boldsymbol{B}_{K2}\boldsymbol{D} & \boldsymbol{A}_K\end{bmatrix},\quad \widetilde{\boldsymbol{B}}=\begin{bmatrix}\boldsymbol{B}_0 & \boldsymbol{B}_1 & \boldsymbol{B}_2\boldsymbol{D}_K\\ 0 & \boldsymbol{B}_{K2}\boldsymbol{D} & \boldsymbol{B}_{K1}\end{bmatrix}\tag{31.85}$$

现在为闭环系统指定 H^{∞} 或 L^2 增益性能目标。假设量子信号 $\boldsymbol{w}$ 的形式为 $\boldsymbol{w}(t)=\boldsymbol{\beta}_w(t)+\boldsymbol{n}_w(t)$，其中 $\boldsymbol{n}_w$ 表示协方差为$\langle\boldsymbol{n}_w(t)\boldsymbol{n}_w^{\mathrm{T}}(t')\rangle=\boldsymbol{F}_w\boldsymbol{\delta}(t-t')$的量子白噪声过程。记 $\boldsymbol{\beta}_z=\boldsymbol{C}_1\boldsymbol{x}+\boldsymbol{D}_{12}\boldsymbol{C}_K\boldsymbol{\xi}$。给定一个增益边界 $g>0$，$\epsilon>0$，我们希望找到一个控制器 K，使得对于闭环系统(式(31.84))，如下所示的 L^2 增益不等式成立：

$$\mathbb{P}\left[\int_0^{\mathrm{T}}(\boldsymbol{\beta}_z^{\mathrm{T}}(t)\boldsymbol{\beta}_z(t)+\epsilon\boldsymbol{\eta}^{\mathrm{T}}(t)\boldsymbol{\eta}(t))\mathrm{d}t\right]\leqslant(g^2-\epsilon)\,\mathbb{P}\left[\int_0^{\mathrm{T}}\boldsymbol{\beta}_w^{\mathrm{T}}(t)\boldsymbol{\beta}_w(t)\mathrm{d}t\right]+\boldsymbol{\mu}_1+\boldsymbol{\mu}_2t\tag{31.86}$$

做出以下标准的经典假设[98]：(1)$\boldsymbol{D}_{12}^{\mathrm{T}}\boldsymbol{D}_{12}=E_1>0$，(2)$\boldsymbol{D}_{21}\boldsymbol{D}_{21}^{\mathrm{T}}=E_2>0$，(3)对于所有的 $\omega\geqslant 0$，矩阵$\begin{bmatrix}\boldsymbol{A}-j\omega\boldsymbol{I} & \boldsymbol{B}_2\\ \boldsymbol{C}_1 & \boldsymbol{D}_{12}\end{bmatrix}$和$\begin{bmatrix}\boldsymbol{A}-j\omega\boldsymbol{I} & \boldsymbol{B}_1\\ \boldsymbol{C}_2 & \boldsymbol{D}_{21}\end{bmatrix}$都是满秩的。

控制器可以用下面的一对代数 Riccati 方程表示：

$$\begin{aligned}(\boldsymbol{A}-\boldsymbol{B}_2E_1^{-1}\boldsymbol{D}_{12}^{\mathrm{T}}\boldsymbol{C}_1)^{\mathrm{T}}\boldsymbol{X}+\boldsymbol{X}(\boldsymbol{A}-\boldsymbol{B}_2E_1^{-1}\boldsymbol{D}_{12}^{\mathrm{T}}\boldsymbol{C}_1)+\boldsymbol{X}(\boldsymbol{B}_1\boldsymbol{B}_1^{\mathrm{T}}-\boldsymbol{g}^2\boldsymbol{B}_2\boldsymbol{E}_1^{-1}\boldsymbol{B}_2')\boldsymbol{X}\\ +\boldsymbol{g}^{-2}\boldsymbol{C}_1^{\mathrm{T}}(\boldsymbol{I}-\boldsymbol{D}_{12}\boldsymbol{E}_1^{-1}\boldsymbol{D}_{12}^{\mathrm{T}})\boldsymbol{C}_1=0\end{aligned}\tag{31.87}$$

$$\begin{aligned}(\boldsymbol{A}-\boldsymbol{B}_1\boldsymbol{D}_{21}^{\mathrm{T}}E_1^{-1}\boldsymbol{C}_2)\boldsymbol{Y}+\boldsymbol{Y}(\boldsymbol{A}-\boldsymbol{B}_1\boldsymbol{D}_{21}^{\mathrm{T}}E_2^{-1}\boldsymbol{C}_2)+\boldsymbol{Y}(\boldsymbol{g}^{-2}\boldsymbol{C}_1^{\mathrm{T}}\boldsymbol{C}_1-\boldsymbol{C}_2^{\mathrm{T}}E_2^{-1}\boldsymbol{C}_2)\boldsymbol{Y}\\ +\boldsymbol{B}_1(\boldsymbol{I}-\boldsymbol{D}_{21}^{\mathrm{T}}E_2^{-1}\boldsymbol{D}_{21})\boldsymbol{B}_1^{\mathrm{T}}=0\end{aligned}\tag{31.88}$$

这对 Riccati 方程的解需满足以下条件：(1)$\boldsymbol{A}-\boldsymbol{B}_2E_1^{-1}\boldsymbol{D}_{12}^{\mathrm{T}}\boldsymbol{C}_1+(\boldsymbol{B}_1\boldsymbol{B}_1^{\mathrm{T}}-\boldsymbol{g}^2\boldsymbol{B}_2E_1^{-1}\boldsymbol{B}_2')X$ 是一稳定性矩阵，(2)$\boldsymbol{A}-\boldsymbol{B}_1\boldsymbol{D}_{21}^{\mathrm{T}}E_2^{-1}\boldsymbol{C}_2+\boldsymbol{Y}(\boldsymbol{g}^{-2}\boldsymbol{C}_1^{\mathrm{T}}\boldsymbol{C}_1-\boldsymbol{C}_2^{\mathrm{T}}E_2^{-1}\boldsymbol{C}_2)$是一稳定性矩阵，以及(3)矩阵 $\boldsymbol{XY}$ 的谱半径严格小于 1。

文献[25]论述道，如果 Riccati 方程式(31.87)和式(31.88)具有满足以上条件的解，那么一个形如式(31.83)的控制器即为所讨论的 H^{∞} 控制问题的解，前提条件是其系统矩阵按照如下方式从 Riccati 解中构造出来：

$$\begin{aligned}\boldsymbol{A}_K &= \boldsymbol{A}+\boldsymbol{B}_2\boldsymbol{C}_K-\boldsymbol{B}_K\boldsymbol{C}_2+(\boldsymbol{B}_1-\boldsymbol{B}_K\boldsymbol{D}_{21})\boldsymbol{B}_1^{\mathrm{T}}\boldsymbol{X}\\ \boldsymbol{B}_{K2} &= (\boldsymbol{I}-\boldsymbol{YX})^{-1}(\boldsymbol{YC}_2^{\mathrm{T}}+\boldsymbol{B}_1\boldsymbol{D}_{21}^{\mathrm{T}})E_2^{-1}\\ \boldsymbol{C}_K &= -E_1^{-1}(\boldsymbol{g}^2\boldsymbol{B}_2^{\mathrm{T}}\boldsymbol{X}+\boldsymbol{D}_{12}^{\mathrm{T}}\boldsymbol{C}_1)\end{aligned}\tag{31.89}$$

根据文献[25,定理 5.5],通过选择控制器参数 $\boldsymbol{B}_{K1}$,$\boldsymbol{D}_K$ 和控制器噪声 $\boldsymbol{v}_K$,可以得到一个物理上可实现的控制器。

文献[29]报道了关于量子 H^∞ 控制的实验性论证。

例子:光腔的相干控制

考虑如图 31.27 所示的与三个光通道 $\boldsymbol{v}$,$\boldsymbol{w}$ 和 $\boldsymbol{u}$ 共鸣耦合的光腔。控制目标是消弱扰动信号 $\boldsymbol{w}$ 对输出 $\boldsymbol{z}$ 的影响——物理上,这表示减弱由照射在 $\boldsymbol{w}$ 上的光引起的、从 $\boldsymbol{z}$ 射出的光。

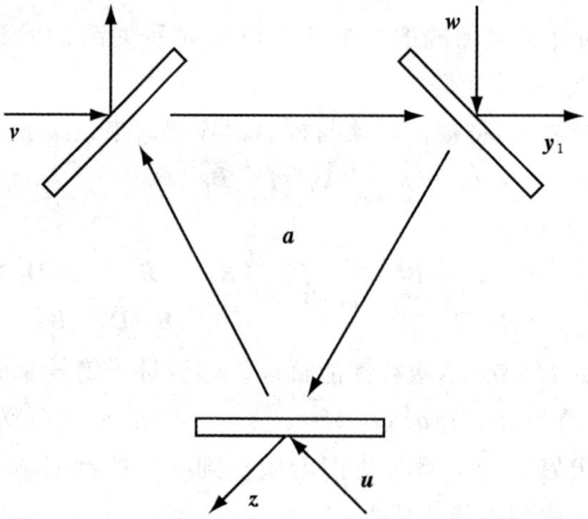

图 31.27 光腔(被控对象)的示意图

被控对象的矩阵为

$$\boldsymbol{A} = -\frac{\gamma}{2}\boldsymbol{l},\quad \boldsymbol{B}_0 = -\sqrt{\kappa_1}\boldsymbol{l},\quad \boldsymbol{B}_1 = -\sqrt{\kappa_2}\boldsymbol{l},\quad \boldsymbol{B}_2 = -\sqrt{\kappa_3}\boldsymbol{l},$$

$$\boldsymbol{C}_1 = -\sqrt{\kappa_3}\boldsymbol{l},\quad \boldsymbol{D}_{12} = \boldsymbol{l},\quad \boldsymbol{C}_2 = \sqrt{\kappa_2}\boldsymbol{l},\quad \boldsymbol{D}_{21} = \boldsymbol{l}$$

其中,$\kappa_1 = 2.6$,$\kappa_2 = \kappa_3 = 0.2$。

当扰动衰减常数 $g=0.1$ 时,可以发现 Riccati 方程(31.87)和(31.88)具有满足上文所述条件的稳定解,即 $\boldsymbol{X}=\boldsymbol{Y}=\boldsymbol{0}_{2\times 2}$。由 Riccati 方程确定的控制器矩阵为

$$\boldsymbol{A}_K = -1.1\boldsymbol{l},\quad \boldsymbol{B}_{K2} = -0.447\boldsymbol{l},\quad \boldsymbol{C}_K = -0.447\boldsymbol{l}$$

通过求解物理上的可实现条件,可以得到物理系统

$$\begin{aligned}
\dot{\boldsymbol{\xi}}(t) &= \boldsymbol{A}_K\boldsymbol{\xi}(t) + [\boldsymbol{B}_{K1} \quad \boldsymbol{B}_K][\boldsymbol{v}_K^{\mathrm{T}} \quad \boldsymbol{y}_1^{\mathrm{T}}]^{\mathrm{T}} \\
\mathrm{d}\tilde{\boldsymbol{u}}(t) &= -\boldsymbol{C}_K\boldsymbol{\xi}(t)\mathrm{d}t + [\boldsymbol{l}_{2\times 2} \quad \boldsymbol{0}_{2\times 4}][\boldsymbol{v}_K^{\mathrm{T}} \quad \boldsymbol{y}_1^{\mathrm{T}}]^{\mathrm{T}} \\
\tilde{\boldsymbol{u}}(t) &= \boldsymbol{K}_s\boldsymbol{u}(t)
\end{aligned}$$

其中,$\boldsymbol{B}_{K1} = [-0.447\boldsymbol{l} \quad -1.342]$,$\boldsymbol{v}_K(t) = (\boldsymbol{v}_{K11}(t), \boldsymbol{v}_{K12}(t), \boldsymbol{v}_{K21}(t), \boldsymbol{v}_{K22}(t))^{\mathrm{T}}$ 为独立的量子噪声,而 $\boldsymbol{K}_s$ 表示 180°的相移(见图 31.28)。

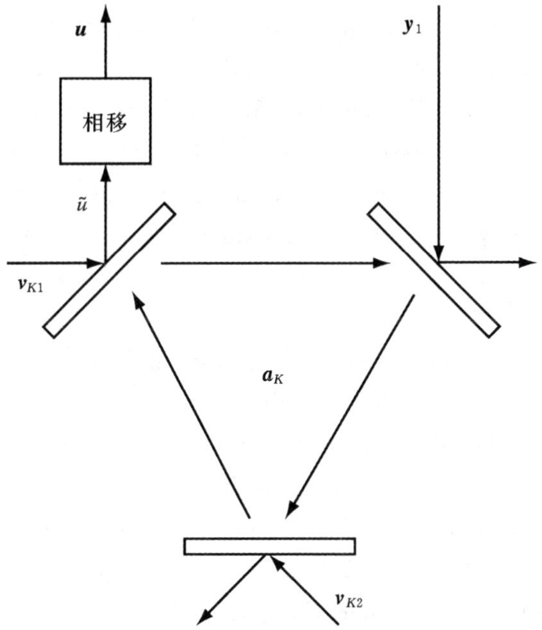

图 31.28 用于图 31.27 所示对象的控制器($\Theta_K = J$)的光腔量子实现

致谢

本研究得到了澳大利亚研究理事会基金和 AFSOR 基金 FA2386-09-1-4089 AOARD 094089 的资助。

参考文献

1. ARDA quantum computing roadmap. Available at http://qist. lanl. gov, 2004.

2. P. Dowling and G. J. Milburn. Quantum technology: The second quantum revolution. *Proc. R. Soc. London*, A 361:1655, 2003.

3. G. R. Fleming and M. A. Ratner. Grand challenges in basic energy sciences. *Physics Today*, 61 - 7:28 - 33, July 2008.

4. A. S. Fletcher, P. W. Shor, and M. Z. Win. Optimum quantum error recovery using semidefinite programming. *Phys. Rev. A*, 75:012338, arXiv. org:0606035[quant-ph], 2007.

5. J. M. Geremia and H. Rabitz. Teaching lasers to optimally identify molecular hamiltonians. *Phys. Rev. Lett.*, 89, 263902, 2002.

6. R. L. Kosut, A. Shabani, and D. A. Lidar. Robust quantum error correction via convex optimization. *Phys. Rev. Lett.*, 100:020502, arXiv. org:0703274[quant-ph], 2008.

7. M. Reimpell and R. F. Werner. Iterative optimization of quantum error correcting

codes. *Phys Rev Lett*,94:080501,2005.

8. M. Q. Phan and H. Rabitz. Learning control of quantum-mechanical systems by laboratory identification of effective input-output maps. *Chem. Phys.*,217:389 - 400,1997.

9. M. A. Armen,K. J. Au,J. K. Stockton,A. C. Doherty,and H. Mabuchi. Adaptive homodyne measurement of optical phase. *Phys. Rev. A*,89(13):133602,2002.

10. V. P. Belavkin. Optimal measurement and control in quantum dynamical systems. Preprint 411,Institute of Physics,Nicolaus Copernicus University,Torun,1979.

11. V. P. Belavkin. On the theory of controlling observable quantum systems. *Automat. Remote Control*,44(2):178 - 188,1983.

12. V. P. Belavkin. Quantum stochastic calculus and quantum nonlinear filtering. *J. Multivariate Anal.*,42:171 - 201,1992.

13. L. Bouten,R. Van Handel,and M. R. James. An introduction to quantum filtering. *SIAM J Control Optim.*,46(6):2199 - 2241,2007.

14. L. Bouten,R. Van Handel,and M. R. James. A discrete invitation to quantum filtering and feedback control. *SIAM Rev.*,51(2):239 - 316,2009.

15. M. P. A Branderhorst,P. Londero,P. Wasylczyk,C. Brif,R. L. Kosut,H. Rabitz,and I. A. Walmsley. Coherent control of decoherence. *Science*,320:638 - 643,2008.

16. D. D' Alessandro. *Introduction to Quantum Control and Dynamics*. Chapman & Hall/CRC,2008.

17. A. C. Doherty and K. Jacobs. Feedback-control of quantum systems using continuous state-estimation. *Phys. Rev. A*,60:2700,1999.

18. J. Gough and M. R. James. Quantum feedback networks: Hamiltonian formulation. Commun. *Math. Phys.*,287(DOI:10. 1007/s00220-008-0698-8):1109 - 1132,2009.

19. J. Gough and M. R. James. The series product and its application to quantum feedforward and feedback networks. *IEEE Trans. Automatic Control*,54(11):2530 - 2544,2009.

20. S. Z. Sayed Hassen,M. Heurs,E. H. Huntington,I. R. Petersen,and M. R. James. Frequency locking of an optical cavity using linear quadratic Gaussian integral control. *J. Phys. B:At. Mol. Opt. Phys.*,42:175501,2009.

21. T. -S. Ho and H. Rabitz. Why do effective quantum controls appear easy to find? *J. Photochem. Photobiol. A:Chem.*,180:226 - 240,2006.

22. G. M. Huang,T. J. Tarn,and J. W. Clark. On the controllability of quantum-mechanical systems. *J. Math. Phys.*,24(11):2608 - 2618,1983.

23. M. R. James. A quantum Langevin formulation of risk-sensitive optimal control. *J. Opt. B:Semiclassical Quantum*,Special Issue on Quantum Control,7(10):S198 - S207,2005.

24. M. R. James and J. Gough. Quantum dissipative systems and feedback control design by interconnection. *IEEE Trans Auto. Control*, to appear, arXiv. org: 0707. 1074 [quant-ph],2010.

25. M. R. James,H. Nurdin,and I. R. Petersen. H^∞ control of linear quantum systems.

IEEE Trans Auto. Control, 53(8): 1787 – 1803.

26. N. Khaneja, R. Brockett, and S. J. Glaser. Time optimal control in spin systems. *Phys Rev A*, 63: 032308, 2001.

27. N. Khaneja, S. J. Glaser, and R. Brockett. Sub-Riemannian geometry and time optimal control of three spin systems: Quantum gates and coherence transfer. *Phys Rev A*, 65: 032301, 2002.

28. N. Khaneja, B. Luy, and S. Glaser. Boundary of quantum evolution under decoherence. *Proc. Nat. Acad. Sci.*, *USA*, 100(23): 13162 – 13166, 2003.

29. H. Mabuchi. Coherent-feedback quantum control with a dynamic compensator. *Phys. Rev. A*, 78(3): 032323, 2008.

30. M. Mirrahimi and R. van Handel. Stabilizing feedback controls for quantum systems. *SIAM J. Control. Optim.*, 46: 445 – 467, 2007.

31. H. Nurdin, M. R. James, and A. C. Doherty. Network synthesis of linear dynamical quantum stochastic systems. *SIAM J. Control Optim.*, 48(4): 2686 – 2718, 2009.

32. H. Nurdin, M. R. James, and I. R. Petersen. Coherent quantum LQG control. *Automatica*, 45: 1837 – 1846, 2009.

33. H. A. Rabitz, M. M. Hsieh, and C. M. Rosenthal. Quantum optically controlled transition landscapes. *Science*, 303: 1998 – 2001, 2004.

34. L. K. Thomsen and H. M. Wiseman. Atom-laser coherence and its control via feedback. *Phys. Rev. A*, 65: 063607, 2002.

35. I. Walmsley and H. Rabitz. Quantum physics under control. *Phys. Today*, 50: 43 – 49, August 2003.

36. S. D. Wilson, A. R. R. de Carvalho, J. J. Hope, and M. R. James. Effects of measurement back-action in the stabilisation of a Bose-Einstein condensate through feedback. *Phys. Rev. A*, 76: 013610, 2007.

37. H. Wiseman. Adaptive phase measurements of optical modes: Going beyond the marginal q distribution. *Phys. Rev. Lett.*, 75: 4587 – 4590, 1995.

38. H. Wiseman and G. J. Milburn. Quantum theory of optical feedback via homodyne detection. *Phys. Rev. Lett.*, 70(5): 548 – 551, 1993.

39. N. Yamamoto, H. Nurdin, M. R. James, and I. R. Petersen. Avoiding entanglement sudden-death via feedback control in a quantum network. *Phys. Rev. A*, 78: 042339, 2008.

40. M. Yanagisawa and M. R. James. Atom-laser coherence via multiloop feedback control. *Phys Rev A*, 79: 023620, 2009.

41. M. Yanagisawa and H. Kimura. Transfer function approach to quantum control-part I: Dynamics of quantum feedback systems. *IEEE Trans. Automatic Control*, 48: 2107 – 2120, 2003.

42. V. P. Belavkin. Quantum continual measurements and a posteriori collapse on CCR. *Commun. Math. Phys.*, 146: 611 – 635, 1992.

43. H. J. Carmichael. Quantum trajectory theory for cascaded open systems. *Phys Rev Lett.*, 70(15): 2273-2276, 1993.

44. E. Merzbacher. *Quantum Mechanics*, 3rd ed. Wiley, New York, 1998.

45. M. A. Nielsen and I. L. Chuang. *Quantum Computation and Quantum Information*. Cambridge University Press, Cambridge, UK, 2000.

46. M. A. Nielsen and I. L. Chuang. *Quantum Computation and Quantum Information*. Cambridge University Press, Cambridge, 2000.

47. C. W. Gardiner and P. Zoller. *Quantum Noise*. Springer, Berlin, 2000.

48. G. M. D'Ariano and P. Lo Presti. Quantum tomography for measuring experimentally the matrix elements of an arbitrary quantum operation. *Phys. Rev. Lett.*, 86: 4195, 2001.

49. S. Boyd and L. Vandenberghe. *Convex Optimization*. Cambridge University Press, Cambridge, UK, 2004.

50. M. Mohseni, A. T. Rezakhani, and D. A. Lidar. Quantum process tomography: Resource analysis of different strategies. *Phys. Rev. A*, 77: 032322, 2008.

51. J. Emerson, M. Silva, O. Moussa, C. Ryan, M. Laforest, J. Baugh, D. G. Cory, and R. Laflamme. Symmetrised characterisation of noisy quantum processes. *Science*, 317: 1893, 2007.

52. M. P. A. Branderhorst, I. A. Walmsley, and R. L. Kosut. Quantum process tomography of decoherence in diatomic molecules. In *European Conference on Lasers and Electro-Optics*, Munich, June 2007.

53. E. J. Candes, J. Romberg, and T. Tao. Stable signal recovery from incomplete and inaccurate measurements. *Commun. Pure Appl. Math.*, 59(8): 1207-1223, August 2006.

54. E. J. Candes, M. B. Wakin, and S. Boyd. Enhancing sparsity by reweighted _1 minimization. *J. Fourier Anal. Appl.*, 14: 877-905, October 2008.

55. D. Donoho. Compressed sensing. *IEEE Trans. Inform. Theory*, 52(4), April 2006.

56. R. L. Kosut. Quantum process tomography via _1-norm minimization. arXiv. org: 0812. 4323v1[quantph], 2008.

57. A. Shabani, R. L. Kosut, and H. Rabitz. Compressed quantum process tomography. arXiv. org: 0910. 5498 [quant-ph], 2009.

58. S. Boixo, S. T. Flammia, C. M. Caves, and J. M. Geremia. Generalized limits for single-parameter quantum estimation. *Phys Rev Lett.*, 98: 090401, 2007.

59. S. Braunstein and C. Caves. Statistical distance and the geometry of quantum states. *Phys Rev Lett*, 72: 3439, 1994.

60. V. Giovannetti, S. Lloyd, and L. Maccone. Quantum metrology. *Phys. Rev. Lett.*, 96: 010401, January 2006.

61. B. L. Higgins, D. W. Berry, S. D. Bartlett, H. M. Wiseman, and G. J. Pryde. Entanglement-free Heisenberg-limited phase estimation. *Nature*, 450: 393-396, 2007.

62. A. S. Holevo. *Probabilistic and Statistical Aspects of Quantum Theory*. North-

Holland, Amsterdam, 1982.

63. M. Sarovar and G. J. Milburn. Optimal estimation of one parameter quantum channels. *J. Phys. A: Math. Gen.*, 39: 8487 – 8505, 2006.

64. C. Brif and A. Mann. Nonclassical interferometry with intelligent light. *Phys. Rev. A*, 54: 4505, 1996.

65. H. Rabitz. Making molecules dance: Optimal control of molecular motion. In A. D. Bandrauk, ed., *Atomic and Molecular Processes with Short Intense Pulses*. Plenum Publishing Corporation, New York, 1988.

66. A. Shabani, M. Mohseni, S. Lloyd, R. L. Kosut, and H. Rabitz. Efficient estimation of many-body quantum hamiltonians via random measurements. arXiv. org: 1002. 1330[quant-ph], 2010.

67. M. D. Grace, J. Dominy, R. L. Kosut, C. Brif, and H. Rabitz. Environment-invariant measure of distance between evolutions of an open quantum system. *New J. Phys.*, 12: 015001, 2010.

68. G. S. Uhrig. Keeping a quantum bit alive by optimized π-pulse sequences. *Phys. Rev. Lett.*, 98: 100504, 2007.

69. L. Viola, E. Knill, and S. Lloyd. Dynamical decoupling of open quantum systems. *Phys. Rev. Lett.*, 82: 2417, 1999.

70. H. Carmichael. *An Open Systems Approach to Quantum Optics*. Springer, Berlin, 1993.

71. H. Wiseman. Quantum theory of continuous feedback. *Phys Rev A*, 49(3): 2133 – 2150, 1994.

72. H. M. Wiseman and G. J. Milburn. All-optical versus electro-optical quantum-limited feedback. *Phys Rev A*, 49(5): 4110 – 4125, 1994.

73. W. M. Wiseman and G. J. Milburn. *Quantum Measurement and Control*. Cambridge University Press, Cambridge, UK, 2010.

74. K. R. Parthasarathy. *An Introduction to Quantum Stochastic Calculus*. Birkhauser, Berlin, 1992.

75. S. C. Edwards and V. P. Belavkin. Optimal quantum feedback control via quantum dynamic programming. arXiv. org: 0506018[quant-ph], University of Nottingham, 2005.

76. M. R. James. Risk-sensitive optimal control of quantum systems. *Phys Rev A*, 69: 032108, 2004.

77. C. D'Helon, A. C. Doherty, M. R. James, and S. D. Wilson. Quantum risk-sensitive control. In *Proc. 45th IEEE Conference on Decision and Control*, IEEE Publication, San Diego, pp. 3132 – 3137, December 2006.

78. H. Rabitz, T. S. Ho, M. Hsieh, R. Kosut, and M. Demiralp. Topology of optimally controlled quantum mechanical transition probability landscapes. *Phys. Rev. A*, 74: 012721, 2006.

79. H. Rabitz, M. Hsieh, and C. Rosenthal. Quantum optimally controlled transition landscapes. *Science*, 303, 2004.

80. M. P. A. Branderhorst, I. A. Walmsley, R. L. Kosut, and H. Rabitz. Optimal experiment design for quantum state tomography of a molecular vibrational mode. *J. Phys. B: At. Mol. Opt. Phys.*, 41, 2008.

81. M. G. A. Paris, G. M. D'Ariano, and M. F. Sacchi. Maximum likelihood method in quantum estimation. arXiv. org: 0101071v1[quant-ph], 16 Jan 2001.

82. F. Verstraete, A. C. Doherty, and H. Mabuchi. Sensitivity optimization in quantum parameter estimation. *Phys. Rev. A*, 64: 032111, 2001.

83. R. L. Kosut, I. A. Walmsley, and H. Rabitz. Optimal experiment design for quantum state and process tomography and Hamiltonian parameter estimation. arXiv. org: 0411093 [quant-ph], Nov 2004.

84. H. Cramer. *Mathematical Methods of Statistics*. Princeton Press, Princeton, NJ, 1946.

85. M. Mohseni and A. T. Rezakhani. Dynamical evolution of superoperator for identification and control of quantum hamiltonian systems. arXiv. org: 0805. 3188[quant-ph], 2008.

86. J. L. O'Brien, G. J. Pryde, A. Gilchrist, D. F. V. James, N. K. Langford, T. C. Ralph, and A. G. White. Quantum process tomography of a controlled-not gate. *Phys. Rev. Lett.*, 93: 080502, 2004.

87. K. C. Young, M. Sarovar, R. L. Kosut, and K. B. Whaley. Optimal quantum multiparameter estimation as applied to dipole-and exchange-coupled qubits. *Phys. Rev. A*, 79: 062301, 2009.

88. R. Vrijen, E. Yablonovitch, K. Wang, H. W. Jiang, A. Balandin, V. Roychowdhury, T. Mor, and D. DiVincenzo. Electron-spin-resonance transistors for quantum computing in silicon-germanium heterostructures. *Phys Rev A*, 62: 1050 – 2947, 2000.

89. E. Yablonovitch, H. W. Jiang, H. Kosaka, H. D. Robinson, D. S. Rao, and T. Szkopek. Optoelectronic quantum telecommunications based on spins in semiconductors. *Proc. IEEE*, 91(5), May 2003.

90. R. P. Feynman, R. B. Leighton, and M. Sands. *The Feynman Lectures on Physics*. Addison-Wesley, Reading, MA, 1963 – 1965.

91. H. Hjalmarsson, M. Gevers, and F. De Bruyne. For model-based control design, closed loop identification gives better performance. *Automatica*, 32(12): 1659 – 1673, 1996.

92. B. D. O. Anderson and J. B. *Moore. Linear Optimal Control*. Prentice-Hall, Englewood Cliffs, NJ, 1971.

93. P. R. Kumar and P. Varaiya. *Stochastic Systems: Estimation, Identification and Adaptive Control*. Prentice-Hall, Englewood Cliffs, NJ, 1986.

94. D. H. Jacobson. Optimal stochastic linear systems with exponential performance criteria and their relation to deterministic differential games. *IEEE Trans. Automatic Control*,

18(2):124 - 131,1973.

95. A. Bensoussan and J. H. van Schuppen. Optimal control of partially observable stochastic systems with an exponential-of-integral performance index. *SIAM J. Control Optimi.*,23:599 - 613,1985.

96. M. R. James,J. S. Baras,and R. J. Elliott. Risk-sensitive control and dynamic games for partially observed discrete-time nonlinear systems. *IEEE Trans. Automatic Control*,39:780 - 792,1994.

97. P. Whittle. Risk-sensitive linear/quadratic/Gaussian control. *Adv. App. Probab.*, 13:764 - 777,1981.

98. M. Green and D. J. N. Limebeer. *Linear Robust Control*. Prentice-Hall, Englewood Cliffs,NJ,1995.

32

海上船舶的运动控制

Tristan Perez
澳大利亚纽卡斯尔大学
Thor I. Fossen
挪威科技大学

海上船舶(水面船舶、水下航行器和钻井平台)的正常运行需要严苛的运动控制。在过去的三十年中,对海上船舶运动控制系统的精确性和可靠性的要求越来越高。如今,这些控制系统是保证单艘或多艘船舶进行海上作业的重要因素。本章将对海上船舶运动控制系统的主要特征和设计方法进行概述。特别地,我们将讨论控制系统的结构、主要组成部分的功能、环境干扰的特征、控制目标,以及建模和运动控制设计所涉及的基本问题。

32.1 系统结构与控制目标

海上船舶运动控制系统应用在船舶上,它利用力执行机构,使得船舶即使在环境力的作用下仍然能够遵循期望的运动模式。图 32.1 对这种控制系统的基本组成部分进行了描述,其中的主要单元是**海上船舶**,它将可以提供运动信息(位置、速度、加速度)的传感器和产生运动控制力的执行机构整合在一起。其他的系统组成部分可以划归到三个主要的子系统中,分别是制导、导航和控制:

制导系统:制导系统为船舶提供应该去哪里以及如何到达那里的信息,它生成由位置、速度和加速度表示的可行的期望参考轨迹。该轨迹由算法根据船舶的实际位置和期望位置来生成,通常这种算法还会利用船舶对控制力的动态响应的数学模型。此外,制导还与任务、操作员的决策、天气、周围其他船舶的状态以及船队作业等信息有关。

导航系统:导航系统为船舶提供现在在哪里以及航行状态(速度与航向)的信息。导航系统从诸如全球卫星导航系统(GPS,Galileo,GLONASS)、船速计程仪、罗盘、雷达以及加速度计等各种船载传感器中收集运动信息,并且对信号质量进行检查,最终把测量值变换到控制和制导系统使用的通用参考系中。

控制系统:控制系统对来自导航和制导系统中的信息进行处理,然后为执行机构提供命令来进行运动控制。控制系统利用与运动有关的信号推断船舶状态和干扰力,该处理过程通常会涉及到观测器——基于模型的滤波器。**运动控制器**为执行机构生成适当的命令,以减小船舶的实际轨迹与期望轨迹之间的差异。对于某些船舶,执行机构的配置指的是,相同的控制作用可以通过对执行机构施加不同的命令组合来实现,这就增加了执行机构在抵御故障方面的可靠性。在这种情况下,通常会加入一个控制分配函数,并对运动控制器进行设计,使其为所关注的船舶自由度生成期望的力命令,而不是直接为执行机构生成命令;而后**控制分配**函数将期望的控制力映射为执行机构的命令。假如一个执行机构发生了故障,那么控制分配函数将重新配置剩余的可以正常工作的执行机构。因此,在发生故障后,无需修改运动控制器,这提供了初步的容错能力。

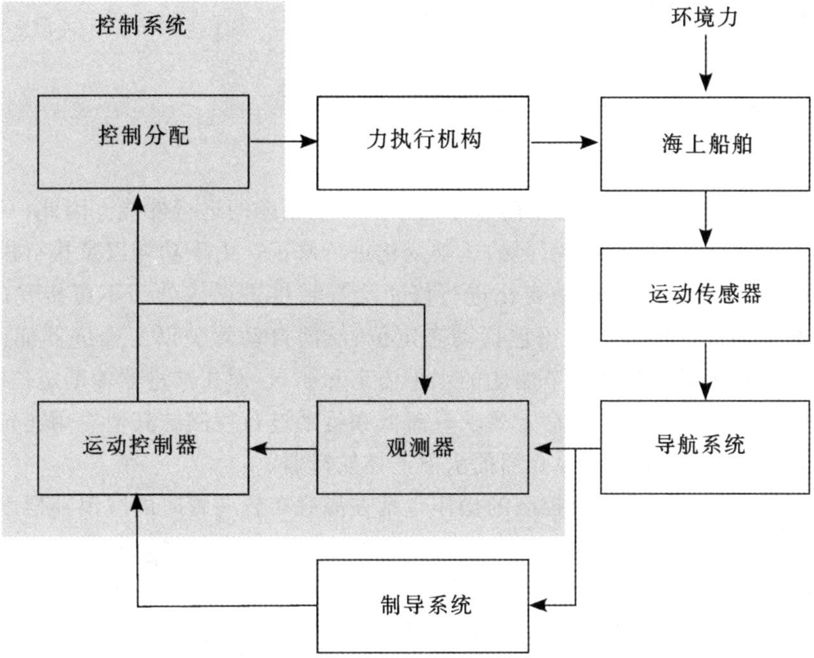

图 32.1 海上船舶的运动控制系统

对于海上船舶,环境因素包括波浪、海风以及海流。环境因素会对船舶产生作用力,这些力可以看作是对运动控制系统的干扰。从概念上讲,这些力可以分解为三个部分:

- 低频
- 波浪频率
- 高频

这里的**高**和**低**都是相对于波浪频率来说的。波浪作用引起了船体表面的压强变化,这转而产生了力。这种由压强产生的力具有一个与波浪高度线性相关的振荡分量。因此,这种力与波浪具有相同的频率,通常称作**波频力**。波浪力还包含一个与波浪高度非线性相关的分量,这些非线性的力分量包含一个平均分量(或者称为波浪漂移力)、一个低频振荡分量和一个高频振荡分量。低频波浪力会造成船舶漂移,而振荡分量则会激发停泊中的或者处于定位控制下的船舶的水平运动共振模态。通常，高频波浪力的频率太高，海上船舶的运动控制不考虑它们的影响，不过这些力可能会引起船体的结构性振动。关于波浪载荷及其对船舶运动的影响的更多细节，读者可以参考 Faltinsen(1990)的著作。

海风和海流会引起船舶结构上的压强变化，从而产生作用力。风力包含一个平均分量和一个由阵风引起的振荡分量。在船舶的运动控制中，只对平均风力进行补偿，这是因为阵风的频率往往位于船舶的响应带宽之外，不过这还取决于船舶的大小。海流引起的力会对需要进行定位控制以及处于停泊状态的海上船舶产生影响，这些力包含一个平均分量和一个由船体涡漩脱落引起的低频振荡分量。因此，海上船舶的低频力包括了波浪、海风和海流的共同影响。

鉴于环境力的上述特性，我们需要考虑如下问题：

- 只控制低频运动
- 只控制波浪频率运动
- 同时控制低频运动和波浪频率运动

在中低海况下，线性波浪力的振荡频率通常不影响船舶的运行性能。因此，只对低频运动施加控制可以避免对由每个波浪引起的运动变化进行修正。由于功耗以及执行机构的潜在磨损问题，若对每个波浪引起的运动变化进行修正会导致推进系统处于不可接受的运行状态。要求只对低频运动进行控制的应用包括动态定位、航向自动驾驶以及推进器辅助定位锚泊。动态定位是指利用推进系统来调节船舶的水平姿态和航向；而在推进器辅助定位锚泊中，推进系统被用来降低锚泊线的平均负荷。要求只对低频运动进行控制的其他应用还包括水面船舶的慢速机动，该应用源于下面将要介绍的水下遥控航行器。

要求只对波浪频率运动进行控制的操作包括在海底布置装置时的波浪补偿以及客轮的减振控制，在后一个应用中，消弱横摇和纵摇运动有助于防止乘客晕船(Perez，2005)。当海况变差时，波浪会变大，而它们的频率会降低，因此，波浪力可能会进入运动控制系统的带宽范围之内。在这种情况下，控制系统的目标变为同时控制低频运动和波频运动。当对近海船舶和钻井平台进行定位时尤其如此，在低海况下只控制低频运动，而在恶劣海况下既需要控制低频运动，又需要控制波频运动(Fossen，2002)。要求同时控制低频运动和波频运动的另一个控制问题实例是，利用船舵保持水面船舶航向的同时消弱其横摇运动——具体请参见 Perez(2005)的著作以及其中的参考文献。

32.2 海上船舶的刚体动力学

32.2.1 运动学

为了描述海上船舶的运动，我们考虑两个参考系：**地球固定参考系**和**船体固定参考系**。由于海上船舶以相对较低的速度运动，所以可以将地球近似地看作一个惯性参考系。与地球参考系相联系，这里考虑一个局部的地理坐标系，其原点 o_n 位于平均水平面上，正方向分别向北、向东和向下。该坐标系可以缩写为 NED，并用$\{n\}$表示。由于可以将船舶看作刚体，所以也可以用作参考系。基于船体参考系，可以建立一个以船舶上某固定点 o_b 为原点，坐标轴的正方向分别指向前进方向、右舷方向（当面朝前进方向时，船体的右手方向）以及下方的坐标系统，该坐标系可以用{b}表示。图 32.2 对这些参考系进行了说明，其中{b}的位置会随着不同的控制应用而发生改变。

船舶的位置由 o_b 相对于 o_n 的位置来描述，该向量的分量分别是北向位置、东向位置和下方位置，并可以记作

$$\boldsymbol{p}_{b/n}^{n} \triangleq [N,E,D]^{\mathrm{T}}$$

下标 b/n 说明这是 o_b 相对于 o_n 的位置，上标 n 说明这些分量都是在坐标系{n}下表示位置向量。

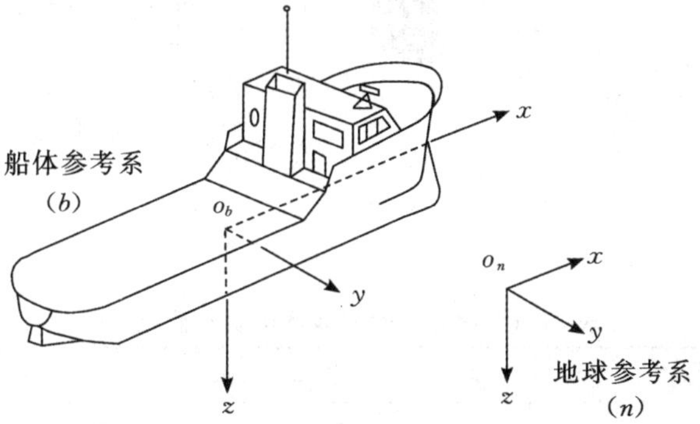

图 32.2　用于描述海上船舶运动方式的参考系和坐标系统

船舶的朝向由欧拉角描述，该角度与将坐标系{n}的方向调节得与坐标系{b}一致所需要的三个连续的单次旋转变换相对应。这些旋转变换是$\{n\}\xrightarrow{\psi/z_n}\{n'\}$、$\{n'\}\xrightarrow{\theta/y'_n}\{n''\}$和$\{n''\}\xrightarrow{\phi/x''_n}\{b\}$，其中上标表示相应的坐标轴旋转的角度，而箭头右边的坐标系是旋转变换的结果。对于由此定义的旋转变换，相应的旋转角分别称为 ψ -偏转角，θ -纵摇角和 ϕ -横摇角。**欧拉角向量**可表示为

$$\boldsymbol{\Theta} \triangleq [\phi,\theta,\psi]^{\mathrm{T}}$$

广义位置向量（位置-朝向）则定义为

$$\boldsymbol{\eta} \triangleq \begin{bmatrix} \boldsymbol{P}_{b/n}^{n} \\ \boldsymbol{\Theta} \end{bmatrix} = [N,E,D,\phi,\theta,\psi]^{\mathrm{T}} \tag{32.1}$$

速度是在船体坐标系下描述的，并可由**广义速度向量**（线速度-角速度）来表示：

$$\boldsymbol{v} \triangleq \begin{bmatrix} {}^{n}\dot{\boldsymbol{p}}_{b/n}^{b} \\ \boldsymbol{\omega}_{b/n}^{b} \end{bmatrix} = [u,v,w,p,q,r]^{\mathrm{T}} \tag{32.2}$$

从参考系{n}来看，线速度向量${}^{n}\dot{\boldsymbol{p}}_{b/n}^{b}=[u,v,w]^{\mathrm{T}}$ 是位置向量的时间导数，而相应的分量都是在坐标系{b}下表示的，这些分量分别是纵荡速度、横荡速度和垂荡速度。向量 $\boldsymbol{\omega}_{b/n}^{b}=[p,q,r]^{\mathrm{T}}$ 是船体相对于参考系{n}的角速度，相应的分量也都是在坐标系{b}下表示的，这些分量分别是横摇角速度、纵摇角速度以及艏摇角速度。图 32.3 中标出了这些广义速度的正方向的惯例表示，表 32.1 则对这些符号进行了总结。

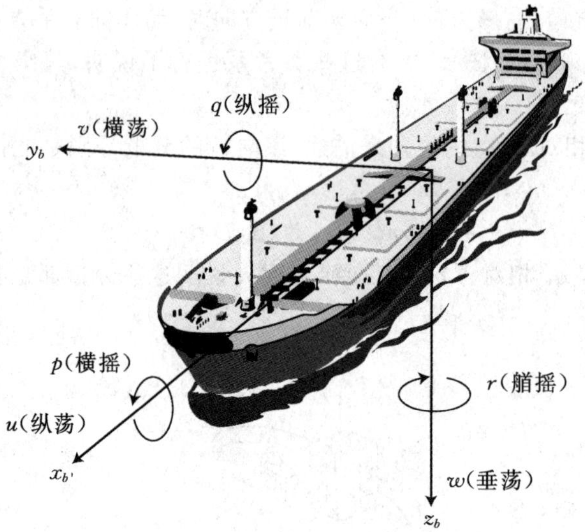

图 32.3 广义速度的正方向的惯例表示

表 32.1 海上船舶所涉及运动变量的汇总

变量	名称	参考系	单位
N	北向位置	地球固定参考系	m
E	东向位置	地球固定参考系	m
D	下方位置	地球固定参考系	m
ϕ	横摇角	—	rad
θ	纵摇角	—	rad
ψ	艏摇角	—	rad
u	纵荡速度	船体固定参考系	m/s
v	横荡速度	船体固定参考系	m/s
w	垂荡速度	船体固定参考系	rad/s
p	横摇角速度	船体固定参考系	rad/s
q	纵摇角速度	船体固定参考系	rad/s
r	艏摇角速度	船体固定参考系	rad/s
$\boldsymbol{p}^{n}_{b/n}=[N,E,D]^{\mathrm{T}}$	位置向量	船体固定参考系	
${}^{n}\dot{\boldsymbol{p}}^{b}_{b/n}=[u,v,w]^{\mathrm{T}}$	线速度向量	船体固定参考系	
$\boldsymbol{\Theta}=[\phi,\theta,\psi]^{\mathrm{T}}$	欧拉角向量	—	
$\boldsymbol{\omega}^{b}_{b/n}=[p,q,r]^{\mathrm{T}}$	角速度向量	船体固定参考系	
$\boldsymbol{\eta}=[(\boldsymbol{p}^{n}_{b/n})^{\mathrm{T}},\boldsymbol{\Theta}^{\mathrm{T}}]^{\mathrm{T}}$	广义位置向量	—	
$\boldsymbol{v}=[({}^{n}\dot{\boldsymbol{p}}^{b}_{b/n})^{\mathrm{T}},(\boldsymbol{\omega}^{b}_{b/n})^{\mathrm{T}}]^{\mathrm{T}}$	广义速度向量	船体固定参考系	

船舶的轨迹可以用式(32.1)所定义的广义位置 $\boldsymbol{\eta}$ 随时间的变化来表示，该位置的时间导数通过一个运动学变换与船体坐标系下的广义速度有关：

$$\dot{\boldsymbol{\eta}} = \boldsymbol{J}(\boldsymbol{\eta})\boldsymbol{v} \tag{32.3}$$

其中

$$\boldsymbol{J}(\boldsymbol{\eta}) = \begin{bmatrix} \boldsymbol{R}_n^b(\boldsymbol{\Theta}) & \boldsymbol{0} \\ \boldsymbol{0} & \boldsymbol{T}(\boldsymbol{\Theta}) \end{bmatrix}$$

旋转矩阵 $\boldsymbol{R}_b^n(\boldsymbol{\Theta})$ 为

$$\boldsymbol{R}_b^n(\boldsymbol{\Theta}) = \begin{bmatrix} c_\psi c_\theta & -s_\psi c_\phi + c_\psi s_\theta s_\phi & s_\psi s_\phi + c_\psi c_\phi s_\theta \\ s_\psi c_\theta & c_\psi c_\phi + s_\phi s_\theta s_\psi & -c_\psi s_\phi + s_\psi c_\phi s_\theta \\ -s_\theta & c_\theta s_\phi & c_\theta c_\phi \end{bmatrix}$$

其中，$s_x \equiv \sin x$、$c_x \equiv \cos x$。请注意，旋转矩阵是正交的，即 $\boldsymbol{R}(\boldsymbol{\Theta})^{-1} = \boldsymbol{R}(\boldsymbol{\Theta})^{\mathrm{T}}$，且 $\det\boldsymbol{R}(\boldsymbol{\Theta}) = 1$。由船体坐标系下的角速度到欧拉角的时间导数的变换为

$$\boldsymbol{T}(\boldsymbol{\Theta}) = \begin{bmatrix} 1 & s_\phi t_\theta & c_\phi t_\theta \\ 0 & c_\phi & -s_\phi \\ 0 & \dfrac{s_\phi}{c_\theta} & \dfrac{c_\phi}{c_\theta} \end{bmatrix}, \quad t_\theta \equiv \tan\theta, \quad \cos\theta \neq 0$$

请注意，$\boldsymbol{T}(\boldsymbol{\Theta})$不是正交的，而且 $\boldsymbol{T}(\boldsymbol{\Theta})$和它的逆在 $\theta = \pm\pi/2$ 处是奇异的——即所谓的欧拉角奇异性。这对于水面船舶来说，不存在任何问题；但对于水下航行器来说，就会出现一些问题。对于这种情况，可以获得运动学变换的一个替代表示，该表示方式涉及一个四元组，且不存在任何奇异性。关于海上船舶运动学的进一步细节，读者可以参考 Fossen(2002)的著作。

请注意，并不存在一个时间导数为 $\boldsymbol{v}$ 的物理向量(Goldstein，1980)。此外请注意，在分析力学中，广义速度这一术语通常是指 $\dot{\eta}$；不过，本章采用该术语表示船体参考系下的速度向量 $\boldsymbol{v}$。

32.2.2　运动方程

一个无约束刚体的运动方程可以通过矢量力学或分析力学推导出来。这里，我们将简要介绍一下第二种方法，尤其是 Kirchhoff 所做的工作。在这种情况下，在流体中运动的刚体和流体自身被看作单独的动态系统(Lamb，1932)。

船舶的旋转和平移运动(与流体无交互作用)的动能可以用船体参考系下的广义速度来表示(Egeland and Gravdahl，2002；Fossen，2002)：

$$\boldsymbol{T} = \frac{1}{2}\boldsymbol{v}^{\mathrm{T}}\boldsymbol{M}_{RB}\boldsymbol{v} \tag{32.4}$$

其中，船舶的**刚体广义质量矩阵**的形式为

$$\boldsymbol{M}_{RB} = \begin{bmatrix} m\boldsymbol{I}_{3\times3} & -m\boldsymbol{S}(\boldsymbol{p}_{g/b}^b) \\ m\boldsymbol{S}(\boldsymbol{p}_{g/b}^b) & \boldsymbol{I}_b^b \end{bmatrix}$$

在上述表达式中，m 是船舶的质量，$\boldsymbol{p}_{g/b}^b$是船舶的重心(Center of Gravity，CG)在坐标系$\{b\}$下相对于 o_b 的位置，而 $\boldsymbol{S}(\boldsymbol{a})$被定义为关于任意向量 $\boldsymbol{a} = [a_x, a_y, a_z]^{\mathrm{T}}$ 的斜对称矩阵，即

$$S(a)=\begin{bmatrix}0 & -a_z & a_y\\ a_z & 0 & -a_x\\ -a_y & a_x & 0\end{bmatrix}$$

点 o_b 的惯量矩阵 $\boldsymbol{I}_b^b$ 可以用**平行轴定理**来表示，即

$$\boldsymbol{I}_b^b=\boldsymbol{I}_g^b-m\boldsymbol{S}(\boldsymbol{p}_{g/b}^b)\boldsymbol{S}(\boldsymbol{p}_{g/b}^b)=\begin{bmatrix}\boldsymbol{I}_{xx}^b & -\boldsymbol{I}_{xy}^b & -\boldsymbol{I}_{xz}^b\\ -\boldsymbol{I}_{yx}^b & \boldsymbol{I}_{yy}^b & -\boldsymbol{I}_{yz}^b\\ -\boldsymbol{I}_{zy}^b & -\boldsymbol{I}_{zy}^b & \boldsymbol{I}_{zz}^b\end{bmatrix}$$

其中，$\boldsymbol{p}_{g/b}^b$是重心在坐标系$\{b\}$中的位置，$\boldsymbol{I}_g^b$ 是重心在$\{b\}$中的惯量矩阵，该矩阵可以根据如下关于船舶质点 m_i 的和来计算：

$$\boldsymbol{I}_g^b=\sum_i m_i\boldsymbol{S}^{\mathrm{T}}(\boldsymbol{p}_{i/g}^b)\boldsymbol{S}(\boldsymbol{p}_{i/g}^b)$$

其中，$\boldsymbol{p}_{g/b}^b$表示质点 i 相对于重心的位置。

令船体参考系下的**广义力**(力和力矩)为

$$\boldsymbol{\tau}=[X,Y,Z,K,M,N]^{\mathrm{T}}$$

其中，

- X,Y,Z 分别是纵荡力、横荡力和垂荡力。
- K,M,N 分别是横摇力矩、纵摇力矩以及艏摇力矩。

然后利用 Kirchhoff 方程可以推导得到一个动态模型，该模型将力与速度关联起来(Kirchhoff，1896)：

$$\frac{\mathrm{d}}{\mathrm{d}t}\left(\frac{\partial T}{\partial \boldsymbol{v}_1}\right)+\boldsymbol{S}(\boldsymbol{v}_2)\frac{\partial T}{\partial \boldsymbol{v}_1}=\boldsymbol{\tau}_1 \tag{32.5}$$

$$\frac{\mathrm{d}}{\mathrm{d}t}\left(\frac{\partial T}{\partial \boldsymbol{v}_2}\right)+\boldsymbol{S}(\boldsymbol{v}_1)\frac{\partial T}{\partial \boldsymbol{v}_1}+\boldsymbol{S}(\boldsymbol{v}_2)\frac{\partial T}{\partial \boldsymbol{v}_2}=\boldsymbol{\tau}_2 \tag{32.6}$$

其中

$$\boldsymbol{v}_1=[u,v,w]^{\mathrm{T}},\quad \boldsymbol{v}_2=[p,q,r]^{\mathrm{T}}$$
$$\boldsymbol{\tau}_1=[X,Y,Z]^{\mathrm{T}},\quad \boldsymbol{\tau}_2=[K,M,N]^{\mathrm{T}}$$

把式(32.4)代入式(32.5)和(32.6)中，并且对后者进行整理，可以得到船舶刚体动力学的一般模型结构：

$$\boldsymbol{M}_{RB}\dot{\boldsymbol{v}}+\boldsymbol{C}_{RB}(\boldsymbol{v})\boldsymbol{v}=\boldsymbol{\tau} \tag{32.7}$$

式(32.7)中左起第一项是广义质量矩阵和加速度的积，第二项表示 Coriolis 加速度和离心加速度所对应的力，这些加速度是由于船体参考系相对于局部地理参考系$\{n\}$旋转所引起的。**请注意，这些 Coriolis 力与由地球自转所引起的 Coriolis 力是不同的**。由于海上船舶的运动速度较低，所以可以忽略后一种力，由此才可以假定地球参考系是惯性系。

式(32.7)中的 Coriolis 加速度和离心加速度矩阵具有多种表示形式，其中一种表示为

$$\boldsymbol{C}_{RB}(\boldsymbol{v})=\begin{bmatrix}m\boldsymbol{S}(\boldsymbol{v}_2) & -m\boldsymbol{S}(\boldsymbol{v}_2)\boldsymbol{S}(\boldsymbol{p}_{g/b}^b)\\ m\boldsymbol{S}(\boldsymbol{p}_{g/b}^b)\boldsymbol{S}(\boldsymbol{v}_2) & -\boldsymbol{S}(\boldsymbol{I}_b^b\boldsymbol{v}_2)\end{bmatrix} \tag{32.8}$$

关于式(32.8)的其他替代表示，读者可以参见 Fossen(2002)的著作。请注意，

$$\dot{\boldsymbol{M}}_{RB}=\boldsymbol{0},\quad \boldsymbol{M}_{RB}=\boldsymbol{M}_{RB}^{\mathrm{T}},\quad \boldsymbol{C}_{RB}=-\boldsymbol{C}_{RB}^{\mathrm{T}}$$

式(32.3)所示的运动学变换和式(32.7)所示的运动学模型一起构成了在不考虑与流体的交互作用的情况下，船舶刚体运动的动态模型。若要描述这种交互作用，需要将式(32.7)右侧的广义力分解为

$$\boldsymbol{\tau}=\boldsymbol{\tau}_{hyd}+\boldsymbol{\tau}_{ctrl}+\boldsymbol{\tau}_{env} \tag{32.9}$$

其中，$\boldsymbol{\tau}_{hyd}$ 描述由船舶运动引起的水流力，$\boldsymbol{\tau}_{ctrl}$ 描述由执行机构引起的控制力，$\boldsymbol{\tau}_{env}$ 表示由波浪、海风和海流带来的环境力。

32.3 操纵性水动力学及其模型

传统上，有关海上船舶动力学的研究主要涉及两个理论：**操纵性**和**耐波性**。操纵性是指在没有波浪激励(静水)的情况下，对船舶运动的研究。另一方面，耐波性是指当存在波浪激励时，为保持船舶的航向和速度恒定(包括零速度的情况)而对船舶运动的研究。虽然两个方面都涉及到相同的有关运动、稳定性和控制的研究问题，但是将这两者分开后，可以进行不同的假设，这可以简化对式(32.9)所示水动力的研究。

在操纵性理论中(静水情况)，式(32.9)中的水动力可以表示为

$$\boldsymbol{\tau}_{hyd}=-\boldsymbol{M}_A\dot{\boldsymbol{v}}-\boldsymbol{C}_A(\boldsymbol{v})\boldsymbol{v}-\boldsymbol{D}(\boldsymbol{v})\boldsymbol{v}-\boldsymbol{g}(\boldsymbol{\eta}) \tag{32.10}$$

式(32.10)等号右侧的前两项可以由船舶在无旋流的理想流体(无粘滞性)中的运动来解释。当船舶运动时会改变流体的动量，由船舶运动引起的理想流体的动能可以表示为

$$\boldsymbol{T}_A=\frac{1}{2}\boldsymbol{v}^{\mathrm{T}}\boldsymbol{M}_A\boldsymbol{v} \tag{32.11}$$

其中，常数矩阵 $\boldsymbol{M}_A$ 被称为附加质量系数矩阵：

$$\boldsymbol{M}_A=-\begin{bmatrix} X_{\dot{u}} & X_{\dot{v}} & X_{\dot{w}} & X_{\dot{p}} & X_{\dot{q}} & X_{\dot{r}} \\ Y_{\dot{u}} & Y_{\dot{v}} & Y_{\dot{w}} & Y_{\dot{p}} & Y_{\dot{q}} & Y_{\dot{r}} \\ Z_{\dot{u}} & Z_{\dot{v}} & Z_{\dot{w}} & Z_{\dot{p}} & Z_{\dot{q}} & Z_{\dot{r}} \\ K_{\dot{u}} & K_{\dot{v}} & K_{\dot{w}} & K_{\dot{p}} & K_{\dot{q}} & K_{\dot{r}} \\ M_{\dot{u}} & M_{\dot{v}} & M_{\dot{w}} & M_{\dot{p}} & M_{\dot{q}} & M_{\dot{r}} \\ N_{\dot{u}} & N_{\dot{v}} & N_{\dot{w}} & N_{\dot{p}} & N_{\dot{q}} & N_{\dot{r}} \end{bmatrix},\quad \dot{\boldsymbol{M}}_A=\boldsymbol{0}$$

该系数矩阵中的符号都与力有关。例如，

- 内积 $X_{\dot{u}}\dot{u}$ 表示纵荡加速度对应的纵荡力；
- 内积 $Y_{\dot{r}}\dot{r}$ 表示横荡艏摇角加速度对应的横荡力。

需要注意的是，并不是所有的系数都具有质量量纲，但是它们都有正负号。例如，$X_{\dot{u}}<0$，而 $Y_{\dot{r}}$ 的正负号取决于船体浸没部分的前后对称程度。此外，还需注意的是，由于某些附加质量系数的正负号取决于船体的对称性，那么这些系数可能为 0。对于低速机动的船舶，附加质量矩阵是正定且对称的；而对于在波浪中前向航行的水面船舶，附加质量矩阵可能不具有对称性(Faltinsen，1990)。

将流体的动能(式(32.11))应用到 Kirchhoff 方程(32.5)和(32.6)中，可以得到由于理想流体的能量变化所引起的船舶的作用力(Lamb，1932；p. 168)。进一步通过一些简单的代数运

算,可以得到式(32.10)中的前两项(Fossen,2002)。第一项表示与船舶的加速度成正比的压生力,第二项与由附加质量引起的 Coriolis 力和离心力相对应。Coriolis 离心矩阵可以表示为

$$\boldsymbol{C}_A(\boldsymbol{v}) = \begin{bmatrix} \boldsymbol{0}_{3\times 3} & -\boldsymbol{S}(\boldsymbol{A}_{11}\boldsymbol{v}_1 + \boldsymbol{A}_{12}\boldsymbol{v}_2) \\ -\boldsymbol{S}(\boldsymbol{A}_{11}\boldsymbol{v}_1 + \boldsymbol{A}_{12}\boldsymbol{v}_v) & -\boldsymbol{S}(\boldsymbol{A}_{21}\boldsymbol{v}_1 + \boldsymbol{A}_{22}\boldsymbol{v}_2) \end{bmatrix}$$

其中

$$\boldsymbol{A} = \frac{1}{2}(\boldsymbol{M}_A + \boldsymbol{M}_A^{\mathrm{T}})$$

式(32.10)中等号右侧的第三项与阻尼力相对应,它源于以下几个因素:

势阻尼:这种阻尼力是船体穿过流体时所产生的尾波引起的。势这个字表明该阻尼力可以通过研究无旋流的理想流体(无粘滞性)来得到。在这种流体中,人们可以定义一个关于空间的势函数,并使其梯度与流速的向量场相对应,而压力可以根据势函数计算出来(Lamb,1932;Newman,1977;Faltinsen,1990)。当流体被排开时,船体前部的压力会有所增大,而船体后部的压力则会减小。这种压力差就会产生一个与运动方向相反的力。

表面摩擦:这种粘滞效应是由于水流过船体的潮湿表面而引起的。在船舶低速运动时,该摩擦力中的线性分量起主要作用;而当船舶高速运动时,非线性项起主要作用。

漩涡脱落:这种阻尼力是由流体分离(粘滞效应)所生成的漩涡引起的,这种力主要发生在海上船舶首尾的锐利边缘处或控制舵面处。

升力:船体可以由一个小展弦比的翼面来建模表示(Blanke,1981;Ross et al.,2007;Ross,2008)。由于船体机动而某些迎角产生的力可以分解为两个分量:升力和阻力。前者作用于船舶运动的垂直方向,而后者则作用于运动的反方向,具体如图 32.4 所示。需要注意的是,升力的方向与船舶的运动方向相垂直,它并不消耗能量,因此不构成阻尼力。这里我们不加区分地将所有的升力都归为阻尼力,而与升力相伴随的阻力分量称为**寄生阻力**或**升力诱导阻力**。这种力直接作用于运动的反方向,因此被称为真正的阻尼力。

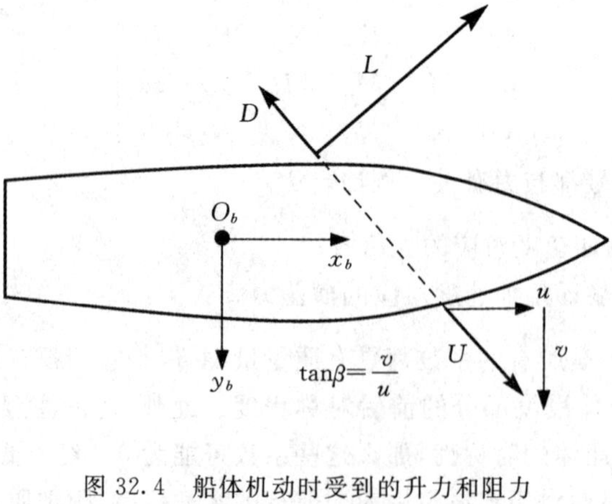

图 32.4 船体机动时受到的升力和阻力

对于在横向流速分量大于前向流速分量的水流中机动的船舶来说,由表面摩擦和漩涡脱落引起的粘滞阻尼效应一般被归类为所谓的**横流阻力**(Faltinsen,1990),在低速机动和定位应用中尤其如此。

由于不同效应之间复杂的相互作用，影响船舶机动的水阻尼力通常可以用级数展开式来建模表示，模型中的系数可以通过对利用模型试验获得的测量数据进行回归分析或系统辨识来获得。通常采用两种数学模型。第一种模型采用只含有奇数项且一般不超过三阶的多变量 Taylor 展开来表示这种复杂的相互作用，该模型由 Abkowitz(1964)提出，其中考虑了左右舷的对称性，其中的 Taylor 展开项在数学上很优美，但是没有任何内在的物理意义。常用的第二种模型是关于二阶模量项($|x|x$)的展开式，该建模方法由 Fedyaevsky 和 Sobolev(1964)提出，用于刻画当迎角 β 较大时的横流阻力，具体如图 32.4 所示。值得说明的是，这两种模型具有根本性的区别，其中不同的系数是不可调和的。Ross 等(2007)学者利用第一性原理方法，并且在很大程度上考虑可以解释所涉及现象的不同理论，进而得出了一个全面的模型(Ross, 2008)。

式(32.10)中的最后一项表示重力和浮力，这些力趋向于恢复船舶的上下平衡，因此称为**回复力**，它们取决于船舶的排水量、形状以及垂荡角、纵摇角和横摇角：

$$\boldsymbol{g}(\boldsymbol{\eta}) = [\boldsymbol{0}, \boldsymbol{0}, \boldsymbol{Z}_g(\boldsymbol{\eta}), \boldsymbol{M}_g(\boldsymbol{\eta}), \boldsymbol{K}_g(\boldsymbol{\eta}), \boldsymbol{0}]^{\mathrm{T}}$$

这些力可能会耦合在一起，这取决于船舶的对称性。例如，如果船体首尾不对称，那么纵摇角通常会引起一种垂荡力。

将式(32.10)代入式(32.9)，并将后者与式(32.7)和(32.3)相结合，可以得到具有如下形式的操纵性运动模型：

$$\dot{\boldsymbol{\eta}} = \boldsymbol{J}(\boldsymbol{\eta})\boldsymbol{v} \tag{32.12}$$

$$(\boldsymbol{M}_{RB} + \boldsymbol{M}_A)\dot{\boldsymbol{v}} + \boldsymbol{C}_{RB}(\boldsymbol{v})\boldsymbol{v} + \boldsymbol{C}_A(\boldsymbol{v})\boldsymbol{v} + \boldsymbol{D}(\boldsymbol{v})\boldsymbol{v} + \boldsymbol{g}(\boldsymbol{\eta}) = \boldsymbol{\tau}_{ctrl} + \boldsymbol{\tau}_{env} \tag{32.13}$$

如果存在海流影响，该模型必须修改为

$$\dot{\boldsymbol{\eta}} = \boldsymbol{J}(\boldsymbol{\eta})\boldsymbol{v} \tag{32.14}$$

$$(\boldsymbol{M}_{RB} + \boldsymbol{M}_A)\dot{\boldsymbol{v}} + \boldsymbol{C}_{RB}(\boldsymbol{v})\boldsymbol{v} + \boldsymbol{C}_A(\boldsymbol{v}_{rc})\boldsymbol{v}_{rc} + \boldsymbol{D}(\boldsymbol{v}_{rc})\boldsymbol{v}_{rc} + \boldsymbol{g}(\boldsymbol{\eta}) = \boldsymbol{\tau}_{ctrl} + \boldsymbol{\tau}_{env} \tag{32.15}$$

其中，$\boldsymbol{v}_{rc}$ 是船舶相对于海流的速度(在船体参考系下)：

$$\boldsymbol{v}_{rc} = \boldsymbol{v} - \boldsymbol{v}_c$$

其中的 $\boldsymbol{v}_c = [u_c, v_c, w_c, 0, 0, 0]^{\mathrm{T}}$。海流力可以分为两个分量，一个是理想流体中的无旋流对应的势分量，另一个是粘滞分量(非理想流体)。模型方程(32.15)中的势分量部分采用附加质量引起的 Coriolis 和离心项 $\boldsymbol{C}_A(\boldsymbol{v}_{rc})\boldsymbol{v}_{rc}$ 来表示，而粘滞分量部分则包含在阻尼项 $\boldsymbol{D}(\boldsymbol{v}_{rc})\boldsymbol{v}_{rc}$ 之中。此外，式(32.15)中的 τ_{env} 项表示除了海流力之外的环境力——例如，水面船舶面临的海风。接下来我们介绍一个有关水面船舶操纵性运动模型的示例。

32.3.1　例子：高速车客三体船的操纵性运动模型

本节将介绍一种有关高速三体船的 4 自由度操纵运动模型的示例，该模型改编自 Perez 等(2007)学者的论著。图 32.5 给出了这种船的图片。

这里考虑的模型由式(32.12)和(32.13)给出，涉及的自由度为纵荡、横荡、横摇和艏摇，即

$$\boldsymbol{\eta} = [x, y, \phi, \psi]^{\mathrm{T}}$$

$$\boldsymbol{v} = [u, v, p, r]^{\mathrm{T}}$$

$$\boldsymbol{\tau} = [X, Y, K, N]^{\mathrm{T}}$$

刚体质量矩阵和 Coriolis 离心矩阵分别为

$$\boldsymbol{M}_{RB}=\begin{bmatrix} m & 0 & 0 & -my_g \\ 0 & m & -mz_g & mx_g \\ 0 & -mz_g & I_{xx}^b & -I_{xz}^b \\ -my_g & mx_g & -I_{zx}^b & I_{zz}^b \end{bmatrix}$$

和

$$\boldsymbol{C}_{RB}(\boldsymbol{n})=\begin{bmatrix} 0 & 0 & mz_g r & -m(x_g r+v) \\ 0 & 0 & -my_g p & -m(y_g r-u) \\ -mz_g r & my_g p & 0 & I_{yz}^b r+I_{xp}^b p \\ m(x_g r+v) & m(y_g r-u) & -I_{yz}^b r-I_{xp}^b p & 0 \end{bmatrix}$$

图 32.5 Austal 船厂建造的 H260 型三体船中的"Benchijigua Express"号
(图片来自 Austal 船厂,http://austal.com)

其中,m 是船舶的质量,$\boldsymbol{p}_{g/b}^b=[x_g,y_g,z_g]^{\mathrm{T}}$ 给出了重心相对于 o_b 的位置,而 I_{ik}^b 是关于 o_b 的惯性矩和惯性积。

运动学变换(式(32.12))可以简化为

$$\boldsymbol{J}(\boldsymbol{\eta})=\begin{bmatrix} \cos\psi & -\sin\psi & 0 & 0 \\ \sin\psi & \cos\psi\cos\phi & 0 & 0 \\ 0 & 0 & 1 & 0 \\ 0 & 0 & 0 & \cos\phi \end{bmatrix}$$

附加质量矩阵以及由附加质量引起的 Coriolis 离心矩阵分别为

$$\boldsymbol{M}_A=\boldsymbol{M}_A^{\mathrm{T}}=-\begin{bmatrix} X_{\dot{u}} & 0 & 0 & 0 \\ 0 & Y_{\dot{v}} & Y_{\dot{p}} & Y_{\dot{r}} \\ 0 & K_{\dot{v}} & K_{\dot{p}} & K_{\dot{r}} \\ 0 & N_{\dot{v}} & N_{\dot{p}} & N_{\dot{r}} \end{bmatrix}$$

$$\boldsymbol{C}_A(\boldsymbol{v}) = \begin{bmatrix} 0 & 0 & 0 & Y_{\dot{v}}v + Y_{\dot{p}}p + Y_{\dot{r}}r \\ 0 & 0 & 0 & -X_{\dot{u}}u \\ 0 & 0 & 0 & 0 \\ -Y_{\dot{v}}v - Y_{\dot{p}}p - Y_{\dot{r}}r & X_{\dot{u}}u & 0 & 0 \end{bmatrix}$$

这里采用的阻尼项考虑了升力、阻力和粘滞效应：

$$\boldsymbol{D}(\boldsymbol{v}) = \boldsymbol{D}_{LD}(\boldsymbol{v}) + \boldsymbol{D}_{VIS}(\boldsymbol{v})$$

其中

$$\boldsymbol{D}_{LD}(\boldsymbol{v}) = \begin{bmatrix} 0 & 0 & 0 & X_{rv}v \\ 0 & Y_{uv}u & 0 & Y_{ur}u \\ 0 & K_{uv}u & 0 & K_{ur}u \\ 0 & N_{uv}u & 0 & N_{ur}u \end{bmatrix} \tag{32.16}$$

$$\boldsymbol{D}_{VIS}(\boldsymbol{v}) = \begin{bmatrix} X_{u|u|} & 0 & 0 & 0 \\ 0 & Y_{|v|v}|v| + Y_{|r|v}|v| & 0 & Y_{|v|v}|v| + Y_{|r|r}|r| \\ 0 & 0 & K_{|p|p+Y_p} & 0 \\ 0 & N_{|v|v}|v| + N_{|r|v}|v| & 0 & N_{|v|v}|v| + N_{|r|r}|r| \end{bmatrix} \tag{32.17}$$

式(32.16)中的升力-阻力表达式与 Ross 等人(2007)所推导结果的一阶项一致，具体可见 Ross(2008)的另一著作。式(32.17)中的粘滞阻尼表达式采用了 Blanke(1981)的结果。最后，回复项可简化为

$$\boldsymbol{g}(\boldsymbol{\eta}) = [0, 0, M_g(\boldsymbol{\eta}), 0]^{\mathrm{T}}$$

图 32.6 是根据全尺寸 Z 形海试得到的模型验证速度数据。模型的水动力学参数部分来自流体动力学计算软件，部分是根据全尺寸海试数据优化模型预测误差而得到的。对于更多细节，读者可以参见 Perez 等人(2007)的论著。

32.4　耐波性水动力学及其模型

海上船舶运动的**耐波性理论**是指，当船舶在波浪中运动时为保持船舶航向和速度恒定而进行的研究。相应的运动方程是在线性框架下描述的，这使得我们可以在频域考虑该问题，进而可以计算从波浪到力以及从力到运动的频率响应函数。我们可以采用平稳随机过程来描述波浪。当把船舶的频率响应与波高的功率谱密度(Power Spectral Density，PSD)结合起来时，可以计算出该响应，从而从中推导出一些运动统计量。上述方法通常被船舶设计师用来在船舶设计阶段比较不同的船体形式。

耐波性理论中使用的频域模型为海上船舶的控制设计提供了宝贵的信息。本节将讨论波高模型、采用了造船学中所使用的特定参数的船舶频率响应模型以及时域仿真模型。最后，本节将讨论如何将耐波性模型与操纵性运动模型结合起来用于控制系统设计。

32.4.1　波浪环境

波浪在时间和空间上都是随机的。在海洋文献中，通常采用术语**不规则**来概括这种特性。

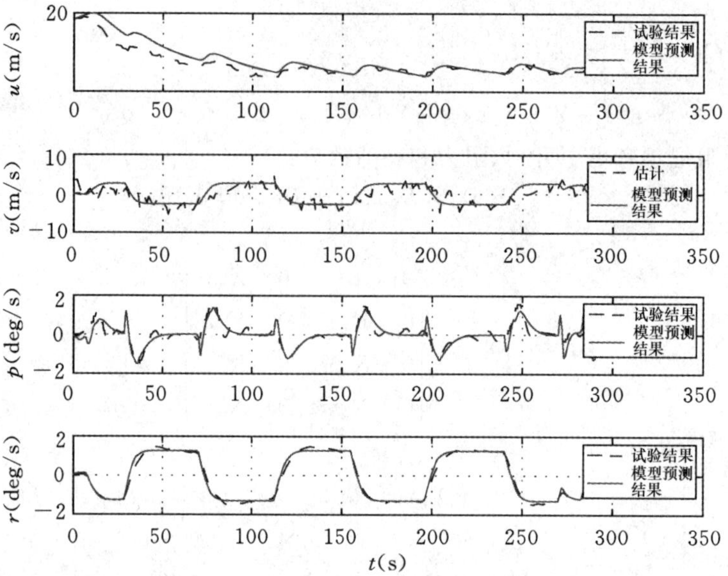

图 32.6 基于高速三体渡轮的 Z 形海试数据的模型验证结果

因此,随机性描述是刻画波浪的最合适方法。通常对基础的随机模型做如下简化假设:**在某位置处观测到的海面高度 $\zeta(t)$ 在短时间内可以看作一个平稳的、齐次的零均值高斯随机过程。** 可以将波浪当作平稳过程进行处理的时间范围为 20 分钟~3 小时。对于深水情况,波高趋向于服从高斯分布。随着海水不断变浅,非线性效应逐渐起主要作用,波高不再服从高斯分布(Ochi,1998)。

在平稳性和高斯性假设下,海面高度完全可以由它的 PSD $S_{\zeta\zeta}(\omega)$ 来描述,通常称为**波浪谱**,

$$E[\zeta(t)^2] = \int_0^{\infty} S_{\zeta\zeta}(\omega)\mathrm{d}\omega$$

波浪谱可以从数据记录中估计出来。不过,为了研究海洋结构的响应,通常使用一族理想化的波浪谱。一种常用的波浪谱族是修正后的 Pierson-Moskowitz 波浪谱或者国际船模试验水池会议(International Towing tank Conference,ITTC)波浪谱——该谱由 ITTC 在 1978 年推荐使用:

$$S_{\zeta\zeta}(\omega) = \frac{A}{\omega^5}\exp\left(\frac{-B}{\omega^4}\right) \quad (\mathrm{m^2 s}) \tag{32.18}$$

参数 A 和 B 分别为

$$A = \frac{173H_{1/3}^2}{T_1^4}, \quad B = \frac{191}{T_1^4}$$

其中,$H_{1/3}$ 是有效波高(三分之一最大波高的平均值),T_1 是波浪的平均周期,这两个参数被称为长时统计量。有些波浪图册中给出了世界上特定地点每年关于 $H_{1/3}$ 和 T_1 的散点图。图 32.7 给出了某有效波高为 4 m 的波浪在三个平均周期中的 ITTC 波浪谱(式(32.18),这种频谱通常用来描述已被充分开发的海域的深水区的情况。关于波浪建模的更全面介绍,读者可以参见 Ochi(1998)的著作;关于海上船舶的运动控制模型,可以参见 Perez(2005)的著作。

当海上船舶静止时,波浪激励船舶的频率与波浪自身的频率相同;因此,前面的描述都是有效的。然而,当船舶以固定的前进速度 U 移动时,从船舶上观测到的频率与波浪频率不再相同。船舶经受的频率被称为**遭遇频率**,该频率不仅与船舶速度有关,还与波浪的接近角度有关:

$$\omega_e = \omega - \frac{\omega^2 U}{g}\cos\chi \tag{32.19}$$

其中,遭遇角χ确定了航向,即

- 顺浪($\chi=0°$或 360°)
- 尾斜浪(0°<χ<90°或 270°<χ<360°)
- 横浪($\chi=90°$左舷或 270°右舷)
- 首斜浪(90°<χ<180°或 180°<χ<270°)
- 迎浪($\chi=180°$)

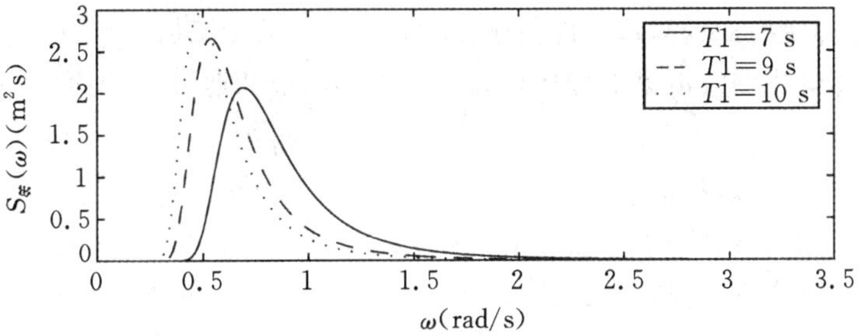

图 32.7 当 $H_{1/3}=4$ m,$T_1=7,9,10$ s 时,有关波高和波斜度的 ITTC PSD 的示例

遭遇频率具有多普勒效应。图 32.8 给出了式(32.19)所示变换的示意图。从图可以看到,当船舶在首斜浪和迎浪中航行时,波浪频率被映射到更高的频率上;然而,当在横浪中航行时,频率没有变化,即 ω 和 ω_e 相同;而当在顺浪和尾斜浪中航行时,情况变得更复杂,不同的波浪频率可以映射为相同的遭遇频率。在深水中,由于长波比短波传播得更快,那么在顺浪和尾斜浪中,长波可以追上船舶,而短波可以被船舶超越。实际上,满足 $0<\omega<\frac{g}{U\cos\chi}$ 的波浪可以追上船舶。当波浪频率 $\omega=\frac{g}{U\cos\chi}$ 时,$\omega_e=0$,这与船舶速度沿波浪传播方向的分量与波浪速度相同的情况相对应。在这种情况下,从船上观察到的波浪形式保持不变,并且沿着船舶方向传播。最后,对于高频波浪,遭遇频率是负的,这表示船舶超越了波浪。

由于功率的大小不随观测它的参考系的改变而变化,因此对于任意的 PSD,下式都成立:

$$S(\omega_e)\,\mathrm{d}\omega_e = S(\omega)\,\mathrm{d}\omega$$

由此可得

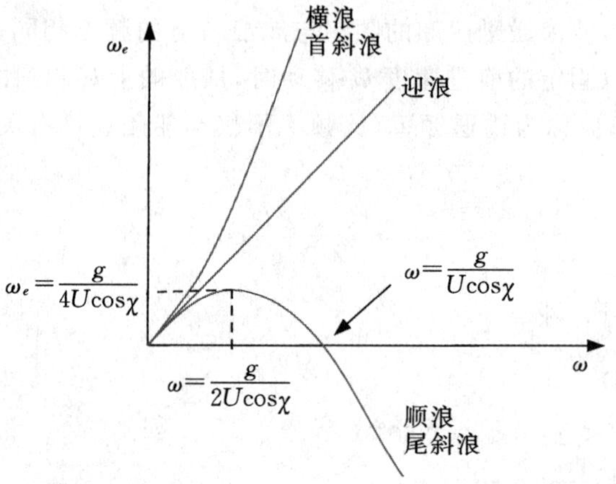

图 32.8　当 U 固定时,不同航行条件下由波浪频率到遭遇频率的变换

$$S(\omega_e)=\frac{S(\omega)}{\left|\frac{\mathrm{d}\omega}{\mathrm{d}\omega_e}\right|}=\frac{S(\omega)}{\left|1-\frac{2\omega \boldsymbol{U}}{g}\cos\chi\right|}$$

对于横浪,这种变换比较简单。即由于 $\cos(\pi/2)=0$,那么 $S(\omega_e)=S(\omega)$。对于首斜浪,遭遇谱是向更高频率变化的波浪谱的传播形式。对于尾斜浪和迎浪,情况变得更为复杂,这是因为相应的表达式(32.4.1 节)在 $\bar{\varepsilon}_w=g/(2U\cos\chi)$ 处的分母等于零,是奇异的。这是一个可积的奇异点,而且波浪频率域与遭遇频率域中的过程方差均保持不变(Price and Bishop,1974)。

波浪对海上船舶的激励会引起船体上不同的压力分布,从而决定了船舶的运动。因此,波浪激励以及船舶的响应不仅依赖于波浪特性——幅值和频率,还依赖于船舶的**航行状态**——遭遇角和速度。那么,对于给定的海况,波浪谱以及波浪力会随着船舶航行状态的变换而显著变化。这种变化对控制系统设计具有重要影响。

32.4.2　耐波性的时域模型

为简单起见,本节和下一节只考虑前进速度为零的情况,32.4.4 节将对前进速度非零的扩展情况进行说明。

对于速度为零的情况,可以在平衡点($\bar{\eta}=0,\bar{v}=0$)附近将式(32.3)和(32.7)所示模型线性化,并表示为

$$\delta\dot{\boldsymbol{\eta}}=\delta\boldsymbol{v}$$
$$\boldsymbol{M}_{RB}\delta\dot{\boldsymbol{v}}=\delta\boldsymbol{\tau}$$

其中,$\delta\boldsymbol{\eta}$ 表示广义的摄动位置-朝向向量,$\delta\boldsymbol{v}$ 表示船体参考系下广义的摄动速度向量。

对于波浪中的船舶,广义的压力向量 $\delta\boldsymbol{\tau}$ 可以分解为两个分量:

$$\delta\boldsymbol{\tau}=\boldsymbol{\tau}_{rad}+\boldsymbol{\tau}_{exc}$$

第一个分量与辐射力相对应,它源于由船舶以波浪频率进行振荡运动所引起的流体动量的变化。船体的运动会使波浪向船体周围辐射,由此产生辐射力。激发分量表示由入射波浪带来的压力。可以利用势理论(即理想流体中的无旋流)来研究正弦波的辐射力和激发力

(Newman,1977;Faltinsen,1990)。

在耐波性理论中,这些力是在以船舶平衡位置为基准的参考系下计算的,该参考系被称为**平衡参考系或耐波性参考系**,与之相关联的坐标系统表示为$\{s\}$。因此,需要对这些力进行运动学变换。对于耐波性参考系相对于局部地球坐标系$\{n\}$静止的情况(零速度情况),在小角度假设下,可以忽略这些运动学变换。那么,对于零速度,

$$\delta\boldsymbol{\eta} \approx \boldsymbol{\eta}$$

$$\delta\boldsymbol{v} \approx \boldsymbol{v}$$

$$\delta\boldsymbol{\tau} \approx \boldsymbol{\tau}$$

Cummins(1962)研究了理想流体中的辐射水动力学问题,并发现了线性水动力的如下表示:

$$\boldsymbol{\tau}_{rad} = -\bar{\boldsymbol{A}}\dot{\boldsymbol{v}} - \int_0^t \boldsymbol{K}(t-t')\boldsymbol{v}(t')\mathrm{d}t' \tag{32.20}$$

式(32.20)中的第一项表示由结构体的加速度产生的力,$\bar{\boldsymbol{A}}$是正定的常值附加质量矩阵①。第二项表示流体的记忆效应,它包含了由船舶运动引起的辐射波造成的能量耗散。卷积项的核$\boldsymbol{K}(t)$是**迟滞或记忆**函数(脉冲响应)矩阵。

通过重命名变量、合并项以及增加由重力和浮力带来的静压回复力($\boldsymbol{\tau}_{hs} = -\boldsymbol{G}\boldsymbol{\eta}$),可以得到关于零前进速度的Cummins方程:

$$(\boldsymbol{M}+\bar{\boldsymbol{A}})\dot{\boldsymbol{v}} + \int_0^t \boldsymbol{K}(t-t')\boldsymbol{v}(t')\mathrm{d}t' + \boldsymbol{G}\boldsymbol{\eta} = \boldsymbol{\tau}_{exc} \tag{32.21}$$

如果线性假设成立,式(32.21)描述了船舶在任意波浪激励$\boldsymbol{\tau}_{exc}(t)$下的零速度运动情况。在前进速度不为零的情况下,式(32.21)中会增加一个线性项,32.4.4节将对此进行进一步讨论。

32.4.3 耐波性的频域模型

当在频域中考虑式(32.21)时,可以将其表示为如下形式(Newman,1977;Faltinsen,1990):

$$(-\omega^2[\boldsymbol{M}+\boldsymbol{A}(\omega)] - j\omega\boldsymbol{B}(\omega) + \boldsymbol{G})\boldsymbol{\eta}(j\omega) = \boldsymbol{\tau}_{exc}(j\omega) \tag{32.22}$$

其中,$\boldsymbol{\eta}(j\omega)$和$\boldsymbol{\tau}_{exc}(j\omega)$分别为复响应变量和复激励变量:

$$\boldsymbol{\eta}_i(t) = \bar{\boldsymbol{\eta}}_i\cos(\omega t + \epsilon_i) \Rightarrow \boldsymbol{\eta}_i(j\omega) = \bar{\boldsymbol{\eta}}_i\exp(j\epsilon_i)$$

$$\boldsymbol{\tau}_i(t) = \bar{\boldsymbol{\tau}}_i\cos(\omega t + \varepsilon_i) \Rightarrow \boldsymbol{\tau}_i(j\omega) = \bar{\boldsymbol{\tau}}_i\exp(j\varepsilon_i)$$

参数$\boldsymbol{A}(\omega)$和$\boldsymbol{B}(\omega)$分别是与频率有关的附加质量和阻尼。

式(32.22)通常也可以写为一个频域和时域相混合的形式:

$$[\boldsymbol{M}+\boldsymbol{A}(\omega)]\ddot{\boldsymbol{\eta}} + \boldsymbol{B}(\omega)\dot{\boldsymbol{\eta}} + \boldsymbol{G}\boldsymbol{\eta} = \boldsymbol{\tau}_{exc} \tag{32.23}$$

这种不规范的形式在有关海洋水动力学的文献中根深蒂固,文献(Cummins,1962)对这种伪时域模型中的符号乱用情况进行了深入讨论。读者需要注意,式(32.23)并不是一个时域模型,而是式(32.22)所示频率响应函数的另一种不同写法,对应的时域模型为式(32.21)。

---

① 请注意,这个附加质量矩阵与32.3节讨论操纵性时所采用的矩阵不同,32.4.4节将解释这种区别。

式(32.22)给出了**从力到位移的频率响应**,

$$\boldsymbol{\eta}(j\omega) = \boldsymbol{G}(j\omega)\boldsymbol{\tau}_{exc}(j\omega)$$

即,

$$\boldsymbol{G}(j\omega) = [-\omega^2(\boldsymbol{M}_{RB} + \boldsymbol{A}(\omega)) + j\omega\boldsymbol{B}(\omega) + \boldsymbol{G}]^{-1} = \begin{bmatrix} G_{11}(j\omega) & \cdots & G_{16}(j\omega) \\ \vdots & & \vdots \\ G_{61}(j\omega) & \cdots & G_{66}(j\omega) \end{bmatrix}$$

类似地,还存在一个**从波高到波浪激发力的频率响应**,

$$\boldsymbol{\tau}_{exc}(j\omega) = \boldsymbol{F}(j\omega,\chi)\boldsymbol{\zeta}(j\omega)$$

其中,χ是波浪接近船舶的角度——参见 32.4.1 节,而

$$\boldsymbol{F}(j\omega,\chi) = [F_1(j\omega,\chi) \ \cdots \ F_6(j\omega,\chi)]^{\mathrm{T}}$$

后一个频率响应在有关造船学的文献中被称为**力响应幅值算子**(Force Response Amplitude Operator,FRAO)。将上述频率响应合并,可以得到从波浪到运动的频率响应,将该响应称为运动响应幅值算子(Motion Response Amplitude Operator,MRAO),

$$\boldsymbol{\eta}(j\omega) = \boldsymbol{H}(j\omega,\chi)\boldsymbol{\zeta}(j\omega)$$

其中

$$\boldsymbol{H}(j\omega,\chi) = \boldsymbol{G}(j\omega)\boldsymbol{F}(j\omega,\chi)$$

当前,我们可以利用现成的基于势理论的水动力学代码来计算与频率有关的附加质量$\boldsymbol{A}(\omega)$和势阻尼$\boldsymbol{B}(\omega)$,由此可以进一步计算 FRAO 和 MRAO。这些代码利用关于船体几何以及重量分布的信息来计算有限频率对应的系数和响应。

如果将 RAO 与波浪谱相结合,可以计算力谱和运动谱:

$$\boldsymbol{S}_{\tau\tau}(j\omega) = |\boldsymbol{F}(j\omega\ \chi)|^2\boldsymbol{S}_{\zeta\zeta}(j\omega) \tag{32.24}$$

$$\boldsymbol{S}_{\eta\eta}(j\omega) = |\boldsymbol{H}(j\omega,\chi)|^2\boldsymbol{S}_{\zeta\zeta}(j\omega) \tag{32.25}$$

这些谱可以用来计算波浪力和运动统计量,还可以计算用于仿真的时间序列。

32.4.4 时域模型的近似

对式(32.21)进行傅里叶变换,并且将其与式(32.22)做比较,可以证明

$$\boldsymbol{A}(\omega) = \bar{\boldsymbol{A}} - \frac{1}{\omega}\int_0^{\infty}\boldsymbol{K}(t)\sin\omega t\,\mathrm{d}t$$

$$\boldsymbol{B}(\omega) = \int_0^{\infty}\boldsymbol{K}(t)\cos\omega t\,\mathrm{d}t$$

由这些表达式,可得

$$\bar{\boldsymbol{A}} = \lim_{\omega\to\infty}\boldsymbol{A}(\omega) \tag{32.26}$$

式(32.26)表明$\bar{\boldsymbol{A}}$是无限频率的附加质量矩阵;另一方面,由于操纵性运动模型(见 32.3 节)是低频模型。那么,操纵性运动模型中的附加质量$\boldsymbol{M}_A$与$\boldsymbol{A}(0)\neq\boldsymbol{A}(\infty)$有关。

由傅里叶变换还可以得知

$$\boldsymbol{K}(j\omega) = \boldsymbol{B}(\omega) + j\omega[\boldsymbol{A}(\omega) - \bar{\boldsymbol{A}}] \tag{32.27}$$

正如上一节讨论的那样,水动力学代码可以用来计算一组离散频率上的$\boldsymbol{A}(\omega)$和势阻尼

$\boldsymbol{B}(\omega)$。将该信息与式(32.27)结合起来,可以得到用于近似式(32.21)中的卷积积分的有理传递函数,即

$$\boldsymbol{\mu}=\int_0^t \boldsymbol{K}(t-t')\boldsymbol{v}(t')\mathrm{d}t' \approx \boldsymbol{K}(s) \Leftrightarrow \begin{array}{l}\dot{\boldsymbol{x}}=\boldsymbol{A}'\boldsymbol{x}+\boldsymbol{B}'\boldsymbol{v}\\ \boldsymbol{\mu}=\boldsymbol{C}'\boldsymbol{x}\end{array} \tag{32.28}$$

根据势理论,可以证明(Perez and Fossen,2008b)

$$\begin{gathered}\lim_{\omega\to 0}\boldsymbol{K}(j\omega)=\boldsymbol{0}\\ \lim_{\omega\to\infty}\boldsymbol{K}(j\omega)=\boldsymbol{0}\\ \lim_{t\to 0^+}\boldsymbol{K}(t)\neq\boldsymbol{0}\\ \lim_{t\to\infty}\boldsymbol{K}(t)=\boldsymbol{0}\\ \boldsymbol{v}\to\boldsymbol{\mu}\ \text{是无源的}\end{gathered}$$

这些性质可以转换为如下针对有理近似$\hat{K}_{ik}(s)=P_{ik}(s)/Q_{ik}(s)$的约束:

$$\hat{K}_{ik}(s)\ \text{在}\ s=0\ \text{处有一个零点} \tag{32.29}$$

$$\hat{K}_{ik}(s)\ \text{的相对阶为 1} \tag{32.30}$$

$$\hat{K}_{ik}(s)\ \text{是稳定的} \tag{32.31}$$

$$\hat{K}_{ik}(s)\ \text{至少是 2 阶的} \tag{32.32}$$

$$\text{对于}\ i=k\ \text{的情况},\hat{K}_{ik}(s)\ \text{是正实数} \tag{32.33}$$

如果在频域利用非参数数据(式(32.27))进行辨识,上述约束(式(32.29~32.33))很容易得到满足。图 32.9 给出了一个半潜式钻井平台首端的半个船体,针对该平台,可以利用 WAMIT 代码来计算水动力学数据。这些数据是海洋系统仿真器(Marine Systems Simulator,MSS)示例的一部分,可以从 www.marinecontrol.org 获得。图 32.10 给出了包含 2-2 耦合(横荡-横荡)约束的频域辨识结果,其中左图说明了卷积频率响应的大小和相位,右图则说明了势阻尼和附加质量随频率的变化情况。关于辐射力模型辨识的更多细节,读者可以参见 Perez and Fossen(2208a,b 2009)的著作。

根据式(32.21),并采用式(32.28)所示的近似的 LTI 系统代替其中的卷积项,可以得到时域模型。不过,该模型中需要增加一个粘滞阻尼项:

$$(\boldsymbol{M}+\bar{\boldsymbol{A}})\dot{\boldsymbol{v}}+\boldsymbol{D}_{vis}\boldsymbol{v}+\boldsymbol{\mu}+\boldsymbol{G}\boldsymbol{\eta}=\boldsymbol{\tau}_{exc} \tag{32.34}$$

$$\begin{gathered}\dot{\boldsymbol{x}}=\boldsymbol{A}'\boldsymbol{x}+\boldsymbol{B}'\boldsymbol{v}\\ \boldsymbol{\mu}=\boldsymbol{C}'\boldsymbol{v}\end{gathered} \tag{32.35}$$

势理论只给出了辐射阻尼,它反映了由于船舶运动产生的波浪所带来的能量消耗——这可以由式(32.35)所示模型来刻画。然而,辐射阻尼只是所有阻尼的一部分。不幸的是,除了横荡自由度(Ikeda,2004)之外,目前并没有任何引入阻尼的经验规则。因此,人们需要利用实验数据来计算这种阻尼。

如果船舶的前进速度为U,那么耐波性模型就变为

$$(\boldsymbol{M}+\bar{\boldsymbol{A}})\dot{\boldsymbol{v}}+\boldsymbol{D}_{vis}\boldsymbol{v}+\boldsymbol{C}^*\boldsymbol{v}+\boldsymbol{D}^*\boldsymbol{v}+\boldsymbol{\mu}+\boldsymbol{G}\boldsymbol{\eta}=\boldsymbol{\tau}_{exc} \tag{32.36}$$

$$\dot{\boldsymbol{x}}=\boldsymbol{A}'\boldsymbol{x}+\boldsymbol{B}'\boldsymbol{\delta v}$$

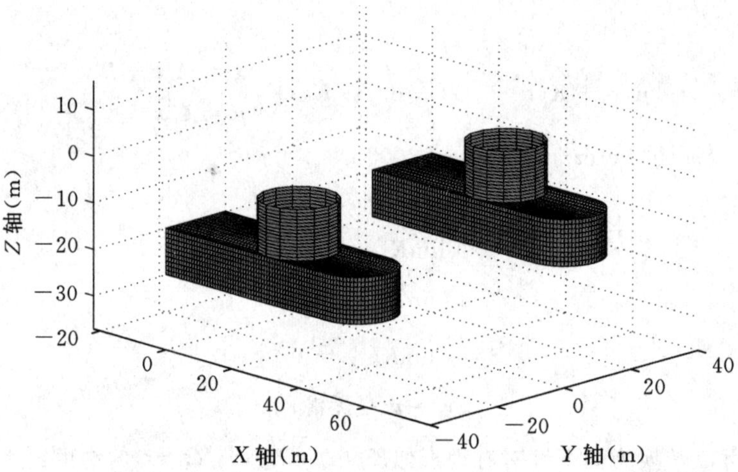

图 32.9 半潜式钻井平台的船体几何形状(数据来自 www.marinecontrol.org)

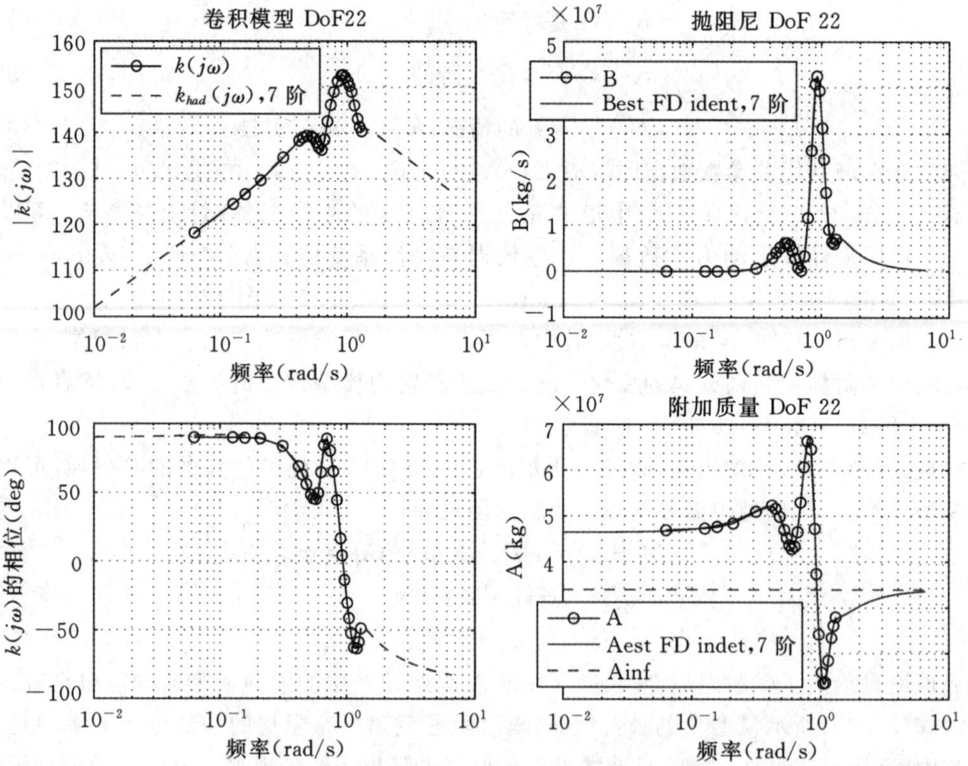

图 32.10 与半潜式钻井平台的 2-2 耦合相对应的数据拟合。左图给出了七阶参数逼近结果中 $K_{22}(j\omega)$和$\hat{K}_{22}(j\omega)$的大小和相位;右图则给出了利用代码计算出的阻尼和附加质量以及基于$\hat{K}_{22}(j\omega)$的近似结果

$$\boldsymbol{\mu}=\boldsymbol{C}'\boldsymbol{x} \tag{32.37}$$

其中，$\boldsymbol{C}^*$ 和 $\boldsymbol{D}^*$ 是线性附加阻尼项和 Coriolis-离心项，它们是前进速度 U 和用于计算力的平衡参考系与船体参考系之间的运动学变换而带来的。关于更多细节，可以参见 Perez and Fossen(2007)以及 Fossen(2002)的著作。

32.4.5 波浪的时域激励

为了产生波浪激发力，可以使用频谱(式(32.24))。实际上，由于波高是高斯的，而且被认为是平稳的，而力响应被认为是线性的，因此响应也是高斯且平稳的。目前，有多种不同的方法可以从频谱中产生波浪激发力。一种方法是对式(32.24)进行谱分解，然后采用滤波过的白噪声来近似实现，该方法通常被用在随机控制理论中。另一种方法则利用多重正弦波信号，并且通常被用在造船业中。例如，对于 τ 的任意分量，可以通过下式来产生这个激发力：

$$\tau_i(t)=\sum_{n=1}^{N}\bar{\tau}_n\cos(\omega_n t+\varepsilon_n)$$

其中的 N 足够大，$\bar{\tau}_n$ 为常数，相位 ε_n 是独立同分布的随机变量，服从$[0,2\pi]$上的均匀分布。随机相位的选择确保了 $\tau_i(t)$是一个高斯过程，而且对于相位的每一个实现，可以得到过程的一个实现(St Denis and Pierson，1953)。

当滞后为零时，该过程的自相关性满足

$$\int_0^{\infty}S_{\tau\tau}(\omega)\mathrm{d}\omega\approx\sum_{n=1}^{N}\frac{\bar{\tau}_n^2}{2}$$

由此可以得到

$$\bar{\tau}_n=\sqrt{2S_{\tau\tau}(\omega^*)\Delta\omega}$$

其中，ω^* 是从区间$\left[\omega_n-\frac{\Delta\omega}{2},\omega_n+\frac{\Delta\omega}{2}\right]$中随机选择出来的。

请注意，该方法不但可以用于波浪力，也可以用于波高和船舶运动本身。例如，图 32.11 给出了一艘军舰在横浪条件下进行横摇、横荡和艏摇运动的功率谱，并给出了利用多频正弦信号模拟的特定的运动实现。关于更多细节，请参见 Perez(2005)的著作。

32.5 航道中的操纵性运动模型

在某些应用中，有必要考虑船舶在波浪中的操纵性运动模型。在这些情况下，水动力学的相互作用相当复杂。迄今为止，还没有理论能够将操纵性与耐波性统一起来。根据可以获取的数据，可以采用不同的方法来构造控制设计和测试模型。我们可以考虑如下选择：

1. 增加了非线性阻尼项的线性耐波性模型；
2. 含有波浪力激励(力叠加，输入干扰)的操纵性运动模型；
3. 含有波浪运动激励(运动叠加，输出干扰)的操纵性运动模型。

第一种选择利用由式(32.35)推导得到的线性模型(式(32.36))，并在其中增加非线性阻尼项。如果除了由根据水动力学代码计算得到的频率响应之外，无法获取其他任何船舶数据，那么就可以使用该选择，这时需要根据经验来增加粘滞阻尼项。该方法可以为控制设计人员

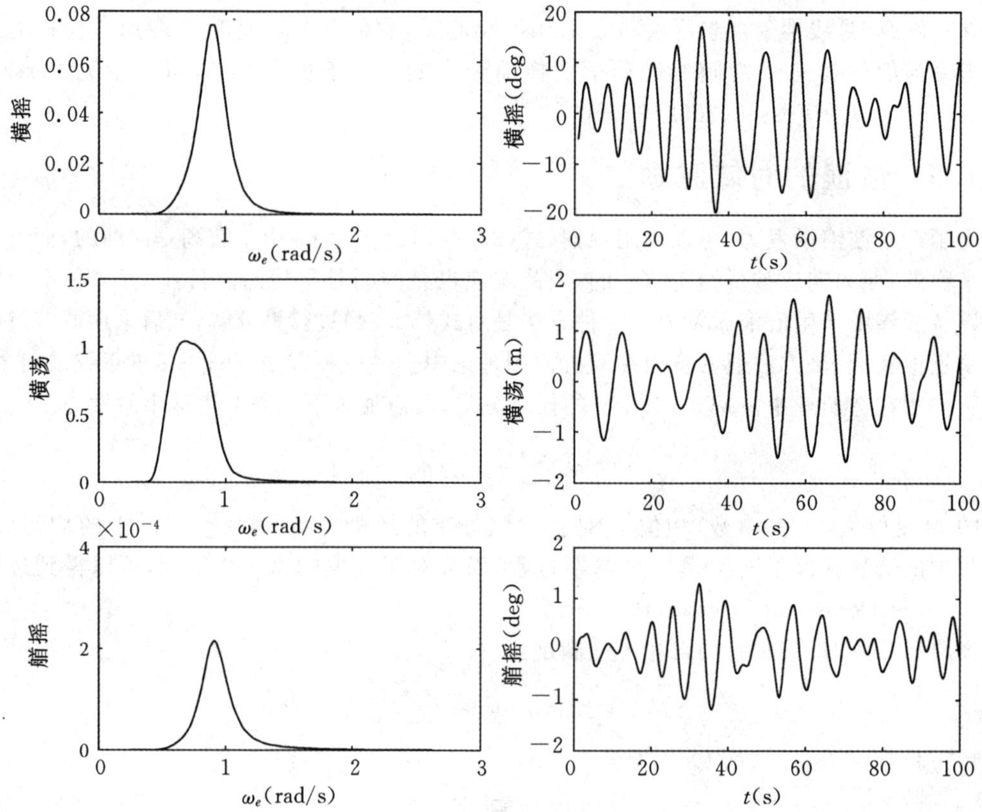

图 32.11 一艘在横浪中速度为 15 节的军舰进行横摇、横荡和艏摇运动的功率谱密度以及相应的时间序列。采用的波浪谱为 ITTC 谱,其中的 $Hs=2.5$ m,$T=77.5$ s

提供一个初始模型来启动设计。由于耐波性模型并不适用于操纵性问题,所以不能正确地表示 Coriolis 和离心项。因此,我们必须清楚该模型的有效性——只有当船舶的机动动作比较温和时,才可以尝试采用该模型。

当基于船舶模型或者实船试验获得了可用的操纵性运动模型(式(32.14)和(32.15)),而且根据水动力学代码计算出频率响应时,可以采用第二种和第三种选择。可以联合采用频率响应和选定的波浪谱来计算力响应谱或运动响应谱(式(32.24)和(32.25)),进而能够仿真波生力或波生运动的实现。某些文献认为使用力叠加比使用运动叠加更为自然;然而,运动叠加模型在描述波生运动方面更加准确。

32.6 船舶运动控制系统的设计

本节将讨论海洋系统控制设计涉及的基本问题。首先介绍观测器设计以及控制分配问题,然后描述最常见的运动控制问题的主要特性。

32.6.1　观测器与波浪滤波

正如 32.1 节所讨论的那样，线性波浪力的振荡频率通常不会影响船舶的运行性能。因此，只对低频运动进行控制，这可以避免修正由每个波浪引发的运动。不然的话，考虑到执行机构的功耗和潜在磨损问题，可能会给推进系统带来不可接受的运行条件。

在信号传递到控制器之前，通过对位置和朝向测量值以及估计速度中的波频分量进行适当地滤波，可以实现仅对低频运动进行控制的目的。称这种滤波过程为**波浪滤波**。

早期的航向保持自动驾驶仪采用了具有死区非线性的比例（Proportional，P）控制器。该控制器始终不提供任何控制作用，直到控制信号到达死区之外。因此，死区可以提供与波浪滤波类似的作用。自动驾驶仪中的死区大小可以改变，这种设置被称为**天气**，这时因为死区大小是由操作员根据天气状况而设定的。其他系统采用了低通和陷波滤波器，这会引入显著的相位滞后，因此当需要高增益控制时，控制性能会发生退化。传统滤波的一个替代方法是利用波生运动模型和观测器将波浪运动从低频运动中分离出来。图 32.1 给出的方块图对此进行了说明。

在设计用于定位和保持航向的观测器时，通常在线性框架下为模型增加一个表示波生运动的输出干扰模型。这里考虑一下水面船舶的定位问题，即考虑如何在纵荡、横荡和艏摇三个自由度上以低速进行机动：

$$\boldsymbol{\eta} = [N, E, \psi]^{\mathrm{T}}$$

$$\boldsymbol{v} = [u, v, r]^{\mathrm{T}}$$

由于低速机动这一假设，所以可以忽略式(32.14)和(32.15)中的非线性阻尼项和 Coriolis-离心项，由此可得，

$$\dot{\boldsymbol{\eta}} = \boldsymbol{R}(\psi)\boldsymbol{v} \tag{32.38}$$

$$(\boldsymbol{M}_{RB} + \boldsymbol{M}_A)\dot{\boldsymbol{v}} + \boldsymbol{D}\boldsymbol{v}_{rc} = \boldsymbol{\tau}_{ctrl} + \boldsymbol{\tau}_{env} \tag{32.39}$$

其中的运动学变换可以简化为一个旋转矩阵

$$\boldsymbol{R}(\psi) = \begin{bmatrix} \cos(\psi) & -\sin(\psi) & 0 \\ \sin(\psi) & \cos(\psi) & 0 \\ 0 & 0 & 1 \end{bmatrix}, \quad \boldsymbol{R}^{-1}(\psi) = \boldsymbol{R}^{\mathrm{T}}(\psi)$$

由于含有这个运动学变换，模型（式(32.38)和(32.39)）仍然是非线性的。正如 Fossen(2002)讨论的那样，通过引入**船舶平行坐标系**，可以将这个模型动态地线性化。船舶平行坐标系定义在船舶参考系中，而其轴线与地球参考系相平行。船舶平行坐标系中的位置 $\boldsymbol{\eta}_p$ 可以通过如下变换来定义：

$$\boldsymbol{\eta}_p = \boldsymbol{R}^{\mathrm{T}}(\psi)\boldsymbol{\eta} \tag{32.40}$$

其中，$\boldsymbol{\eta}_p$ 是在船体坐标系下表示的位置-姿态向量。对于定位控制应用来说，关于 z 轴的旋转通常很缓慢，因此有 $\dot{r}\approx 0$ 和 $\dot{\boldsymbol{R}}(\Psi)\approx 0$。由此，式(32.40)的时间导数为

$$\begin{aligned} \dot{\boldsymbol{\eta}}_p &= \dot{\boldsymbol{R}}^{\mathrm{T}}(\psi)\boldsymbol{\eta} + \boldsymbol{R}^{\mathrm{T}}(\psi)\dot{\boldsymbol{\eta}} \\ &= \dot{\boldsymbol{R}}^{\mathrm{T}}(\psi)\boldsymbol{\eta} + \boldsymbol{R}^{\mathrm{T}}(\psi)\boldsymbol{R}(\psi)\boldsymbol{v} \\ &\approx \boldsymbol{v} \end{aligned} \tag{32.41}$$

利用船舶平行坐标系,可以将运动学过程线性化:

$$\dot{\boldsymbol{\eta}}_p = \boldsymbol{v}$$

$$(\boldsymbol{M}_{RB} + \boldsymbol{M}_A)\,\dot{\boldsymbol{v}} + \boldsymbol{D}\boldsymbol{v}_{rc} = \boldsymbol{\tau}_{ctrl} + \boldsymbol{\tau}_{env}$$

波浪频率力会引起运动,又由于模型是线性的,因此我们可以把波生运动看作一个输出干扰。这种干扰可以采用过滤白噪声来建模表示:

$$\dot{\boldsymbol{\xi}} = \boldsymbol{A}_w\boldsymbol{\xi} + E_w\boldsymbol{w}$$

$$\boldsymbol{\eta}_w = \boldsymbol{C}_w\boldsymbol{\xi}$$

其传递函数形式可以表示为

$$\boldsymbol{\eta}_w(s) = \begin{bmatrix} G_{xw}(s) & 0 & 0 \\ 0 & G_{yw}(s) & 0 \\ 0 & 0 & G_{\psi w} \end{bmatrix} \boldsymbol{w}(s)$$

其中

$$G_{iw}(s) = \frac{\omega_i^2 s}{s^2 + 2\zeta_i\omega_i s + \omega_i^2}$$

低频波浪力、海风以及海流力中的粘滞分量都可以用恒定的输入干扰来建模表示,由此可以得到如下模型:

$$\dot{\boldsymbol{\xi}} = \boldsymbol{A}_w\boldsymbol{\xi} + E_w\boldsymbol{w}_1 \tag{32.42}$$

$$\dot{\boldsymbol{\eta}}_p = \boldsymbol{v} \tag{32.43}$$

$$(\boldsymbol{M}_{RB} + \boldsymbol{M}_A)\,\dot{\boldsymbol{v}} + \boldsymbol{D}\boldsymbol{v} = \boldsymbol{\tau}_{ctrl} + \boldsymbol{b} + \boldsymbol{w}_2 \tag{32.44}$$

$$\dot{\boldsymbol{b}} = \boldsymbol{w}_3 \tag{32.45}$$

其中测量量

$$\boldsymbol{\eta}_{tot} = \boldsymbol{\eta}_p + \boldsymbol{C}_w\boldsymbol{\xi} + \boldsymbol{n} \tag{32.46}$$

状态噪声 $\boldsymbol{w}_1$、$\boldsymbol{w}_2$ 和 $\boldsymbol{w}_3$ 表示模型的不确定性,而噪声 $\boldsymbol{n}$ 是由测量仪器引起的。

将式(32.42)~(32.46)合并起来,可以得到如下的状态空间模型:

$$\dot{\boldsymbol{x}} = \boldsymbol{A}\boldsymbol{x} + \boldsymbol{B}\boldsymbol{\tau}_{ctrl} + E_{obs}\boldsymbol{w}$$

$$\boldsymbol{\eta}_{tot} = \boldsymbol{C}\boldsymbol{x} + \boldsymbol{n}$$

其中

$$\boldsymbol{x} = [\boldsymbol{\xi}^{\mathrm{T}}, \boldsymbol{\eta}_p^{\mathrm{T}}, \boldsymbol{v}^{\mathrm{T}}, \boldsymbol{b}^{\mathrm{T}}]^{\mathrm{T}}$$

利用这个模型,我们可以设计观测器,并且对状态进行估计。而后只将低频状态变量 $\boldsymbol{\eta}_p$、$\boldsymbol{v}$ 和 $\boldsymbol{b}$ 传递给控制器。

图 32.12 给出了为处于定位控制的渔船所设计的 Kalman 波浪滤波器的仿真数据(Fossen and Perez,2009)。在仿真中,在对渔船施加定位控制的 120 s 之后开启波浪滤波器;然后,在 200 s 时,使渔船向前前进了 10 m。图 32.12(a)给出了通过测量和波浪滤波得到的纵向位置,图 32.12(b)给出了通过测量和波浪滤波得到的纵荡速度,图 32.12(c)则显示了由控制器产生的力。在最初的 120 s 内,由于波浪滤波器是关闭的,波生运动引发了明显的控制作用。而在波浪滤波器开启之后,波浪频率上的控制作用有所减少,达到了预期的效果。

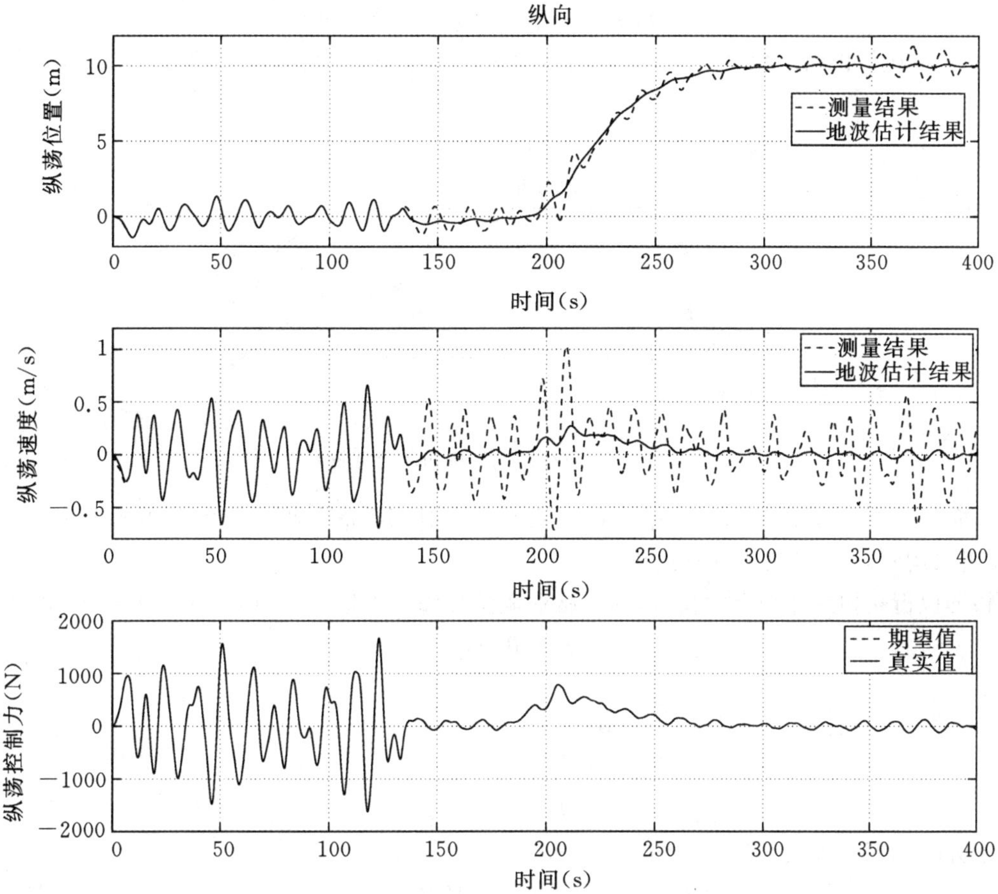

图 32.12　应用于一条 15 米长且处于定位控制下的渔船的波浪滤波器的性能；波浪滤波器在 120 s 时开启

32.6.2　控制分配

为了增强可靠性，一些海上航行器通常会装配多于最少要求数量的执行机构，以控制航行器在预期自由度上的运动。由此可知，用于运动控制的力可以由执行机构所产生的力的不同组合来构成。这种做法使得当一个执行机构出现故障时，通过重新配置剩余执行机构所产生的力，航行器可以继续运行或者安全停机。在该框架下，船舶运动控制系统可以分为两个主要组成部分：

- 运动控制器
- 控制分配映射

图 32.1 中给出的方块图对此进行了说明。运动控制器可以生成航行器在被控自由度上对广义力的需求。由于运动控制器的运行过程中只涉及广义力，那么控制的设计和调节在一定程度上可以独立于执行机构的配置。然后，控制分配映射将控制器的要求转变为针对各个执行机构的命令，从而实现期望的广义力。

每个执行机构产生一个有界的力向量,即具有指定动作线和应用点的向量:

$$\boldsymbol{T}_i \in \boldsymbol{S}_i, \quad i = 1,2,\cdots,N$$

这里 N 表示执行机构的数量。图 32.13 给出了一个具有四个执行机构的航行器的示意图。

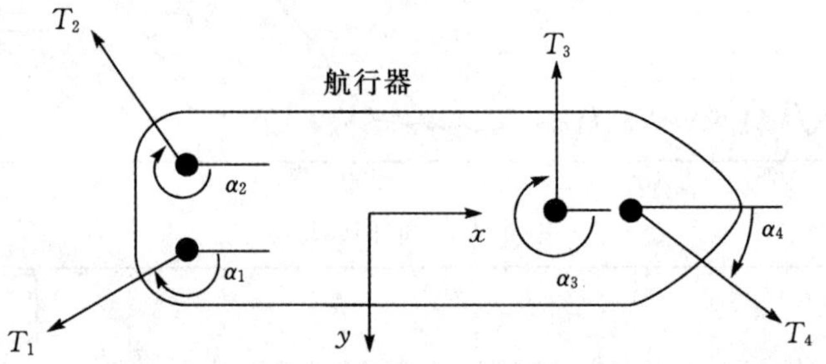

图 32.13 航行器执行机构的力分布

力向量在集合 $\boldsymbol{S}_i$ 内取值。每个执行机构在特定时刻所能产生的力的大小和方向是有限的,这里采用集合 $\boldsymbol{S}_i$ 来表示这种约束。

根据执行机构在船舶上的位置,通过**推进配置矩阵**可以把相应的力映射为船舶广义力:

$$\boldsymbol{\tau} = \boldsymbol{B}(\boldsymbol{\alpha})\boldsymbol{T}$$

其中

$$\boldsymbol{\alpha} = [\alpha_1, \cdots, \alpha_N]^{\mathrm{T}}$$

而

$$\boldsymbol{T} = [\,|T_1|, \cdots, |T_N|\,]^{\mathrm{T}}$$

该**控制分配问题**可以表示为一个约束优化问题:

$$(\boldsymbol{T}^*, \boldsymbol{\alpha}^*, \boldsymbol{s}^*) = \arg\min_{\boldsymbol{T},\boldsymbol{\alpha},\boldsymbol{s}} \boldsymbol{V}(\boldsymbol{T}, \boldsymbol{\alpha}, \boldsymbol{\alpha}_0, \boldsymbol{s}) \tag{32.47}$$

要求满足

$$\boldsymbol{B}(\boldsymbol{\alpha})\boldsymbol{T} = \boldsymbol{\tau}_d - \boldsymbol{s} \tag{32.48}$$

$$\boldsymbol{T}_{\min} \leqslant \boldsymbol{T} \leqslant \boldsymbol{T}_{\max} \tag{32.49}$$

$$\Delta\boldsymbol{T}_{\min} \leqslant \boldsymbol{T} - \boldsymbol{T}_0 \leqslant \Delta\boldsymbol{T}_{\max} \tag{32.50}$$

$$\boldsymbol{\alpha}_{\min} \leqslant \boldsymbol{\alpha} \leqslant \boldsymbol{\alpha}_{\max} \tag{32.51}$$

$$\Delta\boldsymbol{\alpha}_{\min} \leqslant \boldsymbol{\alpha} - \boldsymbol{\alpha}_0 \leqslant \Delta\boldsymbol{\alpha}_{\max} \tag{32.52}$$

$$\boldsymbol{s} \geqslant \boldsymbol{0} \tag{32.53}$$

式(32.47)中的标量值目标函数 $V(\cdot,\cdot,\cdot,\cdot)$ 与控制成本相关,并且可能包含一个用以避免执行机构奇异配置的阻尼项。所谓奇异配置是指在某些自由度上不能产生控制力。例如,对于图 32.13 所示的船舶,如果所有的执行机构都提供前向控制力,那么就不可能产生侧向力和转矩,因此这是一个奇异配置(在这种情况下,推进配置矩阵会降秩)。

式(32.48)所示的约束用来确保实现控制器所需要的广义力 $\boldsymbol{\tau}_d$。剩余的约束则与力的大小和角度以及它们的比率有关,这些比率由与给定值 $\boldsymbol{T}_0$ 和 $\boldsymbol{\alpha}_0$ 之间的差值来设定。

由于执行机构的控制权限有限,即会受到式(32.49)～(32.52)的约束,那么有可能发生控制器所要求的广义力向量不可行的情况。为了避免优化问题的不可行性,式(32.48)引入了松

弛变量 $\boldsymbol{s}$，而式(32.53)给出了相应的约束。如果需要的控制向量是可行的，那么 $\boldsymbol{s}^*=0$。

可以在每一个采样时刻在线求解上述优化问题，因此，$\boldsymbol{T}_0$ 和 $\boldsymbol{\alpha}_0$ 的值与前一个采样时刻获得的解 $\boldsymbol{T}^*$ 和 $\boldsymbol{\alpha}^*$ 相对应。关于海上航行器控制分配问题的更多细节，请参阅 Fossen 等人(2009)的论著以及其中的参考文献。

32.6.3 航行器运动控制问题的概述

接下来我们将描述航行器运动控制涉及的主要问题以及它们的特征。

32.6.3.1 动态定位和推进器辅助定位锚泊

动态定位是指，即使在存在环境干扰的情况下，也能够利用推进系统来保持航行器的位置。对于水面船舶来说，该问题涉及水平定位和朝向调节，即纵荡、横荡和艏摇。这种控制问题常见于近海船舶和采油平台，其目标是只控制低频运动，因此控制系统要求进行波浪滤波。由于近海船舶一般都要执行重要的作业，所以它们都是过驱动的，那么可以由控制器生成广义力命令，并设计一个控制分配映射。相应的控制器的结构通常包括一个速度回路和一个位置回路，而控制设计可以看作一个关于设定点调节的最优控制问题来完成。该控制器可以利用比例-积分(Proportional-Integral，PI)和比例-积分-微分(Proportional-Integral-Derivative，PID)控制器来实现。32.7 节将提供一个这方面的示例。对于水下航行器，可以把定位问题扩展为自动调深问题。由于垂直面的运动通常是与水平面的运动解耦的，而且这两种运动都由特定的执行机构来负责，所以通常可以独立地设计这两个定位问题。在推进器辅助锚泊问题中，推进系统被用来补偿锚线上的平均负荷，该控制问题与动态定位问题类似。

32.6.3.2 自动驾驶仪

水面航行器与水下航行器中采用的自动驾驶仪很相似。它们的复杂程度变化很大，可以只包括简单的航向保持控制，也可能包括操纵性运动控制，甚至还可能具备感知和避让功能。对于水面船舶来说，航向自动驾驶仪控制器只涉及一个自由度(艏摇)，而制导系统则需考虑位置和航向角。典型的控制器是由带反馈功能的 PID 控制器实现的，其中集成了一个转弯速率回路。这么做的原因是由于在设计时需要避免对航向角直接进行 PID 控制；不然的话，回路传递函数中将包含一个双积分器，那么阶跃响应总是会出现超调。水面船舶的自动驾驶仪通常不需要进行控制分配。对于大型远洋船舶来说，需要在自动驾驶仪中进行波浪滤波，这样就不用针对每个波浪修正舵机了。用于机动控制的自动驾驶仪会涉及非线性控制设计。

32.6.3.3 减震控制

减震控制指的是利用运动控制来消弱横摇和纵摇时的波生运动，相应的控制系统是载人和载货船舶所特有的。船舶横摇和纵摇时引起的局部加速是导致晕船的主要原因，这会造成货物损坏，并且使得船载设备无法使用。相应的控制目标是，在不影响船舶的转向能力的同时消除波浪频率运动。由于在不同的海况和航行条件下，横摇运动谱和纵摇运动谱也会有显著的不同，控制系统必须能够针对各种航行条件自适应地最大化系统性能。当需要对横摇和纵摇进行综合控制时，由于诸如 T 型翼、拦截器以及纵倾襟翼的特定的执行机构可以同时调节横摇和纵摇，所以可能需要进行控制分配。

作为对控制设计的最后一点讨论，这里需要提醒的是，海上航行器的模型具有很强的不确定性,而且其动态响应会随着海况、航速、波浪方向、水深以及附近区域其他船舶等因素的变化而变化。由于航行器的运动遵守物理学能量定律,基于无源性的控制设计已经非常成功。如果所设计的控制器可以使系统的稳定性只依赖于耗散性能,那么只要耗散性能保持不变,对于较大的参数不确定性——即使模型的阶次发生变化,该控制器也能保证闭环稳定性。关于这方面的更多细节,可以参见 Fossen(2002)的著作。下面将介绍两个控制设计示例。

32.7 示例:水面船舶的定位控制

这里考虑水面船舶在水平面上的定位问题,那么广义位置、速度和力向量分别为

$$\boldsymbol{\eta} \triangleq \begin{bmatrix} N \\ E \\ \psi \end{bmatrix}, \quad \boldsymbol{v} \triangleq \begin{bmatrix} u \\ v \\ r \end{bmatrix}, \quad \boldsymbol{\tau} \triangleq \begin{bmatrix} X \\ Y \\ N \end{bmatrix}$$

低频控制设计模型为

$$\dot{\boldsymbol{\eta}}_p \approx \boldsymbol{v}$$
$$\dot{\boldsymbol{v}} = \boldsymbol{M}^{-1}\boldsymbol{D}\boldsymbol{v} + \boldsymbol{M}^{-1}(\boldsymbol{\tau}_{ctrl} + \boldsymbol{\tau}_{env})$$

其中,$\boldsymbol{M}=\boldsymbol{M}_{RB}+\boldsymbol{M}_A$。

控制系统的方块图如图 32.14 所示。由此可知,测量得到的广义位置向量包含一个波浪频率分量和一个低频分量,将其转换为船舶平行坐标,可得

$$\boldsymbol{\eta}_{pm} = \boldsymbol{\eta}_{p,WF} + \boldsymbol{\eta}_p$$

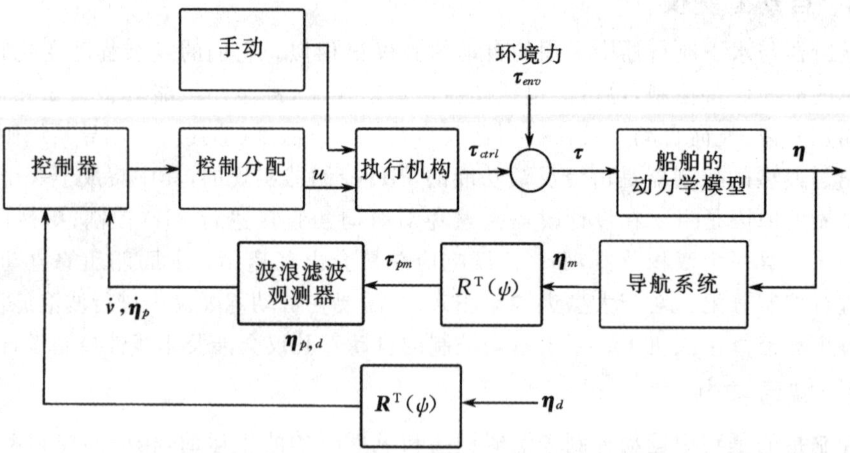

图 32.14 动态定位控制系统的方块图

可以利用波浪滤波观测器来估计为了实现控制器所需要的低频位置和速度向量。运动控制器由一个利用 PI 控制器实现的速度回路和一个利用 P 控制器实现的位置回路组成,其方块图如图 32.15 所示。该控制器对位置和速度都进行了积分,这抑制了低频力干扰(Perez and Donaire,2009)。

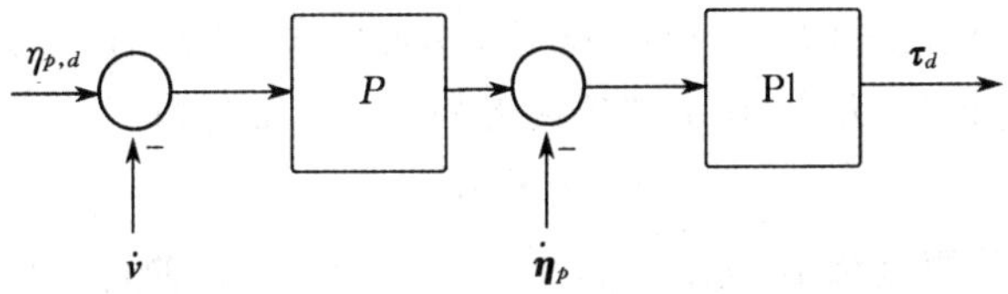

图 32.15 提出的定位控制器

32.7.1 无约束的控制分配

执行机构产生的力向量可以分解到直角坐标系中(沿船舶的纵向和横向方向),并合并为单个向量 T:

$$\boldsymbol{T} = [T_{X1} \quad T_{Y1} \quad T_{X2} \quad T_{Y2} \cdots T_{XN} \quad T_{YN}]^{\mathrm{T}}$$

其中,N 是执行机构的数量。通过执行机构配置矩阵 $\boldsymbol{B}$(为简单起见,保持该矩阵固定不变)可以将该向量映射为广义力:

$$\boldsymbol{\tau} = \boldsymbol{BT} \tag{32.54}$$

由于 T 比 τ 具有更多的分量,所以存在许多不同的向量 $\boldsymbol{T}$ 满足(式(32.54))给定的 $\boldsymbol{\tau}$ 值。为了限定解的数量,可以将该问题转化为一个优化问题,例如,

$$\boldsymbol{T}^* = \underset{u}{\mathrm{argmin}}(\boldsymbol{T}^{\mathrm{T}}\boldsymbol{WT}) \\ \text{要求满足 } \boldsymbol{\tau}_d = \boldsymbol{BT} \tag{32.55}$$

目标函数 $\boldsymbol{T}^{\mathrm{T}}\boldsymbol{WT}$ 表示总能量或控制成本,其中 $\boldsymbol{W}$ 是一正定矩阵,用于权衡采用不同执行机构的相对成本。因此,控制分配问题需要寻找即可以实现期望的广义力 $\boldsymbol{\tau}_d$,又可以最小化控制成本的解。正如 Fossen(2002)所证明的那样,上述问题的解为

$$\boldsymbol{T}^* = \boldsymbol{B}^{\dagger}\boldsymbol{\tau}_d, \quad \boldsymbol{B}^{\dagger} = \boldsymbol{W}^{-1}\boldsymbol{B}^{\mathrm{T}}(\boldsymbol{BW}^{-1}\boldsymbol{B}^{\mathrm{T}})^{-1} \tag{32.56}$$

需要注意的是,由于 $\boldsymbol{B}$ 只取决于执行机构在航行器上的位置,那么它的右逆 $\boldsymbol{B}^{\dagger}$ 可以预先计算出来。

由于不同的执行机构所能提供的力具有上限,那么向量 $\boldsymbol{T}$ 必然属于一个有约束集,而式(32.55)所示的优化问题没有考虑到这一事实。若在式(32.55)中增加这一约束,需要使用32.6.2 节讨论的在线数值优化方法,而式(32.56)给出的解也不再是最优解。一个替代方法是对期望的广义力 $\boldsymbol{\tau}_d$ 施加约束,使得关于 $\boldsymbol{T}$ 的约束总可以得到满足。通过这样做,还可以使力控制器了解约束满足情况,从而避免由执行机构饱和积分作用的综合效应带来的性能退化。该控制方法可以利用下节将要介绍的多变量抗积分饱和技术来实现。

32.7.2 基于输入缩放的约束控制

对于需要积分作用并且执行机构可能发生饱和的系统来说,在对其进行控制设计时所面临的一个重要问题是积分器饱和。即,如果执行机构已经饱和,而积分控制器并不知道该情况,它会继续对误差信号进行积分,但系统不会对控制作用产生期望的响应。这往往会引起不良振荡甚至不稳定等性能退化。处理这种现象的控制方案被称为抗饱和方案。

如果一个线性控制器 $\boldsymbol{C}(s)$ 是最小相位和有理的（如同 PI 和 PID 控制器那样），那么可以通过简单的实现方式来完成抗饱和。Goodwin 等学者(2001)提出了如图 32.16 所示的实现方式。图中的 lim 代表饱和度（大小、比率或者两者的组合），而增益

$$\boldsymbol{c}_{\infty} = \lim_{s \to \infty} \boldsymbol{C}(s)$$

请注意，如果没有将限制激活，那么图 32.16 中的回路可以简化为如下控制器：

$$\boldsymbol{C}(s) = [\boldsymbol{I} + \boldsymbol{c}_{\infty}(\boldsymbol{C}(s)^{-1} - \boldsymbol{c}_{\infty}^{-1}]^{-1}\boldsymbol{c}_{\infty}$$

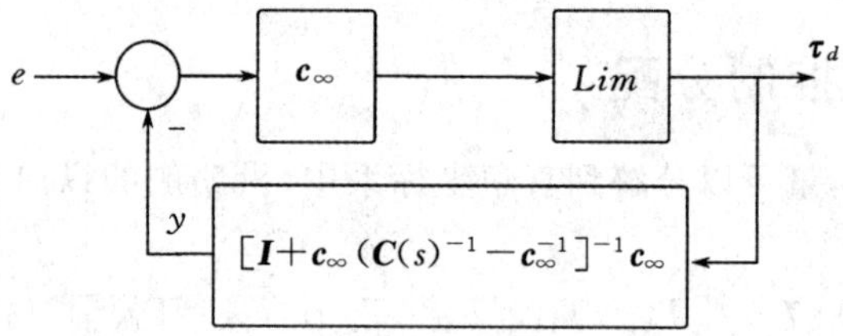

图 32.16　严格真的控制器抗饱和实现方式的方块图

当限制被激活后，它可以防止控制信号 $\boldsymbol{\tau}_d$ 超过其极限，而约束信号会驱动控制器的状态，这些状态全都位于反馈路径上。

上述抗饱和方案可以应用于航行器定位控制器速度回路中的速度 PI 控制器中：

$$\boldsymbol{C}_{vel}(s) = \begin{bmatrix} C_u(s) & 0 & 0 \\ 0 & C_v(s) & 0 \\ 0 & 0 & C_r(s) \end{bmatrix}$$

其中，对于 $i=u,v,r$，

$$C_i(s) = K_p^i \frac{T_I^i s + 1}{T_I^i s}$$

为了约束 $\boldsymbol{\tau}_d$，可以构造一个集合 $\boldsymbol{S}_\tau$，使得

$$\boldsymbol{\tau}_d \in S_\tau \Leftrightarrow \boldsymbol{T} \in S_T$$

一种满足约束的方法是，首先计算一个无约束的控制 $\boldsymbol{\tau}_{uc}$，如果它处于约束集合之外，便将其缩小，即

$$\boldsymbol{\tau}_d = \begin{cases} \boldsymbol{\tau}_{uc} & \text{若 } \boldsymbol{\tau}_{uc} \in S_\tau \\ \gamma\boldsymbol{\tau}_{uc} & \text{若 } \boldsymbol{\tau}_{uc} \notin S_\tau, \gamma < 1 : \gamma\boldsymbol{\tau}_{uc} \in \partial S_\tau \end{cases} \tag{32.57}$$

其中，∂S_τ 表示集合 S_τ 的边界。

在对向量 $\boldsymbol{\tau}_{uc}$ 进行缩放后，我们保持了它的方向。如果通过这种方式来限制控制命令，图 32.16 中的方块图单元 Lim 可以替换为

$$Lim = \boldsymbol{\alpha}(t)\boldsymbol{I}$$

为了实现式(32.57)，我们需要先计算 $\boldsymbol{\tau}_{uc}$，然后获取 γ。Perez 和 Donaire(2009)给出了一种计算式(32.57)的算法。

在上面提出的控制系统中，由于执行机构的权限有限，将关于执行机构所提供的力的约束集映射为关于广义力的约束集，该做法导出了一个有约束的控制设计问题，而其中涉及的控制分配问题是简单且无约束的。将带有控制分配的闭环系统重组为一个 Lure 系统，并应用

Lyapunov 理论和无源性理论，可以解析地证明闭环系统的稳定性(Perez and Donaire，2009)。

32.7.3 仿真研究

为了说明控制器的性能，这里考虑一个海洋工程船的模型，该模型源自 Fossen(2002)的著作；此外考虑采用图 32.13 所示的执行机构配置，即：

- 两个船尾方位推进器，角度设置为 $\alpha_1=135°$、$\alpha_2=225°$；
- 一个船头侧推器，$\alpha_3=90°$；
- 一个可展开的船头方位推进器，该推进器是固定的，只能沿着船体纵轴产生力，$\alpha_4=0°$。

图 32.17 给出了仿真实验的结果。一开始船舶保持位置固定(调节)，20 s 之后，改变纵荡的参考设定点，然后改变横荡的参考设定点，最后改变艏摇的参考设定点。图中给出了期望的和实际的纵荡、横荡和艏摇位置、速度以及广义力。正如从期望的和实际的广义力中所看到的那样，抗饱和方案是有效的，它可以使得所有的力需求都是可行的。由于执行机构饱和，速度要求不能得到满足。图 32.18 显示了四个执行机构对应的力。正如从最后一行图中看到的那样，这些力都位于力的最大约束范围之内。尽管执行机构达到了饱和，但由于实施了抗饱和方案，控制系统仍然表现良好。

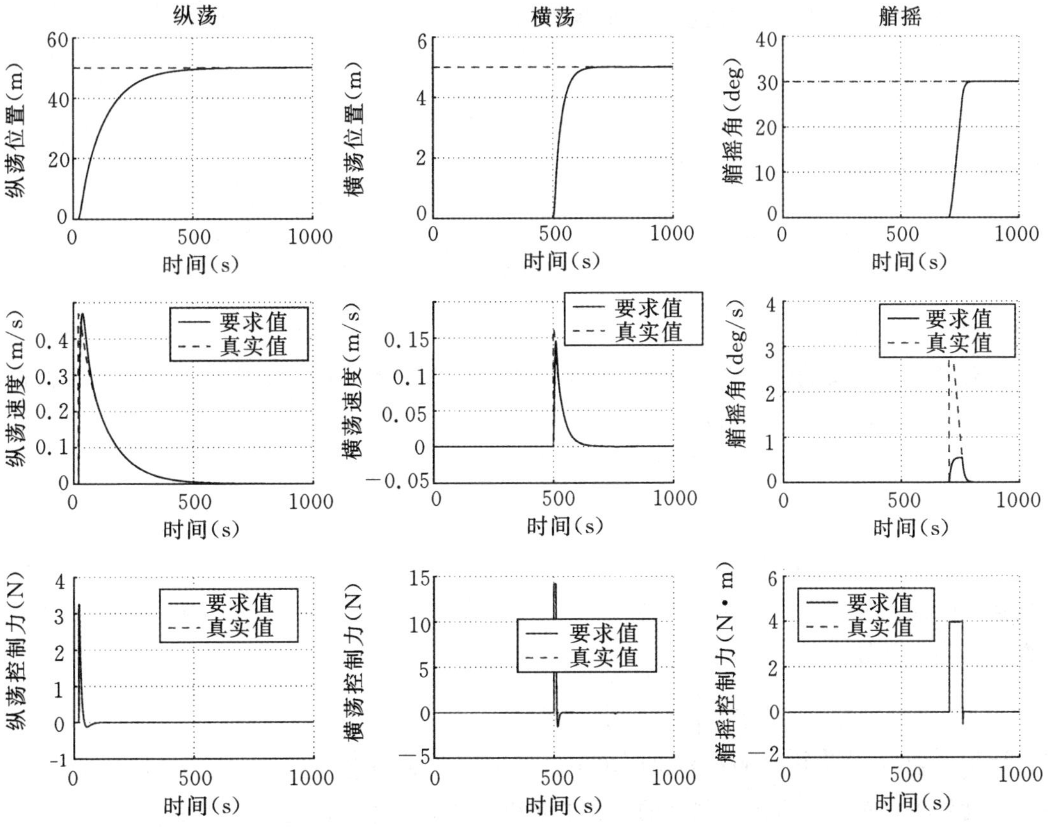

图 32.17 当位置设定点改变时，航行器的位置调节控制器的性能

32.8 示例:水面船舶的航向保持自动驾驶仪

由控制执行机构(例如,船舵或喷水器的操纵喷管)的小角度偏差所引起的艏摇速度的响应,可以通过将偏转运动从式(32.13)中分离出来而推导得到,具体可由下式给出:

$$(I_{zz}^b - N_{\dot{r}})\dot{r} - N_r r = N_\delta \delta$$

其中,I_{zz}^b 是艏摇惯量,$N_{\dot{r}}$,N_r 和 N_δ 均为水动力学系数,r 是艏摇速度,δ 是执行机构(船舵或喷水器的操纵喷管)的角度。该模型称为一阶 Nomoto 模型,相应的传递函数可以表示为

$$\frac{r(s)}{\delta(s)} = \frac{K}{1+Ts}$$

时间常数和低频增益可由下式给出:

$$T = \frac{I_{zz}^b - N_{\dot{r}}}{-N_r}$$

$$K = -\frac{N_\delta}{N_r}$$

通过静水试验可以将它们的取值估计出来。

如同在定位控制设计中那样,根据运动的叠加假设,在运动方程中采用偏置力矩项来表示低频的环境干扰。那么,相应的状态空间模型可以写为

$$\dot{\psi} = r$$

$$\dot{r} = -\frac{1}{T}r + \frac{1}{m}\tau_N + b$$

$$\dot{b} = 0$$

其中,$m = I_{ZZ} - N_{\dot{r}}$,而

$$\tau_N = m\frac{K}{T}\delta = N_\delta \delta$$

表示艏摇控制力矩。

在对自动驾驶仪进行控制设计时,通常会根据下式设计一个包含风力前馈以及平滑的时变参考信号 $\Psi_d(t)$ 的 PID 控制器:

$$\tau_N(s) = -\hat{\tau}_{wind} + \underbrace{m\left(\dot{r}_d - \frac{1}{T}r_d\right)}_{\tau_{FF}} - \underbrace{m\left(K_p\tilde{\psi} + K_d\tilde{r} + K_i\int_0^t \tilde{\psi}(\tau)\mathrm{d}\tau\right)} \tag{32.58}$$

其中,τ_N 是控制器的艏摇力矩,τ_{FF} 是一个以 $r_d = \dot{\Psi}_d$ 为参考信号的前馈项。航向角速度和艏摇角速度的误差分别为 $\tilde{\Psi} = \Psi - \Psi_d$ 和 $\tilde{r} = r - r_d$。选定的控制增益 K_p,K_d 和 K_i 必须使三阶线性误差动力学过程

$$\dot{\tilde{r}} + \left(\frac{1}{T} + K_d\right)\tilde{r} + K_p\tilde{\Psi} + K_i\int_0^t \tilde{\psi}(\tau)\mathrm{d}\tau = 0$$

渐进稳定。式(32.58)所示的控制律依赖于风偏力矩的估计值 $\hat{\tau}_{wind}$,该值被用作前馈项,这加快了自动驾驶仪对风的方向和强度的变化的响应。风偏力矩可以建模表示为

$$\hat{\tau}_{wind} = \frac{1}{2}\rho_a U_{rw}^2 A_{Lw} L_{oa} C_{N_w}(\gamma_{rw}) \tag{32.59}$$

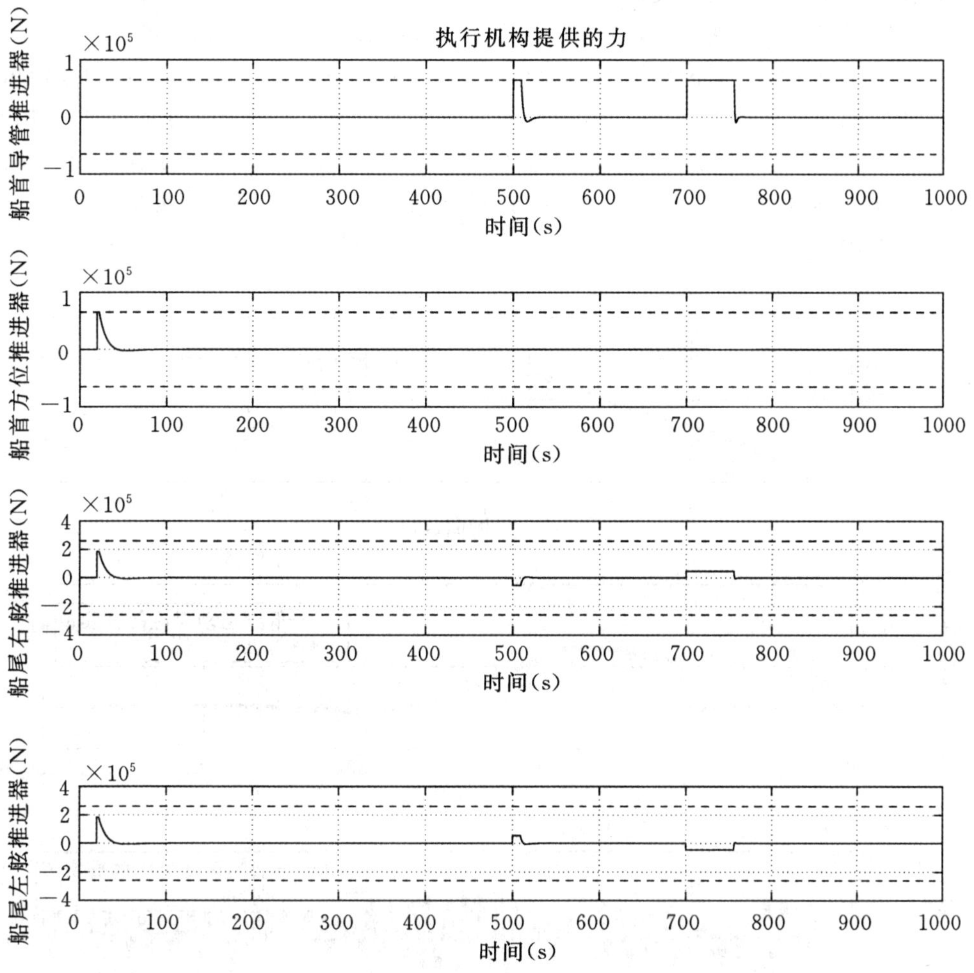

图 32.18　航行器不同位置处的执行机构所提供的力

其中，ρ_a 表示空气密度，U_{rw} 和 γ_{rw} 分别表示风相对于船体的速度和方向，L_{oa} 表示船体的总长度，A_{LW} 表示能够接触到风的特征面积，$C_{N_w}(\gamma_w)$ 表示风偏力矩的系数。式(32.59)中包含一个低频不确定性，这可以由控制器的积分作用来补偿(Fossen，2002)。船舵命令可以根据控制输入量 τ_N 计算出来：

$$\delta = \frac{1}{N_\delta}\tau_N$$

为了实现控制律，ψ 和 r 都是必需的。大多数海上船舶只能提供罗盘测量量 ψ，而转向角速度 r 必须通过估计来获得。除此之外，有必要进行滤波，从而避免反馈回路中发生振荡的波生运动。

为了说明具有滤波功能的航向保持自动驾驶仪的性能，这里考虑一个选自 MSS(MSS，2010)的有关自动驾驶仪的应用。MSS 仿真包是在 MATLAB® 和 Simulink® 中实现的，它提供多种船舶模型、用于航向自动驾驶控制系统设计的 Simulink 模块库，以及基于卡尔曼滤波器只对航向测量量进行波浪滤波的模块库。这里以一个 160 米长的海洋运输船为研究对象，根据针对非线性模型的阶跃试验，辨识出了式(32.8)所示的一阶 Nomoto 模型。图 32.19 和图 32.20 显示了波浪滤波器的性能，其中图 32.19(a)和(b)给出了低频航向角和角速度的真实值以及相应的卡尔曼滤波估计值，图 32.19(c)给出了一阶波生航向角分量及其估计值。图 32.20 显示了控制回路的性能，其中图 32.20(a)给出了被控船舶的航向角的期望值和实际值，图 32.20(b)则对舵角进行了描述。从图中可以看到舵角没有以波浪频率发生变化，这体现了波浪滤波的作用。

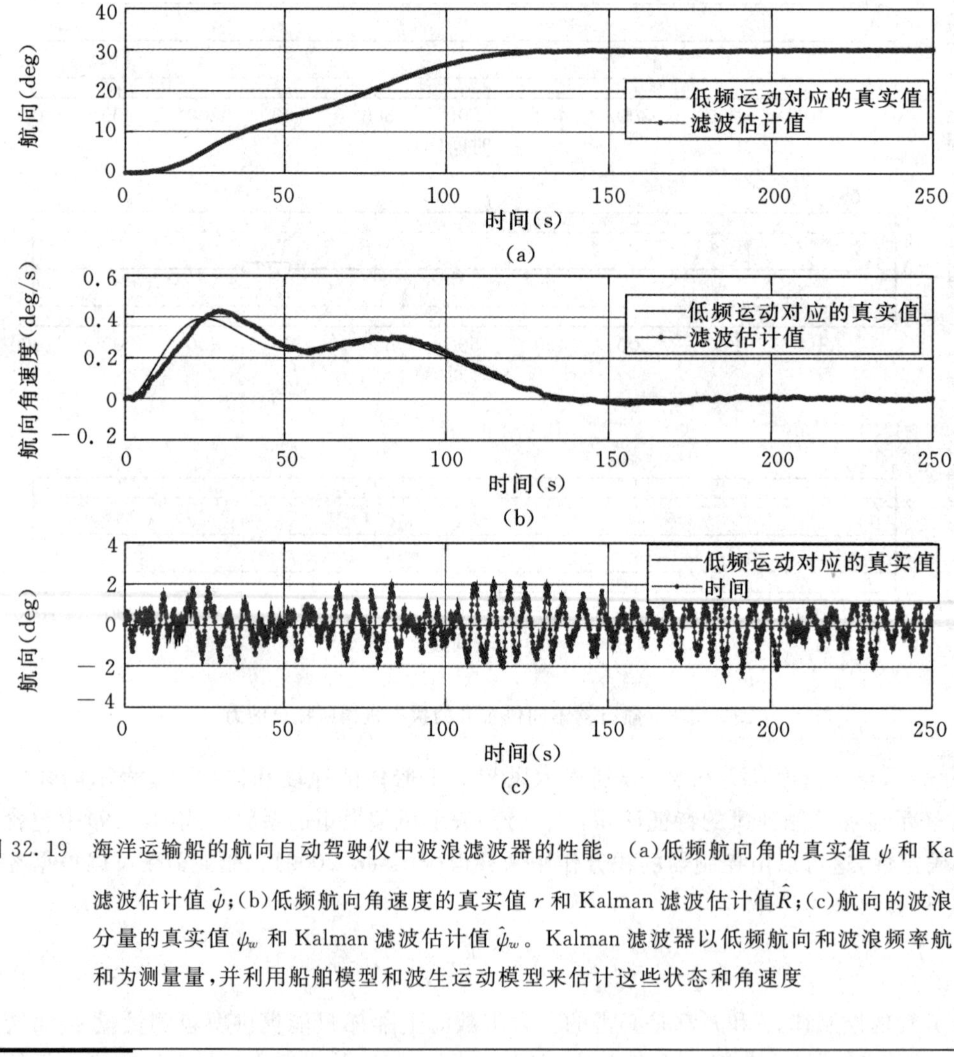

图 32.19 海洋运输船的航向自动驾驶仪中波浪滤波器的性能。(a)低频航向角的真实值 ψ 和 Kalman 滤波估计值 $\hat{\psi}$;(b)低频航向角速度的真实值 r 和 Kalman 滤波估计值 $\hat{R}$;(c)航向的波浪频率分量的真实值 ψ_w 和 Kalman 滤波估计值 $\hat{\psi}_w$。Kalman 滤波器以低频航向和波浪频率航向之和为测量量，并利用船舶模型和波生运动模型来估计这些状态和角速度

32.9 总结

海上船舶(水面船舶、水下航行器和钻井平台)的正常运行需要严格的运动控制。在过去的三十年中，对海上船舶运动控制系统的精确性和可靠性的要求越来越高。如今，这些控制系

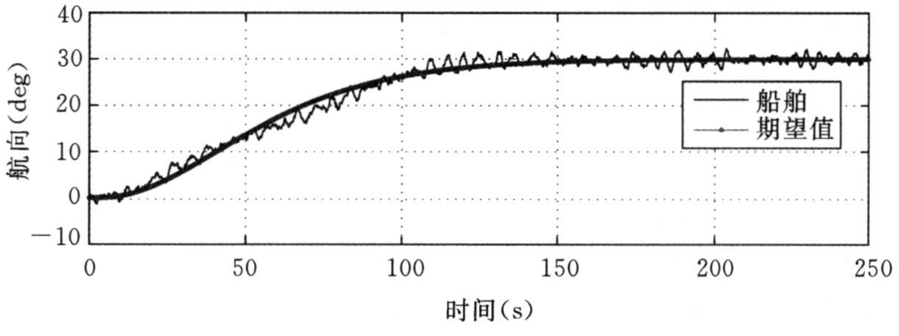

(a)

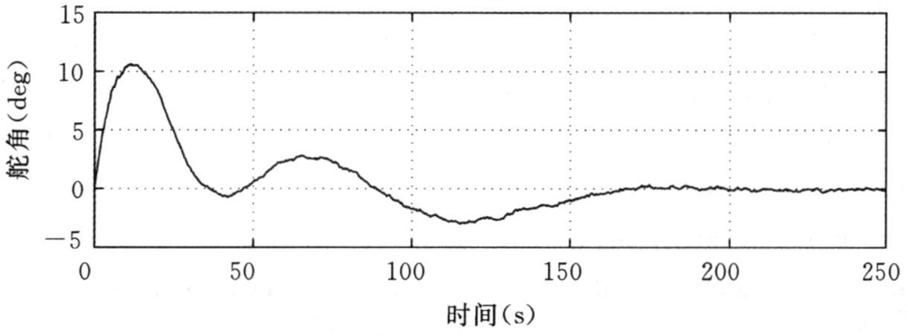

(b)

图 32.20　含有波浪滤波器的海洋运输船航向自动驾驶仪的性能。(a)期望航向 ψ_d 和实际航向 ψ 的时间序列;(b)舵角 δ。由于只将 Kalman 滤波器生成的航向角和角速度的低频估计值传递给控制器,所以船舵不会对波浪运动进行响应,由此实现了波浪滤波功能

统是保障单艘或多艘船舶进行海上作业的重要因素。本章对海上船舶运动控制系统的主要特征和设计方法进行了概述。特别地,本章讨论了控制系统的架构、主要组成部分的功能、环境干扰的特征及其对控制目标的影响,以及建模和运动控制设计所涉及的根本问题。关于海上船舶运动控制的更多细节,请参考 *Fossen*(2002)和 *Perez*(2005)的著作。

参考文献

1. Abkowitz,M. ,1964. Lecture notes on ship hydrodynamics—Steering and maneuverability. Technical report Hy-5,Hydro-and Aerodynamics Laboratory,Lyngby,Denmark.

2. Blanke,M. ,1981. Ship propulsion losses related to automatic steering and prime mover control. Ph. D. thesis,Servolaboratory,Technical University of Denmark.

3. Cummins,W. ,1962. The impulse response function and ship motion. Technical Report 1661,David Taylor Model Basin—DTNSRDC.

4. Egeland,O. and J. Gravdahl,2002. Modeling and Simulation for Automatic Control. Marine Cybernetics,Trondheim.

5. Faltinsen,O. ,1990. Sea Loads on Ships and Offshore Structures. Cambridge University Press,Cambridge.

6. Fedyaevsky,K. and G. Sobolev,1964. Control and Stability in Ship Design. State

Union Shipbuilding, Leningrad.

7. Fedyaevsky, K. and G. Sobolev, 1964. Control and Stability in Ship Design. State Union Shipbuilding, Leningrad.

8. Fossen, T., 2002. Marine Control Systems: Guidance, Navigation and Control of Ships, Rigs and Underwater Vehicles. Marine Cybernetics, Trondheim.

9. Fossen, T. I., T. A. Johansen, and T. Perez, 2009. ASurvey of Control Allocation Methods for Underwater Vehicles, chap. 7, pp. 109 - 128. In-Tech, Vienna, Austria.

10. Fossen, T. and T. Perez, 2009. Kalman filtering for positioning and heading control of ships and offshore rigs. IEEE Control Systems Magazine 29(6): 32 - 46.

11. Goldstein, H., 1980. Classical Mechanics. Addison-Wesley, Reading, MA.

12. Goodwin, G. C., D. E. Quevedo, and E. L. Silva, 2001. Control System Design. Prentice-Hall, Inc., New Jersey.

13. Ikeda, Y., 2004. Prediction methods of roll damping of ships and their application to determine optimum stabilisation devices. Marine Technology 41(2): 89 - 93.

14. Kirchhoff, G., 1869. Uber die Bewegung eines Rotationskorpers in einer Flüssigkeit. Crelle 71: 237 - 273.

15. Lamb, H., 1932. Hydrodynamics, 6th ed, Cambridge University Press, Cambridge.

16. MSS, 2010. Marine Systems Simulator. Viewed 29/1/2010, http://www.marinecontrol.org.

17. Newman, J. N., 1977. Marine Hydrodynamics. MIT Press.

18. Ochi, M., 1998. Ocean Waves: The Stochastic Approach. Ocean Technology Series. Cambridge University Press, Cambridge.

19. Perez, T., 2005. Ship Motion Control. Advances in Industrial Control. Springer-Verlag, London.

20. Perez, T. and A. Donaire, 2009. Constrained control design for dynamic positioning of marine vehicles with control allocation. Modelling Identification and Control, The Norwegian Society of Automatic Control, 30(2): 57 - 70, doi: 10.4173/mic.2009.2.2.

21. Perez, T. and T. Fossen, 2007. Kinematic models for seakeeping and maneuvering of marine vessels at zero and forward speed. Modelling Identification and Control, The Norwegian Society of Automatic Control, 28(1): 19 - 30, doi: 10.4173/mic.2007.1.3.

22. Perez, T. and T. Fossen, 2008a. Joint identification of infinite-frequency added mass and fluid-memory models of marine structures. Modelling Identification and Control, The Norwegian Society of Automatic Control, 29(3): 93 - 102, doi: 10.4173/mic.2008.1.1.

23. Perez, T. and T. I. Fossen, 2008b. Time-domain vs. frequency-domain identification of parametric radiation force models for marine structures at zero speed. Modelling Identification and Control, The Norwegian Society of Automatic Control, 29(1): 1 - 19, doi: 10.4173/mic.2008.3.2.

24. Perez, T. and T. I. Fossen, 2009. A MATLAB toolbox for parametric identification of

radiation-force models of ships and offshore structures. Modelling Identification and Control, The Norwegian Society of Automatic Control, 30(1): 1 – 15, doi: 10.4173/mic.2009.1.1.

25. Perez, T., T. Mak, T. Armstrong, A. Ross, and T. I. Fossen, 2007. Validation of a 4-DOF manoeuvring model of a high-speed vehicle-passenger trimaran. In 9th International Conference on Fast Sea Transportation (FAST), Shanghai, China, September.

26. Price, W. and R. Bishop, 1974. Probabilistic Theory of Ship Dynamics. Chapman & Hall, London.

27. Ross, A., 2008. Nonlinear maneuvering model based on low-aspect ratio lift theory and lagrangian mechanics. PhD thesis, Department of Engineering Cybernetics.

28. Ross, A., T. Perez, and T. Fossen, 2007. A novel manoeuvring model based on low-aspect-ratio lift theory and Lagrangian mechanics. In *Proceedings of the IFAC Conference on Control Applications in Marine Systems* (*CAMS*). Bol, Croatia, September.

29. St Denis, M. and W. Pierson, 1953. On the motion of ships in confused seas. *SNAME Transactions*, 61: 280 – 332.

33

不稳定振荡流的控制

Anuradha M. Annaswamy
麻省理工学院
Seunghyuck Hong
麻省理工学院

33.1 引言

反馈控制的最常见用途是调节。控制器通过传感器监测被控对象，然后通过适当地改变输入来调节被控对象的输出，使其保持在期望值附近。反馈控制的另一项更为重要的应用是**镇定**。反馈控制器利用来自被控对象输出量的在线信息来调节对象的关键输入，从而将具有不稳定倾向的被控对象镇定。该作用在连续燃烧过程和冲击射流中的表现最为明显。

连续燃烧过程常见于燃气涡轮发动机和高速推进装置中，这些装置将燃料和空气相混合并进行燃烧，从而产生推动力。在提高这类系统的性能的过程中，一些涡轮机制造商发现系统的压力级别会达到令人极其担忧的地步，同时伴随着嗡嗡或蜂鸣声以及剧烈的振动[1]。多个这样的事故已被独立报道，说明这并不是一个孤立问题，而是这类系统本身所固有的。

人们很早就发现了燃烧过程表现出来的这种不稳定现象。早在19世纪，多项独立的研究都发现，当把瓦斯火焰放入一根大管子时会产生巨大的声音，这就是俗称的“舞蹈火焰”或“歌唱火焰”。Rayleigh推测这种不稳定性是由燃烧过程中产生的热量与燃烧室中的压力之间不稳定的动态耦合引起的，据此提出了著名的Rayleigh判据[2]。多年以来，Rayleigh判据已成为燃烧室设计的一个重要分析工具，用以预测潜在的有害的交互作用。正如《华尔街日报》中的文章[1]所指出的那样，现代燃烧系统表现出来的相同现象说明这是一个非常“现时”的问题。贫油预混燃烧器[3]、冲压发动机[4]以及脉动燃烧器[5]等很多燃烧过程都会遭遇类似问题，这些设备分别用来降低辐射、高速推进以及柔性操作。

燃烧过程的主动控制已被用来减少压力振荡与污染物生成，增加燃烧强度与传热率，以及在超越正常可燃性极限的情况下运行燃烧室(参考[6]及其中的文献)。主动控制是一项很有前途的技术，主要表现在：(1)它可以避免现有燃烧技术中固有的折中缺陷，例如，消弱压力振荡会增加污染物的生成量；(2)已经证明被动控制不适于运行状态变化的情况；(3)声学驱动器和动态燃料喷射器等执行机构能够用以调节燃烧过程中的关键变量，这些执行机构以及压力传感器、辐射计、光电二极管等快速准确的传感器正日益普及;(4)主动控制器消耗的功率只占系统总功率中的一小部分,因此适于商业用途。

冲击射流是另一种具有不稳定行为的气流。声音与不稳定剪切流的相互作用会产生共振,表现出持久且剧烈的压力振荡。这种不稳定现象也很早就被发现,并被看作边棱音(Edge Tone)的一个典型例子。当气流遇到平边时,会产生声反射,从而形成反馈回路,由此引起共振[2,7],产生边棱音。

冲击射流与第一种气流的相似之处是两者都会产生共振现象,表现为不断增强的压力振荡;而且在这两种情况下,共振都是由反馈作用引起的。然而,从控制的角度看,两者也存在明显的区别。对于第一种情况,主动闭环控制可以有效去除共振,而对于第二种情况,由于共振频率非常高,无法得到同样的效果。

尽管存在这些差异,与在燃烧过程中的应用相似,主动控制已被证明可以有效地镇定冲击射流。由于根据物理原理进行建模的难度很大,所以人们推导出了基于系统辨识的冲击射流模型,并且证明了它们可以有效地用于控制设计。限于带宽约束,人们提出了开环控制器而非闭环控制器,并引入了比系统的主导自然频率低得多的频率。结果表明这种控制器仅需消耗很少的系统能量,却能极大地减弱声音的共振。

后面将讨论这两种气流的不稳定振荡现象以及相应的主动控制方法。33.2 节将介绍燃烧动力学及其控制,33.3 节介绍冲击射流及其控制。

33.2 燃烧振荡

本章将要讨论的不稳定振荡现象均为压力振荡,事实上就是声音。从本质上讲,在介质中传播的压力振荡是从一点到另一点的声波,它覆盖了听力范围内的频率(对人来说,大约为 20～20 000 Hz),因此产生了声音。与压力测量量有关的单位是分贝,它是根据一个参考值而定义的:

$$SPL(\mathrm{dB}) = 20\log_{10}(p_{rms}/p_{ref})$$

其中,SPL 表示声压级别,p_{rms} 是测量压强 p 的均方根,p_{ref} 是参考压强。一个常见的选择为 $p_{ref}=20\ \mu\mathrm{Pa}$,其中 $\mu\mathrm{Pa}$ 表示微帕,该值被认为是人类在空气中的听觉阈值。在本章中,如果一个系统产生的声音超过环境噪声且能够被听到,我们就认为它是**不稳定的**;如果一个系统的声级小于等于环境噪声,那么就认为它是**稳定的**。

33.2.1 反馈机制:与钟摆的类比

首先了解一下管道中的压力波振荡模型,它可以表示为简单的简谐运动。若将偏离标称值的压强分量记作 p,压力振荡可以表示为

$$\ddot{p} + \omega^2 p = 0 \tag{33.1}$$

其中,ω 是振荡频率,一般由管道的几何形状和边界条件决定。通常将式(33.1)称作波动方程。对于燃烧系统,需要在波动方程中加入附加的输入。最简单的例子是添加一个不稳定的热释放率 q,那么式(33.1)将被修改为[8]

$$\ddot{p} + \omega^2 p = \dot{q} \tag{33.2}$$

由此产生的一个附带麻烦是热释放率不是一个独立量,而是依赖于 p。在某些情况下,燃烧室中的火焰对应的 q 可表示为

$$q = kp \tag{33.3}$$

其中,k 是一常数,依赖于将火焰固定于燃烧室中的机制的性质。由式(33.2)和(33.3),可以得到一个如图 33.1 所示的反馈系统,其闭环传递函数为

$$G_d(s) = \frac{1}{s^2 - ks + \omega^2}$$

很明显,如果 $k>0$,反馈系统中的声振荡会不断增强。即,如果热释放率与不稳定压强同相,系统就会不稳定;相反,如果热释放率与不稳定压强反相,系统是稳定的,相应的声振荡会衰减到零。该现象早在 1785 年就被一些研究者观察到,其中包括了 Rayleigh 勋爵,他在文献 *Theory of Sound*[2] 中论述道:"如果在空气最密集的时候,对其加热或者在空气最稀疏的时候对其吸热,振动将会加强;另一方面,如果在空气最稀疏的时候对其加热或者在空气最密集的时候对其吸热,振动将会减弱"。然而,实际上压强与热释放率之间并不是式(33.3)所示的简单增益关系,而是更为复杂,且会随时空变化而变化。此外,具体的内在机制源于反应流的动力学特性,会受到燃烧室的几何特征、入口状态、流速、燃料混合物以及火焰在燃烧室中的固定机制等因素的影响,因此非常复杂且难以确定。不过,这个领域的研究当前正取得系统性的进展,而且已经证明,简单模型在某些情况下足以满足主动控制策略设计。下一节将详细讨论这些问题。

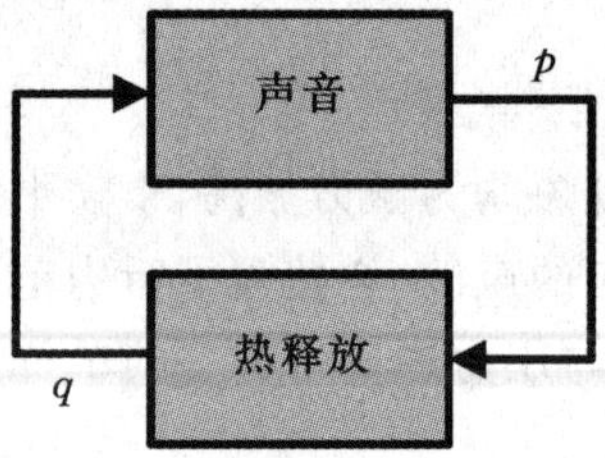

图 33.1　燃烧动力学的示意图

33.2.2　燃烧振荡的动力学模型

对于长度为 L 的一维管道,假设火焰在单个位置 x_f 处集中释放热量,且 x_f 与一个明确的界面相对应,该界面的一侧是未燃烧的反应物,而另一侧是完全燃烧的生成物,那么可以推导出一个更具体的燃烧室模型[9,10],可以表示为

$$\ddot{\eta}_i + 2\zeta\omega_i\dot{\eta}_i + \omega_i^2\eta_i = b_i\dot{q} \tag{33.4}$$

$$\dot{q} = d_0u + d_1(u_{\tau f}(t)) + d_2(\phi_{\tau f}(t)) + d_3\phi(t) + d_4\dot{\phi}(t) \tag{33.5}$$

$$\phi = \sum_{i=1}^{n} g_i\eta_i(t-\tau_c) \tag{33.6}$$

$$u = \sum_{i=1}^{n} c_i\dot{\eta}_i + \theta a_0 q \tag{33.7}$$

$$p = \bar{p}\sum_{i=1}^{n} c_{c_i}\eta_i \tag{33.8}$$

其中，p 是我们感兴趣的主要输出量，表示 0 到 L 之间某位置 x_s 处摄动压强；q 是单位面积上的热释放率；η_i 和 $\dot{\eta}_i$，$i=1,\cdots,n$ 是状态变量，分别与 n 个主导模态的幅值相对应；μ 和 ϕ 是声音与热释放率之间的两个主导的耦合变量，分别与燃烧区中的摄动速度和当量比相对应。此外，

$$x_\tau(t) \triangleq \int_{t-\tau}^{t} x(\zeta)\mathrm{d}\zeta$$

式(33.4)～(33.8)中的参数均为常数，其含义如下：ζ 表示燃烧室中的被动阻尼率，$\omega_i = k_i\bar{c}$，$b_i = \gamma a_0 \psi_i(x_f)/E$，$c_i = \frac{\mathrm{d}\psi}{\mathrm{d}x}(x_f)\frac{1}{\gamma k_i^2}$，$g_i = \frac{\mathrm{d}\psi}{\mathrm{d}x}(x_s)\frac{\bar{\phi}}{\bar{\rho u}}$，$E = \int_0^L \psi_i^2(x)\mathrm{d}x$，$\psi_i(x) = \sin(k_i x + \phi_{i0})$，$i=1,\cdots,n$。$a_0 = \gamma - 1/(\gamma\bar{p})$，$\theta$ 表示火焰前后气流速度的综合效应，L 表示燃烧室管道的长度，k_i 和 ϕ_{i0} 由边界条件决定，x_f 和 x_s 分别表示火焰和传感器的位置，d_i，$i=1,\cdots,4$ 依赖于各种火焰参数、密度和燃烧速度等物理常数以及标称流速，γ 表示比热，τ_f 表示火焰的传播延时，$\tau_c = L/\bar{u}$，$\bar{u}$ 表示标称速度，$c_{c_i} = \psi_i(x_s)$，$\bar{p}$ 表示标称压强。

式(33.4)～(33.7)确定了没有被施加控制的基本燃烧系统，其状态变量为 η_i，$\dot{\eta}_i$，$i=1,\cdots,n$，输出为 p。已经证明，对于特定的参数值和时延 τ_f 和 τ_c，该系统在所有的位置 $x\in(0,L)$处都是不稳定的。

33.2.2.1 被控燃烧室的模型

针对燃烧室不稳定性的主动控制策略通常是通过像燃料喷射器和扬声器这样的流量调节装置而实现的，前者对额外的质量流具有显著影响，它会带来额外的热释放，而后者引入了附加速度，可以同时影响声音和热释放。下面将介绍被控燃烧室和执行机构的模型。

声学执行机构的影响[11]如下：

$$\ddot{\eta}_i + 2\zeta_0\omega\eta_i + \omega_i^2\eta_i = b_i\dot{q} + b_{ci}\dot{v}_c \tag{33.9}$$

$$y = \sum_{i=1}^{n} c_{c_i}\eta_i \tag{33.10}$$

$$\dot{q} = \sum_{i=1}^{n}(g_f c_i \dot{\eta}_i + k_{ao}\alpha_r v_c) \tag{33.11}$$

其中，膜片速度 v_c 是系统输入，$y = p/\bar{p}$ 是归一化的不稳定的压强分量，x_a 是执行机构的位置；若 $x_a > x_f$，$k_{ao}=0$，反之，$k_{ao}=1$；$b_{c_i} = \frac{\gamma\alpha_\gamma}{E}\psi_i(x_a)$，$g_f$ 则由单位质量的混合物的热释放率与火焰的镇定机制决定。式(33.11)假定不存在当量比摄动，且 τ_f 可以忽略。

如果增加的量为燃料，那么除了质量流之外，还需引入热量输入，这是因为燃料会改变当量比。定义相应的输入为

$$\phi_c = \frac{\dot{m}'_c}{\bar{\dot{m}}_a\phi_0}$$

其中，$\bar{\dot{m}}_a$ 是空气质量流率的平均值，ϕ_0 是化学计量意义上的燃料空气比。可以得知，当只有 ϕ' 摄动时，式(33.5)所示的热释放动力学模型变为

$$\dot{q} = d_2(\phi_{\tau f}(t) + \phi_{c_{\tau f}}(t-\tau_{co})) + d_3(\phi + \phi_c(t-\tau_{co})) + d_4(\dot{\phi} + \dot{\phi}_c(t-\tau_{co}))$$

其中，$\tau_{co} = L_c/\bar{u}$，L_c 是燃烧面与燃料喷射器之间的距离。如果对于单模模型，热释放的动力学

特性只取决于 ϕ' 摄动,那么燃烧室的总体模型可表示为

$$\ddot{\eta}+2\zeta\omega\dot{\eta}+\omega^2\eta-\beta\eta(t-\tau_c)=k_c\dot{\phi}_c(t-\tau_\infty) \tag{33.12}$$

式(33.9)~(33.12)表示燃烧系统的两个不同的例子,它们均采用了最简单的形式,且只有一个控制输入。

对压强摄动进行建模的一种替代方法是采用波动表示一维的压强摄动,这些波动在进气端和出气端会根据边界条件发生反射,并具有一个特定的反射系数。由此可以得到一个与前面描述不同的模型,其结构中包含了许多反射波和出射波的传播延时。关于更多细节,读者可以参考文献[12,13],同样的思想已经成功用于实现一些主动控制[7]。

33.2.2.2 非线性机制

燃烧过程具有大量的非线性特征,最主要的是极限环。包括压力、速度和热释放在内的几乎所有的变量都呈现出了极限环行为,其典型的动态响应都包含发散振荡,这种振荡逐渐转变为本质上与正弦信号无异的持续周期信号。对于引起这种行为的机制,人们提出了几种猜想。文献[3,12,14~16]讨论了热释放动力学中的非线性,文献[17~19]则认为声学现象中的非线性造成了极限环。关于非线性模型的更详细讨论,读者可参考文献[20]。

极限环的存在给系统带来明显的分叉现象,而平均当量比 ϕ 是引起分叉的关键参数。根据具体的应用环境,ϕ 的两种不同范围具有研究意义。在冲压式喷气发动机和加力燃烧室中,不稳定会导致燃烧十分接近化学当量比的现象,进一步会引起 Hopf 分岔。对于具有严格排放要求的发动机,当尝试进行稀薄燃烧时,可能会达到熄火极限,同时也会出现分岔现象。在许多这种例子中,会遇到不止一个极限环[16],这说明同时存在亚临界分叉和超临界分叉。

文献[16,21~23]对滞后机制进行了关注和讨论,相关的参数为平均当量比和平均入口速度。文献[21]在保持其他参数不变的情况下,稳步地先增大再减小 ϕ。结果发现,对于一些实例,即使当 ϕ 相同时,系统行为也可能由不稳定变为稳定,火焰结构也会发生急剧变化。文献[21,23]的研究表明,在设计主动控制策略时,恰当地使用存在的非线性机制可以减小振荡幅值。

33.2.3 燃烧振荡的控制

33.2.3.1 控制方法

上节讨论了具有共振性的第一类流的动力学特性,本节讨论其控制问题。在该领域中,早期均采用基于移相的经验控制方法。这种控制器的基本思想是首先测量压强,并为其添加一个合适的相位,然后产生一个与实际压强大小相等、相位相反的信号,从而尝试以此消除振荡。由于压力振荡通常发生在单个或少数几个频率上,所以移相控制器除了具有移相和放大作用之外,还包含一个滤波器。在许多情况下,相移作用是通过纯时延环节实现的,时延大小则通过手动试错的方式来调整,直到振荡减弱。尽管这种策略在某些情况下相当成功,然而控制动作经常引起次级波峰,因此会使本可实现的最大阻尼大打折扣。如果存在不止一个振荡频率,控制设计将会变得相当困难。下面将介绍一些基于模型的控制方法,这些方法已在一系列设备中成功实现。

在讨论主动控制时,首先需要注意的一点是,由于需要增加系统阻尼,那么 P 或 PI 控制就

无法胜任了。为了获得稳定性，需要进行相位补偿。此外，系统本身是高维的，而我们只能获得少量的系统测量量。另外需要记住的是，可获得的控制权限也非常有限。所有这些因素使得线性二次高斯(Linear Quadratic Gaussian，LQG)最优控制非常适于完成该工作。由于系统中存在大量的延迟，基于时延的控制策略也很有吸引力。最后，系统中的众多不确定性使得自适应方案变得很自然。这些控制方法都将在下面进行讨论。

33.2.3.1.1 线性最优控制

由于我们的目标是利用给定的具有相应控制权限的执行机构，尽可能快地减弱压力振荡，那么最小化如下形式的代价函数

$$J = \int_0^{\infty} (p^2 + \rho u_c^2)\,\mathrm{d}t \tag{33.13}$$

的线性控制非常适于解决这个问题，其中，u_c 是来自扬声器或者燃料喷射器的控制输入，ρ 是一选定的系数，用来表示可获得的控制效果。利用式(33.9)～(33.11)所示模型可以确定控制输入 u_c，将其表示为关于压力测量值和模型参数的函数。为了尽可能消弱模型不确定性的影响，可以使用 LQG -回路传输恢复(Loop-Transfer-Recovery，LTR)方法，从而使得估计器能够最小化由虚拟的高斯噪声表示的模型误差。这种控制器已在一些设备中实现，其中的一些结果在有关主动燃烧控制的那一节中还会简要介绍。

另外一种可选的控制策略是基于 $\mathscr{H}_\infty$ 的方法，它可以确保在频域实现期望的有关稳定鲁棒性和控制性能的指标。这些指标通过选定的外源输入与被控输出之间的闭环传递函数的期望形状给出。例如，鲁棒稳定性通常要求闭环传递函数在高频段较小，这是因为它在高频段的不确定性较强。由于 $\mathscr{H}_\infty$ 最优控制可以得到全通的闭环传递函数，所以 $\mathscr{H}_\infty$ 控制问题可以由频率加权的传递函数来表示。这种方法已经用于燃烧不稳定性问题，其中采用了基于波方法的模型[25]和式(33.9)～(33.11)所示的模型[26]，取得了满意的压力消弱效果。

需要注意的是，上述两种方法要么忽略了时延的影响，要么采用有限维的模型通过 Pade 近似来表示时延效应，由此限制了这种控制器在小时延系统上的适用性。

33.2.3.1.2 时延控制

当时延较大时，使用明确包含时延的控制方法是非常有效的。在某些情况下，那些充分利用执行机构位置的简单相位超前控制策略[27]可用来消除或最小化时延的影响。更一般的策略是采用基于 Smith 预测器的 Posicast 控制器[28～30]，其主要思想是利用系统模型预测未来输出，并反过来利用该输出镇定系统。该控制器的结构为

$$\begin{aligned}
\dot{\omega}_1 &= \boldsymbol{\Lambda}_0 \omega_1 + \ell \boldsymbol{u}_c(t-\tau) \\
\dot{\omega}_2 &= \boldsymbol{\Lambda}_0 \omega_2 + \ell \boldsymbol{p}(t) \\
\boldsymbol{u}_c &= \boldsymbol{\theta}_1^{\mathrm{T}} \omega_1 + \boldsymbol{\theta}_2^{\mathrm{T}} \omega_2 + \boldsymbol{u}_1(t) \\
\boldsymbol{u}_1(t) &= \int_{-\tau}^{0} \sum_{i=1}^{n} \boldsymbol{\alpha}_i \mathrm{e}^{-\boldsymbol{\beta}_i \sigma} \boldsymbol{u}(t+\sigma)\,\mathrm{d}\sigma
\end{aligned} \tag{33.14}$$

其中，$\boldsymbol{u}_c$ 是控制输入，$\boldsymbol{p}$ 是压强测量值，ω_1 和 ω_2 是整个燃烧系统的状态估计，n 是系统的阶数，$\boldsymbol{u}_1$ 与输出预测相对应，$\boldsymbol{\Lambda}_0$ 是一个 $n \times n$ 的稳定矩阵，$(\boldsymbol{\Lambda}_0, \ell)$ 是可控的，$\boldsymbol{\theta}_1$，$\boldsymbol{\theta}_2$，$\boldsymbol{\alpha}_i$ 和 $\boldsymbol{\beta}_i$ 是控制器的参数。若要进一步了解稳定性、鲁棒性能以及闭环性能的实验与数值结果，读者可参考文献[27，31，32]。

33.2.3.1.3 自适应的时延控制

正如"时延控制"一节所说明的那样,可以通过在控制输入端增加一个信号来预测时延的影响。自适应控制器采用同样的方法,其结构与式(33.14)所示形式相同,不过参数 $\boldsymbol{\theta}_1$ 和 $\boldsymbol{\theta}_2$ 可以在线调整,$\boldsymbol{u}_1$ 则可由下式确定:

$$\boldsymbol{u}_1 = \bar{\boldsymbol{\lambda}}^{\mathrm{T}}(t)\bar{\boldsymbol{u}}(t)$$

$$\dot{\boldsymbol{\theta}}(t) = -\boldsymbol{y}(t)\boldsymbol{\omega}(t-\tau)$$

其中,$\boldsymbol{\theta}=[\boldsymbol{\theta}_1^{\mathrm{T}},\boldsymbol{\theta}_2^{\mathrm{T}},\bar{\boldsymbol{\lambda}}^{\mathrm{T}}]^{\mathrm{T}}$,$\boldsymbol{\omega}=[\boldsymbol{\omega}_1^{\mathrm{T}},\boldsymbol{\omega}_2^{\mathrm{T}},\bar{\boldsymbol{u}}^{\mathrm{T}}]^{\mathrm{T}}$;向量 $\bar{\boldsymbol{u}}(t)$ 的第 i 个元素 $\bar{\boldsymbol{u}}_i$ 表示 $u(t)$ 在区间 $[t-\tau, t)$,$i=1,\cdots,p$ 上的第 i 个采样值,p 应选得足够小,以使得实现 u_1 的采样误差较小。文献[32]讨论了上述控制器的稳定性。文献[13]则提出了另一种控制器,其阶数取决于被控对象的相对阶,而非自然阶数,该控制器已在台式燃烧室中成功实现[31]。

33.2.3.2 控制实例

主动燃烧控制的最早成功实例出现在 1983 年,当时 Dines[33] 采用一个 Rijke 管(由热源驱动产生共振的风琴管)、一个扬声器以及一个麦克风作为执行机构-传感器对,证明了主动燃烧控制可将加热引起的噪声衰减 40 dB。从那时起,这种技术取得了长足的发展,已在不同的设备环境中得到了研究,包括实验室级别(1～100 kW)、中等规模(100～500 kW)以及大规模(1 MW 及以上)设备。本节将介绍一些有关这类研究的例子,通过这些例子来说明涉及的各种各样的燃烧室,这些设备在结构、进料机制、边界条件、运行状态方面各有不同。在运行状态方面,它们可能会在稀薄燃烧状态到接近化学当量比的燃烧状态之间变化。大多数例子都采用了前面介绍的基于模型的控制策略,但为了方便比较,下面还给出了一些应用了经验策略的实验结果。

33.2.3.2.1 层流管燃烧室

自 1984 年以来,经验控制策略已经成功地应用于管形燃烧室中压力振荡的控制,文献[26,31,34]则使用了基于模型的控制器。文献[34]使用了一种基于系统辨识的模型,文献[26,31]则分别使用了式(33.9)～(33.11)所示的物理模型以及基于波方法的物理模型。文献[26]对经验控制器和基于模型的控制器进行了对比研究,下面将进行简要介绍。燃烧室是一个直径为 5.3 cm,长度为 47 cm 的管子,其进气端封闭,而出气端打开。火焰被固定在一个距进气端 26 cm、具有 80 个孔的孔盘上,其中还有一些用于安装执行机构和传感器的端口。采用一个电容式麦克风作为传感器,并采用一个 0.2 W 的扬声器作为执行机构,其参数都通过系统辨识方法来确定。入口温度为外界环境温度,测试设备的测量值则通过一个 Keithley MetraByte DAS-1801AO 数据采集控制板来记录,其最大采样频率为 300 KHz。大多数实验的当量比都在 0.69 到 0.74 之间,气流速度为 333 mL/s(0.38 g/s),在不施加控制的情况下,这对应一个不稳定的运行状态(当量比小于 0.69 系统才稳定)。气流速度在 267 到 400 mL/s 之间变化,燃烧室的功率为 0.831 kW。可以发现,燃烧过程的不稳定频率为 470 Hz。采用式(33.9)～(33.11)所示模型,并在一台 Pentium PC 上设计实现了 LQG-LTR 策略和 $\mathscr{H}_\infty$ 策略,其采样频率设为 10 kHz。当采用 LQG-LTR 策略并设置电功率峰值为 3 mW 时,可以在很短的调节时间内获得 50 dB 的压力衰减(见图 33.2)。与之相反,当采用移相控制器时,只能得到 20 到 30 dB 的压力衰减,而且经常产生次级波峰。

文献[31]将"自适应控制"一节中提到的基于模型的自适应控制器在一个管形燃烧室上进行了实现。可以看到，当时延大约是声波时差常数的 4 倍，并通过增加管长在不稳定频率处引入 40%的不确定性时，时延控制器的表现优于其他控制器。

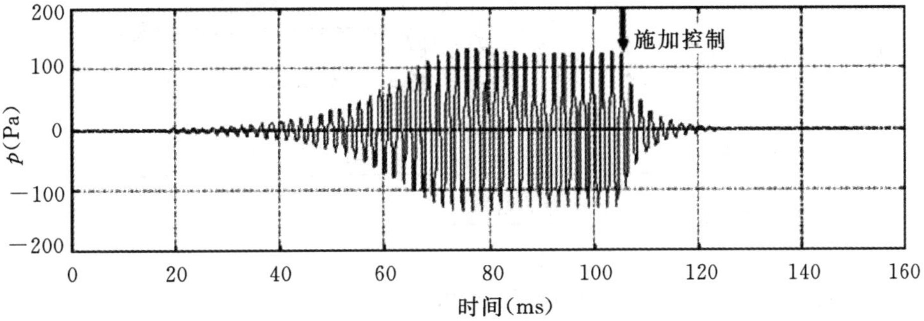

图 33.2　1 kW 的层流管燃烧室的压力响应。图中的前 80 ms 展现了线性不稳定性，然后是非线性的极限环行为。控制器在 100 ms[①]处打开，其调节时间大约为 40 ms。(改编自文献：A. Annaswamy et al., IEEE Transactions on Control Systems Technology, vol. 8, no. 6, pp. 905～918, November 2000)

33.2.3.2.2　突扩式燃烧室

文献[35]构建了一种用以模拟实际的冲压式喷气发动机运行状态的突扩式燃烧室，从而在高马赫数的情况下，评价基于模型的控制对燃烧动态过程的控制效果。燃烧室主要由一个直径为 2.067 in[②]的圆管组成，该管伸进了一个高 4 in、长 24 in 的方形突扩中(图 33.3 给出了突扩式燃烧室的示意图)。在突扩面上游 1 m 处预先将乙烯与空气相混合，并利用突扩面上的四个次级燃料喷射器完成执行动作，这些次级燃料喷射器与燃烧室轴线呈 45°夹角并指向出气口方向。次级燃料流中使用了液态乙醇，其流速为 0.6 g/s，小于主燃料流速的 10%。为了模拟实际的冲压式喷气发动机的运行状态，将入口气流的马赫数设为 0.3。压力传感器安装在突扩面上执行机构的下游 2 in 处。

当当量比 $\phi>0.72$ 时，燃烧室表现出强烈的不稳定性，其不稳定性水平可用压强的均方根来表示，达到了 3 psi[③]。如图 33.4 所示，在 250 Hz，即在燃烧室波型的四分之一处，不稳定水平超过了 170 dB。当 $\phi<0.72$ 时，燃烧室是稳定的，而且可以观察到由稳定态到不稳定态的转变是突变的。

文献[35]提出了一种基于系统辨识的模型，该模型分别采用燃料喷射器和压强信号作为输入和输出。在实验中，将为燃料喷射器提供从 200 到 360 Hz 的正弦扫描信号，并采用数据采集板记录相应的压强信号。

可以看到，LQG-LTR 控制器最适于消弱振荡。在实验中，以当量比为 0.8、Ma=0.3 的

---

① 原文有误，300 ms 应改为 100 ms。——译者注

② 原文尺寸与图不符，应为 2.067 in。1 in=2.54 cm。——译者注

③ psi 为英制压力单位，是英文 pound per square inch 的缩写。1 psi=6894.8 Pa。——编者注

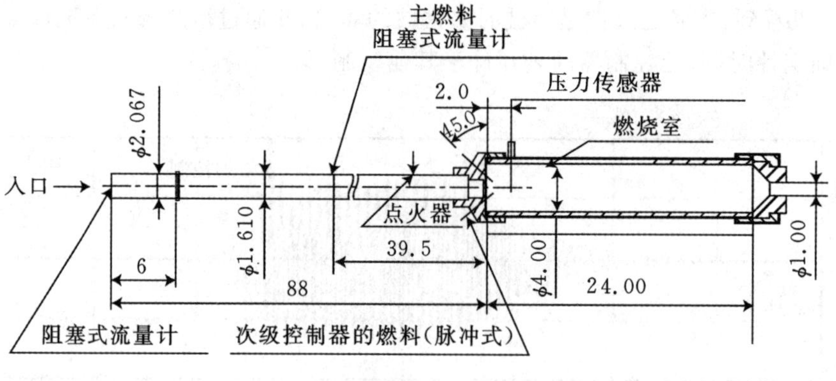

图 33.3　突扩式燃烧室的示意图

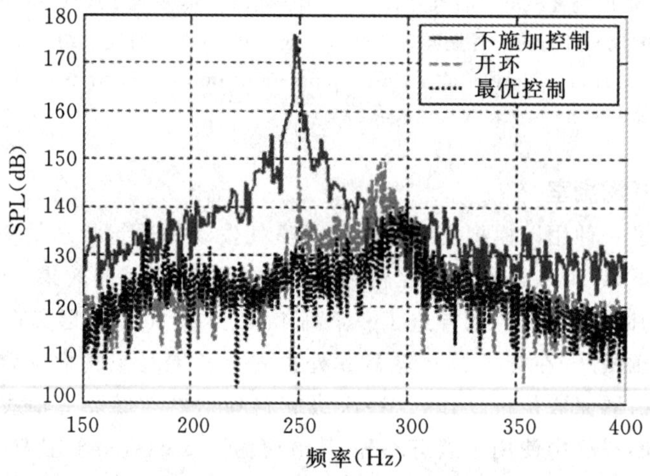

图 33.4　当 $\phi=0.8$、$Ma=0.3$ 时,不施加控制、在 250 Hz 处施加移相控制和最优控制对应的压强频谱

运行状态实现了主动控制器。如图 33.4 所示,LQG-LTR 控制器获得了 30 dB 的压降。为了测试这种控制是否可用于较广的范围,使总体当量比在 0.8 到 0.92 之间变化。可以发现,最优控制器至少在 $\phi=0.9$ 时仍然能够抑制压力振荡。值得注意的是,当不施加主动控制时,可以实现的最大当量比为 $\phi=0.72$。

33.2.3.2.3　大型设备

若要展示主动控制技术在大型工业设备中的应用,最好的例子是西门子生产的 94.3 A、260 MW 的环形燃烧室。该研究对于主动控制的可行性,应用主动控制可以取得的效益、实现该技术所需要的软硬件,以及这项技术在燃烧控制方面的成熟度都进行了说明。

西门子发电集团开发的 260 MW 重型汽轮机使用了主动燃烧控制,成功地抑制了压力振荡,通过与被动措施的恰当结合,在一系列的负载状态下取得了 15～20 dB 的压降。文献[36]在 1997 年首次报告了与该设备相关的第一组结果,文献[37]紧随其后,对控制设计的进一步改进进行了说明(图 33.5、33.6 分别给出了示意图以及主动控制的响应曲线)。

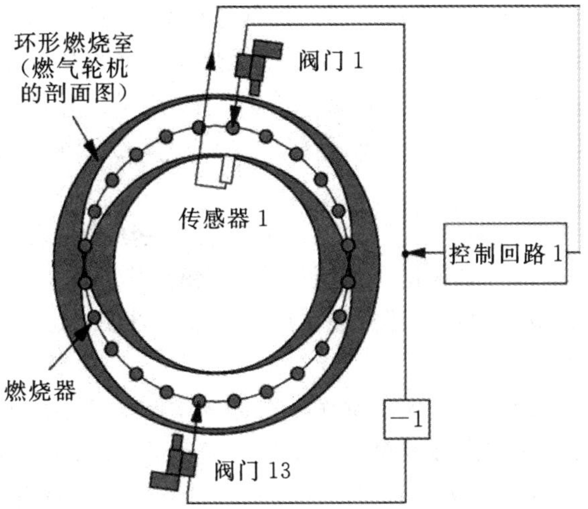

图 33.5　260 MW 重型燃气轮机的示意图。本图的最初版本已经由 RTO/NATO 在 2001 年 3 月出版于 MP-51 中,即"Active Control Technology for Enhanced Performance Operation Capabilities of Military Aircraft, Land Vehicles, and Sea Vehicles"。(改编自文献:J. Hermann et al., *NATO RTO/AVT Symposium on Active Control Technology for Enhanced Performance in Lad, Air, and Sea Vehicles*, Brauschweig, Germany, May 2000)

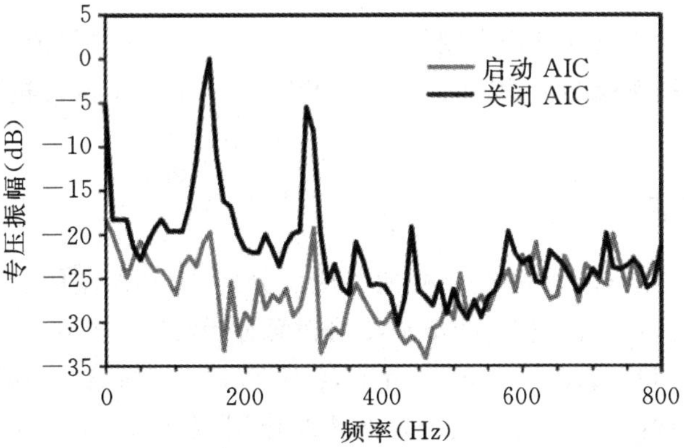

图 33.6　主动控制在 260 MW 重型燃气轮机中的作用。本图的最初版本已经由 RTO/NATO 在 2001 年 3 月出版于 MP-51 中,即"Active Control Technology for Enhanced Performance Operation Capabilities of Military Aircraft, Land Vehicles, and Sea Vehicles"。(改编自文献:J. Hermann et al., *NATO RTO/AVT Symposium on Active Control Technology for Enhanced Performance in Lad, Air, and Sea Vehicles*, Brauschweig, Germany, May 2000)

目前,这种设计已用于 13 台汽轮机中。现场装置在 1999 年 1 月建成,已经运行了超过 6000 小时,并展现了主动控制系统的长期可靠性。

西门子燃烧室中的主动控制系统使用了带宽约为 420 Hz、可承受大约 120 ℃环境温度的 Moog 直驱阀来调节引火燃气的供应量,并使用了压电变送器作为传感器。所有的燃烧器都很相似,每个都装设了引导系统,并通过不同的控制回路实施主动控制。每个控制回路调节两个阀门,这些阀门反过来控制两个位置径向相反的燃烧器。馈线系统经过了特殊设计,使得在最需要主动控制的不稳定频段,控制权限能够扩大。被实施了主动控制的汽轮机的功率在 233~267 MW 之间。此外,为了增大压降,还将主动控制策略与额外的被动措施联合在一起使用。

尽管这种控制策略的实施细节是专利,但是关于这种主动控制策略的描述表明,它采用了基于移相的思想,其中控制信号是根据压强测量值生成的,其中添加了时延,并进行了适当调整。文献[36]报道的最初版本的控制器只能在单个频率处添加时延;目前,他们的算法允许在任意两个振荡频率处同时增大相位[37]。

以上研究说明,在大型设备以及大功率输出引起的实际温度、压力条件下,仍然可以成功实现主动控制。可以看出,使用该技术可以带来显著的改进,大大节省成本。相应设备已经运行了大约 6000 小时,这一事实证明了所提出的技术的可靠性和生命力。

33.3 冲击射流

现在考虑第二种表现出共振性的气流,即冲击射流。与前一种燃烧系统相似,冲击射流的内在表现也是振幅不断增大的不稳定压力,而这是由反馈作用引起的。下面将介绍这种反馈作用的细节以及能够产生这种反馈作用的动力学模型。与燃烧系统不同的是,找到一个能够动态地影响内在气流过程的理想执行机构是一项十分困难的工作。此外,冲击射流中的共振控制不是通过闭环而是通过开环而实现的。随后几节将介绍冲击射流的动力学模型、执行机构以及冲击射流的控制实验结果,其中的动力学模型揭示了采用执行机构实现控制效果的内在原理。

33.3.1 反馈机制

除了发生在包含热激励流的燃烧室中的共振现象之外,其他流体运动的不稳定性也会引起声共振,其中一种运动是高速喷气冲击坚硬的表面时所引发的高速冲击射流。当短距起飞-垂直降落(Short Take Off and Vertical Landing,STOVL)飞机悬停在距离地面很近的高度时,从飞机排气管中喷射出的高速喷气与地面相互作用,会产生间断式的强振幅声调[38]。这种反馈作用是这样形成的:排气管出口附近的剪切层受到声激励后产生不稳定的波动,该波经过向下对流传播后演变为空间相干结构;不稳定的波冲击地面时会激励喷气里中性声模的波动,该波动反过来激励排气管出口处的剪切层,从而构成了反馈回路。强振幅声调不仅会带来强烈的环境噪声,还会给地平面及附近表层带来极其不稳定的压力负荷。高噪音可能导致排气管附近的飞机表层产生结构疲劳,而冲击面上的高动态压力负荷会导致飞机悬停时发生严重的升力损失,加大着陆面的腐蚀程度,因此应尽可能避免强振幅声调。

图 33.7 给出了内在机制及它们的反馈交互作用,其中包括一个与噪音有关的前馈机制以及一个与剪切层不稳定性有关的反馈机制。噪声是由于大尺度的涡结构冲击地面并被反射回

排气管而引起的，而排气管出口附近的剪切层的不稳定现象是由于声激励而产生的。前馈过程可以建模为大尺度涡结构对地面的冲击，并可以看作两个相同的旋涡迎头相撞[39]。与前馈过程不同，对排气管出口附近剪切层不稳定性的产生机制以及它对声激励的响应进行建模是十分困难的。因此，这里通过系统辨识推导出了反馈回路模型，而没有使用内在的物理机制。

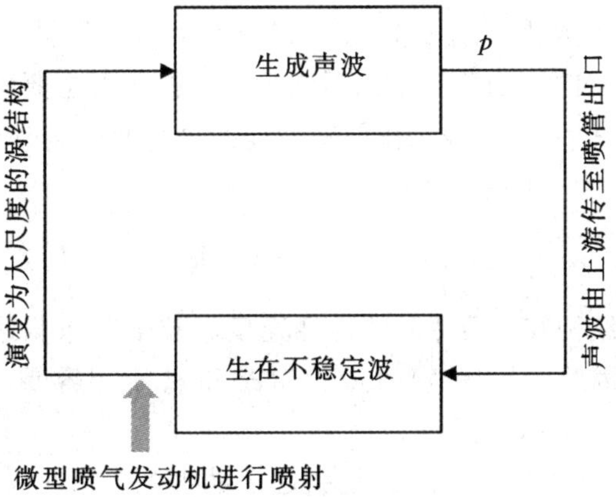

图 33.7 基于物理机制的超音速冲击射流反馈模型的方块图。p 表示接近地面时的压力扰动

33.3.2 动力学模型

本节将用一个低阶的集总参数模型表示冲击射流中的声共振动力学。该模型结构包含两个块，分别表示剪切层的动力学和声现象这两个主要组件。如前所述，剪切层的动力学与声现象通过反馈相互作用（见图 33.8）。

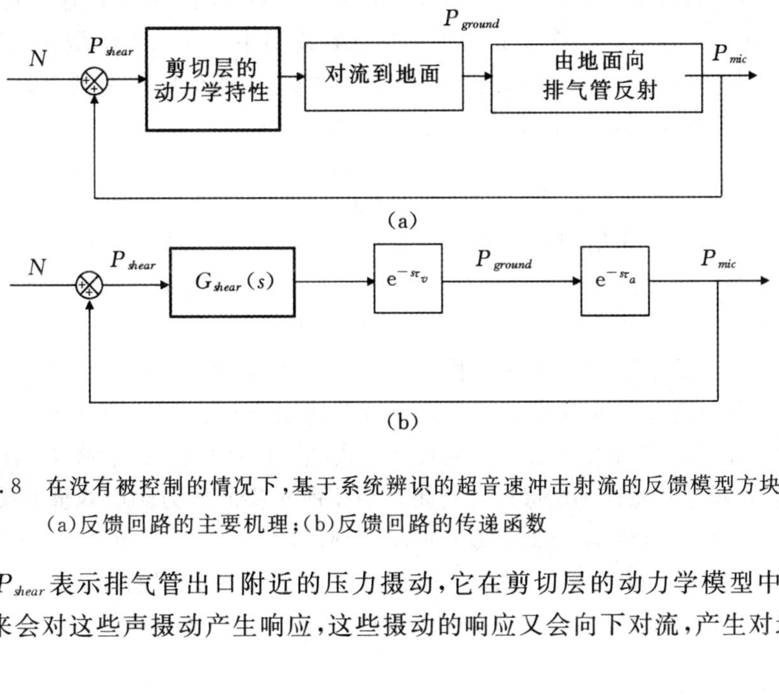

图 33.8 在没有被控制的情况下，基于系统辨识的超音速冲击射流的反馈模型方块图。
(a)反馈回路的主要机理；(b)反馈回路的传递函数

图中的 P_{shear} 表示排气管出口附近的压力摄动，它在剪切层的动力学模型中充当输入量。剪切层反过来会对这些声摄动产生响应，这些摄动的响应又会向下对流，产生对地面的压力摄

动 P_{ground}。由此产生的声波 P_{mic} 被地面反射，向上传播到排气管。由于我们的目标是描述冲击射流的最主要动力学特征，因此在模型中只保留了声波和剪切层动力学的最基本机理。声学过程在传播中扮演着重要角色，由于有纯时间延迟，P_{ground} 和 P_{mic} 之间的传递函数可表示为 $e^{-\tau_a s}$，其中的 $\tau_a = h/C_a$ 是反射声波从地面传播到排气管出口处所用的时间，h 是地面与升力面之间的距离，C_a 是声波速度。剪切层的动力学被分解为两部分，一部分表示剪切层对排气管处压力摄动的响应，传递函数为 $G_{shear}(s)$；另一部分表示剪切层波从排气管到地面的传播过程，传递函数为 $G_2(s)$。同样地，由于传播滞后在后者中扮演着主要角色，可将 $G_2(s)$ 建模为时间延迟环节 $e^{-\tau_v s}$，其中的 $\tau_v = h/C_v$ 表示排气管与地面之间的传播时延，C_v 是大尺度涡结构的传播速度。根据运行状态，C_v 可由下式给出：

$$C_v = \frac{1}{h}\int_0^h C(\xi)\mathrm{d}\xi$$

其中，$C(\xi)$ 表示大尺度涡结构在高度 ξ 时的传播速度。粒子图像测速研究表明该速度大约是主喷气速度的 52%[38]。因此，对于给定的高度 h，τ_a 和 τ_v 都很容易计算。由此得到的闭环系统及相应的传递函数如图 33.8(b)所示。

冲击射流中另一个也是最复杂的组件是引起声共振的 $G_{shear}(s)$，这是因为它包含了主要的放大因素。放大过程发生在排气管处，它是由剪切层的厚度、发散波的声强以及主喷气的速度决定的，而且只发生在某些特定频率上。因此 $G_{shear}(s)$ 可以表示为

$$G_{shear}(s) = \sum_{i=1}^{N_{mode}} \frac{K_i}{s^2 + 2\zeta_i\omega_i s + \omega_i^2} \tag{33.15}$$

其中，ζ_i 是阻尼比，ω_i 是自然频率，K_i 是第 i 个模态的振幅。N_{mode} 的取值取决于对输入激励进行响应的主导频率。后面将说明，我们一般选择 $N_{mode}=2$，其中第一个频率与分段模态中的最大波峰相对应[38,40]，而第二个频率与一个低频波峰相对应。很明显，前者是主要波峰，因此需要保留；后者在没有被控制的情况下的响应中并不明显，然而，当存在控制输入时，它将被激励出来（下节将详细讨论这一点），因此我们将它包含在模型中。在输入中增加了噪声 N，用以代表在其他具有带宽噪声效应的频段内的所有输入激励，由此得到从 N 到 P_{mic} 的完整的回路传递函数，它与传感器位置处的压力测量量有关，其形式为

$$G_{closed}(s) = \frac{G_{shear}(s)e^{-sT}}{1 - G_{shear}(s)e^{-sT}} \tag{33.16}$$

其中的 $T=\tau_a+\tau_v$，表示冲击射流中的共振现象在没有被控制的情况下的传递函数。需要注意的是，Rowley 等学者在进行腔音研究时，介绍了与图 33.8 相似的反馈模型[41]。

上述模型中的不同参数可以通过以下方式确定。根据图 33.9，ω_1 被设置为主导频率 4.6 kHz。正如下节将要说明的那样，当施加控制时，气流的响应频率非常低，为 10 Hz，因此 ω_2 被设置为 10 Hz。噪声输入 N 由排气管出口附近有关速度分布的 PIV 测量量决定。h 表示从地面到升力面的高度，d 表示排气管喷嘴的直径。式(33.15)中剩余的参数 K_i 和 ζ_i 是在给定高度 h 的前提下，通过实验检测能够最小化闭环模型所对应的压力响应峰值而确定的。当高度 $h/d=3.5$ 时，可以观察到 $K_1=2.45E+06$，$K_2=475$，$\zeta_1=0.001$，$\zeta_2=0.1$。由于参数 K_i 和 ζ_i 是由相应的实际物理变量决定的，那么剪切层的改进、根据剪切层的相互作用机制推导出来的声波波锋传播等现象都可由集总参数传递函数来表示。

33.3.3 冲击单音的控制

33.3.3.1 执行机构:超声微射流

正如引言中提到的那样,由于气流内在的不稳定性与地面反射所引起的反馈作用的共同作用,冲击射流会表现出明显的声共振现象。当使用 STOVL 设备时,就会发生声共振,图 33.9 给出了一个这样的例子,其中标出了冲击单音。图 33.9 所示响应对应的运行状态为 $h/d=3.5$,其中,h 表示升力面与地面之间的高度差。图中明显地显示出了共振现象,其中的主导自然频率为 4.6 kHz,并且伴有谐波。冲击流场在较大的高度范围内都表现出了类似的共振性。我们可以通过计算总体声压水平(Overall Sound Pressure Level,OASPL)指标来表示由标量测量值产生的总噪声,OASPL 的定义为[42]:

$$\text{OASPL}(p) = 20\log_{10}(p_{rms}/p_{ref}) \tag{33.17}$$

其中,$P_{rms} = \lim_{T\to\infty}\sqrt{\frac{1}{T}\int_0^T p(t)^2 \mathrm{d}t}$,$P_{ref}=20\mu\text{Pa}$。图 33.11 给出了当 h/d 由 3.5 变化到 6 时,OASPL 的变化情况。图 33.9~33.11 表明冲击射流中的声共振现象很显著,具有非线性分量,并且在所有的运行状态下都存在。

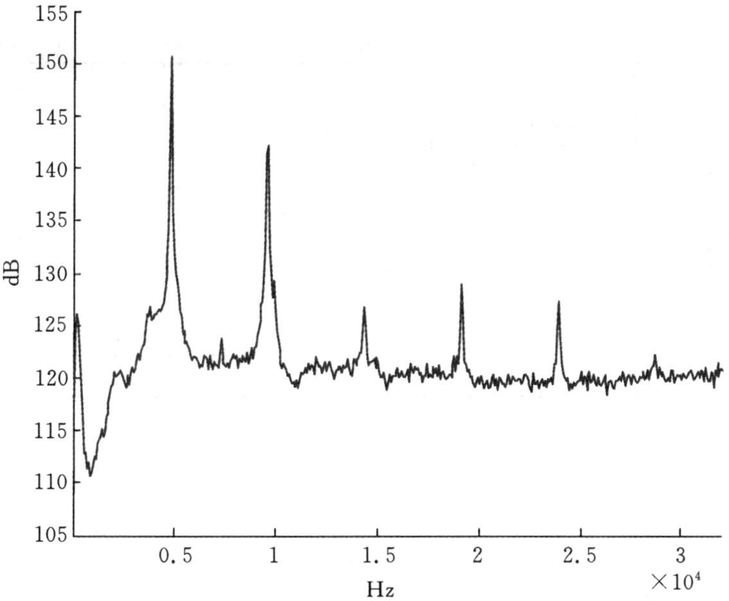

图 33.9 在没有被控制的情况下,超音速冲击射流的压力响应频谱图,运行状态为 $h/d=3.5$,NPR=3.7

如前文所述,引起声共振的主要原因是声波向上传播到排气管所形成的反馈回路。为了以最有效的方式截断剪切层,采用微射流的圆形阵列作为执行机构。这些微射流的尺寸很小,直径大概只有几百微米,因此可以将其沿着圆周优化分布,也可以根据需要进行配置。文献[43]的研究表明,当以固定的流速在排气管出口处引入微射流时,可以将冲击单音显著消弱,甚至完全消除。此外,还可以观察到抑制作用的大小很大程度上取决于运行状态。

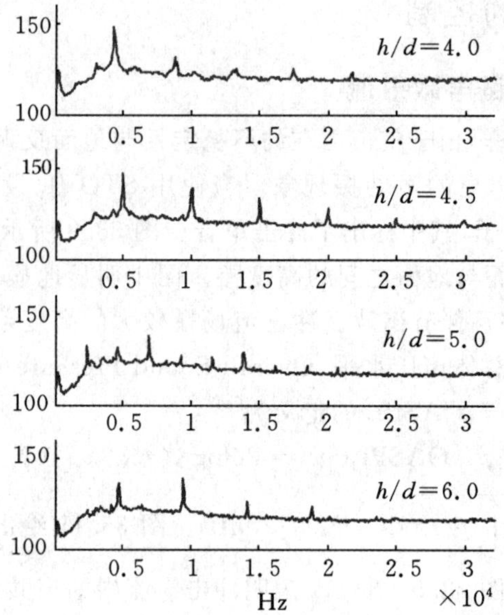

图 33.10 当 h/d=4.0、4.5、5.0、6.0,NPR=3.7 时,没有被控制的气流的压力响应频谱图

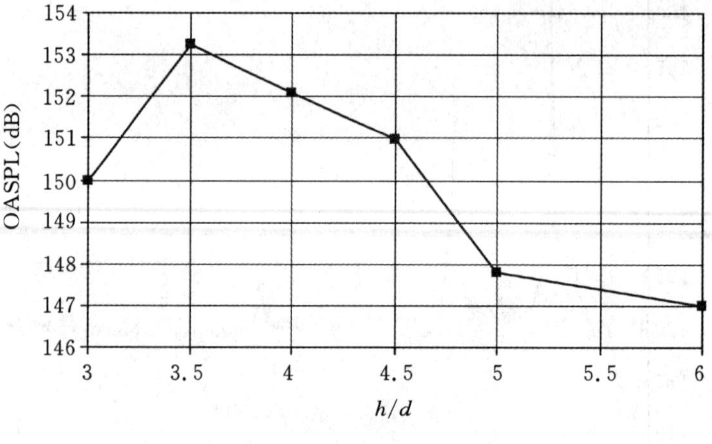

图 33.11 当 NPR=3.7 时,没有被控制的气流的压力响应的 OASPL 随 h/d 的变化情况

33.3.3.2 脉冲式微射流

为了以有效的方式在所有的运行点上都保持同样的抑制效果,需要采用脉冲式微射流代替稳定的微射流。这种脉冲效果可以通过在微射流出口处安装一个旋转盖来实现(见图 33.12)。人们也尝试了一些备选方案,最终发现旋转盖能够在排气管出口处改变气流,对气流的影响最大[44,45]。这种盖子由一些齿状突出组成,当随着电机旋转时,可以阻塞或者开启微射流,从而模拟开关微射流的作用。这种驱动作用的带宽由电机的转速决定。

通过调整脉冲式微射流的参数可以改变它的效果,这些参数包括幅值、频率、占空比以及相位。脉冲幅值与微射流室中的供气压力成正比,而脉冲频率只由盖子的转速控制。因此,通

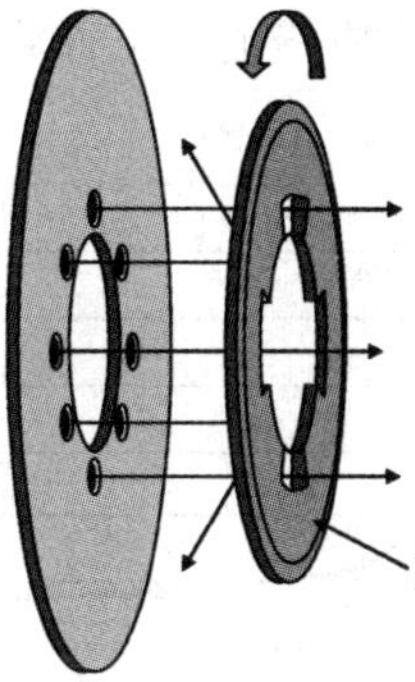

图 33.12 脉冲执行机构的示意图。在图示位置，微射流处于开启状态；当顺时针转动盖子时，可以阻塞微射流，从而模拟脉冲作用，这是由旋转盖的几何形状决定的

过改变微射流的压力和电机的转速，可以很容易地以电子方式修改这两个参数。另一方面，占空比和相位依赖于旋转盖的设计，需要相应的机械设计方法。

例如，假设 d_c 表示脉冲占空比，即阀门开启时间与脉冲周期之比，那么

$$d_c = 100\left(\frac{N_h d_h}{\pi d}\right)(\%) \tag{33.18}$$

其中，d 是主射流的直径，d_h 是旋转盖上开孔的直径(见图 33.13)，N_h 是旋转盖上开孔的数目。这意味着可以通过改变旋转盖上开孔的数目和直径来调整占空比。如果旋转盖上的开孔与微射流的数目相同，那么所有的微射流脉冲都是同步的。

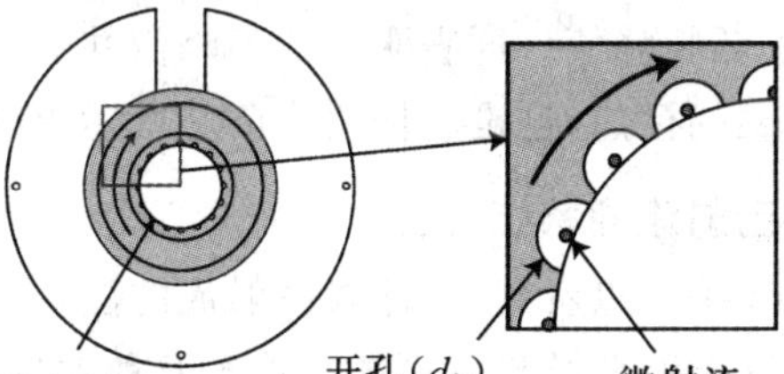

图 33.13 脉冲式微射流的配置。图中标出了升力面及其放大的视图，用以说明微射流与旋转盖中齿状结构的直径。本章提到的所有实验均使用了 16 个微射流

33.3.3.3 采用脉冲式微射流的结果

研究发现，在所有的参数中，改变脉冲频率是影响噪声抑制效果的主要因素。当以 60 到 150 Hz 的频率转动旋转盖时，噪声可以得到抑制。尽管噪声抑制程度与该频率范围无关，但当将脉冲频率降到 60 Hz 以下时可以发现，在 20 Hz 左右的低频段，噪声也可以得到抑制。多次重复实验表明，采用低频脉冲射流总是可以将噪声降低 1～2 dB。例如，图 33.14 给出了在两次独立实验(分别记作实验 1 和实验 2)中获得的噪声抑制结果。这明显不同于其他流控制应用中基于高频激励的驱动方式[46]。这种主导响应说明该频率上的系统响应是由线性效应而非谐波的非线性效应引起的。因此，我们选择式(33.15)～(33.16)所示模型来描述没有被

控制的射流的响应,其中的 ω_2 就与该低频相对应。这就引起一个问题,即没有被控制的系统在 10～50 Hz 的低频段内是否具有一个响应峰值。下面将对此进行解释。

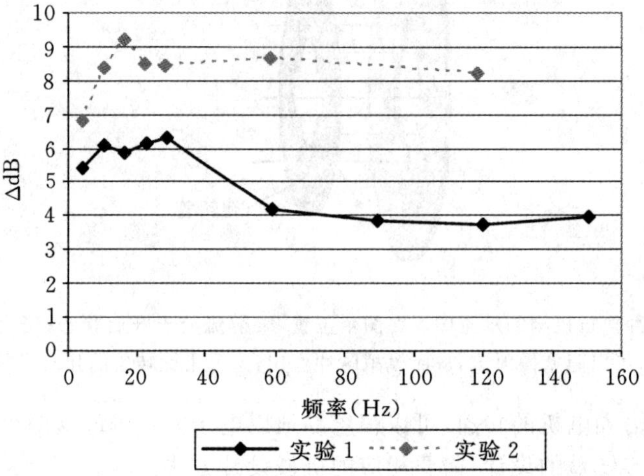

图 33.14　在两次独立实验,即实验 1 与实验 2 中,采用不同的脉冲式微射流获得的 OASPL 下降的结果。相应的 $d_c=56\%$,$h/d=3.5$

在几乎所有的冲击射流研究中,没有被控制的冲击射流的噪声的频谱都具有一个特征,即在大约 4.6 kHz 的频率处具有一个明显的峰值,该峰值与冲击单音(见图 33.15(b))相对应。不过,图 33.15(a)给出的是低频带频谱图,并且也在 1～10 Hz 的低频段内具有一个中等的峰值。该图对应的分辨率为 2 Hz,可以保证不存在混叠效应。在远场区以及靠近升力面和地面的其他位置处,也观察到了低频峰值。这表明了低频峰值并不是由实验误差引起的,而是一个在建模时应考虑到的有意义的模态,这也就证明了前文所述模型的合理性。

33.3.3.3.1　用于控制冲击射流的系统模型

从图 33.14 和图 33.16 中可以看到,脉冲式微射流的注入不仅激励了低频段,也引起了高频段和谐波幅值的降低。这种降低结果只可能归功于两种效应的其中之一:一个是阻尼作用,另一个是对相应频率处的输入激励的消弱作用。前者要求在相同频率处以不同的相位引入控制输入,这明显不符合脉冲式微射流执行机构的情况,这是因为这种执行机构的工作频率不仅很小,而且大约只有系统的自然频率的百分之一。由此可以得知,脉冲式微射流能够抑制噪声的机理是在不同频率处修改输入的幅值。我们可以借助传递函数 $G_f(s)$ 表示脉冲式微射流的控制作用。考虑到控制输入的频率远小于系统的自然频率,又由于与冲击射流主导变量的时间标度相比,控制输入可以看作是一常数,所以我们将 $G_f(s)$ 的驱动输入建模为一个参数,而不是一个时变输入。这意味着控制作用可以表示为

$$P_{int}=G_f(s,\theta)P_{shear},\ \theta=f(\phi_u) \tag{33.19}$$

其中,ϕ_u 与速度为 u 的脉冲式微射流的参数相对应,θ 表示 $G_f(s)$ 的参数(见图 33.17)。如果 f 关于 ϕ_u 是非线性的,那么该模型就变为了一个非线性模型。

为了更好地理解式(33.19)所示的控制模型,下面将更详细地考察它的输入 P_{shear} 和输出

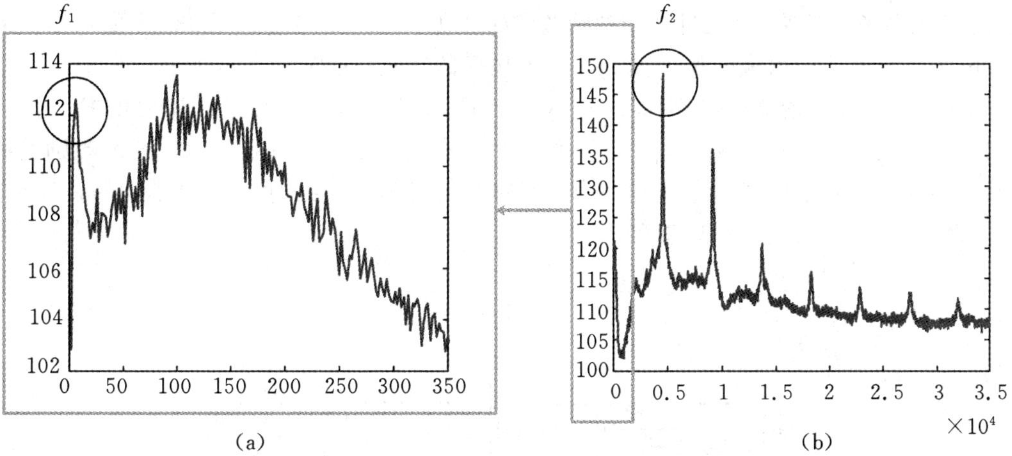

图 33.15 没有被控制的气流的压力响应频谱图;(a)低频区,(b)高频区。相应的 $h/d=3.5$,NPR=3.7;f_1 与 f_2 表示没有被控制的系统的主导自然频率

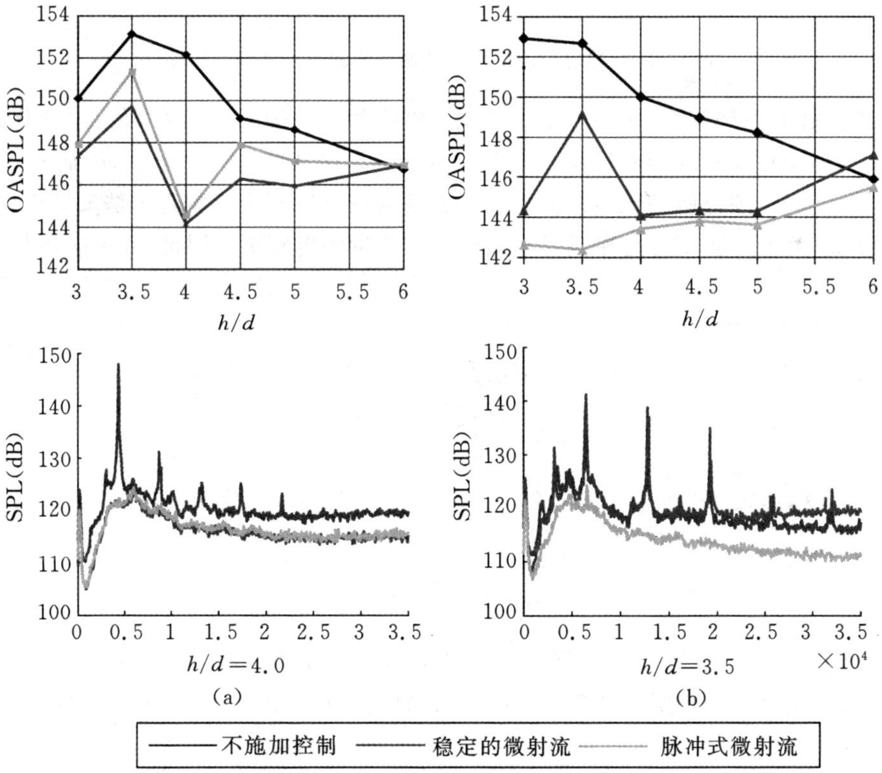

图 33.16 采用脉冲执行机构在不同占空比下获得的压力响应实验数据;(a)$d_c=42\%$,(b)$d_c=74\%$。脉冲频率选择为 $f=121$ Hz。图中标出了 OASPL 和 SPL

P_{int}。输入 P_{shear} 表示冲击地面后被反射的声波施加在排气管上的声输入,输出 P_{int} 表示脉冲式喷射对 P_{shear} 的修正效果,它反过来会激励形成的剪切层并向下传播。图 33.16 所示结果清楚地表明,由于脉冲式微射流的作用,P_{mic} 发生了显著的变化;此外,由于脉冲式微射流改变了主要分布在排气管周围的流场,那么如同式(33.19)所示,其作用可以用输入压力场 P_{shear} 的变化来建模表示。特别地,它们的主要作用体现为 P_{shear} 在两个主导频率 ω_1 和 ω_2 处的激励量的变化,可以简单地采用 θ 的变化来表示。当不存在任何微射流喷射时,传递函数 $G_f(s,\theta)=1$ 应成立。为简单起见,后面将忽略参数 θ。

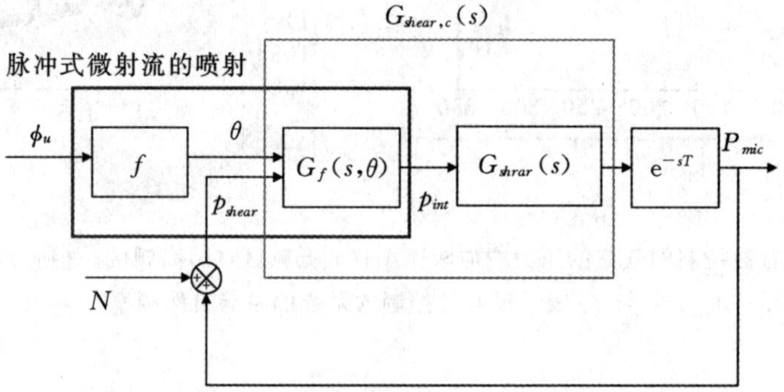

图 33.17　冲击射流的脉冲式微射流控制的非线性模型

剩下的问题就是确定 $G_f(s)$ 如何随着频率、幅值和相位等脉冲参数而发生变化的。由于诸多原因,这是一项非常困难的工作。首先,$G_f(s)$ 是总体系统的一个子组件,而 $G_{shear}(s)$ 基本上是未知的。其次,喷射脉冲式微射流的旋转盖使得在排气管出口附近无法安装任何传感器,从而导致 P_{shear} 无法测量,P_{mic} 是在任意时刻唯一可测量的传感量。因此,我们采用如下方式来确定 $G_f(s)$。

从图 33.8 和图 33.17 中可以看到,喷射脉冲式微射流的主要作用是消弱主导频率处的激励。这意味着,如果记 $G_{shear,c}(s)=G_f(s)G_{shear}(s)$,那么 $G_{shear,c}(s)$ 的本质形式为

$$G_{shear,c}(s)=\sum_{i=1}^{N_{mode}}\frac{K_{i,c}}{s^2+2\zeta_{i,c}\omega_i s+\omega_i^2} \tag{33.20}$$

其中,对于 $i=1,2$,$K_{i,c}$ 和 $\zeta_{i,c}$ 均不同于 K_i 和 ζ_i。相应的闭环系统,记作 $G_{closed,c}(s)$,可由下式给出

$$G_{closed,c}(s)=\frac{G_{shear,c}(s)e^{-sT}}{1-G_{shear,c}(s)e^{-sT}} \tag{33.21}$$

其中的参数 $K_{i,c}$ 和 $\zeta_{i,c}$ 可以采用与没有被控制的情况下完全相同的方式来确定,即对于噪声输入 N,对 P_{mic} 的实验响应与闭环系统 $G_{closed,c}(s)$ 的响应进行匹配。根据 $G_{shear,c}$ 和 $G_{shear}(s)$,可以确定 $G_f(s)$:

$$G_f(s)=G_{shear,c}(s)G_{shear}^{-1}(s)\triangleq\frac{Z_1(s)}{Z_2(s)} \tag{33.22}$$

因此,式(33.19)中的参数 θ 与 $Z_1(s)$ 和 $Z_2(s)$ 的系数相对应。

下面将验证上述模型的正确性,同时确定式(33.19)中的映射 f 的结构。表 33.1 给出了

当 $h/d=3.5$、$NPR=3.7$ 时，获得的稳定的微射流和脉冲式微射流的 $K_{i,c}$ 和 $\zeta_{i,c}$，其中的脉冲参数 $d_c=54\%$、$P_{supply}=100$ psig[②]，脉冲频率包括 10.8 Hz、16.4 Hz、21.6 Hz 和 118 Hz。对于所有情况，相应的响应 P_{mic} 都是通过一次实验获得的，因此可以与具有相同基准的情况进行比较。需要注意的是，在没有被控制的情况下，$K_{1,c}=K_1$、$K_{2,c}=K_2$。可以发现，当脉冲频率超过 60 Hz 时，控制增益 $K_{i,c}$ 和 $\zeta_{i,c}$ 变化很小。因此，式(33.19)中的映射 f 由表 33.1 中第二列与第七列之间的关系所决定，其中第二列表示 ϕ_u 的元素，第七列表示 θ 的元素。可以看出，该映射是非线性的。有意思的是，脉冲频率的变化对 $G_f(s)$ 的极点的影响非常小。表 33.1 中没有给出与占空比 $d_c=76\%$ 相对应的参数 $K_{i,c}$ 和 $\zeta_{i,c}$，这是因为这需要安装一个不同的旋转盖，进行一次不同的实验，相应的基准响应也不相同。不过对于该占空比，可以采用与改变脉冲频率相同的方式来确定参数，并以单次的实验数据构建类似的表格。

表 33.1 不同的脉冲参数对应的 $K_{i,c}$ 和 $\zeta_{i,c}$。高频模态(ω_1)=4.6 kHz，低频模态(ω_2)=10 Hz

	f_p(Hz)	$K_{1,c}$	$K_{2,c}$	$\xi_{1,c}$	$\xi_{2,c}$	$G_f(s)$的零点	$G_f(s)$的极点
无控制		2.45E+06	475	0.001	0.1		
稳定微射流		2.33E+06	480	0.001	0.1	−6.29±418.14j	−6.29±405.93j
脉冲式微射流	118.0	2.30E+06	481	0.001	0.1	−6.29±450.60j	−6.29±405.93j
	21.6	1.8E+06	460	0.001	0.1	−6.29±464.70j	−6.29±405.93j
	16.4	1.8E+06	465	0.001	0.1	−6.29±646.17j	−6.29±405.93j
	10.8	1.85E+06	470	0.001	0.1	−6.29±463.36j	−6.29±405.93j

现在来考察采用稳定的微射流和脉冲式微射流进行喷射时所得到的 P_{int}，并将它与没有被控制的情况进行比较。图 33.18 表明没有被控制的系统会产生一个输入激励 P_{shear}（在该情况下等同于 P_{int}），它在冲击频率 4.6 kHz 处有一个较大的幅值。当采用脉冲式微射流时，输入 P_{shear} 将变为 P_{int}，相对而言，它在相同频率处的幅值要小得多。从图 33.18(d)和 33.18(f)中可以看到，脉冲式微射流在更低的频段增大了输入幅值。然而由于总体流场在低频段具有较大的阻尼，所以尽管输入增大了，该频率处的压力响应并没有增强。这可能就是脉冲式微射流能够有效抑制噪声的原因。

为方便对比，采用同样的传递函数表示稳定的微射流的作用，其结果如图 33.18(b)和图 33.18(e)所示。比较图 33.18(d)～(f)可以得出两点：与脉冲式微射流一样，稳定的微射流也具有输入整形作用，它减小了高频 4.6 kHz 处的输入激励(5 dB)，而增大了低频 50 Hz 处的输入激励(5 dB)。相比之下，当采用脉冲式微射流作用时，4.6 kHz 处的输入激励减小了 20 dB，而 50 Hz 处的输入激励增大了 18 dB。这可能是脉冲式微射流能够比稳定的微射流更好地抑制噪音的原因。这些讨论还表明，需要选择式(33.19)中的参数 θ，使得 $G_f(s,\theta)$ 的输出 P_{int} 的频率响应重新分布，并在主导冲击单音处具有较小幅值。

上述内容表明，使用最优的脉冲式微射流进行喷射或许能够进一步减小 4.6 kHz 处的激励，相应地增大在低频 50 Hz 处的幅值。相应的控制器的传递函数可表示为 $G_{f,optimal}(s,\theta^*)$，

② psig 为英制压力单位，是英文 pound per square inch, gauge 的缩写。1 psig=6894.76 Pa。

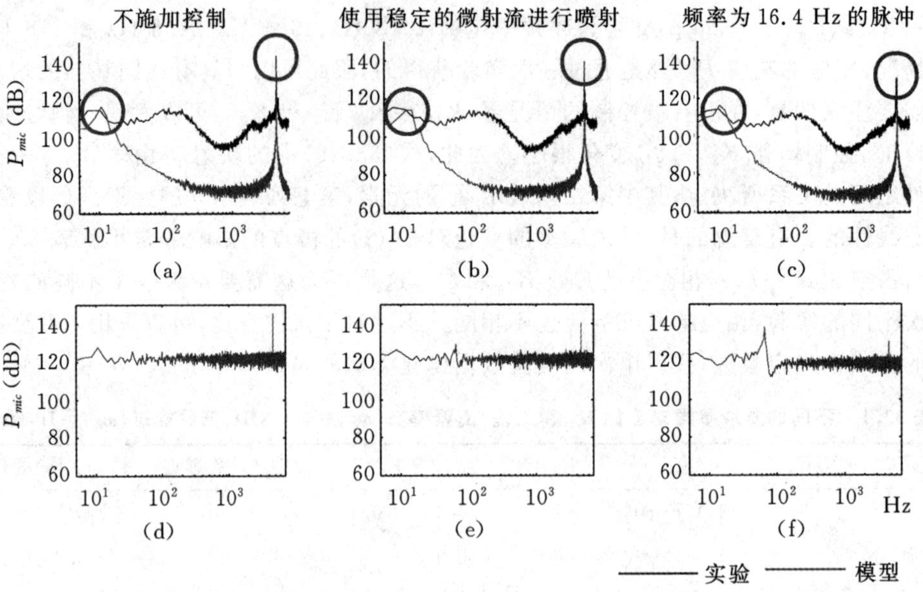

图 33.18　在没有被控制和被控制的情况下，P_{mic}((a)～(c))与 P_{int}((d)～(f))的频谱图。为方便比较，其中包含了使用稳定的微射流的情况；(a)～(c)比较了模型预测结果与相应的实验响应；(c)中的脉冲频率为 16.4 Hz

其中的 θ^* 计算如下：定义

$$G_{shear,optimal}(s) = \sum_{i=1}^{N_{mode}} \frac{K_{i,optimal}}{s^2 + 2\zeta_{i,optimal}\omega_i s + \omega_i^2} \tag{33.23}$$

调整增益 $K_{i,optimal}$ 和 $\zeta_{i,optimal}$ 直到相应的 P_{int} 输出具有与图 33.18(f)类似的频率响应，但 4.6 kHz 处的幅值大约减小 30 dB，50 Hz 处的幅值增大 25 dB。需要注意的是，30 dB 的减小量和 25 dB 的增大量都是随意选择的，表示期望获得且有望达到的被控冲击射流的性能。相应的 $G_{f,optimal}(s,\theta^*)$ 可计算为

$$G_{f,optimal}(s,\theta^*) = G_{shear,optimal}(s)G_{shear}^{-1}(s)$$

相应的参数为 $K_{1,optimal}=0.7\text{E}+06$、$K_{2,optimal}=700$、$\zeta_{1,optimal}=0.001$、$\zeta_{2,optimal}=0.1$。图 33.20 给出了该传递函数的零极点，图 33.19(a)则给出了通过该 P_{int} 可获得的 P_{mic}。可以看出，与图 33.18(a)～(c)所示结果相比，共振现象得到了更好地抑制。剩下的问题就是确定脉冲速率与 θ^* 之间的映射 f，以使得通过 $f^{-1}(\theta^*)$ 可以实验获得图 33.19 所示的性能。目前，这项研究正在进行中。

致谢

本研究得到了美国海军研究局的部分资助，合同号为 N00014-05-1-0252；并得到了美国空军科学研究局的部分资助，项目经理为 Schmisseur 博士和 Jeffries 博士。

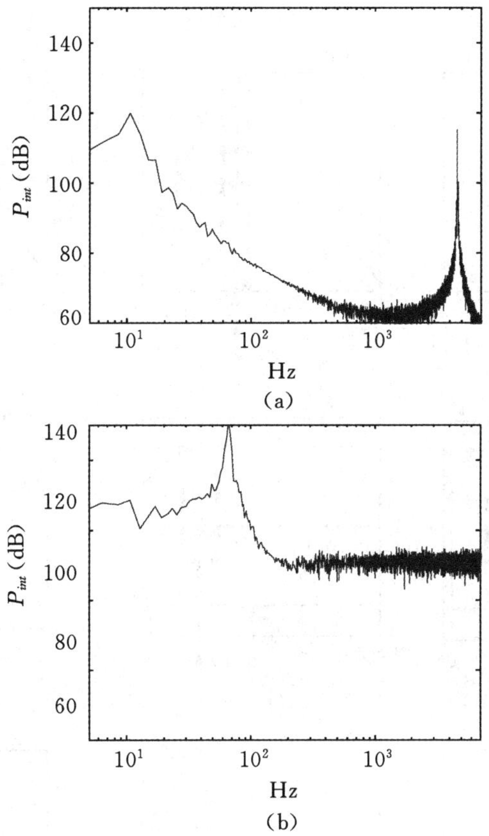

图 33.19　采用最优的脉冲式执行机构时，P_{mic}(a)与相应的 P_{int}(b)的频谱图

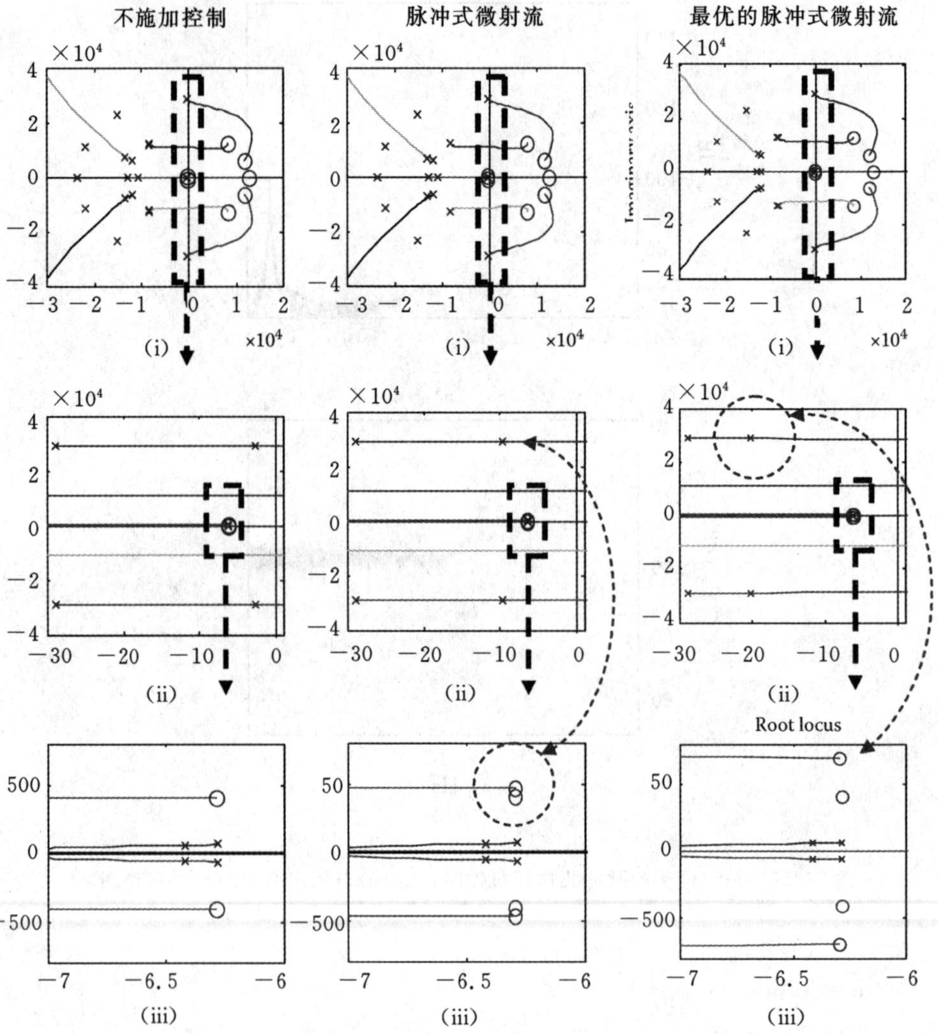

图 33.20 前向回路的零极点位置与闭环极点。(a)不施加控制;(b)频率为 16.4 Hz 的脉冲式微射流;(c)最优的脉冲式微射流

参考文献

1. C. Fleming. Turbine makers battle innovation trap, Wall Street Journal, (Eastern edition). New York, NY, February 13, 1998.

2. J. Rayleigh. The Theory of Sound. New York: Dover, vol. 2, 1945.

3. A. A. Peracchio and W. Proscia. Nonlinear heat release/acoustic model for thermoacoustic instability in lean premixed combustors, in ASME Gas Turbine and Aerospace Congress, Sweden, 1998.

4. E. Gutmark, T. Parr, K. Wilson, D. Hanson-Parr, and K. Schadow. Closed-loop control in a flame and a dump combustor, IEEE Control Systems, vol. 13, pp. 73 – 78, April 1993.

5. B. Zinn. Pulsating Combustion. Advanced Combustion Methods. London: Academic Press Inc. (London) LTD., 1986.

6. K. McManus, T. Poinsot, and S. Candel. A review of active control of combustion instabilities, Energy and Combustion Science, vol. 19, no. 1, pp. 1 – 30, 1993.

7. A. Powell. On the edgetone, Journal of the Acoustical Society of America, vol. 33, no. 4, pp. 395 – 409, April 1961.

8. B. Chu. Stability of systems containing a heat source: The Rayleigh criterion, NASA Research Memorandum RN 56D27, Technical Report, 1956.

9. B. T. Zinn and M. E. Lores. Application of the Galerkin method in the solution of nonlinear axial combustion instability problems in liquid rockets, Combustion Science and Technology, vol. 4, pp. 269 – 278, 1972.

10. F. Culick. Nonlinear behavior of acoustic waves in combustion chambers, Acta Astronautica, vol. 3, pp. 715 – 756, 1976.

11. M. Fleifil, J. P. Hathout, A. M. Annaswamy, and A. F. Ghoniem. The origin of secondary peaks with active control of thermoacoustic instability, Combustion Science and Technology, vol. 133, pp. 227 – 265, 1998.

12. A. Dowling. Nonlinear self-excited oscillations of a ducted flame, Journal of Fluid Mechanics, vol. 346, pp. 271 – 290, 1999.

13. S. Evesque, A. Dowling, and A. Annaswamy. Adaptive algorithms for control of combustion, in NATO RTO/AVT Symposium on Active Control Technology for Enhanced Performance in Land, Air, and Sea Vehicles, Braunschweig, Germany, May 2000.

14. M. Fleifil, A. Annaswamy, and A. Ghoniem. A physically based nonlinear model of combustion instability and active control, Proceedings of Conference on Control Applications, Trieste, Italy, August 1998.

15. J. Rumsey, M. Fleifil, A. Annaswamy, J. Hathout, and A. Ghoniem. Low-order nonlinear models of thermoacoustic instabilities and linear model-based control, Proceedings of the Conference on Control Applications, Trieste, Italy, August 1998.

16. T. Lieuwen and B. Zinn. Experimental investigation of limit cycle oscillations in an unstable gas turbine combustor, AIAA 2000 – 0707, 38th AIAA Aerospace Sciences Meeting, Reno, NV, January 2000.

17. F. Culick. Combustion instabilities in liquid-fueled propulsion systems: An Overview, in AGARD Conference Proceedings, Paper 1, 450, The 72nd(B) Propulsion and Energetics Panel Specialists Meeting, Bath, England, 1988.

18. V. Yang and F. Culick. Nonlinear analysis of pressure oscillations in ramjet engines, AIAA-86-0001, 1986.

19. F. Culick. Some recent results for nonlinear acoustics in combustion chambers,

AIAA, vol. 32, pp. 146 – 169, 1994.

20. A. Annaswamy. Nonlinear modeling and control of combustion dynamics, in Fluid Flow Control, P. Koumoutsakos, I. Mezic, and M. Morari, Eds. New York, NY: Springer Verlag, 2002.

21. G. Isella, C. Seywert, F. Culick, and E. E. Zukoski. A further note on active control of combustion instabilities based on hysteresis, Short Communication, Combustion, Science, and Technology, vol. 126, pp. 381 – 388, 1997.

22. G. A. Richards, M. C. Yip, and E. H. Rawlins. Control of flame oscillations with equivalence ratio modulation, Journal of Propulsion and Power, vol. 15, pp. 232 – 240, 1999.

23. R. Prasanth, A. Annaswamy, J. Hathout, and A. Ghoniem. When do open-loop strategies for combustion control work? AIAA Journal of Propulsion and Power, vol. 18, pp. 658 – 668, 2002.

24. G. Stein and M. Athans. The LQG/LTR procedure for multivariable feedback control design, IEEE Transactions on Automatic Control, vol. 32, pp. 105 – 114, 1987.

25. Y. Chu, A. Dowling, and K. Glover. Robust control of combustion oscillations, in Proceedings of the Conference on Control Applications, Trieste, Italy, August 1998.

26. A. Annaswamy, M. Fleifil, J. Rumsey, J. Hathout, R. Prasanth, and A. Ghoniem. Thermoacoustic instability: Model-based optimal control designs and experimental validation, IEEE Transactions on Control Systems Technology, vol. 8, no. 6, pp. 905 – 918, November 2000.

27. J. Hathout, M. Fleifil, A. Annaswamy, and A. Ghoniem. Combustion instability active control using periodic fuel injection, AIAA Journal of Propulsion and Power, vol. 18, pp. 390 – 399, 2002.

28. O. Smith. A controller to overcome dead time, ISA Journal, vol. 6, 1959. Control of Unstable Oscillations in Flows 33 – 25.

29. A. Manitius and A. Olbrot. Finite spectrum assignement problem for systems with

30. delays, IEEE Transactions on Automatic Control, vol. AC-24 no. 4, 1979.

31. K. Ichikawa. Frequency-domain pole assignment and exact model-matching for delay systems, International Journal of Control, vol. 41, pp. 1015 – 1024, 1985.

32. S. Evesque. Adaptive control of combustion oscillations, Ph. D. dissertation, University of Cambridge, Cambridge, UK, November 2000.

33. S. Niculescu and A. Annaswamy. A simple adaptive controller for positive-real systems with time-delay, in The American Controller Conference, Chicago, IL, 2000.

34. P. J. Dines. Active control of flame noise, Ph. D. dissertation, University of Cambridge, 1983.

35. J. E. Tierno and J. C. Doyle. Multimode active stabilization of a Rijke tube, in DSC-Vol. 38. ASME Winter Annual Meeting, 1992.

36. B. Pang, K. Yu, S. Park, A. Wachsman, A. Annaswamy, and A. Ghoniem. Character-

ization and control of vortex dynamics in an unstable dump combustor, 42nd AIAA Aerospace Sciences Meeting & Exhibit, January 2004.

37. J. Seume, N. Vortmeyer, W. Krause, J. Hermann, C.-C. Hantschk, P. Zangl, S. Gleis, and D. Vortmeyer. Application of active combustion instability control to a heavy-duty gas turbine, in Proceedings of the ASME-ASIA, Singapore, 1997.

38. J. Hermann, A. Orthmann, S. Hoffmann, and P. Berenbrink. Combination of active instability control and passive measures to prevent combustion instabilities in a 260MWheavy duty gas turbine, in NATO RTO/AVT Symposium on Active Control Technology for Enhanced Performance in Land, Air, and Sea Vehicles, Braunschweig, Germany, May 2000.

39. A. Krothapalli, E. Rajakuperan, F. S. Alvi, and L. Lourenco. Flow field and noise characteristics of a supersonic impinging jet, Journal of Fluid Mechanics, vol. 392, pp. 155 - 181, 1999.

40. A. M. Annaswamy, J. J. Choi, and F. S. Alvi. Pulsed microjet control of sueprsonic impinging jets via low-frequency excitation, Journal of Systems and Control Engineering, vol. 222, no. 5, pp. 279 - 296, 2008.

41. A. Powell. On edge tones and associated phenomena, Acoustica, vol. 3, pp. 233 - 243, 1953.

42. C. W. Rowley, D. R. Wilianms, T. Colonius, R. Murray, D. MacMartin, and D. Fabris. Model-based control of cavity oscillatios, part ii: System identification and analysis, AIAA Paper, no. 2002 - 0972, 2002.

43. N. Zhuang. Experimental investigation of supersonic cavity flows and their control, Ph. D. dissertation, Florida State University, 2007.

44. F. S. Alvi, C. Shih, R. Elavarasan, G. Garg, and A. Krothapalli. Control of supersonic impinging jet flows using supersonic microjet, AIAA Journal, vol. 41, no. 7, pp. 1347 - 1355, 2003.

45. H. Lou, F. S. Alvi, C. Shih, J. Choi, and A. M. Annaswamy. Flowfield properties of supersonic impinging jets with active control, AIAA Paper, no. 2002 - 2728, 2002.

46. J. Choi, A. M. Annaswamy, F. S. Alvi, and H. Lou. Active control of supersonic impingement tones using steady and pulsed microjets, Experiments in Fluids, vol. 41, no. 6, pp. 841 - 855, 2006.

47. W. W. Bower, V. Kibens, A. Cary, F. Alvi, G. Raman, A. Annaswamy, and N. Malmuth. High-frequency excitation active flow control for high speed weapon release (HIFEX), AIAA Paper, no. 2004.

34

空调制冷系统的建模与控制

Andrew Alleyne
伊利诺伊大学香槟分校
Vikas Chandan
伊利诺伊大学香槟分校
Neera Jain
伊利诺伊大学香槟分校
Bin Li
伊利诺伊大学香槟分校
Rich Otten
伊利诺伊大学香槟分校

34.1 引言

空调制冷(Air Conditioning and Refrigeration，AC&R)系统具有将热能从一个物理位置传输到其他位置的重要工程功能，这使得它们在现代社会中得到了广泛应用。伴随着热能传输，AC&R 系统可以改变所在空间环境的状态，使之达到特定的温度和湿度。尽管这项工作看起来很简单，但它对人们的生活和工作方式具有重要影响。可以这么说，几乎所有发达国家的居民从小到大都要与 AC&R 系统打交道。无论是开着装设有空调的车辆旅行，还是享用由具有冷气的工厂生产的产品，几乎没有人从未在生活中接触过这项有用的技术。以下两个重要例子，即建筑物和冷藏运输，进一步说明了 AC&R 系统对当今社会的影响程度。

建筑物耗能是当今世界上最主要的能源消耗方式。如图 34.1 所示，它们在美国能源总消耗量中的比重超过了 1/3[1]。此外，建筑物的碳排放量也很高，超过了运输业[2]。如图 34.1 所示，建筑物中的暖通空调(Heating，Ventilation，and Air-Conditioning，HVAC)系统是主要的耗能源之一。事实上，仅居民住宅和商业领域的 HVAC 系统消耗的能源就占到了美国所有能源消耗量的 20%[1]，AC&R 系统也是引起电网中电力需求高峰的最大原因[3]。在保持用户舒适性的同时，适当地控制这些系统对于节约能源是十分重要的。由于人们 90%的时间都要花费在装设有空调的建筑物内，所以用户舒适性是十分重要的。此外，诸如计算机服务器的其他一些重要系统，需要安装在建筑物内，而且必须进行温度控制。

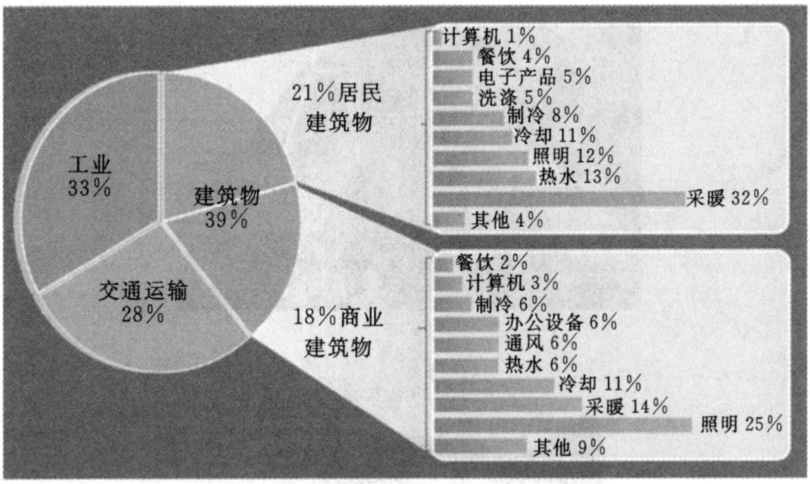

图 34.1 美国建筑物的能源消耗(数据来自建筑物能源数据手册,2008,也可见 http://buildingsdatabook.eere.energy.gov)

除了显著的能源消耗,AC&R 系统还具有重大的社会影响。AC&R 系统被认为是 20 世纪最伟大的 20 个工程成就之一[5],有力地证明了这一点。AC&R 将食品生产扩展到了地理空间上远离消费市场的地区,而不再局限于人口中心。AC&R 为易腐烂食品的长途运输提供了条件,这在 20 世纪初是很难实现的。城市和郊区的发展不再需要附近的农业生产来维持,这彻底地改变了美国的面貌。同时,AC&R 也使得家庭储存食物成为可能,人们可以将购买的食物放置一段时间后再食用。AC&R 极大地增强了人们生产生活的便利性,到 20 世纪末,99.5%的美国家庭使用了 AC&R 系统,其他任何技术都没有达到如此高的普及率。

本章将说明决定 AC&R 系统中基本热动力循环的内在现象,并解释控制系统在影响 AC&R 系统性能方面所起的作用。本章的内容安排如下:34.2 节概述 AC&R 系统的基础,其中将简要介绍系统的基本组件和控制目标;34.3 节阐述典型的 AC&R 系统中各组件的系统动力学,同时将指出由系统非线性所引起的控制难题;34.4 节概述针对 34.2 节所列控制目标的典型控制方法,主要介绍当前最常见的各种控制器;34.5 节讨论一些已用于 AC&R 系统的更先进的控制策略;34.6 节对本章进行简要总结。

34.2 AC&R 系统的基本原理

图 34.2 展示了一个运行中的典型 AC&R 系统。一辆运输易腐烂食品的拖车货厢上附加了一个制冷单元,其中的 AC&R 单元用于调节货箱内部的温度。图 34.2(b)则给出 AC&R 单元的细节图。

图 34.3 给出了图 34.2 所示 AC&R 系统的示意图,其中标出了组成一个完整系统所需要的一些相互关联的组件。系统外层把热空气阻隔在外界环境中,而制冷模块将热量从空调作业环境中抽取出来。图 34.3 中略去了图 34.2(b)所示物理系统中的一些组件,包括驱动压缩

(a)

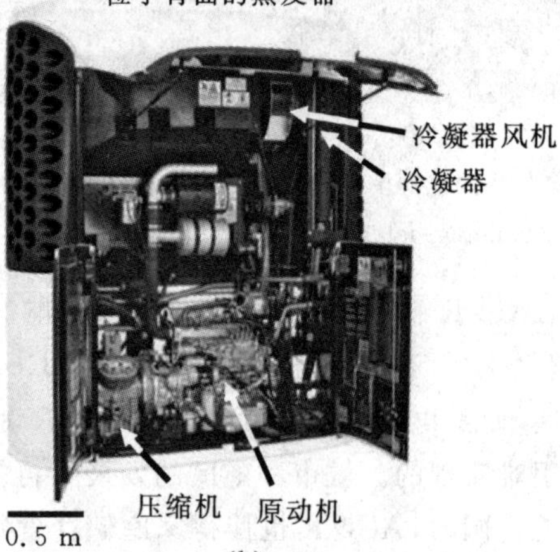

(b)

图 34.2 (a)拖车上的 AC&R 单元;(b)独立的 AC&R 单元(图片来自 Thermo King Corp.)

机工作的原动机。

基本的制冷过程需要推动某种流体在一个封闭的热动力循环中经历不同的阶段。图 34.4(a)对这一物理过程进行了更为抽象的表示,图中注明了构成该循环所需要的最基本组件。图 34.4(b)则用压-焓(P-h)图[6,7]表示了理想热动力循环过程,这一特殊的循环被称为蒸汽压缩循环。通过比较图 34.2(b)、34.3 以及 34.4(a)可以看出由实际物理系统到理想化系统的抽象程度。图 34.4(b)给出了一种亚临界循环的 P-h 图,读者若要了解其他热动力循环,可以参考文献[7]。基本的制冷循环包括四个主要组件:蒸发器、压缩机、冷凝器以及膨胀机。整个循环过程从冷凝器入口开始,高压过热的蒸汽流过冷凝器,将热量排到流经冷凝盘管的空气中。随着不断冷却,制冷剂凝结,变成了汽液两相混合物,最终在冷凝器出口变成液体。从冷凝器出来后,制冷剂流经膨胀机降温降压,从液体变成汽液两相混合物。然后,冷却的制冷剂进入蒸发器,在吸收通过蒸发盘管的作业环境气流中的热量后,制冷剂蒸发。在蒸发器内,制冷剂吸热蒸发,从汽液两相混合物变成蒸汽。蒸汽离开蒸发器后,进入压缩机加压,然后在系统中继续这样的循环。

在图 34.2 和 34.3 中,假设从空调作业空间中携带热能的二次流体是空气。许多 AC&R

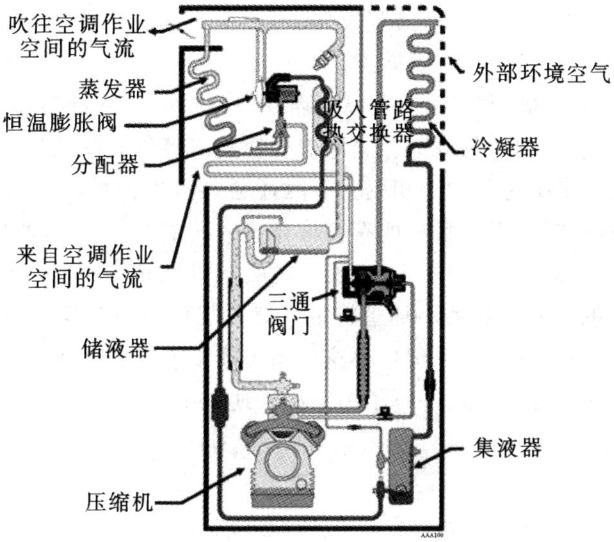

图 34.3 Thermo King 拖车单元的示意图(图片来自 Thermo King Corp.)

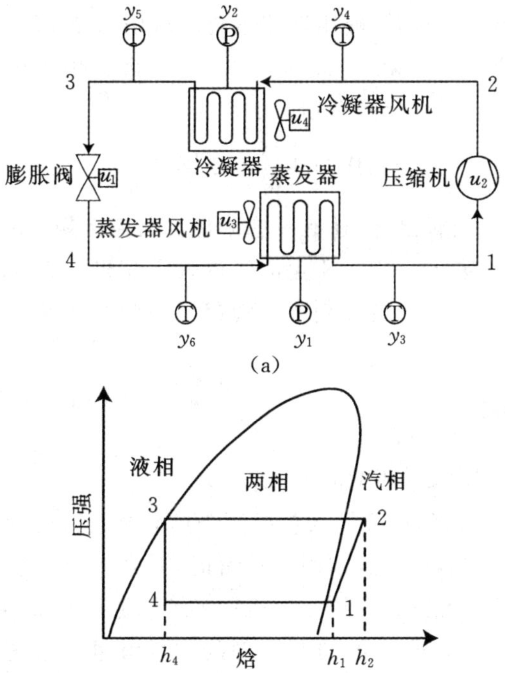

图 34.4 (a)理想的亚临界蒸汽压缩循环;(b)压-焓图

系统将蒸发器连接一个液体回路作为二次流体,这是因为它能更好地进行高热能传输,而且在长距离传输热能时比空气更有效,这样的系统被称为**制冷机系统**。在这种系统中,从蒸发器流出的冷却后的二次流体一般要经过很长一段距离才能输送到作业空间,因此这类系统常用于大型建筑或者大型制造加工厂。在这类建筑中,可以集中建立一个 AC&R 设备,然后通过二次流体来分配制冷能力,从而取得规模效益。

标准的蒸汽压缩循环具有很多变形形式。如图 34.3 所示,在冷凝器出口处通常放置一个储液器,用来储存系统中过剩的制冷剂。储液器促使其出口的制冷剂处于饱和液状态,这保证了制冷剂在经过膨胀机膨胀时会发生相变。有时还会在蒸发器的出口放置一个集液器,以保证蒸汽由此进入压缩机,同时阻止潜在的有害液体进入压缩机。为了提高系统效率,基本蒸汽压缩循环系统的变形形式还会使用图 34.3 所示的吸入管路热交换器(Suction Line Heat Exchanger,SLHX)之类的内部换热器。尽管特定系统的配置各种各样,但是从热动力循环的角度来看,四个主要组件的基本运行原理使得这类系统或多或少有些相似。文献[7]以及本领域内其他教材对基本循环的变形形式进行了更为深入地说明。

34.2.1 控制目标

AC&R 系统具有两个主要目标。首先,它们必须提供作业环境所要求的制冷效果,这被定义为系统的**制冷能力**。图 34.4(b)中 h_1 和 h_4 之间的差异表示通过蒸发器后焓的增加量,即从作业环境中去除的热量(Q),这是衡量蒸发器能力的一个重要指标。其次,AC&R 系统应尽可能高效。图 34.4(b)中 h_2 和 h_1 之间的差异表示通过压缩机后焓的增加量,即压缩机为制冷剂蒸汽加压所做的功(W)。我们一般用性能系数(Coefficient of Performance,COP)衡量系统的效率,将它定义为两个焓的变化量的比值。将 COP 最大化意味着对于要求的冷却量,系统的能量消耗最小,因此这在系统层具有很高的优先级。

$$COP = \frac{|Q|}{W} \approx \frac{h_4 - h_1}{h_1 - h_2} \tag{34.1}$$

除了这两个主要的性能目标之外,还有一些附加的与控制相关的目标。在任何时刻,保护那些关键的系统组件是很重要的。为了避免液体进入压缩机入口,非常有必要将蒸发器出口的过热蒸汽维持在规定水平。过热度和制冷量的控制是调节问题,而能源消耗则是一个最小化问题。

34.2.2 输入输出对

图 34.4(a)标出了蒸汽压缩循环中的输入量($u_i, i\in[1,4]$)和输出量($y_i, i\in[1,6]$)。图 34.4 所示蒸汽压缩循环中潜在的可控输入包括两个热交换器风机的转速、压缩机转速以及膨胀装置的开度。值得注意的是,出于成本因素的考虑,在大多数商业系统中,这些量都不是单独可控的,这里只是对一般情况进行介绍。风机用来控制通过热交换器的空气质量流量,而压缩机/阀门对则用来控制通过热交换器的制冷剂的质量流量。系统可能的输出量是图 34.4(b)所示图形中四个角所对应的压力和温度的函数。我们做以下简单假设,即流体通过热交换器时处于等压状态,这样可以得到总共六个与制冷剂循环相关的系统输出量,包括两个压力(冷凝器、压缩机)和四个温度(压缩机入口/出口、膨胀阀入口/出口)。这些量的组合可以变换为在工业中更常见的输出变量,例如过热温度:位于蒸发器出口处饱和蒸汽上面的制冷剂的温度。

$$T_{sh} = T_g - T_{sat}(P_e) \tag{34.2}$$

此外，对于给定的蒸发器气压（P_e），制冷能力可计算为图 34.4 中所示制冷剂入口温度（T_4）与出口温度（T_1）的差值的函数。空气侧的测量量，例如，蒸发器入口处的空气温度或者热交换器的壁温也可以用在反馈中。由于不需要将传感器浸在制冷剂中，这些量通常更容易获取。除此之外，还可以考虑一些辅助的输入输出量。例如，Jensen 和 Skogestad[8] 在一种特定的最优控制方法中，将制冷剂的注入量作为输入量，而将冷凝器的过冷度作为输出量。另外，针对冷冻机应用问题，文献[9]采用二次回路的温度特征作为输出，流量控制阀作为输入。读者可查看文献[6,7]，获得更多有关输出量的描述。

34.3 基本的系统动力学

理解 AC&R 系统的复杂动力学特性对于实施合理的控制是至关重要的。本节将介绍系统建模的基本出发点，然后按照时间尺度来组织论述。对于图 34.4 中的质量流量装置（压缩机和阀门），我们采用代数方式进行描述；对于能量流装置（蒸发器和冷凝器换热器），则根据所选择的具体方法，采用具有不同复杂度的动力学模型来描述。

34.3.1 质量流量装置

利用图 34.4 给出的简化系统，可以描述四种组件的基本行为。对于一个假定的容积式压缩机，通常采用两个简单的代数关系就足以建立它的质量流率的模型。可以根据式(34.3)来计算质量流率，其中的 $\rho_k=\rho(P_{k,in},h_{k,in})$，并假设存在一个容积效率 η_{vol}。此外，压缩过程可假设为一个具有等熵效率的绝热过程，因此入口焓与出口焓之间的关系可由式(34.4)给出，其中 $h_{out,isentropic}=h(P_{out},s_k)$，$s_k=s(P_{in},h_{in})$。通过进一步整理，可以得到式(34.5)。假设容积效率和等熵效率都随着运行状态的变化而变化，那么它们可由半经验映射给出（式(34.6)和(34.7)），其中，$P_{ratio}=\dfrac{P_{out}}{P_{in}}$。

$$\dot{m}_k = \omega_k V_k \rho_k \eta_{vol} \tag{34.3}$$

$$\frac{h_{out,isentropic}-h_{in}}{h_{out}-h_{in}} = \eta_k \tag{34.4}$$

$$h_{out} = \frac{1}{\eta_k}[h_{out,isentrpic}+h_{in}(\eta_k-1)] \tag{34.5}$$

$$\eta_{vol} = f_1(P_{ratio},\omega_k) \tag{34.6}$$

$$\eta_k = f_2(P_{ratio},\omega_k) \tag{34.7}$$

图 34.5 给出了一个有关容积效率映射的例子，其中包含了生成该图的数据。如果有必要，可以在一个特定的运行状态附近将静态的非线性压缩机模型线性化。这将导出一个形如 $\dot{m}_k=Gain_k\cdot\omega_k$ 的线性压缩机模型，可以用于控制设计和系统参数灵敏度的研究。

与压缩机类似，也可以采用两个代数关系来建立开度固定的膨胀装置的模型。在计算质量流率时，仅考虑标准孔流（式(34.8)）的情况，并用半经验映射计算流量系数（式(34.9)）。这里假设流量系数是关于阀面开度输入 u_v 与压力微分 $\Delta P=(P_{in}-P_{out})$ 的函数；此外假设膨胀

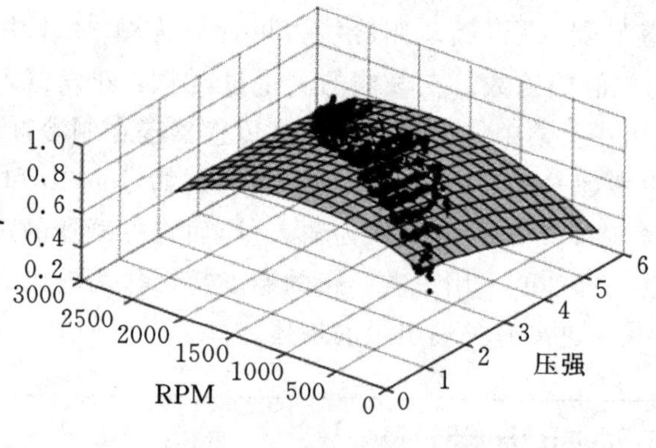

图 34.5 容积效率及其生成数据的两输入性能图

过程是等焓的(式(34.10))。

$$\dot{m}_v = C_d \sqrt{\rho(P_{in} - P_{\text{out}})} \tag{34.8}$$

$$C_d = f_3(u_v, \Delta P) \tag{34.9}$$

$$h_{v,in} = h_{v,out} \tag{34.10}$$

这个基本方法可以很好地表示静态节流管和被控区域的电子膨胀阀(Electronic Expansion Valve,EEV)。在一个特定的系统运行状态附近,可以把阀面开度模型线性化。这将导出一个形式为$\dot{m}_v = Gain_v \cdot u_v$ 的线性模型,该模型可以用于控制设计。对于热力膨胀阀之类的组件,由于其动力学强烈依赖于其构造方式,因此可以在式(34.8)~(34.10)中增加一个由蒸发器的过热温度决定的滞后滤波器[10]来描述它。

$$u_v = \frac{K_{TXV}}{\tau_{TXV}s + 1} T_{sh} \tag{34.11}$$

34.3.2 热交换器的模型

一般来说,目前存在三种建模范式可用于 AC&R 系统中热交换器的建模,包括集总参数法、有限体积法(或者离散化方法)以及移动边界模型法。由于热交换器主导了 AC&R 系统的动力学行为,所以在 AC&R 系统的建模过程中,最重要的任务是有效地刻画热交换器的行为[9,12]。文献[9,11,12]对蒸汽压缩系统建模方面的相关研究进行了综述。

这里将根据第一种建模范式得到的模型称为集总参数模型。热交换器的集总参数模型试图采用单个集总的热传递参数刻画热交换器的行为。正如文献[13]说明的那样,这些模型在教科书中很常见。集总参数模型通常用于对与其他组件(比如,汽车中的一个隔间或者建筑物里的一个房间)协调工作的蒸汽压缩系统进行建模。在这种情况下,建模工作的重点不在于蒸汽压缩系统的动力学,而在于作业环境的制冷情况。然而,集总参数模型太过简单,通常不足以刻画某些重要的系统输出量(比如过热度)的动态响应,因此很少用于控制设计。

在应用有限体积和离散化方法对蒸汽压缩系统的动力学建模时,通常将热交换器在几何上分解成一个由若干个小区域组成的有限集合,使得模型能够刻画热交换器的空间特征。图34.6给出了将热交换器离散化成一些(N个)有限区域的示意图,通过增加区域的个数可以改

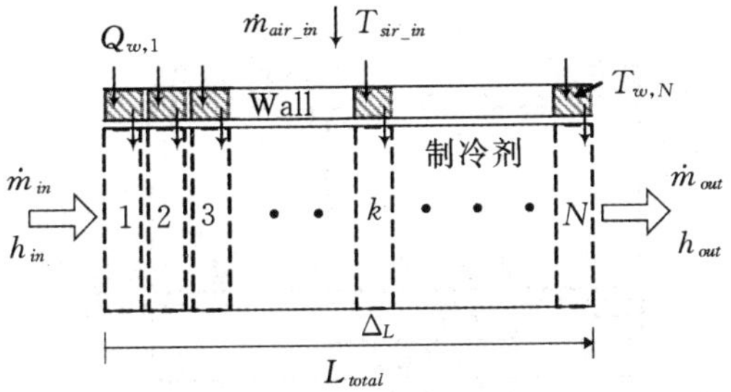

图 34.6 离散化的有限体积建模范式示意图

善系统模型的准确度。对于每个区域,应用关于质量、动量与能量的控制偏微分守恒方程,可以得到高阶的动力学模型。这些模型的复杂度主要用来刻画紧凑型热交换器中空间变化的流体流动以及热传递现象。目前,已有一些商业软件包(例如,E-Thermal[14],Modelica[15]以及SINDA/FLUENT[16])使用有限体积法对热交换器中的多相流进行建模。

第三种建模范式叫作移动边界法。移动边界模型将相变的有效位置看作一个随时间变化的函数,试图以此方式来刻画热交换器中的多相流动。热交换器中每个液相区域的参数都是集总的,因此可以导出一个阶数非常低的动力学模型。该方法最早由 Wedekind 等学者提出,他们建议使用平均空隙率来推导蒸发流和冷凝流的瞬态模型[17]。正如下面将要详细介绍的那样,有关热交换器内多相流的主要动力学模型是由移动边界法中液相区域之间不断变化的界面来刻画的。因此,移动边界框架为准确地预测某些重要的系统输出量的行为提供了模型,这些系统输出量(例如过热度、热交换器压力)必须加以控制,以便实现系统的高效运行。每个液相区域的集总参数性质确保了整体的动力学模型仍具有足够低的复杂度,可以应用已知的控制设计技术。对于与控制相关的操作而言,该方法所提供的动力学模型的低阶特性通常使得它成为备选模型[18]。

移动边界法以具有有效直径、流程长度和表面积的一维流体流动这一假设为基础。从本质上讲,该方法将任意一个热交换器都看作一根细长的管子,并假定整个热交换器内的压力均衡。如图 34.7 所示,根据液相可以把热交换器分为不同的区域,每个区域的有效参数都是集总的。液相区域之间的界面是一个动态变量,可在整个热交换器的长度范围内变化。下面的讨论将对蒸发器的移动边界模型进行概述,对于全面的模型推导过程,以及冷凝器与内部热交换器等其他热交换器的结构,读者可参见文献[19,20]。

蒸发器模型假定流体在热交换器入口位置处于两相流状态,并在热交换器内部某一特殊点变成了单相流,这两个液相区域之间的界面位置可以看作一个动态变量。假定每个液相区域的参数均是集总的,那么沿着热交换器长度方向对控制偏微分方程(Partial Differential Equation,PDE)进行积分就可以得到控制常微分方程(Ordinary Differential Equation,ODE)。

对于蒸发器模型的集总参数做以下假设:决定热交换器壁与空气之间热传递的空气温度是每个集总区域的入口与出口处空气温度的加权平均,即 $T_a = T_{a,in}(\mu) + T_{a,out}(1-\mu)$,$\mu \in [0,1]$。在两相区域中,流体的性质是通过假定一个平均空隙率而确定的,例如 $\rho_1 = \rho_f(1-\bar{\gamma}) + \rho_g(\bar{\gamma})$,$\bar{\gamma} \in [0,1]$。在过热区域,利用的是入口与出口处制冷剂状态的平均值,即 $h_2 = (h_g +$

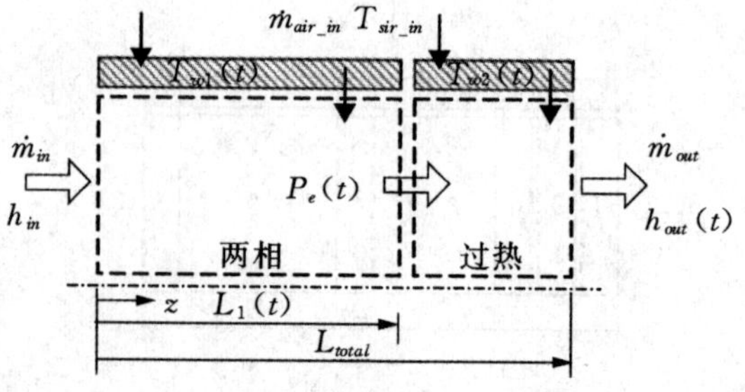

图 34.7　具有两个液相区域的移动边界蒸发器模型的示意图

$h_{out})/2$,$T_{r2}=T(P_e,h_2)$以及$\rho_2=\rho(P_e,h_2)$。对于蒸发器模型,由于在所考虑的瞬态过程中平均空隙率的变化往往很小,且影响其时间依赖性的动力学模态远快于系统的主导动力学模态,所以可以忽略平均空隙率的时间导数,并且通常可用瞬时的代数等效方程来代替其动力学方程。

由于假定整个热交换器内的压力均衡,那么可以认为流体在入口和出口处的动量是相等的。因此,无需采用完整的动量守恒方程,取而代之的是在热交换器的出口处增加一个简单的压降。式(34.12)~(34.14)分别给出了表示流体区域内制冷剂质量守恒、制冷剂能量守恒以及热交换器壁能量守恒的控制偏微分方程:

$$\frac{\partial(\rho A_{cs})}{\partial t}+\frac{\partial(\dot{m})}{\partial z}=0 \tag{34.12}$$

$$\frac{\partial(\rho A_{cs}h-A_{cs}P)}{\partial t}+\frac{\partial(\dot{m}h)}{\partial z}=p_i\alpha_i(T_w-T_r) \tag{34.13}$$

$$(C_p\rho A)_w\frac{\partial(T_w)}{\partial t}=p_i\alpha_i(T_r-T_w)+p_o\alpha_o(T_a-T_w) \tag{34.14}$$

将式(34.12)~(34.14)沿蒸发器的两相区域和过热区域进行积分,可以得到相应的控制系统行为的ODE。

由此得到的描述两相区域和过热区域内制冷剂质量守恒、制冷剂能量守恒和器壁能量守恒的ODE只包括五个显式的时间导数:$\dot{L}_1$,$\dot{P}_e$,$\dot{h}_{out}$,$\dot{T}_{w1}$以及$\dot{T}_{w2}$。将这些方程联立起来可以得到如下所示的广义系统:

$$Z(x,u)\cdot\dot{x}=f(x,u) \tag{34.15}$$

系统的状态$\boldsymbol{x}=[L_1\quad P_e\quad h_{out}\quad T_{w1}\quad T_{w2}]^T$已在图34.7中标出,矩阵$\boldsymbol{Z}(x,u)$和向量$\boldsymbol{f}(x,u)$中的元素则在文献[19]中给出,而式(34.15)所示的蒸发器模型的输入为$\boldsymbol{u}=[\dot{m}_{in}\ \dot{m}_{out}\ h_{in}\ \dot{m}_{air_in}\ T_{air_in}]^T$。

式(34.15)所示的非线性模型可以在特定的系统运行状态下线性化,由此可以得到一个线性的蒸发器模型,该模型能够用于控制设计和系统参数灵敏度的研究。有关线性模型的完整推导过程可以参见文献[19]。该方法也可用于冷凝器热交换器,只是为了表示附加的制冷剂区域,系统状态数目有所增加[19]。对于诸如逆流式的液对液热交换器,也可以采用类似的方法进行处理。该建模方法还可以通过许多方式进行拓展。例如,当上面给出的热交换器模型需要移除其中一个区域时,可以使用混合或切换型模型。文献[21]针对冷凝器热交换器,给出了一种基于无扰切换技术的切换型模型,该模型考虑了诸如压缩机开关循环等因素引起的较大的瞬态冲击。

34.3.3 其他组件的模型

前两个小节介绍了图 34.4 中四个基本组件的建模方法。为了准确表示实际的蒸汽压缩循环系统,还可能用到其他一些组件,包括制冷机回路、逆流式热交换器、冷却塔、油分离器、过滤器/干燥器以及膨胀箱。对于诸如多个蒸发器对应一个冷凝单元的情况,还可能需要采用管道元件对分流和汇流进行建模。除此之外,还可能有必要将各个组件的功能组合起来。例如,可以将利用管道处理热传递的过程看作质量转移与热交换器模型的组合。文献[22,23]详细介绍了其他几种类型的蒸汽压缩循环组件的动力学建模过程以及验证结果。

图 34.8 对移动边界建模方法进行了总结,其中的两个质量流量装置可以看作静态非线性映射,两个热交换器具有不同的复杂度,这取决于控制任务所需要的状态信息的数量。冷凝器具有多种液相区域,这就产生了额外的状态,它们包含了系统的主导动力学特征。与制冷剂质量流装置类似,穿过热交换器的被动气流也可用基于扇形图的静态非线性映射来表示[24]。该方法已被用来开发基于 Matlab® 和 Simulink® 的仿真工具,以便解决面向控制的 AC&R 系统建模问题。

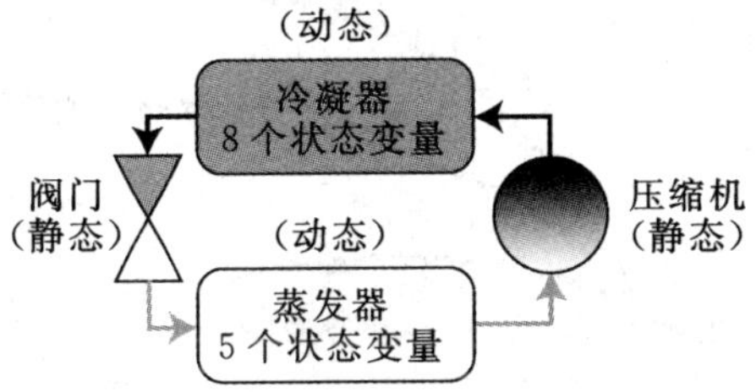

图 34.8 AC&R 系统的移动边界动力学建模结构概览

34.3.4 简化的系统模型

上面给出的模型较为复杂,它们考虑了系统设计参数中的参数变化,因此比较适于新控制器和控制对象的协同设计。此外,它们也适于涉及到诊断和残差生成的嵌入式应用问题。然而,由于式(34.15)采用了广义系统形式,这就使得直接将系统进行参数化表示存在一定难度。如果目标是闭合围绕实际物理系统的一个回路,那么系统辨识(System Identification,ID)技术通常很合适。通过 ID 和模型降阶[25]可以定量地证明主导的系统动力学与热交换器壁区的热容量相关。因此,图 34.7 所示的蒸发器可以由两个壁温状态变量,以及与这两个状态变量相关的、用代数关系表示的其他特征来表示。这里的降阶表明,低阶模型足以满足基于控制的方法的要求,且可以由现有的 ID 方法辨识出来。对于单输入单输出(Single-Input Single-Output,SISO)系统的模型,比如连接过热蒸汽的膨胀装置,采用形如式(34.16)的简单传递函数便能刻画局部的系统行为。

$$\frac{T_{sh}}{u_v}=G(s)=\frac{K_e e^{-s\cdot t_{delay}}}{(s+p_e)} \tag{34.16}$$

需要指出的是,系统辨识方法可以与上面给出的具有更高保真度的仿真模型一起使用。我们可以先建立详细的仿真模型并将其参数化,然后针对这些模型应用 ID 技术从而建立恰当的、可能为多变量形式的输入输出模型。这些模型可以用于控制设计和系统评估,而不需要搭建实际的物理硬件。此外,图 34.7 所示系统中单个组件的模型可以通过系统辨识得到,而其他组件的模型可以根据基本原理来构建。这种系统建模的"灰箱"方法可以成功用于半实物测试以及系统诊断中。

34.3.5 系统的非线性

如果式(34.16)描述的系统是线性时不变(Linear and Time Invariant,LTI)的,那么为其设计 SISO 控制器是很简单的。然而,当系统的运行状态改变时,式(34.16)中的参数会显著地变化,这源于与多相流体流动和热传递状态相关的系统非线性。图 34.9 给出了一个有关这种系统行为的示例,图中标出了当压缩机在不同的转速下发生 100 r/m 的阶跃变化时,过热度的变化情况。该图表明系统响应随着压缩机运行速度(即制冷能力)的变化而显著变化。正如所证实的那样,当运行状态变化 2.5 倍时,稳态响应的变化将高达 7 倍。

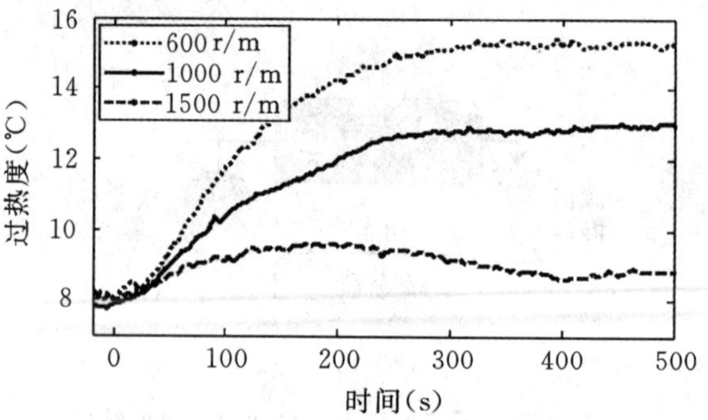

图 34.9 用于描述 AC&R 系统动力学模型的非线性的阶跃响应数据

如此之高的非线性程度使得我们很难设计出在系统可能面临的状态范围内均能满足性能要求的鲁棒控制算法。此外,前文以及文献[19,23]中给出的动力学模型采用了广义系统进行描述,这种复杂性质给使用诸如线性变参数(Linear Parameter Varying,LPV)控制的技术带来很大不便。如何鲁棒地处理控制对象的大动态变化是当前及未来 AC&R 控制研究的挑战之一。

34.4 基本的控制方法

34.4.1 滞环开关控制

到目前为止,控制单个 AC&R 系统的最常见方法是让压缩机以周期性开关的方式调节制冷能力,同时利用机械膨胀装置(例如节流口、毛细管、TXV)控制离开蒸发器的过热蒸汽量。为了保护压缩机,要求蒸发器具有一定的过热度,但太大的过热度将导致蒸发器低效运行,这是因为两相流的热传递效率远高于蒸汽。制冷能力可以通过启动和关闭驱动压缩机的电机或者由图 34.2 所示的原动机驱动的离合器机构来调节。对于不同的系统,风机可能与压缩机同步运转,也可能独立运行。图 34.10 给出了这种系统的示意图,其原理方块图如图 34.11 所示。

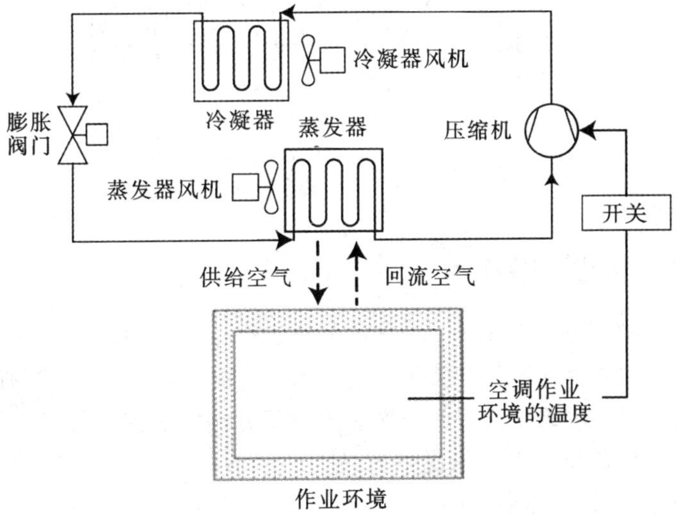

图 34.10 AC&R 系统与作业环境的交互示意图

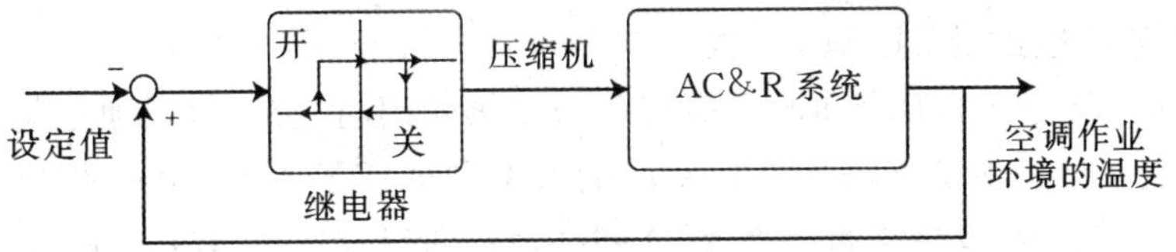

图 34.11 用于控制 AC&R 压缩机制冷能力的滞环开关控制系统

图 34.12 给出了该方法的典型性能曲线,其应用目的是将如图 34.2 所示的高温卡车冷却到预设的温度值。从图 34.12 可以看出,温度从初始状态收敛到设定值之后会上下震荡,震荡的程度以及关于设定值的对称程度是关于滞后参数的函数。采用该方法调节制冷能力的优点是简单、成本低,而且压缩机的开关功能远比变频压缩机所需的电力电子器件或者原动机变速器所需的机械系统造价低。另一方面,可以将风机的转速与压缩机关联起来。例如,对于紧凑型系统,利用皮带传动即可实现该功能。因此,一个简单的温度传感器和基于规则的控制逻辑就足以将回路闭合。此外,由于热时间常数通常较大,所以需要对压缩机循环进行滤波,这与直流电机的电流脉宽调制很相似。该方法的缺点是无法适应系统内部或外部状态的变化。如果对温度控制的精度或效率具有更高要求,就需要考虑其他的控制方法。

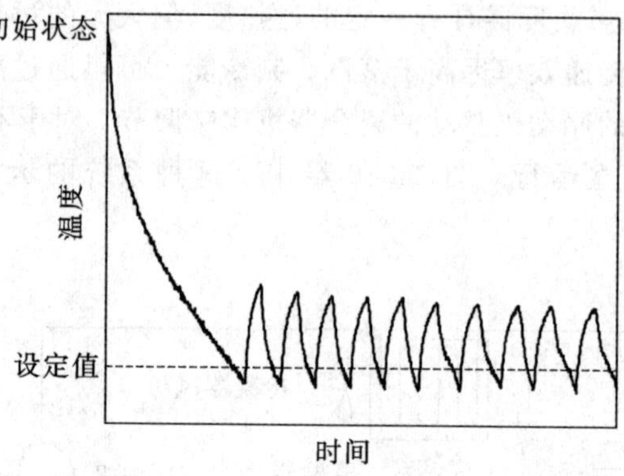

图 34.12 滞环开关控制系统的性能曲线

34.4.2 变输入控制:PID

AC&R 系统的能源消耗量变化很大,并且依赖于作业环境的目标温度、外部环境条件以及作业环境内部的产热水平。诸如开关策略这样的制冷能力控制方法可以使系统满足不同的制冷负荷。文献[26]对各种确定最好的制冷能力控制方法的研究进行了总结,并且发现压缩机的变频控制在满足热负荷要求方面提供了最大的灵活性,可以获得最高的系统整体效率。尽管会引起成本的显著增加,压缩机的变频控制策略可以使季节性功耗降低 20%~40%。除了变频压缩机之外,还可以使用节流口可变的 EEV 甚至可变速的热交换器风机。所有这些装置都会引起成本上升,增加物理系统和控制系统的复杂度,但是为温度调节和能耗的性能改进提供了潜力。采用可变输入控制 AC&R 系统的最简单同时也是很常用的方法是为特定的输入输出对构建单独的比例-积分-微分(Proportional-Integral-Derivative,PID)回路。图 34.13 对通过估计制冷剂的温度和压力而实现的过热度阀门控制,以及通过将蒸发器入口处的空气温度作为反馈量而实现的压缩机制冷能力控制进行了说明。除了图中标出的变量之外,还可以采用其他一些反馈变量。例如,文献[9,27]利用额外的阀门控制来调节储液器中的制冷剂,并将其从剩余的回路中分离出来。因此,文献[9,27]将制冷剂充注量作为输入量来控制冷凝器的过冷度。此外,还可以使用包含针对蒸发器盘管的结霜控制在内的其他一些控制方法。采用更为先进的回路成形或者最优 H 无穷技术还可能进一步拓展 SISO 方法的适用范围。然而,SISO 控制回路的动力学阶数通常很低,PID 方法就足以满足要求。

闭合单个回路的方式的缺点在于不同的输入输出对之间的耦合会引起控制器冲突。例如,阀门和压缩机都可以调节制冷剂回路中的质量流,因此会发生耦合。图 34.14 描述了一个特定的汽车系统模型的耦合性。其中,对阀控蒸发器过热循环的严苛调节构成了对由压缩机控制的蒸发器压力循环(即制冷能力)的主要干扰。后面将介绍一种替代方法,它使用多变量控制方法对系统中的耦合加以补偿。然而,对于大多数从事 AC&R 设计和校准的工程师来说,这种控制方法难以掌握和应用,而 PID 方法更容易理解和接受。一个更合适的做法是将解耦技术应用于不同的反馈回路中,然后对解耦系统应用 PID 控制。目前存在多种不同的解耦技术，包括对给定的输入输出表示进行静态解耦[30]，以及通过重新定义控制目标对系统重新配置，从而实现一个更适于简单 PID 控制的更自然的解耦系统[31]。

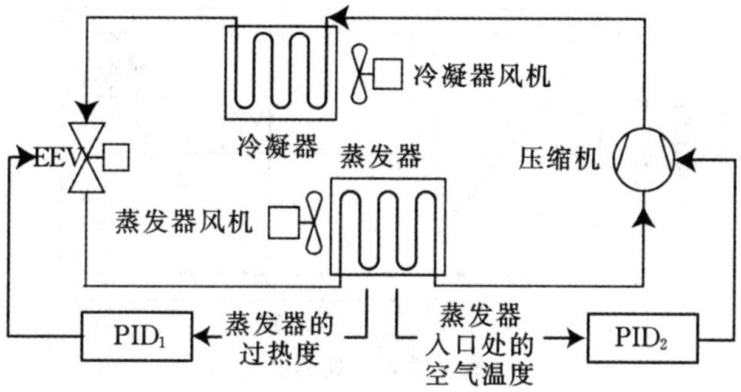

图 34.13 AC&R 系统中的单个 PID 控制回路

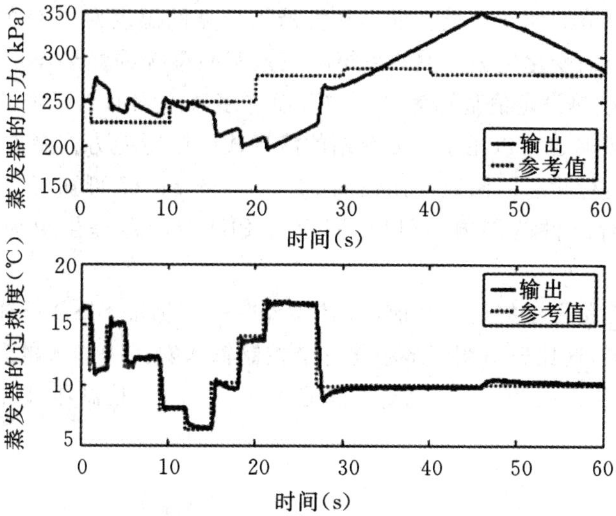

图 34.14 车用 AC&R 系统的双 SISO 回路比例-积分控制

34.4.3 增益调度

如图 34.9 所示，AC&R 系统在不同的运行条件下变化很大。通常情况下，不会明确地对被控对象的这种变化进行补偿，仅会保守地调节控制器以使它发挥最优效果。对于上面介绍的滞环开关控制尤其如此。对被控对象的变化进行补偿的一种方法是将控制器看作关于运行条件的函数，并对其进行调度[32]。目前存在许多不同的调度方法，但若假定对象采用的是最常见的 PID 控制器结构，一种简单方法是直接将 PID 的增益插值为一个关于调度变量的函数。图 34.15 针对三个不同的标称控制器，给出了一种基于 Takagi-Sugeno 模型的候选插值策略[33]，其中的调度变量是蒸发器入口处的空气温度，该变量是一个可以为系统指明作业环境温度的合适指标。每个控制增益(K_p、K_i、K_d)都被乘以了一个适当的权重或控制比例系数。文献[34]给出了在 AC&R 中采用这种控制系统所得到的稳定性结果。

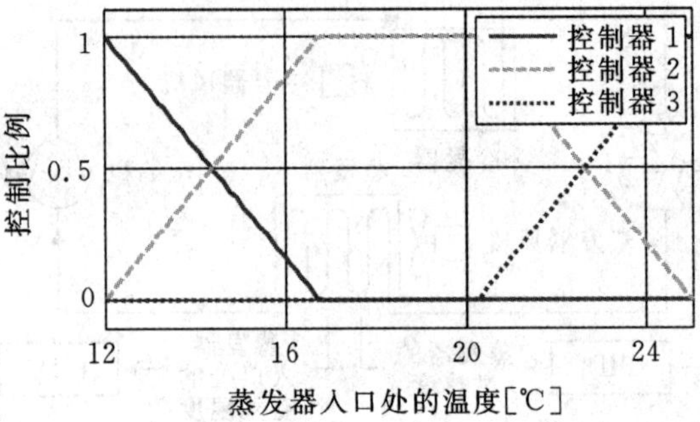

图 34.15 多个局部控制器的调度算法

图 34.16 和图 34.17 给出了对一个装设有 EEV,并采用固定的压缩机/风机转速的系统进行蒸发器过热度调节的性能曲线。根据蒸发器入口处的温度对 PID 的增益进行调度的方式能够产生与设定值的变化更为一致的系统响应。实验系统的过热设定值选定为 9 ℃,车用 AC&R 系统的典型过热设定值范围为 3～5 ℃,而许多家用和商用系统的设定值则可能高达 10 ℃。相似的调度策略也可以用于上面介绍的滞环式的制冷能力控制方法,其中的继电器参数可以更改为关于运行状态的函数。比较图 34.16 与图 34.17 可知,采用了增益调度的 PID 控制器在一定的运行条件范围内,可以比固定式 PID 控制器提供更为均匀的过热度控制性能。

在结束对基本控制方法的讨论之前,有必要说明一下标准 SISO 反馈控制方法的典型扩展也包括前馈控制器,这比较适用于最小化一个控制输入对另一输入的影响的情况。对于电子系统来说,可以将压缩机转速的参考命令馈送给风机或阀门控制器,以便它们预先利用这些命令。

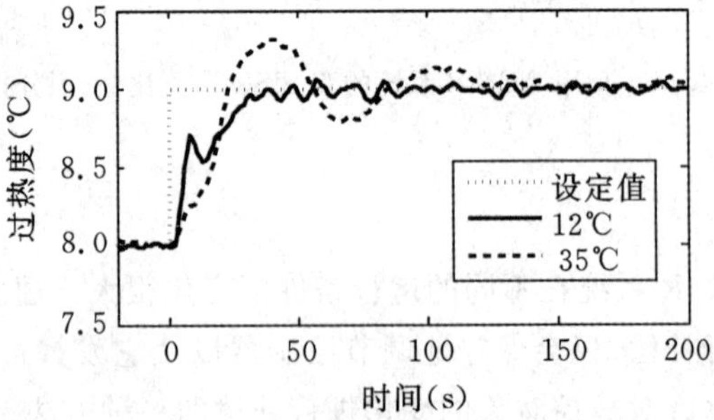

图 34.16 采用不同的蒸发器入口温度时,固定式 PID 的过热度调节曲线

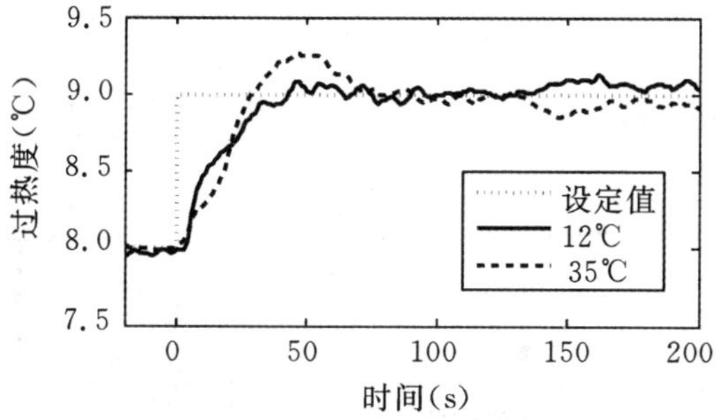

图 34.17 采用不同的蒸发器入口温度时，具有增益调度功能的 PID 的过热度调节曲线

34.5 先进的控制设计

更为复杂有效的控制方式是使用多输入-多输出(Multi-Input, Multi-Output, MIMO)控制，其目的是协调多个输出和执行机构。若不同的输入输出变量的动力学行为之间存在紧密耦合，那么该控制方法尤为重要。此外，该控制方法对于具有多组热交换器、阀门以及若干组压缩机机架的复杂系统更为重要，这种系统常见于诸如超市冷冻展示柜[35]那样的大型分布式系统。先前已经有学者对 MIMO 控制进行研究，随着 AC&R 系统趋于电气化，MIMO 控制方法将有希望得到广泛应用。文献[36]最早进行了有关 MIMO 的研究，检验了应用线性二次型调节器(Linear Quadratic Regulator, LQR)和线性二次高斯(Linear Quadratic Gaussian, LQG)方法调节影响诸如压缩机转速和阀门开度之类的质量流的输入量的效果。从响应速度和抑制扰动方面来看，该方法的控制性能明显优于 SISO 控制系统。此外，模型预测控制(Model Predictive Control, MPC)[37,38]被用来在保持良好的输出跟踪性能的同时，满足系统的输入和状态约束。如果能够保证 AC&R 系统在预设的运行状态范围内的线性假设成立，那么在该范围内应用诸如带回路传输恢复功能的 LQR 与 LQG 之类的线性最优方法是非常合适的。对于有效范围之外的偏移，有必要使用 34.4 节提及的调度安排方法。在应用 MPC 方案时，可以随着时域滚动，通过连续地调整对象模型来实现隐式调度。

在 AC&R 研究领域，除 PID 控制回路以外，一些进展主要集中在研究能够最小化代价函数的最佳设定值的产生方法。图 34.18 说明了一种能够将设定值馈送给内回路反馈控制器的外回路优化过程。外层优化回路监控包括作业环境和外部环境在内的整个系统，确定所需要的制冷能力，并将结果馈送给内层闭环回路控制器，从而将系统调节至设定值。除制冷能力之外，代价函数还包含组件的功耗等因素，特别是压缩机和风机的功耗。代价函数还可以包含温度偏移误差甚至对制冷目标的状态的直接估计[35]。优化过程可以离线执行，并将结果用表格存储，然后在运行过程中检索。从时域滚动 MPC 方法的角度看，在线优化策略已表现出一些发展前景，很可能随着时间的推移而获得认可。

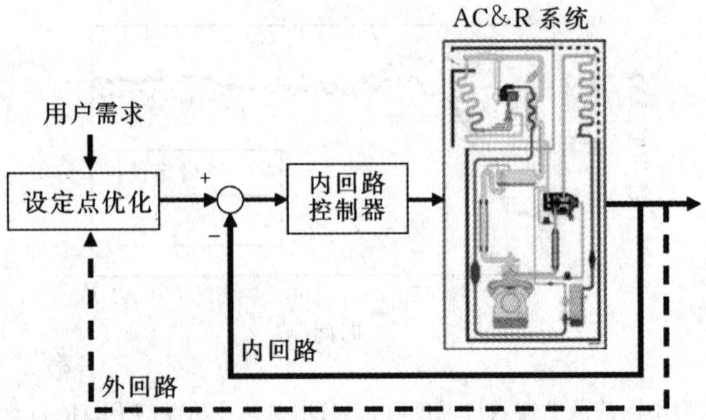

图 34.18 用于 AC&R 控制设计的内-外回路方法

34.6 结束语

AC&R 领域是控制理论与技术的一片沃土。利用现代的控制设计工具可以对这些设备的运行状况和效率产生显著的影响。从上世纪 90 年代到本世纪的前十年,这个产业从使用离合器和压力平衡式 TXV 等纯粹的机械控制方法发展到了应用传感器和嵌入式系统的更为电子化的方法。这可以与内燃机的变化进行类比:后者从 20 世纪 70 年代的机械控制(例如化油器)发展成目前的网络化集成传动管理系统。如果这个类比成立的话,那么可以预见未来的 AC&R 系统将在显著降低能耗、提高可靠度的同时,提供更精确的温度控制。

本章对 AC&R 系统的介绍仅能看作是理解其动力学与控制方法的一个出发点。不同类型的系统具有非常复杂的影响因素和系统结构。例如,蒸汽压缩循环系统可以逆向运行,充当对蒸发器的盘管进行除霜时所需要的热泵。此外,如图 34.3 所示,实际的系统可能包含附加的子系统,这将使原本针对理想系统设计的控制器实现起来更为复杂。不过,本章描述的针对理想系统的基本反馈思想依然适用于更为复杂的物理系统。

目前,实现先进的系统控制仍然存在一些关键障碍。一个主要障碍是系统的非线性,并且缺乏像 LPV 那样具有良好形式的参数化的非线性系统模型。这就需要明确地针对控制设计进行系统建模工作。最后,应该大幅降低系统整体电气化的成本,使得对于给定可使用的能源成本的情况,实现先进的系统硬件在经济方面变得更为可行。

术语

变量	描述
α	热传递系数
Δ	变化量
$\bar{\gamma}$	平均空隙率

η	效率
ρ	密度
τ	时间常数
ω	角速度
A	面积
C_d	流量系数
C_p	比热
G	传递函数
h	比焓
K	控制增益
L	长度
$\dot{m}$	质量流率
N	有限容积区域
P	压力
p	周长,极点位置
Q	热量
R/M	每分钟的转数
s	熵,Laplace 变量
t	时间
T	温度
u	输入量
V	体积
W	功
x	动态状态
z	空间坐标
Z	广义形式矩阵

下标	描述
1,2,3,4	第一、第二、第三、第四个转变点
1,2	第一,第二个区域
a	空气
cs	横截面
d	导数
e	蒸发器
f	液体
g	蒸汽
i	内部,积分

in	入口
k	压缩机
o	外部
out	出口
p	比例
r	制冷剂
sat	饱和
sh	过热度
TXV	热力膨胀阀
v	阀门
vol	容积
w	器壁

参考文献

1. Energy Information Administration, *Annual Energy Review* 2006, Washington, DC, June 2007. Also, http://www.eia.doe.gov.

2. DOE Report No. DOE/EIA-0573, 2007. Also, http://www.eia.doe.gov/oiaf/1605/ggrpt.

3. Koomey, J. and Brown, R. E. The role of building technologies in reducing and controlling peak electricity demand, LBNL Technical Report 49947, September 2002.

4. Buildings Energy Data Book 2008. Also, http://buildingsdatabook.eere.energy.gov

5. Constable, G. and Somerville, R. *A Century of Innovation: Twenty Engineering Achievements that Transformed our Lives*, National Academies Press, Washington, DC, 2003.

6. Althouse, A. D., Turnquist, C. H., and Bracciano, A. F. *Modern Refrigeration and Air Conditioning*, Tinley Park, IL: The Goodheart-Willlcox Co., 1995.

7. Stoeker, W. F. *Industrial Refrigeration Handbook*, New York: McGraw-Hill, 1998.

8. Jensen, J. and Skogestad, S. Optimal operation of simple refrigeration cycles: Part I: Degrees of freedom and optimality of sub-cooling, *Computers & Chemical Engineering*, 31 (5/6), 712 - 721, 2007.

9. Bendapudi, S., Braun, J. E., and Groll, E. A. A comparison of moving-boundary and finite-volume formulations for transients in centrifugal chillers, *International Journal of Refrigeration-Revue Internationale Du Froid*, 31(8), 1437 - 1452, 2008.

10. James, K. A. and James, R. W. Transient analysis of thermostatic expansion valves for refrigeration system evaporators using mathematical models, *Transactions of Institution of Measurement and Control*, 9(4), 198 - 205, 1987.

11. Lebrun, J. and Bourdouxhe, J. P. *Reference Guide for Dynamic Models of HVAC*

Equipment, ASHRAE Project 738-TRP, Atlanta, GA, 1998.

12. Bendapudi, S. and Braun, J. E. A review of literature on dynamic models of vapor compression equipment, ASHRAE Report #4036 – 5, May 2002.

13. Incropera, F. and deWitt, D. P. *Introduction to Heat Transfer*, New York: John Wiley & Sons, 2002.

14. Anand, G., Mahajan, M., Jain, N., Maniam, B., and Tumas, T. M. e-thermal: Automobile air conditioning module, *Society of Automotive Engineers* 2004 *World Congress*, *SAE Paper* 2004 – 01 – 1509, Detroit, MI, 2004.

15. Eborn, J., Tummescheit, H., and Prolss, K. Air conditioning-a Modelica library for dynamic simulation of AC systems, *4th International Modelica Conference*, pp. 185 – 192, Hamburg-Harburg, Germany, March 7 – 8, 2005.

16. Cullimore, B. A. and Hendricks, T. J. Design and transient simulation of vehicle air conditioning systems, *Society of Automotive Engineers* 5*th Vehicle Thermal Management Systems Conference*, *Paper VTMS* 5 2001 – 01 – 1692, 2001.

17. Wedekind, G. L., Bhatt, B. L., and Beck, B. T. A system mean void fraction model for predicting various transient phenomena associated with two-phase evaporating and condensing flows, *International Journal of Multiphase Flow*, 4, 97 – 114, 1978.

18. He, X. D., Liu, S., and Asada, H. Modeling of vapor compression cycles for multivariable feedback control of HVAC systems, *ASME Journal of Dynamic Systems*, *Measurement and Control*, 119(2), 183 – 191, 1997.

19. Rasmussen, B. P. Dynamic modeling and advanced control of air conditioning and refrigeration systems, PhD. Thesis, Department of Mechanical and Industrial Engineering, University of Illinois, Urbana-Champaign, IL, 2005.

20. Eldredge, B. D., Rasmussen, B. P., and Alleyne, A. G. Moving-boundary heat exchanger models with variable outlet phase, *ASME Journal of Dynamic Systems*, *Measurement*, *and Control*, 130(6), Article ID 061003, 2008.

21. Li, B. and Alleyne, A. A dynamic model of a vapor compression cycle with shut-down and start-up operations, *International Journal of Refrigeration*, 33 (3), 538 – 552, May 2010.

22. Alleyne, A. G., Rasmussen, B. P., Keir, M. C., and Eldredge, B. D. Advances in energy systems modeling and control, *Proceedings of* 2007 *American Controls Conference*, pp. 4363 – 4373, New York, NY, July 2007.

23. Li, B. and Alleyne, A. G. A full dynamic model of a HVAC vapor compression cycle interacting with a dynamic environment, *Proceedings of* 2009 *American Controls Conference*, pp. 3662 – 3668, St. Louis, MO, June 2009.

24. Chen, H., Thomas, L., and Besant, R. W. Fan supplied heat exchanger fin performance under frosting conditions, *International Journal of Refrigeration*, 26 (1), 140 – 149, 2003.

25. Rasmussen, B., Musser, A., and Alleyne, A. Model-driven system identification of transcritical vapor compression systems, *IEEE Transactions on Control Systems Technology*, 13(3), 444 - 451, 2005.

26. Qureshi, T. Q. and Tassou, S. A. Variable-speed capacity control in refrigeration systems, *Applied Thermal Engineering*, 16(2), 103 - 113, 1996.

27. Jensen, J. and Skogestad, S. Optimal operation of simple refrigeration cycles: Part II: Degrees of freedom and optimality of sub-cooling, *Computers & Chemical Engineering*, 31 (12), 1590 - 1601, 2007.

28. Shah, R., Rasmussen, B. P., and Alleyne, A. G. Application of a multivariable adaptive control strategy to automotive air conditioning systems, *International Journal of Adaptive Control and Signal Processing*, 18(2), 199 - 221, 2004.

29. Keir, M. C. Dynamic modeling, control, and fault detection in vapor compression systems, MS Thesis, Department of Mechanical and Industrial Engineering, University of Illinois, Urbana-Champaign, IL, 2006.

30. Astrom, K. J., Johansson, K. H., and Wang, Q. Design of decoupled PID controllers for MIMO systems, *Proceedings of the* 2001 *American Control Conference*, pp. 2015 - 2020, Arlington, VA, June 2001.

31. Jain N., Li, B., Keir, M., Hencey, B., and Alleyne A. Decentralized feedback structures of a vapor compression cycle system, *IEEE Transactions on Control Systems Technology*, 18(1), 185 - 193, January 2010.

32. Shamma, J. S. and Athans, M. Gain scheduling: Potential hazards and possible remedies, *IEEE Control Systems Magazine*, 12(3), 101 - 107, 1992.

33. Murray-Smith, R. and Johansen, T. A. (Eds), *Multiple Model Approaches to Modelling and Control*, Bristol, PA, Taylor & Francis, 1997.

34. Rasmussen, B. P. and Alleyne, A. G. Gain scheduled control of an air conditioning systems using the Youla parameterization, *Proceedings of the* 2006 *American Control Conference*, pp. 5336 - 5341, Minneapolis, MN, June 2006.

35. Cai, J., Jensen, J. B., Skogestad, S., and Stoustrup, J. On the trade-off between energy consumption and food quality loss in supermarket refrigeration systems, *Proceedings of the* 2008 *American Control Conference*, pp. 2880 - 2885, Seattle, WA, June 2008.

36. He, X. D., Asada, H. H., Liu, S., and Itoh, H. Multivariable control of vapor compression systems, *HVAC & R Research*, 4(3), 205 - 230, 1998.

37. Elliott, M. S. and Rasmussen, B. P. Model-based predictive control of a multi-evaporator vapor compression cooling cycle, *Proceedings of the* 2008 *American Control Conference*, pp. 1463 - 1468, Seattle, WA, 2008.

38. Larsen, L. F. Model based control of refrigeration systems, PhD Thesis, TU Aalborg, Denmark, 2006.